图像处理和分析的图模型：理论与应用

Image Processing and Analysis with Graphs: Theory and Practice

[法]奥利维尔·勒卓瑞(Olivier Lézoray)
[美]利奥·格雷迪(Leo Grady)　编著

孙　强　张成毅　译
朱　虹　审校

国防工業出版社
·北京·

著作权合同登记　图字：军－2013－138号

图书在版编目(CIP)数据

图像处理和分析的图模型：理论与应用／(法)奥利维尔·勒卓瑞，(美)利奥·格雷迪(Leo Grady)编著；孙强，张成毅译．—北京：国防工业出版社，2016.11

书名原文：Image Processing and Analysis with Graphs：Theory and Practice

ISBN 978-7-118-10967-2

Ⅰ.①图…　Ⅱ.①奥…　②利…　③孙…　④张…　Ⅲ.①图象处理　②图象分析　Ⅳ.①TP391.41②TN919.8

中国版本图书馆 CIP 数据核字(2016)第279872号

※

国防工业出版社出版发行

(北京市海淀区紫竹院南路23号　邮政编码100048)

三河市众誉天成印务有限公司印刷

新华书店经售

*

开本 710×1000　1/16　印张 32　字数 585 千字

2016年11月第1版第1次印刷　印数 1—3000册　定价 136.00元

国防书店：(010)88540777　发行邮购：(010)88540776

发行传真：(010)88540755　发行业务：(010)88540717

献给我的父亲！

——孙强

中译本序

图模型(Graph Model)是一种由点和线组成的用以描述各种关系的数学模型。通常,用点表示对象,用连接两点的线表示相应两个对象之间的某种关系。采用图模型实现数据的分析可借助图论这一古老而又重要的数学理论作为基础工具。图模型属于结构化模型,可用于描述自然界和人类社会中相关事物之间的关系,并日益广泛地用于解决自然科学、工程技术、社会科学和经济管理等诸多领域中的各种难题。

近年来,随着各类模态成像技术的飞速发展,海量的图像数据不断涌现,围绕这些数据的应用层出不穷。解决这些实际应用问题需要先进的图像处理和分析理论与方法作为支撑。图模型作为一种前沿理论,不仅适合于对图像这类离散型数据提供灵活而有力的表示,而且便于利用各种经典或先进的最优化方法实现高效的推断。概括地讲,图模型为不同图像处理和分析任务的解决提供了一个统一的理论框架,许多应用难题都可以借助图模型来获得理想的解决方案。

本书正是符合上述需求的一本著作,由图像处理与分析研究领域的众多知名专家共同撰写完成。该书的主编是 Olivier Lézoray 教授(法国卡昂大学瑟堡技术学院研究委员会主席)和 Leo Grady 高级研究员(西门子公司普林斯顿研发中心图像分析与信息学部首席科学家)。他们是图像处理和分析领域国际知名的专家,对各种与图像处理和分析问题相关的图模型理论及其应用均有十多年深入的研究,为推动该方向的发展做出了重要的贡献。

目前,国内图像处理和分析图模型理论与应用的发展方兴未艾,在不断拓展应用的同时,对图模型的构建以及最优化求解算法的设计均进行了较为深入的研究。本书在内容安排上基础理论与应用实践并重,对这一热点研究方向进行了全面描述,并介绍了诸多阶段性成果,这对国内学者和科研人员开展这方面的工作有着积极的借鉴意义和参考价值。

翻译一本前沿领域的高水平学术著作并不是一件容易的事,要对书中的主要内容与核心思想有充分的了解和透彻的领悟。本书的主译孙强副教授在学术界与我是同行,也是志同道合的朋友,经常在不同场合参加学术交流,探讨治学方法。两位译者一直在科研一线从事图模型理论与应用方面的研究工作,分别专注于图方法建模和最优化推断算法两个层面，熟悉图模型的概念、理论、算法及其在图像处理和分析领域中的应用。由他们翻译的这本著作很好地反映了原书的风格和特点。

最近几年，图模型的不断发展和完善使其成为人工智能领域的一颗明星。最有代表性的例子就是美国科学家 Judea Pearl 将概率论这一数学工具引入到人工智能的建模中，提出了概率和因果性推理算法，彻底改变了人工智能领域最初基于规则和逻辑的研究范式，并由此获得 2011 年计算机科学界的诺贝尔奖——图灵奖。他指出最好的建模工具是概率图模型（PGM）——一类用图形模式表达基于概率相关关系的模型的总称。目前，PGM 在图像处理和分析领域已经获得了广泛的应用。

当前，随着图像数据的海量增长，数据类型多样化的演变以及实际应用过程中人类需求的不断提高，用于图像处理和分析的图模型正朝着结构学习（设计结构不完全固定的模型）、非参数化建模（模型的规模可随着数据的变化而变化）、高阶图模型（模型中相关要素之间的交互特性超越两两模式）和具有适当复杂度的统计推断（估计模型的参数或推断未知变量的值）等多个方向发展。本书所涉及的研究内容或多或少反映了上述趋势，这为图模型的深入发展和推广应用奠定了重要基础。

愿本译著的出版对促进我国基于图模型的图像处理和分析领域研究工作的广泛开展起到积极的推动作用。

高新波 谨识

2016 年 5 月 1 日， 西安

主译者序

图像处理和分析是信息技术领域的一个重要研究分支，涵盖各种学术问题，其应用遍及众多场合。总体来看，解决不同图像处理和分析问题的研究方法具有多样性和分散性的特点，呈现出"百花齐放、百家争鸣"的景象。不过，在图像处理和分析这个大舞台上，经过长期的发展和实践的检验，也涌现出了一些"主角"，它们已经成为解决图像处理和分析问题的利器，并释放着持久的正能量。图模型就是具备这种特点的一个代表，它具有理论坚实、功能强大、应用广泛的特点，已经被公认为是解决许多图像处理和分析问题的一种有力工具。

本书全面介绍了图模型在图像与视频的处理和分析、计算机视觉、计算摄像和模式识别等诸多领域的研究进展及其应用情况，涵盖了图模型在这些领域的最新研究成果，是一本利用图模型解决各种图像处理与分析问题的及时且实用的著作。本书是 CRC 出版社"数字成像与计算机视觉"丛书中的一本，在内容上既有深度也有广度，前者是指每一章的贡献者均对所涉及的与图模型相关的理论和方法给出了富有洞见的阐明与诠释，后者指的是本书涉及的图模型类型众多，应用上也具有广泛性；在形式上，每一章都自成一体，分别由相关研究领域的国际知名学者独立撰写，他们从基本概念、理论构思到推理过程与具体应用都给予了深入浅出的描述。本书可作为图像/视频的处理与分析、计算机视觉、机器学习以及模式识别等研究领域的科研人员和研究生的专业参考书，也适合于从事图像/视频应用相关领域技术开发工作的专业技术人员参考使用。

翻译本书的基本动机源于两点：(1) 在笔者攻读博士学位期间，曾利用几种经典的图模型开展过一些关于 SAR 图像处理和分析（比如图像去噪、图像分割、边缘检测等）的研究工作，对图模型及其在图像处理与分析中的应用很感兴趣；(2) 当前，图模型在图像相关领域理论上的迅速发展和应用上的不断拓展急需一本能够比较全面地反映这个领域的最新理论进展和应用情况的书籍。原著的问世恰逢时机！

本书的篇幅很大，共包含 17 章 110 节，全书带有编号的图 176 幅，表格 16 个，公式 608 个。每一章均附有大量的参考文献，书的最后附有 590 个专业术语供读者索引。译著中对原著的部分插图进行了加工处理，对全部表格做了重新绘制，并对原著中的一些纰漏做了校正，以便于读者更好地阅读和理解。

本书由笔者担任主译，翻译了前言和第2、3、5、6、8~17章，西安交通大学的博士后张成毅负责了第1、4、7章的翻译任务。西安理工大学朱虹教授担任了本书的审校。为了保证本书整体翻译风格的一致性，笔者对本书通篇做了修改和润色，期望能更自然流畅地传达原文的旨义。在翻译本书的过程中，笔者的学生朱雪仪、马特、李瑶、窦香、王涛、罗永亮、孙天祥、许亮、王婴、戴若尘、雷忆萱、李智斌和韩敬丹等参与了部分材料的整理与编辑工作，在此对他们的努力表示感谢。还有其他几名同学在翻译此书的不同阶段也参与了这项工作，感谢他们的贡献，请谅解笔者无法在此一一具名。

本书能够出版，得益于总装备部装备科技译著出版基金、国家自然科学基金(61001140)、陕西省自然科学基金(2016JM6020)和西安理工大学科技创新研究计划项目(103-400211405)的资助。在申请译著出版基金的过程中，西北工业大学张艳宁教授和西安交通大学薛建儒教授热情为笔者撰写推荐意见，这为顺利获得出版基金的资助提供了很大的帮助。在此，对他们的无私帮助深表由衷的感谢。西安电子科技大学高新波教授在百忙之中拨冗为本书作序，并在本书未问世之际就多次向同行大力推荐，给予了笔者很大的鼓励。在此，对他致以诚挚的谢意。十分感谢国防工业出版社，无论是在笔者申请装备科技译著出版基金时还是在笔者开展翻译工作的过程中都给予了大力的帮助和支持，他们的理解、耐心和鼓励让笔者在这项工作中得以静下心来坚定地做下去。此外，原著的第一作者 Olivier Lézoray 亲自发邮件与笔者联系，过问中文翻译工作并给予了热情的鼓励。西安外国语大学郝学敏老师、西安理工大学张玲老师、谭祎哲老师和王晃老师均在翻译学方面给予了及时的帮助，让笔者对翻译技法的“信”“达”“雅”有了深入的领悟和运用，上海海事大学薄华副教授和西安理工大学杨宇祥教授也对笔者的翻译给予了多次鼓励，在此一并表示感谢。翻译本书花费了笔者大量的时间和精力，基本上都是在教学与科研工作的间隙和业余时间内完成的，期间经历过一些意想不到的曲折、艰辛和挑战，可谓酸甜苦辣咸，五味杂陈。整体算来，从装备科技译著出版基金资助批准到译稿付梓印刷历经了三年多时间。按照计划，本书的面世还可以比现在来得更早一些。因此，从译著出版的时效性来看，“拖延”了那么久才得以面世还请同行多多理解。不过，整个翻译工作还是得到了家人的极大支持和理解，让我能在几百个日日夜夜安心投入到这项工作之中。特别感谢笔者的母亲、岳母和爱人，正是她们有力的后盾支持使笔者打消了一度想放弃此项工作的念想。可爱的儿子平时看到笔者忙碌的身影，也能默切地配合着，尽量少地打扰，这让笔者倍感欣慰并给予了坚定的力量，整个翻译也是在伴随着他一天天快乐成长的过程中逐步完成的。谨以此书的出版来表达笔者对他们无以言表的感激。笔者衷心希望本书能对国内从事图像相关领域研究工作的同行有所裨益，并能加速图模型在我国的理论发展和推广应用。

笔者是首次承担译著工作,各方面水平都比较有限,书中难免有一些错误及不妥之处,敬请各位专家和广大读者批评指正,希望读者能够与笔者联系,以便及时纠正和改进。

孙强

2016年3月

西安

通信地址:西安理工大学106号信箱电子工程系,710048

电话:(029) 82312501

E-mail:qsun@xaut.edu.cn

前 言

过去二十年,图像产品得到了迅猛增长,如数码照片、医学扫描数据、卫星影像和视频电影。因此,围绕数字图像的应用大幅度增加,如多媒体集成、计算机动画、视频游戏、通信与数码艺术、医学应用、生物统计学等等。尽管这些应用各不相同,但都是基于类似的图像处理和分析技术实现的。这一领域涉及广泛的研究内容,涵盖了各种研究问题——从低级的处理(如图像增强、恢复和分割)到高级的分析(如语义目标的提取、图像数据库的检索和人机交互)。

近年来,图已经成为一种解决图像处理和分析问题的统一表达形式。许多概念都可以用图来定义,而且通过图这种工具已成功实现了许多实际问题的建模。由于图具有侧重建模邻域关系的特点从而特别适合于表示任意类型的离散数据,因此它已经在图像处理和分析领域取得了长足的发展,并获得了广泛的应用。依据待分析的图像数据的结构,人们已经提出了不同类型的图模型来解决图像分析问题。然而,图的意义并不只局限于能表达要处理的数据,而且还有助于确定各种图论算法来处理与图相关的函数。此外,通过图来描述图像处理和分析问题可以充分利用组合优化领域的大量文献来获得高效的解决方案。在计算机科学领域这个研究课题是及时且富有影响力的,并在图像去噪、增强、恢复和目标提取等多个问题中展示了它的应用潜力。因此,在图像处理和分析领域开展前沿性的研究与应用工作,图(模型)就成为必不可少的工具了。

随着图在图像处理和分析领域的快速发展,本书旨在对当前最先进的相关技术作全面的概述。本书不仅包括基于图的图像处理方面的理论内容,也介绍了这些概念在前沿问题解决方案中的实际应用。由于图方法在图像处理和计算机视觉领域应用广泛,本书采用了多人合著的形式,每一章分别由各个领域的著名专家撰写,集中论述一种具体的技术或应用问题。

本书的主要读者对象为研究生、研究员和工程实践人员。其目的有两个:第一、向学生和研究人员介绍在解决图像处理和分析问题时所涉及的与图有关的各种重要且先进的理念;第二、本书提供了很多应用案例,展示了如何应用理论算法来解决实际问题。因此,本书既能够为开设图像处理和计算机视觉领域的研究生课程提供支持,也可以作为工程技术人员开发和实现图像处理和分析算法的参考书。

本书第1章为绪论，介绍了图论的基础，构造了各种符号，并讨论了利用图表达图像的一些细节，这使得本书自成一体。本书其他章节介绍了利用图实现图像表示的各种技术，也论述了如何利用各种基于图的算法解决图像处理和计算机视觉领域的实际问题。

第2章到第10章为第一部分，主要涉及基于图的低级图像处理问题。

机器视觉领域的许多问题都可以按照能量最小化形式自然地表达出来。例如，很多计算机视觉任务（比如图像修复、视差估计和物体识别）都涉及为图像像素赋予类标的问题，那么能获得最佳标注结果的表达式就可看作是一个（有关能量函数最小化的）优化问题。最小割（最大网流）算法已经成为精确或近似求解能量最小化问题的有效且实用的工具。第2、第3和第4章集中讨论该问题。第2章论述了图割这类组合优化方法。首先，介绍了与图像相关的能量最小化构思形式，然后讨论了二值类标情形下的图割算法——该算法是最基础的，通过它可将能量最小化问题直接转化为最小割问题。接着，本章讨论了多值类标情形下的图割算法。第3章论述了如何通过马尔可夫随机场（MRF）解决像素的标注问题。解决像素标注问题的标准MRF采用的是定义于一对对随机变量上的成对势函数，这不足以完全建模实际问题的复杂性。作为一类新的高阶势函数，定义于多个随机变量上的势函数具有更强的建模性能，因此能够生成更准确的模型。这一章概述了过去提出的各种高阶随机场模型。同时，也讨论了基于图像块（区域）的势函数和施加拓扑结构约束与类标统计特性的全局势函数，以及这些模型涉及的推理方法。第4章给出了一种有效的算法用来最小化附加了凸且可分的数据逼近项（不一定可微）的全变差。这种方法需要将原始问题转化成一个参数化网流问题，从而可以利用高效的最大流算法进行求解。同时，这一章也考虑了将这种方法扩展到非可分凸数据逼近项的情况。例如，对于反卷积问题，采用线性算子的卷积结果就属于这类情形。

第5章到第8章侧重于讨论一些图论算法，便于求解图像处理任务中与图的顶点和（或）边有关的各类函数。第5章涉及定向图像分割，用于定位单个特定的目标。确定特定目标的方式与图方法能够自然地切合，后者涉及一元项与二元项组合函数的优化问题。同时，这一章还讨论了在图算法的范畴下借助已知信息确定定向目标的其他方法，以及如何利用图算法结合目标信息获得分割结果。第6章论述了边加权图上数学形态学的定义方法。首先，本章介绍了各种有助于比较加权的与非加权的边和顶点的点阵，然后详细描述了各种面向图的形态学算子和滤波器。其次，本章阐述了分水岭与最小生成树之间存在非常密切的联系，前者可用于构造图像分割的层级体系，也可作为一种最优化工具。第7章展示了一种面向图的偏差分方程框架，用于求解基于图的偏微分方程（PDE）。从泛函分析的角度来说，这种框架在图上模仿了大家熟知的PDE变分构思形式，并统一了局部处理与非局部处理过程。特别要说的是，本章介绍了一种在任意拓扑结构的图上实现非局部离散正则化的方法，作为数据简化和插值（类标扩散、图像修补和着色）的理论框架。第 8 章集中论述了对定义于图上的函数进行小波变换的实现方法，并介绍了谱图小波变换（SGWT）。构造 SGWT 的基础是定义缩放算子，其中用到了图在傅里叶变换域的对应结果，即离散图拉普拉斯算子的谱分解。利用面向非局部图像的图执行 SGWT 可以实现非局部图小波变换，该变换非常适于解决图像去噪这类逆问题。

第 9 章和第 10 章介绍了多种图论算法，主要论述了如何将这些算法应用于计算摄像和医学成像等特定成像领域。第 9 章讨论了图像抠像与视频抠像，它们涉及如何准确估计前景目标的问题。抠像是各种图像编辑和电影制作应用程序中的关键技术之一。本章全面回顾了近几年提出的各种先进抠像方法，并阐明了在这些方法中通过不同的图正则化方案获得准确且稳定解的机理。第 10 章描述了一种适用于 n 维图像并可实现单重或多重交互表面最优分割的通用方法。在医学图像分析领域，实现准确而可靠的图像分割是至关重要的，本章就通过这个领域的多个实际案例展示了所论及方法的实用性。

本书第二部分为第 11 章至第 17 章，论述的内容属于高级处理范畴，涉及如何利用图解决图像分析问题。

第 11 章对采用分层式图编码技术实现图像信息编码的规则金字塔与不规则金字塔分别进行了全面的综述。由于实际应用中数据结构的复杂性是限制金字塔效用的一个重要因素，因此探索能够实现金字塔高效编码的数据结构就显得至关重要了。本章首先描述了规则金字塔的主要特点和不足，然后介绍了不规则金字塔及其相关设计方案（例如极大独立集、极大独立有向边集和数据驱动的删除法）。金字塔的设计方案决定了顶点的删除比例，因此可将这种方案理解为金字塔顶点动力学的表征方式。然后，利用收缩核的通用概念对三种不规则金字塔分别展开了论述：简单图、对偶图和组合金字塔。选定某种图模型就决定了在每个层级需要编码哪组图像拓扑和几何特性。

表达对象和概念时，图是一种兼具通用性和有效性的数据结构。在图表示法中，节点通常代表对象或对象的某个部件，而边则描述了对象或对象部件之间的关系（详见第 11 章）。在模式识别和计算机视觉等应用领域，表征对象的相似性是一个很重要的课题。如果采用图方法来表达对象，那么这个问题就转化为图之间相似性的确定问题，这类问题通常称之为图匹配。对于大规模的图，图匹配往往与图嵌入有关，后者是一种从一个图或一组图到一个向量空间的映射。图嵌入（更一般地讲是指降维的图方法）的目的是将图的每个顶点表示成一个能保持每对顶点之间相似性的低维向量，而这里的相似性度量要借助能描述数据集某些统计特性或几何特性的图相似性矩阵来实现。第 12 到第 15 章均涉及降维图方法和图匹配的内容。第 12 章回顾了一些基于图的性能特别优异的降维技术，这其中包括几种采用了测地距离的技术，例如等距特征映射（Isomap）及其变种。同时，还论述了与图拉普拉斯相关的谱方法。本章对生物启发的技术作了更多的阐述，如自组织映射，这些技术能够确定预定图和数据流形之间的拓扑映射关系。第 13 章从理论、算法和应用三个不同层面综述了图编辑距离(GED)。事实上,图匹配方法可分为两种：精确图匹配法和非精确(容错)图匹配法。GED 是非精确图匹配的基础,已经成为度量每一对图之间相似性的一种重要手段,并具有一定的容错性。本章首先介绍了有关 GED 的一些基本概念,着重对编辑距离代价函数的相关理论作了阐述,然后介绍了 GED 的精确计算和近似计算方法,最后讨论了有关 GED 的一些具体应用。第 14 章讨论的是图在形状匹配和分类中的应用。本章按照图在形状匹配和分类问题中的应用情况从结构性量子变化和度量变化表示的角度探讨了它在计算机视觉领域的重要性。同时,对冲击图在匹配与识别问题以及邻近图在分类问题中的应用情况作了概述。第 15 章讨论的是三维形状配准问题,并展示了一种基于谱图理论和概率匹配技术的形状配准方法。通过结合谱图匹配与拉普拉斯嵌入技术,本章对谱图匹配方法进行了扩展,使其可适用于大规模图。

第 16 章和第 17 章为全书的结尾,集中讨论了计算机视觉领域的图模型与核方法。第 16 章讨论了用图表达图像的数学模型,称之为图模型。这一章讨论了利用图模型解决计算机视觉问题时涉及的基本理论、相关问题和算法。图模型是一种功能强大的工具,通过它可以构造的数学模型非常丰富,足以表征每幅图像内容的复杂性,同时易于计算和设计。而且,可借助一系列局部关系利用图模型构造出全局模型。由于核方法通用性很强,许多应用领域都将其视作一种高效的方法。只要设计出一个能产生对称正定核的相似性度量, 就可以广泛采用以样本的欧几里得点积为工作机理的学习算法,如支持向量机。最近的一个研究方向是设计适合于结构化数据(例如图)的核函数。第 17 章介绍了一系列图像正定核,通过这些核可以按照颜色和形状分别计算图像的相似性度量。这些核是由从图像中提取的匹配子树模式(称之为图的“遍历树”)组成的。此外,这一章也详细讨论了其计算时间与图的大小成多项式关系的高效计算核。

相关的补充材料可从本书的配套网站中获得：

http://greyc.stlo.unicaen.fr/lezoray/IPAG

我们要感谢本书的所有作者,他们为准备本书的各个章节做了很大的努力,并采纳了我们以及本领域同行(即评审人)的建议。我们也要感谢 CRC 出版社能给我们这样一次机会来编写一本基于图模型的图像处理和分析著作。特别要提的是,我们要感谢“数字成像与计算机视觉”系列丛书的编辑 Rastislav Lukac 博士,是他发起了这样一个出版计划,同时也感谢 Nora Konopka 女士给予我们的支持和帮助。

Olivier Lézoray

Leo Grady

原著作者简介

Olivier Lézoray（http://www.info.unicaen.fr/~lezoray）分别于1992年、1996年和2000年在法国卡昂大学获得了数学和计算机科学专业的理学学士学位以及计算机科学系的硕士学位和博士学位。从1999年9月到2000年8月，在卡昂大学计算机科学系担任助理教授。从2000年9月至2009年8月，在卡昂大学瑟堡理工学院通信网络与服务部担任副教授。2008年7月，担任悉尼大学的访问研究员。2009年9月以来，一直是卡昂大学瑟堡理工学院通信网络与服务部的全职正教授。同时，他还担任该研究所研究委员会的主席。2011年，他参与共同创立了Datexim公司并成为该公司的学术委员会委员，公司将最先进的图像和数据处理技术推向市场并应用于数字病理学领域。他的研究方向集中在图像处理和分析的离散图模型、基于机器学习的图像数据分类以及计算机辅助诊断。出版了四本书，并在图像处理和机器学习领域的同行评议期刊和会议论文集上发表了100多篇学术论文。2008年，与V-T. Ta和A. Elmoataz一起获得了IBM最佳学生论文奖。Lézoray博士是欧洲信号、语音和图像处理协会（EURASIP）的会员和当地的联络官，同时也是IEEE信号处理学会、IEEE通信学会多媒体通信技术委员会和国际模式识别学会（IAPR）的会员。他是2008年、2010年和2012年国际图像与信号处理会议（ICISP）的共同程序委员会主席，*EURASIP Journal on Advances in Signal Processing*期刊"图像处理中的机器学习"专辑、*Signal Processing*期刊"高维海量图像和信号数据的处理与分析"专辑以及*Computerized Medical Imaging and Graphics*期刊"全切片显微图像处理"专辑的客座共同编辑，还是众多国际学术期刊的评审人。

Leo Grady（http://cns.bu.edu/~lgrady）于1999年在美国佛蒙特大学获得了电机工程专业学士学位，于2003年在美国波士顿大学认知和神经系统系获得了博士学位。自从2003年秋季以来，一直在西门子公司普林斯顿研发中心工作，在那里他是图像分析和信息学部的首席研究科学家。研究方向主要集中在利用图模型对图像和其他类型数据进行建模。这些图模型已经带来了各种各样的开发和应用工具，涉及的领域从离散微积分、组合/连续优化和网络分析到图像及其他数据的分析与合成。研究工作主要用在计算机视觉和生物医学应用领域。研究工作促成他和Jonathan Polimeni一同出版了*Discrete Calculus*（Springer 2010）这本书，该书对离散微积分这个主题进行了介绍并详细论述了如何将其用于解决来自不同科学领域的广泛的应用问题。除了这本书,他还发表了 10 篇期刊论文,在顶级同行评议会议上发表了 20 多篇完整的论文,并在三本书上发表了邀请章节,还在小型会议上发表了多篇论文。目前拥有 25 项授权专利,同时还有 40 多项专利正在评审过程中。Grady 博士作为多个基金评审专家组的成员为美国政府服务,并且是多个国际会议的程序委员会成员,包括计算机视觉与模式识别国际会议(CVPR)、欧洲计算机视觉会议(ECCV)和医学影像计算与计算机辅助干预国际会议(MICCAI),同时也是几个学术研讨会的程序委员会成员,包括交互式计算机视觉、计算机视觉的感知编组、计算机视觉中的结构化模型、计算机视觉与模式识别中的信息论。他已经被邀请为 30 多个国际学术机构和工业实验室作讲座,并在“模式识别中的图表示”学术研讨会、数学形态学国际研讨会(ISMM)和图像与信号处理国际会议(ICISP)上作大会特邀报告。Grady 博士已经为西门子公司的 20 多种产品做出过贡献,这些产品瞄准生物医学应用市场并在世界各地的医疗中心获得了应用。Grady 现为美国 HeartFlow 公司负责研发工作的副总裁。

本书撰稿人列表

Francis Bach
法国国家信息与自动化研究所-巴黎高等师范学院
法国,巴黎

Sébastien Bougleux
卡昂大学
法国,卡昂

Horst Bunke
墨尔本大学
澳大利亚,维多利亚

Luc Brun
卡昂高等工程师学院
法国,卡昂

Antonin Chambolle
巴黎综合理工大学
法国,帕莱索

Jérome Darbon
卡尚高等师范学校
法国,卡尚

Abderrahim Elmoataz
卡昂大学
法国,卡昂

Miquel Ferrer
加泰罗尼亚理工大学
西班牙,巴塞罗那

Mona Garvin
衣阿华大学
衣阿华州,衣阿华市

Leo Grady
西门子公司
新泽西州,普林斯顿

David K. Hammond
俄勒冈大学
俄勒冈州,尤金

Zaid Harchaoui
法国国家信息与自动化研究所
格勒诺布尔地区—罗纳-阿尔卑斯大区
法国,蒙特邦奥圣马尔坦

Radu Horaud
法国国家信息与自动化研究所
格勒诺布尔地区—罗纳-阿尔卑斯大区
法国,蒙特邦奥圣马尔坦

Hiroshi Ishikawa
早稻田大学
日本,东京

Laurent Jacques
法语天主教鲁汶大学
比利时,新鲁汶市

Benjamin Kimia
布朗大学
罗德岛州,普罗维登斯

Pushmeet Kohli
微软研究院
英国,剑桥

Walter Kropatsch
维也纳工业大学
奥地利,维也纳

John Aldo Lee
法语天主教鲁汶大学
比利时,新鲁汶市

Olivier Lézoray
卡昂大学
法国,卡昂

Diana Mateus
慕尼黑工业大学
德国,慕尼黑

Fernand Meyer
国立巴黎高等矿业学校
法国,枫丹白露

Laurent Najman
巴黎大学—东区—巴黎高等电子与电工技术工程师学院
法国,巴黎

Vinh-Thong Ta
卡昂大学
法国,卡昂

Marshall Tappen
中佛罗里达大学
佛罗里达州奥兰多市

Carsten Rother
微软研究院
英国,剑桥

Avinash Sharma
法国国家信息与自动化研究所
格勒诺布尔地区—罗纳-阿尔卑斯大区
法国,蒙特邦奥圣马尔坦

Milan Sonka
衣阿华大学
衣阿华州 衣阿华市

Pierre Vandergheynst
洛桑联邦理工学院
瑞士,洛桑

Michel Verleysen
法语天主教鲁汶大学
比利时,新鲁汶市

Jue Wang
Adobe 系统公司
华盛顿,西雅图

Xiaodong Wu
衣阿华大学
衣阿华州 衣阿华市

常用符号

$\mathcal{S}$	集合
$\bar{\mathcal{S}}$	补集
$\vert\mathcal{S}\vert$	集合的势
$\boldsymbol{A}$	矩阵
$\boldsymbol{v}$	向量
$\tilde{p}$	元组
$\mathcal{V}$	节点集
$\mathcal{E}$	边集
$\mathcal{F}$	面集
$\mathcal{G}(\mathcal{V},\mathcal{E})$	图
$v_i \in \mathcal{V}$	节点
$v_i \sim v_j$	两个节点毗邻
e_i	属于$\mathcal{E}$中元素的边,即 $e_i \in \mathcal{E}$
e_{ij}	节点 v_i 到 v_j 的无向边
$e_{i\to j}$	节点 v_i 到 v_j 的有向边
$w(v_i)$或 w_i	节点的权值
$w(v_i,v_j)$或 w_{ij}	边的权值
描述节点 v_i 的 x_i	节点变量
描述边 e_i 的 y_i	边的变量(流)
$\deg(v_i)$或 d_i	节点的度
$\deg^{+}(v_i)$	节点的内度
$\deg^{-}(v_i)$	节点的外度
K_n	n 个节点构成的完全图
$K_{m,n}$	完全二分图
$\boldsymbol{A}$	关联矩阵
$\boldsymbol{W}$	邻接矩阵
$\boldsymbol{D}$	次数矩阵
$\boldsymbol{L}=\boldsymbol{D}-\boldsymbol{W}$	拉普拉斯矩阵
$\tilde{\boldsymbol{L}}=\boldsymbol{D}^{-\frac{1}{2}}\boldsymbol{L}\boldsymbol{D}^{-\frac{1}{2}}$	归一化的拉普拉斯矩阵
$\pi=(v_1,v_2,\cdots,v_n)$	路径
$\boldsymbol{\Psi}$	耦合

目　录

第 1 章

图像处理和分析中的图论概念与定义

Olivier Lézoray, Leo Grady

1.1 引言

图这种结构形式在数学界有着悠久的历史,几乎被应用于每一个科学和工程领域(参见文献[1]了解图的数学发展史,通过文献[2-4]了解图的常见应用)。读者可以从文献[5-10]中获得许多有关图论数学知识的上佳入门资料。因此,我们鼓励读者从这些资料中学习图论的数学基础。撰写本章的目的有两个:首先,我们将概述全书所涉及的图论基本概念和符号,这样可以使本书自成一体;其次,从概念级层面把这些概念与图像处理和分析问题联系起来,并讨论相关实现细节。

1.2 图的基本理论

直观地讲,图代表元素的集合以及元素之间两两关系的集合。这些元素称作节点或顶点,而它们之间的关系则称作边。正式地讲,定义图 $\mathcal{G}$ 为集合 $\mathcal{G}=(\mathcal{V},\mathcal{E})$,其中 $\mathcal{E}\subseteq \mathcal{V}\times \mathcal{V}$。我们可以将第 i 个顶点记作 $v_i \in \mathcal{V}$, 第 i 条边记作 $e_i \in \mathcal{E}$。每条边是一个由两个顶点构成的子集,因此可以记 $e_{ij} = \{v_i, v_j\}$。在本书中,我们不考虑带有自环的图,这表明 $e_{ij} \in \mathcal{E}$ 意味着 $i \neq j$。同时,我们也不考虑带有(同一方向连着相同节点对的)多重边的图。然而,对于特定的图编码形式,自环和多重边可能会是有用的(参见第 11 章)。

可以把每个图看作是一种加权的结构形式。给定一个图 $\mathcal{G}=(\mathcal{V},\mathcal{E})$,顶点加权可表示成一类函数 $\hat{w}:\mathcal{V}\to\mathbb{R}$,而边加权可表示成另一类函数 $w:\mathcal{E}\to\mathbb{R}$。为了简化符号,我们统一用 w 来表示顶点和边的加权:顶点的权值记作 $w(v_i)$ 或 w_i,连接两个顶点的边的权值记作 $w(v_i,v_j)$ 或 w_{ij}。如果 $\forall v_i \in \mathcal{V}, w_i = 1$,并且 $\forall e_{ij} \in \mathcal{E}$, $w_{ij} = 1$,那么可认为该图是没有加权的。如果没有特别说明,所有节点和边的权值都可视作等于 1。我们认为,$w_{ij} = 0$ 等价于 $e_{ij} \notin \mathcal{E}$。直观地说,一条边的权值为 0 就意味着该边不在边的集合内。

图中每一条边被认为是有向的,另外一些边甚至还是定向的。一条边的有向

意味着每一条边 $e_{ij} \in \mathcal{E}$ 包含着节点 v_i 和 v_j 的有序排列。如果 $w_{ij} \neq w_{ji}$，则边 e_{ij} 是有向的。若图中任何一条边都不是有向的，那么该图称为**无向图**；若图中至少有一条边是有向的，那么该图称为**有向图**。有向边用符号 $e_{i \to j}$ 来表示。有向图比无向图更普遍，因为对于每条边不必满足 $w_{ij} = w_{ji}$。所以，有向图的所有算法适用于无向图，反之则不一定。因此，在本章我们用有向图来说明各种最普遍的概念。

一个无向图中边的方向为确定通过该边的流的符号提供了参考。这个概念最早是在电路理论中发展起来的，用来描述电流通过一个电阻支路（一条边）的方向。例如，电流从节点 v_i 到 v_j 流经 e_{ij} 看作是正的，而电流从 v_j 流到 v_i 则是负的。从这个意义上讲，通过一条有向边的电流通常被限定为严格正。

通常可以这样画一个图：用一个圆圈代表节点，用一条连接圆圈的线代表边。每一条线连接的两个圆圈表示一条边的两个节点。边的定向或者方向通常用一个箭头来表示，可以把边 e_{ij} 画成一个从节点 v_i 指向节点 v_j 的箭头。

考虑两个函数 $s,t:\mathcal{E} \to \mathcal{V}$。函数 s 称为**源函数**，函数 t 称为**目标函数**。给定一条边 $e_{ij} = (v_i, v_j) \in \mathcal{E}$，我们称 $s(e_{ij}) = v_i$ 是 e_{ij} 的**源点**或者**源头**，$t(e_{ij}) = v_j$ 是 e_{ij} 的**终点**或者**目的地**。给定任意一条边 $e_k \in \mathcal{E}$，顶点 $s(e_k)$ 和 $t(e_k)$ 称为 e_k 的**边界点**，而表达式 $t(e_k) - s(e_k)$ 称为 e_k 的**边界线**。

有了上述预备知识，我们现在可列出一系列与图有关的基本定义：

1. **毗邻**：如果 $\exists e_{ji} \in \mathcal{E}$ 或者 $\exists e_{ij} \in \mathcal{E}$，那么两个节点 v_i 和 v_j 是**毗邻**的，记作 $v_i \sim v_j$。如果两条边 e_{ij} 和 e_{sk} 有共同的顶点，即 $i = s$，$i = k$，$j = s$ 或者 $j = k$，则称这两条边是**毗邻**的。

2. **关联**：一条边 e_{ij} **关联**节点 v_i 和 v_j（每个节点与这条边相关联）。

3. **孤立**：如果 $\forall v_j \in \mathcal{V}, w_{ij} = w_{ji} = 0$，则称节点 v_i 是**孤立**的。直观地讲，如果一个节点没有通过（非零权值的）边连接到图中，那么该节点是**孤立**的。

4. **度**：节点 v_i 的外度为 $\deg^-(v_i) = \sum_{e_{ij} \in \mathcal{E}} w_{ij}$，节点 v_i 的内度为 $\deg^+(v_i) = \sum_{e_{ji} \in \mathcal{E}} w_{ji}$。需要注意的是，在无向图中 $\forall v_i \in \mathcal{V}, \deg^-(v_i) = \deg^+(v_i)$。我们简单地用 $d(v_i)$ 或 d_i 表示无向图中顶点的**度**。孤立节点 v_i 的度为 0。

5. **补图**：如果 $\bar{\mathcal{E}} = \mathcal{V} \times \mathcal{V} - \mathcal{E}$，那么图 $\bar{\mathcal{G}} = (\mathcal{V}, \bar{\mathcal{E}})$ 称为图 $\mathcal{G} = (\mathcal{V}, \mathcal{E})$ 的**补图**。因此，补图与原图中所有的节点都相同。但是，在补图中若使某一节点对是连接的，当且仅当该节点对在原图中没有连接。

6. **正则图**：对于某个常数 k，如果在一个无向图中 $\forall v_i \in \mathcal{V}, d_i = k$，那么该无向图称之为**正则图**。

7. **完全图（全连通图）**：在一个无向图中，如果每个节点分别通过一条边与其余的每个节点都连接，即 $\mathcal{E} = \mathcal{V} \times \mathcal{V}$，那么该无向图称为**完全图**或者**全连通图**。一个有 n 个顶点的完全图记作 K_n，图 1.1 给出了一个 K_5 的例子。

8. **部分图**:如果 $\mathcal{E}' \subseteq \mathcal{E}$,那么图 $\mathcal{G}' = (\mathcal{V},\mathcal{E}')$ 称为图 $\mathcal{G}= (\mathcal{V},\mathcal{E})$ 的**部分图**。

9. **子图**:如果 $\mathcal{V}' \subseteq \mathcal{V}$ 并且 $\mathcal{E}' = \{e_{ij} \in \mathcal{E} | \ v_i \in \mathcal{V}', v_j \in \mathcal{V}'\}$,那么图 $\mathcal{G}' = (\mathcal{V}', \mathcal{E}')$ 称为图 $\mathcal{G}= (\mathcal{V},\mathcal{E})$ 的**子图**。

10. **团**:团定义为顶点集的一个全连通子集(参见图 1.2)。

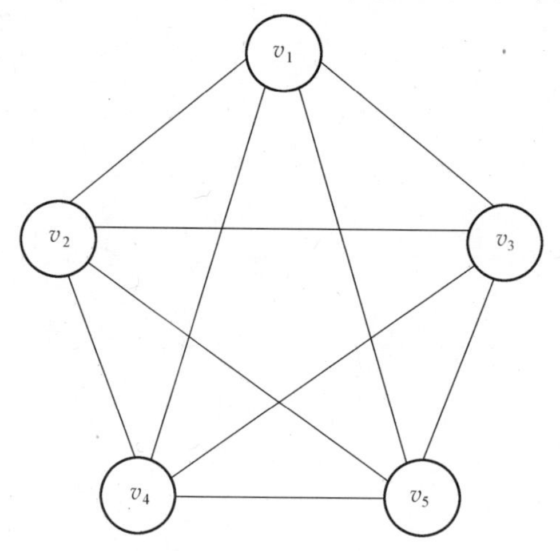

图 1.1 完全图 K_5 示例。

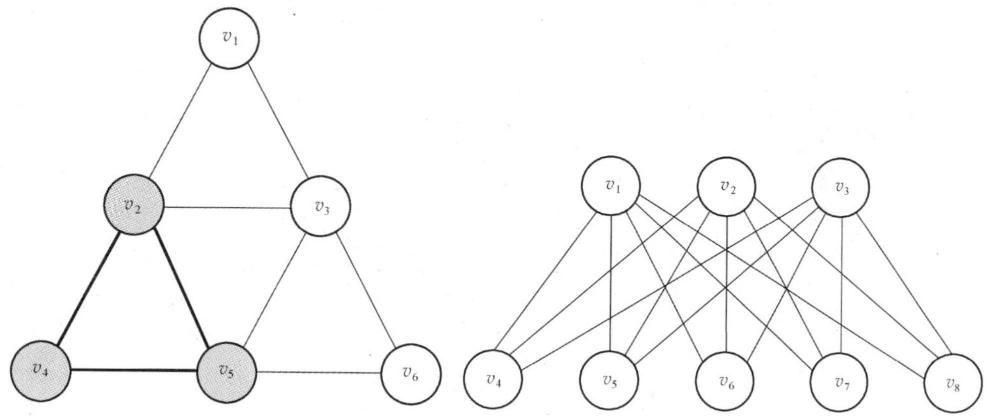

图 1.2 左:图中的一个势团(灰色);右:完全二分图 $K_{3,5}$,其中的两个子集分别为 $\mathcal{V}_1 = \{v_1, v_2, v_3\}$ 和 $\mathcal{V}_2 = \{v_4, v_5, v_6, v_7, v_8\}$。

11. **二分图**:如果 $\mathcal{V}$ 被分成两个子集 $\mathcal{V}_1 \subset \mathcal{V}, \mathcal{V}_2 \subset \mathcal{V}$,且 $\mathcal{V}_1 \cap \mathcal{V}_2 = \varnothing, \mathcal{V}_1 \cup \mathcal{V}_2 = \mathcal{V}$,并使 $\mathcal{E} \subseteq \mathcal{V}_1 \times \mathcal{V}_2$,那么图 $\mathcal{G}$ 称为**二分图**。如果 $|\mathcal{V}| = m$, $|\mathcal{V}| = n$,并且 $\mathcal{E} = \mathcal{V}_1 \times \mathcal{V}_2$,那么图 $\mathcal{G}$ 称为**完全二分图**,并记作 $K_{m,n}$。图 1.2 给出了一个 $K_{3,5}$ 的例子。

12. **图的同构**:给定两个无向图 $\mathcal{G}_1 = (\mathcal{V}_1, \mathcal{E}_1)$ 和 $\mathcal{G}_2 = (\mathcal{V}_2, \mathcal{E}_2)$,如果 $(v_i, v_j) \in \mathcal{E}_1$ 意味着 $(f(v_i), f(v_j)) \in \mathcal{E}_2$,那么从 $\mathcal{G}_1$ 到 $\mathcal{G}_2$ 的**双射** $f: \mathcal{V}_1 \rightarrow \mathcal{V}_2$ 称为**图的同构**。图 1.3 给出了一个关于两个图之间同构的例子。

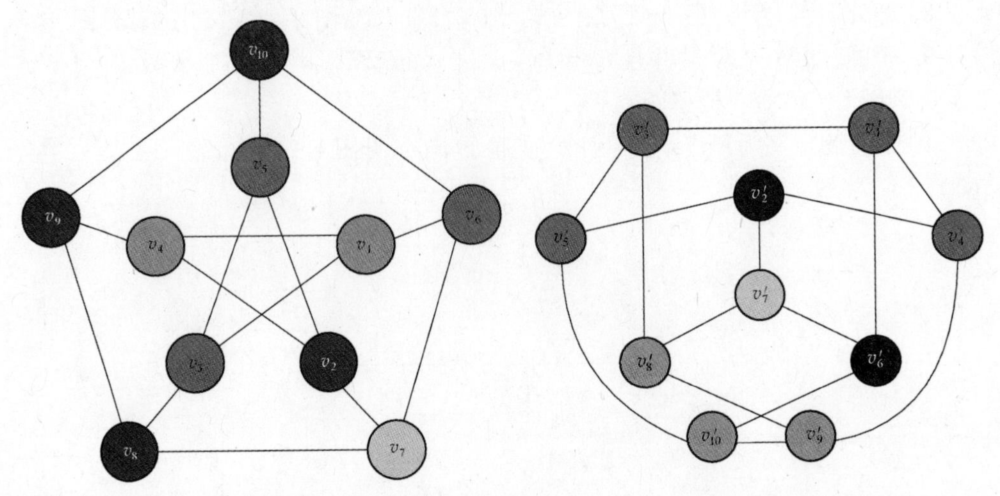

图 1.3　两个图之间为同构关系的示例，其中对应的映射为
$v_{10} \to v'_3, v_9 \to v'_5, v_8 \to v'_2, v_7 \to v'_7, v_6 \to v'_8, v_5 \to v'_1, v_4 \to v'_{10}, v_3 \to v'_4, v_2 \to v'_6, v_1 \to v'_9$。

13. **高阶图(超图)**：如果把 $\mathcal{F}$ 中的每一个元素 $f_i \in \mathcal{F}$ 定义为一个节点集，且 $|f_i| > 2$，那么图 $\mathcal{G} = (\mathcal{V}, \mathcal{E}, \mathcal{F})$ 称为**高阶图**或**超图**。高阶集合中的每一个元素称为**超边**，而且每一条超边也可以被加权。k **一致超图**是一个所有超边的规模均为 k 的超图。因此，3 一致超图就是一个三元节点组的集合。

1.3　图的表示方法

我们考虑一下计算机上能实现的一些图表示。以往常用来表示图的数据结构对用计算机所能解决的问题的规模以及解决这些问题的速度有着重要的影响。因此，了解图的不同表示法是非常重要的。我们将利用图 1.4 中描绘的图来阐述这些表示方法。

1.3.1　矩阵表示法

图可以由几个互不相同的常见矩阵中的任意一个来表示。矩阵表示法可以提供高效的存储(这是因为用于图像处理的大多数图具有稀疏特性)，但是也可以把每个矩阵表示看作一个**算子**，用在与图的节点或边相关的函数上。

图的第一个矩阵表示方式为**关联矩阵**。图 $\mathcal{G} = (\mathcal{V}, \mathcal{E})$ 的关联矩阵是一个 $|\mathcal{E}| \times |\mathcal{V}|$ 的矩阵 $\boldsymbol{A}$，其中

$$\boldsymbol{A}_{ij} = \begin{cases} -1 & \text{如果 } s(e_i) = v_j \\ +1 & \text{如果 } t(e_i) = v_j \\ 0 & \text{其他} \end{cases} \tag{1.1}$$

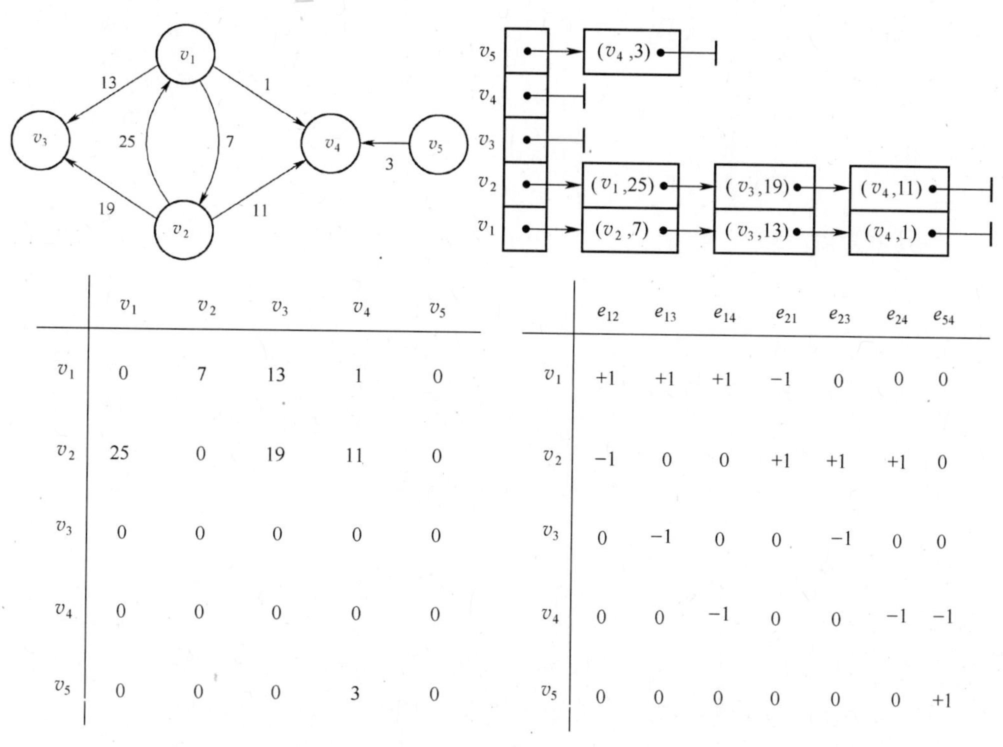

	v_1	v_2	v_3	v_4	v_5
v_1	0	7	13	1	0
v_2	25	0	19	11	0
v_3	0	0	0	0	0
v_4	0	0	0	0	0
v_5	0	0	0	3	0

	e_{12}	e_{13}	e_{14}	e_{21}	e_{23}	e_{24}	e_{54}
v_1	+1	+1	+1	−1	0	0	0
v_2	−1	0	0	+1	+1	+1	0
v_3	0	−1	0	0	−1	0	0
v_4	0	0	−1	0	0	−1	−1
v_5	0	0	0	0	0	0	+1

图 1.4　从左上到右下分别展示了一个加权有向图、
它的邻接列表、邻接矩阵及其(转置的)关联矩阵表示。

在本节中,关联矩阵有着矩阵的独特性质:它保持了每条边的方向信息,却没有保持边的权重。关联矩阵的伴随(转置)也能表示图的**边界算子**:从这种意义上来说,用一条路径上所有边的符号指示向量与这个矩阵相乘将返回路径的终点。此外,关联矩阵还定义了与图的节点相关的函数的外导数。因此,关联矩阵在**离散微积分学**中起着重要的作用(详细内容参见文献[12])。

图 $\mathcal{G}=(\mathcal{V},\mathcal{E})$ 的**本构矩阵**是一个 $|\mathcal{E}|\times|\mathcal{E}|$ 的矩阵 $\boldsymbol{C}$, 其中

$$\boldsymbol{C}_{ij}=\begin{cases}w(e_i) & \text{如果 } i=j\\ 0 & \text{其他}\end{cases}\tag{1.2}$$

图 $\mathcal{G}=(\mathcal{V},\mathcal{E})$ 的**邻接矩阵**表示为一个 $|\mathcal{V}|\times|\mathcal{V}|$ 的矩阵 $\boldsymbol{W}$, 其中

$$\boldsymbol{W}_{ij}=\begin{cases}w_{ij} & \text{如果 } e_{ij}\in\mathcal{E}\\ 0 & \text{其他}\end{cases}\tag{1.3}$$

对无向图来说,矩阵 $\boldsymbol{W}$ 是对称的。

无向图 $\mathcal{G}=(\mathcal{V},\mathcal{E})$ 的**拉普拉斯矩阵**是一个 $|\mathcal{V}|\times|\mathcal{V}|$ 的矩阵 $\boldsymbol{GL}$, 其中

$$\boldsymbol{L}_{ij}=\begin{cases}d_i & \text{如果 } i=j\\ -w_{ij} & \text{如果 } e_{ij}\in\mathcal{E}\\ 0 & \text{其他}\end{cases}\tag{1.4}$$

并且 $\boldsymbol{G}$ 是一个对角元素为 $\boldsymbol{G}_{ii} = w(v_i)$ 的对角矩阵。在涉及拉普拉斯矩阵时，最经常采用 $w(v_i) = 1$ 或 $w(v_i) = \frac{1}{d_i}$（关于这一点，文献[12]中有更详细的论述）。

如果 $\boldsymbol{G} = \boldsymbol{I}$，那么对于无向图来说，由公式

$$\boldsymbol{A}^{\mathrm{T}}\boldsymbol{C}\boldsymbol{A} = \boldsymbol{W} - \boldsymbol{D} = \boldsymbol{L} \tag{1.5}$$

可知：这些矩阵是彼此相关的，其中 $\boldsymbol{D}$ 是一个有关节点度的对角矩阵，对角元素 $\boldsymbol{D}_{ii} = d_i$。

1.3.2 邻接列表法

与矩阵表示法相比，邻接列表法的优势在于它会占用更少的内存。事实上，一个完整的关联矩阵所需的内存是 $O(|\mathcal{V}| \times |\mathcal{E}|)$，而一个完整的邻接矩阵所需的内存是 $O(|\mathcal{V}|^2)$。然而，稀疏图可以充分利用稀疏矩阵表示进一步提高内存的使用效率。

图的邻接列表表示是一个具有 $|\mathcal{V}|$ 个链表的阵列 L（$\mathcal{V}$ 中的每个顶点对应一个链表）。每个顶点 v_i 均有一个指针 L_i，指向一个包含与 v_i 相邻的所有顶点 v_j 的链表。对于加权图，链表既包含目标顶点，也包含边的权重。利用这一表示法，通过边集的迭代次数是 $O(|\mathcal{V}| + |\mathcal{E}|)$，而如果采用邻接矩阵表示，所需的迭代次数是 $O(|\mathcal{V}|^2)$。然而，若检验一下边 $e_k \in \mathcal{E}$ 是否成立，采用邻接表的运算复杂度是 $O(|\mathcal{V}|)$，而采用邻接矩阵的运算复杂度是 $O(1)$。

1.4 路径、树和连通性

图描述的是节点之间的关系，可以利用这些关系确定两个节点是否通过一系列的两两关系相连通，这一连通性概念连同与其相关的路径和树的概念均以某种形式贯穿于本书中。因此，现在我们就回顾一下连通性的相关概念和用来研究连通关系的一些基本算法。

1.4.1 遍历和路径

给定一个有向图 $\mathcal{G} = (\mathcal{V}, \mathcal{E})$ 和两个顶点 $v_i, v_j \in \mathcal{V}$，从 v_i 到 v_j 的一次遍历（也称为一条链路）是一个序列 $\pi(v_1, v_n) = (v_1, e_1, v_2, \cdots, v_{n-1}, e_{n-1}, v_n)$，其中 $n \geqslant 1$，$v_i \in \mathcal{V}$，且 $e_j \in \mathcal{E}$：

$$v_1 = v_i, v_j = v_n, \text{且} \{s(e_i), t(e_i)\} = \{v_i, v_{i+1}\}, 1 \leqslant i \leqslant n \tag{1.6}$$

遍历的长度记作 $|\boldsymbol{\pi}| = n$。一次遍历可能不止一次包含某个顶点或某条边。如果 $v_i = v_j$，那么该遍历称之为**闭遍历**，否则称之为**开遍历**。如果每一条边仅被经过一次，那么这种遍历称之为**迹**。一个闭迹称之为一条**回路**。如果一条回路的所有节

点各不相同,则称之为一个**环**。如果某一开遍历中每个顶点各不相同,则称之为一条**路径**。一条**子路径**是一条路径中任意一个连续的子集。可以通过图 1.5 来说明遍历、迹和路径的概念。在该图中,加粗的灰色箭头给出了一次遍历 $\pi(v_1,v_1)=(v_1,e_8,v_5,e_7,v_1,e_1,v_2,e_6,v_6,e_4,v_5,e_7,v_1)$,这是一次闭遍历,但不是迹($e_7$ 被经过两次),也不是环。虚线形式的灰色箭头给出了一次遍历 $\pi(v_6,v_4)=(v_6,e_5,v_2,e_2,v_3,e_3,v_4)$,这是一次开遍历,是一个迹也是一条路径。黑色箭头不包含在遍历 $\pi(v_1,v_1)$ 和 $\pi(v_6,v_4)$ 之中。

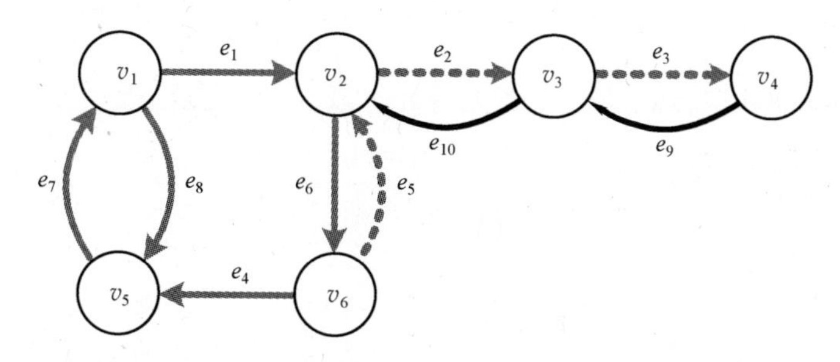

图 1.5　遍历 $\pi(v_1,v_1)$(加粗的灰色箭头)、迹以及路径 $\pi(v_6,v_4)$(带有虚线的灰色箭头)的示例。

1.4.2　连通图

如果 $\exists\pi(v_i,v_j)$ 或 $\exists\pi(v_j,v_i)$,那么两个节点是**连通**的。一个图 $\mathcal{G}=(\mathcal{V},\mathcal{E})$ 称之为**连通图**当且仅当 $\forall v_i,v_j\in\mathcal{V}$, $\exists\pi(v_i,v_j)$ 或 $\exists\pi(v_j,v_i)$。因此,如下关系

$$v_iR_wv_j=\begin{cases}v_i=v_j,\\ \exists\pi(v_i,v_j) \quad \text{或} \quad \exists\pi(v_j,v_i)\end{cases} \tag{1.7}$$

是一个等价关系。通过这种关系引出的等价类将 $\mathcal{V}$ 划分成子集 $\mathcal{V}_1,\mathcal{V}_2,\cdots,\mathcal{V}_p$。由 $\mathcal{V}_1,\mathcal{V}_2,\cdots,\mathcal{V}_p$ 产生的子图 $\mathcal{G}_1,\mathcal{G}_2,\cdots,\mathcal{G}_p$ 称为图 $\mathcal{G}$ 的**连通分量**,而每一个连通分量是一个连通图。图 $\mathcal{G}$ 的这些连通分量是图 $\mathcal{G}$ 中彼此相连的最大子图的集合。

如果 $\exists\pi(v_i,v_j)$ 且 $\exists\pi(v_j,v_i)$,那么称两个节点是**强连通**的。如果两个节点连通但不是强连通,那么称这两个节点是**弱连通**的。需要注意的是,在无向图中所有连通的节点都是强连通的。图是强连通的当且仅当 $\forall v_i,v_j\in\mathcal{V}$, $\exists\pi(v_i,v_j)$ 且 $\exists\pi(v_j,v_i)$。因此,下列关系

$$v_iR_sv_j=\begin{cases}v_i=v_j\\ \exists\pi(v_i,v_j) \text{ 且 } \exists\pi(v_j,v_i)\end{cases} \tag{1.8}$$

是一个等价关系。通过划分 $\mathcal{G}$ 产生的子图均是 $\mathcal{G}$ 的强连通分量。图 1.6 解释了强连通分量和弱连通分量的概念。

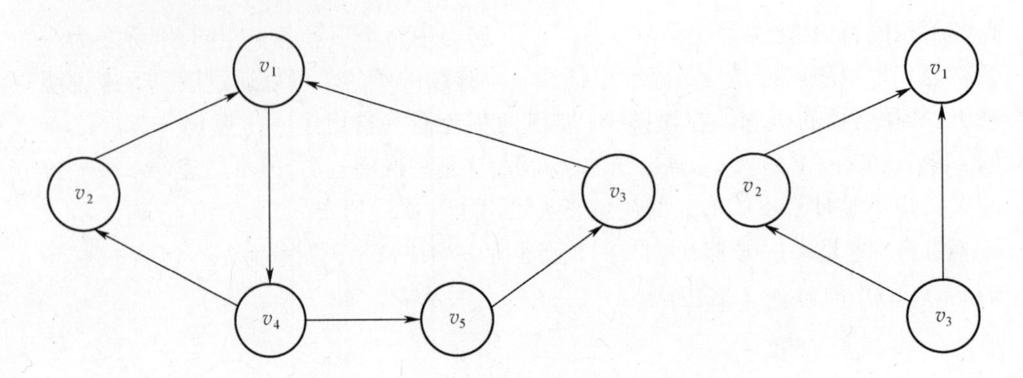

图 1.6　左:一个强连通分量；　右:一个弱连通分量。

1.4.3　最短路径

图中的各种路由问题(尤其是寻找最短路径)是图论中最古老也是最常见的问题类型之一。记 $\mathcal{G}=(\mathcal{V},\mathcal{E})$ 是一个权值图,其中的加权函数 $w:\mathcal{E}\to\mathbb{R}$ 将实数值(即权重,在这里也称为长度)与每一条边相关联。在本节中,我们仅仅讨论所有边的权重均是非负值的图。令 $l(\pi(v_i,v_j))$ 表示一次遍历的总权值(即长度):

$$l(\pi(v_i,v_j))=\sum_{e_k\in\pi(v_i,v_j)}w(e_k) \tag{1.9}$$

如果 v_i 和 v_j 不连通且 $l(\pi(v_i,v_i))=0$,我们也采用习惯做法,将该遍历的长度设定为 ∞。两个节点间的最短长度是

$$l^*(v_i,v_j)=\underset{\pi(v_i,v_j)}{\operatorname{argmin}}\,l(\pi(v_i,v_j)) \tag{1.10}$$

满足式(1.10)中最小权值的遍历是一条路径,称为**最短路径**。两个节点之间的最短路径可能并不是唯一的。如果想要找到一个顶点到其他所有顶点或者所有顶点对中顶点间的最短路径,可以采用不同算法计算 l^*。在这里我们只讨论第一类问题。

计算一个顶点到其他所有顶点的最短路径最常用的算法是 Dijkstra 提出的算法[13]。Dijkstra 的算法用于解决每一对顶点 v_i,v_j 间的最短路径问题,其中要求 v_i 为固定的起点,并且 $v_j\in\mathcal{V}$。Dijkstra 的算法利用了这样一个性质:最短路径上任意两个节点间的路径也是一条最短路径。具体地说,令 $\pi(v_i,v_j)$ 是一个带有正权重($w:\mathcal{E}\to\mathbb{R}^+$)的加权连通图 $\mathcal{G}=(\mathcal{V},\mathcal{E})$ 中从 v_i 到 v_j 的最短路径,并令 v_k 是 $\pi(v_i,$

---

① 可以利用边权重表示节点间的**邻近度**或**距离**。邻近权重为 0 可看作与断开状态是等效的(从 $\mathcal{E}$ 中移除掉边),而距离权重为 ∞ 也等效为断开。可以通过 $b=\frac{1}{a}$ 把邻近权重 a 转换为距离权重 b。有关这一关系更详细的论述参见文献[12]。在本章,邻近权重与距离权重都采用同样的符号,其区别视具体应用而定。本节涉及的所有权重均看作是距离权重。

v_j）的一个顶点，那么子路径 $\pi(v_i,v_k) \subset \pi(v_i,v_j)$ 是从 v_i 到 v_k 的最短路径。图1.7给出了以 v_i 为源点计算最短路径的Dijkstra算法，并通过一个给定的图上的例子来解释这种算法。在计算机视觉领域，最短路径的思想已被采用，例如交互式图像分割问题[14,15]。

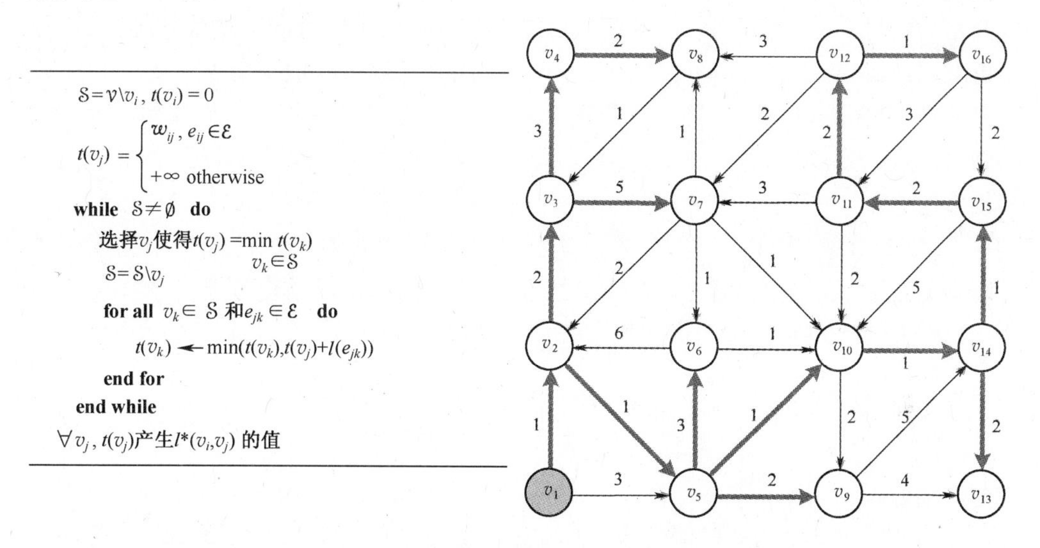

图1.7　左图：用于计算源顶点 v_i 到图中所有顶点最短路径的Dijkstra算法。
右图：Dijkstra算法示例；v_1 是源顶点，从 v_1 到
其他顶点的最短路径用粗的灰色箭头显示。

1.4.4　树和最小生成树

树是不带有环的无向连通图。不带有环的非连通树称为森林（森林中每一个连通分支是一棵树）。更准确地讲，如果 $\mathcal{G}$ 是一个含有 $|\mathcal{V}|=n$ 个顶点的图并且是一棵树，那么如下几个性质是等价的：

- $\mathcal{G}$ 是不带有环的连通图；
- $\mathcal{G}$ 是连通图且有 $n-1$ 条边；
- $\mathcal{G}$ 不带有环且有 $n-1$ 条边；
- $\mathcal{G}$ 不带有环且具有最大性质（即增加任意一条边，都会形成一个环）；
- $\mathcal{G}$ 是连通图且具有最小性质（即移除任意一条边，$\mathcal{G}$ 将是不连通的）；
- $\mathcal{G}$ 的两个任意顶点之间存在唯一一条路径。

如果一个连通图 $\mathcal{G}=(\mathcal{V},\mathcal{E})$ 的部分图 $\mathcal{G}'=(\mathcal{V},\mathcal{E}')$ 是一棵树，那么称其为 $\mathcal{G}$ 的一棵**生成树**。任意一个连通图至少有一棵生成树。

我们可以定义任意一棵树 $\mathcal{T}=(\mathcal{V},\mathcal{E}_\mathcal{T})$ 的权重（或代价）为

$$c(\mathcal{T})=\sum_{e_k\in\mathcal{E}_\mathcal{T}} w(e_k) \tag{1.11}$$

能够最小化上述代价函数的生成树（与图的所有生成树相比）称为**最小生成树**。一个图的最小生成树可能不是唯一的。在许多应用场合求解图的生成树问题都会遇到（例如手机网络设计）。目前存在多种求解最小生成树的算法，这里我们专门讨论 Prim 提出的算法。Prim 算法的原理是以渐近方式建立一棵树：从最小权值边开始，将保持一个无环部分图的所有可能边中具有最小权值的边迭代增补到该树。更准确地讲，对于图 $\mathcal{G}=(\mathcal{V},\mathcal{E})$，从一个顶点 v_1 开始逐步构造子集 $\mathcal{V}'$（要求 $\{v_1\}\subseteq\mathcal{V}'\subseteq\mathcal{V}$）和子集 $\mathcal{E}'\subseteq\mathcal{E}$，使得部分图 $\mathcal{G}'=(\mathcal{V},\mathcal{E}')$ 是 $\mathcal{G}$ 的一棵最小生成树。为了做到这一点，每一步都需要从集合 $\{e_{kl}\mid e_{kl}\in\mathcal{E},v_k\in\mathcal{V}',l\in\mathcal{V}\backslash\mathcal{V}'\}$ 中选择具有最小权值的边 e_{ij}。然后，分别利用顶点 v_j 和边 e_{ij} 扩展子集 $\mathcal{V}'$ 和 $\mathcal{E}'$：$\mathcal{V}'\leftarrow\mathcal{V}'\cup\{v_j\}$，$\mathcal{E}'\leftarrow\mathcal{E}'\cup\{e_{ij}\}$。当 $\mathcal{V}'=\mathcal{V}$ 时，Prim 算法终止。图 1.8 给出了计算最小生成树的 Prim 算法，以及一个给定图上的具体实例。最小生成树已被应用于计算机视觉领域，例如图像分割[16]和图像层级式表达[17]。

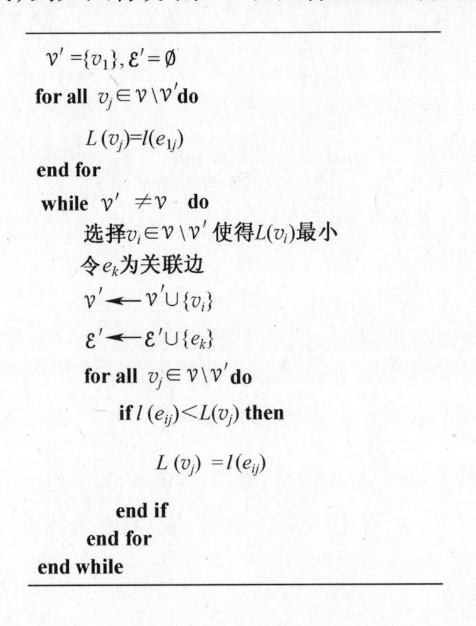

```
𝒱' ={v1}, ℰ' = ∅
for all vj ∈ 𝒱 \ 𝒱' do
    L(vj)=l(e1j)
end for
while 𝒱' ≠ 𝒱 do
    选择vi ∈ 𝒱 \ 𝒱' 使得L(vi)最小
    令ek为关联边
    𝒱' ← 𝒱' ∪ {vi}
    ℰ' ← ℰ' ∪ {ek}
    for all vj ∈ 𝒱 \ 𝒱' do
        if l(eij) < L(vj) then
            L(vj) = l(eij)
        end if
    end for
end while
```

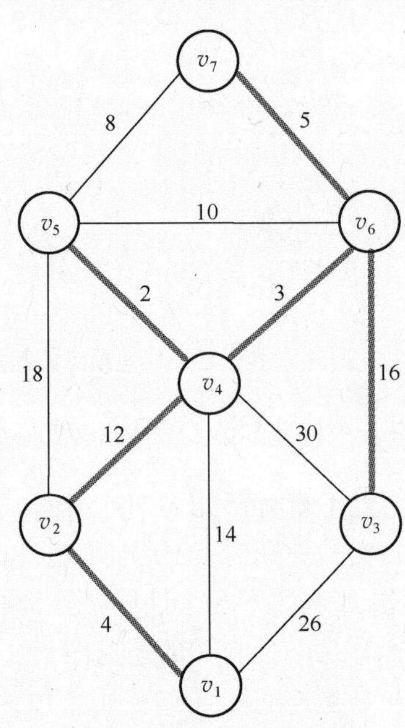

图 1.8 左图：用于计算图中以节点 v_1 为起点的最小生成树的普利姆算法。注意，任何一个节点都有可能被选作 v_1，此算法将会产生一棵最小生成树。然而，当一个图包含多棵最小生成树时，v_1 的选择就决定了由本算法所确定的最小生成树。右图：普利姆算法的说明；其中，最小生成树用灰色粗线显示。

1.4.5 最大流和最小割

交通网络是一个有向加权图 $\mathcal{G}=(\mathcal{V},\mathcal{E})$，并满足：

- 恰好只存在一个无前辈的顶点 v_1，称为**源点**（记作 v_s），即 $\deg^+(v_1)=0$；
- 恰好只存在一个无后代的顶点 v_n，称为**汇点**（记作 v_t），即 $\deg^-(v_n)=0$；

- 从 v_s 到 v_t 至少存在一条路径；
- 有向边 e_{ij} 的权重 $w(e_{ij})$ 称为**容量**，它是一个非负实数，即存在映射 $w:\mathcal{E}\to\mathbb{R}^+$。

记 $\mathcal{A}^+(v_i)$ 表示源自节点 v_i 向内拓展的边构成的集合：

$$\mathcal{A}^+(v_i)=\{e_{ji}\in\mathcal{E}\}\tag{1.12}$$

同理，记 $\mathcal{A}^-(v_i)$ 表示源自节点 v_i 向外拓展的边构成的集合：

$$\mathcal{A}^-(v_i)=\{e_{ij}\in\mathcal{E}\}\tag{1.13}$$

函数 $\varphi:\mathcal{E}\to\mathbb{R}^+$ 称为**流**，当且仅当：

- 每个顶点 $v_i\notin\{v_s,v_t\}$ 满足守恒条件（也称为基尔霍夫电流定律）：

$$\sum_{e_{ji}}\varphi(e_{ji})-\sum_{e_{ij}}\varphi(e_{ij})=0\tag{1.14}$$

也可以将其表示成矩阵形式：

$$\mathbf{A}^{\mathrm{T}}\boldsymbol{\varphi}=\boldsymbol{p}\tag{1.15}$$

其中，对于任意的 $v_i\notin\{v_s,v_t\}$，$p_i=0$。直观地说，这个法则表明，进入每个节点的流也必须从该节点流出（即流守恒）。

- 对于每条边 e_{ij}，必须满足容量约束条件 $\varphi(e_{ij})\leqslant w(e_{ij})$。

一个流的值是 $|\varphi|=\sum_{e_{ij}\in\mathcal{A}^-(v_s)}\varphi(e_{ij})=\sum_{e_{ij}\in\mathcal{A}^+(v_t)}\varphi(e_{ij})=p_s$。如果一个流的值有可能是最大的，即对其他每个流，$|\varphi^*|\geqslant|\varphi|$ 都成立，那么这个流 φ^* 就是一个**最大流**。图1.9展示的就是一个值为10的 (s,t) -流。

(s,t) -割是一种划分 $P=<\mathcal{V}_1,\mathcal{V}_2>$，它把顶点集划分成子集 $\mathcal{V}_1$ 和 $\mathcal{V}_2$，使得 $\mathcal{V}_1\cap\mathcal{V}_2=\varnothing,\mathcal{V}_1\cup\mathcal{V}_2=\mathcal{V},v_s\in\mathcal{V}_1,v_t\in\mathcal{V}_2$。一个割 P 的容量是从 $\mathcal{V}_1$ 开始到 $\mathcal{V}_2$ 结束的所有边的容量之和：

$$C(P)=\sum_{v_i\in\mathcal{V}_1}\sum_{v_j\in\mathcal{V}_2}w(e_{ij})\tag{1.16}$$

其中，如果 $e_{ij}\notin\mathcal{E}$，$w(e_{ij})=0$。图1.9也展示了一个容量为30的 (s,t) -割。所谓**最小割**问题就是推断一个容量尽可能低的 (s,t) -割。直观地讲，最小割就是分裂所

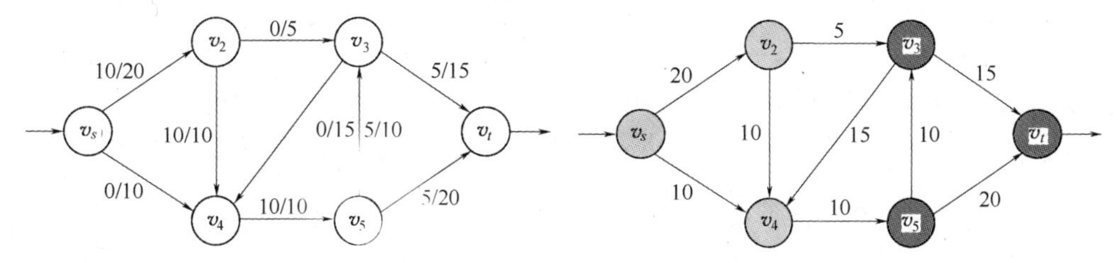

图1.9 左图：值为10的 (s,t) -流，每一条边用它的流/容量来标记。
右图：容量为30的 (s,t) -割，$\mathcal{V}_1=\{v_s,v_2,v_4\}$（浅灰色）和
$\mathcal{V}_2=\{v_3,v_5,v_t\}$（深灰色）。

有从 v_s 到 v_t 的流时代价最省的那种方式。事实上，可以证明对于任何有向加权图，

总存在一个流 φ 和一个对应的割 $(\mathcal{V}_1, \mathcal{V}_2)$ 使得最大流的值等于最小割的容量[18]。

对于一条边 e_{ij}，如果 $\varphi(e_{ij})=w_{ij}$，则称该边在流量上是**饱和**的。如果从 v_s 到 v_t 的路径上任何一条边都是饱和的，那么该路径就是饱和的。一条边的**残留容量** c_r：$\mathcal{V}\times\mathcal{V}\rightarrow\mathbb{R}^+$ 为

$$c_r(e_{ij})=\begin{cases}w_{ij}-\varphi(e_{ij}) & \text{如果 } e_{ij}\in\mathcal{E}\\ \varphi(e_{ij}) & \text{如果 } e_{ji}\in\mathcal{E}\\ 0 & \text{其他}\end{cases} \tag{1.17}$$

残留容量还可以表示通过该边的流量。可以把**残差图**定义为初始图的部分图 $\mathcal{G}_r=(\mathcal{V}, \mathcal{E}_r)$，其中初始图中所有残留容量为 0 的边已被剔除，即 $\mathcal{E}_r=\{e_{ij}\in\mathcal{E} \mid c_r(e_{ij})>0\}$。

$\varphi(e_{ij}) \leftarrow 0, \forall e_{ij}\in\mathcal{E}$

构造残差图 $\mathcal{G}_r=(\mathcal{V}, \mathcal{E}_r)$

while 在 $\mathcal{G}_r$ 中 $\exists\pi(v_s,v_r)$ 使得 $c_r(\pi)>0$ **do**

for all $e_{ij}\in\pi$ **do**

$\varphi(e_{ij}) \leftarrow \varphi(e_{ij})+c_r(\pi)$

$\varphi(e_{ji}) \leftarrow \varphi(e_{ji})-c_r(\pi)$

end for

end while

给定 $\mathcal{G}_r$ 中一条从 v_s 到 v_t 的路径 $\boldsymbol{\pi}$，增广路径的残留容量是该路径中所有边的残留容量的最小值：

$$c_r(\boldsymbol{\pi})=\min_{e_{ij}\in\boldsymbol{\pi}} c_r(e_{ij}) \tag{1.18}$$

如果 $c_r(\boldsymbol{\pi})>0$，这样的路径称之为**增广路径**。可以通过这条增广路径定义一个新的增强流函数 φ'：

$$\varphi'(e_{ij})=\begin{cases}\varphi(e_{ij})+c_r(\boldsymbol{\pi}) & \text{如果 } e_{ij}\in\boldsymbol{\pi}\\ \varphi(e_{ij})-c_r(\boldsymbol{\pi}) & \text{如果 } e_{ji}\in\boldsymbol{\pi}\\ \varphi(e_{ij}) & \text{其他}\end{cases} \tag{1.19}$$

一个流可称之为**最大流**，当且仅当其对应的残差图是不连通的（即没有增广路径）。存在几种获得最大流的方法，但这里我们仅讨论由 Ford 和 Fulkerson 提出的经典算法[18]。Ford-Fulkerson 算法的原理是：只要图中存在增广路径，就沿着一条路径扩充流。图 1.10 给出了该算法，以及产生增广路径的一个步骤。在计算机视觉领域，通常将利用最大流/最小割思想解决各种问题的方法称之为**图割**，采用的是 Boykov 等人的研究工作[19]。而且，在解决许多计算机视觉问题时发现 Ford-

Fulkerson 算法是低效的,因此一般倾向于采用 Boykov 和 Kolmogorov 提出的算法[20]。

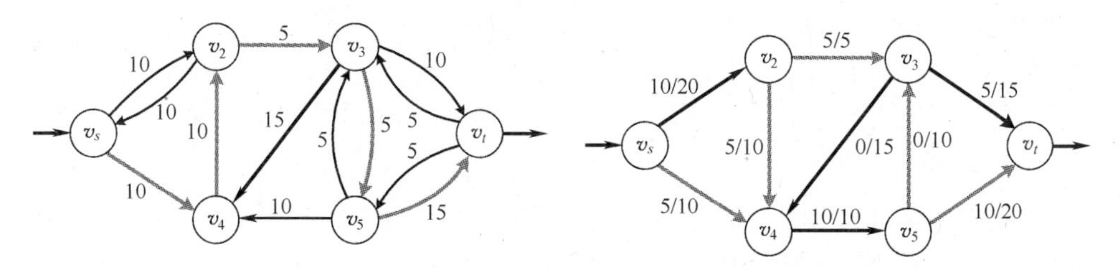

图 1.10 顶图:求解最大流的 Ford-Fulkerson 算法;
底图: $\mathcal{G}_r$ 中满足 $c_r(\pi) = 5$ 的增广路径 π 以及相关的增强流 φ'。

1.5 图像处理和分析中的图模型

在前面的章节中,我们已经介绍了一些与本书图论知识有关的基本定义和符号。这些定义和符号也见诸于其他文献出处,在此专门介绍是为了能使本书自成一体。然而,目前已有很多方式可将图论专门应用于图像处理和计算机视觉领域。基于前面的定义,我们现在介绍一些理论基础,并讨论如何利用这些基础通过图论来专门解决图像处理和计算机视觉中的问题,从而为后续章节的论述打下基础。

1.5.1 规则网格

数字图像处理的对象是来自于基础连续光场的采样数据。每一个样本在 2D 中称为**像素**,在 3D 中称为**体素**。采样依据的是**网格**概念,可以将其看作是由原胞对空间的规则性拼贴。d 维网格 L^d 是 d 维欧氏空间 $\mathbb{R}^d$ 中 的一个子集,并有

$$L^d = \left\{ \boldsymbol{x} \in \mathbb{R}^d \middle| \boldsymbol{x} = \sum_{i=1}^{d} k_i \boldsymbol{u_i}, k_i \in \mathbb{Z} \right\} = \boldsymbol{U}\mathbb{Z}^d \tag{1.20}$$

其中, $\boldsymbol{u_1},\cdots,\boldsymbol{u_d} \in \mathbb{R}^d$ 构成了 $\mathbb{R}^d$ 的一个基, $\boldsymbol{U}$ 是由这些列向量构成的矩阵。因此, d 维空间的网格就是一个由所有可能向量构成的集合,该集合中的向量是 d 个线性无关基向量的整数加权组合。网格点表示为 $\boldsymbol{Uk}$, 其中 $\boldsymbol{k}^{\mathrm{T}} = (k_1,\cdots,k_d) \in \mathbb{Z}^d$。

以 $\boldsymbol{u_1},\cdots,\boldsymbol{u_d}$ 为基的 L^d 的单位晶格是

$$C = \left\{ \boldsymbol{x} \in \mathbb{R}^d \middle| \boldsymbol{x} = \sum_{i=1}^{d} k_i \boldsymbol{u_i}, k_i \in [0,1] \right\} = \boldsymbol{U} \cdot [0,\boldsymbol{u_1}]^d \tag{1.21}$$

其中, $[0,\boldsymbol{u_1}]^d$ 是 $\mathbb{R}^d$ 中的单位立方体, C 的体积记为 $|\det\boldsymbol{U}|$。网格的密度记为 $1/|\det\boldsymbol{U}|$, 即每单位表面上的格点数。所有晶胞构成的集合 $\{C + \boldsymbol{x} | \boldsymbol{x} \in \mathbb{R}^d\}$ 覆盖 $\mathbb{R}^d$。一个网格的 Voronoi 细胞称为单位晶格(即其平移过程覆盖了整个空间的

晶胞）。Voronoi 细胞包围了所有距原点（较其他网格点）更近的点。

Voronoi 细胞边界是周围网格点之间的等距超平面。众所周知的两个 2D 网格是矩形网格 $\boldsymbol{U}_1=\begin{bmatrix}1&0\\0&1\end{bmatrix}$ 和六边形网格 $\boldsymbol{U}_2=\begin{bmatrix}\frac{\sqrt{3}}{2}&0\\\frac{1}{2}&1\end{bmatrix}$。图 1.11 展示了这两种网格。目前在图像处理和计算机视觉领域最常见的网格是由 $\boldsymbol{U}_1$ 派生出来的矩形采样网格。在 3D 图像处理应用中，常用的采样网格是

$$\boldsymbol{U}_3=\begin{bmatrix}1&0&0\\0&1&0\\0&0&k\end{bmatrix} \tag{1.22}$$

其中，k 是某一常数，典型情况下 $k\geqslant 1$。

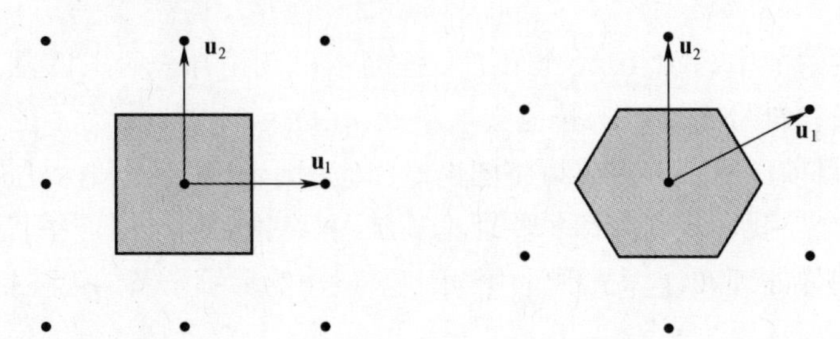

图 1.11 矩形网格（左图）、六边形网格（右图）以及与它们相关的 Voronoi 细胞。

利用图来描述图像数据最常见的方式是：用一个像素（或体素）来确定每个节点，同时施加一个边结构来定义每个节点的局部邻域。既然网格给出了像素的一种规则性布局，那么就可以利用边定义一个规则图，用于连接相互之间具有固定欧氏距离的节点对。

例如，在矩形网格中，对于 $\mathbb{Z}^2$ 空间中的两个像素 $\mathbf{p}=(p_1,p_2)^{\mathrm{T}}$ 和 $\mathbf{q}=(q_1,q_2)^{\mathrm{T}}$，如果它们至多有一个坐标不同，即

$$|p_1-q_1|+|p_2-q_2|=1 \tag{1.23}$$

则称它们为 **4 近邻**（或 **4 连通**）；如果它们至多有两个坐标不同，即

$$\max(|p_1-q_1|,|p_2-q_2|)=1 \tag{1.24}$$

则称它们为 **8 近邻**（或 **8 连通**）。

在六边形网格中，只有一个近邻关系存在，即 6 近邻。图 1.11 描述了 2D 矩形网格和六边形网格上的近邻关系。类似地，在 $\mathbb{Z}^3$ 空间中，可以根据矩形网格中体素之间至多存在 1 个、2 个或 3 个坐标不同的情况来确定它们是 6 近邻、18 近邻或 26 近邻。图 1.12 展示的是 3D 细胞（体素）之间的近邻关系。

如果考虑的是那些将没有直接（即局部的）空间邻近（例如 $\mathbb{Z}^2$ 空间的 4 连通

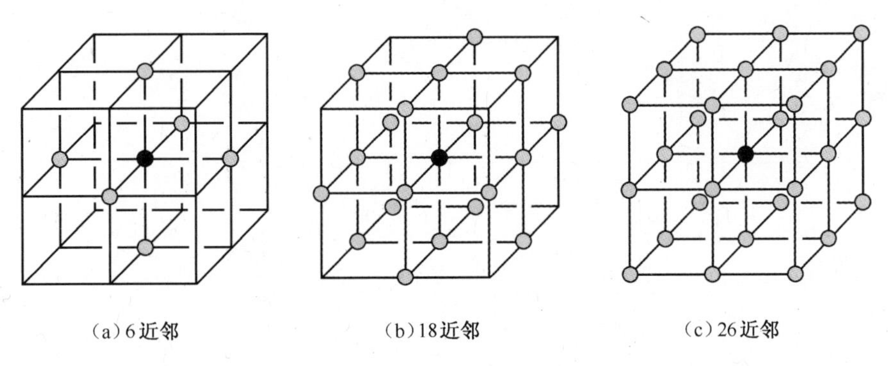

图 1.12　3D 网格中不同的近邻结构。

或 8 连通)的成对节点连接起来的边,那么这种边称为**非局部边**。一条边的非局部性程度取决于所考虑的作用域中两个点的距离有多远。通常情况下,这些非局部边可以从有关像素坐标的(例如ϵ球图)或有关像素特征的(例如像素块上的 k 近邻图)邻近图中获得(参见 1.5.3 节)。

1.5.2　不规则镶嵌

图像数据上的采样几乎都是在规则的矩形网格上进行的。对于这类网格,通常可以利用上节讨论的图来建模。然而,在图像被处理之前经常采用一种没有特定目的性的图像分割算法将邻近的像素区域合并在一起使其得到简化。这种简化的目的主要是减少进一步运算时所需的处理时间,但它也可以用于压缩图像表示形式或提高后续运算的有效性。当完成图像简化过程后,就可以把图与简化后的图像关联起来了:用一个节点表示每个合并区域,同时定义两个邻近区域之间的边缘关系。遗憾的是,由于内在像素的合并依赖于图像自身且具有空间变化的特性,不再能保证这类图是规则的。在这一节,我们来回顾产生这类不规则图的几种常见简化方法。

一种非常著名的不规则图像镶嵌方法是区域四叉树镶嵌[25]。**区域四叉树**是一种层级性图像表达形式,它的实现方式是:将二维空间(图像)递归地细分成尺寸相同的四个象限,直到每个方块(象限)内要么包含一个同质的区域(通过内在矩形网格中每个区域的外观属性来判定),要么最多包含一个像素。

一个区域四叉树镶嵌可以很容易用一棵树来表示。树的每一个节点对应于一个图像方块。深度已知的节点集为二维空间提供了一种层级确定的分解形式。图 1.13 展示了一幅图像上(图 1.13(a))的简单例子,图 1.13(b)为其对应的树,以及一幅真实图像上(图 1.13(c))的例子。很容易将四叉树推广到更高的维度。例如,在三维场合,可将三维空间递归细分成八个卦限,因此其对应的树称为**八叉树**,该树中的每个节点有八个子节点。

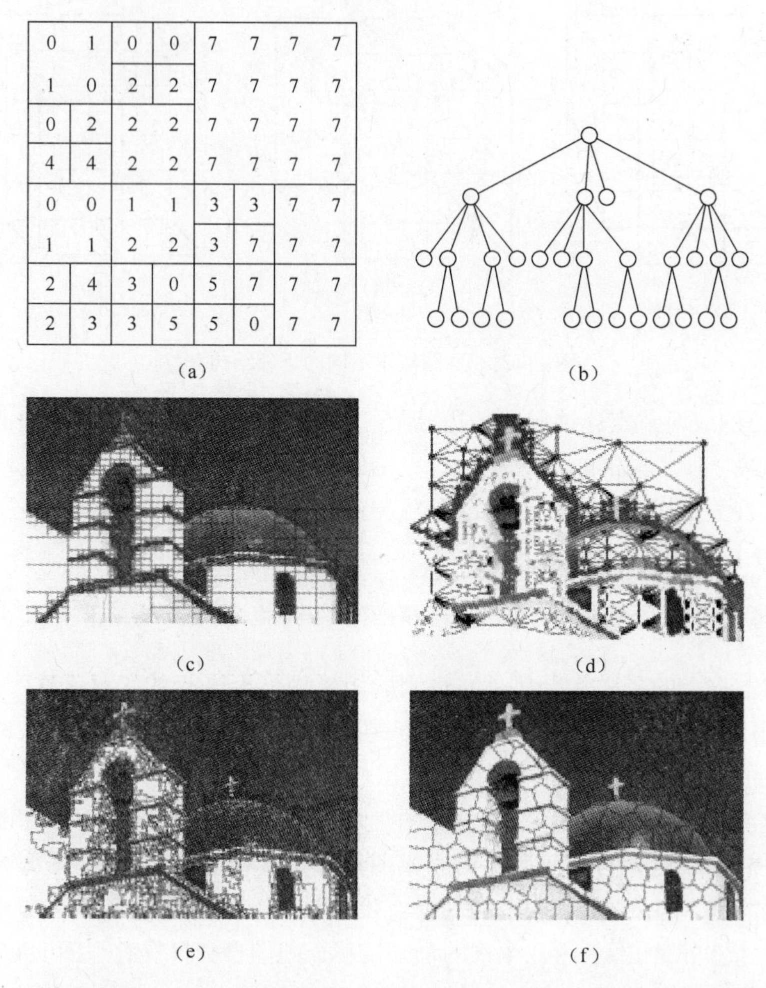

图 1.13 (a)一幅具有四叉树镶嵌的图像；(b)相关的划分树；(c)一幅具有四叉树镶嵌的真实图像；(d)与四叉树划分相关的区域邻近图；(e)和(f)为使用图像数据驱动的超图像分割法(分水岭[23]和 SLIC 超像素[24])得到的两种不同的图像不规则镶嵌。

最后，可以将经典矩形网格的任何划分形式看作是产生了一种图像的不规则镶嵌。因此，可以将图像的任意一种分割结果与**区域邻近图**关联起来。图 1.13(d)给出了与图 1.13(c)所描绘的划分形式相对应的区域邻近图。具体来说，给定一个图 $\mathcal{G}=\{\mathcal{V},\mathcal{E}\}$，其中每个节点均用一个像素来标识，把$\mathcal{V}$划分成 R 个连通区域(即 $\mathcal{V}_1 \cup \mathcal{V}_2 \cup \cdots \cup \mathcal{V}_R=\mathcal{V}$, $\mathcal{V}_1 \cap \mathcal{V}_2 \cap \cdots \cap \mathcal{V}_R=\varnothing$) 可以用一个新图 $\widetilde{\mathcal{G}}=\{\widetilde{\mathcal{V}},\widetilde{\mathcal{E}}\}$ 来确定，其中可用 $\widetilde{\mathcal{V}}$的一个节点来标识 $\mathcal{V}$ 的每个划分，即 $\mathcal{V}_i \in \widetilde{\mathcal{V}}$。定义 $\widetilde{\mathcal{E}}$的常用方法是使每个新节点间的边权重等于连接该集合中每个原始节点的边权重之和。即，对于边 $e_{ij} \in \widetilde{\mathcal{E}}$，有

$$w_{ij} = \sum_{e_{ks}, v_k \in \mathcal{V}_i, v_s \in \mathcal{V}_j} w_{ks} \tag{1.25}$$

每个相连的 $\mathcal{V}_i$ 称为**超像素**。超像素在计算机视觉以及图像处理领域越发变得流行

起来,它如此受欢迎一部分要归功于基于图的算法所带来的成功:这些算法可在不规则的结构上高效运行(与此相比,传统的图像处理算法要求每个元素应置于网格上)。实际上,当从基于像素的图过渡到基于超像素的图时,由于所涉及的节点数目大大减少,图模型(例如,马尔可夫随机场或条件随机场)可以显著提升处理速度。对于许多视觉任务,能够兼顾图像边界特性、结构紧凑且十分一致的超像素是比较受欢迎的。获得超像素的代表性算法有"归一化割"[21]、分水岭[23]、TurboPixels[26]以及简单线性迭代聚类(SLIC)超像素[24]等。图 1.13(e)和(f)分别展示了通过不同超像素算法获得的不规则镶嵌结果。

1.5.3　无序嵌入式数据的邻近图

有时一幅图像的关键特征既不是单个像素也不是图像的划分。例如,一幅图像的关键特征可能是生物医学图像中的血细胞,而且我们正是希望用这些血细胞来标识图的节点。可以假设,d 维图像的每个节点(特征)与 d 维空间的某一坐标是相关联的。然而,即使每个节点都有一种几何表达形式,但如何利用特征的邻近度构建图的有意义边集远没有明确。

利用 $\mathbb{R}^d$ 空间中的一个数据点集合构造一个邻近图有很许多种方法。考虑一个数据点集合 $\{\boldsymbol{x}_1, \cdots, \boldsymbol{x}_n\} \in \mathbb{R}^d$。每个数据点与一个邻近图 $\mathcal{G}$ 的顶点相关联,从而可以定义一个顶点集 $\mathcal{V} = \{v_1, v_2, \cdots, v_n\}$。确定邻近图 $\mathcal{G}$ 的边集 $\mathcal{E}$ 时需要根据每个顶点 v_i 的嵌入点 $\mathbf{x}_i$ 定义该顶点的邻域。当且仅当与顶点相关的数据点满足特定的几何条件时,邻近图就可成为一个这样的图——图中两个顶点经由一条边相连通。这些特定的几何条件通常是以两个数据点之间的距离度量为基础而设定的。通常选择的度量是欧氏度量。记 $\mathcal{D}(v_i, v_j) = \|\mathbf{x}_i - \mathbf{x}_j\|_2$ 为顶点间的欧氏距离,记 $\mathcal{B}(v_i; r) = \{\mathbf{x}_j \in \mathbb{R}^n \mid \mathcal{D}(v_i, v_j) \leq r\}$ 是以 $\mathbf{x}_i$ 为中心、r 为半径的闭球。经典的邻近图有:

1. ϵ球图:如果 $\mathbf{x}_j \in \mathcal{B}(v_i; \epsilon)$,则有 $v_i \sim v_j$。

2. k 近邻图(k-NNG):如果 $\mathbf{x}_i$ 和 $\mathbf{x}_j$ 之间的距离是 $\mathbf{x}_i$ 到其他数据点的 k 个最近距离之一,则有 $v_i \sim v_j$。k-NNG 是一个有向图,因为 $\mathbf{x}_i$ 是 $\mathbf{x}_j$ 的 k 个最近邻点之一,反之则不然。

3. 欧氏最小生成树(EMST):它是一个包含所有顶点并且拥有最小的边权重之和的连通树子图(参见 1.4.4 节)。两个顶点之间的边权重是对应的数据点之间的欧氏距离。

4. 对称 k 近邻图(Sk-NNG):如果 $\mathbf{x}_i$ 为 $\mathbf{x}_j$ 的 k 近邻点之一,则有 $v_i \sim v_j$,反之亦然。

5. 互 k 近邻图(Mk-NNG):如果 $\mathbf{x}_i$ 为 $\mathbf{x}_j$ 的 k 近邻点之一,则有 $v_i \sim v_j$,反之亦然。在一个互 k 近邻图中,所有顶点都有一个上界为 k 的度,而标准 k 近邻图通常不具备这个特性。

6. 相对邻域图(RNG):当且仅当在

$$\mathcal{B}(v_i;\mathcal{D}(v_i,v_j)) \cap \mathcal{B}(v_j;\mathcal{D}(v_i,v_j)) \tag{1.26}$$

中没有顶点时,$v_i \sim v_j$ 成立。

7. Gabriel 图(GG):当且仅当在

$$\mathcal{B}(\frac{v_i + v_j}{2};\frac{\mathcal{D}(v_i,v_j)}{2}) \tag{1.27}$$

中没有顶点时,$v_i \sim v_j$ 成立。

8. β 骨架图(β-SG):当且仅当在

$$\mathcal{B}\left(\left(1-\frac{\beta}{2}\right)v_i+\frac{\beta}{2}v_j;\ \ \frac{\beta}{2}\mathcal{D}(v_i,v_j)\right) \cap \mathcal{B}\left(\left(1-\frac{\beta}{2}\right)v_j+\frac{\beta}{2}v_i;\ \ \frac{\beta}{2}\mathcal{D}(v_i,v_j)\right) \tag{1.28}$$

中没有顶点时,有 $v_i \sim v_j$。当 $\beta = 1$ 时,β 骨架图就是 Gabriel 图;当 $\beta = 2$ 时,β 骨架图就是相对邻域图。

9. Delaunay 三角网格(DT):当且仅当存在一个闭球 $\mathcal{B}(\cdot;r)$,v_i 和 v_j 在其边界上且没有其他顶点 v_k 包含在其内时,有 $v_i \sim v_j$。Delaunay 三角网格是 Voronoi 不规则镶嵌的对偶形式。在后者,每个 Voronoi 胞定义为集合 $\{\mathbf{x} \in \mathbb{R}^n \mid \mathcal{D}(\mathbf{x},v_k) \leqslant \mathcal{D}(\mathbf{x},v_j)$,对所有 $v_j \neq v_k\}$。在这样的图中,$\forall v_i$,都有 $\deg(v_i) = 3$。

10. 完全图(CG):$\forall (v_i,v_j)$,$v_i \sim v_j$ 都成立。也就是说,这是一个完全连通图,图中每对顶点之间都有一条边,并且 $\mathcal{E} = \mathcal{V} \times \mathcal{V}$。

这些图的边集之间有一个出人意料的关系[27],即

$$1-\text{NNG} \subseteq \text{EMST} \subseteq \text{RNG} \subseteq \text{GG} \subseteq \text{DT} \subseteq \text{CG} \tag{1.29}$$

图 1.14 中给出了一些邻近图的示例,所有这些图均广泛地应用于不同的图像分析任务中。这些方法已用于科学计算,并产生适合于有限元方法[28]的各种三角形不规则网格(三角网),从而应用于汽车、航空等工业领域的物理建模。邻近图也已用在计算与离散几何学[29]中,用于分析 $\mathbb{R}^2$ 空间(例如二维形状)或 $\mathbb{R}^3$ 空间(例如三维网格)中的点集。它们也是许多分类和模型约简方法[30]的基础,这些方法(例如谱聚类[31]、流形学习[32]、目标匹配等)的使用对象是 $\mathbb{R}^d$ 空间中的特征向量。图 1.15 给出了真实数据上的一些邻近图示例。

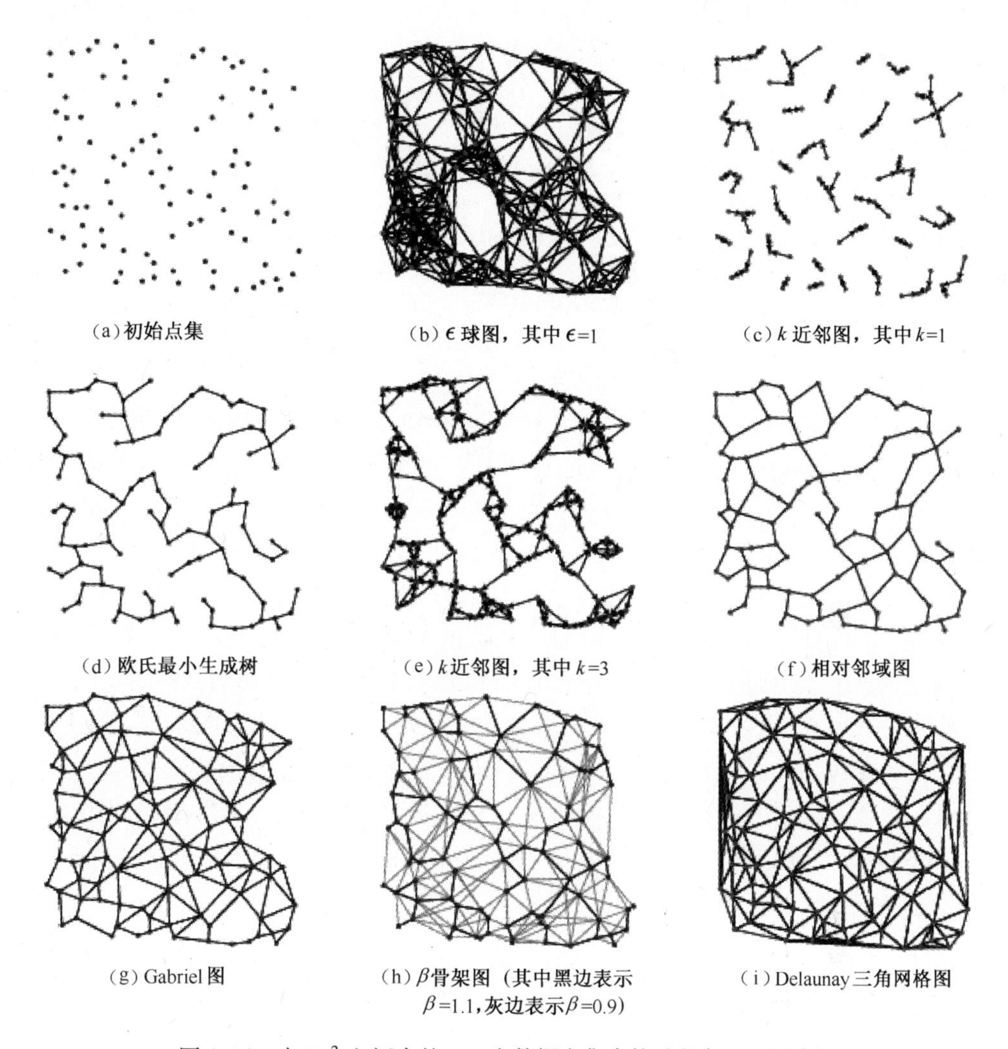

(a) 初始点集　(b) ϵ 球图，其中 $\epsilon=1$　(c) k 近邻图，其中 $k=1$

(d) 欧氏最小生成树　(e) k 近邻图，其中 $k=3$　(f) 相对邻域图

(g) Gabriel 图　(h) β 骨架图（其中黑边表示 $\beta=1.1$，灰边表示 $\beta=0.9$）　(i) Delaunay 三角网格图

图 1.14　由 $\mathbb{Z}^2$ 空间中的 100 个数据点集合构造的邻近图示例。

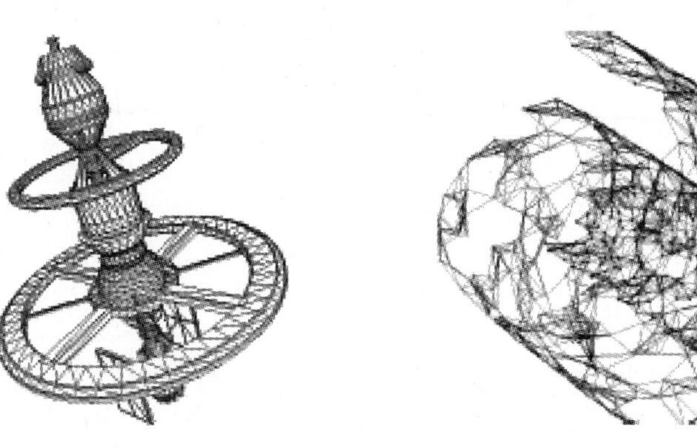

(a) 通过 Delaunay 三角网格法得到的卫星三维网　(b) $\mathbb{R}^3$ 空间中数据点的最近邻图

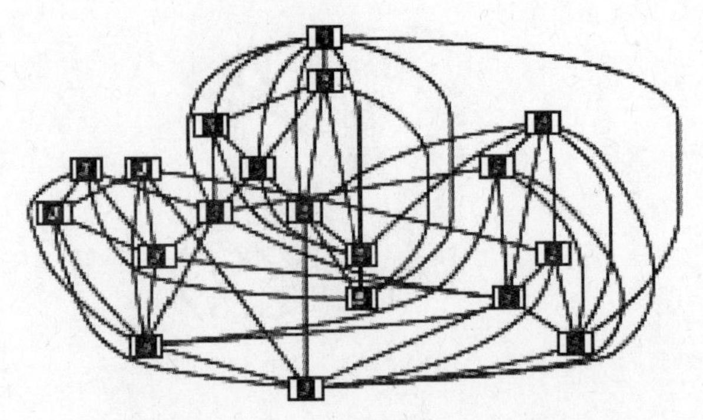

(c)一个图像数据库的最近邻图(每个图像都被看作是$\mathbb{R}^{16}$空间中的一个向量)

图 1.15 真实数据上的邻近图示例。

1.6 结论

图是一种可以用来描述数据元素之间两两关系的工具,在科学与工程领域有着广泛的应用。图模型在计算机视觉和图像处理领域中的应用历史久远,但从近年来的文献来看,这类模型日益成为主导的表达形式。可以通过图来描述或近或远的像素之间、区域之间以及特征之间的空间关系,也可以作为描述物体和部件的模型。本书后续章节是由本领域的顶尖研究人员撰写的,他们将就如何利用图论成功解决计算机视觉和图像处理中的一系列问题为读者提供详细的论述。

参考文献

[1] N. Biggs, E. Lloyd, and R. Wilson, *Graph Theory*, 1736 - 1936. Oxford University Press, New-York, 1986.

[2] A. -L. Barabasi, *Linked*: *How Everything Is Connected to Everything Else and What It Means*. Plume, New-York, 2003.

[3] D. J. Watts, *Six Degrees*: *The Science of a Connected Age*. W. W. Norton, 2004.

[4] N. A. Christakis and J. H. Fowler, *Connected*: *The Surprising Power of Our Social Networks and How They Shape Our Lives*. Little, Brown and Company, 2009.

[5] F. Harary, *Graph Theory*. Addison-Wesley, 1994.

[6] A. Gibbons, *Algorithmic Graph Theory*. Cambridge University Press, 1989.

[7] N. Biggs, *Algebraic Graph Theory*, 2nd ed. Cambridge University Press, 1994.

[8] R. Diestel, *Graph Theory*, 4th ed., ser. Graduate Texts in Mathematics. Springer - Verlag, 2010, vol. 173.

[9] J. L. Gross and J. Yellen, *Handbook of Graph Theory*, ser. Discrete Mathematics and Its Applications. CRC Press, 2003, vol. 25.

[10] J. Bondy and U. Murty, *Graph Theory*, 3rd ed., ser. Graduate Texts in Mathematics. Springer Verlag, 2008, vol. 244.

[11] J. Gallier, *Discrete Mathematics*, 1st ed., ser. Universitext. Springer-Verlag, 2011.

[12] L. Grady and J. R. Polimeni, *Discrete Calculus: Applied Analysis on Graphs for Computational Science*. Springer, 2010.

[13] E. W. Dijkstra, "A note on two problems in connexion with graphs," *Numerische Mathematik*, vol. 1, no. 1, pp. 269-271, 1959.

[14] E. N. Mortensen and W. A. Barrett, "Intelligent scissors for image composition," in *SIGGRAPH*, 1995, pp. 191-198.

[15] P. Felzenszwalb and R. Zabih, "Dynamic programming and graph algorithms in computer vision," *IEEE Trans. Pattern Anal. Mach. Intell.*, vol. 33, no. 4, pp. 721-740, 2011.

[16] P. F. Felzenszwalb and D. P. Huttenlocher, "Efficient graph - based image segmentation," *Int. J. Computer Vision*, vol. 59, no. 2, pp. 167-181, 2004.

[17] L. Najman, "On the equivalence between hierarchical segmentations and ultrametric watersheds," *J. of Math. Imaging Vision*, vol. 40, no. 3, pp. 231-247, 2011.

[18] L. Ford Jr and D. Fulkerson, "A suggested computation for maximal multi-commodity network flows," *Manage. Sci.*, pp. 97-101, 1958.

[19] Y. Boykov, O. Veksler, and R. Zabih, "Fast approximate energy minimization via graph cuts," *IEEE Trans. Pattern Anal. Mach. Intell.*, vol. 23, no. 11, pp. 1222-1239, 2001.

[20] Y. Boykov and V. Kolmogorov, "An experimental comparison of min-cut/max-flow algorithms for energy minimization in vision," *IEEE Trans. Pattern Anal. Mach. Intell.*, vol. 26, no. 9, pp. 1124-1137, 2004.

[21] J. Shi and J. Malik, "Normalized cuts and image segmentation," *IEEE Trans. Pattern Anal. Mach. Intell.*, vol. 22, no. 8, pp. 888-905, 2000.

[22] A. Elmoataz, O. Lezoray, and S. Bougleux, "Nonlocal discrete regularization on weighted graphs: A framework for image and manifold processing," *IEEE Trans. Image Process.*, vol. 17, no. 7, pp. 1047-1060, 2008.

[23] L. Vincent and P. Soille, "Watersheds in digital spaces: An efficient algorithm based on immersion simulations," *IEEE Trans. Pattern Anal. Mach. Intell.*, vol. 13, no. 6, pp. 583 - 598, 1991.

[24] A. Radhakrishna, "Finding Objects of Interest in Images using Saliency and Superpixels," Ph. D. Dissertation, 2011.

[25] H. Samet, "The quadtree and related hierarchical data structures," *ACM Comput. Surv.*, vol. 16,

no. 2, pp. 187-260, 1984.

[26] A. Levinshtein, A. Stere, K. N. Kutulakos, D. J. Fleet, S. J. Dickinson, and K. Siddiqi, "Turbopixels: Fast superpixels using geometric flows," *IEEE Trans. Pattern Anal. Mach. Intell.*, vol. 31, no. 12, pp. 2290-2297, 2009.

[27] G. T. Toussaint, "The relativeneighbourhood graph of a finite planar set," *Pattern Recogn.*, vol. 12, no. 4, pp. 261-268, 1980.

[28] O. Zienkiewicz, R. Taylor, and J. Zhu, *The Finite Element Method: Its Basis and Fundamentals*, 6th ed. Elsevier, 2005.

[29] J. E. Goodman and J. O' Rourke, *Handbook of Discrete and Computational Geometry*, 2nd ed. CRC Press LLC, 2004.

[30] M. A. Carreira-Perpinan and R. S. Zemel, "Proximity graphs for clustering and manifold learning," in *NIPS*, 2004.

[31] U. von Luxburg, "A tutorial on spectral clustering," *Stat. Comp.*, vol. 17, no. 4, pp. 395-416, 2007.

[32] J. A. Lee and M. Verleysen, *Nonlinear Dimensionality Reduction*. Springer, 2007.

第 2 章
图割——视觉计算中的组合优化方法

Hiroshi Ishikawa

2.1 引言

在计算机视觉、图像处理和计算机图形学等领域,许多问题都可以表达为标注问题[1]。对于这类问题,需要利用无向图作为像素位置及其邻域结构的抽象表达形式,同时还需要指定类标集。那么,获得这类问题的解就转化为确定图中每个顶点的类标。这样,需要解决的就是按照实际问题的要求通过相应的准则求解最佳标注。能量函数的作用是将某种准则转化成能够评价给定标注结果优良程度的函数,从而可以借助一个具有较小能量的标注结果来表明这个问题有了更好的解。因此,该问题就是一个“**能量最小化问题**”。通过将这类问题构思为能量函数形式就可以把要解决的问题和所采用的有效方法分开了,这往往可以使问题的表述更明确。同时,一旦将这类问题转化成能量最小化问题,就可以利用各种通用算法来求解了。

在本章,我们将描述一类专门用于求解能量最小化问题的组合优化方法,它们称之为**图割**。在计算机视觉、图像处理和计算机图形学等领域,这种方法非常受欢迎,主要将其用于图像分割[2-13]、运动分割[14-17]、立体匹配[18-24]、纹理与图像合成[25,26]、图像拼接[27-30]、目标识别[31-33]、计算测地线与建模轮廓和表面的梯度流[34,35]、计算摄像学[36]以及运动放大[37]等各种任务。

通常,这类能量函数的最小化是 NP-困难问题[38]。随机逼近法(如迭代条件模式(ICM)[39]和模拟退火法[40])已被采用,但 ICM 容易陷入局部极小值,而模拟退火法尽管理论上可以保证收敛到全局极小值,但在实际应用时收敛速度非常慢。

图割方法利用了 s-t 最小割算法。图割在运筹学领域闻名已久[41],在 20 世纪 80 年代后期首次引入到图像处理领域[42,43],那时该方法就展示出能够准确地最小化一个专门用于二值图像去噪的能量函数。同时,将该方法获得的准确结果与退火方法产生的结果进行了对比,结果表明后者获得的图像显得过平滑[43,44]。

在 20 世纪 90 年代后期,图割被引入到视觉计算领域[19,45,6,46,23]。那时,该方法用于多类标情形。研究结果表明[19,6],如果邻近位置类标之差的绝对值的先验是线性的,则可以对实数型类标能量函数做到精确的最小化。这一结果后来被推广到先验为差值任意凸函数的情形[47]。同时,引入了专门求解带有任意类标集和Potts 先验的能量函数的近似算法[19,38],这使得目前图割算法流行起来。

起初,在视觉计算领域有一些工作是重复性的。重新发现的能精确求解二值类标能量函数的条件[48]在运筹学领域早已被熟知,那里称为**子模性条件**。上述提及的“线性”情形也是在没有了解类似方法的情况下设计的,其中一种类似方法已经被用于解决多处理器的任务分配问题[49]。目前,各种在运筹学领域早已熟知的方法已被引入到视觉计算领域,如已被证实用途极广的 BHS(又称之为带有顶部对偶松弛特性的 QPBO)算法[50-53]。

其他一些新的能量函数最小化方法也已应用到视觉计算中,如置信传播(BP)[54-56]和重置权树消息传播(TRW)[57,58]。已经将立体匹配和图像分割进行为实际案例将这些方法与图割进行了实验上的比较[59]。结果显示,这些新方法比 ICM 要优越得多,后者是老方法的代表。当邻域结构比较稀疏时(如 4 邻域),TRW 比图割的性能要好。然而,有的研究结果表明[60],当连通性很大时(如遮挡条件下的立体模型就属于这类情形),无论是根据最小能量还是从与参照结果的误差来看,图割的性能都要大大超过 BP 和 TRW。

本章概述

我们首先介绍了图像相关领域的各种能量最小化构思形式(§2.2)。接着,介绍了二值类标情形下的图割算法(§2.3),它是最基本的情形,对其可将能量最小化问题直接转化为最小割问题。在**子模性**条件下,全局最小值可在多项式复杂度时间内计算出来。对于二值类标情形,我们也介绍了 BHS 算法(通过该算法可求解不满足子模性条件的能量函数的最小值)以及从高阶能量函数到一阶能量函数的简化。最后(§2.4),介绍了用于最小化两个以上类标情形下的能量函数的图割方法。解决这类问题的一种手段是将多类标能量函数转化为二值类标能量函数,在某些情况下可以获得全局最优的结果。另一种方式是采用近似算法,通过使用图割方法迭代求解二值类标问题而获得多类标问题的解。

2.2 马尔可夫随机场

2.2.1 标注问题:一个简单范例

作为一个简单范例,我们考虑一下二值(黑和白)图像的去噪问题。这类图像是由排列在一个矩形栅格内的黑色或白色像素组成的,这就是一个图像**标注**例子,图像中的每个像素都有各自的颜色。我们赋予每个像素一个类标:0 代表白色,1

代表黑色。因此,像素类标的标注就是像素集到类标集的一种映射。因此,每个图像都是一个标注结果。那么,图像的去噪问题即是求解具有“最低噪声”的标注形式。

正式地,我们用 $\mathcal{P}$ 表示像素集,用 $\mathcal{L}$ 表示类标集。例如,假设图像有 $n \times m$ 个像素,在二值图像去噪情况下, $\mathcal{P}=\{(i,j) \mid i=1,\cdots,n; \quad j=1,\cdots,m\}$, 而 $\mathcal{L}=\{0,1\}$。那么,一种标注形式就是一次映射

$$X:\mathcal{P}\to \mathcal{L} \tag{2.1}$$

由于在讨论过程中不需要实际的坐标,接下来我们用单个字母来表示不同的像素,如 $p,q \in \mathcal{P}$。用 Xp 表示按照标注形式 X 分配给像素 p 的类标:

$$X:\mathcal{P}\ni p \mapsto Xp \in \mathcal{L} \tag{2.2}$$

图 2.1 描述了一个二值图像例子以及表征它的标注形式。

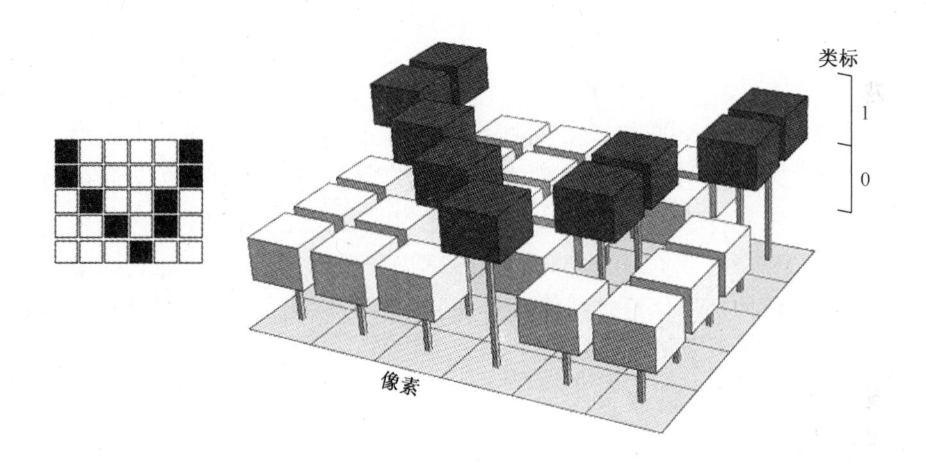

图 2.1 为每个像素赋予一个类标值则产生一种图像标注形式。一幅二值图像就是一种含有两种类标的图像标注形式。左边的图像代表一种图像标注形式,如右图所表征。

对于像素集 $\mathcal{P}$ 和类标集 $\mathcal{L}$, 我们用 $\mathcal{L}^{\mathcal{P}}$ 表示所有标注结果的集合。所有可能的标注结果数目为 $|\mathcal{L}|^{|\mathcal{P}|}$。因此,去噪问题可行解的数目与像素数目成指数关系。对于一种标注形式 $X \in \mathcal{L}^{\mathcal{P}}$ 和任意一个子集 $\Omega \subset \mathcal{P}$, 通过把 X 限制到 Ω 所获得的 Ω 上的标注用 $X_{\Omega} \in \mathcal{L}^{\Omega}$ 来表示。

2.2.1.1 去噪问题

在去噪问题中,已知一种标注形式(有噪图像),要解决的问题是通过某种方式获得另一种标注形式(降噪图像)。输入和输出有如下的相关性:

(1) 它们是“同一个”图像;

(2) 输出数据比输入数据的噪声小。

若利用能量最小化方法实现图像的去噪，则需要从标注的角度理解这意味着什么。我们将这些概念转化为**能量**：

$$E:\mathcal{L}^{\mathcal{P}}\rightarrow\mathbb{R} \tag{2.3}$$

这是一个关于标注集合 $\mathcal{L}^{\mathcal{P}}$ 的函数，赋予每个标注结果一个实数。给定标注形式 $\boldsymbol{X}$ 时获得的实数 $E(X)$ 称为其**能量**。能量衡定了采用一种标注形式后上述条件满足的好坏程度。根据要解决的问题，我们定义了一种这样的能量函数：当利用某种我们认为合理或者观察到能产生良好结果的准则后某一标注形式更优时，对应的能量函数值更小。然后，我们使用一种算法（如图割）来计算能量函数的最小值。也就是说，这类算法可以找到某一标注形式从而使得对应的能量尽可能小。使用图割有时能找到能量的全局最小值，即我们确实能在 $\mathcal{L}^{\mathcal{P}}$ 中找到一个标注，使其成为所有指数数目个可能标注形式中能提供最小能量（或者至少一个能量极小值）的标注。

2.2.1.2 图像相似性

假设给定一个有噪图像（即一种图像标注形式 Y），我们要做的是获得对应的去噪结果 X。首先，我们考虑上面的条件（1），即有噪图像 Y 和去噪图像 X 被看成"同一个"图像。由于我们不能把这两种标注形式看作是完全相同的（如果那样我们就不能减少噪声），我们对它们之间的差别进行量化，假设条件是它们之间的差别很小。我们该如何量化两幅图像的差别呢？一种常用的方法是采用 L^2 范数的平方：

$$\sum_{p\in\mathcal{P}}(X_p-Y_p)^2 \tag{2.4}$$

另一种量化两幅图像差别的常用方法是取绝对偏差之和：

$$\sum_{p\in\mathcal{P}}|X_p-Y_p| \tag{2.5}$$

对我们而言，这两种方法是一致的，这是因为类标的值不是1就是0，它们都能体现出 X 和 Y 之间类标值不一致的像素的数目，如图2.2(a)所示。

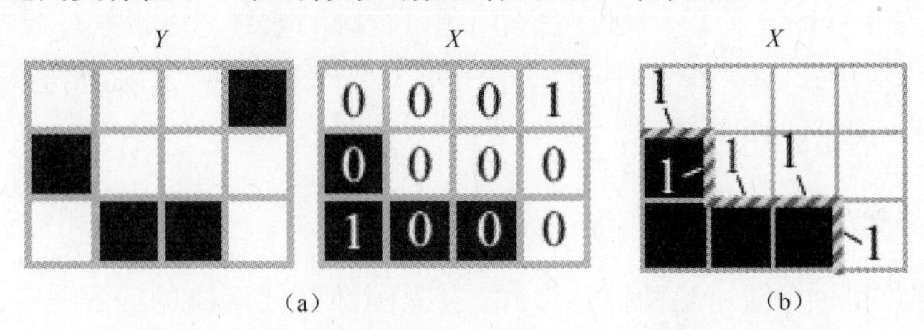

图2.2 (a)计算 X 和 Y 中对应的颜色不一致的像素数目；
(b)计算 X 中颜色不一致的邻近像素对数目。

2.2.1.3　去噪准则

若想找到使式(2.4)或(2.5)取最小值的标注形式 X 是很容易做到的:取 $X=Y$。这是很自然的选择,因为到目前为止我们没有任何理由采用其他结果。为了使 X 成为 Y 的去噪结果,我们需要建立一些准则来表明某些图像的噪声比其他图像的要强。如果在加噪之前就有原始图像,可以说要处理的图像越接近原始图像,其内部的噪声就越低。然而,如果我们有原始图像,就不需要做去噪处理了,通常情况下并不是如此。因此,我们需要在与原始图像不作比较的条件下通过某一种方法获取噪声的强度。就以上意义而言,接近原始图像显然是不可能的,因为原始图像最初是可能含有很强的“噪声”的。不过,我们意识到一些图像是含噪的,而其他图像却不是,这大概是归因于平时我们所遇到的图像的统计特性之间存在差别。因此,获得图像的统计特性是有意义的。而且,在实际应用中可能会碰到不同类型的噪声,它们的统计特性是我们熟知的。如果我们知道是什么原因使图像包含噪声,就能运用这些信息来降低噪声。

然而,在这里我们只是把去噪问题作为一个例子。因此,我们简单地给出这样的假设:图像中的噪声强度越大,图像越粗糙;也就是说,相邻像素之间的颜色变化越多样化。

因此,为了计算图像 X 的粗糙度,我们可以用如下方法计算相邻像素之间颜色变化的数目(如图2.2(b)所示):

$$\sum_{(p,q)\in\mathcal{N}}(X_p-X_q)^2 \tag{2.6}$$

这里,$\mathcal{N}\subset\mathcal{P}\times\mathcal{P}$ 是相邻像素对构成的集合。我们假设 $\mathcal{N}$ 是对称的。即,如果 $(p,q)\in\mathcal{N}$ 则 $(q,p)\in\mathcal{N}$。我们也假设对于任何 $p\in\mathcal{P}$,$(p,p)\notin\mathcal{N}$。

最能满足“低噪声”条件(2)的图像是一种恒值图像,不是全白就是全黑。此时,式(2.6)的值是最小的。另一方面,正如上面提到的,如果设定 $X=Y$,条件(1)是可以完全满足的。因此,除非 Y 是一个恒值图像,否则这两个条件是冲突的,这就需要一个折中。能量最小化方法的核心思想是,通过将其定义为能量的最小值以试图用一种原则性的方式来处理这一折中。也就是说,我们把折中过程中的不同因素转化为各种数据项,并将这些项加在一起构成能量函数。可以通过将每个因素与某个权值相乘来控制其相对重要性。

在这里,我们将能量函数定义为式(2.4)和式(2.6)的加权和:

$$E(X)=\sum_{p\in\mathcal{P}}\lambda(X_p-Y_p)^2+\sum_{(p,q)\in\mathcal{N}}\kappa(X_p-X_q)^2 \tag{2.7}$$

假设 Y 是固定的,考虑一下关于 X 的能量函数。这里,权值 λ 和 κ 都是正的。在这个例子中,尽管这两个权值是全局确定的,但是按照数据 Y 和其他因素,无论是在像素与像素之间还是在像素对与像素对之间,这些权值仍是变化的。例如,按照 Y

中相邻像素之间的对比结果，平滑因子 κ 是经常变化的。图 2.3 展示了该能量函数所体现的折中情况。

图 2.3 二值图像的降噪。给定一个有噪图像 Y（左），找到一个接近 Y 且相邻像素标签有尽可能少的改变的图像 X。因为这两个条件经常冲突，就需要找到一个折中。我们将其表达为能量函数(2.7)式的最小化结果。

假设 X 能够实现 $E(X)$ 的最小化。对于每个像素 p ，$X_p = Y_p$ 可以使上式的第一个求和项变小。另一方面，一个相邻像素之间没有太多变化且比较光滑的 X 可以使第二个求和项变小。假定 $\lambda = \kappa$。举个例子，如果存在一个"孤立"的像素 p ，在 Y 中它所有相邻像素的值都与 Y_p 的值相反，那么当 p 点的值 X_p 与相邻像素的 X 值相同时，整个能量就会变得更小，而不会选择 $X_p = Y_p$。这样，实现 $E(X)$ 的最小化实质是在满足相邻像素的值没有太大变化的条件下，尽可能使 X 能够接近 Y。两个条件的折中情况由参数 λ 和 κ 的相对大小来控制。

2.2.2 马尔可夫随机场(MRF)

上述能量最小化问题可以看作是一个关于马尔可夫随机场(MRF)的最大后验(MAP)估计问题。

马尔可夫随机场是一种随机模型，该模型涉及众多的随机变量，分散在一个无向图中，使得每个节点对应一个随机变量。如前面一样，记 $\mathcal{P}$ 和 $\mathcal{N}$ 分别表示像素的集合和邻近像素对的集合。我们称 $\mathcal{P}$ 中的元素为"位置"，用它们表示待求解问题中的位置概念。既然我们假设 $\mathcal{N}$ 是对称的，可以将 $(\mathcal{P}, \mathcal{N})$ 看成是一个无向图。普遍情况下，"位置"对应于图像中的像素，在低级视觉问题中尤其如此，如上述去噪的例子。然而，有时它们代表其他对象，如图像块和通过某种图像过分割方法获得的图像片段（所谓的超像素）。

随机变量集合 $X = (X_p)_{p \in \mathcal{P}}$ 是一个**马尔可夫随机场**，只要它的概率密度函数可写成：

$$P(X) = \prod_{C \in \mathcal{C}} \varphi_C(X_C) \tag{2.8}$$

这里，$\mathcal{C}$ 是无向图 $(\mathcal{P}, \mathcal{N})$ 中的势团构成的集合，每个函数 φ_C 仅与向量 $X_C =$

$(X_p)_{p \in C}$ 有关。

假设 X 中的随机变量取值于同一个集合 $\mathcal{L}$。那么,我们可以说随机变量的集合是一个取值于标注集合 $\mathcal{L}^{\mathcal{P}}$ 的随机变量。因此,可将 MRF 看作是一个在标注集合中取值的随机变量,其概率密度函数式(2.8)满足上面提到的条件。

2.2.2.1　MRF 的阶

若式(2.8)中的概率密度函数 $P(X)$ 能写成如下形式:

$$P(X) = \prod_{C \in \mathcal{C}, |C| \leqslant \kappa+1} \varphi_C(X_C) \tag{2.9}$$

且其中的函数仅仅取决于最多含有 $\kappa + 1$ 个"位置"的势团内的随机变量,则称其为 κ 阶 MRF 或者一个阶数为 κ 的 MRF。例如,一阶 MRF 可写成:

$$P(X) = \prod_{p \in \mathcal{P}} \varphi_p(X_p) \prod_{(p,q) \in \mathcal{N}} \varphi_{\{p,q\}}(X_{\{p,q\}}) \tag{2.10}$$

该函数仅仅取决于规模为 1 和 2 的势团内的随机变量,即各个独立的"位置"和相邻的"位置对"。二阶 MRF 可写成:

$$P(X) = \prod_{p \in \mathcal{P}} \varphi_p(X_p) \prod_{(p,q) \in \mathcal{N}} \varphi_{\{p,q\}}(X_{\{p,q\}}) \prod_{\{p,q,r\}} \varphi_{\{p,q,r\}}(X_{\{p,q,r\}}) \tag{2.11}$$

要注意的是,符号 $X_{\{p,q,r\}}$ 表示由变量构成的向量 (X_p, X_q, X_r)。

需要说明的是,由于低阶函数可能是高阶函数的组成部分,密度函数的因式分解就会存在模棱两可性。我们可以通过限制 $\mathcal{C}$ 为最大势团组成的集合来稍微降低这种模糊性。然而,在实际应用中,定义的函数都是具体的,因此不存在模棱两可的问题,并且可以用一种自然的方式加以定义。因此,这里我们把 $\mathcal{C}$ 看作是所有势团构成的集合。

2.2.2.2　MRF 的能量函数

在式(2.8)中,如果定义

$$f_C(X_C) = -\log\varphi_C(X_C) \tag{2.12}$$

那么,最大化式(2.8)中的 $P(X)$ 等价于最小化

$$E(X) = \sum_{C \in \mathcal{C}} f_C(X_C) \tag{2.13}$$

该函数赋予标注形式 X 一个实数 $E(X)$,称之为 MRF 的**能量**。常用能量而不是密度函数来定义 MRF。给定能量式(2.13)的条件下,式(2.8)中的密度函数可以写成:

$$P(X) = e^{-E(X)} = \prod_{C \in \mathcal{C}} e^{-f_C(X_C)} \tag{2.14}$$

这种形式的概率密度函数称之为**吉布斯分布**。

式(2.10)中的一阶 MRF 的能量为:

$$E(X)=\sum_{p\in\mathcal{P}}g_p(X_p)+\sum_{(p,q)\in\mathcal{N}}h_{pq}(X_p,X_q) \tag{2.15}$$

其中

$$g_p(X_p)=-\log\varphi_p(X_p) \tag{2.16}$$

$$h_{pq}(X_p,X_q)=h_{qp}(X_q,X_p)=-\log\varphi_{\{p,q\}}(X_{\{p,q\}}) \tag{2.17}$$

大多数情况下，采用图割算法最小化形如式(2.15)的能量。式(2.15)中第一个求和项中的每一项 $g_p(X_p)$ 仅仅取决于赋给每个“位置”的类标。第一个求和项称为**数据项**，这是因为经常要通过 $g_p(X_p)$ 来展示在决定给每个“位置”赋予何种类标方面数据项(例如给定的图像)所具有的最直接影响。例如，在上一节关于去噪问题的例子中，这一项就影响到标注形式 X，力求通过如下定义使其更靠近 Y：

$$g_p(X_p)=\lambda\,(X_p-Y_p)^2 \tag{2.18}$$

因此，式(2.15)中的第一项表示数据对最优化过程的影响。

另一方面，第二个求和项反映的是对预期结果的先验假设，比如更少的噪声。特别要指出的是，该项描述了对邻近“位置”类标特性的要求。由于这常常意味着邻近“位置”之间的类标变化较少，所以将该项称为**平滑项**。在前面的章节(2.2.1.3)中，将其定义为：

$$h_{pq}(X_p,X_q)=\kappa\,(X_p-X_q)^2 \tag{2.19}$$

有时，也称其为**先验**，原因是该项经常表征先验概率分布，接下来我们将做进一步解释。

2.2.2.3 贝叶斯推断

假设我们要在已观测数据 Y 的基础上估计一个没有观测到的参量 X。X 的**最大后验概率**(MAP)估计结果是使后验概率 $P(X|Y)$ 最大化时 X 的取值，而 $P(X|Y)$ 表示在给定 Y 时出现 X 的条件概率。这种思想常常在统计推断领域中使用，利用观测数据将某种隐变量推断出来。例如，前一节的图像去噪问题就可以看作是这类推断问题。

通常利用先验概率 $P(X)$ 和似然性函数 $P(Y|X)$ 推导出后验概率 $P(X|Y)$。先验概率 $P(X)$ 是在没有其他条件或信息时关于 X 的概率。似然性函数 $P(Y|X)$ 是指在未观测到的变量实际取值为 X 的条件下产生观测数据 Y 的条件概率。有了这些概率，就可以通过贝叶斯公式获得后验概率：

$$P(X|Y)=\frac{P(Y|X)P(X)}{P(Y)} \tag{2.20}$$

假设有一个无向图 $(\mathcal{P},\mathcal{N})$ 和一个类标集 $\mathcal{L}$，同时假设未观测到的参量 X 的取值为某一标注形式，这样就可通过下列方式建立一个简单的概率模型：

$$P(Y|X)=\frac{1}{Z_1(Y)}\prod_{p\in\mathcal{P}}\varphi_p^Y(X_p) \tag{2.21}$$

$$P(X)=\frac{1}{Z_2}\prod_{(p,q)\in\mathcal{N}}\varphi_{pq}(X_p,X_q) \tag{2.22}$$

这里

$$Z_1(Y)=\sum_{X\in\mathcal{L}^{\mathcal{P}}}\prod_{p\in\mathcal{P}}\varphi_p^Y(X_p) \tag{2.23}$$

$$Z_2=\sum_{X\in\mathcal{L}^{\mathcal{P}}}\prod_{(p,q)\in\mathcal{N}}\varphi_{pq}(X_p,X_q) \tag{2.24}$$

也就是说,在已知观测参量 X 的条件下关于数据 Y 的似然性函数 $P(Y|X)$ 可以写成各个“位置” p 对应的独立局部分布 $\varphi_p^Y(X_p)$ 乘积的形式,而 $\varphi_p^Y(X_p)$ 只取决于类标 X_p。先验概率 $P(X)$ 定义为局部联合分布 $\varphi_{pq}(X_p,X_q)$ 的乘积,而 $\varphi_{pq}(X_p,X_q)$ 取决于相邻“位置” p 和 q 对应的类标 X_p 与 X_q。

通过式(2.20),可以得出

$$P(X|Y)=\frac{1}{Z_1(Y)Z_2}\prod_{p\in\mathcal{P}}\varphi_p^Y(X_p)\prod_{(p,q)\in\mathcal{N}}\varphi_{pq}(X_p,X_q) \tag{2.25}$$

如果观测数据 Y 是确定的,这就是一阶 MRF。因此,Y 为定值时后验概率 $P(X|Y)$ 的最大化问题与 MRF 的能量最小化问题是等价的。例如,我们前面提到的关于图像去噪的能量最小化问题就可以看作是一个 MAP 估计问题,相关的似然函数和先验概率分别是:

$$P(Y|X)=\frac{1}{Z_1(Y)}\prod_{p\in\mathcal{P}}\mathrm{e}^{-\lambda(X_p-Y_p)^2} \tag{2.26}$$

$$P(X)=\frac{1}{Z_2}\prod_{(p,q)\in\mathcal{N}}\mathrm{e}^{-\kappa(X_p-X_q)^2} \tag{2.27}$$

这与高斯噪声模型是一致的。

2.3 基本图割技术:二值标注

在本节,我们主要讨论基本的图割算法,也就是类标集为二元的情况:$\mathcal{L}=\mathbb{B}=\{0,1\}$。多值类标的图割算法是在这种基本算法的基础上发展起来的。由于该算法需要用到那些能解决 s-t 最小割问题的算法,因此我们一开始就先讨论后者。对于最小割和最大流算法的详细内容,参见文献[61-63]。

2.3.1 最小割算法

考虑一个有向图 $\mathcal{G}=(\mathcal{V},\mathcal{E})$。从 v_i 到 v_j 的每条边 $e_{i\to j}$ 所对应的权值为 w_{ij}。为了符号表示的简便,接下来我们假设每一对节点 $v_i,v_j\in\mathcal{V}$ 都有对应的权值 w_{ij}。但是,如果没有边 $e_{i\to j}$,则 $w_{ij}=0$。

选择两个节点 $s,t\in\mathcal{V}$。图 $\mathcal{G}$ 中关于节点对 (s,t) 的**割**是将 $\mathcal{V}$ 划分成两个集

合 $\mathcal{S} \subset \mathcal{V}$ 和 $\mathcal{T} = \mathcal{V} \backslash \mathcal{S}$，使得 $s \in \mathcal{S}, t \in \mathcal{T}$（见图 2.4）。

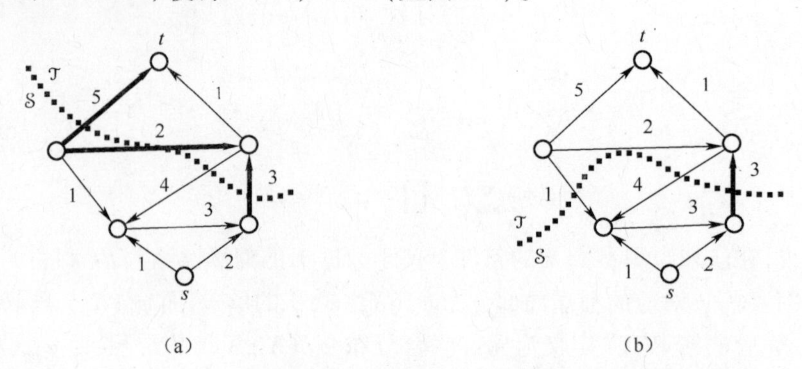

图 2.4 (a)一个关于 (s,t) 的 $\mathcal{G}$ 的割把节点一分为二。割的代价是从 s 这一边 ($\mathcal{S}$) 到 t 这一边 ($\mathcal{T}$) 的有向边的权值总和。图中所示的割的代价为 10，它是处在割上的边(用粗箭头表示)的权值之和。(b)另一个例子：割的代价为 3。

接下来，我们用 $(\mathcal{S},\mathcal{T})$ 来表示这个割。那么，割 $(\mathcal{S},\mathcal{T})$ 的**代价** $c(\mathcal{S},\mathcal{T})$ 是所有从 $\mathcal{S}$ 到 $\mathcal{T}$ 的边的权值之和：

$$c(\mathcal{S},\mathcal{T}) = \sum_{v_i \in \mathcal{S}, v_j \in \mathcal{T}} w_{ij} \tag{2.28}$$

注意，沿着相反的方向从 $\mathcal{T}$ 到 $\mathcal{S}$ 的所有有向边都不算在内。对该代价有贡献的边称之为**割**。**最小割**就是代价最小的割，而最小割问题就是在给定三元组 $(\mathcal{G},s,t)$ 的条件下试图获得这样的割。

众所周知，最小割问题等价于**最大流**问题[64,65]。当所有边的权值为非负值时，这些问题是易于处理的，这也是图割具有实用价值的根源。目前已知有三大类算法：“**增广路径**”算法[64,66]、“**重标签**”算法[67-69]和“**网络单纯形**”算法[70]。虽然重标签算法是渐近最快的，但对于与图像相关的各种典型应用，从实际性能来看似乎表明增广路径算法是最快的。Boykov 和 Kolmogorov[71]通过实验比较了 Dinic 算法[72]—— 一种增广路径算法、一种重标签算法和他们自己提出的增广路径算法(BK 算法)在图像恢复、立体匹配和图像分割等应用中的性能，结果发现 BK 算法是最快的，它就是在各种与图像相关的应用中关于图割问题最常用的最大流算法。同时，也有专门针对大规模规则网格图(用于解决高维图像处理问题)的重标签算法[73]，以及通过稍加改进加速能量重复最小化的算法[74-76]，这种情况常见于电影分割。

2.3.2 图割

图割算法利用最小割(最大流)算法实现 MRF 能量函数的最小化。我们用特定节点 s 和 t 以及每个位置对应的节点来构造一个图。那么，就该图关于节点对 (s,t) 的一个割 $(\mathcal{S},\mathcal{T})$ 来看，每个节点一定在 $\mathcal{S}$ 或者 $\mathcal{T}$ 中；我们把这解释为位置的标注为 0 或 1。也就是说,我们在所有标注形式构成的集合和所有的割构成的集合之间确立了一种一一对应的关系。

考虑一下式(2.15)中的一阶 MRF 能量函数,这里再次列出:

$$E(X) = \sum_{p \in \mathcal{P}} g_p(X_p) + \sum_{(p,q) \in \mathcal{N}} h_{pq}(X_p, X_q) \tag{2.29}$$

与此能量函数相对应,我们构造一个有向图 $\mathcal{G} = (\mathcal{V}, \mathcal{E})$ (见图 2.5)。节点集 $\mathcal{V}$ 包含特定节点 v_s 和 v_t (为了与本书中图的边的符号一致,我们分别用 v_s 和 v_t 表示对 s 和 t 的称呼)以及对应于 $\mathcal{P}$ 中每个位置 p 的节点:

$$\mathcal{V} = \{v_s, v_t\} \cup \{v_p \mid p \in \mathcal{P}\} \tag{2.30}$$

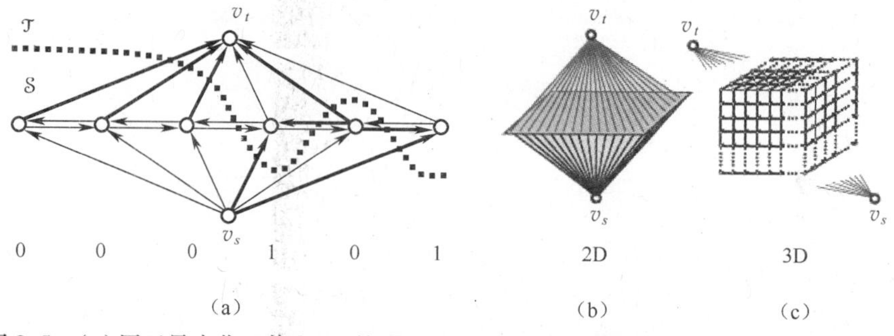

图 2.5　(a)用于最小化二值 MRF 的图。处于割上的边用粗箭头表示。除了 v_s 和 v_t 之外的每个节点均对应着一个“位置”。如果割 $(\mathcal{S}, \mathcal{T})$ 使一个节点处于 $\mathcal{S}$ 中,则对应的“位置”标记为 0;如果处于 $\mathcal{T}$ 中,“位置”标记则为 1。底部的 0 和 1 表示赋给每个“位置”的类标。这里,“位置”以 1D 形式排列;但根据邻域结构可以是任意维度,如(b)和(c)所示。

往返于每个位置 $p \in \mathcal{P}$ 所对应的节点 v_p,我们增补两条边以及与相邻位置对应的节点之间的边:

$$\mathcal{E} = \{e_{s \to p} \mid p \in \mathcal{P}\} \cup \{e_{p \to t} \mid p \in \mathcal{P}\} \cup \{e_{p \to q} \mid (p,q) \in \mathcal{N}\} \tag{2.31}$$

这时,我们将图 $\mathcal{G}$ 关于 (v_s, v_t) 的一个割 $(\mathcal{S}, \mathcal{T})$ 与标注形式 $X \in \mathcal{L}^{\mathcal{P}}$ 之间的对应关系定义如下:

$$X_p = \begin{cases} 0 & (\text{if} \quad v_p \in \mathcal{S}) \\ 1 & (\text{if} \quad v_p \in \mathcal{T}) \end{cases} \tag{2.32}$$

如果 p 对应的节点 v_p 在 v_s 那一侧,则 X 把 0 赋给位置 p,如果在 v_t 那一侧则把 1 赋给它。这样,图 $\mathcal{G}$ 关于 (v_s, v_t) 的各个割与 $\mathcal{L}^{\mathcal{P}}$ 中的各种标注形式之间就建立了一一对应关系。

最小割算法能高效地求得一个代价最小的割。因此,为了获得能够最小化式(2.15)中能量函数的标注形式,需要定义图 $\mathcal{G}$ 的权值使得最小割与最小能量相对应。

考虑一下 2.2.1 节中的例子(图 2.6),利用能量项式(2.18)和式(2.19)给出如下定义：

$$w_{sp} = g_p(1) \tag{2.33}$$

$$w_{pt} = g_p(0) \tag{2.34}$$

$$w_{pq} = h_{pq}(0,1) \tag{2.35}$$

考虑一下与图 $\mathcal{G}$ 的割 $(\mathcal{S},\mathcal{T})$ 相对应的标注形式 X。首先分析只取决于一个位置的数据项。如果 $v_p \in \mathcal{S}$，则根据式(2.32)可得 $X_p = 0$。当边 $e_{p\to t}$ 处于割上时，由式(2.34)可知，$w_{pt} = g_p(0) = g_p(X_p)$ 被集成到割的代价中。如果 $v_p \in \mathcal{T}$，则 $X_p = 1$，并且当边 $e_{s\to p}$ 处于割上时，由式(2.33)可知，$w_{sp} = g_p(1) = g_p(X_p)$ 被集成到割的代价中。不论哪种情况，$g_p(X_p)$ 都被集成到割的代价中。

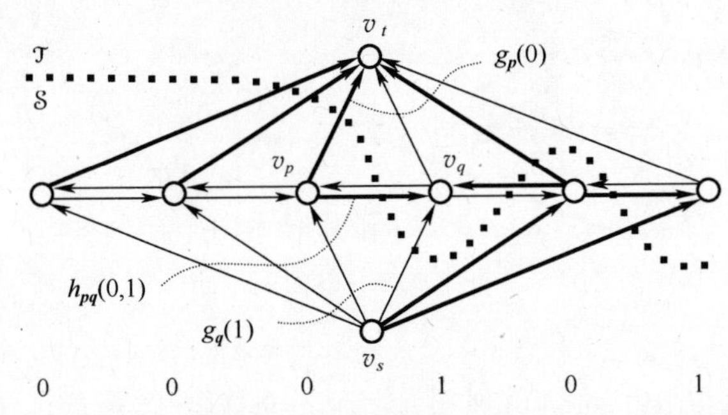

图 2.6 2.2.1 节的例子中关于二值 MRF 能量函数最小化的权值。底部的数字表示分配给上述位置的类标。粗箭头表示处于割上的边。割分离了 v_p 和 v_t；因此，赋给位置 p 的类标为 0。权值恰好是 $g_p(0)$，这也集成到割的代价中。同理，为位置 q 赋予的类标为 1，代价增加了 $g_q(1)$。当两个相邻位置分配了不同的类标时，二者之间的边就是割。这里，p 和 q 的类标不同；因此，边 $e_{p\to q}$ 的权值 $h_{p,q}(0,1)$ 集成到了割的代价中。

接下来，我们分析取决于两个邻近位置的平滑项（图 2.7）。对于一对邻近的位置 p 和 q，如果 $v_p \in \mathcal{S}, v_q \in \mathcal{T}$，那么边 $e_{p\to q}$ 则处于割上。因此，按照式(2.35)可知 $h_{pq}(0,1)=\kappa$ 被集成到割的代价中。由式(2.32)可知，这表明 $(X_p, X_q)=(0,1)$，集成到割的代价中的权值与按照这种分配组合方式应集成到能量中的平滑项是一致的。当 v_p 和 v_q 同时属于 $\mathcal{S}$ 或者 $\mathcal{T}$ 时，代价的增量为 0，对应的能量 $h_{pq}(0,0) = h_{pq}(1,1) = 0$。

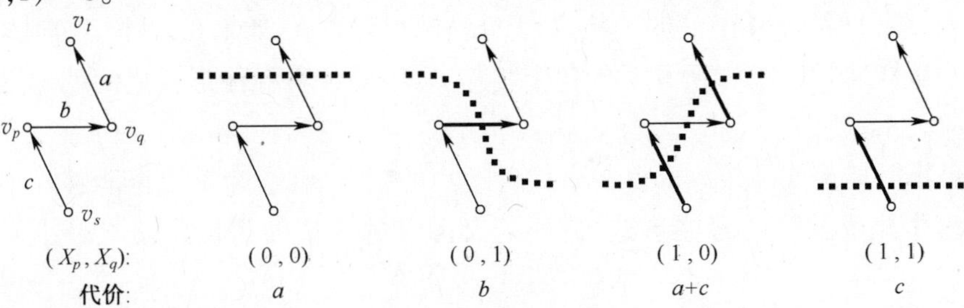

图 2.7 平滑项和代价。

按照这种方式，标注形式 X 所对应的能量与相应割的代价就恰好一致了，这种构思形式源于文献[43]。

2.3.3 子模性

因此，我们可以通过找到最小割获得图像去噪案例中的能量函数式(2.7)的全局最小值以及实现该目标的标注形式。我们能否将其推广到更一般形式的能量函数呢？为了受益于多项式时间复杂度的最小割算法，要限制的因素是边的权重必须是非负值：按照上面的构造方式，式(2.15)中的 $g_p(X_p)$ 和 $h_{pq}(X_p,X_q)$ 必须都是非负值。同样，假设 $h_{pq}(0,0)=h_{pq}(1,1)=0$。

然而，在选择边的权值时仍有一些余地。例如，每个 v_p 必须属于 $\mathcal{S}$ 或者 $\mathcal{T}$；这样，边 $e_{s\to p}$ 和 $e_{p\to t}$ 就总有一个会一直处于割上。因此，w_{sp} 和 w_{pt} 均增加同样的值并不影响要切割的边的选择。这意味着，$g_p(X_p)$ 可取任意值。原因在于，按照式(2.33)和式(2.34)定义了 w_{sp} 和 w_{pt} 之后如果存在负的权值，可以将 $-\min\{w_{sp},w_{pt}\}$ 与 w_{sp} 和 w_{pt} 分别相加使二者均为非负。事实上，通过这种方式可以将 w_{sp} 和 w_{pt} 中的一个一直保持为0。

因此，数据项是任意的。那平滑项如何呢？对于位置对 p 和 q，给出如下定义：

$$w_{qt}=a,\quad w_{pq}=b,\quad w_{sp}=c \tag{2.36}$$

如图2.7所示。那么，(X_p,X_q) 的四个可能组合对应的割的代价分别是：

$$h_{pq}(0,0)=a,\quad h_{pq}(0,1)=b,\quad h_{pq}(1,0)=a+c,\quad h_{pq}(1,1)=c \tag{2.37}$$

于是，我们可得：

$$h_{pq}(0,1)+h_{pq}(1,0)-h_{pq}(0,0)-h_{pq}(1,1)=b \tag{2.38}$$

为了可以利用具有多项式时间复杂度的算法，等式右边的边权值必须是非负的，这被称为**子模性条件**：

$$h_{pq}(0,1)+h_{pq}(1,0)-h_{pq}(0,0)-h_{pq}(1,1)\geqslant 0 \tag{2.39}$$

反过来，如果该条件能满足，我们可设定：

$$a=h_{pq}(1,0)-h_{pq}(1,1) \tag{2.40}$$

$$b=h_{pq}(0,1)+h_{pq}(1,0)-h_{pq}(0,0)-h_{pq}(1,1) \tag{2.41}$$

$$c=h_{pq}(1,0)-h_{pq}(0,0) \tag{2.42}$$

那么，对于每种组合，对应割的代价如下：

$$(X_p,X_q)=(0,0):\quad h_{pq}(1,0)-h_{pq}(1,1) \tag{2.43}$$

$$(X_p,X_q)=(0,1):\quad h_{pq}(0,1)+h_{pq}(1,0)-h_{pq}(0,0)-h_{pq}(1,1) \tag{2.44}$$

$$(X_p,X_q)=(1,0):\quad h_{pq}(1,0)-h_{pq}(1,1)+h_{pq}(1,0)-h_{pq}(0,0) \tag{2.45}$$

$$(X_p,X_q)=(1,1):\quad h_{pq}(1,0)-h_{pq}(0,0) \tag{2.46}$$

如果我们将 $h_{pq}(0,0)+h_{pq}(1,1)-h_{pq}(1,0)$ 加到四个代价值中，可以看出每个都

等于 $h_{pq}(X_p, X_q)$。既然加到四个可能输出结果的值是一样的，这就不会影响到它们之间的相对优势。因此，最小割仍然对应于具有最小能量的标注形式。

对于每个邻近的位置对，我们都可以按照这种方式来做。如果所有这样的位置对 p 和 q 都满足式(2.39)，我们给出如下定义：

$$w_{sq} = g_q(1) + \sum_{(p,q) \in \mathcal{N}} \{h_{pq}(1,0) - h_{pq}(0,0)\} \tag{2.47}$$

$$w_{qt} = g_q(0) + \sum_{(p,q) \in \mathcal{N}} \{h_{pq}(1,0) - h_{pq}(1,1)\} \tag{2.48}$$

$$w_{pq} = h_{pq}(0,1) + h_{pq}(1,0) - h_{pq}(0,0) - h_{pq}(1,1) \tag{2.49}$$

然后，如果边的权值 w_{sp} 或 w_{qt} 中任意一个为负值，就可按照上面解释的方法将其变成非负值。

通过这种方式，我们可以使所有边的权值变为非负值。按照式(2.32)，可通过这种构造形式将这种图的最小割与能够最小化式(2.15)能量函数的标注形式对应起来。上述关于子模性一阶情形的基本构造方法至少已经存在45年了[41]。

2.3.4 非子模情形：BHS 算法

当能量不具有子模性时，也有一些熟知的算法[53,50]能提供局部的解决方案。这些算法已经引入到与图像有关的研究领域，其叫法各不相同，有的称为 QPBO 算法[77]，有的称为顶部对偶[78]。这里，我们讨论这两种算法的高效版本，即 BHS 算法[50]。

这些算法的解具有下列性质：

1. 获得的是部分标注结果，即，一个与 $\mathcal{P}$ 的子集 Ω 相关的标注形式 $X \in \mathbb{B}^{\Omega}$。

2. 输入任意一个标注形式 $Y \in \mathbb{B}^{\mathcal{P}}$，输出的标注形式 $X \in \mathbb{B}^{\Omega}$ 具有下列性质：如果我们用 X 取代 Y，得到的标注结果所对应的能量并不比原有标注结果对应的能量大。符号 $Y \lhd X$ 表示用 X 取代 Y 后获得的标注结果：

$$(Y \lhd X)_p = \begin{cases} X_p & \text{if} \quad p \in \Omega \\ Y_p & \text{otherwise} \end{cases} \tag{2.50}$$

那么，这种**自给自足**特性表明 $E(Y \lhd X) \leqslant E(Y)$。如果把 Y 当作一个全局最小值，那么 $Y \lhd X$ 也是一个全局最小值。因此，我们可以看出，部分标注形式 X 总是全局最小值对应的标注形式的一部分。也就是说，我们可以给 Ω 之外的每个位置赋值 0 或 1，使之集成到全局最小值对应的标注结果 $Y \lhd X$ 中，这也意味着如果 $\Omega = \mathcal{P}$，那么 X 就是一个全局最小标注结果。

3. 如果能量具有子模性，所有位置都有对应的类标并能产生一个全局最小解。当能量不具有子模性时有多少位置被标记取决于具体的问题。

这里，我们依据文献[77]给出了 BHS 算法的图构造形式。首先，我们对给定的能量函数**重新参数化**，使其变成**标准型**（即在没有改变最小化问题的前提下加以改进）。如果下列条件满足，能量函数式(2.15)则是标准型的：

1. 对于每个位置 p, $\min\{g_p(0), g_p(1)\} = 0$,

2. 对于每个 $(p,q) \in \mathcal{N}$ 和 $x = 0,1$, $\min\{h_{pq}(0,x), h_{pq}(1,x)\} = 0$。

注意，标准型并不是唯一的。从任何能量函数出发，我们可以使用如下算法重新参数化使其变成标准型：

1. 当 $(p,q) \in \mathcal{N}$ 和 $x \in \{0,1\}$ 的任意一种组合不能满足上述第二个条件时，重复作如下定义：

$$h_{pq}(0,x) \leftarrow h_{pq}(0,x) - \delta \tag{2.51}$$

$$h_{pq}(1,x) \leftarrow h_{pq}(1,x) - \delta \tag{2.52}$$

$$g_q(x) \leftarrow g_q(x) + \delta \tag{2.53}$$

其中，$\delta = \min\{h_{pq}(0,x), h_{pq}(1,x)\}$。

2. 对于每个 $p \in \mathcal{P}$, 重新定义

$$g_p(0) \leftarrow g_p(0) - \delta \tag{2.54}$$

$$g_p(1) \leftarrow g_p(1) - \delta \tag{2.55}$$

其中，$\delta = \min\{g_p(0), g_p(1)\}$。

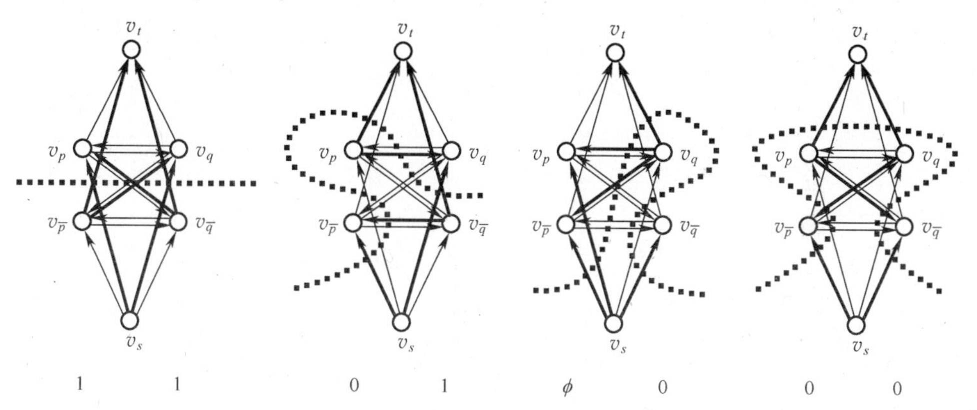

图 2.8　BHS 算法的图构造。粗箭头代表处于割上的边。除了 v_s 和 v_t 之外，图中每个位置 p 都对应两个节点 v_p 和 $v_{\bar{p}}$。按照式(2.61)的做法，我们在该图的各个割与输出标注之间定义了一种对应关系。赋值结果显示于底部。

接下来，我们按照如下方式建立一个图 $\mathcal{G} = (\mathcal{V}, \mathcal{E})$（见图 2.8）。对于每个位置，建立两个一般节点和两个特殊节点：

$$\mathcal{V} = \{v_s, v_t\} \cup \{v_p, v_{\bar{p}} \mid p \in \mathcal{P}\} \tag{2.56}$$

这样，每个位置就有四条边，每个邻近的位置对也有四条边：

$$\mathcal{E}=\{e_{s\to p},e_{s\to\bar{p}},e_{p\to t},e_{\bar{p}\to t}\mid p\in\mathcal{P}\}\cup\{e_{p\to q},e_{p\to\bar{q}},e_{\bar{p}\to q},e_{\bar{p}\to\bar{q}}\mid(p,q)\in\mathcal{N}\}\tag{2.57}$$

边的权值定义如下：

$$w_{sp}=w_{\bar{p}t}=\frac{1}{2}g_p(1),w_{pt}=w_{s\bar{p}}=\frac{1}{2}g_p(0)\tag{2.58}$$

$$w_{pq}=w_{\bar{q}\bar{p}}=\frac{1}{2}h_{pq}(0,1),w_{qp}=w_{\bar{p}\bar{q}}=\frac{1}{2}h_{pq}(1,0)\tag{2.59}$$

$$w_{p\bar{q}}=w_{q\bar{p}}=\frac{1}{2}h_{pq}(0,0),w_{\bar{q}p}=w_{\bar{p}q}=\frac{1}{2}h_{pq}(1,1)\tag{2.60}$$

对于该图,我们可以求得一个最小割 $(\mathcal{S},\mathcal{T})$, 其说明如下：

$$\begin{cases}p\in\Omega \quad \text{and} \quad X_p=0 \quad \text{if} \quad v_p\in\mathcal{S},v_{\bar{p}}\in\mathcal{T}\\ p\in\Omega \quad \text{and} \quad X_p=1 \quad \text{if} \quad v_p\in\mathcal{T},v_{\bar{p}}\in\mathcal{S}\\ p\notin\Omega \quad \text{otherwise}\end{cases}\tag{2.61}$$

正如上述提到的,该算法的有效性程度取决于具体的实际问题。然而,既然上面这种构造形式简单明了,值得尝试用其解决非子模性能量函数问题。使用该算法后还有一些位置仍未标记,此问题的解决也有一些方法[78]。

2.3.5 高阶能量函数的简化

到目前为止,我们讨论的能量函数一直都是一阶形式(2.15)。而且,在视觉计算领域的文献中,目前来看大部分问题也是通过一阶能量函数来表达的,有个别的例外采用的是二阶能量函数形式[79,48,80]。将能量函数限定为一阶形式限制了模型的表达能力,这种有限的能力无法有效捕捉自然场景图像的丰富统计特性。**高阶能量函数**能够描述更复杂的交互关系从而更好地表征自然图像的统计特性。在优化高阶能量时,也要考虑其他方面,比如在分割应用中需要执行连通性[81]或直方图化[82]操作。这些问题很久就已被意识到[83-85],近期的进展情况[86-91]以及各种有用的特殊能量函数形式将在下一章展开讨论。

这里,我们讨论了一般的二元情况并介绍了一种将一般二元 MRF 能量函数最小化问题转化为一阶情形的方法[92,93],这样就可以用上之前介绍的方法,但代价是增加了二元变量的数目,这是早期那些将二阶能量函数简化为一阶的方法[48,49]的推广。

类标取值于 $\mathbb{B}=\{0,1\}$ 的 MRF 能量函数是一个关于二元变量的函数：

$$f:\mathbb{B}^n\to\mathbb{R}\tag{2.62}$$

其中, $n=|\mathcal{P}|$ 是位置(变量)的个数,这种函数称为**伪布尔函数**(PBF)。任何一个 PBF 都可以唯一地表示成下列多项式形式：

$$f(x_1,\cdots,x_n)=\sum_{\mathcal{S}\subset\mathcal{T}}c_{\mathcal{S}}\prod_{i\in\mathcal{S}}x_i \tag{2.63}$$

其中，$\mathcal{J}=\{1,\cdots,n\}$，而 $c_{\mathcal{S}}\in\mathbb{R}$。请读者参考文献[95,96]中的证明。结合一下阶数的定义，这表明任何一个$(d-1)$阶的二值类标 MRF 都可以表示成一个 d 次多项式。因此，将高阶二值类标 MRF 降为一阶形式就与将一般的伪布尔函数降为二次函数这类问题是等价的。

考虑一下关于变量 x,y,z 的三次 PBF，借助一个系数 $a\in\mathbb{R}$：

$$f(x,y,z)=axyz \tag{2.64}$$

文献[48,94]中的简化方法利用了下列恒等式：

$$xyz=\max_{w\in\mathbb{B}}w(x+y+z-2) \tag{2.65}$$

如果 $a<0$，

$$axyz=\min_{w\in\mathbb{B}}aw(x+y+z-2) \tag{2.66}$$

因此，只要 $axyz$ $(a<0)$在最小化问题中出现，就可以用 $aw(x+y+z-2)$ 取代它。

如果 $a>0$，我们对式(2.65)中的变量作一下数值上的镜像(即用 $1-x$ 代替 x，$1-y$ 代替 y，$1-z$ 代替 z)，可得：

$$(1-x)(1-y)(1-z)=\max_{w\in\mathbb{B}}w(1-x+1-y+1-z-2) \tag{2.67}$$

化简之后，可得：

$$xyz=\min_{w\in\mathbb{B}}w(x+y+z-1)+(xy+yz+zx)-(x+y+z)+1 \tag{2.68}$$

因此，如果 $axyz(a>0)$ 出现在最小化问题中，可以用下式取代它：

$$a\{w(x+y+z-1)+(xy+yz+zx)-(x+y+z)+1\} \tag{2.69}$$

因此，无论哪一种情况，都可以用二次项代替三次项。既然任何一个阶数为 2 的二元 MRF 能量函数都可以写成一个三次多项式的形式，那么就可以使用以上任何一个公式将展开的多项式中每个三次单项式转化成一个二次多项式，使整个能量函数为二次型，也就是一阶。当然，这样的转化并不是没有代价的：正如我们可以看到的，变量的数目在增加。

如果 $a<0$，对于更高阶情况，这种简化方法同样适用：

$$ax_1\cdots x_d=\min_{w\in\mathbb{B}}aw\{x_1+\cdots+x_d-(d-1)\} \tag{2.70}$$

如果 $a>0$，可以利用一个不同的公式[92,93]：

$$ax_1\cdots x_d=a\min_{w_1,\cdots,w_{n_d}\in\mathbb{B}}\sum_{i=1}^{n_d}w_i(c_{i,d}(-S_1+2i)-1)+aS_2 \tag{2.71}$$

其中

$$S_1=\sum_{i=1}^{d}x_i,\quad S_2=\sum_{i=1}^{d-1}\sum_{j=i+1}^{d}x_ix_j=\frac{S_1(S_1-1)}{2} \tag{2.72}$$

是关于这些变量的初等对称多项式，而

$$n_d = \lfloor \frac{d-1}{2} \rfloor, \quad c_{i,d} = \begin{cases} 1 & \text{如果 } d \text{ 为奇数且 } i = n_d \\ 2 & \text{其他} \end{cases} \tag{2.73}$$

同时，可以在将高阶项转化为最小项或最大项的前后通过对一些变量作镜像处理来改进式(2.70)和(2.71)[93]。例如，可以通过如下方法获得四次项的另一种简化方式：若定义 $\bar{x} = 1 - x$，则有 $xyzt = (1-\bar{x})yzt = yzt - \bar{x}yzt$。等式的右边包括一个三次项和一个系数为负值的四次项，可以利用式(2.70)实现简化，这种推广形式可能会带来指数量级(从函数中变量的出现频率来看)的简化效果。

2.4 多类标情形下的能量最小化

在本节，我们将讨论两个以上类标条件下的情形。首先，我们描述可以实现全局最优化的情形。然后，我们介绍能够实现更一般类型能量函数近似最小化的移动决策算法。

2.4.1 全局最小化情形：带有凸先验的能量函数

假设类标构成一个线性序列：

$$\mathcal{L} = \{l_0, \cdots, l_k\}, k \geqslant 2 \tag{2.74}$$

同时，假设能量函数式(2.15)中的成对项 $h_{pq}(X_p, X_q)$ 是一个关于类标索引差值的**凸函数**，即可以将其写成

$$h_{pq}(l_i, l_j) = \tilde{h}_{pq}(i - j) \tag{2.75}$$

其中，函数 $\tilde{h}_{pq}(x)$ 满足条件

$$\tilde{h}_{pq}(i+1) - 2\tilde{h}_{pq}(i) + \tilde{h}_{pq}(i-1) \geqslant 0, \quad i = 1, \cdots, k-1 \tag{2.76}$$

在这种情况中，可以通过构建一个类似于前一节二值类标情形下的图并利用最小割算法获得能量函数的全局最小化[47]。

与之前一样，我们利用特殊节点 v_s 和 v_t 构造一个图 $\mathcal{G} = (\mathcal{V}, \mathcal{E})$ (见图2.9)。对于每一个位置 $p \in \mathcal{P}$，我们定义了一系列节点 $\{v_p^1, \cdots, v_p^k\}$：

$$\mathcal{V} = \{v_s, v_t\} \cup \{v_p^i \mid p \in \mathcal{P}, i = 1, \cdots, k\} \tag{2.77}$$

为了符号表示的简便，对于任意的 p，用 v_p^0 表示 v_s，用 v_p^{k+1} 表示 v_t。

我们用 $e_{(p,i)\to(q,j)}$ 表示从 v_p^i 到 v_q^j 的有向边并用 $w_{(p,i)(q,j)}$ 表示其权值。现在，我们按如下方式连接同一个位置对应的所有节点。第一种边

$$\mathcal{E}_1 = \{e_{(p,i)\to(p,i+1)} \mid p \in \mathcal{P}, i = 0, \cdots, k\} \tag{2.78}$$

以 $v_s = v_p^0$ 为起点，依次经过 $v_p^1, v_p^2, \cdots$，然后结束于 $v_t = v_p^{k+1}$。

按照相反的方向，第二种边

$$\mathcal{E}_2 = \{e_{(p,i+1)\to(p,i)} \mid p \in \mathcal{P}, i = 1,\cdots,k-1\} \tag{2.79}$$

的权值为无穷大。在图 2.9 中,用虚线箭头表示这种边。正如图中所展示的那样,没有一条这种边是以有限的代价处在任意一个割 $(\mathcal{S},\mathcal{T})$ 上的;没有从 $\mathcal{S}$ 侧到 $\mathcal{T}$ 侧的虚线箭头。实际上,权值可以足够大。有了这些边,那么对于每个位置 p 对应的边 $\mathcal{E}_1$,在下列边的列队

$$v_s = v_p^0 \to v_p^1 \to \cdots \to v_p^k \to v_p^{k+1} = v_t \tag{2.80}$$

中,恰好有一个落在割上。可以从以下看出:(1)第一个节点 $v_s = v_p^0$ 必须在 $\mathcal{S}$ 中;(2)最后一个节点 $v_t = v_p^{k+1}$ 必须在 $\mathcal{T}$ 中;(3)因此在边的列队中必须至少存在一条从 $\mathcal{S}$ 到 $\mathcal{T}$ 的边;(4)但是不能有两个,因为从 $\mathcal{S}$ 到 $\mathcal{T}$ 两次,在边的列队中一定有一条从 $\mathcal{T}$ 到 $\mathcal{S}$ 的边,但是如果那样,具有无限权值的相反方向的边将处于割上。

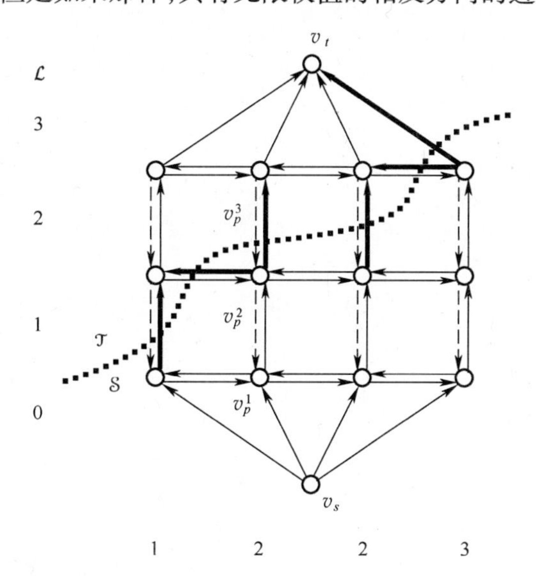

图 2.9　用于多类标 MRF 能量函数最小化的图。每一个位置都有一列节点和边。粗箭头表示处于割上的边。我们赋给向下的虚线箭头一个无限权值,以至于使每一列恰好有一个向上的边处于割上。赋给每个位置的类标由其中处于割上的向上的那条边决定(左边的数字)。底部的数字表示赋给每个位置(列)的类标。

基于上述结论,可以按照如下方式在割与标注形式之间建立一种一一对应的关系:

$$X_p = l_i \quad \Leftrightarrow \quad v_p^i \in \mathcal{S}, v_p^{i+1} \in \mathcal{T} \tag{2.81}$$

因此,与二值类标情形类似,可以通过以如下方式给出权值的定义从而将数据项转化为割的代价:

$$w_{(p,i)(p,i+1)} = g_p(l_i), \quad i = 0,\cdots,k \tag{2.82}$$

与二值类标情形一样,g_p 可以是任意形式的函数,这是因为一条边的权值若为负值,我们可以给边的列队中的所有边加上同样的值。

对于成对项 $h_{pq}(X_p,X_q)$，首先看一下图 2.9 中的情形。这里，v_p^i 和 v_q^i 之间存在"高度"均为 i 的水平边。有了这些边

$$\mathcal{E}_3 = \{e_{(p,i)\to(q,i)} \mid (p,q) \in \mathcal{N}, i = 1,\cdots,k\} \tag{2.83}$$

我们可以通过定义边的集合 $\mathcal{E} = \mathcal{E}_1 \cup \mathcal{E}_2 \cup \mathcal{E}_3$ 完成图的构造。

有了这个图，如果我们把一个恒定的正数 κ 作为权值赋给 $\mathcal{E}_3$ 中的边，就可得到一个与类标索引 i 和 j 之差成比例的平滑项：

$$h_{pq}(l_i,l_j) = \kappa \mid i - j \mid \tag{2.84}$$

现在，假设式(2.75)和式(2.76)都满足。为了简单起见，我们假设 $l_i = i(i = 0,\cdots,k)$。那么，可以把能量函数重新写成：

$$E(X) = \sum_{p\in\mathcal{P}} g_p(X_p) + \sum_{(p,q)\in\mathcal{N}} \tilde{h}_{pq}(X_p - X_q) \tag{2.85}$$

为了最小化比式(2.84)更具一般性的能量函数，我们需要非水平形式的边（见图 2.10）。换言之，对邻近位置 p 和 q 而言，$\mathcal{E}_3$ 通常会包含 i 与 j 的所有组合对应的边 $e_{(p,i)\to(q,j)}$。我们赋给它们的权值是

$$w_{(p,i)(q,j)} = \frac{1}{2}(\tilde{h}_{pq}(i-j+1) - 2\tilde{h}_{pq}(i-j) + \tilde{h}_{pq}(i-j-1)) \tag{2.86}$$

根据凸性条件式(2.76)，上式是非负的。不失一般性，我们可以假定 $\tilde{h}_{pq}(x) = \tilde{h}_{qp}(-x)$。由于在能量函数式(2.85)中 $\tilde{h}_{pq}(X_p - X_q)$ 和 $\tilde{h}_{qp}(X_q - X_p)$ 成对出现，因此如果有必要可以重新定义

$$\tilde{h}'_{pq}(x) = \frac{\tilde{h}_{pq}(x) + \tilde{h}_{qp}(-x)}{2} \tag{2.87}$$

现在，假定边 $e_{(p,i)\to(p,i+1)}$ 和边 $e_{(q,j)\to(q,j+1)}$ 处于割$(\mathcal{S},\mathcal{T})$上，即 $v_p^i, v_q^j \in \mathcal{S}$ 且 $v_p^{i+1}, v_q^{j+1} \in \mathcal{T}$。根据式(2.81)，这就意味着 $X_p = l_i = i$，$X_q = l_j = j$。那么，我们就会看到如下这些边

$$\{e_{(p,l)\to(q,m)} \mid 0 \leqslant l \leqslant i, j+1 \leqslant m \leqslant k+1\} \tag{2.88}$$

$$\{e_{(q,l)\to(p,m)} \mid 0 \leqslant l \leqslant j, i+1 \leqslant m \leqslant k+1\} \tag{2.89}$$

恰好处于割上。我们计算一下这些边权值的和。首先，按照式(2.86)将式(2.88)中的边（见图 2.10 中的粗箭头）的权值累加在一起，我们可以看出大部分项抵消了，而且

$$\sum_{l=0}^{i}\sum_{m=j+1}^{k+1} w_{(p,l)(q,m)}$$

$$= \frac{1}{2}\sum_{l=0}^{i}\sum_{m=j+1}^{k+1}(\tilde{h}_{pq}(l-m+1) - 2\tilde{h}_{pq}(l-m) + \tilde{h}_{pq}(l-m-1))$$

$$= \frac{1}{2}\sum_{l=0}^{i}\sum_{n=l-k-1}^{l-j-1}(\widetilde{h}_{pq}(n+1) - 2\widetilde{h}_{pq}(n) + \widetilde{h}_{pq}(n-1))$$

$$= \frac{1}{2}\sum_{l=0}^{i}\left[\sum_{n=l-k}^{l-j}(\widetilde{h}_{pq}(n) - \widetilde{h}_{pq}(n-1)) - \sum_{n=l-k-1}^{l-j-1}(\widetilde{h}_{pq}(n) - \widetilde{h}_{pq}(n-1))\right]$$

$$= \frac{1}{2}\sum_{l=0}^{i}(\widetilde{h}_{pq}(l-j) - \widetilde{h}_{pq}(l-k-1) - \widetilde{h}_{pq}(l-j-1) + \widetilde{h}_{pq}(l-k-2))$$

$$= \frac{1}{2}(\widetilde{h}_{pq}(i-j) - \widetilde{h}_{pq}(-j-1) - \widetilde{h}_{pq}(i-k-1) + \widetilde{h}_{pq}(-k-2)) \quad (2.90)$$

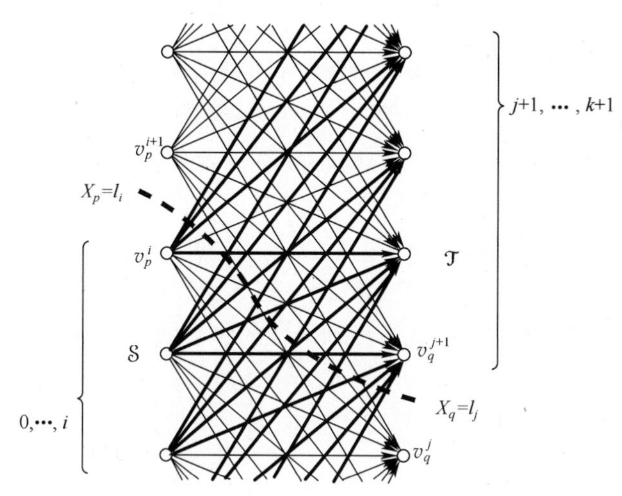

图 2.10 用于多类标 MRF 能量函数最小化的一般平滑边。

类似地,式(2.89)中的边的权值总和为

$$\frac{1}{2}(\widetilde{h}_{qp}(j-i) - \widetilde{h}_{qp}(-i-1) - \widetilde{h}_{qp}(j-k-1) + \widetilde{h}_{qp}(-k-2)) \quad (2.91)$$

将上述两个结果加起来,并利用 $\widetilde{h}_{pq}(x) = \widetilde{h}_{qp}(-x)$, 可得其总和为

$$\widetilde{h}_{pq}(i-j) + r_{pq}(i) + r_{qp}(j) \quad (2.92)$$

其中

$$r_{pq}(i) = \frac{\widetilde{h}_{pq}(k+2) - \widetilde{h}_{pq}(i-k-1) - \widetilde{h}_{pq}(i+1)}{2} \quad (2.93)$$

既然 $r_{pq}(i)$ 和 $r_{qp}(j)$ 分别只由 $X_p = i$ 和 $X_q = j$ 所决定,可以将它们计入到数据项。也式就是说,与式(2.82)不同,我们使用

$$w_{(p,i)(p,i+1)} = g_p(i) - \sum_{(p,q)\in\mathcal{N}} r_{pq}(i) \quad (2.94)$$

并且,我们恰好得出上面的和 $\widetilde{h}_{pq}(i-j)$, 也就是 $h_{pq}(l_i, l_j)$。因此,割的代价恰好与

对应标注形式的能量相同,等于某一常量。而且,可以利用最小割算法获得全局最小能量对应的标注结果。

由于这种构造方法用到了最小割算法,实际上是将多类标能量函数转化成了二值类标能量函数,而且凸性条件是子模性条件的自然结果。有关这个方面的推广已有一些工作[97-100],包括空间连续的构造形式[101,102],这些进展都改善了公制化误差和计算效率。同时,也有其他致力于改善计算时间和内存利用效率的研究工作[103-105]。

2.4.2 移动决策算法

上述构造方法要求类标有一个线性排序,而且能量函数中的成对项必须是凸的。因为很多问题不能满足这些条件,实际应用中更多的是采用迭代近似算法。

移动决策算法是一类在标注空间中不断移动致使能量降低的迭代算法。通常,可以在空间的任何地方移动,即每一位置的类标值可以改变为其他任何类标值。所以,最佳的移动结果对应于能量的全局最小值。既然大家都知道在一般的多类标情形中获得全局最小能量是一个 NP-困难问题[106],我们必须限制可能移动的范围以便能在多项式时间内从中找到最佳的移动结果。在移动决策算法的每次迭代过程中,图割优化算法的作用可以看作是对每个位置都禁止赋予一些类标[107]。由于这个限制,使得优化具有子模性或至少使图的规模比精确情形下的完整图要小得多。

下面,我们介绍一些近似方法。当然,也有其他一些算法推广了移动决策算法[108,109]。

2.4.2.1 α-β 交换和 α 扩展

这里,我们首先介绍 $\alpha-\beta$ **交换**和 α **扩展**移动算法,这是视觉计算文献中最常用的移动算法(见图 2.11)。

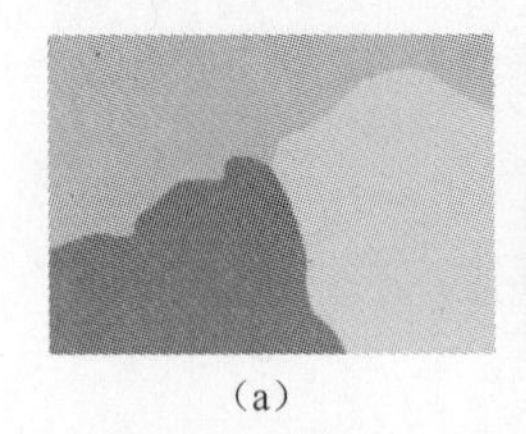
(a)

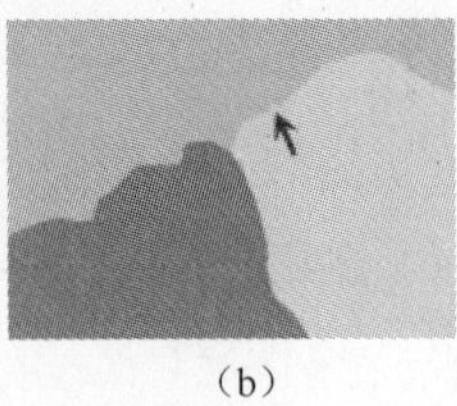
(b)

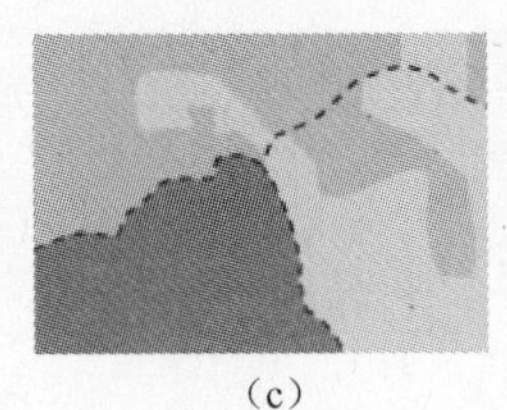
(c)

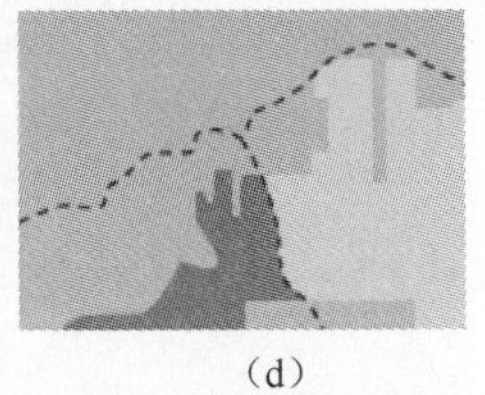
(d)

图 2.11 源于初始标注(a)的三种移动。(b)在传统的 1-像素移动算法中(ICM、模拟退火),一次只改变 1 个像素;(c)在 $\alpha-\beta$ 交换中,两个类标 α 和 β 固定,且用两种类标之一标记的位置允许将其当前类标交换为另一个;(d)在 α 扩展中,类标 α 固定,每一位置允许将其类标变为 α。

对于 $\alpha,\beta \in \mathcal{L}$，基于标注形式 X 的一次 $\alpha-\beta$ 交换是仅仅允许那些被 X 标记为 α 或 β 的位置将其类标改变成 β 或 α 的一次移动。也就是说，如果条件

$$X_p \neq X'_p \quad \Rightarrow \quad X_p, X'_p \in \{\alpha,\beta\} \tag{2.95}$$

满足的话，$X \to X'$ 的一次移动就是一次 $\alpha-\beta$ 交换。类似地，一次 α 扩展就是允许每个位置或者将其类标变成 α 或者保持不变的一次移动。也就是说，如果条件

$$X_p \neq X'_p \quad \Rightarrow \quad X'_p = \alpha \tag{2.96}$$

满足的话，$X \to X'$ 的一次移动就是一次 α 扩展。

两种移动方式的共同之处是它们都可以用二值标注形式参数化。为了看出这一点，通过如下方式定义类标函数 $\mathcal{L}\times\{0,1\}\to\mathcal{L}$：

$$x^{\alpha\beta}(l,b) = \begin{cases} l & \text{if} \quad l \notin \{\alpha,\beta\} \\ \alpha & \text{if} \quad l \in \{\alpha,\beta\} \quad \text{and} \quad b = 0 \\ \beta & \text{if} \quad l \in \{\alpha,\beta\} \quad \text{and} \quad b = 1 \end{cases} \tag{2.97}$$

$$x^{\alpha}(l,b) = \begin{cases} l & \text{if} \quad b = 0 \\ \alpha & \text{if} \quad b = 1 \end{cases} \tag{2.98}$$

然后，就可逐位置地结合当前标注形式 X 与二值标注形式 Y 来定义 $\alpha-\beta$ 交换和 α 扩展移动。固定 X，经过移动后再次计算能量函数式(2.15)，可得：

$$E^{\alpha\beta}(Y) = \sum_{p\in\mathcal{P}} g_p(x^{\alpha\beta}(X_p,Y_p)) + \sum_{(p,q)\in\mathcal{N}} h_{pq}(x^{\alpha\beta}(X_p,Y_p), x^{\alpha\beta}(X_q,Y_q)) \tag{2.99}$$

$$E^{\alpha}(Y) = \sum_{p\in\mathcal{P}} g_p(x^{\alpha}(X_p,Y_p)) + \sum_{(p,q)\in\mathcal{N}} h_{pq}(x^{\alpha}(X_p,Y_p), x^{\alpha}(X_q,Y_q)) \tag{2.100}$$

促使这些移动变得重要的驱动力是在简单的准则下这些能量函数显示出子模性。对于能量函数式(2.99)，我们通过子模性条件式(2.39)检验一下。我们只需要检查 X_p 和 X_q 都在 $\{\alpha,\beta\}$ 时的情况，否则就没有依赖于 Y_p 和 Y_q 的实成对项。假设 $X_p, X_q \in \{\alpha,\beta\}$，可将子模性条件简单地转化为：

$$h_{pq}(\alpha,\beta) + h_{pq}(\beta,\alpha) - h_{pq}(\alpha,\alpha) - h_{pq}(\beta,\beta) \geqslant 0 \tag{2.101}$$

对于能量函数式(2.100)，记 $\beta = X_p$，$\gamma = X_q$；那么，条件就变成：

$$h_{pq}(\beta,\alpha) + h_{pq}(\alpha,\gamma) - h_{pq}(\beta,\gamma) - h_{pq}(\alpha,\alpha) \geqslant 0 \tag{2.102}$$

因此，对于 $\alpha,\beta \in \mathcal{L}$ 的所有组合形式，如果能量函数都能满足条件式(2.101)，利用基本的图割算法总是可以求得最佳的 $\alpha-\beta$ 交换移动。该算法以某种顺序围绕着 α 和 β 的各种组合交替迭代，直到能量停止降低。类似地，对于 $\alpha, \beta, \gamma \in \mathcal{L}$ 的所有组合形式，如果能量函数都能满足条件式(2.102)，那么总是可以求得最佳的 α 扩展移动。该算法围绕 α 迭代执行直到能量停止改善。

对于条件式(2.101)和式(2.102)，一种重要的特殊情况是 h_{pq} 为一种**度量**，即

如下条件能满足：

$$h_{pq}(\alpha,\beta) \geqslant 0 \tag{2.103}$$

$$h_{pq}(\alpha,\beta)=0 \quad \Leftrightarrow \quad \alpha=\beta \tag{2.104}$$

$$h_{pq}(\alpha,\beta)+h_{pq}(\beta,\gamma) \geqslant h_{pq}(\alpha,\gamma) \tag{2.105}$$

$$h_{pq}(\alpha,\beta)=h_{pq}(\beta,\alpha) \tag{2.106}$$

事实上,仅需要前两个就可满足条件式(2.101);而且,当 h_{pq} 成为一种**半度量**时,仅需前三个条件就意味着式(2.102)能满足。

2.4.2.2 融合移动

融合移动[110,111]是采用二值 MRF 能量函数优化的最一般形式的移动决策算法。在每次迭代中,将二值标注问题定义为在两种任意标注结果之间做逐像素的选择,而不是像 α 扩展那样在当前类标与固定类标 α 之间做出选择。

令 X,P 是多类标情形下的两种标注形式。那么,按照一种二值标注形式 Y 对二者进行融合后获得的标注形式可定义为

$$F(X,P;Y)_p=\begin{cases}X_p & \text{if} \quad Y_p=0\\ P_p & \text{if} \quad Y_p=1\end{cases} \qquad p\in\mathcal{P} \tag{2.107}$$

在每次迭代中,二值类标 MRF 能量函数都定义为 Y 的函数,而 X 和 P 为固定值:

$$\hat{E}(Y)=E(F(X,P;Y)) \tag{2.108}$$

利用能使上述能量函数最小化的 Y 可获得最佳融合。作为一种移动决策算法,通常将所得到的融合结果在下次迭代中作为 X 再被利用。因此,可将 X 看作最优化变量,而每次迭代中 P(称为**方案**)的产生取决于具体问题。

用这种方式定义的二值标注问题极少具有子模性。因此,只有在引入了 BHS(QPBO/顶部对偶性)算法(2.3.4 节)后才能说它是真正有用的。BHS 算法将部分标注形式 $Y\in\mathbb{B}^{\Omega}(\Omega\subset\mathcal{P})$ 作为非子模能量函数最小化问题的解。为了融合,必须对部分标注结果进行完善而生成一个完整的二值标注结果 Y。自给自足特性确保了融合后的标注结果 $F(X,P;\mathbf{0}\lhd Y)$ 所对应的能量并不比 X 大,即

$$E(F(X,P;\mathbf{0}\lhd Y))=\hat{E}(\mathbf{0}\lhd Y) \leqslant \hat{E}(\mathbf{0})=E(X) \tag{2.109}$$

其中,标注形式 $\mathbf{0}\in\mathbb{B}^{\mathcal{P}}$ 表示赋予所有位置的类标为 0。换言之,如果那些 Y 没有赋予任何类标的位置能够保持其类标值不变,能量就不会增加。

在融合移动中,从优化的成功性与效率来说,能提供与待优化的能量相吻合的方案 P 是很重要的。大致来说,α 扩展对于 Potts 类型的能量函数很有效,这是因为它提供的方案是恒定标注形式。利用其他算法的输出结果作为方案有助于现有各种算法的条理化集成[80]。在文献[112]中,作者提出了一种基于能量梯度的简单方法来产生能使算法效率更高的标注方案。

同样值得注意的是,在融合移动中类标的集合可以很大,甚至无限大,这是因为对于每个位置实际算法只是在两个可能的类标之间做选择。

2.4.2.3　$\alpha-\beta$ 范围移动

我们在 2.4.1 节描述的精确最小化算法可以用于一类移动决策算法[113,114]——$\alpha-\beta$ **范围移动**算法。当类标集呈如下个线性排序时

$$\mathcal{L}=\{l_0,\cdots,l_k\} \tag{2.110}$$

可以利用下列截断凸先验对形如式(2.15)的一阶能量函数执行高效最小化操作:

$$h_{pq}(l_i,l_j)=\min(\tilde{h}_{pq}(i-j),\theta) \tag{2.111}$$

其中,$\tilde{h}_{pq}$ 是一个凸函数,并满足式(2.76)中的条件,而 θ 是一个常数。这种先验限制了对类标差异较大情形的惩罚,因此与凸先验相比较,会促使类标间存在很大的差异,这一点在将图像分割成不同目标时有时是有利的。这里,我们仅仅描述文献[113]介绍的基本算法;对于其他变种,参见文献[114]。

对于两个类标 $\alpha=l_i,\beta=l_j,i<j$, 该算法利用 2.4.1 节给出的精确算法从那些允许在两个类标范围内即刻改变类标的移动中求得最佳移动。如果一个移动 $X\rightarrow X'$ 满足条件

$$X_p\neq X'_p \quad \Rightarrow \quad X_p,X'_p\in\{l_i,\cdots,l_j\} \tag{2.112}$$

则称其为 $\alpha-\beta$ 范围移动。记 d 为满足条件 $\tilde{h}_{pq}(d)\leqslant\theta$ 的最大整数。该算法在 $\alpha=l_i,\beta=l_j,j-i=d$ 的条件下迭代执行 $\alpha-\beta$ 范围移动。在该条件下,式(2.111)中的先验是凸的,因此可以采用精确算法。令 X 为当前标注形式,并定义

$$\mathcal{P}_{\alpha-\beta}=\{p\in\mathcal{P}|\ X_p\in\{l_i,\cdots,l_j\}\} \tag{2.113}$$

按照如下步骤定义一个图 $\mathcal{G}_{\alpha-\beta}=(\mathcal{V}_{\alpha-\beta},\mathcal{E}_{\alpha-\beta})$。节点集 $\mathcal{V}_{\alpha-\beta}$ 包含两个特殊节点 v_s,v_t,以及 $\mathcal{P}_{\alpha-\beta}$ 中每个位置 p 对应的节点序列 $\{v_p^1,\cdots,v_p^d\}$。与 2.4.1 节一样,令 v_p^0 为 v_s 的别称,v_p^{d+1} 为 v_t 的别称,并用 $e_{(p,n)\rightarrow(q,m)}$ 表示从 v_p^n 到 v_q^m 的一条有向边。对于每一对 $p\in\mathcal{P}_{\alpha-\beta}$,边集 $\mathcal{E}_{\alpha-\beta}$ 都包含一条有向边 $e_{(p,n)\rightarrow(p,n+1)}$ ($n=0,1,\cdots,d$) 和有无限大权值的反向边 $e_{(p,n+1)\rightarrow(p,n)}$($n=1,\cdots,d-1$)。与之前一样,这保证了在每个位置 $p\in\mathcal{P}_{\alpha-\beta}$ 对应的序列

$$v_s=v_p^0\rightarrow v_p^1\rightarrow\cdots\rightarrow v_p^d\rightarrow v_p^{d+1}=v_t \tag{2.114}$$

中恰好有一条边处于代价有限的任意割上,从而在割 $(\mathcal{S},\mathcal{T})$ 与新的标注形式之间建立了一种一一对应的关系:

$$X'_p=\begin{cases}l_{i+n} & \text{if} \quad p\in\mathcal{P}_{\alpha-\beta},v_p^n\in\mathcal{S},v_{\mathrm{p}}^{n+1}\in\mathcal{T}\\ X_p & \text{if} \quad p\notin\mathcal{P}_{\alpha-\beta}\end{cases} \tag{2.115}$$

因此,通过将权值定义为

$$w_{(p,n)(p,n+1)} = g_p(l_{i+n}) \tag{2.116}$$

数据项就可以准确地从割的代价中反映出来。

对于平滑项，可按照2.4.1节通过定义边实现任意的凸先验 $\widetilde{h}_{pq}$。然而，那只是在 p 和 q 都属于 $\mathcal{P}_{\alpha-\beta}$ 的情况下才适用。如果两个都不属于 $\mathcal{P}_{\alpha-\beta}$，可以将该项忽略，但如果只有一个属于 $\mathcal{P}_{\alpha-\beta}$，则不可以这么做。然而，它是一个一元函数项，因为每一个位置对中都有一个位置的类标为固定值。因此，将这种影响考虑到式(2.116)中，我们重新定义

$$w_{(p,n)(p,n+1)} = g_p(l_{i+n}) + \sum_{\substack{(p,q)\in\mathcal{N} \\ q\in\mathcal{P}\setminus\mathcal{P}_{\alpha-\beta}}} \min(\widetilde{h}_{pq}(l_{i+n} - X_q), \theta) \tag{2.117}$$

这样，割 $(\mathcal{G}_{\alpha-\beta}, v_s, v_t)$ 的代价就是通过式(2.115)获得的标注形式所对应的能量(为一常量)。因此，最小割产生了最佳的 $\alpha-\beta$ 范围移动。

2.4.2.4 高阶图割

结合融合移动与2.3.5节讨论的一般性二值类标高阶能量函数的简化，可以实现多类标高阶能量函数的近似最小化[92,93]。

将式(2.13)中一般形式的能量函数在这里再次列出：

$$E(X) = \sum_{C\in\mathcal{C}} f_C(X_C) \tag{2.118}$$

其中$\mathcal{C}$是一个由位置集合$\mathcal{P}$的势团(子集)构成的集合，而 X_C 表示将 X 限制在范围 C 中。

该算法保持当前标注形式 $X\in\mathcal{L}^{\mathcal{P}}$。在每次迭代中，该算法通过最小化二值类标能量函数将 X 与一个建议标注形式 $P\in\mathcal{L}^{\mathcal{P}}$ 相融合。P 是如何给定的取决于具体的问题，在算法开始阶段如何初始化 X 也是类似情况。

按照二值标注形式 $Y\in\mathbb{B}^{\mathcal{P}}$ 执行合并的结果由式(2.107)来定义，而其能量函数由式(2.108)来定义。对于形如式(2.13)的能量函数 $E(X)$，$\hat{E}(Y)$ 的多项式表达式是

$$\hat{E}(Y) = \sum_{C\in\mathcal{C}} \sum_{\gamma\in\mathbb{B}^C} f_C(F(X_C, P_C; \gamma))\theta_C^{\gamma}(Y_C) \tag{2.119}$$

其中，$F(X_C, P_C; \gamma)\in\mathcal{L}^C$ 是由二值向量 $\gamma\in\mathbb{B}^C$ 决定的势团 C 上的融合标注结果：

$$F(X_C, P_C; \gamma)_p = \begin{cases} X_p & \text{if} \quad \gamma_p = 0 \\ P_p & \text{if} \quad \gamma_p = 1 \end{cases} \quad p\in C \tag{2.120}$$

而 $\theta_C^{\gamma}(Y_C)$ 是一个 $|C|$ 阶多项式，其定义是

$$\theta_C^{\gamma}(Y_C) = \prod_{p\in C} Y_p^{(\gamma)}, \quad Y_p^{(\gamma)} = \begin{cases} Y_p & \text{if} \quad \gamma_p = 1 \\ 1 - Y_p & \text{if} \quad \gamma_p = 0 \end{cases} \tag{2.121}$$

如果 $Y_C=\gamma$，它的值就是 1，否则为 0。

那么，利用 2.3.5 节描述的方法就可将多项式 $\hat{E}(Y)$ 简化为一个二次多项式，其结果是一个关于标注 $\widetilde{Y}\in\mathbb{B}^{\mathcal{P}'}$ 的二次多项式 $\widetilde{E}(\widetilde{Y})$，其中 $\mathcal{P}'\supset\mathcal{P}$。我们利用 BHS 算法对 $\widetilde{E}(\widetilde{Y})$ 实施最小化从而得到 $\mathcal{P}'$ 的子集 $\mathcal{Q}'$ 上的部分标注结果 $Z\in\mathbb{B}^{\mathcal{Q}'}$。通过将 Z 限制到 $Z_{\mathcal{P}\cap\mathcal{Q}'}$ 并用零标注形式 $\mathbf{0}$ 覆盖初始位置，可得到 $\mathbf{0}\lhd Z_{\mathcal{P}\cap\mathcal{Q}'}$，将其表示为 Y_Z。那么，就有

$$E(F(X,P;Y_Z))=\hat{E}(Y_Z)\leqslant\hat{E}(\mathbf{0})=E(X) \tag{2.122}$$

为了看出原因，我们给出如下定义：

$$\mathcal{Y}_0=\{\widetilde{Y}\in\mathbb{B}^{\mathcal{P}'}\mid\widetilde{Y}_{\mathcal{P}}=\mathbf{0}\},\quad \widetilde{Y}_0^{\min}=\arg\min_{\widetilde{Y}\in\mathcal{Y}_0}\widetilde{E}(\widetilde{Y}) \tag{2.123}$$

$$\mathcal{Y}_Z=\{\widetilde{Y}\in\mathbb{B}^{\mathcal{P}'}\mid\widetilde{Y}_{\mathcal{P}}=Y_Z\},\quad \widetilde{Y}_Z^{\min}=\arg\min_{\widetilde{Y}\in\mathcal{Y}_Z}\widetilde{E}(\widetilde{Y}) \tag{2.124}$$

那么，由简化性质可得：$\hat{E}(\mathbf{0})=\widetilde{E}(\widetilde{Y}_0^{\min})$，$\hat{E}(Y_Z)=\widetilde{E}(\widetilde{Y}_Z^{\min})$。而且，如果我们定义 $\widetilde{Z}=\widetilde{Y}_0^{\min}\lhd Z$，由自给性可得 $\widetilde{E}(\widetilde{Z})\leqslant\widetilde{E}(\widetilde{Y}_0^{\min})$。由于 $\widetilde{Z}\in\mathcal{Y}_Z$，同时可得 $\widetilde{E}(\widetilde{Y}_Z^{\min})\leqslant\widetilde{E}(\widetilde{Z})$。因此，$\hat{E}(Y_Z)=\widetilde{E}(\widetilde{Y}_Z^{\min})\leqslant\widetilde{E}(\widetilde{Z})\leqslant\widetilde{E}(\widetilde{Y}_0^{\min})=\hat{E}(\mathbf{0})$。

因此，我们将 X 更新为 $F(X,P;Y_Z)$ 并不断减少能量。我们重复这个过程直到满足某个收敛准则。

2.5 实例分析

这里，我们利用上一节描述的多类标能量函数最小化方法展示一下图像去噪的应用例子。图 2.12 给出了用图割方法实现图像去噪的结果。对原始的 8bit 灰度图像(a)加入标准差 $\sigma=50$ 的独立同分布加性高斯噪声，得到的有噪图像 Y 显示在(b)图中。

通过利用 2.4.1 节和文献[47]中描述的方法找到能实现如下“全变差”能量函数全局最小化的 X 而获得的去噪结果显示于(c)图中：

$$E(X)=\sum_{p\in\mathcal{P}}(Y_p-X_p)^2+\sum_{(p,q)\in\mathcal{N}}\kappa\mid X_p-X_q\mid \tag{2.125}$$

其中，$\kappa=8.75$。

利用 2.4.2.4 节描述的高阶图割方法对 Y 去噪的结果显示于(d)图中。对于高阶能量函数，我们利用了最近提出的称之为**专家场**(FoE)[85]的图像统计模型，该模型将图像 X 的先验概率表示为若干 t 分布的乘积：

$$P(X) \propto \prod_{C} \prod_{i=1}^{K} \left(1 + \frac{1}{2}(J_i \cdot X_C)^2\right)^{-\alpha_i} \tag{2.126}$$

其中，C 遍历于所有 $n \times n$ 图像块构成的集合中，而 J_i 是一个 $n \times n$ 大小的滤波器。参数 J_i 和 α_i 要利用自然图像数据库学习得到。这里，我们利用如下能量函数：

$$E(X) = \sum_{C \in \mathcal{C}} f_C(X_C) \tag{2.127}$$

其中，势团集合 $\mathcal{C}$ 由单像素与 2×2 大小的图像块构成的势团组成。对于这两种势团，函数 f_C 的定义分别为

$$f_C(X_C) = \frac{(Y_p - X_p)^2}{2\sigma^2}, \quad (C = \{p\}) \tag{2.128}$$

$$f_C(X_C) = \sum_{i=1}^{3} \alpha_i \log\left(1 + \frac{1}{2}(J_i \cdot X_C)^2\right) \quad (C\text{ 是一个 }2 \times 2\text{ 大小的图像块}) \tag{2.129}$$

实验中所涉及的 FoE 参数 J_i 和 α_i 是由 Stefan Roth 友情提供的。利用高阶图割可以实现能量函数的近似最小化。我们用 Y 表示 X 的初始化，然后利用以下两种方案交替迭代执行：(i) 每次迭代产生一幅均匀随机图像；(ii) 利用高斯核(σ = 0.5625)将当前图像 X 模糊化迭代执行 30 次而产生一幅模糊图像。

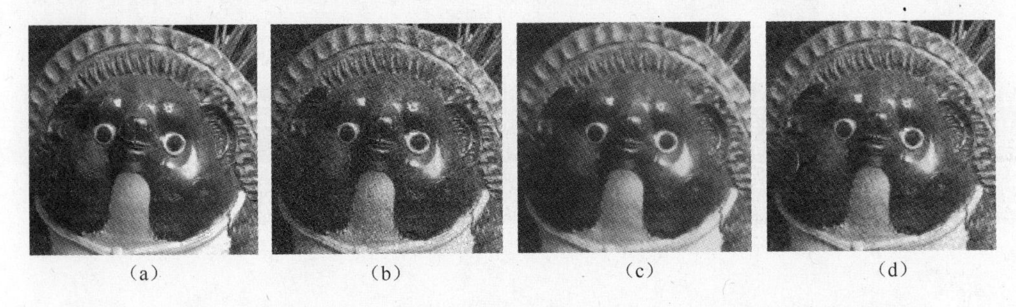

(a) (b) (c) (d)

图 2.12 去噪实例。(a)原始图像；(b)加噪图像(σ=50)；(c)利用全变差能量函数产生的去噪结果；(d)利用高阶 FoE 能量函数产生的去噪结果。

2.6 结论

在本章，我们对图割算法的主要思想作了全面概述并介绍了几种应用最广泛以及我们最熟悉的的基本构造方法。

延伸阅读

有关图割的研究已呈现广泛且多样化的趋势。除了图割[115-117]之外还有其他一些算法也有类似的功能，有时这些算法的性能更优。感兴趣的读者也可以参考其他书籍[118,119]和本书的其他相关章节以及参考文献中列出的原始论文。

参考文献

[1] A. Blake and A. Zisserman, *Visual Reconstruction*. MIT Press, London, 1987.

[2] A. Blake, C. Rother, M. Brown, P. Perez, and P. Torr, "Interactive image segmentation using an adaptive GMMRF model," in *Proc. European Conference on Computer Vision* (*ECCV*2004), 2004, pp. 428–441.

[3] Y. Boykov and G. Funka–Lea, "Graph cuts and efficient n–d image segmentation," *International Journal of Computer Vision*, vol. 70, no. 2, pp. 109–131, 2006.

[4] Y. Boykov and M. –P. Jolly, "Interactive graph cuts for optimal boundary & region segmentation of objects in N – D images," in *Proc. IEEE International Conference on Computer Vision* (*ICCV*2001), vol. 1, 2001, pp. 105–112.

[5] M. Bray, P. Kohli, and P. H. A. Torr, "Posecut: Simultaneous segmentation and 3d pose estimation of humans using dynamic graph – cuts," in *Proc. European Conference on Computer Vision* (*ECCV*2006), vol. 2, 2006, pp. 642–655.

[6] H. Ishikawa and D. Geiger, "Segmentation by grouping junctions," in *Proc. IEEE. Computer Society Conference on Computer Vision and Pattern Recognition* (*CVPR*'98), 1998, pp. 125–131.

[7] ——, "Higher–dimensional segmentation by minimum–cut algorithm," in *Ninth IAPR Conference on Machine Vision Applications* (*MVA* 2005), 2005, pp. 488–491.

[8] Y. Li, J. Sun, and H. – Y. Shum, "Video object cut and paste." *ACM Trans. Graphics* (*Proc. SIGGRAPH*2005), vol. 24, no. 3, pp. 595–600, 2005.

[9] Y. Li, J. Sun, C. –K. Tang, and H. – Y. Shum, "Lazy snapping," *ACM Trans. Graphics* (*Proc. SIGGRAPH*2004), vol. 23, no. 3, pp. 303–308, 2004.

[10] K. Li, X. Wu, D. Z. Chen, and M. Sonka, "Optimal surface segmentation in volumetric images – agraph – theoretic approach," *IEEE Trans. Pattern Analysis and Machine Intelligence*, vol. 28, no. 1, pp. 119–134, 2006.

[11] C. Rother, V. Kolmogorov, and A. Blake, ""GrabCut": Interactive foreground extraction using iterated graph cuts," *ACM Trans. Graphics* (*Proc. SIGGRAPH*2004), vol. 23, no. 3, pp. 309 – 314, 2004.

[12] J. Wang, P. Bhat, R. A. Colburn, M. Agrawala, and M. F. Cohen, "Interactive video cutout," *ACM Trans. Graphics* (*Proc. SIGGRAPH*2005), vol. 24, no. 3, pp. 585–594, 2005.

[13] N. Xu, R. Bansal, and N. Ahuja, "Object segmentation using graph cuts based active contours," in *Proc. IEEE. Computer Society Conference on Computer Vision and Pattern Recognition* (*CVPR*2003), vol. 2, 2003, pp. 46–53.

[14] M. P. Kumar, P. H. Torr, and A. Zisserman, "Learning layered motion segmentations of video,"

International Journal of Computer Vision, vol. 76, no. 3, pp. 301-319, 2008.

[15] S. Roy and V. Govindu, "MRF solutions for probabilistic optical flow formulations," in *Proc International Conference on Pattern Recognition* (*ICPR*2000), vol. 3, 2000, pp. 7053-7059.

[16] J. Wills, S. Agarwal, and S. Belongie, "What went where," in *Proc. IEEE. Computer Society Conference on Computer Vision and Pattern Recognition* (*CVPR* 2003), vol. 1, 2003, pp. 37-44.

[17] J. Xiao and M. Shah, "Motion layer extraction in the presence of occlusion using graph cuts," *IEEE Trans. Pattern Analysis and Machine Intelligence*, vol. 27, no. 10, pp. 1644-1659, 2005.

[18] S. Birchfield and C. Tomasi, "Multiway cut for stereo and motion with slanted surfaces," in *Proc. IEEE. International Conference on Computer Vision* (*ICCV*' 99), vol. 1, 1999, pp. 489-495.

[19] Y. Boykov, O. Veksler, and R. Zabih, "Markov random fields with efficient approximations," in *Proc. IEEE. Computer Society Conference on Computer Vision and Pattern Recognition* (*CVPR*' 98), 1998, pp. 648-655.

[20] H. Ishikawa, "Multi - scale feature selection in stereo," inProc. *IEEE. Computer Society Conference on Computer Vision and Pattern Recognition* (*CVPR* '99), vol. 1, 1999, pp. 1132-1137.

[21] H. Ishikawa and D. Geiger, "Local feature selection and global energy optimization in stereo," in *Scene Reconstruction, Pose Estimation and Tracking*, R. Stolkin, Ed. Vienna, Austria: I-Tech Education and Publishing, 2007, pp. 411-430.

[22] V. Kolmogorov, A. Criminisi, A. Blake, G. Cross, and C. Rother, "Probabilistic fusion of stereo with color and contrast for bilayer segmentation," *IEEE Trans. Pattern Analysis and Machine Intelligence*, vol. 28, no. 9, pp. 1480-1492, 2006.

[23] S. Roy and I. Cox, "Maximum - flow formulation of the n - camera stereo correspondence problem," in *Proc. IEEE. International Conference on Computer Vision* (*ICCV*' 98), 1998, pp. 492-499.

[24] S. Roy, "Stereo without epipolar lines: A maximum-flow formulation," *International Journal of Computer Vision*, vol. 34, pp. 147-162, 1999.

[25] V. Kwatra, A. Schödl, I. Essa, G. Turk, and A. Bobick, "Graphcut textures: Image and video synthesis using graph cuts," *ACM Trans. Graphics* (*Proc. SIGGRAPH*2003), vol. 22, no. 3, pp. 277-286, 2003.

[26] M. H. Nguyen, J. -F. Lalonde, A. A. Efros, and F. de la Torre, "Image based shaving," *Computer Graphics Forum Journal* (*Eurographics* 2008), vol. 27, no. 2, pp. 627-635, 2008,

[27] A. Agarwala, M. Dontcheva, M. Agrawala, S. Drucker, A. Colburn, B. Curless, D. Salesin, and M. Cohen, "Interactive digital photomontage," *ACM Trans. Graphics* (*Proc. SIGGRAPH*2004), vol. 23, no. 3, pp. 294-302, 2004.

[28] A. Agarwala, M. Agrawala, M. Cohen, D. Salesin, and R. Szeliski, "Photographing long scenes with multi - viewpoint panoramas," *ACM Trans. Graphics* (*Proc. SIGGRAPH*2006), vol. 25, no. 3, pp. 853-861, 2006.

[29] J. Hays and A. A. Efros, "Scene completion using millions of photographs," *ACM Trans. Graphics*

(Proc. *SIGGRAPH*2007), vol. 26, no. 3, 2007, Article# 4.

[30] C. Rother, S. Kumar, V. Kolmogorov, and A. Blake, "Digital tapestry," in *Proc. IEEE Computer Society Conference on Computer Vision and Pattern Recognition*(*CVPR*2005), vol. 1, 2005, pp. 589–596.

[31] M. P. Kumar, P. H. S. Torr, and A. Zisserman, "Obj cut," inProc. *IEEE Computer Society Conference on Computer Vision and Pattern Recognition* (*CVPR*2005), vol. 1, 2005, pp. 18–25.

[32] D. Hoiem, C. Rother, and J. Winn, "3D layout CRF for multi-view object class recognition and segmentation," in *Proc. IEEE Computer Society Conference on Computer Vision and Pattern Recognition* (*CVPR*2007), 2007.

[33] J. Winn and J. Shotton, "The layout consistent random field for recognizing and segmenting partially occluded objects," in *Proc. IEEE Computer Society Conference on Computer Vision and Pattern Recognition* (*CVPR*2006), 2006, pp. 37–44.

[34] Y. Boykov and V. Kolmogorov, "Computing geodesics and minimal surfaces via graph cuts," in *Proc. IEEE International Conference on Computer Vision* (*ICCV*2003), vol. 1, 2003, pp. 26–33.

[35] Y. Boykov, V. Kolmogorov, D. Cremers, and A. Delong, "An integral solution to surface evolution PDEs via geo-cuts," in *Proc. European Conference on Computer Vision* (*ECCV*2006), vol. 3, 2006, pp. 409–422.

[36] A. Levin, R. Fergus, F. Durand, and W. T. Freeman, "Image and depth from a conventional camera with a coded aperture," *ACM Trans. Graphics* (*Proc. SIGGRAPH*2007), vol. 26, no. 3, 2007, Article# 70.

[37] C. Liu, A. B. Torralba, W. T. Freeman, F. Durand, and E. H. Adelson, "Motion magnification," *ACM Trans. Graphics* (*Proc. SIGGRAPH*2005), vol. 24, no. 3, pp. 519–526, 2005.

[38] Y. Boykov, O. Veksler, and R. Zabih, "Fast approximate energy minimization via graph cuts," *IEEE Trans. Pattern Analysis and Machine Intelligence*, vol. 23, no. 11, pp. 1222–1239, 2001.

[39] J. Besag, "On the statistical analysis of dirty pictures," *J. Royal Stat. Soc.*, *Series B*, vol. 48, pp. 259–302, 1986.

[40] S. Geman and D. Geman, "Stochastic relaxation, Gibbs distributions, and the Bayesian restoration of images," *IEEE Trans. Pattern Analysis and Machine Intelligence*, vol. 6, pp. 721–741, 1984.

[41] P. L. Hammer, "Some network flow problems solved with pseudo-boolean programming," *Operations Res.*, vol. 13, pp. 388–399, 1965.

[42] D. M. Greig, B. T. Porteous, and A. H. Seheult, "Discussion of: On the statistical analysis of dirty pictures (by J. E. Besag)," *J. Royal Stat. Soc.*, *Series B*, *vol.* 48, *pp.* 282–284, 1986.

[43] ——, "Exact maximum a posteriori estimation for binary images," *J. Royal Stat. Soc.*, *Series B*, vol. 51, pp. 271–279, 1989.

[44] A. Blake, "Comparison of the efficiency of deterministic and stochastic algorithms for visual reconstruction," *IEEE Trans. Pattern Analysis and Machine Intelligence*, vol. 11, no. 1, pp. 2–12, 1989.

[45] H. Ishikawa and D. Geiger, "Occlusions, discontinuities, and epipolar lines in stereo," in

Proc. European Conference on Computer Vision (*ECCV'* 98), 1998, pp. 232-248.

[46] ——, "Mapping image restoration to a graph problem," in *IEEE-EURASIP Workshop on Nonlinear Signal and Image Processing* (*NSIP'* 99), 1999, pp. 189-193.

[47] H. Ishikawa, "Exact optimization for Markov random fields with convex priors," *IEEE Trans. Pattern Analysis and Machine Intelligence*, vol. 25, no. 10, pp. 1333-1336, 2003.

[48] V. Kolmogorov and R. Zabih, "What energy functions can be minimized via graph cuts?" *IEEE Trans. Pattern Analysis and Machine Intelligence*, vol. 26, no. 2, pp. 147-159, 2004.

[49] C. -H. Lee, D. Lee, and M. Kim, "Optimal task assignment in linear array networks," *IEEE Trans. Computer*, vol. 41, no. 7, pp. 877-880, 1992.

[50] E. Boros, P. L. Hammer, and X. Sun, "Network flows and minimization of quadratic pseudo-boolean functions, Tech. Rep. RUTCOR Research Report RRR 17-1991, May 1991.

[51] E. Boros, P. L. Hammer, R. Sun, and G. Tavares, "A max-flow approach to improved lower bounds for quadratic unconstrained binary optimization (qubo)," *Discrete Optimization*, vol. 5, no. 2, pp. 501-529, 2008.

[52] E. Boros, P. L. Hammer, and G. Tavares, "Preprocessing of unconstrained quadratic binary optimization, Tech. Rep. RUTCOR Research Report RRR 10-2006, April 2006.

[53] P. L. Hammer, P. Hansen, and B. Simeone, "Roof duality, complementation and persistency in quadratic 0-1 optimization," *Math. Programming*, vol. 28, pp. 121-155, 1984.

[54] J. Pearl, *Probabilistic Reasoning in Intelligent Systems: Networks of Plausible Inference*. Morgan Kaufmann, San Francisco, 1998.

[55] P. Felzenszwalb and D. Huttenlocher, "Efficient belief propagation for early vision," *Int. J. Comput. Vis.*, vol. 70, pp. 41-54, 2006.

[56] T. Meltzer, C. Yanover, and Y. Weiss, "Globally optimal solutions for energy minimization *in stereo vision using reweighted belief propagation," in Proc. IEEE International Conference on Computer Vision* (*ICCV*2005), 2005, pp. 428-435.

[57] M. J. Wainwright, T. S. Jaakkola, and A. S. Willsky, "Tree-based reparameterization framework for analysis of sum-product and related algorithms," *IEEE Trans. Information Theory*, vol. 49, no. 5, pp. 1120-1146., 2003.

[58] V. Kolmogorov, "Convergent tree-reweighted message passing for energy minimization," *IEEE Trans. Pattern Analysis and Machine Intelligence*, vol. 28, no. 10, pp. 1568-1583, 2006.

[59] R. Szeliski, R. Zabih, D. Scharstein, O. Veksler, V. Kolmogorov, A. Agarwala, M. Tappen, and C. Rother, "A comparative study of energy minimization methods for Markov random fields with smoothness-based priors," *IEEE Trans. Pattern Analysis and Machine Intelligence*, vol. 30, no. 7, pp. 1068-1080, 2008.

[60] V. Kolmogorov and C. Rother, "Comparison of energy minimization algorithms for highly connected graphs," in *Proc. European Conference on Computer Vision* (*ECCV*2006), vol. 2, 2006, pp. 1-15.

[61] R. K. Ahuja, T. L. Magnanti, and J. B. Orlin, *Network Flows: Theory, Algorithms and Applica-*

tions. Prentice Hall, 1993.

[62] W. J. Cook, W. H. Cunningham, W. R. Pulleyblank, and A. Schrijver, *Combinatorial Optimization*. John Wiley & Sons, New-York, 1998.

[63] T. H. Cormen, C. E. Leiserson, R. L. Rivest, and C. Stein, *Introduction to Algorithms (Third Edition)*. MIT Press, 2009.

[64] L. R. Ford and D. R. Fulkerson, "Maximal flow through a network," *Can. J. Math.*, vol. 8, pp. 399-404, 1956.

[65] P. Elias, A. Feinstein, and C. E. Shannon, " A note on the maximum flow through a network," *IEEE Trans. Information Theory*, vol. 2, no. 4, pp. 117-119, 1956.

[66] L. Ford and D. Fulkerson, *Flows in networks*. Princeton University Press, 1962.

[67] F. Alizadeh and A. V. Goldberg, "Implementing the push-relabel method for the maximum flow problem on a connection machine," *DIMACS Series in Discrete Mathematics and Theoretical Computer Science*, vol. 12, pp. 65-95, 1993.

[68] B. V. Cherkassky and A. V. Goldberg, "On implementing push-relabel method for the maximum flow problem," in *Proc. 4th International Programming and Combinatorial Optimization Conference*, 1995, pp. 157-171.

[69] A. V. Goldberg and R. E. Tarjan, "A new approach to the maximum-flow problem," *J. ACM*, vol. 35, pp. 921-940, 1988.

[70] A. V. Goldberg, " Efficient graph algorithms for sequential and parallel computers," Ph. D. dissertation, Massachussetts Institute of Technology, 1987.

[71] Y. Boykov and V. Kolmogorov, "An experimental comparison of min-cut/max-flow algorithms for energy minimization in vision," *IEEE Trans. Pattern Analysis and Machine Intelligence*, vol. 26, no. 9, pp. 1124-1137, 2004.

[72] E. A. Dinic, "Algorithm for solution of a problem of maximum flow in networks with power estimation," *Soviet Math. Dokl.*, vol. 11, pp. 1277-1280, 1970.

[73] A. Delong and Y. Boykov, "A scalable gragh-cut algorithms for N-D grids," in *Proc. IEEE Computer Society Conference on Computer Vision and Pattern Recognition (CVPR2008)*, 2008.

[74] O. Juan and Y. Boykov, "Active graph cuts," in *Proc. IEEE Computer Society Conference on Computer Vision and Pattern Recognition (CVPR2006)*, vol. 1, 2006, pp. 1023-1029.

[75] P. Kohli and P. H. S. Torr, "Efficiently solving dynamic Markov random fields using graph cuts," in *Proc. IEEE Computer Society Conference on Computer Vision and Pattern Recognition (CVPR2005)*, vol. 2, 2005, pp. 922-929.

[76] ——, "Measuring uncertainty in graph cut solutions-efficiently computing minmarginal energies using dynamic graph cuts," in *Proc. European Conference on Computer Vision (ECCV2006)*, vol. 2, 2006, pp. 20-43.

[77] V. Kolmogorov and C. Rother, "Minimizing non-submodular functions with graph cuts — a review," *IEEE Trans. Pattern Analysis and Machine Intelligence*, vol. 9, no. 7, pp. 1274-1279, 2007.

[78] C. Rother, V. Kolmogorov, V. Lempitsky, and M. Szummer, "Optimizing binary MRFs via extended roof duality," in *Proc. IEEE Computer Society Conference on Computer Vision and Pattern Recognition* (*CVPR*2007), 2007.

[79] D. Cremers and L. Grady, "Statistical priors for efficient combinatorial optimization via graph cuts," in *Proc. European Conference on Computer Vision* (*ECCV*2006), vol. 3, 2006, pp. 263-274.

[80] O. J. Woodford, P. H. S. Torr, I. D. Reid and A. W. Fitzgibbon, "Global stereo reconstruction under second order smoothness priors," in *Proc. IEEE Computer Society Conference on Computer Vision and Pattern Recognition* (*CVPR*2008), 2008.

[81] S. Vicente, V. Kolmogorov, and C. Rother, "Graph cut based image segmentation with connectivity priors," in *Proc. IEEE Computer Society Conference on Computer Vision and Pattern Recognition* (*CVPR*2008), 2008.

[82] C. Rother, T. Minka, A. Blake, and V. Kolmogorov, "Cosegmentation of image pairs by histogram matching- incorporating a global constraint into MRFs," in *Proc. IEEE Computer Society Conference on Computer Vision and Pattern Recognition* (*CVPR*2006), vol. 1, 2006, pp. 993-1000.

[83] H. Ishikawa and D. Geiger, "Rethinking the prior model for stereo," in *Proc. European Conference on Computer Vision* (*ECCV*2006), vol. 3, 2006, pp. 526-537.

[84] G. L. Nemhauser, L. A. Wolsey, and M. L. Fisher, "Texture synthesis via a noncausal nonparametric multiscale markov random field," *IEEE Trans. Image Processing*, vol. 7, no. 6, pp. 925-931, 1998.

[85] S. Roth and M. J. Black, "Fields of experts: A framework for learning image priors," in *Proc. IEEE Computer Society Conference on Computer Vision and Pattern Recognition* (*CVPR*2005), vol. 2, 2005, pp. 860-867.

[86] P. Kohli, M. P. Kumar, and P. H. S. Torr, "P^3 & beyond: Move making algorithms for solving higher order functions," *IEEE Trans. Pattern Analysis and Machine Intelligence*, vol. 31, no. 9, pp. 1645-1656, 2009.

[87] P. Kohli, L. Ladicky, and P. H. S. Torr, "Robust higher order potentials for enforcing label consistency," *Int. J. Comput. Vis.*, vol. 82, no. 3, pp. 303-324, 2009.

[88] X. Lan, S. Roth, D. P. Huttenlocher, and M. J. Black, "Efficient belief propagation with learned higher - order markov random fields," in *Proc. European Conference on Computer Vision* (*ECCV*2006), vol. 2, 2006, pp. 269-282.

[89] B. Potetz, "Efficient belief propagation for vision using linear constraint nodes," in *Proc. IEEE Computer Society Conference on Computer Vision and Pattern Recognition*(CVPR2007), 2007.

[90] C. Rother, P. Kohli, W. Feng, and J. Jia, "Minimizing sparse higher order energy functions of discrete variables," in *Proc. IEEE Computer Society Conference on Computer Vision and Pattern Recognition* (*CVPR*2009), 2009, pp. 1382-1389.

[91] N. Komodakis and N. Paragios, "Beyond pairwise energies: Efficient optimization for higher-order MRFs," in *Proc. IEEE Computer Society Conference on Computer Vision and Pattern Recog-*

nition (*CVPR*2009) ,2009,pp. 2985–2992.

[92] H. Ishikawa, "Higher-order clique reduction in binary graph cut," in *Proc. IEEE Computer Society Conference on Computer Vision and Pattern Recognition* (*CVPR*2009) ,2009,pp. 2993–3000.

[93] ——, "Transformation of general binary MRF minimization to the first order case," *IEEE Trans. Pattern Analysis and Machine Intelligence*,2011.

[94] D. Freedman and P. Drineas, "Energy minimization via graph cuts: Settling what is possible," in *Proc. IEEE Computer Society Conference on Computer Vision and Pattern Recognition* (*CVPR*2005) ,vol. 2,2005,pp. 939–946.

[95] E. Boros and P. L. Hammer, "Pseudo-boolean optimization," *Discrete Appl. Math.*, vol. 123, pp. 155–225,November 2002.

[96] P. L. Hammer and S. Rudeanu, *Boolean Methods in Operations Research and Related Areas*. Berlin,Heidelberg,New York: Springer–Verlag,1968.

[97] S. Ramalingam, P. Kohli, K. Alahari, and P. H. S. Torr, "Exact inference in multi-label CRFs with higher order cliques," in *Proc. IEEE Computer Society Conference on Computer Vision and Pattern Recognition* (*CVPR*2008) ,2008.

[98] D. Schlesinger and B. Flach, "Transforming an arbitrary min–sum problem into a binary one," Dresden University of Technology,Tech. Rep. TUD–FI06–01,2006.

[99] D. Schlesinger, "Exact solution of permuted submodular MinSum problems," in *Proc. Int. Conference on Energy Minimization Methods in Computer Vision and Pattern Recognition* (*EMMCVPR*2007) ,2007,pp. 28–38.

[100] J. Darbon, "Global optimization for first order Markov random fields with submodular priors," in *12th Int. Workshop on Combinatorial Image Analysis*,2008.

[101] T. Pock,T. Schoenemann,G. Graber,H. Bischof,and D. Cremers, "A convex formulation of continuous multi-label problems," in *Proc. European Conference on Computer Vision* (*ECCV*2008) ,vol. 3,2008,pp. 792–805.

[102] C. Zach,M. Niethammer,and J. –M. Frahm, "Continuous maximal flows and Wulff shapes: Application to MRFs," in *Proc. IEEE Computer Society Conference on Computer Vision and Pattern Recognition* (*CVPR*2009) ,2009,pp. 1382–1389.

[103] V. Kolmogorov and A. Shioura, "New algorithms for convex cost tension problem with application to computer vision," *Discrete Optim.*,vol. 6,no. 4,pp. 378–393,2009.

[104] A. Chambolle, "Total variation minimization and a class of binary MRF models," in *Proc. Int. Workshop on Energy Minimization Methods in Computer Vision and Pattern Recognition* (*EMMCVPR*2005) ,2005,pp. 136–152.

[105] J. Darbon and M. Sigelle, "Image restoration with discrete constrained total variation part I: Fast and exact optimization," *J. Math. Imaging Vis.*,vol. 26,no. 3,2006.

[106] V. Kolmogorov and R. Zabih, "Computing visual correspondence with occlusions using graph cuts," in *Proc. IEEE International Conference on Computer Vision* (*ICCV*2001) , vol. 2, 2001, pp. 508–515.

[107] P. Carr and R. Hartley, "Solving multilabel graph cut problems with multilabel swap," in *Digital Image Computing: Techniques and Applications*, 2009.

[108] M. Kumar and P. H. S. Torr, "Improved moves for truncated convex models," in *Proc. Neural Information Processing Systems* (*NIPS*2008), 2008, pp. 889-896.

[109] S. Gould, F. Amat, and D. Koller, "Alphabet soup: A framework for approximate energy minimization," in *Proc. IEEE Computer Society Conference on Computer Vision and Pattern Recognition* (*CVPR*2009), 2009, pp. 903-910.

[110] V. Lempitsky, C. Rother, and A. Blake, "Logcut—efficient graph cut optimization for markov random fields," in *Proc. IEEE International Conference on Computer Vision*(*ICCV*2007), 2007.

[111] V. Lempitsky, S. Roth, and C. Rother, "Fusionflow: Discrete-continuous optimization for optical flow estimation," in *Proc. IEEE Computer Society Conference on Computer Vision and Pattern Recognition* (*CVPR*2008), 2008.

[112] H. Ishikawa, "Higher-order gradient descent by fusion-move graph cut," in *Proc. IEEE International Conference on Computer Vision* (*ICCV*2009), 2009, pp. 586-574.

[113] O. Veksler, "Graph cut based optimization for MRFs with truncated convex priors," in *Proc. IEEE Computer Society Conference on Computer Vision and Pattern Recognition* (*CVPR*2007), 2007.

[114] ——, "Multi-label moves for MRFs with truncated convex priors," in *Proc. International Conference on Energy Minimization Methods in Computer Vision and Pattern Recognition* (*EMMCVPR*2009), 2009, pp. 1-13.

[115] N. Komodakis and G. Tziritas, "A new framework for approximate labeling via graph-cuts," in *Proc. IEEE International Conference on Computer Vision* (*ICCV*2005), vol. 2, 2005, pp. 1081-1025.

[116] ——, "Approximate labeling via graph-cuts based on linear programming," *IEEE Trans. Pattern Analysis and Machine Intelligence*, vol. 29, no. 8, pp. 1436-1453, 2007.

[117] N. Komodakis, G. Tziritas, and N. Paragios, "Fast, approximately optimal solutions for single and dynamic MRFs," in *Proc. IEEE Computer Society Conference on Computer Vision and Pattern Recognition* (*CVPR*2007), 2007.

[118] Y. Boykov and O. Veksler, "Graph cuts in vision and graphics: Theories and applications," in *Handbook of Mathematical Models in Computer Vision*, N. Paragios, Y. Chen, and O. Faugeras, Eds. Springer-Verlag, 2006, pp. 79-96.

[119] A. Blake, P. Kohli, and C. Rother, Eds., *Advances in Markov Random Fields for Vision and Image Processing*. MIT Press, 2011.

第 3 章
计算机视觉中的高阶模型

Pushmeet Kohli, Carsten Rother

3.1 引言

许多计算机视觉问题(如目标分割、视差估计以及三维重建)都可以构思成像素或体素的标注问题。解决这些问题的传统方法是使用双条件随机场和马尔可夫随机场(CRF/MRF)模型[1],这样可以实现最大后验(MAP)概率估计结果的精确或近似推理。可以利用极其高效的算法实现 MAP 推理,如组合方法(例如图割算法[2-4]或 BHS 算法[5,6])或者基于消息传播的方法(例如置信传播算法(BP)[7-9]或树重加权(TRW)消息传播算法[10,11])。

对于图像标注问题,经典的策略是用随机变量表示所有输出的要素。以交互式目标分割问题为例,每个像素均用一个随机变量来表示,该随机变量在两种类标中取值:前景类和背景类。通常使用的**成双随机场**模型在成双随机变量之间引入了一种统计关系,常常仅应用于最近邻的 4 邻域或 8 邻域像素。虽然这些模型允许高效的推理,但它们的表达能力有限。特别是这些模型不能对像素间的高级结构化相关性施加约束,这一特性对于图像标注问题已经展示出非常强大的作用。例如,当分割一个二维目标或三维目标时,我们知道它的所有像素(或部位)都是连通的。标准的双 MRF 或 CRF 模型不能保证其解满足这样的约束条件。为了克服这个问题,需要利用一种全局势函数来限定所有无效解出现的概率为零或者具有一个无穷大的能量值。

尽管各个领域都开展了大量的研究工作,但是用于解决计算机视觉问题的双 MRF 和 CRF 模型到目前为止还不能完全解决像目标分割这样的图像标注问题。这使研究者对这些经典的基于对偶能量函数的构思方法的丰富性产生了质疑,这反过来促发了复杂度更高的模型的产生。沿着这个发展趋势,许多人已经倾向于使用表现力更好的高阶模型,从而对自然图像的统计特性刻画得更准确。

近年来,高阶 CRF 和 MRF 模型已经成功用于一些低级视觉问题中,如图像恢复、视差估计和目标分割[12-23]。研究者开始利用由新的高阶势函数(即定义于多个变量上的势函数)族构成的模型,归因于这些势函数具有更好的建模能力,而且能为待解决的问题提供更准确的模型。研究者同时还研究了约束的集成,例如 CRF 和 MRF 模型中涉及的分割连通性。这一点可通过引入高阶或全局势函数①

来实现,对所有不满足这些约束条件的类标配置赋予零概率(或无穷大的代价)。

高阶模型所面临的一个关键性挑战是如何实现 MAP 估计结果的有效推理。既然双模型中的推理已经得到了深入的研究,一种流行的方法是将上述问题转化为双随机场。有意思的是,通过引入额外的辅助随机变量[5,24],任何高阶函数都可以转化成一个对偶函数。遗憾的是,辅助变量的个数会随高阶函数的元数呈指数增长,因此,实际应用时只能对变量较少的高阶函数作高效的处理。然而,如果高阶函数包含某些固有的"结构",那么在高阶随机场中执行 MAP 推理的确是切实可行的,其中每个高阶随机场可能作用于数以千计的随机变量上[25,15,26,21]。在本章,我们将论述有关这种势函数的各种例子。

高阶随机场与包含隐变量的随机场模型之间有着密切的联系[27,19]。事实上,正如本章后面将要看到的,任何高阶模型都可以表示成一个带有辅助隐变量的双模型,反之亦然[27]。这种转化有利于采用性能强大的优化算法,甚至能为一些实际问题带来全局最优解。我们将会以交互式前景/背景图像分割问题为例解释高阶模型与隐变量模型之间的联系[28,29]。

概要

本章论述了各种高阶图模型及其应用。我们讨论了许多近期提出的高阶随机场模型以及一些已提出的用于在这些模型中执行 MAP 推理的相关算法。本章的组织结构如下。

首先,在 3.2 节我们对高阶模型作了简介。在 3.3 节,我们介绍了一类高阶函数,用于描述图像块或区域中像素之间的交互关系。在 3.4 节,我们将传统的用于交互式图像分割的隐变量 CRF 模型[28]与利用了基于区域的高阶函数的随机场模型关联起来进行讨论。3.5 节讨论了能够描述整个图像范围(全局)约束的模型。特别要提到的是,我们讨论了连通性约束驱动的图像分割问题,并且解决了类标统计特性约束条件下的标注问题。在 3.6 节,我们讨论了用于在这些模型中执行 MAP 推理的各种算法。我们集中在两大类方法:变换法和问题(对偶)分解法。同时,我们也提到了高阶随机场的许多其他推理方法,比如消息传播[18,21]。对于本章没有论及到的有关高阶模型的话题,请读者参阅文献[30,31]。

3.2 高阶随机场

在继续论述之前,我们先介绍一下本章用到的基本概念和定义。随机场定义于一个随机变量集合 $\mathbf{x} = \{x_i | i \in \mathcal{V}\}$ 上。这些变量通常排列在晶格 $\mathcal{V} = \{1,2,\cdots,n\}$ 上且代表着场景中的要素,如像素或体素。每个随机变量取值于类标

① 定义在待解决的问题中所有变量上的势函数称为**全局势函数**。

集 $\mathcal{L}=\{l_1,l_2,\cdots,l_k\}$。例如,在场景分割中,类标可以表示为语义类,如建筑、树或者人。对随机变量赋予任何一种可能的类标值称为一种**标注形式**(也用 $\mathbf{x}$ 来表示)。显然,在上述情况中标注形式 $\mathbf{x}$ 的总数为 k^n。

MRF 或 CRF 模型对后验分布 $P(\mathbf{x}|\mathbf{d})$ 执行一种特定的因式分解,其中 $\mathbf{d}$ 是观测数据(例如 RGB 类型的输入图像)。通常,MRF 或 CRF 模型的定义需要借助其所谓的 Gibbs 能量函数 $E(\mathbf{x})$ 来实现,它是随机场后验分布的负对数,即:

$$E(\mathbf{x};\mathbf{d})=-\log P(\mathbf{x}|\mathbf{d})+\text{常数} \tag{3.1}$$

将标注形式 $\mathbf{x}$ 的能量(代价)表示成势函数之和,其中每个势函数都与一个随机变量子集相关。按照最一般的形式,能量函数可定义为

$$E(\mathbf{x};\mathbf{d})=\sum_{c\in\mathcal{C}}\psi_c(\mathbf{x}_c) \tag{3.2}$$

其中,c 称之为**势团**,它是一组条件相互依赖的随机变量 $\mathbf{x}_c$ 构成的集合。$\psi_c(\mathbf{x}_c)$ 这一项表示势团为 c 时标注形式 $\mathbf{x}_c\subseteq\mathbf{x}$ 所对应的势团势函数的值,而 $\mathcal{C}$ 是所有势团的集合。势函数 $\psi_c(\cdot)$ 的阶次为对应势团 c 的大小(表示为 $|c|$)。例如,对于对偶势函数,$|c|=2$。

对于研究得比较成熟的双 MRF 模型的特例,能量函数仅由一阶和二阶势函数组成,即:

$$E(\mathbf{x};\mathbf{d})=\sum_{i\in\mathcal{V}}\psi_i(x_i;\mathbf{d})+\sum_{(i,j)\in\mathcal{E}}\psi_{ij}(x_i,x_j) \tag{3.3}$$

其中,$\mathcal{E}$ 表示相互作用的双变量构成的集合。在图像分割中,$\mathcal{E}$ 可以描述像素晶格上的 4 连通邻域系统。

我们发现,式(3.3)中的对偶势函数 $\psi_{ij}(x_i,x_j)$ 的值与图像数据无关。如果我们能使这种势函数依赖于数据的话,那么就可以得到双 CRF 模型,其定义是:

$$E(\mathbf{x};\mathbf{d})=\sum_{i\in\mathcal{V}}\psi_i(x_i;\mathbf{d})+\sum_{(i,j)\in\mathcal{E}}\psi_{ij}(x_i,x_j;\mathbf{d}) \tag{3.4}$$

3.3 基于图像块和区域的势函数

通常,从计算角度讲,准确地表示一个定义于众多变量上的通用高阶势函数是不可行的①。许多研究人员已经提出了多种用于视觉计算问题的高阶模型,这些模型所采用的势函数均是在数量相对较少的变量上定义的。此类模型的例子包括:Woodford 等人[23]利用三阶平滑势函数实现了视差估计,还有 El-Zehiry 和 Grady[12]通过曲率势函数实现了图像分割②。在这些应用中,可以通过增补数量相对

① 表示一个由 k 状态离散变量构成的一般性 m 阶势函数需要 k^m 个参数值。

② El-Zehiry 和 Grady[12]使用定义在 2×2 大小的图像块上的势函数施加平滑约束。Shgekhovtsov 等人[32]近来提出了一种有助于平滑低曲率图像分割的高阶模型,该模型所采用的势函数定义于非常大的变量集上,并利用训练数据进行学习。

较少的辅助变量将高阶能量转化为等价的对偶能量函数，然后利用传统的能量最小化算法实现所产生的对偶能量函数的最小化。

虽然上述提及的方法已被证实能带来良好的结果，但却无法处理定义于很大数目（几百个或几千个）变量上的势函数。接下来，我们介绍两类高阶势函数，它们都能以简洁的方式表示，并能高效地实现最小化。第一类势函数所表征的性质是：属于同一类别的像素其类标值相同。尽管这种概念在多个应用领域非常有效，如像素级目标识别，但并不总是适用的，如图像去噪。第二类势函数对上述概念进行了推广：只要不同标注形式构成的集合规模较小，就允许成组像素的类标形式取任意值。

3.3.1 变量集中类标的一致性

解决不同图像标注问题（如目标分割、立体视图和单视图重建）的常规方法是在各种无监督图像分割算法产生的图像片段（所谓的超像素[33]）基础上构思的。与这些方法打交道的研究人员发现：组成这些图像片段的所有像素往往都有相同的类标，也就是说，它们可能属于同一个目标或者具有相同的深度。

标准的基于超像素的方法将超像素中的类标一致性作为一种**硬约束**。Kohli 等人[25]提出了一种用于图像标注的高阶 CRF 模型，该模型将超像素中的类标一致性作为一种**软约束**。这是通过使用高阶势函数实现的，这些势函数定义于无监督图像分割算法产生的图像片段上。特别要指出的是，他们通过集成定义于像素集或像素区域上的高阶势函数对常常用于目标分割的标准双 CRF 模型进行了扩展。他们还特别扩展了用于 TextonBoost[34] 的双 CRF 模型①。

文献[25]中的高阶 CRF 模型用到的 Gibbs 能量函数表达式为

$$E(\mathbf{x}) = \sum_{i \in \mathcal{V}} \psi_i(x_i) + \sum_{(i,j) \in \mathcal{E}} \psi_{ij}(x_i, x_j) + \sum_{c \in \mathcal{S}} \psi_c(\mathbf{x}_c) \tag{3.5}$$

其中，$\mathcal{E}$ 表示 4 连通或 8 连通邻域系统中所有边的集合，$\mathcal{S}$ 指的是图像片段（即超像素）的集合，而 ψ_c 是定义于这些图像片段上的高阶**类标一致性势函数**。在文献[25]中，集合 $\mathcal{S}$ 是由一幅图像多个分割结果的所有分割片段组成的，这些分割结果是通过无监督的图像分割算法（如均值漂移[35]）产生的。构成 CRF 模型类标集 $\mathcal{L}$ 的各个类标分别代表不同的目标。随机变量 $\mathbf{x}$ 的每个可能赋值（即 CRF 的配置）确定了一种分割结果。

文献[25]中使用的类标一致性势函数与双 CRF 模型[36]中的平滑先验是类似的，这有利于使所有属于同一分割片段的像素的类标取相同的值。采用的形式是一个 P^n Potts 模型[15]：

---

① Kohli 等人忽略了 TextonBoost[34] 能量函数中能表征每个目标类的全局外观模型的那部分。在 3.4 节，我们将会再次论述这个问题，并指出：事实上，这种全局外观模型与文献[25]定义的高阶势函数是紧密相关的。

$$\psi_c(\mathbf{x}_c)=\begin{cases}0 & \text{if} \quad x_i=l_k, \forall i \in c \\ \theta_1 \ |c|^{\theta_\alpha} & \text{otherwise}\end{cases} \tag{3.6}$$

其中 $|c|$ 表示像素集 c 的基数①,而 θ_1 和 θ_α 是模型的参数。表达式 $\theta_1 \ |c|^{\theta_\alpha}$ 表征了类标不一致的代价,即添加到某一标注形式所对应的能量时的代价。在该标注形式中,构成该图像片段的各个像素已被赋予不同的类标值。图 3.1(左)对一个 P^n Potts 势函数作了可视化。

P^n Potts 模型严格地施加了类标一致性。例如,在一个超像素中,如果除了一个像素之外,其他像素的类标均相同,那么就会带来相同的惩罚,好像每个像素将会被赋予不同的类标值。由于这种惩罚的严格性,势函数就不能用于解决不精确超像素情况下的问题,或者解决像素重叠区域之间的冲突。Kohli 等人[25]利用**鲁棒**高阶势函数解决了这一问题,该函数的定义如下:

$$\psi_c(\mathbf{x}_c)=\begin{cases}N_i(\mathbf{x}_c)\ \dfrac{1}{Q}\gamma_{\max} & \text{if} \quad N_i(x_c) \leqslant Q \\ \gamma_{\max} & \text{otherwise}\end{cases} \tag{3.7}$$

其中,$N_i(\mathbf{x}_c)$ 表示势团 c 中没有被赋予主导类标的变量的数目,即 $N_i(\mathbf{x}_c)=\min_k(|c|-n_k(\mathbf{x}_c))$,$\gamma_{\max}=|c|^{\theta_\alpha}(\theta_1+\theta_2 G(c))$,其中 $G(c)$ 是关于超像素 c 的质量的度量,而 Q 是截断参数,用于控制高阶势团势函数的刚度。图 3.1(右)对一个鲁棒的 P^n Potts 势函数作了可视化。

不像标准的 P^n Potts 模型,这个势函数产生了一个与不一致变量数目呈线性截断函数(见图 3.1)的代价,这便实现了鲁棒的势函数,允许势团中的一些变量取不同的类标值。图 3.2 展示了不同模型产生的结果。

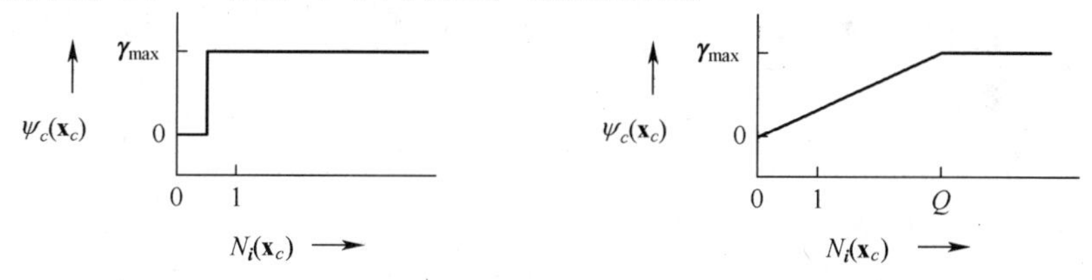

图 3.1 硬 P^n Potts 势函数(左图)与鲁棒 P^n 模型势函数(右图)的特性曲线。该图表示的是这两个高阶势函数施加的代价是如何随着势团中不具有主导类标的变量数目的变化而变化的,即 $N_i(\mathbf{x}_c)=\min_k(|c|-n_k(\mathbf{x}_c))$,其中 $n_k(\cdot)$ 返回的是集合 $\mathbf{x}_c$ 中类标为 k 的变量 x_i 的数目。Q 是截断参数,用于定义高阶势函数,见式(3.7)。

高阶函数的下包络表示

Kohli 和 Kumar[24]指出,包括鲁棒 P^n 模型在内,许多类型的高阶势函数都可以用线性函数的下包络来表示。他们还指出,可通过增加少量数目的辅助变量将这些势函数的最小化问题转化为对偶能量函数的最小化问题,这些辅助变量取值于一个小的类标集。

① 针对文献[25]中的问题,这是指构成超像素 c 的像素数目。

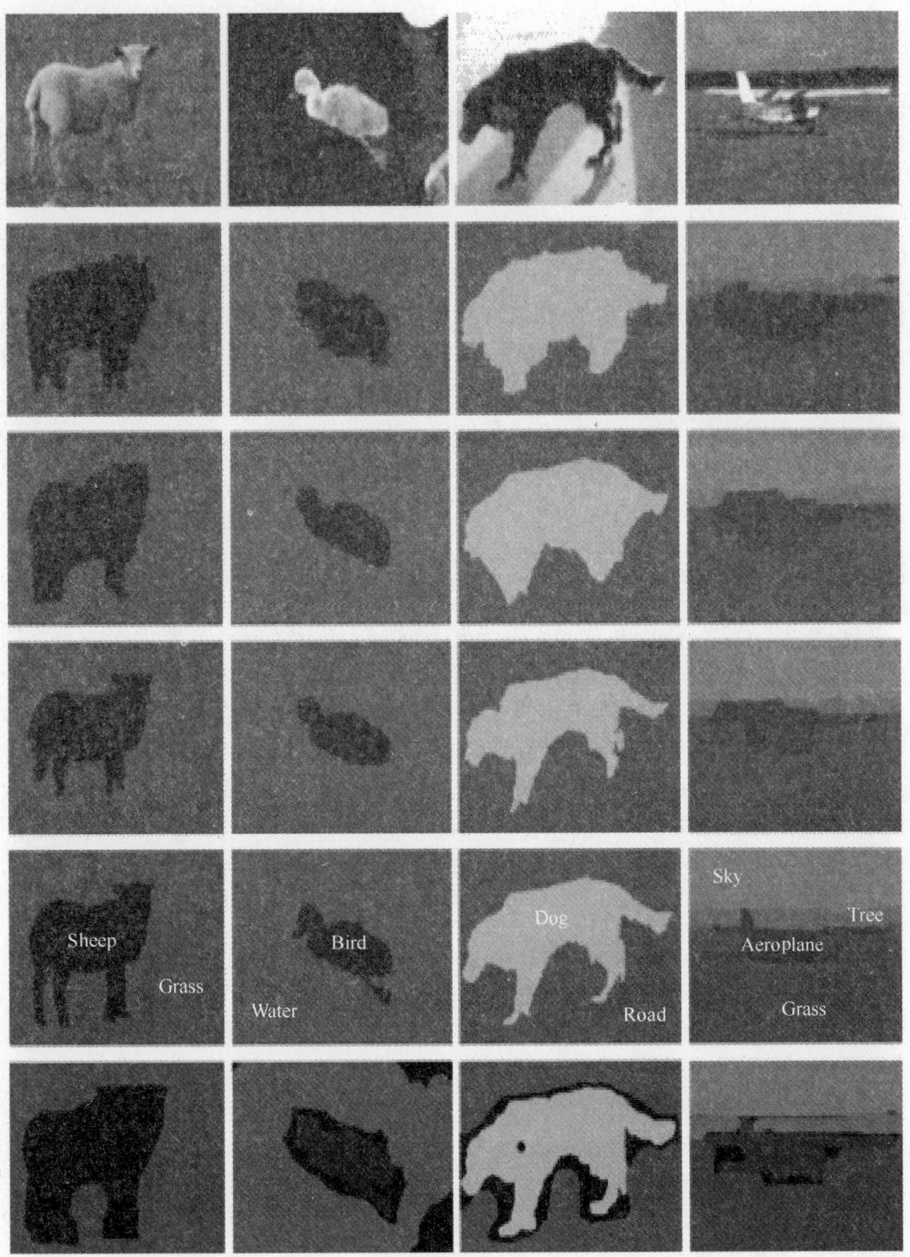

图 3.2 一些定性实验结果。第一行：原始图像。第二行：TextonBoost[34] 中的一元似然性标注结果。第三行：利用文献[34]中描述的对偶对比度保持平滑势函数得到的结果。第四行：使用 P^nPotts 模型模函数[15] 得到的结果。第五行：使用鲁棒 P^n 模型势函数(3.7)式得到的结果。使用的截断参数 $Q = 0.1|c|$，其中 $|c|$ 等于定义鲁棒 P^n 高阶势函数时涉及到的超像素大小。第六行：手工标注的图像分割结果。参照的真实分割并不完美，许多像素（标记为黑色）没有被标注。可以看到使用鲁棒 P^n 模型得到的结果最好。比如，绵羊和鸟的腿都被准确地标记了，但是在其他方法产生的结果中这些目标却丢失了。

很容易看出,可以利用 $h+1$ 个线性函数将式(3.7)所定义的鲁棒 P^n 模型写成一个下包络势函数。通过下列表达式对函数 f^q, $q \in \mathcal{Q}=\{1,2,\cdots,h+1\}$ 进行定义:

$$\mu^q = \begin{cases} \gamma_a & \text{if} \quad q = a \in \mathcal{L}, \\ \gamma_{\max} & \text{otherwise.} \end{cases}$$

$$w_{ia}^q = \begin{cases} 0 & \text{if} \quad q = h+1 \text{ or } a = q \in \mathcal{L}, \\ \alpha_a & \text{otherwise.} \end{cases}$$

在二元变量情况下,上述构思形式如图 3.3 所示。

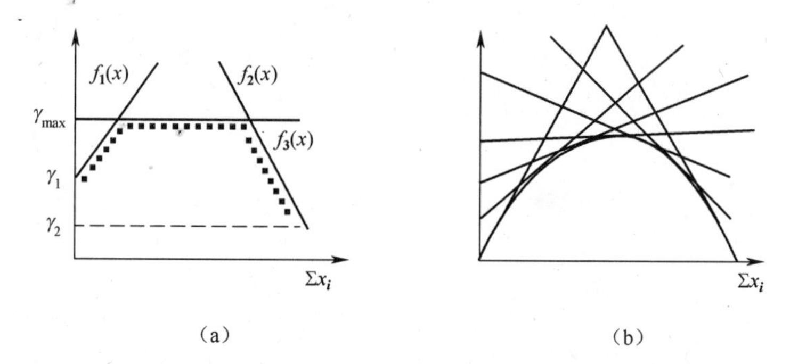

图 3.3 (a)表示二元变量的鲁棒 P^n 模型。线性函数 f_1 和 f_2 分别表示没有取类标 0 和 1 的变量的惩罚函数。函数 f_3 表示鲁棒截断因子。(b)利用大量线性函数定义的具有凹形式的一般鲁棒 P^n 模型。

3.3.2 基于模式的势函数

上一节提到的势函数产生的动机来源于这样一个事实:同一组像素常常具有相同的类标。尽管这一想法对单个目标内的成组像素是成立的,但对描述目标间转换状态的像素组却不适用。而且,当标注形式描述诸如自然纹理这类情况时,类标一致性假设也不再有用。接下来,我们将类标一致性势函数推广为所谓的基于模式的势函数,后者可用于建模任意类型的标注形式。遗憾的是,这个推广也意味着内在的优化过程将变得更加困难(参见 3.6 节)。

假设有这样一个词典,它包含现实自然图像中存在的所有可能的 10 × 10 大小的图像块。可以利用这个词典定义一个高阶先验函数用于解决图像恢复问题,且这个先验函数可以集成到标准的 MRF 模型中使用。这个高阶势函数定义于各种变量集上,其中每个变量集均对应于一个 10 × 10 大小的图像块。该势函数施加的约束是:恢复图像中的图像块均取自于自然图像块构成的集合。换句话说,势函数对出自于自然图像块词典的标注形式赋予一个低的代价(或能量),其余的标注形式均被赋予高的(几乎恒定的)代价。

众所周知,实际上所有可能的 10×10 大小的图像块中只有一少部分会出现在自然图像中。Rother 等人[26]利用这个稀疏特性紧凑地表达了一个用于二值纹理图像去噪的高阶势函数先验模型。他们采取的做法是:仅仅存储那些需要赋予低代价的标注形式,并对其他所有标注形式赋予一个(恒定的)高的代价。

他们利用势团变量 $\mathbf{x}_c$ 的一系列可能标注形式(也称作模式[37]) $\mathcal{X} = \{\mathbf{X}_1, \mathbf{X}_2, \cdots, \mathrm{X}_t\}$ 及其对应的代价 $\theta = \{\theta_1, \theta_2, \cdots, \theta_t\}$ 对高阶势函数进行参数化。对其他所有的标注形式,赋予一个高的恒值代价 $\theta_{\max}$。正式地说,这种势函数可定义为

$$\psi_c(\mathbf{x}_c) = \begin{cases} \theta_q & \text{if } \mathbf{x}_c = \mathbf{X}_q \in \mathcal{X} \\ \theta_{\max} & \text{otherwise} \end{cases} \tag{3.8}$$

其中, $\theta_q \leqslant \theta_{\max}, \forall \theta_q \in \theta$。这种高阶势函数展示于图 3.4(b)中。Komodakis 等人[37]在同时期也提出了这种表示方法。

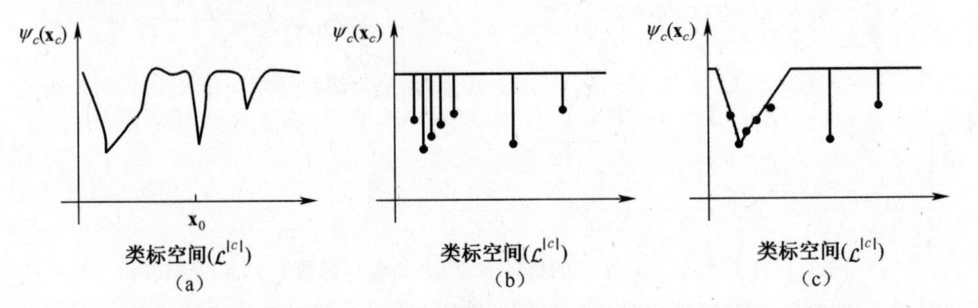

图 3.4 高阶势函数的不同参数化。(a)原始的高阶势函数。(b)近似的基于模式的势函数,要求定义 7 个标注形式。(c)使用式(3.9)中定义的函数形式紧凑地表示高阶势函数。式(3.9)中的表示只需要 $t = 3$ 个偏差函数。

软模式势函数

基于模式的势函数表示形式紧凑,并易于高效的推理。然而,对于那些赋予众多标注形式低的代价的势函数来说,计算量依然相当大。需要注意的是,基于模式的表示要求每个低代价标注形式对应于一个模式。对于势团变量的大量标注形式被赋予低权值($< \theta_{\max}$)的高阶势函数,这种表示方法并不适用。

Rother 等人[26]发现,从像素标注结果的差别来看,许多低代价的类标赋值彼此趋于接近。例如,考虑一下涉及两个类标的图像分割任务:前景(f)和背景(b)。可以想象,分割结果中一条线上的 4 近邻像素的标注形式($fffb$)的代价会接近于标注形式($ffbb$)的代价,这激发他们去尝试描述高阶势函数中那一组组类似标注形式的代价,使得将其转化为二次函数后也不需要增加转换变量 z 的状态个数(详见 3.6 节)。上述表示方法的差别展示于图 3.4(b)和(c)中。

通过使用一个标注偏差代价函数序列 $\mathcal{D} = \{d_1, d_2, \cdots, d_t\}$ 及其相关的代价序列 $\theta = \{\theta_1, \theta_2, \cdots, \theta_t\}$,他们对简洁的高阶势函数作了参数化。对于势函数可赋予

任何标注形式的最大代价 $\theta_{\max}$，他们也保留了一个参数。偏差代价函数对标注结果偏离某个期望的标注形式时代价的变化情况进行了表征。这个势函数的正式定义如下：

$$\psi_c(\mathbf{x}_c) = \min\{\min_{q\in\{1,2,\cdots,t\}} \theta_q + d_q(\mathbf{x}_c), \theta_{\max}\} \tag{3.9}$$

这里，偏差函数 $d_q:\mathcal{L}^{|c|}\rightarrow\mathbb{R}$ 定义为 $d_q(\mathbf{x}_c)=\sum_{i\in c;l\in\mathcal{L}} w_{il}^q\delta(x_i=l)$，其中 w_{il}^q 表示势团 c 中的变量 x_i 的类标赋值为 1 时附加到偏差函数的代价。函数 $\delta(x_i=l)$ 是 Kronecker 脉冲函数：当 $x_i=l$ 时，返回的值为 1；当 x_i 为其他赋值时，返回的值为 0。图 3.4(c)展示了这一高阶势函数。需要说明的是，式(3.9)中的高阶势函数是式(3.8)和文献[37]中定义的基于模式的势函数的一种泛化。将权值 w_{il}^q 设置为

$$w_{il}^q = \begin{cases} 0 & \text{if } \mathbf{X}_q(i) = l \\ \theta_{\max} & \text{otherwise} \end{cases} \tag{3.10}$$

可以使式(3.9)中的势函数与式(3.8)中的等价。

要说明的是，只要势团的规模较小，上述基于模式的势函数也可用于建模任意形式的高阶势函数，正如文献[38]中的做法那样。

基于模式的高阶势函数在二值纹理图像去噪中的应用

由于视觉计算中的许多图像标注问题都是建立在良好的图像块标注先验模型的基础上，因此基于模式的势函数对计算机视觉来说特别重要。在现有的实现系统中，比如文献[13]中的新视点合成，或者文献[39]中的超分辨率，基于图像块的先验模型是以近似的方式加以利用的，并不是直接用于求解潜在的高阶随机场。

Rother 等人[26]通过去噪一种特定类型的二值纹理图像(即 Brodatz 纹理图像 D101)这一演示任务展示了基于模式的势函数的性能。给定一个训练图像(见图 3.5 (a))，目标是对输入图像(c)进行去噪，理想情况下获得图(b)所示的图像。为了推导出高阶势函数，他们选择了若干大小为 10 × 10 像素的模式，这些模式在训练图像(a)中出现的频率较高并且从它们之间的 Hamming 距离来讲要尽可能互不相同。他们通过对所有训练图像块执行 K 均值聚类来获得这些模式。图 3.5 (d)给出了 6 个(从 $k=10$ 个中选出的)这样的模式。

为了计算每个特定模式的偏差函数，他们将所有属于同一个聚类的模式都考虑在内。遍历于图像块中的每个位置，他们记录了像素取值相同的频率。图 3.5 (e)展示了相关的偏差代价，其中的亮值意味着低的频率(即高的代价)。正如预料的那样，低的代价处于模式的边缘部分。要说明的是，为了获得最佳效果，偏差函数的缩放和截断以及高阶势函数中一元项和对偶项的的权重都需要手动设置。不同模型实现的结果显示在图 3.5(f-l)中(请参考文献[26]了解每个模型的详细

① 这个特定的去噪问题已经在文献[40]中预先得到了解决。

描述）。

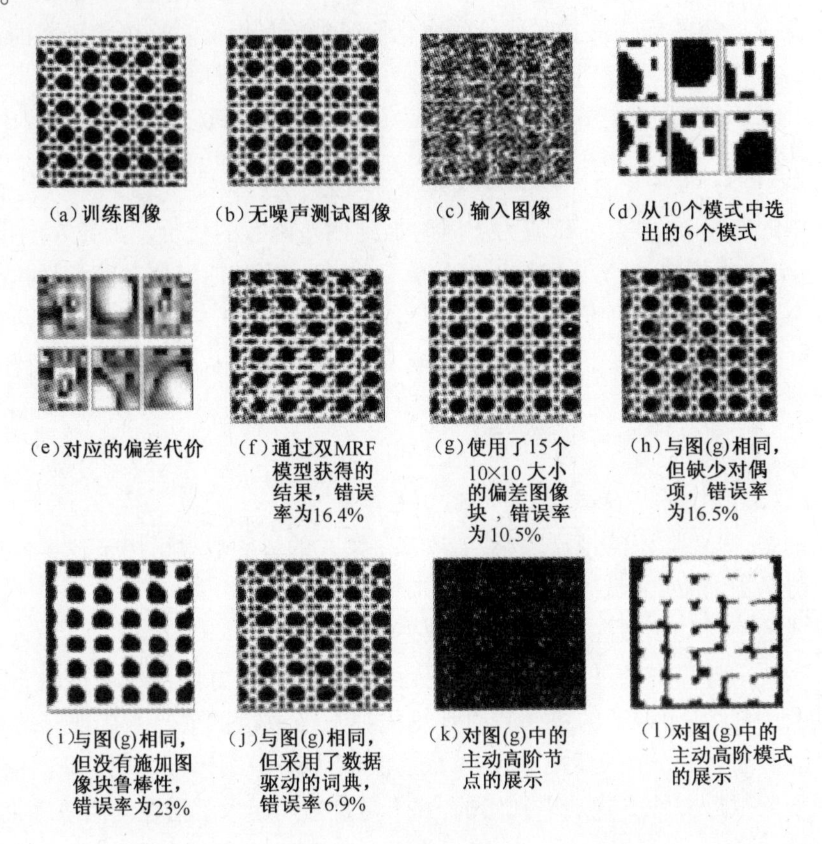

（a）训练图像 （b）无噪声测试图像 （c）输入图像 （d）从10个模式中选出的6个模式

（e）对应的偏差代价 （f）通过双MRF模型获得的结果，错误率为16.4% （g）使用了15个10×10大小的偏差图像块，错误率为10.5% （h）与图(g)相同，但缺少对偶项，错误率为16.5%

（i）与图(g)相同，但没有施加图像块鲁棒性，错误率为23% （j）与图(g)相同，但采用了数据驱动的词典，错误率6.9% （k）对图(g)中的主动高阶节点的展示 （l）对图(g)中的主动高阶模式的展示

图 3.5 Brodatz 对纹理 $D101$ 图像的二值纹理恢复。(a)训练图像(大小为 86 × 86);(b)测试图像;(c)作为输入的含有 60% 噪声的测试图像;(d)从 10 个 10 × 10 大小的像素块中选出的 6 个;(e)它们对应的偏差代价函数。图(f-j)表示使用不同模型获得的结果(详见正文)。

图 3.5(f)给出的是利用一个经过学习而实现的双 MRF 模型获得的结果。很明显,该结果不能保持图像块的整体结构。相比之下,图 3.5(g)给出的利用了软高阶势函数和对偶函数的结果明显要好很多。图 3.5(h)中的结果与图(g)所使用的模型相同,不同之处是没有用到对偶项,所得到的这个结果并不如图(g)中的好,这是因为不在图像块覆盖范围内的像素没有受到约束,因此只是采取了一种最优的有噪标注形式。图 3.5(i)展示了施加图像块鲁棒性的重要性,即式(3.9)中的 $\theta_{\max}$ 并不是无限的,这一点在经典的基于图像块的方法中没有得到考虑(参见文献[26])。最后,图 3.5(j)给出的结果与图(g)所使用的模型相同,但采用的词典不同。在这种情况下,对于图像中的每个位置,这 15 个代表性图像块都不相同。为了实现这一点,他们使用了有噪输入图像,因此就形成了 CRF 模型而不是 MRF 模型(详见文献[26])。

图 3.5(k-l)对图(g)中的结果所对应的能量作了可视化。特别地,在图 3.5(k)中,用黑色展示出了那些被赋予最大(鲁棒性)图像块代价 $\theta_{\max}$ 的像素。可以看出,只有少数像素没有用到最大代价。图 3.5(l)展示了所有被用到的 10×10 大小的图像块。也就是说,图 3.5(k)中的每个白点对应于该图中的一个图像块。要注意的是,图 3.5(l)中没有一个区域其内在的图像块与其他任何一个图像块不重叠。同时,可以看出,许多图像块的确相互重叠。

3.4 外观模型与基于区域的势函数的关联

正如 3.3.1 节中提到的,鲁棒的 P^n Potts 势函数与 TextonBoost[34] 模型之间存在着一定的联系,后者含有能够描述图像前景区域和背景区域外观特征的变量。接下来,我们来分析这个关联性,这在 Vicente 等人[19] 的工作中有具体的论述。

TextonBoost[34] 模型包含一个能量项,它为每个目标类的分割结果构建了一个额外的参数化外观模型。在测试的时候单独为每个图像推导其外观模型。为了简单起见,考虑一下交互式二值分割的情况,这一应用中事先已知的是仅存在两类目标(前景和背景)。图 3.6 展示了这种应用。许多研究工作都表明,为前景目标和背景目标均构建一个额外的外观模型会产生改善的结果[28,29]。这个模型的能量函数可表示成如下形式:

$$E(\mathbf{x},\theta^0,\theta^1)=\sum_{i\in\mathcal{V}}\psi_i(x_i,\theta^0,\theta^1,\mathbf{d}_i)+\sum_{(i,j)\in\mathcal{E}}w_{ij}\left|x_i-x_j\right| \tag{3.11}$$

这里, $\mathcal{E}$ 为 4 连通邻域像素构成的集合,而 $x_i\in\{0,1\}$ 表示像素 i 在分割结果中所对应的类标(其中 0 对应着背景区域,而 1 对应着前景区域)。式(3.11)中的第一项是似然函数项,其中 $\mathbf{d}_i$ 表示位置 i 处的 RGB 彩色值,而 θ^0 和 θ^1 分别表示背景和前景的彩色模型。要指出的是,彩色模型 θ^0 和 θ^1 以全局方式作用于对应分割结果的所用像素上。第二项是标准的对比度敏感的边缘项,详细内容参见文献[28,29]。

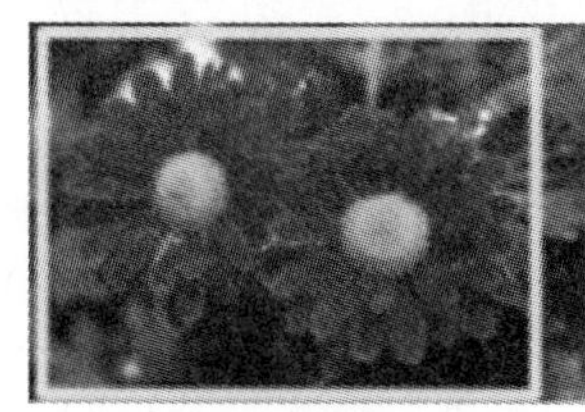

(a)输入图像

(b)EM 步骤产生的分割结果

(c)DD步骤产生的分割结果(采用全局优化)

图 3.6　使用文献[29]中提出的交互式分割法获得的图像分割结果。图(a)中用户将一个矩形框放在目标周围。图(b)是使用文献[29]中提出的 EM 模型迭代处理得到的结果。图(c)是函数的全局优化结果,是通过将能量函数转化为高阶随机场,并利用对偶分解(DD)优化技术获得的结果[19]。注意一下全局优化结果视觉效果更优。

目标是实现式(3.11)中关于 $\mathbf{x}$、θ^0 和 θ^1 的联合能量的最小化。在文献[29]中,采用了一种 EM 类型的迭代方式实现其最优化。实现过程中需要迭代执行如下步骤:(i)固定彩色模型 θ^0、θ^1,在分割结果 $\mathbf{x}$ 的空间中搜索,获得式(3.11)中能量函数的最小化。(ii)固定分割结果 $\mathbf{x}$,在彩色模型 θ^0 和 θ^1 变化的条件下实现式(3.11)中能量函数的最小化。第一步通过最大流算法来实现,而第二步通过标准的机器学习技术实现模型与数据的匹配来完成。每一步都要保证不会增加能量。当然,这个过程可能会陷入局部极小值,如图 3.6(b)所示。

接下来,我们要指出,通过在能量函数中引入基于全局区域的势函数可以消除全局变量。那么,这就需要用到各种性能更加强大的最优化方法,特别是对偶分解过程。从经验上来说,在大约 60% 的情况下这种过程能带来一个全局最优解,参见图 3.6(c)中给出的例子。

在文献[19]中,彩色模型是以直方图形式表示的。假设这个直方图有 K 个直条,并用 $k=1,\cdots,K$ 来索引。像素 i 所在的直条记为 b_i,并用 $\mathcal{V}_k \subseteq \mathcal{V}$ 表示所有处在第 k 个直条中的像素构成的集合。$[0,1]^K$ 空间中的向量 θ^0 和 θ^1 分别表示前景和背景中的色彩分布情况,其和值为 1。那么,似然性模型就可以表示成如下形式:

$$\psi_i(x_i,\theta^0,\theta^1,\mathbf{d}_i)=\sum_i -\log\theta_{b_i}^{x_i} \tag{3.12}$$

其中,$\theta_{b_i}^{x_i}$ 表示观察到一个类标取值为 x_i 且属于直条 b_i 的像素的似然性。

通过高阶势团重新表示能量函数

用 n_k^s 表示类标值为 s 且处于第 k 个直条中的像素的数目,即 $n_k^s=\sum_{i\in\mathcal{V}_k}\delta(x_i-s)$。所有的像素对 $\psi_i(x_i,\theta^0,\theta^1,\mathbf{d}_i)$ 这一项贡献的代价是相同的,都是 $-\log\theta_k^s$,因此可以将它改写成如下形式:

$$\psi_i(x_i,\theta^0,\theta^1,\mathbf{d}_i)=\sum_s\sum_k -n_k^s\log\theta_k^s \tag{3.13}$$

众所周知,对于一个已知的图像分割结果 $\mathbf{x}$,能够最小化 $\psi_i(x_i,\theta^0,\theta^1,d_i)$ 的分布 θ^0 和 θ^1 恰恰就是在合适的分割片段上计算出的经验直方图:$\theta_k^s=n_k^s/n^s$,其中 n^s 表示类标为 s 的像素的数目:$n^s=\sum_{i\in\mathcal{V}}\delta(x_i-s)$。将最优的 θ^0 和 θ^1 代入到式(3.11)中的能量函数,可得到如下表达形式:

$$E(\mathbf{x})=\min_{\theta^0,\theta^1}E(x,\theta^0,\theta^1) \tag{3.14}$$

$$=\sum_k h_k(n_k^1)+h(n^1)+\sum_{(i,j)\in\mathcal{E}}w_{ij}|x_i-x_j| \tag{3.15}$$

$$h_k(n_k^1)=-g(n_k^1)-g(n_k-n_k^1) \tag{3.16}$$

$$h(n^1)=g(n^1)+g(n-n^1) \tag{3.17}$$

其中,$g(z)=z\log(z)$,$n_k=|\mathcal{V}_k|$ 是处在直条 k 中的像素的数目,而 $n=|\mathcal{V}|$ 表示像素

的总数。

很容易看出,函数 $h_k(\cdot)$ 是凹函数且关于 $n_k/2$ 对称,而函数 $h(\cdot)$ 是凸函数且关于 $n/2$ 对称。遗憾的是,正如我们将会在3.6节中看到的,凸函数部分使能量函数难以优化。式(3.15)中的表达形式可以对该模型做出一个直观的解释。第一项(凹函数之和)倾向于将 $\mathcal{V}_k$ 中的所有像素划分到同一个分割片段中,而凸函数部分倾向于平衡的分割结果,即分割结果中的背景和前景拥有相同数目的像素。

二值变量情况下与鲁棒 P^n 模型的关系

就二值变量情况而言,式(3.16)中的凹函数 $h_k(\cdot)$ 具有鲁棒 P^n Potts 模型的形式,正如图3.3(b)所示。文献[25]与文献[19]中的模型有两个主要区别。第一、文献[19]中的能量函数包含一个平衡项[式(3.17)]。第二、所使用的超像素分割结果不同。文献[19]指出,在一幅图像中,所有颜色相同的像素都被视为属于一个单独的超像素,然而在文献[25]中超像素是空间相干的。对这些不同模型进行实验性的比较是今后要做的一件有意义的工作。特别要指出的是,可通过不同的方式对平衡项[式(3.17)]进行加权,这将会产生改善的的结果(参见文献[19]中的例子)。

3.5 全局势函数

本节我们讨论一下高阶势函数,它作用在模型中的所有变量上。对于图像标注问题,这意味着这种势函数的代价将会受到每个像素标注结果的影响。我们将专门考虑两类高阶势函数:一类势函数对标注形式施加了拓扑结构限制,例如所有前景像素之间要具有连通性,而另一类势函数的代价取决于赋值类标出现的频率。

3.5.1 连通性约束

对分割结果施加连通性约束是一种效用很强的全局约束。看一下图3.7,其中利用了连通性概念来构造一种交互式图像分割工具。为了施加连通性约束,我们只需要将能量函数写成如下形式:

$$E(\mathbf{x}) = \sum_{i \in \mathcal{V}} \psi_i(x_i) + \sum_{(i,j) \in \mathcal{E}} w_{ij} |x_i - x_j| \quad \text{约束条件:} \quad \mathbf{x}\text{ 具有连通性} \tag{3.18}$$

其中,连通性可通过诸如标准的4邻域网格来定义。除去连通性约束后,这个能量函数就是一个用于图像分割的标准对偶能量函数,正如式(3.11)一样。在文献[20]中,利用每个用户的交互输入求解该能量函数的改进形式。看一下图3.7(b)中的图像,这是以图3.7(a)为输入而获得的结果。在这个结果的基础上,用户通过添加叉号(比如图3.7(d)中苍蝇腿的末梢)来指示另一个前景像素。然后,就必须利用文献[20]中的算法解决这样一个子问题:求解这两部分(苍蝇的躯体和叉号)能够连通的分割结果。为此,一种称之为 DijkstraGC 的新方法被提出,它结合了最短路径 Dijkstra 算法与图割。文献[20]同时也指出,对于一些实例,DijkstraGC 算法是全局最优的。值得说明的是,与标准的对偶项相比,连通性约束会施加不同形式的正则化。因此,在利用连通性约束势函数的实际应用中可通过不同的方式对对偶项的优点进行择定。

(a)用户输入图像

(b)图割方法的分割结果

(c)减小一致性的图割方法的结果

(d)带有额外用户输入的图像

(e)DijkstraGC 算法处理的结果

图 3.7 文献[41]展示了连通性先验。(a)是带有用户涂鸦的图像(浅色代表前景,深色代表背景)。(b)是使用图割(标准一致性)的分割结果,(c)是减少一致性的图割方法分割的结果,这两个结果都不是很好。通过对前景目标施加 4 连通约束,得到了一个比较好的结果(图(e))。注意,通过先实现图(b)的分割,再像图(d)那样添加 5 个用户点击(叉号)才获得这样的效果。

直接最小化式(3.18)中的能量函数这一问题已经由 Nowozin 等人利用约束生成技术解决了[42]。他们已经证实,施加连通性约束对于目标识别系统性能的提高的确有帮助。最近,连通性的思想已被用于三维重建,即要求在三维空间中目标必须是连通的,详细内容参见文献[41]。

边框约束

以文献[42]中的工作为基础,Lempitsky 等人[43]将连通性约束扩展为所谓的边框先验约束。图 3.8 就是利用边框先验约束获得良好分割结果的一个例子。

图 3.8 边框先验模型。左图是使用文献[29]中提出的分割算法获得的典型结果,用户将边框置于目标周围,得到了分割结果。图中的结果是可以预料到的,因为矩形边框之外为深色,在没有先验信息的情况下,人的头部更可能像背景。右图是使用边框约束后获得的结果。施加的约束条件是分割结果在空间上更加“接近”矩形框的四条边,同时要求分割具有连通性。

边框先验约束通过如下能量函数形式来构造:

$$E(\mathbf{x}) = \sum_{i \in \mathcal{V}} \psi_i(x_i) + \sum_{(i,j) \in \mathcal{E}} w_{ij} |x_i - x_j| \quad 约束条件: \forall C \in \Gamma, \sum_{i \in C} x_i \geqslant 1 \tag{3.19}$$

其中,Γ 是所有 4 连通“交叉”路径构成的集合。交叉路径 C 是指从矩形框的顶部到底部或者从左侧到右侧的路径。因此,式(3.19)中的约束要求沿着每条路径 C,至少存在一个前景像素。这个约束条件确保存在一个分割结果能够与边框的四条边都接触,因此也是 4 连通的。正如文献[42]中的做法,解决这个问题首先应该将它松弛为连续的类标,即 $x_i \in [0,1]$,然后利用约束生成技术来完成,其中每个约束都是一个与式(3.19)中的约束相违背的交叉路径。接着,利用一种称为**精确定位**的舍入模式将得到的解再转换成整数解,即 $x_i \in \{0,1\}$,详细内容参见文献[43]。

3.5.2　关于类标统计特性的约束与先验

一种简单且有用的全局势函数是一个建立在最终输出结果类标数基础之上的代价。按照它的最简单形式,其对应的能量函数具有如下形式:

$$E(\mathbf{x}) = \sum_{i \in \mathcal{V}} \psi_i(x_i) + \sum_{(i,j) \in \mathcal{E}} \psi_{ij}(x_i, x_j) + \sum_{l \in L} c_l [\exists i : x_i = l] \tag{3.20}$$

其中,L 是所有类标构成的集合,c_l 表示每种类标对应的代价,如果**论据** arg 为真则 [arg] 为 1,否则为 0。上面定义的能量函数能带来更简单的解,而不是更复杂的解。

类标代价势函数已经成功地应用于多个领域,如立体视觉[44]、运动估计[45]、目标分割[14]以及目标识别[46]。例如,在文献[44]中,利用一组表面(平面或 B 样条曲线)来重建三维场景。由于利用了有关类标代价的先验,优先选择采用较少表面而获得的重建结果。图 3.9 所示的例子则展示了这种先验的作用,一个透过栅栏可见的平面最终被恢复为一个平面而不是许多平面碎片。

(a)立体图像对

(b)没有使用类标约束的结果

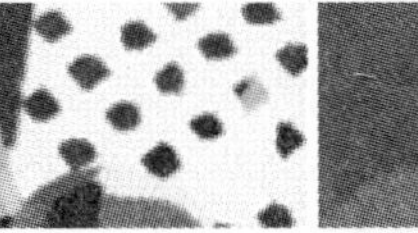

(c)使用类标约束后的结果

图 3.9　关于类标代价先验的展示。(a)是一个立体图像对的裁剪效果(来自 Middlebury 数据库的“Cones”图像)。(b)表示未使用类标代价先验得到的结果。左图中每种色调代表一个不同的表面,其中灰度级色调表示各种平面,而非灰度级色调表示 B 样条。右图为产生的深度图。(c)是利用了类标代价先验获得的结果。与图(b)相比,最大的改进就是背景(通过栅栏可见)大部分都分到同一个表面里。

已经提出了各种方法实现式(3.20)中能量函数的最小化,其中包括 α 扩展算法(详见文献[14,45])。对式(3.20)中所定义的能量函数的扩展也已经被提出。例如,Ladicky 等人[14]解决了其中一类能量函数的最小化问题,这类能量函数包含一个函数项,其代价是标注结果中存在的类标所构成集合的任意函数。

施加类标数约束的高阶势函数

许多计算机视觉问题(比如目标分割或重建)都是从像素集标注的角度来构思的,我们可以获得被赋予一个特定类标的像素或体素的数目。例如,在目标重建中,我们可以获得重建目标的大小。这种有关类标数的约束功能特别强大,近年来在许多计算机视觉问题中都表明它能够带来不错的结果。

Werner[22]是最早在能量函数最小化问题中引入类标数约束概念的人之一。他提出了 n 元最大总和扩散算法来解决这些问题,并通过二值图像去噪问题展示了其性能。然而,他的算法仅适用于某些类标数情形,不能确保会输出用户所需的任意类标数条件下的结果。Kolmogorov 等人[47]指出,对于次模能量函数,可以利用参数化最大流算法[48]来解决带有类标数约束的能量函数最小化问题。这个算法只在类标数较少的情况下可以输出最优结果。Lim 等人[49]通过改进上述算法扩展了这一工作,所提出的算法称为**分解型参数化最大流**。他们的算法能够在更多类标数情况下产生所需的解。

边缘概率场

最后,我们回顾一下文献[50]介绍的边缘概率场,它使用一种全局势函数来克服马尔可夫随机场(MRF)的最大后验(MAP)估计所存在的一些基本局限性。

MRF 的先验模型存在着一个重大的缺陷:基于该模型所获得的最可能的解(MAP)的边缘统计特性与用于构建这个模型的边缘统计特性一般并不匹配。需要注意,我们要提到的是该模型所用到的势团的边缘统计特性,它通常与那些被视为重要的统计特性相提并论。例如,二值 MRF 中单一势团的边缘统计结果就是输出标注结果中 0 和 1 的个数。

现在举一个例子:给定一个二值图像训练集,每一幅图像都包含 55% 的白色像素和 45% 的黑色像素(没有其他显著的统计特性),通过学习获得的 MRF 先验模型将会为每个输出像素独立地赋予一个关于白色为 0.55 的概率。既然每个像素最可能的输出值是白色,在该模型的作用下最可能的输出图像是 100% 像素都为白色,这与输入中只有 55% 的白色这一统计结果并不相符。当结合数据的似然性时,这个模型将因此会错误地使 MAP 意义下的解偏向于全白色,噪声越大越是如此,因此会导致数据的不确定性。

边缘概率场(MPF)克服了这一局限性。形式上,MPF 的定义如下:

$$E(\mathbf{x}) = \sum_k f_k\Big(\sum_i [\phi_i(\mathbf{x}) = k] \Big) \tag{3.21}$$

其中,[·] 与先前的定义相同,$\phi_i(\mathbf{x})$ 返回位置 i 处因素的标注结果,k 是一个 n 维

向量,而f_k是 MPF 代价核$\mathbb{R} \to \mathbb{R}^+$。例如,二值随机场中的一个对偶因素有$|k|=4$种可能状态,即$k=\{(0,0),(0,1),(1,0),(1,1)\}$。

与 MRF 相比而言,MPF 的主要优势是代价核f_k可以为任意类型。特别要说的是,通过选择一个凸形式的代价核可以施加任意的边缘统计特性。图 3.10 给出的是一个二值纹理图像去噪的例子。遗憾的是,由此衍生出的最优化问题相当具有挑战性,详见文献[50]。要说明的是,线性凹核所引出的最优化问题易于处理。例如,对于一元因素情况,已在 3.3.1 节作了论述(图 3.3(b)是一个$\sum_i[x_i=1]$条件下的凹核例子)。

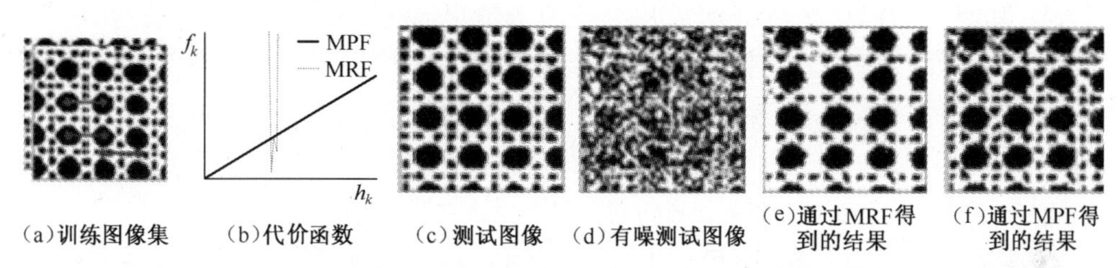

(a)训练图像集 (b)代价函数 (c)测试图像 (d)有噪测试图像 (e)通过MRF得到的结果 (f)通过MPF得到的结果

图 3.10 边缘概率场(MPF)优于 MRF 的展示。(a)是用于二值纹理去噪的训练图像集。附加的是一个对偶项(平移不变量为 (15;0) ;3 个标本)。考虑这个对偶项ϕ的标注$\kappa=(1,1)$。每个训练图像包含 (1,1) 标注的数目为$h_{(1,1)}$,即$h_{(1,1)}=\sum_i[\phi_i=(1,1)]$。所有训练图像上有关$\{h_{(1,1)}\}$统计结果的负对数如图(b)所示。这表明所有训练图像中具有类标 (1,1) 的对偶项的个数大体相同。MPF 模型使用凸函数f_k作为代价函数。显然,MRF 模型的线性代价函数匹配性能很差。(c)是一个测试图像,而(d)是一个有噪输入图像。(e)中使用 MRF 得到的结果没有(f)中 MPF 模型得到的结果好。这里,MPF 模型使用了一个作用于一元项和对偶项上的全局势函数。

MPF 模型可应用于许多应用领域,例如去噪、跟踪、分割以及图像合成(参见文献[50])。图 3.11 展示了一个图像去噪的例子。

(a)原始图像 (b)有噪输入图像 (c)使用MRF模型的结果 (d)使用MPF模型的结果 (e)导数直方图

图 3.11 使用双 MRF 模型获得的图像去噪结果(c)和使用 MPF 模型获得的结果(d)。通过一个大的数据集发现,MPF 促使解的导数服从一个均匀分布。图(e)所示为导数直方图(离散化为 11 个直条)。其中,黑色为目标均值统计结果,蓝色、黄色、绿色和红色分别对应于(a)原始图像、(b)有噪输入图像、(c)MRF 模型产生的结果和(d)MPF 模型产生的结果。注意到,MPF 模型产生的结果视觉效果最好且与目标分布匹配得更好。MRF 模型(c)和 MPF 模型(d)的运行时间分别是 1096s 和 2446s。

3.6 最大后验推理

给定一个 MRF 模型,可以把求解最大后验(MAP)估计结果的问题表示成求解具有最低能量的标注形式 $\mathbf{x}$ 的问题。形式上,这个过程(也称为能量最小化)要涉及到如下问题的求解:

$$\mathbf{x}^* = \arg\min_{\mathbf{x}} E(\mathbf{x};\mathbf{d}) \tag{3.22}$$

通常来说,最小化一般形式的能量函数是 NP 困难问题。即使我们将势函数的元数限制为2(对偶能量函数),解决该类问题依然很困难。相关文献中已提出了许多多项式时间复杂度算法来实现对偶能量函数的最小化。对某些类型的能量函数,这些算法可以求得精确解,对一般形式的能量函数则可以求得近似解。大体上,这些方法可以分为两大类:消息传播类方法和移动决策类方法。消息传播类算法致力于最小化与 MRF 模型相关的自由能量函数[10,51,52]的近似结果。

移动决策类方法指的是从一个类标转移到另一个类标的迭代算法,要求在类标移动过程中标注结果所对应的能量一直不会增加。将移动空间(即新类标的搜索空间)限制在可实现有效搜索的原始搜索空间的子空间中[2]。上述众多方法(包括消息传播类方法[10,51,52]和移动决策类方法[2])都与用于最小化对偶能量函数的标准 LP 松弛算法有着密切的联系[53]。

虽然有许多研究工作通过消息传播类算法实现了某些类型高阶能量函数的最小化[21,18],但相对来说,一般性问题却一直被忽视。实现高阶能量函数最小化的传统方法包括:(1)通过添加辅助变量将其转化为对偶函数的形式,然后利用某一标准算法(如上述提到的方法)将对偶函数最小化[5,38,37,26];或者(2)利用对偶分解技术将能量函数分解为不同的部分,并对每一部分进行独立求解,然后将不同部分得到的结果合并起来[20,50]。

3.6.1 基于变换的方法

正如前面提到的,任何高阶函数都可以通过引入额外的辅助随机变量将其转化为一个对偶函数[5,24],这样就可以利用传统的推理算法(如置信传播算法、重置权树消息传播算法以及用于这些模型的图割算法)获得所需的解。然而,这种方法在计算上存在着组合爆炸的问题。具体地说,即使对具有特定结构的高阶势函数来说[38,37,26],单纯的变换也会导致辅助变量呈现指数式增长(从相关势团的大小来看)。

为了避免单纯变换所带来的不理想状况,近年来研究者开始着手研究那些适合采用高效算法的高阶势函数[25,15,22,23,50]。在这个方向上,大多数研究努力都致力于确定高阶势函数的有用形式,并设计出适用于它们的算法。虽然这个方法能带来改进的结果,但势函数形式的局限性使其在这个领域的长远影响受到了限制。为了解决该问题,近期的许多研究工作[24,14,45,38,37,26]已经开始尝试表达那些适合于最优化的高阶势函数。这些研究工作能够成功地利用势函数的**稀疏特性**,并为易处理的势函数提供了一个方便的参数化结果。

转化高阶伪布尔函数

将一般的次模高阶函数转化为一个二阶函数这一问题已经得到了深入的研究。Kolmogorov 和 Zabih[3]指出,所有三阶次模函数都可以转化为一个二阶函数,因此就可利用图割算法求解。Freedman 和 Drineas[54]介绍了将某些高阶次模函数转化为二阶次模函数的实现方式。然而,他们的方法在最坏的情况下需要增加指数数量级的辅助二值变量才能将能量函数转化为二阶形式。

式(3.7)中鲁棒 P^n 模型的特殊形式使该模型按照每个高阶势函数仅仅添加两个二值变量的方式就可转化为一个对偶函数。更正式地说,Kohli 等人[25]指出,下列形式的高阶伪布尔函数:

$$f(\mathbf{x}_c) = \min\left(\theta_0 + \sum_{i\in c} w_i^0(1 - x_i), \theta_1 + \sum_{i\in c} w_i^1 x_i, \theta_{\max}\right) \tag{3.23}$$

可以转化为二次次模伪布尔函数,因此可以使用图割算法最小化。这里,$x_i \in \{0,1\}$ 是二值随机变量,c 是随机变量的势团,$\mathbf{x}_c \in \{0,1\}^{|c|}$ 表示势团所涉及变量的标注形式,且 $w_i^0 \geqslant 0, w_i^1 \geqslant 0$,而 $\theta_0, \theta_1, \theta_{\max}$ 是满足 $\theta_{\max} \geqslant \theta_0, \theta_1$ 这些约束条件的势函数的参数,并且满足:

$$\left(\left(\theta_{\max} \leqslant \theta_0 + \sum_{i\in c} w_i^0(1 - x_i)\right) \vee \left(\theta_{\max} \leqslant \theta_1 + \sum_{i\in c} w_i^1 x_i\right)\right) = 1 \qquad \forall \mathbf{x} \in \{0,1\}^{|c|} \tag{3.24}$$

其中,$\vee$ 是一个布尔 OR 运算符。转化成一个二次伪布尔函数仅需添加两个二值辅助变量,从而使计算变得高效起来。

定理 高阶伪布尔函数

$$f(\mathbf{x}_c) = \min(\theta_0 + \sum_{i\in c} w_i^0(1 - x_i), \theta_1 + \sum_{i\in c} w_i^1 x_i, \theta_{\max}) \tag{3.25}$$

可以通过添加二值辅助变量 m_0 和 m_1 转化为下列二次次模伪布尔函数

$$f(\mathbf{x}_c) = \min_{m_0, m_1}\left(r_0(1 - m_0) + m_0\sum_{i\in c} w_i^0(1 - x_i) + r_1 m_1 + (1 - m_1)\sum_{i\in c} w_i^1 x_i - K\right) \tag{3.26}$$

这里,$r_0 = \theta_{\max} - \theta_0, r_1 = \theta_{\max} - \theta_1$,而 $K = \theta_{\max} - \theta_0 - \theta_1$(参见文献[55]中的证明)。

可以将形如式(3.23)的多种高阶势函数进行求和,获得一类具有更一般形式的高阶势函数

$$f(\mathbf{x}_c) = F_c(\sum_{i\in c} x_i) \tag{3.27}$$

其中,$F_c: \mathbb{R} \to \mathbb{R}$ 是一个任意的凹函数。然而,如果 F_c 是一个凸函数(如3.4节中

讨论的情况)，那么这种转化方法就不凑效。Kohli 和 Kumar[24] 介绍了如何将包含(形如式(3.27)带有凸函数 F_c 的)高阶势函数的能量函数的最小化问题转化成一个紧凑的最大最小问题。但是，这个问题的计算很困难，且不适宜采用传统的基于最大流的算法来求解。

转化基于模式的高阶势函数

现在我们介绍一下文献[26]中所用的方法。该方法将任意形式的高阶势函数的最小化问题转化为一个等价的二次函数的最小化问题。我们从一个简单的例子开始，引出我们的转化方法。

考虑一个高阶势函数，如果变量 $\mathbf{x}_c$ 的取值为一个特定的标注形式 $\mathbf{X}_0 \in \mathcal{L}^{|c|}$，则该函数所赋予的代价为 θ_0，否则代价为 θ_1。更正式地说，用下式表示：

$$\psi_c(\mathbf{x}_c) = \begin{cases} \theta_0 & \text{if } \mathbf{x}_c = \mathbf{X}_0 \\ \theta_1 & \text{otherwise} \end{cases} \tag{3.28}$$

其中 $\theta_0 \leqslant \theta_1$，而 $\mathbf{X_0}$ 表示变量 $\mathbf{x}_c$ 的一个特定标注形式。这个高阶函数的最小化问题可通过增加一个**开关变量** z 转化为一个二次函数的最小化问题，形式如下：

$$\min_{\mathbf{x}_c} \psi_c(\mathbf{x}_c) = \min_{\mathbf{x}_c, z \in \{0,1\}} f(z) + \sum_{i \in c} g_i(z, x_i) \tag{3.29}$$

其中**选择性函数** f 的定义是：$f(0) = \theta_0$ 且 $f(1) = \theta_1$，而**一致性函数** g_i 的定义如下：

$$g_i(z, x_i) = \begin{cases} 0 & \text{if } z = 1 \\ 0 & \text{if } z = 0 \quad \text{and} \quad x_i = \mathbf{X}_0(i) \\ \inf & \text{otherwise} \end{cases} \tag{3.30}$$

其中，$\mathbf{X}_0(i)$ 表示标注形式 $\mathbf{X}_0$ 中变量 x_i 的类标。

转化带有偏差函数的模式型高阶势函数

可以利用一个 $(t+1)$ 状态的开关变量将带有偏差函数的模式型势函数(其定义参见 3.3.2 节)的最小化问题转化为一个对偶函数的最小化问题，形式如下：

$$\min_{\mathbf{x}_c} \psi_c(\mathbf{x}_c) = \min_{\mathbf{x}_c, z \in \{1,2,\cdots,t+1\}} f(z) + \sum_{i \in c} g_i(z, x_i) \tag{3.31}$$

其中

$$f(z) = \begin{cases} \theta_q & \text{if } z = q \in \{1, \cdots, t\} \\ \theta_{\max} & \text{if } z = t + 1, \end{cases} \tag{3.32}$$

$$g_i(z, x_i) = \begin{cases} w_{il}^q & \text{if } z = q \quad \text{and} \quad x_i = l \in \mathcal{L} \\ 0 & \text{if } z = t + 1 \end{cases} \tag{3.33}$$

上述论述的转化方法中，可以把开关变量的作用看作是求解能够将最低的代价赋给任何特定标注形式的**偏差函数**。读者应该注意到，开关变量 z 的最后一个状态，也就是第 $(t+1)$ 个状态对势团变量 $\mathbf{x}_c$ 的任何标注形式都不会施加惩罚。同时还应指出的是，上述转化方法可以用于转化任何一般形式的高阶势函数。然而，在最不理想的情况下，需要增加一个具有 $|\mathcal{L}|^{|c|}$ 个状态的开关变量，这会使那些即使

是中等阶次函数的最小化问题变得行不通。而且,通过这种转化方法获得的对偶函数一般来说是 NP 困难的。

3.6.2 对偶分解

对偶分解已经成功地用于最小化含有高阶势函数的能量函数。该方法是将能量函数分解为不同的部分,并对每一部分进行独立求解,然后将不同部分得到的结果合并起来。由于合并步骤给出了一个关于原始函数的下界,所以这个过程不断迭代直到下界最优为止。对于要处理的特定任务,主要问题是如何将给定的问题分解为若干部分。这种分解对最终解的质量会有很大的影响。

让我们解释一下利用式(3.15)中的高阶能量函数实现图像分割的优化过程。该函数的形式为:

$$E(\mathbf{x}) = \underbrace{\sum_{k} h_k(n_k^1) + \sum_{(i,j)\in\mathcal{E}} w_{ij}\,|x_i - x_j|}_{E^1(\mathbf{x})} + \underbrace{h(n^1)}_{E^2(\mathbf{x})} \tag{3.34}$$

其中,$h_k(\cdot)$ 为凹函数,而 $h(\cdot)$ 为凸函数。回忆一下,n_k^1 和 n^1 是关于分割结果的函数:$n_k^1 = \sum_{i\in\mathcal{V}_k} x_i$,而 $n^1 = \sum_{i\in\mathcal{V}} x_i$。可以看出,式(3.34)中的能量函数是由次模函数($E^1(\mathbf{x})$)和超模函数($E^2(\mathbf{x})$)两部分组成的。正如文献[19]所指出的那样,最小化式(3.34)中的函数是一个 NP 困难问题。

我们现在应用对偶分解技术来解决这个问题。将能量函数改写为如下形式:

$$E(\mathbf{x}) = [E^1(\mathbf{x}) - \langle \mathbf{y},\mathbf{x}\rangle] + [E^2(\mathbf{x}) + \langle \mathbf{y},\mathbf{x}\rangle] \tag{3.35}$$

其中,$\mathbf{y}$ 是空间 $\mathbb{R}^n$ 中的一个向量,$n = |\mathcal{V}|$,而 $\langle \mathbf{y},\mathbf{x}\rangle$ 表示两个向量之间的点积。换句话说,我们对其中的一个子问题增加一元项,并从另外一个子问题中减去这些项,这是利用对偶分解技术实现 MRF 模型优化的标准形式[56]。以 $\mathbf{x}$ 为变量对式(3.35)中的每一项取最小值,产生 $E(\mathbf{x})$ 的一个下界:

$$\phi(\mathbf{y}) = \underbrace{\min_{\mathbf{x}}[E^1(\mathbf{x}) - \langle \mathbf{y},\mathbf{x}\rangle]}_{\phi^1(\mathbf{y})} + \underbrace{\min_{\mathbf{x}}[E^2(\mathbf{x}) + \langle \mathbf{y},\mathbf{x}\rangle]}_{\phi^2(\mathbf{y})} \leqslant \min_{\mathbf{x}} E(\mathbf{x}) \tag{3.36}$$

需要说明的是,两个极小值(即 $\phi^1(\mathbf{y})$ 和 $\phi^2(\mathbf{y})$),都可以得到高效的计算。特别是可以将第一项简化为一个最小 s-t 割问题来实现最优化[25]。

为了得到尽可能最紧的界,我们需要最大化关于 $\mathbf{y}$ 的函数 $\phi(\mathbf{y})$。$\phi(\cdot)$ 是一个凹函数,因此需要使用某种标准的凹函数最大化方法(例如次梯度法)来确保能收敛到最佳的界。文献[19]中提到,对于这种情况可以利用参数化最大流技术[47]以多项式时间复杂度计算出最紧的界。

3.7 结论

在本章我们回顾了有关计算机视觉问题的许多高阶模型。同时,我们介绍了如何利用高阶模型描述像素间的复杂统计特性,从而使其成为解决图像标注问题的理想候选工具。本章论述的重点集中在基于离散变量的模型上。像专家场模型[17]和专家乘积模型[57]这类对某些问题(比如图像去噪)已表现出优异效果的高阶模型并没有涉及。

我们也论述了表达高阶模型以及对其执行推理的固有困难。目前来说,如何学习涉及离散变量的高阶模型这类工作研究得相对较少,今后这方面会有更多的研究工作出现。

另一类能够描述像素间复杂关系的模型是包含隐变量的分层模型。这类模型的典型例子包括深度置信网(DBN)和受限玻尔兹曼机(RBM)。这些模型与高阶随机场之间存在着许多有意义的关系[27]。我们认为对这些关系的研究是今后研究工作中一个很有前途的方向,将会促进对上述两类模型建模能力的更好理解,也会获得各种有助于发展更好的推理与学习方法的新见解。

参考文献

[1] R. Szeliski, R. Zabih, D. Scharstein, O. Veksler, V. Kolmogorov, A. Agarwala, M. Tappen, and C. Rother, "A comparative study of energy minimization methods for Markov random fields." in *ECCV*, 2006, pp. 16-29.

[2] Y. Boykov, O. Veksler, and R. Zabih, "Fast approximate energy minimization via graph cuts." *IEEE PAMI*, vol. 23, no. 11, pp. 1222-1239, 2001.

[3] V. Kolmogorov and R. Zabih, "What energy functions can be minimized via graph cuts? ." *IEEE PAMI*, vol. 26, no. 2, pp. 147-159, 2004.

[4] N. Komodakis, G. Tziritas, andN. Paragios, "Fast, approximately optimal solutions for single and dynamic MRFs," in *CVPR*, 2007, pp. 1-8.

[5] E. Boros and P. Hammer, "Pseudo-boolean optimization." *Discrete Appl. Math.*, vol. 123, no. 1-3, pp. 155-225, 2002.

[6] E. Boros, P. Hammer, and G. Tavares, "Local search heuristics for quadratic unconstrained binary optimization (QUBO)," *J. Heuristics*, vol. 13, no. 2, pp. 99-132, 2007.

[7] P. Felzenszwalb and D. Huttenlocher, "Efficient Belief Propagation for Early Vision," in *Proc. CVPR*, vol. 1, 2004, pp. 261-268.

[8] J. Pearl, "Fusion, propagation, and structuring in belief networks," *Artif. Intell.*, vol. 29, no. 3, pp. 241-288, 1986.

[9] Y. Weiss and W. Freeman, "On the optimality of solutions of the max-product belief-propagation algorithm in arbitrary graphs." *IEEE Trans. Inf. Theory*, 2001.

[10] V. Kolmogorov, "Convergent tree-reweighted message passing for energy minimization." *IEEE Trans. Pattern Anal. Mach. Intell.*, vol. 28, no. 10, pp. 1568-1583, 2006.

[11] M. Wainwright, T. Jaakkola, and A. Willsky, "Map estimation via agreement on trees: massage-passing and linear programming." *IEEE Trans. Inf. Theory*, vol. 51, no. 11, pp. 3697-3717, 2005.

[12] N. Y. El-Zehiry and L. Grady, "Fast global optimization of curvature," in *CVPR*, 2010, pp. 3257-3264.

[13] A. Fitzgibbon, Y. Wexler, and A. Zisserman, "Image-based rendering using image-based priors." in *ICCV*, 2003, pp. 1176-1183

[14] L. Ladicky, C. Russell, P. Kohli, and P. H. S. Torr, "Graph cut based inference with co-occurrence statistics," in *ECCV*, 2010, pp. 239-253.

[15] P. Kohli, M. Kumar, and P. Torr, "P^3 and beyond: Solving energies with higher order cliques," in *CVPR*, 2007.

[16] X. Lan, S. Roth, D. Huttenlocher, and M. Black, "Efficient belief propagation with learned higher-order markov random fields." in *ECCV*, 2006, pp. 269-282.

[17] S. Roth and M. Black, "Fields of experts: A framework for learning image priors." in *CVPR*, 2005, pp. 860-867.

[18] B. Potetz, "Efficient belief propagation for vision using linear constraint nodes," in *CVPR*, 2007.

[19] S. Vicente, V. Kolmogorov, and C. Rother, "Joint optimization of segmentation and appearance models," in *ICCV*, 2009, pp. 755-762.

[20] ——, "Graph cut based image segmentation with connectivity priors," in *CVPR*, 2008.

[21] D. Tarlow, I. E. Givoni, and R. S. Zemel, "Hop-map: Efficient message passing with high order potentials," *JMLR - Proceedings Track*, vol. 9, pp. 812-819, 2010.

[22] T. Werner, "High-arity interactions, polyhedral relaxations, and cutting plane algorithm for soft constraint optimisation (MAP-MRF)," in *CVPR*, 2009.

[23] O. Woodford, P. Torr, I. Reid, and A. Fitzgibbon, "Global stereo reconstruction under second order smoothness priors," in *CVPR*, 2008.

[24] P. Kohli and M. P. Kumar, "Energy minimization for linear envelope MRFs," in *CVPR*, 2010, pp. 1863-1870.

[25] P. Kohli, L. Ladicky, and P. Torr, "Robust higher order potentials for enforcing label consistency," in *CVPR*, 2008.

[26] C. Rother, P. Kohli, W. Feng, and J. Jia, "Minimizing sparse higher order energy functions of dis-

crete variables," in *CVPR*, 2009, pp. 1382–1389.

[27] C. Russell, L. Ladicky, P. Kohli, and P. H. S. Torr, "Exact and approximate inference in associative hierarchical random fields using graph-cuts," in *UAI*, 2010.

[28] A. Blake, C. Rother, M. Brown, P. Perez, and P. Torr, "Interactive image segmentation using an adaptive GMMRF model," in *ECCV*, 2004, pp. I: 428–441.

[29] C. Rother, V. Kolmogorov, and A. Blake, "Grabcut: interactive foreground extraction using iterated graph cuts," in *SIGGRAPH*, 2004, pp. 309–314.

[30] A. Blake, P. Kohli, and C. Rother, *Advances in Markov Random Fields*. MIT Press, 2011.

[31] S. Nowozin and C. Lampert, *Structured Learning and Prediction in Computer Vision*. NOW Publisher, 2011.

[32] A. Shekhovtsov, P. Kohli, and C. Rother, "Curvature prior for MRF-based segmentation and shape inpainting," Center for Machine Perception, K13133 FEE Czech Technical University, Prague, Czech Republic, Research Report CTU-CMP-2011-11, September 2011.

[33] X. Ren and J. Malik, "Learning a classification model for segmentation." in *ICCV*, 2003, pp. 10–17.

[34] J. Shotton, J. Winn, C. Rother, and A. Criminisi, "TextonBoost: Joint appearance, shape and context modeling for multi-class object recognition and segmentation." in *ECCV*(1), 2006, pp. 1–15.

[35] D. Comaniciu and P. Meer, "Mean shift: A robust approach toward feature space analysis." *IEEE Trans. Pattern Anal. Mach. Intell.*, vol. 24, no. 5, pp. 603–619, 2002.

[36] Y. Boykov and M. Jolly, "Interactive graph cuts for optimal boundary and region segmentation of objects in N-D images," in *ICCV*, 2001, pp. I: 105–112.

[37] N. Komodakis and N. Paragios, "Beyond pairwise energies: Efficient optimization for higher-order MRFs," in *CVPR*, 2009, pp. 2985–2992.

[38] H. Ishikawa, "Higher-order clique reduction in binary graph cut," in *CVPR*, 2009, pp. 2993–3000.

[39] W. T. Freeman, E. C. Pasztor, and O. T. Carmichael, "Learning low-level vision," *IJCV*, vol. 40, no. 1, pp. 25–47, 2000.

[40] D. Cremers and L. Grady, "Statistical priors for efficient combinatorial optimization via graph cuts," in *ECCV*, 2006, pp. 263–274.

[41] M. Bleyer, C. Rother, P. Kohli, D. Scharstein, and S. Sinha, "Object stereo: Joint stereo matching and object segmentation," in *CVPR*, 2011, pp. 3081–3088.

[42] S. Nowozin and C. H. Lampert, "Global connectivity potentials for random filed models," in *CVPR*, 2009, pp. 818–825.

[43] V. S. Lempitsky, P. Kohli, C. Rother, and T. Sharp, "Image segmentation with a bounding box prior," in *ICCV*, 2009, pp. 277–284.

[44] M. Bleyer, C. Rother, and P. Kohli, "Surface stereo with soft segmentation," in *CVPR*, 2010, pp. 1570–1577.

[45] A. Delong, A. Osokin, H. N. Isack, and Y. Boykov, "Fast approximate energy minimization with label costs," in *CVPR*, 2010, pp. 2173-2180.

[46] D. Hoiem, C. Rother, and J. M. Winn, "3D layoutcrf for multi-view object class recognition and segmentation," in *CVPR*, 2007.

[47] V. Kolmogorov, Y. Boykov, and C. Rother, "Applications of parametric maxflow in computer vision," in *ICCV*, 2007, pp. 1-8.

[48] G. Gallo, M. Grigoriadis, and R. Tarjan, "A fast parametric maximum flow algorithm and applications," *SIAM J. on Comput.*, vol. 18, pp. 30-55, 1989.

[49] Y. Lim, K. Jung, and P. Kohli, "Energy minimization under constraints on label counts," in *ECCV*, 2010, pp. 535-551.

[50] O. Woodford, C. Rother, and V. Kolmogorov, "A global perspective on map inference for low-level vision," in *ICCV*, 2009, pp. 2319-2326.

[51] D. Sontag, T. Meltzer, A. Globerson, T. Jaakkola, and Y.. Weiss, "Tightening lp relaxations for map using message passing," in *UAI*, 2008.

[52] J. Yedidia, W. Freeman, and Y. Weiss, "Generalized belief propagation." in *NIPS*, 2000, pp. 689-695.

[53] C. Chekuri, S. Khanna, J. Naor, and L. Zosin, "A linear programming formulation and approximation algorithms for the metric labeling problem," *SIAM J. Discrete Math.*, vol. 18, no. 3. pp. 608-625, 2005.

[54] D. Freeman and P. Drineas, "Energy minimization via graph cuts: Settling what is possible." in *CVPR*, 2005, pp. 939-946.

[55] P. Kohli, L. Ladicky, and P. H. S. Torr, "Robust higher order potentials for enforcing label consistency," *IJCV*, vol. 82, no. 3, pp. 302-324, 2009.

[56] L. Torresani, V. Kolmogorov, and C. Rother, "Feature correspondence via graph matching: Models and global optimization," in *ECCV*, 2008, pp. 596-609.

[57] G. E. Hinton, "Training products of experts by minimizing contrastive divergence," *Neural Comput.*, vol. 14, no. 8, pp. 1771-1800, 2002.

第 4 章

离散全变差正则化的参数化最大流方法

Antonin Chambolle, Jérôme Darbon

4.1 引言

在本章,我们考虑采用如下形式全变差(TV)的一般性重构问题:

$$E(\mathbf{u}) = F(\mathbf{u}) + \lambda J(\mathbf{u})$$

其中,$m \leqslant \mathbf{u} \leqslant M$,而$F$和$J$分别对应于数据保真项和离散全变差项(后面将给出它们的定义)。对于数据保真项F,我们将考虑如下三种广泛应用于图像处理的情形:

$$F(\mathbf{u}) = \begin{cases} \frac{1}{2}\|\mathbf{Au} - \mathbf{f}\|^2 \\ \frac{1}{2}\|\mathbf{u} - \mathbf{f}\|^2 \\ \frac{1}{2}\|\mathbf{u} - \mathbf{f}\|_1 \end{cases} \tag{4.1}$$

其中$\mathbf{f}$是观测数据。

当今解决非光滑优化问题使用最广泛的方法是各种形式的邻近点算法[1,2]或邻近分裂技术[3-6]。因此,计算成像逆问题所涉及的常用正则化子的邻近算子[1]就变得相当有意义。本章我们要解决离散 TV 邻近算子的计算问题并介绍几个基本的成像应用案例。要注意的是,我们这里所考虑的方法需要利用每个像素值的排序,因此仅仅适用于标量值(灰度)图像,不能推广到向量值(彩色)数据。

Picard 和 Ratliff[7]首先观察到带有二阶势团的布尔-马尔可夫能量函数可以映射到一个网络流上,且该网络流处在一个带有源点和汇点的有向图上(能量的最小化与s,t-最小割的计算或者其对偶问题-最大流问题的求解相对应)。Greig 等人[8]应用这种方法估计用于二值图像恢复的铁磁 Ising 模型的最大后验估计量的品质,继而观察到上述一系列源节点容量逐渐增加的问题可以通过参数化最大流方法[9,10]以单个最大流的时间复杂度实现优化(只要参数的个数少于像素的数目)。在文献[11]中,作者提出了进一步的改进思路,并给出了在数据保真项可分离且解空间是一个离散空间的条件下实现精确解高效计算的方法。

这个新的方法已被人们重新发现，并被文献[12-18]的作者进行了一定程度的推广（特别是推广到更一般意义的次模交互能量）。特别要指出的是，文献[15]的作者介绍了一种能“准确地”（近乎机器精度）求解一些离散全变差能量函数邻近算子的方法。在这一章我们将更详细地描述该方法并介绍一些基本的图像处理应用。

符号

在本章，我们的出发点是图像定义在离散网格 Ω 上。在位置 $i \in \Omega$ 处图像 $\mathbf{u} \in \mathbb{R}^{\Omega}$ 的灰度值记为 $u_i \in \mathbb{R}$。

利用网络流方法可以求解的一个非常普遍的“离散全变差”问题具有如下形式：

$$J(\mathbf{u}) = \sum_{i \neq j} w_{ij}(u_j - u_i)^{+} \tag{4.2}$$

其中，$x^{+} = \max(x,0)$ 表示 $x \in \mathbb{R}$ 的非负部分。这里，w_{ij} 是非负值，是作用于每个交互关系的权值。为清楚起见，我们假设 $w_{ij} = w_{ji}$，因此我们考虑具有如下形式的离散 TV：

$$J(\mathbf{u}) = \sum_{\{i,j\}} w_{ij} | u_j - u_i | \tag{4.3}$$

其中，上述和式中每个下标对 (i,j) 只出现一次。实际上，网格带有邻域系统且只有当 i 和 j 邻近时权重 w_{ij} 才是非负的。如果两个位置 i 和 j 邻近，则记作 $i \sim j$。

例如，考虑一个常见的例子：一个 4 连通（即 4 个邻近点）且所有权重均为 1 的规则性二维网格。在这种情况下，J 是 l_1 各向异性全变差的近似结果，正式记为 $\int(| \partial_x u | + | \partial_y u |)$。可通过考虑更多的邻近点（带有合适的权重）获得各向异性程度更低的结果。同时，还观察到利用我们的方法无法对各向同性 TV 的标准化近似结果（记为 $\int \sqrt{| \partial_x u |^2 + | \partial_y u |^2}$）实现最小化，正如文献[19,20]中给出的例子。最后，我们要说明的是，通过添加一些内部节点就可以不用费太大劲将所提出的方法推广到一些高阶交互项中，建议读者通过文献[15]了解更多的细节。

在下一节，我们将介绍用于计算离散 TV 邻近算子的参数化最大流方法。我们将在文献[15]所给出的有关 Hochbaum[11] 提出的方法描述过程基础之上介绍更多的细节。接下来，我们将介绍一些应用。

4.2　基本思路

我们的目标是最小化能量函数 $J(\mathbf{u}) + \frac{1}{2} || \mathbf{u} - \mathbf{g} ||^2 = J(\mathbf{u}) + \frac{1}{2} \sum_{i \in \Omega}$

$(u_i - g_i)^2$ 或者类似的能量函数,其中, J 具有式(4.3)的表达形式,且 $\mathbf{g} \in \mathbb{R}^{\Omega}$ 已知。

在这里,我们感兴趣的能量函数一般形式是 $J(\mathbf{u}) + \sum_i \psi(u_i)$, 其中 ψ_i 是一个凸函数(在我们讨论的情况中, $\psi_i(z) = \frac{1}{2}(z - g_i)^2, i \in \Omega$)。这里的关键点是, ψ_i 的导数是非下降的。不可分数据项(例如 $\|\mathbf{Au} - \mathbf{g}\|^2$)将在4.4节中论及。

接下来,我们将 ψ_i 在 z 处的左导数记作 $\psi'_i(z)$。 如果我们考虑的是右导数或任意单调的次梯度选择,下面论述的内容也同样适用:这里的关键是,对所有的 $z \leqslant z'$, $\psi'_i(z) \leqslant \psi'_i(z')$ 都成立。

对每个 $z \in \mathbb{R}$, 考虑如下最小化问题:

$$\min_{\theta \in \{0,1\}^{\Omega}} J(\theta) + \sum_{i \in \Omega} \psi'_i(z)\theta_i \qquad (P_z)$$

在下面我们将引入经典的比较引理:

引理 4.2.1

令 $z > z', i \in \Omega$ 并且假定 $\psi'_i(z) > \psi'_i(z')$ (例如,如果 ψ_i 是严格凸的,则显然成立),那么, $\theta^z_i \leqslant \theta^{z'}_i$。

可以从文献中(例如文献[15])找到一个比较容易的证明:证明过程的基本思路是比较(P_z)中 θ^z 的能量与 $\theta^z \wedge \theta^{z'}$ 的能量,以及($P_{z'}$)中 $\theta^{z'}$ 的能量和 $\theta^z \vee \theta^{z'}$ 的能量,并对两个不等式进行求和。然后,由于 J 的**次模性**:

$$J(\theta^z \wedge \theta^{z'}) + J(\theta^z \vee \theta^{z'}) \leqslant J(\theta^z) + J(\theta^{z'}) \qquad (4.4)$$

我们去掉与 J 相关的项。上述不等式是一条基本性质,本章所涉及的大多数分析都是在此基础上展开的[21,15,22]。

注 4.2.2

如果 ψ_i 不是严格凸的,根据引理4.2.1很容易得出:只要 θ^z 是(P_z)的最小解或者 $\theta^{z'}$ 是($P_{z'}$)的最大解,结论仍然成立。注意,由于(P_z)对应的能量函数具有次模性,可以对这些最大解和最小解作明确的定义。

为了证实这一点,我们引入 $\min_{\theta \in \{0,1\}^{\Omega}} J(\theta) + \sum_{i \in \Omega}(\psi'_i(z) + \varepsilon)\theta_i$ 的一个解 $\theta^{z,\varepsilon}$,其中, $\varepsilon > 0$ 充分小。那么,引理4.2.1可以保证:对所有的 i, 只要 $z' \leqslant z$ 就有 $\theta^{z,\varepsilon}_i \leqslant \theta^{z'}_i$。应用极限理论,我们很容易验证: $\underline{\theta}^z_i = \lim_{\varepsilon \to 0}\theta^{z,\varepsilon}_i = \sup_{\varepsilon \to 0}\theta^{z,\varepsilon}_i$ 是(P_z)的一个解,且对任意的 $i \in \Omega$, 如果 $z' \leqslant z$, $\underline{\theta}^z_i \leqslant \underline{\theta}^{z'}_i$ 仍成立。这表明了两点: $\underline{\theta}^z$ 是(P_z)的最小解,并且它小于($P_{z'}$)的任何解(其中, $z' < z$),这就是注4.2.2的含义。

我们也将 $\overline{\theta}^z$ 记作(P_z)的最大解。这样,对于任意的 $i \in \Omega$, 我们就可以定义下面两个向量 $\underline{\mathbf{u}}$ 和 $\overline{\mathbf{u}}$:

$$\begin{cases} \underline{u}_i = \sup\{z, \underline{\theta}_i^z = 1\} \\ \overline{u}_i = \sup\{z, \overline{\theta}_i^z = 1\} \end{cases} \tag{4.5}$$

现在我们给出如下结果：

命题 4.2.3

$\underline{\mathbf{u}}$ 和 $\overline{\mathbf{u}}$ 分别是表达式

$$\min_{\mathbf{u}}(J(\mathbf{u}) + \sum_{i \in \Omega} \psi_i(u_i)) \tag{4.6}$$

的最小解和最大解。

证明：证明的依据是（离散型且形式直接的）“余面积公式”。这个公式提到

$$J(\mathbf{u}) = \int_{-\infty}^{\infty} J(\chi_{\{\mathbf{u}>z\}})\,\mathrm{d}z \tag{4.7}$$

并且从注 4.2.2 可直接得出：对于任意的 $a, b \in \mathbb{R}$，$|a-b| = \int_{\mathbb{R}} |\chi_{\{a>s\}} - \chi_{\{b>s\}}|\,\mathrm{d}s$。

对于任意的 z，我们首先选择 (P_z) 的一个解 θ^z，并且令

$$u_i = \sup\{z, \theta_i^z = 1\} \tag{4.8}$$

首先，我们可得出：对于任意的 z，$\{i:u_i > z\} \subseteq \{i:\theta_i^z = 1\} \subseteq \{i:u_i > s\}$，因此，令 $\mathcal{U} = \{i:i \in \Omega\}$，可得：对于任意的 $z \in \mathbb{R} \setminus \mathcal{U}$，有

$$\{i:u_i > z\} = \{i:\theta_i^z = 1\} = \{i:u_i > z\} \tag{4.9}$$

使得 $\mathbf{u}$ 的几乎所有水平集都是 (P_z) 的极小值。那么，如果 $\mathbf{v} \in \mathbb{R}^{\Omega}$ 且 $m \leqslant \min\{u_i, v_i : i \in \Omega\}$，可得：

$$\begin{aligned} J(\mathbf{u}) + \sum_{i \in \Omega} \psi_i(u_i) &= \int_m^{\infty} J(\chi_{\{\mathbf{u}>z\}})\,\mathrm{d}z + \sum_{i \in \Omega} \int_m^{\infty} \psi_i'(z) \chi_{\{u_i > z\}}\,\mathrm{d}z \\ &= \int_m^{\infty} (J(\theta^z) + \sum_{i \in \Omega} \psi_i'(z) \theta_i^z)\,\mathrm{d}z \leqslant \\ &\quad \int_m^{\infty} (J(\chi_{\{\mathbf{v}>s\}}) + \sum_{i \in \Omega} \psi_i'(z) \chi_{\{v_i > z\}})\,\mathrm{d}z \\ &= J(\mathbf{v}) + \sum_{i \in \Omega} \psi_i(v_i) \end{aligned} \tag{4.10}$$

并且，$\mathbf{u}$ 是式(4.6)的一个极小值。

现在反过来，如果我们把 $\mathbf{v}$ 看作式(4.10)的另一个极小值，可推出

$$0 = \int_m^{\infty} ((J(\chi_{\{\mathbf{v}>s\}}) + \sum_{i \in \Omega} \psi_i'(z) \chi_{\{v_i > z\}}) - (J(\theta^z) + \sum_{i \in \Omega} \psi_i'(z) \theta_i^z))\,\mathrm{d}z,$$

并且由于积分里面的项是非负的，我们可推导出：对于几乎所有的 z，它的结果都

是零；换句话说，对于几乎所有的 z，$\mathcal{X}_{\{\mathbf{v}\geqslant z\}}$ 是 (P_z) 的一个极小值。特别是，$\mathcal{X}_{\{\mathbf{v}\geqslant z\}} \supseteq \underline{\theta}^z$（由于后者是一个最小解），从中我们推断 $\mathbf{v} \geqslant \underline{\mathbf{u}}$。这样，我们可以推出：$\underline{\mathbf{u}}$ 是式(4.6)的最小解。利用同样的方法，我们可以容易得出 $\overline{\mathbf{u}}$ 是式(4.6)的最大解。

证毕。

4.3 数值计算

本节描述了一种基于参数化网络流的方法用于最小化带有可分离凸性数据保真项的离散全变差。一般情况下，在有限的时间内，计算结果将是一个 l_∞ 范数意义上的 ε 解。在某些特殊情况下，可以得到一个精确解。信号是由 N 个分量组成的。为了清楚起见，假定可行解处于 m 与 M 之间，且 $m < M$。如果这个界太紧，那么给定约束条件 $m \leqslant \mathbf{u} \leqslant M$，算法则会输出一个最优解。我们首先描述一下最初由 Picard 和 Ratliff[7] 提出的基于网络流的二值问题 (P_z) 最小化方法（也可参考文献[8]）。然后，我们论述参数化最大流方法。该方法是基于网络流方法的拓展，可以用于直接解决一系列 z 变化条件下的问题，因此可以用来解决离散全变差最小化问题。

4.3.1 二值优化

Picard 和 Ratliff 在他们的原创性论文[7]提出了一种简化方法，将如下类 Ising 二值问题

$$\min_{\theta \in \{0,1\}^{\Omega}} J(\theta) - \sum_i \beta_i \theta_i \tag{4.11}$$

的最小化简化为一个最小割问题或通过线性规划对偶理论转化成一个最大流问题。思路是将某个图与该能量函数关联起来，使得该图的最小割能产生原始能量函数的最优解。该图有 $(n+2)$ 个节点；除了两个称为**源点**和**汇点**（分别看作 s 和 t）的特殊节点之外，每个节点都对应于一个变量 θ_i。为了清楚起见，用 i 表示图的一个节点或者用于获取解向量元素的索引。考虑有向边，并将容量（也就是区间）与其关联起来。对于任意的节点 i 和 j，容量的定义如下：

$$c(i,j) = \begin{cases} [0,(\beta_j)^+] & \text{for } i = s, \quad j \in \Omega \\ [0,(\beta_i)^-] & \text{for } i \in \Omega, \quad j = t \\ [0,w_{ij}] & \text{for } i,j \in \Omega \end{cases} \tag{4.12}$$

其中，$(x)^+ = \max(0,x)$，而 $(x)^- = \max(0,-x)$。稍微乱用一下符号，我们也用 $c(i,j)$ 表示区间 $c(i,j)$ 的最大元素，当 $c(i,j) \neq \{0\}$ 时该元素一直是正数。

网络流是一个实值向量 $(f_{ij})_{i,j\in\Omega\cup\{s,t\}}$，其中每个分量对应一条弧。一个网络

流 f 是可行的,当且仅当

(1) 对任意的 $(i,j) \in \Omega \cup \{s,t\}$, 有 $f_{ij} \in c(i,j)$;

(2) 对任意的 $i \in \Omega$, $\sum_{j \neq i} f_{ij} = \sum_{j \neq i} f_{ji}$。

正式地讲,第二个条件表明"内部"节点 $i \in \Omega$ 接收到的网络流与它们发出的一样多,以致于可将 f 看作是从 s (只能发出,因为没有正容量边指向 s)流向 t (只能接收)的"量"。特别是,可以通过图将总流量 $F(f)$ 定义为 $\sum_{i \neq s} f_{si} = \sum_{i \neq t} f_{it}$ 这样一个量。

与这个网络相关的一个割(记为 $(\mathcal{S}, \mathcal{T})$)将节点集划分成两个子集,使得 $s \in \mathcal{S}$ 且 $t \in \mathcal{T}$。一个割的容量 $C(\mathcal{S},\mathcal{T})$ 是头节点在 $\mathcal{S}$ 而尾节点在 $\mathcal{T}$ 的所有边的最大容量之和。因此可定义如下:

$$C(\mathcal{S},\mathcal{T}) = \sum_{\{i,j\}, i \in \mathcal{S}, j \in \mathcal{T}} c(i,j) \tag{4.13}$$

现在,记 $\theta \in \{0,1\}^{\Omega}$ 是 $\mathcal{S} \cap \Omega$ 的特征函数,则

$$C(\mathcal{S},\mathcal{T}) = \sum_{i,j \in \Omega} (\theta_i - \theta_j)^+ c(i,j) + \sum_{i \in \Omega} (1 - \theta_i)^+ c(s,i) + \theta_i c(i,t) \tag{4.14}$$

$$= J(u) + \sum_{i \in \Omega} \theta_i \beta_i + \sum_{i \in \Omega} (-\beta_i)^- \tag{4.15}$$

这是二值能量函数,可优化为一个常数。换句话说,最小化形如式(4.11)的二值能量函数可通过计算其相关网络的最小割来实现。可以在多项式复杂度时间内计算出这样一个割。事实证实,最小割问题的对偶问题就是针对所有可行流实现 $F(f)$ 最大化的所谓最大流问题。因此,最大流问题主要是指从源点到汇点发出最大数量的流从而使得该流是可行的,并且除了源点和汇点之外所有节点处都可以自由发散。从理论上讲,计算一般图上的最大流其时间复杂度最优的算法是在"重标注"方法[23,24](近年来提出的更多新算法能够更快地计算近似流量[25])的基础上实现的。然而,对于具有极少入射弧的图来说(图像处理和计算机视觉中的问题一般都是这种情况),在时间上增广路径方法能产生很好的实际效果[26]。

为了叙述这种方法,我们先介绍**冗余容量**这个概念。给定一个流 f, 与弧 (i,j) 相关的冗余容量 $c_f(i,j)$ 所对应的最大流在保持可行性的同时仍能通过弧 (i,j) "发出"。如果 δ 通过弧 (i,j) 发出,其冗余容量应减少 δ, 而反向弧 (j,i) 的容量应增加 δ (由于流可以发回,实际情况的确如此),且如下关系成立:

$$c_f(i,j) = c(i,j) - f_{ij} + f_{ji}. \tag{4.16}$$

冗余图是带有冗余容量的图(因此,这种图的弧是所有具有非零冗余容量的边)。

计算最大流的增广路径方法的思想是从零流量开始(这是合理的)并沿着从源点到可以发送一个正流量(相对于冗余容量而言)的节点这样的路径进行搜索。如果这样的路径能找到,那么最大流量将通过这个路径发出,同时对冗余容量进行

更新。迭代执行该过程直到找不到新的增广路径，由此得出结论——从 s 到 t 的所有路径至少通过一条冗余容量为零的边（这种现象称之为“饱和”），通过验证可知实际流量就是最大流量。

一个最小割 $(\mathcal{S},\mathcal{T})$ 对应着任意的 2 划分，使得所有弧 (i,j) 都有零冗余容量，这里 $i \in \mathcal{S}$，而 $j \in \mathcal{T}$。找到这样一个最小割的简单方法是使 $\mathcal{S}$ 成为冗余图中所有与 s 相连的节点的集合（通过仅仅保留正冗余容量边来定义），且使 $\mathcal{T}$ 是它的补。注意，割的唯一性是不能保证的。例如，上述选择将选取最小的可行解 $\mathcal{S}$。

4.3.2 离散全变差优化

本节的目标是对前面介绍的方法作进一步拓展从而实现离散全变差问题的优化。首先，我们注意到，对每个 i，选择 $\beta_i = -\psi_i'(z)$，通过上述二值优化方法可以使我们解决任何问题 (P_z)，从而找到最小解或最大解。换句话说，给定一个水平 z，通过求解简单的最大流问题，可以很容易确定最优值 $\underline{u_i}$（或 $\overline{u_i}$）是否高于（或低于）z。因此，重构一个 ε 解的直接且朴素的方法是求解所有对应于水平 $z = m + k\varepsilon$ 的二值问题，其中，$k \in \{0,\cdots,\lfloor \frac{M-m}{\varepsilon} \rfloor\}$。

我们对上述方法提出了一些改进，大幅度地减少了计算量。首要的改进采用了二进位方法。假设已经计算出与水平 z 对应的二值解 θ^z。现在，我们希望计算出水平 z'（$z > z'$）对应的解 $\theta^{z'}$。由单调性成立可得 $\theta^z \leqslant \theta^{z'}$。因此，如果对于某个 i，$\theta_i^z = 1$，那么将有 $\theta_i^{z'} = 1$；反之，如果 $\theta_i^{z'} = 0$，则意味着 $\theta_i^z = 0$。换言之，我们已经知道一些像素对应的解的数值。因此，并不是考虑原始能量函数，我们考虑的是通过将所有已知二值变量设置为它们的最优值所定义的限制条件。容易看到，新的能量仍然是一个类 Ising 能量，允许使用网络流方法对其进行优化（事实上，只有当一个变量的最优赋值已知而其他变量的赋值未知时，对于数据项 $|u_j - u_i|$ 来说才是一个有趣的情况。很容易看到，这种原始的两两交互特性在实施限制条件后归结为一元项）。最优值的搜索可以通过二进位方法来实现，类似于一些二值搜索算法。这种方法的实质是将搜索空间分裂成两个相等的部分从而使每个变量都参与到复杂度为 $O(\log_2 \frac{M-m}{\varepsilon})$ 的优化过程中，这种方法已在文献[13]、[17]中有所应用。

上述关于二进位方法的观点也能带来另一个方面的改进。实际上，回想一下可知，简化操作去除了变量之间的相互作用。可以通过考虑变量中与其他每个连通分量都有相互作用的连通分量，然后独立解决每个这样的连通分量所对应的最优化问题。容易看出这些最优化问题是相互独立的，因此最优解依然可以通过计算获得。使用连通分量虽然不会改变运行的次数，但往往会降低牵涉到单个变量的问题的规模。此外,还要注意的是,这减少了理论上最坏情况下的时间复杂度(因为计算一个最大流理论上最坏情况下的时间复杂度要远远大于线性条件下的情况。例如,参见文献[24]),这样一种方法在文献[13]和[15]中有更详细的描述。同时,还要说明的是二进位方法和连通分量的观点与分而治之方法(参见文献[13])是相对应的,通过并行化实现也可利用后者来改善性能。

计算 ε 解的方法主要改进之处是将某个阶段计算出来的最佳流重新用于下一阶段。这是"参数化最大流"方法的主要思想[10,9,11]。由于数据保真项的凸性,容量 $c(s,i)$ 和 $c(i,t)$ 分别是关于 z 的非递增和非递减函数,而其他的容量保持不变。在这些假设下,可以得出:与源节点相连的节点集 $\mathcal{S}$ 会随着水平 z 的下降而增大(这正是引理 4.2.1 的另外一种表述方式)。这一包含性质促使文献[27]的作者设计了一种算法,以单个最大流算法的时间复杂度解决了一系列 z 对应的最大流问题。他们的分析使用了一个基于预流量的算法[23,24]。对于增广路径算法,可以作类似的分析,但就我们所知,这种情况下时间复杂度的灵敏估计仍是未知的。

假定已经计算了水平 z 对应的解,这样就可以用冗余容量代替原有容量(因为可以通过流和冗余容量重构原始容量),其结果是一个图,且该图中所有从源点到汇点的路径都是饱和的。然后,我们将从内部节点到汇点的所有弧 $c(i,t)$ 对应的冗余容量增加一个量 $\delta > 0$(这是为了简化;当然,该增量也可能取决于 i)。从当前具有新容量的流开始,重新运行增广路径算法。现在,如果节点 i 已连接到 $\mathcal{T}$(因此,也就与 s 断开了),那么它将保留在 $\mathcal{T}$ 中,这是因为从 s 到 i 的所有路径都是饱和的,它不能接收任何流。事实上,从实用性的角度来说,甚至没有必要对这些容量进行更新。另一方面,考虑节点 i 在 $\mathcal{S}$ 中(因此也就与源点相连)的情况。由于弧 (i,t) 的容量是递增的,该弧也与汇点相连,这时从 s 到 t 至少有一条路径通过 i,而沿着这条路径的流量会进一步增加。然后,i 可能会再次落到 $\mathcal{S}$ 中或切换到 $\mathcal{T}$ 中。最终,随着 z 的增加(因此也就逐渐增加了弧 (i,t) 的冗余容量并再次运行最大流算法),新的流将会使更接近汇点的弧达到饱和,并且在某一时刻节点 i 将会切换到 $\mathcal{T}$ 中(对某个足够大的 z 值来说)。

这就是参数化最大流的思想。实际上,从一个最小的水平开始,通过多次施加正增量,最终达到最大水平。这些增量可以是任意的,因此并不是统一的。选择 $\delta = \varepsilon$ 为增量自然会产生一个二次项意义下的 ε 近似,其中 $\psi_i'(z) = z - g_i$ 对每一个 $i \in \Omega$ 都成立。

最后的改进是将所有这些观点融为一体。首先,我们考虑利用参数化最大流合并二进位和连通分量两种观点。对于 z,不是从最低水平开始,而是从中间水平

---

① 在后面,一直用 $c(\cdot,\cdot)$ 表示冗余容量。

开始。在运行完最大流算法后，对于每一个像素可以知道 $u_i \geqslant z$ 还是 $u_i \leqslant z$。可以把图像的支撑划分为它的若干连通分量，我们将这种划分记作 $\{\mathcal{S}_k\}$ 和 $\{\mathcal{T}_k\}$，这些划分分别对应着与源点和汇点相连的内部节点的所有连通分量。对于每个连通分量，可以将其最小和最大可能值联系起来，而其最优值就在这些值里面。每次都采用与这个集合的中值相对应的水平 z 运行最大流算法将该区间的长度一分为二。并不是运行与每个连通分量相关的问题所对应的最大流方法（这样会需要图的重构），我们直接采用最大流方法。执行过程如下。对于任意的 k,k'，我们设置所有来自弧 (j,i) 的容量为零，其中 $j \in \mathcal{T}_k, i \in \mathcal{S}_{k'}$。这意味着我们删除了 i 和 j 之间的弧（事实是因为在运行最大流算法后反方向弧 (i,j) 的冗余容量已经为零）。对于任意一个节点，我们更新容量 $c(i,t)$ 使得它与可能的最优值集合的中值相关的容量相对应：对于节点 $i \in \mathcal{S}_k$，这意味着增加了 $c(i,t)$，而对于节点 $i \in \mathcal{T}_k$ 则意味着增加了 $c(s,i)$。我们得出的必要改进（不涉及到连通分量观点）是一个节点参与到最大流优化过程的次数具有可行解的范围（即最大的 z 减去最小的 z）的对数（以 2 为底）这样一个数量级。通过引入连通分量观点带来的改进表明每个节点的最大流数目至多是上述量级。在是否考虑基本依赖于原始数据的连通分量这个问题上存在一个折中。

最后，可以用一个更一般性的方法替代二进位方法。对于可分离数据保真项的某些特定情况（例如二次、分段仿射、分段二次，等等），通过这种一般性方法可求出精确解（至少在理论上是这样，实际上可达到机器精度）。从根本上来说，这个想法要归功于 D. Hochbaum[11]。我们考虑一下 $\psi_i(z) = (z - g_i)^2/2$ 的情况，因此，$\psi'_i(z) = z - g_i$。

下面的想法源于这样一个结论：(P_z) 中的最优能量

$$z \mapsto \min_{\theta \in \{0,1\}^\Omega} J(\theta) + \sum_{i \in \Omega} (z - g_i)\theta_i \tag{4.17}$$

是分段仿射的。要看出这一点，与先前一样，令 θ^z 是每个 z 对应的解，并且令 $\mathcal{U} = \{u_i : i \in \Omega\}$ 是解 u 的值（具有唯一性，因为在这种情况下，关于 $\mathbf{u}$ 的能量函数是严格凸的）构成的集合。那么，当 $z \notin \mathcal{U}$ 时，$\theta^z = \chi_{\{\mathbf{u} > z\}}$ 在 z 的邻域中是唯一的、恒定的。然而，如果 $z \in \mathcal{U}$，则至少存在两个解

$$\overline{\theta}^z = \chi_{\{\mathbf{u} \geqslant z\}} = \lim_{\varepsilon \downarrow 0} \theta^{z-\varepsilon} \text{ 和 } \underline{\theta}^z = \chi_{\{\mathbf{u} > z\}} = \lim_{\varepsilon \downarrow 0} \theta^{z+\varepsilon} \tag{4.18}$$

很明显，式(4.17)中的最优能量在 $\mathbb{R} \setminus \mathcal{U}$ 中具有仿射性，并且对于 $z^0 \in \mathcal{U}$（在文献[11]中称之为断点），在 $z \leqslant z^0$ 足够接近 z^0 时恰恰是

$$J(\overline{\theta}^{z^0}) - \sum_{i \in \Omega} g_i \overline{\theta}_i^{z^0} + z | \{i : u_i \geqslant z^0\} | \tag{4.19}$$

而在 $z \geqslant z^0$ 充分接近 z^0 时，结果是

$$J(\underline{\theta}^{z^0}) - \sum_{i \in \Omega} g_i \underline{\theta}_i^{z^0} + z | \{i : u_i > z^0\} | \tag{4.20}$$

其中，$|\cdot|$ 表示集合的基数。此外，在断点 z^0 处，这个仿射函数的斜率减小（对应的差别是 $|\{\mathbf{u}=z^0\}|$），因此，这种分段仿射函数也是凹函数。

可以很容易利用下面的方法辨识这些断点。对于两个值 $z<z'$，假设我们已经解决了这个问题，求得了两个解 θ^z 和 $\theta^{z'}$。然后，我们知道存在 $z^*\in[z,z']$ 使得

$$\mathcal{E}^*:=J(\theta^z)-\sum_{i\in\Omega}g_i\theta_i^z+z^*\sum_{i\in\Omega}\theta_i^z=J(\theta^{z'})-\sum_{i\in\Omega}g_i\theta_i^{z'}+z^*\sum_{i\in\Omega}\theta_i^{z'} \quad (4.21)$$

我们在水平为 z^* 时通过最大流算法执行（计算 (P_{z^*})）一个新的最小化步骤。那么，有以下两种可能：

(1) 在水平为 z^* 时最优能量是 $\mathcal{E}^*$。特别地，θ^z 和 $\theta^{z'}$ 是可行解（事实上，如果我们一直注重通过图割算法求问题的最小解的话，在实际中会发现可行解是 $\theta^{z'}$）。在这种情况下，我们已经辨识出一个断点。

(2) 在水平为 z^* 时最优能量低于 $\mathcal{E}^*$。这意味着至少有一个断点在 $[z,z^*]$ 中而另一个在 $[z^*,z']$ 中，我们可以试着采用相同的步骤对它们进行辨识。

实际上，我们首先选择一个最低水平 $z_0=m$ 以及一个最高水平 $z_1=M$。如果 $m\leqslant\min_i g_i$ 且 $M\geqslant\max_i g_i$，那么当 $\theta_i^{z_1}\equiv 0$ 时有 $\theta_i^{z_0}\equiv 1$。很容易验证：值 $z_2=z^*$（可由式(4.21)计算得出，其中 $z=z_0, z'=z_1$）就是平均值 $(\sum_i g_i)/|\Omega|$。但一个显而易见的原因是：如果它是一个断点，那么 $\mathbf{u}$ 将是一个常数。因此，最小化 $\sum_i(u-g_i)^2$ 的结果就是 g_i 的平均值。

这一观察有助于高效计算出每一阶段的“z^*”值，且无需计算式(4.21)中的各个参量。事实上，如果 z_2 不是一个断点的话，需要求得两个新的潜在断点 $z_3\in[z_0,z_2]$ 和 $z_4\in[z_2,z_1]$。利用与 z_2 相关的容量执行图割算法后，得到一个冗余图，一个和 s 相连的节点集 $\mathcal{S}$，以及它的补集 $\mathcal{T}$。而且，我们知道：如果 $i\in\mathcal{T}$，则 $u_i\leqslant z_2$，否则 $u_i\geqslant z_2$。首先，通过设置容量 $c(i,j)$ 为0（$i\in\mathcal{T},j\in\mathcal{S}$），我们再次分离 $\mathcal{S}$ 和 $\mathcal{T}$（在这种情况下，$c(j,i)$ 已经为0）。现在，在 $\mathcal{T}$ 中，值 z_3 对应的割将分别决定使 $u_i\geqslant z_3$ 和 $u_i\leqslant z_3$ 成立的节点 i。冗余图带来了一个形如 $\min_{\mathbf{u}}\tilde{J}(\mathbf{u})+\|\mathbf{u}-\tilde{\mathbf{g}}\|^2$ 的新问题，该问题定义在 $\mathcal{T}\backslash\{t\}$ 中的节点上，$\tilde{J}$ 为“全变差”函数，数据项 $\tilde{\mathbf{g}}$ 由冗余容量 $c(i,t)$ 定义。因此，再次得出：如果在 $\mathcal{T}$ 中可行解 $\tilde{u}$ 为常数，我们将假定值 $\tilde{z}^*$ 为这些容量的平均值，即 $\tilde{z}^*=\sum_{i\in\mathcal{T}}c(i,t)/|\mathcal{T}\backslash\{t\}|$。这意味着在设定容量 $c(s,i)$ 为 $\tilde{z}^*$ 后（$i\in\mathcal{T}\backslash\{t\}$），必须执行新的图割算法并且使该割与水平 $z_3=z_2-\tilde{z}^*$ 相对应。

做一下对称处理，在 $\mathcal{S}$ 中我们必须设定所有容量 $c(i,t)$ 为 $\hat{z}^*=\sum_{i\in\mathcal{S}}c(s,i)/|\mathcal{S}\backslash\{s\}|$，这与选择水平 $z_4=z_2+\hat{z}^*$ 作为潜在的新断点是一致的。

可以很容易按照类似二分法的方式运行这种方法，直到辨识出所有的断点并计算出精确解 $\mathbf{u}$。与之前一样，所要做的改进是选择新的断点值，但不是在需要分离的每个区域内作全局选择，而是在这些区域的每个连通分量（在 Ω 中）上作选择（这意味着：在辨识出这些区域的连通分量后，对每个与 t 相连的连通分量我们设定所有 $c(s,i)$ 的值为 $c(i,t)$ 的平均值，而对于与 s 相连的连通分量则采用对称方式来做）。

4.4 应用实例

在这一节我们介绍几个图像处理领域的数值实验。我们考虑的是定义在 8 近邻上的各向异性全变差：将 4 个最近邻位置上的权重（即左、右、上和下）设定为 1，而 4 个对角方向上的权重设定为 $1/\sqrt{2}$。

我们首先考虑图像去噪的情况。图 4.1 显示了一幅原始图像及其被标准差 $\sigma = 12$、均值为 0 的加性高斯噪声污损的结果。对一个带有可分离二次数据保真项的离散全变差进行精确最小化所获得的去噪图像显示在图 4.2 中。

原始图像

有噪图像

图 4.1　左图为原始图像，右图为噪声污损的图像。

接下来，我们考虑带有不可分离数据保真项的离散全变差能量函数的优化问题。我们假设后者是可微的且导数连续。例如，形如 $\frac{1}{2}\|\mathbf{Au}-\mathbf{f}\|^2(\|\mathbf{A}\|<\infty)$ 的数据项就符合这一情况，且常用于以解卷积为目的的图像恢复问题。优化这些能量函数的一种流行方式是采用邻近点分裂技术，该技术由能量函数平滑部分的显性下降和非平滑部分的隐性步骤（即邻近步骤）交替执行所产生，这需要用到邻近

图 4.2 通过最小化带有可分离二次项的离散全变差产生的去噪图像。

算子,其定义是:

$$\mathrm{Prox}_{\lambda J}(\mathbf{f}) = \underset{\mathbf{u}}{\mathrm{argmin}} \frac{1}{2} \|\mathbf{u} - \mathbf{f}\|^2 + \lambda J(\mathbf{u}) = (I + \lambda J)^{-1}(\mathbf{f}) \tag{4.22}$$

通过本章描述的方法可以实现上述算子的精确计算。一般性的邻近前向-后向迭代算法[5,6,28]采取如下形式:

$$\mathbf{u}^{n+1} = \mathrm{Prox}_{\lambda J}\left(\mathbf{u}^n - \frac{1}{L} \nabla F(\mathbf{u}^n)\right) \tag{4.23}$$

其中,$L = |\nabla F|_\infty$,且该方案收敛于 $F + \lambda J$ 的一个可行解(如果这样的解的确存在的话)。我们用 $F(\mathbf{u}) = \frac{1}{2}\|\mathbf{A}\mathbf{u} - \mathbf{f}\|^2$ 来展示该方法对模糊且含噪图像的恢复效果。我们考虑的模糊算子 $\mathbf{A}$ 对应于一个大小为 7×7 的均匀核。利用这种核对图 4.1 中的原始图像作模糊处理并用标准差 $\sigma = 3$、均值为 0 的加性高斯噪声进行污损,产生的损坏图像显示于图 4.3 左图。通过迭代执行分裂方法获得的重建图像显示于图 4.3 右图。

可以采用各种加速技术[28-30]提高邻近分裂算法的速度。与标准的邻近迭代算法相比,快速迭代步骤的计算需要利用两个迭代序列的特定线性组合来实现。图 4.4 展示了该算法。为了展示这种方法的改进效果,我们在图 4.5 中分别展示了标准邻近分裂步骤与快速邻近分裂步骤的执行过程中当前估计值与全局极小值(用迭代执行 1200 次的结果作为估计值)距离的平方随迭代次数变化的情况。

最后,需要说明的是,也可以通过 Douglas-Rachford 分裂法[4]实现 $\mathbf{A}^*\mathbf{A}$ 的逆运算。

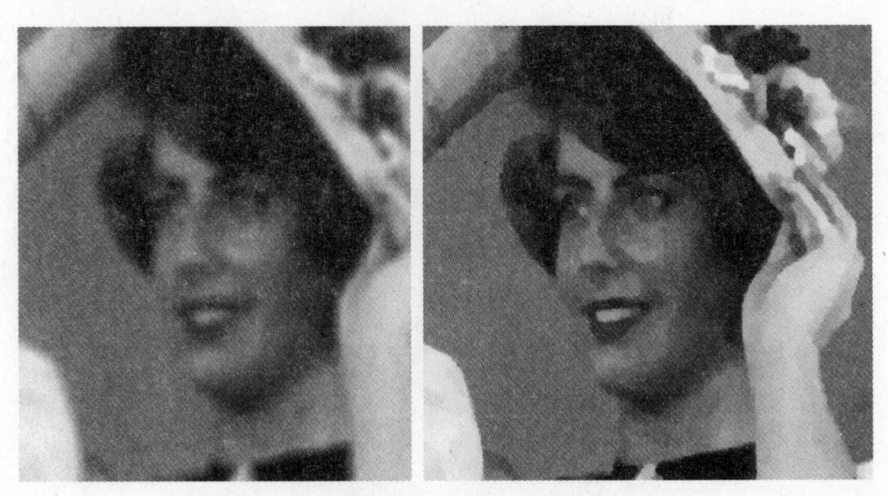

图 4.3　左图为模糊含噪图像,右图为重构结果。

1. **步骤**0：令 $\boldsymbol{v}^1 \leftarrow \mathbf{u}^0$和 $t_1 \leftarrow 1$
2. **步骤**k：for($k \geqslant 1$)计算

   (a) $\mathbf{u}^k = \mathrm{Prox}_{\lambda J}(\boldsymbol{v}^k)$

   (b) $t_{k+1} = \dfrac{1+\sqrt{1+4t_k^2}}{2}$

   (c) $\boldsymbol{v}^{k+1} = \mathbf{u}_k + \dfrac{t_k - 1}{t_{k+1}}(\mathbf{u}^k - \mathbf{u}^{k-1})$

图 4.4　快速邻近迭代算法。

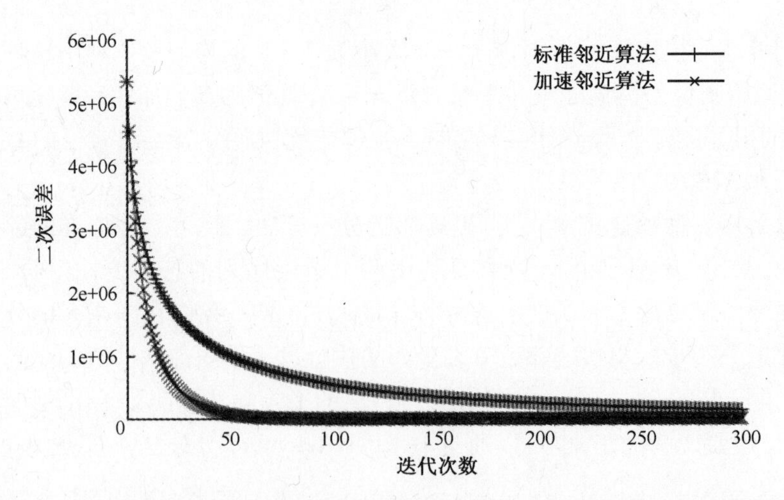

图 4.5　当前估计的极小值与全局极小值距离的平方随迭代次数变化的曲线图。

参考文献

[1] J. Moreau, "Proximité et dualité dans un espace hilbertien," *Bulletin de la S. M. F.*, vol. 93, pp. 273–299, 1965.

[2] R. Rockafellar and R. Wets, *Variational Analysis*. Springer–Verlag, Heidelberg, 1998.

[3] J. Eckstein and D. Bertsekas, "On the Douglas–Rachford splitting method and the proximal point algorithm for maximal monotone operators," *Math. Program.*, vol. 55, pp. 293–318, 1992.

[4] P. Lions and B. Mercier, "Splitting algorithms for the sum of two nonlinear operators," *SIAM J. on Numerical Analysis*, vol. 16, pp. 964–979, 1992.

[5] I. Daubechies, M. Defrise, and C. De Mol, "An iterative thresholding algorithm for linear inverse problems with a sparsity constraint," *Comm. Pure Appl. Math.*, vol. 57, no. 11, pp. 1413–1457, 2004. [Online]. Available: http://dx.doi.org/10.1002/cpa.20042

[6] P. L. Combettes and V. R. Wajs, "Signal recovery by proximal forward–backward splitting," *Multiscale Model. Simul.*, vol. 4, no. 4, pp. 1168–1200 (electronic), 2005. [Online\]. Available: http://dx.doi.org/10.1137/050626090

[7] J. C. Picard and H. D. Ratliff, "Minimum cuts and related problems," *Networks*, vol. 5, no. 4, pp. 357–370, 1975.

[8] D. M. Greig, B. T. Porteous, and A. H. Seheult, "Exact maximum a posteriori estimation for binary images," *J. R. Statist. Soc.* B, vol. 51, pp. 271–279, 1989.

[9] G. Gallo, M. D. Grigoriadis, and R. E. Tarjan, "A fast parametric maximum flow algorithm and applications," *SIAM J.* Comput., vol. 18, no. 1, pp. 30–55, 1989.

[10] M. Eisner and D. Severance, "Mathematical techniques for efficient record segmentation in large shared databases," *J. Assoc. Comput. Mach.*, vol. 23, no. 4, pp. 619–635, 1976.

[11] D. S. Hochbaum, "An efficient algorithm for image segmentation, Markov random fields and related problems," *J. ACM*, vol. 48, no. 4, pp. 686–701 (electronic), 2001.

[12] Y. Boykov, O. Veksler, and R. Zabih, "Fast approximate energy minimization via graph cuts," *IEEE Trans. Pattern Anal. Mach. Intell.*, vol. 23, no. 11, pp. 1222–1239, 2001.

[13] J. Darbon and M. Sigelle, "Image restoration with discrete constrained Total Variation part I: Fast and exact optimization," *J. Math. Imaging Vis.*, vol. 26, no. 3, pp. 261–276, December 2006.

[14] ——, "Image restoration with discrete constrained Total Variation part II: Levelable functions, convex priors and non–convex cases," *Journal of Mathematical Imaging and Vision*, vol. 26, no. 3, pp. 277–291, December 2006.

[15] A. Chambolle and J. Darbon, "On total variation minimization and surface evolution using parametric maximum flows," *International Journal of Computer Vision*, vol. 84, no. 3, pp. 288 –

307,2009.

[16] J. Darbon, "Global optimization for first order Markov random fields with submodular priors," *Discrete Applied Mathematics*, June 2009. [Online]. Available: http://dx. doi. org/10. 1016/j. dam. 2009. 02. 026.

[17] A. Chambolle, "Total variation minimization and a class of binary MRF models," in *Energy Minimization Methods in Computer Vision and Pattern Recognition*, ser. Lecture Notes in Computer Science, 2005, pp. 136-152.

[18] H. Ishikawa, "Exact optimization for Markov random fields with convex priors," *IEEE Trans. Pattern Analysis and Machine Intelligence*, vol. 25, no. 10, pp. 1333-1336, 2003.

[19] A. Chambolle, S. Levine, and B. Lucier, "An upwind finite-difference method for total variation-based image smoothing," *SIAM Journal on Imaging Sciences*, vol. 4, no. 1, pp. 277-299, 2011. [Online\]. Available: http://link. aip. org/link/? SII/4/277/1

[20] A. Chambolle and T. Pock, "A first-order primal-dual algorithm for convex problems with applications to imaging," *Journal of Mathematical Imaging and Vision*, vol. 40, pp. 120-145, 2011. [Online\]. Available: http://dx. doi. org/10. 1007/s10851-010-0251-1

[21] F. Bach, "Convex analysis and optimization with submodular functions: a tutorial," INRIA, Tech. Rep. HAL 00527714, 2010.

[22] L. Lovász, "Submodular functions and convexity," in *Mathematical programming: the state of the art (Bonn*, 1982). Berlin: Springer, 1983, pp. 235-257.

[23] R. K. Ahuja, T. L. Magnanti, and J. B. Orlin, *Network flows*. Englewood Cliffs, NJ: Prentice Hall Inc., 1993.

[24] T. H. Cormen, C. E. Leiserson, R. L. Rivest, and C. Stein, *Introduction to Algorithms*. The MIT Press, 2001.

[25] P. Christiano, J. A. Kelner, A. Madry, D. A. Spielman, and S. - H. Teng, "Electrical flows, laplacian systems, and faster approximation of maximum flow in undirected graphs," *CoRR*, vol. abs/1010. 2921, 2010.

[26] Y. Boykov and V. Kolmogorov, "An experimental comparision of min-cut/max-flow algorithms for energy minimization in vision," *IEEE Trans. Pattern Analysis and Machine Intelligence*, vol. 26, no. 9, pp. 1124-1137, September 2004.

[27] A. V. Goldberg and R. E. Tarjan, "A new approach to the maximum flow problem," in *STOC '86: Proc. of the eighteenth annual ACM Symposium on Theory of Computing*. New York, NY, USA: ACM Press, 1986, pp. 136-146.

[28] A. Beck and M. Teboulle, "Fast gradient-based algorithms for constrained total variation image denoising and deblurring problems," *Trans. Img. Proc.*, vol. 18, pp. 2419 - 2434, November 2009. [Online\]. Available: http://dx. doi. org/10. 1109/TIP. 2009. 2028250

[29] Y. Nesterov, *Introductory Lectures on Convex Optimization: A Basic Course*. Kluwer, 2004.

[30] ——, "Gradient methods for minimizing composite objective function," Catholic University of Louvain, Tech. Rep. CORE Discussion Paper 2007/76, 2007.

第5章 目标图像分割的图模型方法

Leo Grady

传统的图像分割是利用某种能描述像素组之间的同质性或内聚性概念将一幅图像细分成更小区域的过程。有多种著名的传统分割算法是利用图论方法来实现的[1-6]。然而,众所周知,由于对于分割问题还没有正式的定义,因此很难对这些方法作定量的评价(参见文献[7,8]了解评价传统分割算法的一些方法)。

与传统的图像分割情况相比,图像分割的许多实际应用则是集中于确定那些属于某个或某类**特定**目标的像素(称之为**目标分割**)。这些目标通常具有某些已知特性。在本章中,我们把重点仅仅放在单一目标的提取上(也就是说,将每个像素标记为**目标**或者**背景**)。从背景中把一个特定的目标分割出来不仅仅只是将类标范围限制为两类的传统图像分割问题的一个特例。相反,目标图像分割算法要求必须输入额外的信息来决定要分割哪个目标。我们将这种额外的信息称之为**目标描述**,它可以表现为许多形式:用户交互、外观模型、两两像素的邻近模型、对比极性、形状模型、拓扑信息描述、关联信息和(或)特征包含。理想的目标图像分割算法可以将有关指定目标的任何一种或全部已知的目标描述信息作为输入,并利用这些信息产生高质量的分割结果。

图论方法为解决目标图像分割问题提供了一个坚实的理论基础。图论方法十分适合解决这种问题的原因之一是它能够非常直接地把不同类型的目标描述合并在一起(或者,至少也能证明这是个 NP 困难问题)。在本章中,我们首先介绍如何构造出用于表示图像的图从而使其能适合一般性的目标描述,并且对几种特别重要的目标图像分割模型作了回顾,重点论述了这些模型的共同点。在建立了一般性模型之后,我们还专门介绍了如何使用各种类型的目标描述实现指定目标的辨识。

目标图像分割算法由两部分组成:一部分是用于辨识所需目标的**目标描述**,另一部分是通过目标描述实现目标分割的**正则化**。正则化的目标是将尽可能少或尽可能多的可用目标描述进行合并,并且在目标内聚性的通用假设下依然能产生关于指定目标的有意义分割结果。我们首先描述了在通用框架中执行正则化的各种方法,然后讨论了目标信息与正则化相结合的方式。我们认为,正则化是目标分割算法的核心，它界定了不同算法之间的主要区别。目标描述向算法输送了关于指定目标的**已知**内容，而正则化则决定了通过某种关于目标的潜在模型所产生的分割结果，这种模型描述了关于指定目标的**未知**内容。换句话说，各种形式的目标描述都可以很容易地与不同类型的正规化方法相结合。但是，恰恰是正则化部分决定了通过目标描述信息确定最终输出分割的方式。

这里，一般是围绕**节点**和**边**而不是像素或体素展开论述的。虽然通常用像素或体素来表示节点，但是我们并不希望将讨论范围限制于二维或三维(除非有特别的说明)，而且我们还想用图来表示由超像素或者更一般的结构产生的图像(参见第1章)。

在正式开始论述之前，我们发现目标图像分割与第9章中的阿尔法抠像问题非常类似，并且相关方法中有许多都很相近。目标图像分割与阿尔法抠像之间的主要区别是：在每个像素位置阿尔法抠像必然会产生一个实值混合系数，而目标分割的最终目的是设法确定出属于目标的像素(虽然实值置信水平在目标分割问题中非常有用)。而且，有关阿尔法抠像和日标分割的文献往往侧重于问题的不同方面。阿尔法抠像算法通常为交互式类型，假设除边界位置(需要一个**三元图**输入)之外的绝大部分像素都具有明确的类标。因此，阿尔法抠像算法的侧重点是获得那些包含某种半透明物(如头发或毛皮)的像素所对应的有意义混合系数。相比之下，目标分割算法的重点集中在交互的或自动的解决方案上，很少或者不涉及预先标记的像素。基于图的目标图像分割方法与半监督聚类算法也有着密切的联系。目标图像分割与半监督聚类的主要区别是：(1)图像分割中的图通常是一种晶格而不是任意的网络形式；(2)图像分割中的像素嵌入在 $\mathbb{R}^N$ 空间中，而半监督聚类可以不涉及空间的嵌入；(3)图像分割中的像素都与具体的数值有关(例如，RGB)，而聚类算法中的点并不如此。这些区别的影响是，图像分割中一些能提供目标描述的形式可能并不适用于半监督聚类，例如形状、外观模型、属种或目标特征。

5.1 目标图像分割的正则化

目前已经提出了许多算法用于目标图像分割问题的正则化。最初提出的一类算法集中在连续域中，并通过主动轮廓模型或水平集优化。最近，提出了另一类直接通过图进行建模的算法(即在原始连续域算法的基础上利用图模型重新构思)，并通过组合优化和凸优化领域的各种方法实现优化。两类算法的最终形式都可归结为求解如下能量函数的最小值问题：

$$E(\mathbf{x}) = E_{\text{unary}}(\mathbf{x}) + \lambda E_{\text{binary}}(\mathbf{x}) \tag{5.1}$$

其中，$x_i \in \mathbb{R}$，$0 \leqslant x_i \leqslant 1$。任何已知属于目标(前景)集合的像素 $v_i \in \mathcal{F}$ 将有赋值 $x_i = 1$，而任何已知属于背景集合的像素 $v_i \in \mathcal{B}$ 其赋值为 $x_i = 0$。参数 λ 用于控制两项的相对权重(即用于调节每一项所表达信息的置信水平)。任何带有已知类标的像素称之为**种子**或者有时称之为**线条**(因为它们经常是在交互模式下产生的)。因此，某一个像素上 $\mathbf{x}$ 的值表示该像素和所属目标的密切关系(也可解释为用于表征像素类标统计特性的贝努利分布的成功概率[9])。在获得使式(5.1)最小化的 $\mathbf{x}$ 后，可通过如下方式产生硬分割结果：将值 $x_i > \theta = 0.5$ 的像素赋给**目标**，将值 $x_i \leqslant \theta$ 的像素赋给**背景**。由于目标图像分割算法的明确目标是求得一个硬分割(二值分割)，上述构思方式在实数 $\mathbf{x}$ 上执行优化并设定阈值看起来有些令人奇怪。主要缘由是，众所周知，将一般的二值优化问题松弛到实数域并进行阈值化只能产生二值优化问题的次最优解[10]。然而，正如我们随后将会看到的，一些并没有按照最优化问题推导出来的目标分割算法可以通过在实数域执行上述优化过程并以0.5为门限进行阈值化处理来实施计算。结果，对于这些算法，由于没有通过最优化问题来定义，所以也就不存在"松弛"过程，除非用于执行算法的计算可以看作是一个连续值优化问题时才涉及到该过程。而且，下列综述的那些可定义成二值优化问题的分割算法仍能产生最小的二值解，不论这些算法是通过二值变量优化还是其解通过实数解阈值化而产生。

式(5.1)中的第一项称为**一元项**，可以独立地将其表达为每个节点的函数。同样地，**二元项**则表达为节点和边的函数。一元项有时称为**数据项**或**区域项**，而二元项有时称为**边界项**。在这个研究工作中，我们将倾向于使用一元项和二元项这些术语来描述这些项，这是因为我们将会看到一元项和二元项被用于表达许多类型的目标描述，而不仅仅是数据和边界。

本节我们讨论的所有正则化方法都是在**原始图**的基础上形成的。对于该图，每个像素都与一个待标注的节点相关联。这种思路在图像分割文献中有很悠久的历史，而对于如何通过(用于正则化算法的)不同信息获得目标的描述现在已有了充分的理解。此外，由于可以直接将每个体素与一个节点关联起来，可以将原始方法容易地应用于三维领域。近年来，许多学者都在探索有关**对偶图**的正则化和目标描述形式(这类问题首先在文献[11,12]中被提出，然后在文献[13-16]中得到了扩展)，但由于这种想法是近期的，所以这里并不展开进一步的论述。参见文献[12,17]了解该应用背景中有关原始图和对偶图的更多信息。

5.1.1 幂分水岭理论体系

目标图像分割的五个主要算法表明，它们可以统一到一个关于一元项和二元项的单一形式中，其区别仅仅在于参数的选取。具体来讲，如果我们让一元项和二元项相等(在文献[17]中这称之为**基本能量模型**)：

$$E_{\text{unary}}(\mathbf{x}) = \sum_{v_i \in \mathcal{V}} w_{\mathcal{B}i}^{q} \ |x_i - 0|^p + w_{\mathcal{F}i}^{q} \ |x_i - 1|^p \tag{5.2}$$

和

$$E_{\text{binary}}(\mathbf{x}) = \sum_{e_{ij} \in \mathcal{E}} w_{ij}^{q} \ |x_i - x_j|^p \tag{5.3}$$

则表 5.1 表明了如何通过改变 p 和 q 的值产生不同的目标分割算法。一元目标权重 $w_{\mathcal{F}i}$、一元背景权重 $w_{\mathcal{B}i}$ 以及二元权重 w_{ij} 的取值和意义是随着目标描述的不同而改变的,相关内容将在 5.2 节展开更广泛的讨论。除非特别说明,我们假设 $\forall v_i \in \mathcal{V}, w_{\mathcal{F}i} > 0, w_{\mathcal{B}i} > 0$ 并且 $\forall e_{ij} \in \mathcal{E}, w_{ij} > 0$。具体地说,文献[9,18-20]中的研究结果表明,图割算法[21,22]、随机游走算法[23]、最短路径(测地线)算法[24,25]、传统的分水岭算法[26]以及幂分水岭算法[27]都可以看作是求解同一能量函数问题(只是参数不同)的方案,虽然它们的动机和优化算法存在非常显著的差异。具体来说,图割算法是通过计算最大流实现能量函数的优化的[28],随机游走算法是通过求解线性系统完成能量函数的优化任务的,最短路径算法是利用 Dijkstra 算法执行优化步骤的(参见文献[29]中的描述),而两种分水岭算法均是采用专门设计的算法完成优化任务的,详见文献[26,27]。需要说明的一点是,随机游走和最短路径算法并不是最优化问题驱动的算法,它们的启发或者源于确定随机游走过程首先到达种子的似然性,或者源于判定哪些像素经由最短路径与种子连通。事实上,随机游走算法和最短路径算法的设计动机即使不是源于最优化问题,但仍然可以将它们看作最优化问题的阈值化解,这是十分出乎意料的。然而,重要的是不能混淆这样的事实:随机游走算法和最短路径算法与通过松弛二值最优化问题对连续最优化问题执行阈值化是等价的。事实上,令人吃惊的是,通过简单的参数变化,各种用于表达每个算法(构思形式不限)的最优化问题之间的关联性就变得非常直接。

也可以考虑采用广义最短路径算法将另外一些算法进一步包含在内。特别要提的是,图像森林变换表明,基于模糊连通的算法[30,31]也可看作是最短路径算法的特例(虽然所涉及的距离概念并不相同)。而且,按照细胞自动机思想设计的 GrowCut 算法[32]经证实与基于最短路径的算法也是等价的[33]。因此,可以将 GrowCut 算法直接归并到表 5.1 所描述的框架中,而模糊连通算法与该框架则是密切相关的(文献[34]的研究结果表明,可以在 $p \to \infty$ 和 $q \to \infty$ 的条件下通过二值优化过程产生模糊连通分割结果)。有关这些算法与模糊连通算法以及其他几种算法关系的最新研究结果可以参考 Miranda 和 Falcão 的研究工作[35]。

表 5.1　通过式(5.2)和式(5.3)对式(5.1)中表示的一般模型执行最小化产生了现有文献中几种著名的算法。由于随机游走算法和最短路径算法最初并不是在能量函数优化这一背景下提出或产生的,所以它们之间的这种关联性令人很惊讶。此外,图割算法通常被看作是二值优化算法,虽然式(5.1)中有关实值变量的优化产生了等长切割(对实数解作阈值化后获得)。要说明的是,∞ 用于表示参数接近无穷大时的解(详见文献[27])。“ℓ_1 - 范数 Voronoi 算法”表示对于 4 连通网格(二维)或 6 连通网格(三维)上分割的直观理解。

p \ q	有限值	∞
1	图割算法	分水岭 $p = 1$
2	随机游走算法	幂分水岭 $p = 2$
∞	ℓ_1 范数 Voronoi 算法	最短路径算法(测地线)

在文献[36,9]中,论述了 p 的分数值的优化问题,其中的算法称之为 P-brush,并且利用迭代再加权最小平方技术实现了算法的优化。此外,文献[36,9]的研究结果表明,当 p 平稳变化时,最优解是强连续的。因此,设定 q 为有限值且 $p = 1.5$ 将会产生一个兼顾图割与随机游走的混合算法。文献[9,18,36]表明,如果 q 是有限的,低的 p 值产生的解会呈现递增的缩减偏差,而高的 p 值产生的解会增加有关用户定义的种子位置的敏感度。此外,研究结果也表明,在 $p = 2$ 时,十进制人工效应得到了消除(归因于与文献[9]中的拉普拉斯方程之间的联系),但在 $p = 1$ 和 $p = \infty$ 时获得的解中是存在的。

幂分水岭框架中的正则化算法假设目标和背景的某些信息都是以硬约束或一元项的形式来指定的。实际上,仅仅利用目标硬约束或一元项实现目标的指定是可能的。在这种情况下,可以通过一般性的背景项,如气球动力[37,38],或利用等周算法[5,39]对幂分水岭框架中的模型进行扩展,正如文献[17]中的做法那样。

5.1.2　全变差和连续最大流

对上述提及的 $p = 1$ 且 q 为有限值时的模型(即图割)需要关注的一点是十进制问题,这种问题的出现源于分割结果的边界由边缘割来权衡,从而造成了对图像栅格的边缘结构具有依赖性[9]。在文献[40,41]中,通过增加更多边缘解决了该问题,但是这个方法有时会带来计算方面的问题(如内存使用问题),特别是在三维图像分割应用领域。因此,全变差和连续最大流算法有时要比图割算法更受青睐,这是由于它们通过最小化边界长度(表面区域)实现了对可行解几何性质的近似保持,同时,为了保持旋转不变性,通过利用面向节点的表示形式减少了十进制误差(不需要额外的内存空间)[42,43,44,20]。

很多时候全变差(TV)函数是在连续域中得以表达的(在文献[45,46]中首次用在计算机视觉领域）。然而，基于图的表示已经得到重视[47,48]。虽然 TV 最初是用于图像去噪问题，但是通过使用合适的一元项和合理的变量解释，可以很自然地将同样的算法应用到目标分割问题中[44,17]。在式(5.1)给出的形式中，采用全变差的分割算法与式(5.2)有相同的一元项，但是它的二元项由文献[48]给出：

$$E_{\text{binary}}^{\text{TV}}(\mathbf{x})=\sum_{v_i\in\mathcal{V}}\Big(\sum_{j,\forall e_{ij}\in\mathcal{E}}w_{ij}\ |x_i-x_j|^2\Big)^{\frac{p}{2}} \tag{5.4}$$

然而，考虑到一些作者更倾向于在 TV 算法中对节点作加权，则二元项就变为

$$E_{\text{binary}}^{\text{TV}}(\mathbf{x})=\sum_{v_i\in\mathcal{V}}w_i\Big(\sum_{j,\forall e_{ij}\in\mathcal{E}}|x_i-x_j|^2\Big)^{\frac{p}{2}} \tag{5.5}$$

在 5.2 节的讨论中由于我们把对节点的加权看作属于一元项而把对边缘的加权看作属于二元项，所以我们很明确更愿意采用式(5.4)的表示形式。

一般来说，TV 函数的优化比幂分水岭框架中任何一种算法的优化都复杂得多。TV 函数是一个凸函数，因此可以通过梯度下降法进行优化[48]，但是这个算法往往很慢，在许多实际的图像分割场合并不实用。然而，实现 TV 优化的快速算法近期已经出现[49-52]，从而使得这些算法与 5.1.1 节描述的幂分水岭框架中的算法相比，在执行速率上更具竞争力。

最小化 TV 函数的对偶问题通常认为是连续最大流(CMF)问题[53,54]。然而，最近的研究表明这种对偶性是脆弱的：一方面，在连续域中加权 TV 算法与加权最大流算法并不总是对偶的[55]；另一方面，TV 与 CMF 的标准离散化形式之间也并不是严格互偶的(无论是加权情况还是非加权情况)[20]。因此，最好将 CMF 问题看作是一个与 TV 独立而相关的问题。虽然 CMF 最初是以连续形式引入到图像分割文献中的[42]，后续的研究工作已经给出了将 CMF 问题在任意图上进行表示的方式[20]。CMF 问题的这种图表示形式(称之为**组合连续最大流**)与 Ford 和 Fulkerson 提出的基于图的标准最大流问题并不等价[56]。组合连续最大流(CCMF)与传统最大流的区别是，传统最大流的容量约束定义于边缘，而 CCMF 的容量约束定义于节点。正如使用 TV 算法一样，这种基于节点的表示形式带来了一定的旋转不变性，从而可以减少十进制人工效应。

按照式(5.1)中的定义形式，基本 CMF 问题和 CCMF 问题都没有明确地包含一元项，虽然可以通过这些算法的对偶形式添加这些项。文献[20]专门解决了将一元项集成到 CCMF 模型中的问题。而且，图像分割中的 CMF 问题和 CCMF 问题都采用节点加权形式[42,20]进行构思，以此来表示一元项和流约束(与式(5.5)中表示的第二类 TV 类似)。然而，与采用第二类 TV 的情况一样，在这两种情况中均使用节点加权与 5.2 节中所用的形式并不相配。虽然标准的表示形式采用了节点加权来表征二元项(容量约束)，但很容易加以改进以便按照文献[53]中的方式采用边加权来表征连续形式的 CMF 或按照文献[48]中的做法来描述边加权 TV 问

题。Couprie 等人在文献[20]中给出了一种针对 CCMF 问题的快速优化方法。

5.2 目标描述

在之前的论述中我们讨论了各种目标分割算法所涉及的基本正则化模型。然而,在将这些正则化模型用于分割指定目标之前,有必要指定一些附加信息。具体地说,可以通过控制一元项的加权、二元项的加权、约束条件和(或)式(5.1)中的附加项来实现目标信息的图表达。因此,某些类型的目标描述对我们能否求到5.1节中算法的准确解影响很小,然而其他类型的目标描述却迫使我们只能利用近似解(例如,当目标函数为非凸型时)。

本节我们将对文献中出现的各种提供目标描述的方式进行回顾。一般来说,可以通过直接包含各种约束或将定义一元项和二元项指标的权重累加在一起实现多源目标描述的结合。然而,需要指出的是,有必要通过某些形式的目标描述产生5.1节中正则化算法的非平凡解。当讨论不同的目标描述时,在选择5.1节所论述的相关正则化模型方面我们保持中立。式(5.1)中给出的所有模型的通用形式适合于将要论述的任何一种目标描述方法,这是因为每个模型都可以利用通过用户交互、附加项、一元节点加权和(或)二元边缘加权方式进行描述的目标信息。

5.2.1 基于用户交互的目标分割

指定目标对象的一种简单方法是允许用户指定需要的目标。通过建立一个可以集成用户交互的系统,就可以得到一种能够分割各类(事先未知)目标而不是单一已知目标的分布式系统。现代的图像编辑软件(例如 Adobe Photoshop)总会包含某种交互式目标图像分割工具。

基本上,现有文献中有三种允许用户指定目标对象的方法。第一种方法是对目标内/外的某些像素进行标注,第二种方法是指定目标边界的某种标识信息,第三种方法是指定能够将目标包含在内的图像子区域。图5.1给出了这些用户交互方法的例子。

(a)种子/线条

(b)边框

(c)粗略的边界描述

(d)外接多边形

图5.1 用于指定分割目标的不同用户交互模式。这些交互模式也可以自动填入(比如,通过自动寻找边框)。

5.2.1.1 种子和线条

在这个用户交互模式中,用户(通常用鼠标或触摸屏)对目标对象内部和外部的一些像素做了类标指定。这些用户标注的像素通常称为**种子**、**线条**或者**硬约束**。假设所有标注为目标(前景)的像素属于集合 $\mathcal{F}$ 而所有标注为背景的像素属于集合 $\mathcal{B}$,且$\mathcal{F} \cap \mathcal{B} = \emptyset$。很容易将这些种子集成到式(5.1)中,然后按照约束条件——如果 $v_i \in \mathcal{F}$,则 $x_i = 1$;如果 $v_i \in \mathcal{B}$,则 $x_i = 0$——执行优化任务。

表征这些种子的一种等价方式是将其看作一元项,使得(按照式(5.2)的定义)如下结论成立:如果 $v_i \in \mathcal{F}$,则 $w_{\mathcal{F}_i} = \infty$;如果 $v_i \in \mathcal{B}$,则 $w_{\mathcal{B}_i} = \infty$。用这种方式,一元项能够有效地施加硬约束。通过一元项施加种子有两个方面的优势。第一点,在添加一元项后图像点阵的栅格结构不会被破坏,这对一些算法的高效实现有着重要的意义(参见文献[57])。第二个优势是,通过设定权值为有限值而不是无限大,种子的一元构思形式允许将某种程度的种子位置不确定性进行集成。通过这个设置,较小的权重表征了位置的较低置信水平,而较大的权重则表征了位置的较高置信水平。需要描述的是,可以将作为硬约束的某些种子和作为一元项的其他种子结合在一起。这样,就可以建立一个仅需要目标种子(设为硬约束)的系统,其中要通过低权重的一元项在所有其他像素处(即 $\mathcal{B} = \mathcal{V} - \mathcal{F}$)设置背景种子。因此,用户仅需要提供目标交互来指定目标对象,这样可以减少获得分割结果所需的用户时间。

文献中还存在其他的用户植入种子的接口形式。例如,Heiler 等人[58]提议让用户指定两个具有不同类标的像素,并不需要明确指出哪个像素是目标哪个像素是背景。通过引入负的边缘权重实现关于斥力的表达可以集成这种交互形式[59]。具体来说,如果 v_i 和 v_j 被指定具有相反的类标,通过引入一个权重为 $w_{ij} = -\infty$ 的新边缘 e_{ij} 就能实现对这种约束的表达,这促使在执行式(5.1)的优化时将这些节点放在划分的对立面。然而,要注意的是,为了避免可能会出现无界解,负边缘权重的引入要求在优化式(5.1)时施加明确的约束,从而使得 $0 \leqslant x_i \leqslant 1$。

5.2.1.2 目标边界描述

另一种自然用户接口就是粗略地指定部分或全部所需的目标边界。通过编辑一个多边形或者提供一个软笔刷这两种方式任选其一就可以将这种边界描述集成到上述算法中。二维分割和三维分割中的边界描述有着本质的区别,这是因为二维目标的边界是轮廓,而三维目标的边界是曲面。一般来说,涉及到边界描述的方法主要用于二维图像的分割。

Wang 等人[60]提出了一种基于边界的类似方法用于交互地指定目标的边界,这种方法要求用户使用一个大笔刷(圆圈)徒手画出边界使得真正的边界位于画出的区域之内。有了这种画定的区域(假设作者可以迅速地画出),则将关于目标类标的硬约束置于用户画出的边界之内而将关于背景类标的硬约束置于用户画出的边界之外。关于这种用户接口更详细的介绍参见第9章。

5.2.1.3 子区域描述

引入子区域描述是为了节省用户的时间,是放置种子或者标记目标边界(即使很粗略)的替代方法。实现子区域描述的最常见方法就是要求用户画一个包围目标对象的边框[61-64]。这种接口形式对用户来说很方便,而且还有一个优点,那就是很容易与自动的预处理算法相对接从而实现全自动的分割。预处理算法是指通过机器学习利用滑动窗找到正确的边框(一个 Viola-Jones 类型的检测器[65])。在文献[64]中,我们通过用户调研指出,使用单个边框作为输入就足以完全指定具有各种目标尺寸、形状、背景和同质性程度的目标对象,即使图像不包含明确的语义内容。

Rother 等人[61]提出了一种著名的利用边框接口实现图像分割的方法,称之为 GrabCut 算法。在该算法中,背景约束被放在用户提供的边框之外,同时允许外观模型以迭代方式推进目标分割(参见 5.2.2 节)。Lempitsky 等人[62]提议对分割结果进行约束从而使用户绘制的边框与获得的分割结果紧密吻合,他们将其称为**紧致度**先验。Grady 等人[64]将相同的接口用在 PIBS(概率等周边框分割)算法中,但没有使用一元项,而是基于每个像素的目标外观概率估计结果设置有向边的权重,然后以边框集为背景种子应用等周分割算法[5,39]。

5.2.2 基于外观信息的目标分割

采用外观模型的目的是利用目标内部和外部关于亮度/颜色/纹理等属性分布的统计特性指定目标对象。大多数情况下,外观模型是以一元项形式集成到分割函数中的。概括地说,有两种外观建模方法。对于第一种方法,在执行分割任务之前一次性建立模型。对于第二种方法,从分割结果中自适应地学习外观模型从而产生关于外观模型与图像分割的联合估计结果。

5.2.2.1 先验外观模型

在这些用于目标分割的最早外观模型中,假设图像中每个像素的亮度/颜色与目标或背景的类标相匹配的概率是已知的。具体地说,如果用 g_i 表示像素 v_i 处的亮度/颜色,则概率 $p(g_i \mid x_i=1)$ 和 $p(g_i \mid x_i=0)$ 假设是已知的。$p(g_i \mid x_i)$ 的表达形式可以是参数型也可以是非参数型。可以假定,这些概率是通过训练数据获得或者是先验已知的(如二值图像分割这一典型情况)。给定概率 $p(g_i \mid x_i=1)$ 和 $p(g_i \mid x_i=0)$ 的值,对于式(5.2)中的表达形式,通过设置 $w_{\mathcal{F}_i}=p(g_i \mid x_i=1)$ 和

$w_{\mathcal{B}_i} = p(g_i \mid x_i = 0)$，可以利用这些概率影响上述模型的一元项。要说明的是，$w_{\mathcal{F}_i} = -\log(p(g_i \mid x_i = 1))$ 和 $w_{\mathcal{B}_i} = -\log(p(g_i \mid x_i = 0))$ 也已与马尔可夫随机场的推导结果结合着使用(参见文献[21])。

如果概率模型事先未知,可以通过用户指定的种子进行估计[22]。具体地说,可以把种子看作是目标和背景分布的**样本**。因此,可以通过核估计方法利用这些样本估计概率 $p(g_i \mid x_i = 1)$ 和 $p(g_i \mid x_i = 0)$。如果用 $\mathbf{g}$ 表示多通道图像数据(如颜色),那么往往倾向于采用参数化方法,例如高斯混合模型[66]。

除了以直接方式建模 $p(g_i \mid x_i)$ 之外,有多个研究小组已经利用 g_i 的变换结果建立一元项。这种变换的目的是为了借助更为复杂的外观模型实现目标的建模——利用纹理比利用简单的亮度/颜色分布能更好地描述外观特征。具体地说,文献中提及的变换包括纹理基元/滤波器组[67]的输出结果、结构张量[68,69]、张量投票[70]或者从图像块中实时动态学习的特征[71]。形式上,我们可以将这些方法看作是对 $p(g_{Wi} \mid x_i)$ 的估计,其中 w_i 表示以像素 v_i 为中心的某一窗口内的所有像素。

有时,可以利用已知的形状实现目标分割——通过估计以像素 v_i 为中心的窗口与已知形状的相似性实现对 $p(g_{Wi} \mid x_i)$ 的建模,这种匹配可以看作是利用形状滤波器产生了一种可以理解为 $p(g_{Wi} \mid x_i)$ 的响应。具有这种性质的形状滤波器通常用于细长型或者管状目标的表征。经常利用以某一像素为中心的窗口所对应的 Hessian 矩阵的性质实现管状目标的检测。Frangi 等人[72]利用 Hessian 矩阵的特征值定义了一种**管状度量**并在 Freiman 等人的文献[73]中将其作为一元项用于管状值的定义。Esneault 等人[74]采用了类似的方法:他们利用了一种柱匹配函数估计 $p(g_{Wi} \mid x_i)$ 并给出了一元项来实现管状目标的分割。以这种方式利用形状信息与 5.2.4 节中描述的形状模型有着根本的区别,因为这里是根据滤波器的响应利用形状信息实现 $p(g_{Wi} \mid x_i)$ 的直接估计的,而 5.2.4 节中的模型是通过自顶向下的模型匹配实现与一元项的匹配的。

5.2.2.2 优化外观模型

上节论述的模型都假设外观模型是先验已知的,或者可以从图像和(或)用户交互的表示形式中推断出来。然而,也可以将外观模型看作一个变量,并从分割过程中推断出该变量。在这种情况下,可以将式(5.1)改写成如下形式:

$$E(P,\mathbf{x}) = E_{\text{unary}}(P,\mathbf{x}) + \lambda E_{\text{binary}}(P,\mathbf{x}) \tag{5.6}$$

其中 P 代表外观模型,也就是说,P 是 $w_{\mathcal{F}_i}$ 和 $w_{\mathcal{B}_i}$ 的简写形式。采用这种形式的分割算法通常按照交替迭代的方式执行:固定 P 实现式(5.6)关于 $\mathbf{x}$ 的优化,接着固定 $\mathbf{x}$ 实现式(5.6)关于 P 的优化。采用这种交替方式源于两方面的考虑:一是很难找到关于 P 和 $\mathbf{x}$ 的联合全局最优解,二是交替优化方法中每次迭代过程产生的解与前一次迭代获得的解相比都能保证具有更低或相等的能量。

采用优化外观模型的最经典方法就是 Mumford-Shah 模型[75,76]。在该模型中，$w_{\mathcal{F}_i}$ 和 $w_{\mathcal{B}_i}$ 是理想化目标 **a** 和背景图像 **b** 的函数。具体地说，我们可以按照文献[77]中的做法将一个分段光滑的 Mumford-Shah 模型表示为

$$E(P,\mathbf{x}) = (\mathbf{x}^{\mathrm{T}}(\mathbf{g}-\mathbf{a})^2 + (\mathbf{1}-\mathbf{x})^{\mathrm{T}}(\mathbf{g}-\mathbf{b})^2) + \mu(\mathbf{x}^{\mathrm{T}}|\mathbf{A}|^{\mathrm{T}}(\mathbf{A}\mathbf{a})^2 + (\mathbf{1}-\mathbf{x})^{\mathrm{T}}|\mathbf{A}|^{\mathrm{T}}(\mathbf{A}\mathbf{b})^2) + \lambda E_{\text{binary}}(\mathbf{x}) \tag{5.7}$$

其中，**A** 是关联矩阵(参阅第1章的定义)，而参数 μ 和 λ 是用于衡量对应项相对重要性的自由参数。与文献[77]中的做法一样，这里给出的表达形式代表着对经典形式的简单推广，其中假设 **x** 是二值形式且 $E_{\text{binary}}(\mathbf{x}) = \sum_{e_{ij}} w_{ij} | x_i - x_j |$，也就是式(5.3)中 $p=q=1$ 时的情况。通过固定 **a** 和 **b** 优化 **x** 与固定 **x** 对 **a** 和 **b** 进行优化这两个步骤的交替执行可以实现式(5.7)的优化。由于优化过程中每一次的交替迭代都是凸优化，因此逐次解的能量将会单调下降。

Mumford-Shah 模型的一种简化形式是分段恒值模型(也称为 Chan-Vese 模型[78])，其中 **a** 和 **b** 是通过恒值函数表示的(即 $\forall v_i \in \mathcal{V}, a_i = k_1$,；$\forall v_i \in \mathcal{V}, b_i = k_2$)。分段恒值 Mumford-Shah 模型可以表示为

$$E(P,\mathbf{x}) = (\mathbf{x}^{\mathrm{T}}(\mathbf{g}-k_1\mathbf{1})^2 + (\mathbf{1}-\mathbf{x})^{\mathrm{T}}(\mathbf{g}-k_2\mathbf{1})^2) + \lambda E_{\text{binary}}(\mathbf{x}) \tag{5.8}$$

因此，分段恒值 Mumford-Shah 模型忽略了式(5.7)的第二项。对式(5.8)的优化也可以采用相同的交替方式，只是关于 **a** 和 **b** 的优化非常简单，即 $a_i = k_1 = \dfrac{\mathbf{x}^{\mathrm{T}}\mathbf{g}}{\mathbf{x}^{\mathrm{T}}\mathbf{1}}$，$b_i = k_2 = \dfrac{(\mathbf{1}-\mathbf{x})^{\mathrm{T}}\mathbf{g}}{(\mathbf{1}-\mathbf{x})^{\mathrm{T}}\mathbf{1}}$。

在 GrabCut 算法中作者提出了一种类似的优化外观模型[61]并将其应用于彩色图像分割。在该方法中，将目标和背景的颜色分布建模成两个参数未知的高斯混合模型(GMM)。具体地说，GrabCut 算法优化如下模型：

$$E(\theta,\mathbf{x}) = H(\theta_{\mathcal{F}},\mathbf{g},\mathbf{x}) + H(\theta_{\mathcal{B}},\mathbf{g},(\mathbf{1}-\mathbf{x})) + \lambda E_{\text{binary}}(\mathbf{x}) \tag{5.9}$$

其中，θ 表示 GMM 的参数，而 $H(\theta_{\mathcal{F}}, g_i, x_i)$ 表示 g_i 属于目标 GMM 的(负对数)概率(详细内容参见文献[61])。与 Mumford-Shah 模型的优化过程一样，GrabCut 能量函数的优化也是通过交替方式实现的——在估计 **x**(固定 $\theta_{\mathcal{F}}$ 和 $\theta_{\mathcal{B}}$)与估计 $\theta_{\mathcal{F}}$ 和 $\theta_{\mathcal{B}}$(固定 **x**)之间轮流执行。

5.2.3 基于边界信息的目标分割

一种广泛采用的目标指定方法是施加一个关于目标对象边界外观的模型，可以将它与式(5.3)中二元项的边缘权重相结合。取决于边界正则化的形式，边缘权重既可以表示像素间的**亲和度**(即小的权重值表明像素之间是分离的)也可以表

示像素间的**距离**(即大的权重值表明像素之间是分离的)。与文献[17]中描述的一样,这些表示方式彼此是互为倒数的,即 $w_{\text{affinity}}=\frac{1}{w_{\text{distance}}}$。在本节中,为了简化我们讨论的内容,假定边缘权重表示的是亲和性权重。

将边界外观信息集成到目标分割方法中的最经典方式就是假设目标边界很可能从图像中对比度较大的像素之间穿过。通常用于描述边界对比度的函数最初是在图像去噪问题的非凸性表达这一背景下提出的[79-81],后来通过归一化割方法[3]和测地线主动轮廓法[82]将其正式地引入到图像分割文献中。由于这些权重函数可通过对应的 M 估计器[83,17]推导出来,因此我们用 **Welsch 函数**描述

$$w_{ij}=\exp(-\beta\ \|g_i-g_j\|_2^2) \tag{5.10}$$

而用 **Cauchy 函数**描述

$$w_{ij}=\frac{1}{1+\beta\ \|g_i-g_j\|_2^2} \tag{5.11}$$

其中,g_i 表示像素 v_i 对应的亮度(灰度)值或者一个颜色(多光谱)向量。实际应用中,经常要对这些边缘权重函数做微调以避免出现零权值(这会使图断开)和适应不同图像的动态范围。为了避免零权值的出现,增加一个很小的常数(比如 $\epsilon=1\mathrm{e}^{-6}$)。通过用 β 除以某一常数 ρ(其中 $\rho=\max_{e_{ij}}\|g_i-g_j\|_2^2$ 或者 $\rho=\text{mean}_{e_{ij}}\|g_i-g_j\|_2^2$)可以调节图像的动态范围。另一种更鲁棒地选择 ρ 的方法是选择与所有边缘权重的第 90 个百分位数相对应的边缘差值(如文献[80]中的做法)。在一项关于 Welsch 函数与 Cauchy 函数有效性的比较研究工作中,发现在平均意义下 Cauchy 函数的性能稍微好些(并且运行时的计算量更小)[84]。

"目标边界从图像中对比度较大的像素之间穿过"这一假设存在的问题是目标对象与其边界间的差异可能比图像中的一些对比度更微小。例如,医学 CT 图像中的软组织边界通常比在肺或外部身体界面处的组织/空气边界的对比度要低。另一个问题是,对比度模型仅适合于具有平滑性外观的目标,而不太适用于纹理性目标。为了能顾及到低对比度目标和纹理性目标,将式(5.10)和式(5.11)中的权重函数进行修改,用 $H(g_i)$ 替换 g_i,其中 H 是一个将原始像素信息映射到一种能够使目标外观相对恒定的变换空间的函数。例如,如果目标对象呈现条纹型纹理,那么 H 就可以代表条纹滤波器的响应,从而使目标对象产生相对一致的响应。事实上,如果采用 $H(g_i)=p(g_i|x_i=1)$,5.2.2 节中描述的任何一种外观模型都可以用于建立更为复杂的边界模型。即使目标对象的外观相对平滑,这类模型也非常有效,这是由于它可以用于检测原始图像中更加细微的边界[84,64]。

5.2.3.1 边界极性

前一节的边界模型存在的问题是这些模型描述了边界从图像中对比度较大的

两个像素间穿过的概率,却没有描述转移的**方向**[85]。图 5.2 对这个问题做了阐明并展示了一个更加细微的正确边界是如何被一个错误转移的强边界覆盖的。换个角度来说,没有指明边界极性的目标描述可能会引起歧义,如图 5.2 所示。

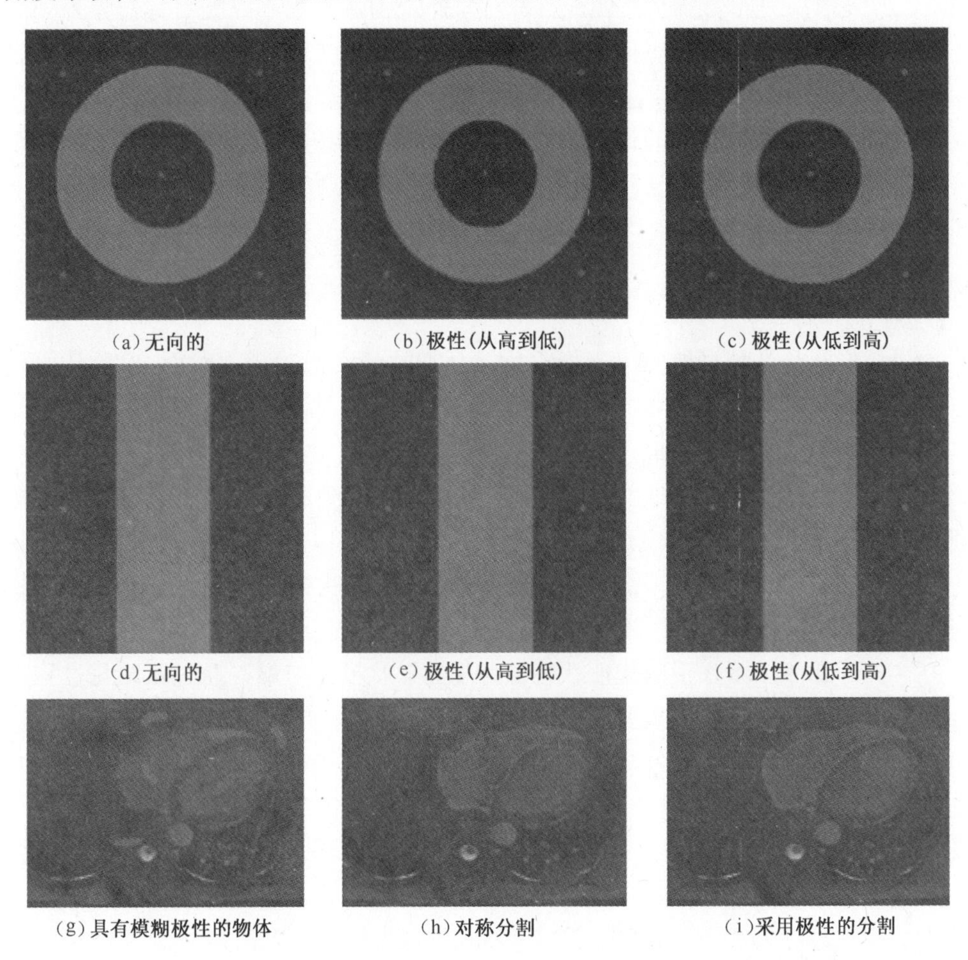

(a)无向的　(b)极性(从高到低)　(c)极性(从低到高)

(d)无向的　(e)极性(从高到低)　(f)极性(从低到高)

(g)具有模糊极性的物体　(h)对称分割　(i)采用极性的分割

图 5.2　图(a-f)表示模糊合成图像,可以使用极性从这些图像中恰当地指定目标对象。图(g-i)表示具有模糊边界极性的真实图像。需要的是心内膜(内部)还是心外膜(外部)尚不清楚。使用无向模型后在分割结果中一部分选择的是心内膜(内部),另一部分选择的是心外膜(外部)。然而,可以利用极性信息将目标指定为心内膜(边界内部)。

目标对象的外观模型允许我们指定目标分割的边界是从具有目标外观的像素转移到不具有目标外观的像素上的[86]。从物理意义上来看,通过在**有向图**上建立图模型可以指定这种极性模型。在有向图中,每个无方向边 e_{ij} 都用两个有向边 e_{ij} 和 e_{ji} 替换,使得 w_{ij} 和 w_{ji} 可能相等也可能不相等[85,86]。给定一个 5.2.2 节中描述的外观模型,文献[86]提出通过下式表达这些有向边:

$$w_{ij} = \begin{cases} \exp(-\beta_1 \| H(g_i) - H(g_j) \|_2^2) & \text{if} \quad H(g_i) > H(g_j) \\ \exp(-\beta_2 \| H(g_i) - H(g_j) \|_2^2) & \text{else} \end{cases} \tag{5.12}$$

其中，$\beta_1 > \beta_2$。换句话说，从匹配目标对象外观的像素到不匹配目标对象外观的像素实现边界转移的代价更低（从能量函数最小化观点来看）。要说明的是，如果利用 Cauchy 加权公式，可以采用相同的方法。

边缘权重在图上所起的作用相当于传统多变量微积分中的**度量**[17]。从这个角度来说，相关研究工作已经指出，可以将有向图的权重明确地看作是对图上 Finsler 度量的表示[87]。

5.2.4 基于形状信息的目标分割

目标形状是一种自然的用于指定目标分割的语义描述子。然而，单单从语义上讲，关于目标形状的描述就可以采用许多形式：从一般性描述（例如，"目标是细长的"）到参数化描述（例如，"目标是椭圆形的"或者"目标看起来像一片树叶"）以及特征驱动的描述（例如，"目标包含四个长细条部分和一个与宽基座相连的短细条部分"）。采用形状信息的目标分割算法都遵循相同的描述形式。本节中，我们将论述**隐式**（一般性）形状描述和**显式**（参数化）形状描述。关于特征驱动的目标描述将延后到 5.2.5 节讨论。

区分开那些用图来正则化形状特征**外观**的形状模型与那些通过**正则化**过程产生形状模型的模型是非常重要的。为了说明这一点，考虑一下长条形状的分割这种应用。既可以通过细长外观度量（例如，5.2.2.1 节中利用 TV 正则化或随机游走正则化的血管度量）的标准正则化也可以通过能够使分割趋于细长结果的正则化（例如，曲率正则化）实现对这类形状的描述，也可以两者都用。换句话说，我们必须区分开用于度量伸长度的数据项（一元项）和用于增进伸长度的二元项或高阶项。5.2.2.1 节讨论了基于外观的形状模型，而本节讨论的是基于正则化的形状模型。

5.2.4.1 隐式形状模型

5.1 节中描述的目标分割模型暗含着有利于体积大的、紧凑的（团状）形状。具体地说，对于具有单个中心种子的面积固定型目标，当把 5.1 节中描述的目标分割算法应用到其权重与边缘长度欧氏距离有关的图上时，产生的结果偏向于圆形（取决于十进制人工效应）。可以从基于图割和 TV 的分割方法中看到这种特性，因为在面积一定时，相比于其他形状，圆形的边长最小（这是经典的等周问题）。最短路径算法搜索的结果也是圆形，因为分割结果返回的是与中心种子呈某一固定距离范围内的所有像素（其中距离由关于面积的约束条件来确定）。类似地，随机游走算法也倾向以圆形为结果，这是由于分割结果会包含某一固定电阻距离范围内的所有像素（其中距离由关于面积的约束条件来确定）。

虽然许多目标分割算法的对象都具有紧凑的形状，但并不是所有情况都是这样。举一个医学成像领域的例子，细长的血管就是一种常见的分割目标，还有像大脑皮层中的灰质这种薄面物体同样也是。如果可以通过强外观描述项或显著的边界对比度（利用边缘加权可以产生一个明确的二元项）对形成紧凑形状这一倾向进行抑制的话，那么就可以通过5.2节中的算法实现这些目标的分割。然而，在许多真实图像中我们不能依赖强外观描述项或边界对比度。近年来，涌现了许多基于图的模型，用于度量分割边界**曲率**的离散形式[88,89,90,14,91]。具体地说，这些模型力图优化 Mumford 提出的弹力方程的离散形式[92]。Mumford 用这些优化结果表达曲线连续模型的贝叶斯最优解。弹力方程的连续形式是

$$e(C) = \int_C (a + b\kappa^2)\,\mathrm{d}s \qquad a,b > 0 \tag{5.13}$$

其中，κ 表示标量曲率，而 $\mathrm{d}s$ 表示弧长元。在写这一章的时候，就已有几种不同的关于该模型合理离散化和优化实现的思想发表了。由于还不是很清楚这些思想或其他一些思想在曲率优化执行方面哪些更受欢迎，因此我们将各种方法的细节留给读者去参考相关文献。

文献中存在的另一种隐式形状模型往往会使分割结果趋于直线形状[93]。具体地说，该模型利用了 Zunic 和 Rosin[94] 关于直线形状度量的研究成果。该成果表明，按照指定的 X 轴和 Y 轴能够实现如下比值最小化的一类形状是直线形状：

$$Q(P) = \frac{\mathrm{Per}_1(P)}{\mathrm{Per}_2(P)}, \tag{5.14}$$

这里，$\mathrm{Per}_1(P)$ 表示按照指定的 X 轴和 Y 轴确定的形状 P 的 ℓ_1 周长。同样地，$\mathrm{Per}_2(P)$ 表示采用 ℓ_2 度量准则所确定的 P 的周长。换句话说，按照边界形状 P 的某种参数化形式 $u(t)$ 和 $v(t)$，可得：

$$\mathrm{Per}_1(P) = \int |u'(t)| + |v'(t)|\,\mathrm{d}t \tag{5.15}$$

$$\mathrm{Per}_2(P) = \int \sqrt{u'^2(t) + v'^2(t)}\,\mathrm{d}t \tag{5.16}$$

需要说明的是，式(5.14)并不是一个关于直线性的旋转不变度量方法（也就是说，该方法假设矩形目标与图像的轴线大致对齐）。注意，分割结果的周长可以通过 ℓ_1 或 ℓ_2 两种度量进行测定。取决于边缘结构和加权情况（参见文献[93,40]），可以构造两种图来表示 ℓ_1 和 ℓ_2 这两种度量方式，如图5.3所示。对于直线形状，由于 ℓ_1 度量法获得的结果比 ℓ_2 度量法要小，所以这种隐式直线形状分割法称之为**对立度量法**。给定一个由拉普拉斯矩阵 $\mathbf{L}_1$ 表示的 ℓ_1 图和一个由拉普拉斯矩阵 $\mathbf{L}_2$ 表示的 ℓ_2 图，能够最小化如下比值的二值标识向量将是一个直线形状：

$$E_{\mathrm{rect}}(\mathbf{x})=\frac{\mathrm{Per}_1(\Omega\mathbf{x})}{\mathrm{Per}_2(\Omega\mathbf{x})}\approx\frac{\mathbf{x}^{\mathrm{T}}\mathbf{L}_1\mathbf{x}}{\mathbf{x}^{T}\mathbf{L}_2\mathbf{x}} \tag{5.17}$$

因此，可以把式(5.17)中的数据项作为正则化项从而隐式地使分割结果趋于直线形状。这里要提及的是，文献[93]的作者选择松弛有关 $\mathbf{x}$ 的二值约束从而产生一个广义特征向量问题，对于稀疏矩阵可以利用现有的方法实现这类问题的高效求解。最后一个发现是式(5.17)中能量函数的分子部分与5.1节中的幂分水岭框架非常吻合，特别是式(5.3)。因此，关于文献[93]中对立度量法的一种解释就是：与之前一样，它也利用同样类型的二元正则化形式，只不过它还采用了另一种图(由分母来表示)将隐式默认形状从圆形调整为直线形。

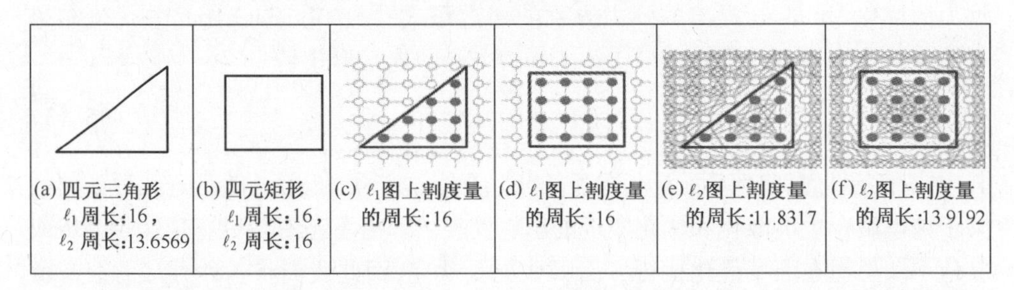

(a) 四元三角形 ℓ_1 周长:16，ℓ_2 周长:13.6569 (b) 四元矩形 ℓ_1 周长:16，ℓ_2 周长:16 (c) ℓ_1图上割度量的周长:16 (d) ℓ_1图上割度量的周长:16 (e) ℓ_2图上割度量的周长:11.8317 (f) ℓ_2图上割度量的周长:13.9192

图5-3 研究证实，直线形状可以最小化 ℓ_1 准则测量周长与ℓ_2 准则测量周长的比值[94]。可以通过调整图的拓扑结构和权重按照各种度量以任意精度采用割这一表达方式测量目标的周长[40]。直线形状分割的另一种对策是求解能够最小化关于ℓ_1 图上的割同时能够最大化关于第二个图ℓ_2 上的割的分割结果。

本节讲的是大多数基于一阶图的传统分割算法是如何隐式地使分割结果趋于紧凑的圆形形状的。然而，通过改变函数而将关于曲率的高次项包含进来的话，是可以消除趋于紧凑形状这种状况的，这意味着这种形式的能量函数更适用于表达细长目标，比如血管。此外，通过进一步修改函数而将另一种图(出现在分母中)也包含进来的话，是可以隐式地使分割结果趋于直线目标的。这些隐式方法的一个优点就是可以获得能量函数的全局最优解，并已经不断得到了证实，这意味着这些算法并不依赖于初始化结果。在下一节，我们要讨论的是那些通过利用训练数据或者参数化形状来增加显式形状偏差的方法。虽然这些方法适合于形状更复杂的目标，但全局最优解却很难获得，这意味着这些方法依赖于良好的初始化结果。

5.2.4.2 显式形状模型

将显式形状模型集成到基于图的分割算法中最早的一种方法是由 Slabaugh 和 Unal[95] 提出的，他们对分割施加了约束使得返回的目标为椭圆形。具体的想法是在传统能量函数的基础上有效地增加一个第三项：

$$E(\mathbf{x},\theta)=E_{\mathrm{data}}(\mathbf{x})+E_{\mathrm{binary}}(\mathbf{x})+E_{\mathrm{ellipse}}(\mathbf{x},\theta) \tag{5.18}$$

其中，θ 表示椭圆的参数，且

$$E_{\text{ellipse}}(\mathbf{x},\theta)=\sum_{v_i\in\mathcal{V}}|M_i^\theta-x_i| \tag{5.19}$$

其中 M^θ 表示参数为 θ 的椭圆所对应的掩膜，该掩膜会将椭圆内部的像素标记为“1”而将外部的像素标记为“0”。

由于很难求得式(5.18)的全局最优解，因此 Slabaugh 和 Unal[95] 对该式进行交替优化，先将 θ 固定，优化 $\mathbf{x}$(在文献[95]中，该优化过程仅仅在一个以当前解为中心的窄带范围内执行)，然后再固定 $\mathbf{x}$，优化 θ。虽然这个思路是针对椭圆形状而提出的，显然可以将其扩展以适用于任意一种参数化形状。

利用显式形状模型按照上述方法分割目标时所存在的一个问题是很难实现复杂形状的有效参数化，也很难与 $\mathbf{x}$ 的固定解相匹配。因此，一种替代方法是使用一种与当前分割结果相匹配的形状模板。Freedman 和 Zhang[96] 采用的就是这种方法，他们使用一种基于匹配模板的距离函数来调整边缘权重，从而能够获得与模板形状相匹配的分割结果。

Freedman 和 Zhang 提出的融合形状信息的方法所存在的问题是，这种方法并没有考虑任何一种形状变化性，而是假设特定图像的目标分割结果可以与模板紧密地匹配。可以利用训练形状集的 PCA 分解结果来表征模板的形状变化性，如同 Tsai 等人[97] 采用水平集框架的经典工作中描述的那样。基于图模型，Zhu-Jacquot 和 Zabih[98] 提出了一种类似的形状变化性表征方法，他们将形状模板 U 表示为

$$U=\overline{U}+\sum_{k=1}^{K}w_kU^k \tag{5.20}$$

其中，$\overline{U}$ 表示平均形状，而 U^k 表示训练形状集的第 k 个主分量。在文献[98]中，每次迭代过程中通过固定当前分割结果 $\mathbf{x}$ 都对权重 w_k 和刚性变换集合进行优化。然后，利用匹配形状模板确定分割结果 $\mathbf{x}$，以此来定义一元项(与文献[96]中的二元项完全相反)。

5.2.5　基于目标特征信息的目标分割

在一些分割任务中，可以利用大量的训练数据产生充分的目标描述来确定所需要的目标。典型的做法是，假设训练数据既包含图像也包含预期目标的分割结果。从这些训练数据中，就可能学习到一组特定的几何特征或外观特征，从而可以描述目标对象以及这些特征之间的关系。

在基于图的目标分割研究领域，最早使用上述做法的一种方法就是 Kumar 等人[99] 提出的 ObjCut 方法。在该算法中，作者以图解结构表示[100] 的研究工作为基础，假设目标对象还可以再分解为一系列彼此间关系可能变化的部位。通过模型合成各个部位(以及它们之间的关系)是由算法设计者控制的，但是各种部位模型

的外观和变化情况是利用训练数据学习得来的。算法的运行过程是，首先调整各部位的方向参数和尺度参数，然后使用合适的图解结构模型定义分割结果的一元项。Levin 和 Weiss 以该研究工作为基础，借助一种条件随机场并利用高级模块和低级图像数据实现了模型的联合训练[101]。

5.2.6 基于拓扑信息的目标分割

如果目标对象的拓扑结构已知，那么就可以利用这种信息产生一个合适的分割结果。遗憾的是，对分割结果全局特性（像拓扑结构）的描述一直以来都很有挑战性。近年来，关于拓扑结构的描述越来越受欢迎。然而，我们了解到的所有工作都集中于研究图割分割算法背景下的拓扑结构描述，所遇到的问题一般都证实是 NP 难题。在现有文献中，目前已经研究了两类拓扑描述——连通性和属种。

5.2.6.1 连通性描述

如果分割的对象是单一目标，那么假设目标具有连通性是合理的（虽然这种假设并不一直是正确的，例如存在遮挡情况时）。如果 $\forall v_i \in S, v_j \in S, \exists \pi_{ij}$ 能满足条件——如果 $v_k \in \pi_{ij}$，那么 $v_k \in S$，则称分割结果 S 是连通的。

一般来说，5.1 节中的任何一种分割方法都不能保证返回的分割结果是连通的。但是，在某些特定条件下，幂分水岭框架中的任何算法都能保证连通性。保证连通性的条件是：(1)不含一元项；(2)目标种子集是一个连通集；(3)对于所有的边缘，满足 $w_{ij} > 0$。给定这些条件，幂分水岭框架中的任何算法都会产生一个连通的目标，这是因为每个非种子节点的 $\mathbf{x}$ 值总是处于其邻域节点的 $\mathbf{x}$ 值之间。这意味着：如果 x_i 大于阈值 0.5（即包含在分割结果 S 中），那么至少有一个邻近节点也大于该阈值（即包含在分割结果 S 中）。更具体地说，选择合适的 $p \geqslant 0$ 和 $q \geqslant 0$，能够最小化如下能量函数的 $\mathbf{x}$

$$E(\mathbf{x}) = \sum_{e_{ij} \in \mathcal{E}} w_{ij}^q \left| x_i - x_j \right|^p \tag{5.21}$$

对任何非种子节点来说所具有的性质是：对所有 x_j 的确定值，有

$$x_i = \operatorname{argmin} \sum_j w_{ij}^q \left| x_i - x_j \right|^p \tag{5.22}$$

在 v_i 的邻域中存在某个最大值 $x_{\max}$ 和最小值 $x_{\min}$。具体地说，因为任何小于 $x_{\min}$ 的 x_i 就会使式(5.22)的实参值大于 $x_{\min}$，因此 $x_{\min} \leqslant x_i \leqslant x_{\max}$。同样的结论适用于 $x_{\max}$，这意味着最优的 x_i 会落在其邻域范围内，因此会存在一个邻域 v_j 使得 $x_j \geqslant x_i$。由于将 S 定义为所有使 $x_i > 0.5$ 的节点构成的集合，那么 S 中的任何一个节点在 S 中至少包含一个邻近点，这意味着从 S 中的任何一个节点到目标种子之间存在有一条连通路径。按照给定的假设，目标种子集是连通的，因此 S 中的每个节点与 S 中的所有其他节点都是连通的。由于这个原则适用于任何 p 和 q，那么

在上述条件下就可以保证按照图割法、随机游走法、最短路径法、分水岭法、幂分水岭法或模糊连通法执行后目标都是连通的。对同样的结论稍加修改也可以保证在类似的条件下 TVseg 法能产生连通的目标分割结果。

实际上,在使用一元项或输入的种子集不连通的情况下,就可能会违背保证分割结果具有连通性的条件。在这些情形下,已经证实利用图割法来保证连通性的同时求解极小值是一个 NP 难题[102]。据我们所知,幂分水岭框架中的其他任何一种算法是否可以保证连通性仍然未知。Vincente 等人[103]选择去近似一个与原问题相关但更简单的问题。具体地说,Vincente 等人的想法是,首先指定图像中具有连通性的两点(交互地指定或者自动地指定),然后通过一种算法产生分割结果,该分割结果在能够近似地实现图割准则优化的同时保证了指定点的连通性。接着,Vincente 等人证实采用他们的算法处理真实图像时有时可以找到全局最优解,同时能保证指定点的连通性。Nowozin 和 Lampert 通过求解一个相关最优化问题的全局最优解以一种不同的方式解决了图割算法中的连通性施加问题[104]。

5.2.6.2 属种描述

许多目标对象都有已知的属性,特别是在生物医学成像领域。这些属性信息有助于使算法避免漏掉内部空隙(如果已知目标是完全连通的)或者在已知目标内部有空洞时错误地填充了空隙。截至目前来说,基于研究对象图模型的目标分割算法研究工作中很少涉及到属性的描述。关于这个问题的最早研究工作是 Zeng 等人[102]开展的,他们证实通过属性约束实现图割算法准则的优化是个 NP 难题(幂分水岭框架中的其他算法还没有从属性约束的角度展开研究)。然而,Zeng 等人提出了一种施加属性约束的算法(保持初始分割的属性),同时还可以实现图割算法准则的近似优化。他们的算法依据的是文献[105]中的拓扑保持水平集,该工作利用了数字拓扑学中的**单点概念**[106]。实际上,如果一个算法从初始分割中仅仅增加或删除单点,那么调整后的分割将具有与原始分割相同的属性。Zeng 等人表明,他们提出的属性保持算法与无属性约束的图割算法有相同的渐近复杂度。Danek 和 Maska[107]对 Zeng 等人提出的属性描述算法做了进一步简化和改进。因此,通过使初始的输入分割连通就可以利用这些属性描述算法加强目标的连通性。

5.2.7 基于关联信息的目标分割

本章的重点是利用有关目标信息的描述来定义单一目标的分割。然而,某些类型的目标描述仅能用于定义一个目标与其他目标之间的关系。在本节,我们研究了这些关联性目标描述并将讨论范围适当地扩展到单目标分割问题之外。

与第 10 章类似,使用关联性信息(有时称为**几何约束**)的目的是在两个目标之间施加某种几何关系。具体地说,Delong 和 Boykov[108]研究了两个区域($\mathcal{A}$ 和 $\mathcal{B}$)

之间的如下几种关系:

1. **包含**:区域 $\mathcal{B}$ 一定包含在区域 $\mathcal{A}$ 中,在边界处也许存在排斥力。

2. **排除**:在任何像素处区域 $\mathcal{A}$ 和 $\mathcal{B}$ 都不重叠,在边界处也许存在排斥力。

3. **吸引**:按照每个单位面积以代价 $\alpha > 0$ 为标准对 $\mathcal{B}$ 外部的区域 $\mathcal{A}-\mathcal{B}$ 施加惩罚。这样,在超越 $\mathcal{B}$ 边界的地方 $\mathcal{A}$ 就不会增长太快。

文献[108]的基本思想是,构建两个图 $\mathcal{G}^{\mathcal{A}}=\{\mathcal{V}^{\mathcal{A}},\mathcal{E}^{\mathcal{A}}\}$ 和 $\mathcal{G}^{\mathcal{B}}=\{\mathcal{V}^{\mathcal{B}},\mathcal{E}^{\mathcal{B}}\}$,每个图分别表示区域 $\mathcal{A}$ 和 $\mathcal{B}$ 的分割。基于图 $\mathcal{G}^{\mathcal{A}}$的区域 $\mathcal{A}$ 的分割由指示向量 $\mathbf{x}^{\mathcal{A}}$表示(同理,对于图 $\mathcal{G}^{\mathcal{B}}$,则由 $\mathbf{x}^{\mathcal{B}}$表示)。这样,就引入了一个新的能量函数项:

$$E_{\text{Geometric}}(\mathbf{x}^{\mathcal{A}},\mathbf{x}^{\mathcal{B}}) = \sum_{v_i \in \mathcal{V}^{\mathcal{A}}, v_j \in \mathcal{V}^{\mathcal{B}}} w_{ij}(x_i, x_j) \tag{5.23}$$

这意味着两个图 $\mathcal{G}^{\mathcal{A}}$和 $\mathcal{G}^{\mathcal{B}}$彼此之间是有效全连通的。用于表达上述三种几何关系的权重列于表 5.2 中。

Delong 和 Boykov 从图割模型的视角研究了式(5.23)的优化问题,并发现由于能量函数具有次模性,包含关系和吸引关系更容易优化。然而,用于表达排除关系的能量函数不具有次模性。因此,除了少数情况之外,这种能量函数的优化具有更多的挑战性(更多细节参见文献[108])。此外,表征两个以上目标之间的几何关系时可能不易获得优化问题的全局最优解。Ulén 等人[109]将这个模型应用于心脏图像的分割,并将表达这些约束的讨论范围进一步扩展到多目标场合。5.1 节中描述的其他任何一种正则化模型都没有论及这些几何交互关系是如何研究的,但是可以将有关这些关系的表达直接集成到这些模型中。

表 5.2 两个目标之间的三类关联信息。

$\mathcal{A}$包含$\mathcal{B}$			$\mathcal{A}$排除$\mathcal{B}$			$\mathcal{A}$吸引$\mathcal{B}$		
$x_i^{\mathcal{A}}$	$x_i^{\mathcal{B}}$	ω_{ij}	$x_i^{\mathcal{A}}$	$x_i^{\mathcal{B}}$	w_{ij}	$x_i^{\mathcal{A}}$	$x_i^{\mathcal{B}}$	w_{ij}
0	0	0	0	0	0	0	0	0
0	1	∞	0	1	0	0	1	0
1	0	0	1	0	0	1	0	α
1	1	0	1	1	∞	1	1	0

5.3 结论

传统的图像分割致力于将一幅图像划分成一系列有意义的目标。相比之下,目标分割算法利用输入的目标描述信息确定所需的特定目标。一个目标图像分割算法由两部分组成:用于指定所需目标的**目标描述**与利用目标描述实现目标分割的**正则化约束**。理想的正则化算法能结合或多或少的已有目标描述且始终如一地产生指定目标的有意义分割结果。

近年来,目标图像分割算法已经发展成熟。目前,存在众多有效的正则化方法及其高效优化算法。而且,还涌现了许多不同类型的目标描述,包括关于外观、边界、形状、用户交互、特征学习、关联信息以及拓扑结构的先验信息。

尽管目标图像分割算法日趋成熟,但还有很多的问题需要解决。5.1节中论述的正则化方法对于细长型目标或片状目标的分割并不凑效。此外,关于指定目标高阶统计特性先验信息的使用还处于初步探索阶段(这个方面的更多内容参见第3章)。最后,这个探索过程是对不同类型的目标描述与不同正则化方法的结合(或者是与其他类型目标描述的结合)进行逐步的优化。在现有的文献中,当存在不同类型的目标描述时,有关不同正则化方法如何优化的话题一直没有展开讨论。我们认为,在不久的将来会出现新的、振奋人心的正则化方法。当存在一种或多种不同类型的目标描述时,这些正则化方法都可以得到高效的优化,从而促使有效解决目标图像分割问题的时代到来。

参考文献

[1] C. Zahn,"Graph theoretical methods for detecting and describing Gestalt clusters," *IEEE Transactions on Computations*, vol. 20, pp. 68-86, 1971.

[2] Z. wu and R. Leahy, "An optimal graph theoretic approach to data clustering: Theory and its application to image segmentation," *IEEE Transactions on Pattern Analysis and Machine Intelligence*, vol. 15, no. 11, pp. 1101-1113, 1993.

[3] J. Shi and J. Malik, "Normalized cuts and image segmentation," *IEEE Transactions on Pattern Analysis and Machine Intelligence*, vol. 22, no. 8, pp. 888-905, August 2000.

[4] P. F. Felzenszwalb and D. P. Huttenlocher, "Efficient graph-based image segmentation," *International Journal of computer Vision*, vol. 59, no. 2, pp. 167-181, September 2004.

[5] L. Grady and E. L. Schwartz, "Isoperimetric graph partitioning for image segmentation," *IEEE Transactions on Pattern Analysis and Machine Intelligence*, vol. 28, no. 3, pp. 469 - 475, March 2006.

[6] J. Roerdink and A. Meijster, "The watershed transform: definitions, algorithms, and parallellization strategies," *Fund. Informaticae*, vol. 41, pp. 187-228, 2000.

[7] Y. Zhang, "A survey on evaluation methods for image segmentation," *Pattern Recognition*, vol. 29, no. 8, pp. 1335-1346, 1996.

[8] D. Martin, C. Fowlkes, D. Tal, and J. Malik, "A database of human segmented natural images and its application to evaluating segmentation algorithms and measuring ecological statistics," *in Proc. ICCV*, 2001.

[9] D. Singaraju, L. Grady, A. K. Sinop, and R. Vidal, "P-brush: A continuous valued MRF for image segmentation," in *Advances in Markov Random Fields for Vision and Image Processing*, A. Blake, P. Kohli, and C. Rother, Eds. MIT Press, 2010.

[10] G. L. Nemhauser and L. A. Wolsey, *Integer and Combinatorial Optimization*. Wiley-Interscience, 1999.

[11] L. Grady, "Computing exact discrete minimal surfaces: Extending and solving the shortest path problem in 3D with application to segmentation," in *Proc. of CVPR*, vol. 1, June 2006, pp. 69-78.

[12] ——, "Minimal surfaces extend shortest path segmentation methods to 3D," *IEEE Trans. on Pattern Analysis and Machine Intelligence*, vol. 32, no. 2, pp. 321-334, Feb. 2010.

[13] T. Schoenemann, F. Kahl, and D. Cremers, "Curvature regularity for region-based image segmentation and inpainting: A linear programming relaxation," in *Proc. of CVPR*. IEEE, 2009, pp. 17-23.

[14] P. Strandmark and F. Kahl, "Curvature regularization for curves and surfaces in a global Optimization framework," in *Proc. of EMMCVPR*, 2011, pp. 205-218.

[15] F. Nicolls and P. Torr, "Discrete minimum ratio curves and surfaces," in *Proc. of CVPR*. IEEE, 2010, pp. 2133-2140.

[16] T. Windheuser, U. Schlickewei, F. Schmidt, and D. Cremers, "Geometrically consistent elastic matching of 3D shapes: A linear programming solution," in *Proc. of ICCV*, vol. 2, 2011.

[17] L. Grady and J. R. Polimeni, *Discrete Calculus: Applied Analysis on Graphs for Computational Science*. Springer, 2010.

[18] A. K. Sinop and L. Grady, "A seeded Image segmentation framework unifyinggraph cuts and random walker which yields a new algorithm," in *Proc. of ICCV* 2007, IEEE Computer Society. IEEE, Oct. 2007.

[19] C. Allène, J. -Y. Audibert, M. Couprie, and R. Keriven, "Some links between extremum spanning forests, watersheds and min-cuts," *Image and Vision Computing* vol. 28, no. 10, 2010.

[20] C. Couprie, L. Grady, L. Najman, and H. Talbot, "Combinatorial continuous max flow," *SIAM J. on Imaging Sciences*, vol. 4, no. 3, pp. 905-930, 2011.

[21] D. Greig, B. Porteous, and A. Seheult, "Exact maximum a *posteriori* estimation for binary images," *Journal of the Royal Statistical Society, Series B*, vol. 51, no. 2, pp. 271-279, 1989.

[22] Y. Boykov and M. -P. Jolly, "Interactive graph cuts for optimal boundary & region segmentation of objects in N-D images," in *Proc. of ICCV* 2001, pp. 105-112, 2001.

[23] L. Grady, "Random walks for image segmentation," *IEEE Trans. on Pattern Analysis and Machine Intelligence*, vol. 28, no. 11, pp. 1768-1783, Nov. 2006.

[24] A. X. Falcão, R. A. Lotufo, and G. Araujo, "The image foresting transformation," *IEEE Transac-*

tions on Pattern Analysis and Machine Intelligence, vol. 26, no. 1, pp. 19–29, 2004.

[25] X. Bai and G. Sapiro, "A geodesic framework for fast interactive image and vedio segmentation and matting," in *ICCV*, 2007.

[26] S. Beucher and F. Meyer, "The morphological approach to segmentation: the watershed transformation," in *Mathematical Morphology in Image Processing*, E. R. Dougherty Ed., Taylor & Francis, Inc., 1993, pp. 443–481.

[27] C. Couprie, L. Grady, L. Najman, and H. Talbot, "power watershed: A unifying graph-based Optimization framework," *IEEE Trans. on Pat. Anal. and Mach. Int.*, *vol.* 33, no. 7, pp. 1384–1399, July 2011.

[28] Y. Boykov and V. Kolmogorov, "An experimental comparison of min-cut/max-flow algorithms for energy minimization in vision," *IEEE Transactions on Pattern Analysis and Machine Intelligence*, pp. 1124–1137, 2004.

[29] L. Yatziv, A. Bartesaghi, and G. Sapiro, "A fast O(N) implementation of the fast marching algorithm," *Journal of Computational Physics*, vol. 212, pp. 393–399, 2006.

[30] J. Udupa and S. Samarasekera, "Fuzzy connectedness and object definition: Theory, algorithms, and applications in image segmentation," *Graphical Models and Image Processing*, vol. 58, pp. 246–261, 1996.

[31] P. Saha and J. Udupa, "Relative fuzzy connectedness among multiple objects: Theory, algorithms, and applications in image segmentation," *Computer Vision and Image Understanding*, vol. 82, pp. 42–56, 2001.

[32] V. V. and K. V., "GrowCut - Interactive Multi-Label N-D Image Segmentation," in *Proc. of Graphicon*, pp. 150–156, 2005.

[33] A. Hamamci, G. Unal, N. Kucuk, and K. Engin, "Cellular automata segmentation of brain tumors on post contrast MR images," in *Proc. of MICCAI*. Springer, pp. 137–146, 2010.

[34] K. C. Ciesielski and J. K. Udupa, "Region-based segmentation: Fuzzy connectedness, graph cut and related algorithms," in *Biomedical Image Processing*, ser. Biological and Medical Physics, Biomedical Engineering, T. M. Deserno, Ed. Springer-Verlag, pp. 251–278, 2011.

[35] P. A. V. Miranda and A. X. Falcão, "Elucidating the relations among seeded image segmentation methods and their possible extensions," in *Proceedings of Sibgrapi*, 2011.

[36] L. G. Dheeraj Singaraju and R. Vidal, "P- brush: Continuous valued MRFs with normed pairwise distributions for image segmentation," in *Proc. of CVPR* 2009, IEEE Computer Society. IEEE, June 2009.

[37] L. D. Cohen, "On active contour models and balloons," *CVGIP*: *Image understanding*, vol. 53, no. 2, pp. 211–218, 1991.

[38] L. Cohen and I. Cohen, "Finite-element methods for active contour models and balloons for 2-D and 3-D images," *IEEE Transactions on Pattern Analysis and Machine Intelligence*, vol. 15, no. 11, pp. 1131–1147, 1993.

[39] L. Grady and E. L. Schwartz, "Isoperimetric partitioning: A new algorithm for graph partioning,"

SIAM Journal on Scientific Computing, vol. 27, no. 6, pp. 1844–1866, June 2006.

[40] Y. Boykov and V. Kolmogorov, "Computing geodesics and minimal surfaces via graph cuts," in *Proceedings of International Conference on Computer Vision*, vol. 1, October 2003.

[41] O. Daněk and P. Matula, "An improved Riemannian metric approximation for graph cuts," *Discrete Geometry for Computer Imagery*, pp. 71–82, 2011.

[42] B. Appleton and H. Talbot, "Globally optimal surfaces bycontinuous maximal flows," *IEEE Transactions and on Pattern Analysis and Machine Intelligence*, vol. 28, no. 1, pp. 106–118, Jan. 2006.

[43] M. Unger, T. Pock, and H. Bischof, "Interactive globally optimal image segmentation," Inst. for Computer Graphics and Vision, Graz University of Technology, Tech. Rep. 08/02, 2008.

[44] M. Unger, T. Pock, W. Trobin, D. Cremers, and H. Bischof, "TVSeg – Interactive total variation based image segmentation," in *Proc. of British Machine Vision Conference*, 2008.

[45] D. Shulman and J. –Y. Herve, "Regularization of discontinuous flow fields," in *Proc. of Visual Motion*, 1989, pp. 81–86.

[46] L. Rudin, S. Osher, and E. Fatemi, "Nonlinear total variation based noise removal algorithms," *Physica D*, vol. 60, no. 1–4, pp. 259–268, 1992.

[47] S. Osher and J. Shen, "Digitized PDE method for data restoration," in *In Analytical–Computational methods in Applied Mathematics*, E. G. A. Anastassion, Ed. Chapman & Hall/CRC, 2000, pp. 751–771.

[48] A. Elmoataz, O. Lézoray, and S. Bougleux, "Nonlocal discrete regularization on weighted graphs: A framework for image and manifold processing," *IEEE Transactions on Image Processing*, vol. 17, no. 7, pp. 1047–1060, 2008.

[49] A. Chambolle, "An algorithm for total variation minimization and applications," *J. Math. Imaging Vis.*, vol. 20, no. 1–2, pp. 89–97, 2004.

[50] J. Darbon and M. Sigelle, "Image restoration with discrete constrained total variation part I: Fast and exact optimization," *Journal of Mathematical Imaging and Vision*, vol. 26, no. 3, pp. 261–276, Dec. 2006.

[51] X. Bresson, S. Esedoglu, P. Vandergheynst, J. –P. Thiran, and S. Osher, "Fast global minimization of the active contour/snake model," *Journal of Mathematical Imaging and Vision*, vol. 28, no. 2, pp. 151–167, 2007.

[52] A. Chambolle and T. Pock, "A first–order primal–dual algorithm for convex problems with applications to imaging," *Journal of Mathematical Imaging and Vision*, vol. 40, no. 1, pp. 120–145, 2011.

[53] M. Iri, "Theory of flows in continua as approximation to flows in networks," *Survey of Mathematical Programming*, 1979.

[54] G. Strang, "Maximum flows through a domain," *Mathematical Programming*, vol. 26, pp. 123–143, 1983.

[55] R. Nozawa, "Examples of max–flow and min–cut problems with duality gaps in Continuous net-

works," *Mathematical Programming*, vol. 63, no. 2, pp. 213–234, Jan. 1994.

[56] L. R. Ford and D. R. Fulkerson," Maximal flow through a network," *Canadian Journal of Mathematics*, vol. 8, pp. 399–404, 1956.

[57] L. Grady, "A lattice-preserving multigrid method for solving the inhomogeneous poisson equations used in image analysis," in *Proc. of ECCV*, ser. LNCS, D. Forsyth, P. Torr, and A. Zisserman, Eds. , vol. 5303. Springer, pp. 252–264, 2008.

[58] M. Heiler, J. Keuchel, and C. Schnörr," Semidefinite clustering for image segmentation with apriori knowledge," in *Proc. of DAGM*, pp. 309–317, 2005.

[59] S. X. Yu and J. Shi, "Understanding popout through repulsion," in *Proc. of CVPR*, vol. 2. IEEE Computer Society, 2001.

[60] J. Wang, M. Agrawala, and M. Cohen, "Soft scissors: An interactive tool for realtime high quality matting," in *Proc. of SIGGRAPH*, 2007.

[61] C. Rother, V. Kolmogorov, and A. Blake, ""GrabCut" – Interactive foreground extraction using iterated graph cuts," in *ACM Transactions on Graphics, Proceedings of ACM SIGGRAPH* 2004, vol. 23, no. 3. ACM, 2004, pp. 309–314.

[62] V. Lempitsky, p. Kohli, C. Rother, and T. Sharp, "Image segmentation with a bounding box prior," *in Proc. of ICCV*, 2009, pp. 227–284.

[63] H. il Koo and N. I. Cho, "Rectification of figures and photos in document images using bounding box interface," *in Proc. of CVPR*, 2010, pp. 3121–3128.

[64] L. Grady, M. –P. Jolly, and A. Seitz, "Segmentation from a box," *in Proc. of ICCV*, 2011.

[65] P. Viola and M. Jones, "Robust real-time face detection," *International Journal of Computer Vision*, vol. 57, no. 2, pp. 137–154, 2004.

[66] A. Blake, C. Rother, M. Brown , P. Perez, , and P. Torr, "Interactive image segmentation using an adaptive GMMRF model," in *Proc. of ECCV*, 2004.

[67] X. Huang, Z. Qian, R. Huang, and D. Metaxas, "Deformable-model based textured object segmentation," in *Proc. of EMMCVPR*, 2005, pp. 119–135.

[68] J. Malcolm, Y. Rathi, and A. Tannenbaum, "A graph cut approach to image segmentation in tensor space," in *Proc. Workshop Component Analysis Methods*, 2007, pp. 18–25.

[69] S. Han, W. Tao, D. Wang, X. – C. Tai, and X. Wu, " Image segmentation based on grabcut framework integrating multiscale nonlinear structure tensor," *IEEE Trans. on TIP*, vol. 18, no. 10, pp. 2289–2302, Oct. 2009.

[70] H. Koo and N. Cho, "Graph cuts using a Riemannian metric induced by tensor voting," in *proc. of ICCV*, 2009, pp. 514–520.

[71] J. Santner, M. Unger, T. Pock, C. Leistner, A. Saffari, and H. Bischof, "Interactive texture segmentation using random forests and total variation," *in Proc. of BVMC*, 2009.

[72] A. F. Frangi, W. J. Niessen, K. L. Vincken , and M. A. Viergever, "Multiscale vessel enhancement filtering," in *Proc. of MICCAI*, ser. LNCS, pp. 130–137, 1998.

[73] M. Freiman, L. Joskowicz, and J. Sosna, " A variational method for vessels segmentation:

Algorithm and application to liver vessels visualization," in *Proc. of SPIE*, vol. 7261, 2009.

[74] S. Esneault, C. Lafon, and J. -L. Dillenseger, "Liver vessels segmentation using a hybrid geometrical moments/graph cuts method," *IEEE Trans. onBio. Eng.*, vol. 57, no. 2, pp. 276 - 283, Feb. 2010.

[75] D. Mumford and J. Shah, "Optimal approximations by piecewise smooth functions and associated variational problems," *Comn. Pure and Appl. Math.*, vol. 42, pp. 577-685, 1989.

[76] A. Tsai, A. Yezzi, and A. Willsky, " Curve evolution implementation of the Mumford-Shah functional for image segmentation, denoising, interpolation, and magnification," *IEEE Transactions on Image Processing*, vol. 10, no. 8, pp. 1169-1186, 2001.

[77] L. Grady and C. Alvino, " The piecewise smooth Mumford - Shah functional on an arbitrary graph," *IEEE Transactions on Image Processing*, vol. 18, no. 11, pp. 2547-2561, Nov. 2009.

[78] T. Chan and L. Vese, "Active contours without edges," *IEEE Transactions on Image Processing*, vol. 10, no. 2, pp. 266-277, 2001.

[79] S. Geman and D. McClure, " Statistical methods for tomographic image reconstruction," in *Proc. 46th Sess. Int. Stat. Inst. Bulletin ISI*, vol. 52, no. 4, pp. 4-21, Sept. 1987.

[80] P. Perona and J. Malik, " Scale - space and edge detection using anisotropic diffusion," *IEEE Transactions on Pattern Analysis and Machine Intelligence*, vol. 12, no. 7, pp. 629-639, July 1990.

[81] D. Geman and G. Reynolds, "Constrained restoration and the discovery of discontinuities," *IEEE Transactions on Pattern Analysis and Machine Intelligence*, vol. 14, no. 3, pp. 367 - 383, March 1992.

[82] V. Caselles, R. Kimmel, and G. Sapiro, "Geodesic active contours," *International journal of computer vision*, vol. 22, no. 1, pp. 61-79, 1997.

[83] M. J. Black, G. Sapiro, D. H. Marimont, and D. Heeger, " Robust anisotropic diffusion," *IEEE Transactions on Image Processing*, vol. 7, no. 3, pp. 421-432, March 1998.

[84] L. Grady and M. -P. Jolly, "Weights and topology: A study of the effects of graph construction on 3D image segmentation," in *Proc. of MICCAI* 2008, ser. LNCS, D. M. et al., Ed., vol. Part I, no. 5241. Springer-Verlag, pp. 153-161, 2008.

[85] Y. Boykov and G. Funka-Lea, "Graph cuts and efficient N-D image segmentation," *International Journal of Computer Vision*, vol. 70, no. 2, pp. 109-132, 2006.

[86] D. Singaraju, L. Grady, and R. Vidal, "Interactive image segmentation of quadratic energies on directed graphs," in *Proc. of CVPR* 2008, IEEE Computer Society. IEEE, June 2008.

[87] V. Kolmogorov and Y. Boykov, "What metrics can be approximated by geo-cuts, or global optimization of length/area and flux," in *Proc. of the International Conference on Computer Vision (ICCV)*, vol. 1, pp. 564-571, 2005.

[88] T. Schoenemann, F. Kahl, and D. Cremers, "Curvature regularity for region-based image segmentation and inpainting: A linear Programming relaxation," in *Proc. of ICCV*, Kyoto, Japan, 2009.

[89] N. EI-Zehiry and L. Grady, "Fast global optimization of curvature," in Proc. *of CVPR* 2010, June 2010.

[90] ——,"Contrast driven elastic for image segmentation," in *Submitted to CVPR* 2012,2012.

[91] B. Goldluecke and D. Cremers,"Introducing total curvature for image processing" in *Proc. of ICCV*,2011.

[92] D. Mumford,"Elastica and computer vision,"*Algebriac Geometry and Its Applications*, pp. 491-506,1994.

[93] A. K. Sinop and L. Grady,"Uninitialized, globally optimal, graph-based rectilinear shape segmentation—— The opposing metrics method," in *Proc. of ICCV* 2007, IEEE Computer Society, IEEE, Oct. 2007.

[94] J. Zunic and P. Rosin, "Rectilinearity measurements for polygons," *IEEE Trans. on Pat. Anal. and Mach. Int.* ,vol. 25, no. 9, pp. 1193-1200, Sept. 2003.

[95] G. Slabaugh and G. Unal,"Graph cuts segmentation using an elliptical shape prior," in *Proc. of ICIP*, vol. 2, 2005.

[96] D. Freedman and T. Zhang, "Interactive graph cut based segmentation with shape priors," in *Proc. of CVPR*, pp. 755-762, 2005.

[97] A. Tsai, A. Yezzi, W. Wells, C. Tempany, D. Tucker, A. Fan, W. E. Grimson, and A. Willsky, "A shape-based approach to the segmentation of medical images using level sets," *IEEE TMI*, vol. 22, no. 2, pp. 137-154, 2003.

[98] J. Zhu-Jacquot and R. Zabih,"Graph cuts segmentation with statistical shape priors for medical images," in *Proc. of* SITIBS, 2007.

[99] M. Kumar, P. H. S. Torr, and A. Zisserman, "Obj cut," in *Proc. of CVPR*, vol. 1. IEEE, pp. 18-25, 2005.

[100] P. Felzenszwalb and D. Huttenlocher, "Efficient matching of pictorial structures," in *Proc. of CVPR*, vol. 2. IEEE, pp. 66-73, 2000.

[101] A. Levin and Y. Weiss, "Learning to combine bottom-up and top-down segmentation," in *Proc. of ECCV*. Springer, pp. 581-594, 2006.

[102] Y. Zeng, D. Samaras, W. Chen, and Q. Peng,"Topology cuts: A novel min-cut/max-flow algorithm for topology preserving segmentation in ND images," *Computer vision and image understanding*, vol. 112, no. 1, pp. 81-90, 2008.

[103] S. Vicente, V. Kolmogorov, and C. Rother, "Graph cut based image segmentation with connectivity priors," in *Proc. of CVPR*, 2008.

[104] S. Nowozin and C. Lampert, "Global interactions in random field models: A potential function ensuring connectedness,"*SIMA Journal on Imaging Sciences*, vol. 3, p. 1048, 2010.

[105] X. Han, C. Xu, and J. Prince,"A topology preserving level set method for geometric deformable models,"*IEEE Transactions on Pattern Analysis and Machine Intelligence*, pp. 755-768, 2003.

[106] G. Bertrand, "Simple points, topological numbers and geodesic neighborhoods in cubic grids," *Pattern Recognition letters*, vol. 15, no. 10, pp. 1003-1011, 1994.

[107] O. Danek and M. Maska, "A simple topology preserving max-flow algorithm for graph cut based image segmentation," in *Proc. of the Sixth Doctoral Workshop on Mathematical and Engineering*

Methods in Computer Science, pp. 19-25, 2010.

[108] A. Delong and Y. Boykov, "Globally optimal segmentation of multi-region objects," in *Proc. of ICCV, IEEE*, pp. 285-292, 2009.

[109] J. Uln, P. Strandmark, and F. Kahl, "Optimization for multi-region segmentation of cardiac MRI," in *Proc. of the MICCAI Workshop on Statistical Atlases and Computational Models of the Heart: Imaging and Modelling Challenges*, 2011.

第6章
边与顶点加权图的数学形态学导论

Laurent Najman, Fernand Meyer

6.1 引言

数学形态学是一门图像分析学科,由巴黎矿业大学的两名研究员 Georges[1] 和 Jean Serra[2,3] 在20世纪60年代中期提出。从历史角度来说,这是第一个一以贯之的非线性图像分析理论,从刚一开始就不仅包括理论成果而且还涉及众多实际应用。由于形态学的代数特性,定义算子的空间可以是连续的也可以是离散的。然而,仅仅在1989年[4]来自巴黎矿业大学数学形态学中心的研究员才开始研究图的数学形态学,很快在文献[5]中正式成形。这个方向最近的发展[6-12]存在几种动机并产生了一些有效的结果,这些我们都将在本章进行回顾。我们并不是试图论述该理论的方方面面,而是在巴黎东区大学 Gaspard-Monge 信息学实验室 A3SI 团队近期提出的统一图论框架的基础上选择部分内容进行综合论述。大致分三部分来论述,分别涉及到基本算子(主要基于文献[10])、层级分割(主要基于文献[13]和[14])以及最优化(主要基于文献[15])。若读者对更全面的数学形态学论述感兴趣,我们推荐文献[16]和最近的文献[17]。

数学形态学的基本思想之一是将未知的对象与已知的进行对比。我们一开始先描述使这种想法切实可行的工具——称之为**晶格**的数学结构(6.2节),从而使我们能够比较加权的与没有加权的边和顶点。然后,论述了几种膨胀与腐蚀算子(6.3节),它们总是成对出现(称之为**辅助算子**)。通过它们我们可以设计一些形态学滤波器(6.4节),称之为**开运算**和**闭运算**。在描述这些各式各样的算子时,我们经常用形态学术语来解释经典的图算子。在结束这部分内容时我们描述了一些基于图像树表示修剪的连通算子,并展示了它们在图像滤波及简化方面的用法(6.5节)。

本章第二部分论述了层级分割。在论述本章第一部分时,在好几处都出现了最小生成树,这种树是最古老的组合优化问题[18,19]。自从 Zahn[20] 的开创性工作问世以来,最小生成树已广泛应用在分类问题上。它第一次出现在图像处理领域要追溯到1986年,相关内容发表在 Morris 等人[21]的一篇论文中。Meyer 是第一个在数学形态学领域明确使用最小生成树的学者[22]。Felzenswalb 和 Huttenlocher[23]在他们发表于2004年的论文中对最小生成树用于图像分割的强劲势头做了描述。在本章第二部分，我们再次讨论了分水岭[24]，并且指出在边加权图框架下分水岭与最小生成树之间存在着十分密切的联系(6.6节)。正是由于这些联系，我们才可以使用分水岭建立分割的层级结构(6.7节)，而具体形式要取决于本章第一部分所描述的滤波工具。

相比而言，数学形态学的主要原理完全不同于最优化范式。然而，并不是将这两种思想对立起来，挖掘它们之间的联系会更富有成效。本章最后一部分(6.8节)，我们转到最优化问题上，并且指出前一部分论述的分水岭可以扩展为最优化工具使用。

6.2 图与晶格

在数学形态学中，对象之间要相互比较，可以使我们有效实施这种运算的数学结构称之为**晶格**。回顾一下，一个(完整)晶格是一个半序集，也有一个最小上界，称为**上确界**，以及一个最大下界，称为**下确界**。更正式地讲，一个晶格[25] $(\mathcal{L}, \leqslant)$ 是一个带有**排序**关系 $\leqslant$ 的集合 $\mathcal{L}$ (空间)，具有反射性 ($\forall x \in \mathcal{L}, x \leqslant x$)、反对称性 ($x \leqslant y$ 且 $y \leqslant x \Rightarrow x = y$) 和传递性 ($x \leqslant y$ 且 $y \leqslant z \Rightarrow x \leqslant z$)。这样的排序方式使得对于所有 x 和 y，可以定义一个更大的元素 $x \vee y$ 和一个更小的元素 $x \wedge y$。如果 $\mathcal{L}$ 的任意一个子集 $\mathcal{P}$ 具有均属于 $\mathcal{L}$ 的**上确界** $\vee \mathcal{P}$ 和**下确界** $\wedge \mathcal{P}$，我们称这样的晶格是**完备**的。正式地讲，上确界是 $\mathcal{L}$ 中所有元素的最小值，比 $\mathcal{P}$ 的所有元素都大；反过来，下确界是 $\mathcal{L}$ 中所有元素的最大值，比 $\mathcal{P}$ 的所有元素都小。

大部分形态学理论可以在这个抽象层次上描述和发展，并不需要顾及基本空间的特性。然而，在一些场合中研究这些特性带来的影响的确很有意义。因此，我们就研究可以通过图空间构造的一些晶格，以及通过这些晶格可以设计何种类型的(形态学)算子。

6.2.1 图晶格

我们把**图**定义为 $\mathcal{G} = (\mathcal{V}(\mathcal{G}), \mathcal{E}(\mathcal{G}))$，这里 $\mathcal{V}(\mathcal{G})$ 是一个集合，而 $\mathcal{E}(\mathcal{G})$ 由 $\mathcal{V}(\mathcal{G})$ 中无序的相异元素对组成，即 $\mathcal{E}(\mathcal{G})$ 是 $\{\{v_1, v_2\} \subseteq \mathcal{V}(\mathcal{G}) \mid v_1 \neq v_2\}$ 的一个子集。$\mathcal{V}(\mathcal{G})$ 中的每个元素称为($\mathcal{G}$ 的)一个**顶点**或一个**点**，而 $\mathcal{E}(\mathcal{G})$ 中的每个元素称为($\mathcal{G}$ 的)一条**边**。因此，为简化符号，用 e_{ij} 代表边 $\{v_i, v_j\} \in \mathcal{E}(\mathcal{G})$。

令 $\mathcal{G}_1$ 和 $\mathcal{G}_2$ 为两个图。如果 $\mathcal{V}(\mathcal{G}_2) \subseteq \mathcal{V}(\mathcal{G}_1)$ 且 $\mathcal{E}(\mathcal{G}_2) \subseteq \mathcal{E}(\mathcal{G}_1)$，那么 $\mathcal{G}_1$ 和 $\mathcal{G}_2$ 是有序的，我们将其记为 $\mathcal{G}_2 \sqsubseteq \mathcal{G}_1$。如果 $\mathcal{G}_2 \sqsubseteq \mathcal{G}_1$，我们称 $\mathcal{G}_2$ 是 $\mathcal{G}_1$ 的一个**子图**，或者说 $\mathcal{G}_2$ 比 $\mathcal{G}_1$ **小**($\mathcal{G}_1$ 比 $\mathcal{G}_2$ **大**)。

重要说明:从这往后,所涉及的工作空间就是一个图 $\mathcal{G}=(\mathcal{V}(\mathcal{G}),\mathcal{E}(\mathcal{G}))$,我们考虑集合 $\mathcal{V}(\mathbb{G})$、$\mathcal{E}(\mathbb{G})$ 和 $\mathbb{G}$,它们分别是 $\mathcal{V}(\mathcal{G})$ 的所有子集、$\mathcal{E}(\mathcal{G})$ 的所有子集以及 $\mathcal{G}$ 的所有子图构成的集合。我们也使用传统符号 $\mathcal{V}=\mathcal{V}(\mathcal{G})$ 和 $\mathcal{E}=\mathcal{E}(\mathcal{G})$。

令 $\mathbb{S}_0,\mathbb{S}_1\subseteq\mathbb{G}$ 分别是单个顶点组成的图的集合和通过边连接在一起的成对顶点组成的图的集合,即 $\mathbb{S}_0=\{(\{v\},\varnothing)\mid v\in\mathcal{V}(\mathcal{G})\}$,而 $\mathbb{S}_1=\{(\{v_i,v_j\},\{e_{ij}\})\mid e_{ij}\in\mathcal{E}(\mathcal{G})\}$。我们记 $\mathbb{S}=\mathbb{S}_0\cup\mathbb{S}_1$。任何一个图 $\mathcal{G}^1\in\mathbb{G}$ 都由 $\mathbb{S}$ 中所有比 $\mathcal{G}^1$ 小的元素构成的族 $\mathcal{F}=\{\mathcal{G}_1,\cdots,\mathcal{G}_l\}$ 生成:$\mathcal{G}^1=(\cup_{i\in[1,l]}\mathcal{V}(\mathcal{G}_i),\ \cup_{i\in[1,l]}\mathcal{E}(\mathcal{G}_i))$,我们称 $\mathcal{F}$ 中的元素是 $\mathcal{G}^1$ 的**生成子**[10]。相反,任何一个 $\mathbb{S}$ 的元素族 $\mathcal{F}$ 能产生 $\mathbb{G}$ 的一个元素。因此,$\mathbb{S}(sup\ -)$ 生成 $\mathbb{G}$。

很明显,当 $\mathcal{G}_2$ 中的所有**生成子**也是 $\mathcal{G}_1$ 的**生成子**时,图上的排序$\sqsubseteq$就相当于 $\mathcal{G}_2\sqsubseteq\mathcal{G}_1$。因此,排序$\sqsubseteq$就产生了集合 $\mathbb{G}$ 上的**晶格**结构。事实上,比 $\mathbb{G}$ 中的元素族 $\mathcal{F}=\{\mathcal{G}_1,\cdots,\mathcal{G}_l\}$ 要小的极大图是由所有 $\mathcal{G}_i$ 共用的**生成子**产生的图,其中 $i\in[1,l]$;用$\sqcap\mathcal{F}$ 表示这一**下确界**。同理,**上确界**$\sqcup\mathcal{F}$ 由一族族所有 $\mathcal{G}_i$ **生成子**的并运算生成,其中 $i\in[1,l]$。

如果 $\mathcal{V}(\mathcal{G}_1)\subseteq\mathcal{V}(\mathcal{G})$(或者 $\mathcal{E}(\mathcal{G}_2)\subseteq\mathcal{E}(\mathcal{G})$),我们用 $\overline{\mathcal{V}(\mathcal{G}_1)}$(或者 $\overline{\mathcal{E}(\mathcal{G}_2)}$)表示 $\mathcal{V}(\mathcal{G}_1)$(或者 $\mathcal{E}(\mathcal{G}_2)$)在 $\mathcal{V}(\mathcal{G})$(或者 $\mathcal{E}(\mathcal{G})$)中的**补集**,即 $\overline{\mathcal{V}(\mathcal{G}_1)}=\mathcal{V}(\mathcal{G})\backslash\mathcal{V}(\mathcal{G}_1)$)(或者 $\overline{\mathcal{E}(\mathcal{G}_2)}=\mathcal{E}(\mathcal{G})\backslash\mathcal{E}(\mathcal{G}_2)$)。我们注意到,如果 $\mathcal{G}_1$ 是 $\mathcal{G}$ 的一个子图,那么,除一些退化情况外,$(\overline{\mathcal{V}(\mathcal{G}_1)},\overline{\mathcal{E}(\mathcal{G}_1)}$ 不再是一个图。

性质 1[10]

$\mathcal{G}$ 的子图构成的集合 $\mathbb{G}$ 形成了一个完备的晶格,由集合 $\mathbb{S}=\mathbb{S}_0\cup\mathbb{S}_1$ 生成但并不互补。$\mathbb{G}$ 中任何一个元素族 $\mathcal{F}=\{\mathcal{G}_1,\cdots,\mathcal{G}_l\}$ 的上确界和下确界分别记为$\sqcap\mathcal{F}=(\cap_{i\in[1,l]}\mathcal{V}(\mathcal{G}_i),\ \cap_{i\in[1,l]}\mathcal{E}(\mathcal{G}_i))$ 和$\sqcup\mathcal{F}=(\cup_{i\in[1,l]}\mathcal{V}(\mathcal{G}_i),\ \cup_{i\in[1,l]}\mathcal{E}(\mathcal{G}_i))$。

6.2.2 权值晶格

在固定网格中,通过对各个像素赋予灰色调来表示图像,而利用图 $\mathcal{G}$ 通过对它的顶点和边赋予权值可以派生出众多图。取决于具体应用,权值可以是实数或整数,即在 $\mathbb{R}$,$\mathbb{R}^+$,$\mathbb{N}$,$[-n,+n]$ 和 $[0,+n]$ 中取值。顶点 v_i 的权值记为 w_i,而边 e_{ij} 的权值记为 w_{ij}。所有(边与顶点)的权值构成的集合记为 w。当权值为二元时,即属于 $\{0,1\}$,这种情况可解释为存在或不存在:$w_{ij}=1$ 和 $w_k=1$ 分别表示边 e_{ij} 和顶点 v_k 的存在。图 $\mathcal{G}$ 中所有权值为 0 的边和顶点不会在这种加权图中出现。

关于权值的可能晶格结构按如下方式给出:令 w^1 和 w^2 为两个权值集合,当 $w_{ij}^1<w_{ij}^2$ 且 $w_k^1<w_k^2$ 时,则有 $w^1\prec w^2$。权值集合族的上确界(或下确界)是一个权值集合,其中给定元素的权值可能是该族相同元素对应权值的最大值(或最小值)。

注 2

在一个图中，可能会存在孤立的顶点，即与边不毗连的顶点。与此相反，每条边与两个顶点毗连。由于这个原因，并不是图 $\mathcal{G}$ 的顶点与边权值的任何二值分布都能表示为一个图。当且仅当每个权值为 1 的边与权值为 1 的两个顶点毗连时，上述情况才成立。对于任意类型的权值分布，这个结论同样成立。如果每条边的权值 w_{ij} 满足 $w_{ij} \leqslant w_i$ 且 $w_{ij} \leqslant w_j$，则 w 对应于一个图。即是说，如果边的端点的权值不低于边的权值的话，就属于这种情况。图可以用于描述众多不同类型的结构。在某些情况下，只有顶点的权值才有物理意义，边的权值仅仅在计算顶点的权值时用于存储中间结果。在其他情况下，正好相反。在这些情况下，不用在乎是否可以用权值表示一个图。与此相反，在其他条件下就要考虑定义由一个图转变为另一个图的算子。

6.3 图的邻域运算

如果将顶点和边的邻域关系考虑进来，那么才算真正开始讨论形态学。现在我们定义以这些邻域为参量的算子，从最小邻域到较大领域以递增方式构建。

6.3.1 图的邻接

在图 $\mathcal{G}$ 中，我们可以考虑点的集合和边的集合。因此，考虑能从一种集合变换到另一种集合的算子是很方便的。在本节中，我们研究这类算子及其形态学特性。然后，在这些算子的基础上，我们提出几种作用于 $\mathcal{G}$ 中所有子图晶格的膨胀和腐蚀算子。

令 $\mathcal{V}(\mathcal{G}_1)$ 是 $\mathcal{V}(\mathcal{G})$ 的一个子集，我们用 $\mathbb{G}_{\mathcal{V}(\mathcal{G}_1)}$ 表示 $\mathcal{G}$ 中顶点集为 $\mathcal{V}(\mathcal{G}_1)$ 的所有子图构成的集合。令 $\mathcal{E}(\mathcal{G}_2)$ 是 $\mathcal{E}(\mathcal{G})$ 的一个子集，我们用 $\mathbb{G}_{\mathcal{E}(\mathcal{G}_2)}$ 表示 $\mathcal{G}$ 中所有边集为 $\mathcal{E}(\mathcal{G}_2)$ 的所有子图构成的集合。

定义 3 （边-顶点的对应关系[10]）

下面，我们定义从 $\mathcal{E}(\mathbb{G})$ 转变为 $\mathcal{V}(\mathbb{G})$ 的算子 $\delta_{\mathcal{EV}}$ 和 $\varepsilon_{\mathcal{EV}}$ 以及从 $\mathcal{V}(\mathbb{G})$ 转变为 $\mathcal{E}(\mathbb{G})$ 的算子 $\delta_{\mathcal{VE}}$ 和 $\varepsilon_{\mathcal{VE}}$：

	$\mathcal{E}(\mathbb{G}) \to \mathcal{V}(\mathbb{G})$	$\mathcal{V}(\mathbb{G}) \to \mathcal{E}(\mathbb{G})$
赋予目标对象一个图结构	$\mathcal{E}(\mathcal{G}_1) \to \delta_{\mathcal{EV}}(\mathcal{E}(\mathcal{G}_1))$ 则有 $(\delta_{\mathcal{EV}}(\mathcal{E}(\mathcal{G}_1)), \mathcal{E}(\mathcal{G}_1)) = \sqcap \mathbb{G}_{\mathcal{E}(\mathcal{G}_1)}$	$\mathcal{V}(\mathcal{G}_1) \to \varepsilon_{\mathcal{VE}}(\mathcal{V}(\mathcal{G}_1))$ 则有 $(\mathcal{V}(\mathcal{G}_1), \varepsilon_{\mathcal{VE}}(\mathcal{V}(\mathcal{G}_1))) = \sqcup \mathbb{G}_{\mathcal{V}(\mathcal{G}_1)}$

（续）

	$\mathcal{E}(\mathbb{G}) \to \mathcal{V}(\mathbb{G})$	$\mathcal{V}(\mathbb{G}) \to \mathcal{E}(\mathbb{G})$
赋予目标对象的补一个图结构	$\mathcal{E}(\mathcal{G}_1) \to \varepsilon_{\mathcal{E}\mathcal{V}}(\mathcal{E}(\mathcal{G}_1))$ 则有 $(\overline{\varepsilon_{\mathcal{E}\mathcal{V}}(\mathcal{E}(\mathcal{G}_1))}, \overline{\mathcal{E}(\mathcal{G}_1)}) = \sqcap \mathbb{G}_{\mathcal{E}(\mathcal{G}_1)}$	$\mathcal{V}(\mathcal{G}_1) \to \delta_{\mathcal{V}\mathcal{E}}(\mathcal{V}(\mathcal{G}_1))$ 则有 $(\overline{\mathcal{V}(\mathcal{G}_1)}, \overline{\delta_{\mathcal{V}\mathcal{E}}(\mathcal{V}(\mathcal{G}_1))}) = \sqcup \mathbb{G}_{\overline{\mathcal{V}(\mathcal{G}_1)}}$

换句话说，如果 $\mathcal{V}(\mathcal{G}_1) \subseteq \mathcal{V}(\mathcal{G})$ 且 $\mathcal{E}(\mathcal{G}_2) \subseteq \mathcal{E}(\mathcal{G})$，那么 $(\delta_{\mathcal{E}\mathcal{V}}(\mathcal{E}(\mathcal{G}_2)), \mathcal{E}(\mathcal{G}_2))$ 是 $\mathcal{G}$ 的边集为 $\mathcal{E}(\mathcal{G}_2)$ 的最小子图，$(\mathcal{V}(\mathcal{G}_1), \varepsilon_{\mathcal{V}\mathcal{E}}(\mathcal{V}(\mathcal{G}_1)))$ 是图 $\mathcal{G}$ 的顶点集为 $\mathcal{V}(\mathcal{G}_1)$ 的最大子图，$(\overline{\varepsilon_{\mathcal{E}\mathcal{V}}(\mathcal{E}(\mathcal{G}_2))}, \overline{\mathcal{E}(\mathcal{G}_2)})$ 是图 $\mathcal{G}$ 的边集为 $\overline{\mathcal{E}(\mathcal{G}_2)}$ 的最小子图，而 $(\overline{\mathcal{V}(\mathcal{G}_1)}, \overline{\delta_{\mathcal{V}\mathcal{E}}(\mathcal{V}(\mathcal{G}_1))})$ 是图 $\mathcal{G}$ 的顶点集为 $\overline{\mathcal{V}(\mathcal{G}_1)}$ 的最大子图。

这些算子展示于图 6.1(a–f) 中。如下性质从局部角度对它们做了描述。

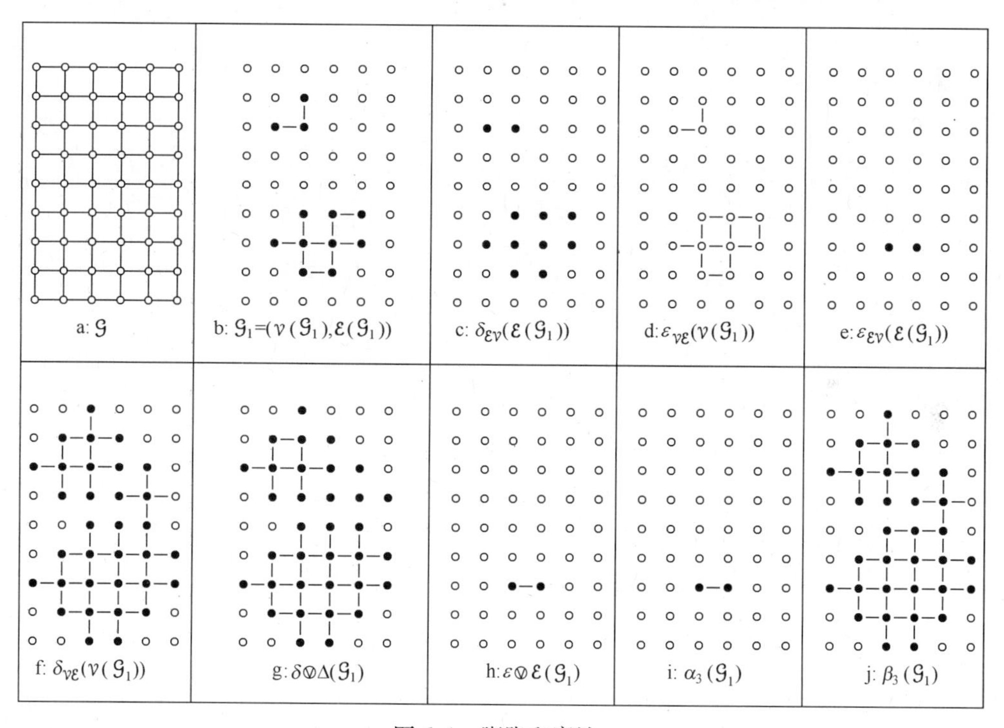

图 6.1　膨胀和腐蚀。

性质 4[10]

对于任意的 $\mathcal{E}(\mathcal{G}_1) \subseteq \mathcal{E}(\mathcal{G})$ 和 $\mathcal{V}(\mathcal{G}_2) \subseteq \mathcal{V}(\mathcal{G})$，有：

1. $\delta_{\mathcal{E}\mathcal{V}}: \mathcal{E}(\mathcal{G}) \to \mathcal{V}(\mathcal{G})$ 则有 $\delta_{\mathcal{E}\mathcal{V}}(\mathcal{E}(\mathcal{G}_1)) = \{v_i \in \mathcal{V}(\mathcal{G}) \mid \exists e_{ij} \in \mathcal{E}(\mathcal{G}_1)\}$；
2. $\varepsilon_{\mathcal{V}\mathcal{E}}: \mathcal{V}(\mathcal{G}) \to \mathcal{E}(\mathcal{G})$ 则有 $\varepsilon_{\mathcal{E}\mathcal{V}}(\mathcal{V}(\mathcal{G}_2)) = \{e_{ij} \in \mathcal{E}(\mathcal{G}) \mid v_i \in \mathcal{V}(\mathcal{G}_2)$ and $v_j \in \mathcal{V}(\mathcal{G}_2)\}$；
3. $\varepsilon_{\mathcal{E}\mathcal{V}}: \mathcal{E}(\mathcal{G}) \to \mathcal{V}(\mathcal{G})$ 则有 $\varepsilon_{\mathcal{E}\mathcal{V}}(\mathcal{E}(\mathcal{G}_1)) = \{v_i \in \mathcal{V}(\mathcal{G}) \mid \forall e_{ij} \in \mathcal{E}(\mathcal{G}), e_{ij} \in \mathcal{E}(\mathcal{G}_1)\}$；
4. $\delta_{\mathcal{V}\mathcal{E}}: \mathcal{V}(\mathcal{G}) \to \mathcal{E}(\mathcal{G})$ 则有 $\delta_{\mathcal{V}\mathcal{E}}(\mathcal{V}(\mathcal{G}_2)) = \{e_{ij} \in \mathcal{E}(\mathcal{G}) \mid$ either $v_i \in \mathcal{V}(\mathcal{G}_2)$ or v_j

$\in \mathcal{V}(\mathcal{G}_2)\}$。

换句话说，$\delta_{\mathcal{E}\mathcal{V}}(\mathcal{E}(\mathcal{G}_1))$ 是属于 $\mathcal{E}(\mathcal{G}_1)$ 的边的所有顶点构成的集合，$\varepsilon_{\mathcal{V}\mathcal{E}}(\mathcal{V}(\mathcal{G}_2))$ 是两个端点在 $\mathcal{V}(\mathcal{G}_2)$ 中的所有边构成的集合，$\varepsilon_{\mathcal{E}\mathcal{V}}(\mathcal{E}\mathcal{G}_1))$ 是不属于 $\overline{\mathcal{E}(\mathcal{G}_1)}$ 的任何边的所有顶点构成的集合，而 $\delta_{\mathcal{V}\mathcal{E}}(\mathcal{V}(\mathcal{G}_2))$ 是至少有一个端点在 $\mathcal{V}(\mathcal{G}_2)$ 中的所有边构成的集合。

根据这个特性，我们可以辨识出由 Meyer 和 Angulo[8]（也可参见文献[7]）引入的用于六角网格的一些算子的通用图表达形式。通过将图晶格的上确界和下确界变换为对应的权值晶格的上确界和下确界，我们就可以获得这些算子的加权形式。那么，定义 3 中的四个基本算子则变换为：$(\delta_{\mathcal{E}\mathcal{V}}(w))_i = \max\{w_{ij} | e_{ij} \in \mathcal{E}\}$，$\varepsilon_{\mathcal{E}\mathcal{V}}(w)_i = \min\{w_{ij} | e_{ij} \in \mathcal{E}\}$，$(\delta_{\mathcal{V}\mathcal{E}}(w))_{ij} = \max\{w_i, w_j\}$ 和 $(\varepsilon_{\mathcal{V}\mathcal{E}}(w))_{ij} = \min\{w_i, w_j\}$。

在进一步分析上述定义的算子之前，我们先简要回顾一下数学形态学的一些基本代数工具[26]。

给定两个晶格 $\mathcal{L}_1$ 和 $\mathcal{L}_2$，当一个算子 $\delta:\mathcal{L}_1 \to \mathcal{L}_2$ 保持上确界时（即，$\forall \mathcal{X} \subseteq \mathcal{L}_1$，$\delta(\vee_1 \mathcal{X}) = \vee_2\{\delta(x) | x \in \mathcal{X}\}$，这里 $\vee_1$ 为 $\mathcal{L}_1$ 的上确界，$\vee_2$ 为 $\mathcal{L}_2$ 的上确界），则称其为**膨胀**。同理，当一个算子保持下确界时称之为**腐蚀**。

对于 $\mathcal{L}_2$ 中的任意一个 x 和 $\mathcal{L}_1$ 中的任意一个 y，当满足 $\delta(x) \leqslant_1 y \Leftrightarrow x \leqslant_2 \varepsilon(y)$（这里 $\leqslant_1$，$\leqslant_2$ 分别表示 $\mathcal{L}_1$ 和 $\mathcal{L}_2$ 上的序关系）时，两个算子 $\varepsilon:\mathcal{L}_1 \to \mathcal{L}_2$ 和 $\delta:\mathcal{L}_2 \to \mathcal{L}_1$ 构成一个**合取** (ε,δ)。给定两个算子 ε 和 δ，如果 (ε,δ) 为一个合取，那么 ε 是一个腐蚀算子，而 δ 是一个膨胀算子。

给定两个互补的晶格 $\mathcal{L}_1$ 和 $\mathcal{L}_2$，如果对于任意的 $x \in \mathcal{L}_1$，$\beta(x) = \overline{\alpha(\bar{x})}$ 成立，则从 $\mathcal{L}_1$ 变到 $\mathcal{L}_2$ 的两个算子 α 和 β 彼此（关于补）呈**对偶**关系。如果 α,β 彼此呈对偶关系，那么，当 α 是一个膨胀算子时 β 就是一个腐蚀算子。

性质 5 （膨胀、腐蚀、合取、对偶性[10]）

1. $(\varepsilon_{\mathcal{V}\mathcal{E}}),\delta_{\mathcal{E}\mathcal{V}})$ 和 $(\varepsilon_{\mathcal{E}\mathcal{V}},\delta_{\mathcal{V}\mathcal{E}})$ 均为合取。
2. 算子 $\varepsilon_{\mathcal{V}\mathcal{E}}$ 和 $\delta_{\mathcal{V}\mathcal{E}}$（或者 $\varepsilon_{\mathcal{E}\mathcal{V}}$ 和 $\delta_{\mathcal{E}\mathcal{V}}$）彼此为对偶关系。
3. 算子 $\delta_{\mathcal{E}\mathcal{V}}$ 和 $\delta_{\mathcal{V}\mathcal{E}}$ 是膨胀算子。
4. 算子 $\varepsilon_{\mathcal{E}\mathcal{V}}$ 和 $\varepsilon_{\mathcal{V}\mathcal{E}}$ 是腐蚀算子。

我们对这些膨胀和腐蚀算子进行组合，用于 $\mathcal{V}(\mathbb{G})$ 和$\mathcal{E}(\mathbb{G})$ 上。

定义 6（顶点膨胀、顶点腐蚀）

我们将作用于 $\mathcal{V}(\mathbb{G})$ 上（即，$\mathcal{V}(\mathbb{G}) \to \mathcal{V}(\mathbb{G})$）的算子 δ 和 ε 定义为 $\delta = \delta_{\mathcal{E}\mathcal{V}} \circ \delta_{\mathcal{V}\mathcal{E}}$ 和 $\varepsilon = \varepsilon_{\mathcal{E}\mathcal{V}} \circ \varepsilon_{\mathcal{V}\mathcal{E}}$。

作为膨胀算子和腐蚀算子的合成结果，δ 和 ε 分别是一个膨胀算子和腐蚀算子。而且，通过组合合取算子和对偶算子，δ 和 ε 是对偶的，而 (ε,δ) 为合取。

事实上，δ 和 ε 与通常的图中顶点集的腐蚀和膨胀概念是完全一致的[4,5]。特别要说明的是，这意味着，当 $\mathcal{V}(\mathcal{G})$ 是晶格点 $\mathbb{Z}^d$ 的一个子集且边集 $\mathcal{E}(\mathcal{G})$ 经由对称结构元素获得时，利用所涉及到的结构元素就可使上述定义的算子与通常的二值膨胀和腐蚀算子等价。例如，在图 6.1 中，$\mathcal{V}(\mathcal{G})$ 是 $\mathbb{Z}^2$ 的一个矩形子集，而 $\mathcal{E}(\mathcal{G})$ 则对应于基本的"交叉"结构元素。可以验证，通过将 δ 和 ε 用到 $\mathcal{V}(\mathcal{G}_1)$ 上（图 6.1(b)）而获得的图 6.1(g) 和(h)中的顶点集是通过 $\mathcal{V}(\mathcal{G}_1)$ 的"交叉"结构元素获得的膨胀和腐蚀结果。

我们现在考虑作用于 $\mathcal{E}(\mathbb{G})$ 上的一个膨胀与腐蚀对偶/合取对。

定义 7（边膨胀、边腐蚀[10]

我们将作用于 $\mathcal{E}(\mathbb{G})$ 上的 Δ 算子和 $\mathcal{E}$ 算子定义为 $\Delta = \delta_{\mathcal{V}\mathcal{E}} \circ \delta_{\mathcal{E}\mathcal{V}}$ 和 $\varepsilon = \varepsilon_{\mathcal{V}\mathcal{E}} \circ \varepsilon_{\mathcal{E}\mathcal{V}}$。

定义 8[10]

对于任何的 $\mathcal{G}_1 \in \mathbb{G}$，我们将算子 $\delta \circledv \Delta$ 和 $\varepsilon \circledv \mathcal{E}$ 分别定义为 $(\delta(\mathcal{V}(\mathcal{G}_1)), \Delta(\mathcal{E}(\mathcal{G}_1)))$ 和 $(\varepsilon(\mathcal{V}(g_1)), \mathcal{E}(\mathcal{E}(\mathcal{G}_1)))$。

例如，图 6.1(g) 和 6.1(h) 表示将算子 $\delta \circledv \Delta$ 和算子 $\varepsilon \circledv \mathcal{E}$ 应用于 $\mathcal{G}$（图 6.1(a)）的子图 $\mathcal{G}_1$（图 6.1(b)）后获得的结果。

定理 9（图膨胀、图腐蚀[10]）

算子 $\delta \circledv \Delta$ 和算子 $\varepsilon \circledv \mathcal{E}$ 分别是作用于晶格 $(\mathbb{G}, \sqsubseteq)$ 上的膨胀和腐蚀算子。而且，$(\varepsilon \circledv \mathcal{E}, \delta \circledv \Delta)$ 是一个合取。

要说明的是，由于晶格 $\mathbb{G}$ 是由集合 $\mathbb{S}$ 进化产生的，那么有了 $\mathbb{S}$ 中图的膨胀，对于表征 $\mathbb{G}$ 中图的膨胀就足够了。

与经典的集合上的形态学算子相比，本节介绍的膨胀和腐蚀算子还进一步表征了一些连通属性，这些属性与根据经典的膨胀和腐蚀算子推理出来的属性不同。例如，注意看一下图 6.1(g)，$\delta(\mathcal{V}(\mathcal{G}_1))$ 的一些 4 近邻顶点没有通过图 $\delta \circledv \Delta(\mathcal{G}_1)$ 中的边连接起来。这些性质在涉及到诸如连通算子的进一步处理过程中是很有用的[27-30]。

有了定义 3 中描述的算子，其他 $\mathbb{G}$ 上的交叉合取的定义（因而也就定义了膨胀/腐蚀）是：

1. (α_1, β_1) 则有 $\forall \mathcal{G}_1 \in \mathbb{G}, \alpha_1(\mathcal{G}_1) = (\mathcal{V}(\mathcal{G}), \mathcal{E}(\mathcal{G}_1))$ 和 $\beta_1(\mathcal{G}_1) = (\delta_{\mathcal{E}\mathcal{V}}(\mathcal{E}(\mathcal{G}_1)), \mathcal{E}(\mathcal{G}_1))$；

2. (α_2, β_2) 则有 $\forall g_1 \in \mathbb{G}, \alpha_2(\mathcal{G}_1) = (\mathcal{V}(\mathcal{G}_1), \varepsilon_{\mathcal{V}\mathcal{E}}(\mathcal{V}(\mathcal{G}_1)))$ 和 $\beta_2(\mathcal{G}_1) = (\mathcal{V}(\mathcal{G}_1), \varnothing)$；

3. (α_3, β_3) 则有 $\forall \mathcal{G}_1 \in \mathbb{G}, \alpha_3(\mathcal{G}_1) = (\varepsilon_{\mathcal{E}\mathcal{V}}(\mathcal{E}(\mathcal{G}_1)), \varepsilon_{\mathcal{V}\mathcal{E}} \circ \varepsilon_{\mathcal{E}\mathcal{V}}(\mathcal{E}(\mathcal{G}_1)))$ 和 $\beta_3(\mathcal{G}_1) = (\delta_{\mathcal{E}\mathcal{V}} \circ \delta_{\mathcal{V}\mathcal{E}}(\mathcal{V}(\mathcal{G}_1)), \delta_{\mathcal{V}\mathcal{E}}(\mathcal{V}(\mathcal{G}_1)))$。

在图 6.1(i)和图 6.1(j)中展示了合取 (α_3, β_3)。要说明的是，利用通常的图论术语，可将 β_1（或 α_2）定义为将图与其边集（或顶点集）导出的图关联起来的算子。

在复合体框架下可以获得这些算子的更一般性形式[12]，这样我们就可以解决网格问题。最近也出现了其他几种基于图的形态学表示方法，例如，基于超图[11]或离散微分方程[9]的方法。

6.4 滤波器

在数学形态学中，**滤波器**就是作用于晶格 $\mathcal{L}$ 上的算子 α，且具有递增性（即，$\forall x, y \in \mathcal{L}$，当 $x \leqslant y$ 时，$\alpha(x) \leqslant \alpha(y)$）和幂等性（即，$\forall x \in \mathcal{L}, \alpha(\alpha(x)) = \alpha(x)$）。如果 $\mathcal{L}$ 上的滤波器 α 具有扩展性（即，$\forall x \in \mathcal{L}, x \leqslant \alpha(x)$），则称之为 $\mathcal{L}$ 上的**闭运算子**；如果 $\mathcal{L}$ 上的滤波器 α 具有逆扩展性（即，$\forall x \in \mathcal{L}, \alpha(x) \leqslant x$），则称之为 $\mathcal{L}$ 上的**开运算子**。我们知道，对合取的两个算子进行组合可以产生开运算或闭运算，具体结果取决于算子组合的顺序[26]。在这一节，对 6.3 节中的算子进行组合产生 $\mathcal{V}(\mathbb{G})$、$\mathcal{E}(\mathbb{G})$ 和 $\mathbb{G}$ 上的滤波器。

定义 10（开运算、闭运算[10]）

1. 作用于 $\mathcal{V}(\mathbb{G})$ 上的算子 γ_1 和 ϕ_1 的定义分别为 $\gamma_1 = \delta \circ \varepsilon$ 和 $\phi_1 = \varepsilon \circ \delta$。

2. 作用于 $\mathcal{E}(\mathbb{G})$ 上的算子 Γ_1 和 Φ_1 的定义分别为 $\Gamma_1 = \Delta \circ \varepsilon$ 和 $\Phi_1 = \varepsilon \circ \Delta$。

3. 对于任何 $\mathcal{G}_1 \in \mathbb{G}$，算子 $\gamma ⓥ \Gamma_1$ 和 $\phi ⓥ \Phi_1$ 的定义分别是 $\gamma ⓥ \Gamma_1(\mathcal{G}_1) = (\gamma_1(\mathcal{V}(\mathcal{G}_1)), \Gamma_1(\mathcal{E}(\mathcal{G}_1)))$ 和 $\phi ⓥ \Phi_1(\mathcal{G}_1) = (\phi_1(\mathcal{V}(\mathcal{G}_1)), \Phi_1(\mathcal{E}(\mathcal{G}_1)))$。

图 6.2(b)图 6.2(f)分别给出了图 6.2(a)的子图和图 6.2(e)的子图经过算子 $\gamma ⓥ \Gamma_1$ 和 $\phi ⓥ \Phi_1$ 运算后的结果。

开运算 γ_1 和闭运算 ϕ_1 与经典的顶点上的开运算和闭运算是一致的。开运算 Γ_1 和闭运算 Φ_1 是与这些算子相对应的边版本。通过两者的结合，可以得到 $\gamma ⓥ \Gamma_1$ 和 $\phi ⓥ \Phi_1$。

事实上，通过对 $\delta_{\mathcal{E}\mathcal{V}}$ 与 $\varepsilon_{\mathcal{V}\mathcal{E}}$ 的组合以及 $\delta_{\mathcal{V}\mathcal{E}}$ 与 $\varepsilon_{\mathcal{E}\mathcal{V}}$ 的组合，我们可以得到更小的滤波器。

定义 11（半开运算、半闭运算[10]）

1. 作用于 $\mathcal{V}(\mathbb{G})$ 上的算子 $\gamma_{1/2}$ 和 $\phi_{1/2}$ 的定义分别为 $\gamma_{1/2} = \delta_{\mathcal{E}\mathcal{V}} \circ \varepsilon_{\mathcal{V}\mathcal{E}}$ 和 $\phi_{1/2} = \varepsilon_{\mathcal{E}\mathcal{V}} \circ \delta_{\mathcal{V}\mathcal{E}}$。

2. 作用于 $\mathcal{E}(\mathbb{G})$ 上的算子 $\Gamma_{1/2}$ 和 $\Phi_{1/2}$ 的定义分别为 $\Gamma_{1/2} = \delta_{\mathcal{V}\mathcal{E}} \circ \varepsilon_{\mathcal{E}\mathcal{V}}$ 和 $\Phi_{1/2} = \varepsilon_{\mathcal{V}\mathcal{E}} \circ \delta_{\mathcal{E}\mathcal{V}}$。

3. 对于任何 $\mathcal{G}_1 \in \mathbb{G}$，算子 $\gamma ⓥ \Gamma_{1/2}$ 和 $\phi ⓥ \Phi_{1/2}$ 的定义分别是 $\gamma ⓥ \Gamma_{1/2}(\mathcal{G}_1) = (\gamma_{1/2}(\mathcal{V}(\mathcal{G}_1)), \Gamma_{1/2}(\mathcal{E}(\mathcal{G}_1)))$ 和 $\phi ⓥ \Phi_{1/2}(\mathcal{G}_1) = (\phi_{1/2}(\mathcal{V}(\mathcal{G}_1)), \Phi_{1/2}(\mathcal{E}(\mathcal{G}_1)))$。

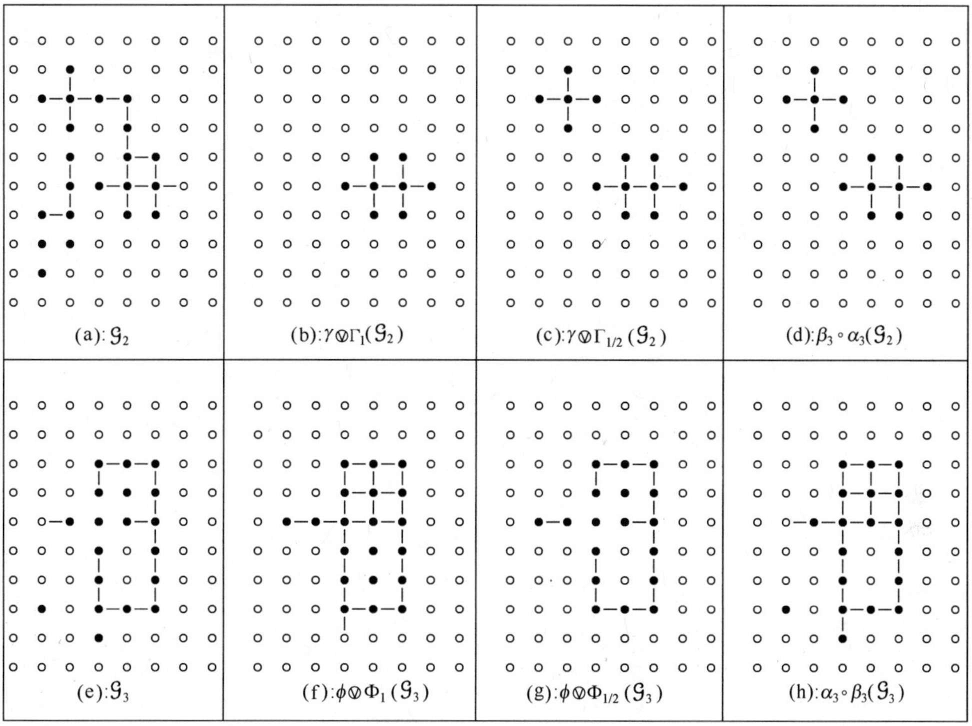

(a): $\mathcal{G}_2$　(b): $\gamma\circledcirc\Gamma_1(\mathcal{G}_2)$　(c): $\gamma\circledcirc\Gamma_{1/2}(\mathcal{G}_2)$　(d): $\beta_3\circ\alpha_3(\mathcal{G}_2)$

(e): $\mathcal{G}_3$　(f): $\phi\circledcirc\Phi_1(\mathcal{G}_3)$　(g): $\phi\circledcirc\Phi_{1/2}(\mathcal{G}_3)$　(h): $\alpha_3\circ\beta_3(\mathcal{G}_3)$

图 6.2　开运算和闭运算（g 由 4 近邻关系生成）。

根据性质 4，可以对上述定义的算子做局部描述。令 $\mathcal{V}(\mathcal{G}_1)\subseteq\mathcal{V}(\mathcal{G})$ 且 $\mathcal{E}(\mathcal{G}_2)\subseteq\mathcal{E}(\mathcal{G})$，则有：

$$\begin{aligned}
\gamma_{1/2}(\mathcal{V}(\mathcal{G}_1)) &= \{v_i\in\mathcal{V}(\mathcal{G}_1)\mid\exists e_{ij}\in\mathcal{E}(\mathcal{G})\quad\text{with}\quad v_j\in\mathcal{V}(\mathcal{G}_1)\}\\
&= \mathcal{V}(\mathcal{G}_1)\setminus\{v_i\in\mathcal{V}(\mathcal{G}_1)\mid\forall e_{ij}\in\mathcal{E}(\mathcal{G}),v_j\notin\mathcal{V}(\mathcal{G}_1)\}\\
\Gamma_{1/2}(\mathcal{E}(\mathcal{G}_2)) &= \{e_{ij}\in\mathcal{E}(\mathcal{G})\mid\{e_{ik}\in\mathcal{E}(\mathcal{G})\}\subseteq\mathcal{E}(\mathcal{G}_2)\}\\
&= \mathcal{E}(\mathcal{G}_2)\setminus\{e\in\mathcal{E}(Y)\mid\forall v_i\in e,\exists e_{ij}\in\mathcal{E}(\mathcal{G})\quad\text{with}\ e_{ij}\notin\mathcal{E}(\mathcal{G}_2)\}\\
\phi_{1/2}(\mathcal{V}(\mathcal{G}_1)) &= \{v_i\in\mathcal{V}(\mathcal{G})\mid\text{either}\ v_i\in\mathcal{V}(\mathcal{G}_1)\quad\text{or}\quad\forall e_{ij}\in\mathcal{E}(\mathcal{G}),v_j\in\mathcal{V}(\mathcal{G}_1)\}\\
&= \mathcal{V}(\mathcal{G}_1)\cup\{v_i\in\overline{\mathcal{V}(\mathcal{G}_1)}\mid\forall e_{ij}\in\mathcal{E}(\mathcal{G}),v_j\in\mathcal{V}(\mathcal{G}_1)\}\\
\Phi_{1/2}(\mathcal{E}(\mathcal{G}_2)) &= \{e_{ij}\in\mathcal{E}(\mathcal{G})\mid\exists e_{ik}\in\mathcal{E}(\mathcal{G}_2)\quad\text{and}\quad\exists e_{jl}\in\mathcal{E}(\mathcal{G}_2)\}\\
&= Y\cup\{e_{ij}\in\overline{\mathcal{E}(\mathcal{G}_2)}\mid v_i\in\delta_{\mathcal{E}\mathcal{V}}(\mathcal{E}(\mathcal{G}_2))\quad\text{and}\quad v_j\in\delta_{\mathcal{E}\mathcal{V}}(\mathcal{E}(\mathcal{G}_2))\}
\end{aligned}$$
。

非正式地讲，$\gamma_{1/2}$ 从 $\mathcal{G}_1$ 中删除了它的孤立顶点，而 $\Gamma_{1/2}$ 从 $\mathcal{G}_2$ 中删除了一些边，这些边不包含被 $\mathcal{G}_2$ 中的边完全覆盖的顶点。还可进一步看出，$\gamma_{1/2}$（或 $\Gamma_{1/2}$）与 $\phi_{1/2}$（或 $\Phi_{1/2}$）成对偶关系。因此，$\phi_{1/2}$ 将被 $\mathcal{G}_1$ 中的元素完全包围的 $\overline{\mathcal{V}(\mathcal{G}_1)}$ 中的顶点

加进了 $\mathcal{G}_1$ 中，而 $\Phi_{1/2}$ 将那些两个端点隶属于 $\mathcal{G}_2$ 中至少一条边的 $\overline{\mathcal{E}(\mathcal{G}_2)}$ 中的边加进了 $\mathcal{G}_2$ 中（例如图 6.2）。

在定义 10 第 3 项描述的算子作用下 $\mathbb{G}$ 是闭集族，这是由于这些算子是由那些也满足该性质的算子组合而成的。而且，从算子 $\gamma_{1/2}$、$\Gamma_{1/2}$、$\phi_{1/2}$ 和 $\Phi_{1/2}$ 的局部特性可以推断出，在定义 11 第 3 项描述的算子作用下 $\mathbb{G}$ 也是闭集族。因此，根据本节简介部分回顾的合取性质，可以建立如下定理：

定理 12（图开运算、图闭运算[10]）

1. 算子 $\gamma_{1/2}$ 和 γ_1（或者 $\Gamma_{1/2}$ 和 Γ_1）是 $\mathcal{V}(\mathbb{G})$（或者 $\mathcal{E}(\mathbb{G})$）上的开运算，而 $\phi_{1/2}$ 和 Φ_1（或者 $\Phi_{1/2}$ 和 ϕ_1）是 $\mathcal{V}(\mathbb{G})$（或者 $\mathcal{E}(\mathbb{G})$）上的闭运算。

2. 在 $\gamma \textcircled{v} \Gamma_{1/2}$、$\phi \textcircled{v} \Phi_{1/2}$、$\gamma \textcircled{v} \Gamma_1$ 和 $\phi \textcircled{v} \Phi_1$ 作用下 $\mathbb{G}$ 是闭集族。

3. 算子 $\gamma \textcircled{v} \Gamma_{1/2}$ 和 $\gamma \textcircled{v} \Gamma_1$ 是 $\mathbb{G}$ 上的开运算，而 $\phi \textcircled{v} \Phi_{1/2}$ 和 $\phi \textcircled{v} \Phi_1$ 是 $\mathbb{G}$ 上的闭运算。

对 6.3 节末尾定义的合取算子 (α_i, β_i) 进行组合也会产生明显的开运算和闭运算。事实上，可以很容易看出：$\alpha_1 \circ \beta_1 = \alpha_1$，$\alpha_2 \circ \beta_2 = \alpha_2$，$\beta_1 \circ \alpha_1 = \beta_1$ 和 $\beta_2 \circ \alpha_2 = \beta_2$。因此，$\alpha_1$ 和 α_2 都是闭运算和腐蚀算子，而 β_1 和 β_2 都是膨胀算子和开运算。这特别表明，α_1 和 α_2 是幂等扩展腐蚀算子，而 β_1 和 β_2 是幂等逆扩展膨胀算子。图 6.2(d) 和 6.2(h) 阐明了通过合取 (α_3, β_3) 产生的开运算和闭运算结果。

这些各式各样算子的加权版本也具有与经典图论概念相关的诠释。例如，考虑一下开运算 $\Gamma_{1/2} = \delta_{\mathcal{V}\mathcal{E}} \circ \varepsilon_{\mathcal{E}\mathcal{V}}$ 的加权版本。膨胀算子 $\delta_{\mathcal{V}\mathcal{E}}$ 将每条边邻近顶点的最高权值赋予该边；但是每个邻近顶点已经被 $\varepsilon_{\mathcal{E}\mathcal{V}}$ 赋予了其最低边的权值。因此，如果 w_{ij} 没有被 $\Gamma_{1/2}$ 改变，这意味着边 e_{ij} 是 v_i 或 v_j 的（一条）最低边，比如说 v_j。那么，它的权值要大于或等于 v_j 最低边的权值。因此，利用最小生成树（最小生成树的准确定义见 6.6.3 节）理论中一些众所周知的性质可以得出，经由 $\Gamma_{1/2}$ 保持不变性的边所构成的集合导出的图是该图所有最小生成树的并运算结果，且与 **Gabriel 图**[31] 密切相关。

将任何一个晶格 $\mathcal{L}$ 与其上所有递增算子的晶格关联起来是可能的。在这一背景下，当对任何 $x \in \mathcal{L}, \varphi_1(x) \leqslant \varphi_2(x)$ 或对任何 $x \in \mathcal{L}, \varphi_2(x) \leqslant \varphi_1(x)$ 时，则称晶格 $\mathcal{L}$ 上的两个滤波器 φ_1 和 φ_2 是**有序的**。通过膨胀和腐蚀的附属对 (α, β) 建立一个层级式滤波器系列（即，一个有序的滤波器族）的通常方法是将迭代执行若干次 α, β 后获得的膨胀和腐蚀结果进行组合而成。一般情况下，当迭代次数增加时，对 α, β 的迭代结果进行组合会产生滤波器的层级结构。通过组合和迭代本节所定义的这些算子，我们获得了晶格 $\mathbb{G}$ 上的滤波器层级结构[10]，这些滤波器层级形式可以消除更多的噪声，从这个意义上讲它们的性能要比经典的层级形式更好（见图 6.3）。

(a)原始有噪图像

(b)经典的交替滤波器的处理结果

(c)"顶点－边"交替滤波器的处理结果

图 6.3　经典交替滤波器与"顶点-边"交替滤波器的性能展示(见文献[10])。

6.5　基于分量树的连通算子与滤波

灰度级连通算子[27]是通过合并相邻的"平坦"区域来发挥作用的。这些算子不能产生新的轮廓,因此不会在输出图像中引入输入图像不存在的结构。此外,它们不会改变区域间已有边界的位置,因而具有很好的轮廓保持性。

为了产生"平坦"区域,在加权图上采用的简单操作是阈值化,这样能产生一个水平集。对于 $\lambda \in \mathbb{R}^+$, 边加权图的水平集表示为 $w_{\mathcal{E}}^{<}[\lambda] = \{e_{ij} \in \mathcal{E} \mid w_{ij} \leqslant \lambda\}$。我们把 $\mathcal{C}_{\mathcal{E}}^{<}$ 定义为所有 $[\lambda, C]$ 对构成的集合,这里, $\lambda \in \mathbb{R}^+$, 而 C 是图 $w_{\mathcal{E}}^{<}[\lambda]$ 的一个(连通)分量。

我们注意到,通过 $\mathcal{C}_{\mathcal{E}}^{<}$ 可以重建 w。更准确地说,可以得出:

$$w_{ij} = \min\{\lambda \mid [\lambda, C] \in \mathcal{C}_{\mathcal{E}}^{<}, e_{ij} \in \mathcal{E}(C)\} \tag{6.1}$$

$\mathcal{C}_{\mathcal{E}}^{<}$ 中的两个元素可以不相交也可以嵌套,因此很容易通过树的形式对 $\mathcal{C}_{\mathcal{E}}^{<}$ 中的元素进行排序,这种树称之为**(最小)分量树**,并且存在计算它的快速算法[32,33]。

利用$\mathcal{C}_{\mathcal{E}}^{<}$可以使我们处理 w 中的特殊分量。例如, w 的极小值是一种分量 C,使得存在 λ, 满足 $[\lambda, C] \in \mathcal{C}_{\mathcal{E}}^{<}$, 而且不存在 $[\lambda_1, C_1] \in \mathcal{C}_{\mathcal{E}}^{<}$, 其中 $C_1 \sqsubset C$ 且 $C_1 \neq C$。注意一下, w 的极小值就是一个图。将 w 的所有极小值构成的集合表示为 $\mathcal{M}$。同理,我们可以定义 $\mathcal{C}_{\mathcal{E}}^{>}$ 来处理边加权图的极大值,定义 $\mathcal{C}_{\mathcal{V}}^{<}$ 和 $\mathcal{C}_{\mathcal{V}}^{>}$ 来处理节点加权图,且定义 $\mathcal{C}_{\mathcal{V}\mathcal{E}}^{<}$ 来处理节点加权与边加权图。

我们需要提及的是,也可能会涉及到其他类型的树:例如,二叉划分树[34]、水平线树(也称为包含树或形状树[35]),等等。形状树的意义在于可以使我们以自对偶方式与极大值和极小值进行交互。有关这些树在图像处理中使用情况的综述,详见文献[36]。这里,我们展示一下分量树在滤波方面的用法。

给定表达式(6.1),对一个图的滤波操作等价于删除(比如说 $\mathcal{C}_{\mathcal{E}}^{<}$ 的)一些分量,这种滤波称之为**溢流**。使这种想法可行的方法之一是设计一种属性来告知我们给定的分量是否应该保留。在所有能计算出的众多属性中,有三种属性是合乎

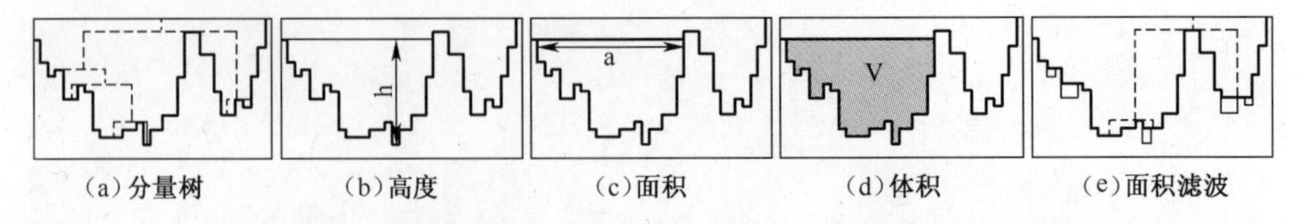

(a)分量树　(b)高度　(c)面积　(d)体积　(e)面积滤波

图 6.4　分量树(虚线)、高度、面积、分量体积和面积滤波示例

自然的:高度、面积和体积(见图 6.4)。记 $[\lambda, C] \in \mathcal{C}^{<}_{\mathcal{E}}$。我们给出如下定义：

$$\text{height}([\lambda, C]) = \max\{\lambda - w_{ij} \mid e_{ij} \in \mathcal{E}(C)\} \tag{6.2}$$

$$\text{area}([\lambda, C]) = |\mathcal{V}(C)| \tag{6.3}$$

$$\text{volume}([\lambda, C]) = \sum_{e_{ij} \in \mathcal{E}(C)} (\lambda - w_{ij}) \tag{6.4}$$

例如,删除所有面积低于某一阈值的分量就是关于 w 的闭运算(见图 6.4(e))。要注意的是,利用高度或体积的滤波操作不是一种闭运算,因为这样的滤波不具有幂等性。

图 6.5 展示了这种滤波性能。图 6.5(a)是一个细胞图像,我们想从中提取出十个发亮的裂片。如果我们认为像素越亮其权值就越大,那么需要处理的树就是 $\mathcal{C}^{\geq}_{\mathcal{V}}$。图 6.5(b)显示出图 6.5(a)包括众多极大值。图 6.5(c)是通过基于体积的滤波方法获得的滤波图像,图 6.5(d)显示了该滤波图像的极大值。

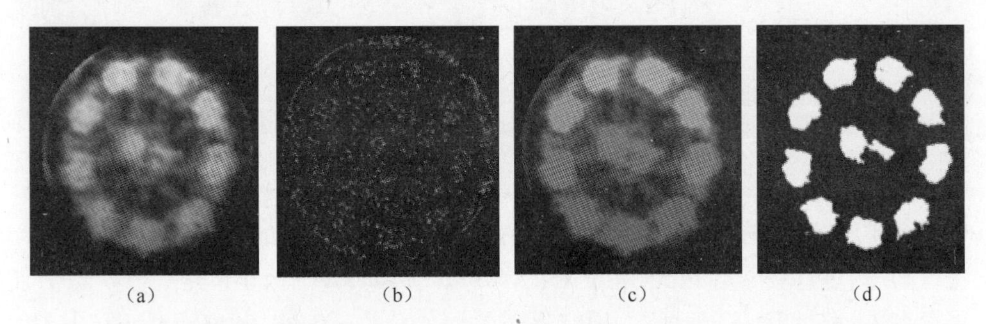

(a)　(b)　(c)　(d)

图 6.5　(a)原始细胞图像;(b)白点表示图(a)的极大值点;(c)滤波后的图像;(d)滤波图像(c)的极大值,这些极大值对应于图(a)中十个最显著的裂片。

当水平集的分量可以排序成树的形式时,就形成了一个分量层级结构。在用于分类的场合[37],层级结构已得到了广泛的研究,而形态学框架可以对该领域发展起来的工具作清楚的阐释。例如,看一下 Ψ 的应用,它将映射 $\Psi(w)$ 与边权值 w 的任意集合关联起来,使得对于任意一条边 $e_{ij} \in \mathcal{E}, \Psi(w)(e_{ij}) = \min\{\lambda \mid [\lambda, C] \in \mathcal{C}^{<}_{\mathcal{E}}, v_i \in \mathcal{V}(C), v_j \in \mathcal{V}(C)\}$ 都成立。直观地讲,使用地理学上的隐喻, $\Psi(w)(e_{ij})$ 是最低海拔,必须依从 v_i 到 v_j 的顺序爬到此处。直接可以看出: $\Psi(w) \leqslant w, \Psi(\Psi(w)) = \Psi(w)$,并且如果 $w' \leqslant w$,则 $\Psi(w') \leqslant \Psi(w)$。因此, Ψ 是一个开运算算子[38]。我们要说明的是,定义于完整图 $(\mathcal{V}, \mathcal{V} \times \mathcal{V})$ 上且关于 Ψ

是开运算的严格正映射的子集是 $\mathcal{V}$ 中超度量距离的集合。映射 Ψ 还有几个熟知的名称,包括“亚优势超度量”和“超度量开运算”。众所周知,Ψ 与称之为**单链接聚类**[39,40]的最简单层级分类方法是相关的,而后者与计算最小生成树的 Kruskal 算法[41]密切相关。

在结束本节之前,我们提一下另一种溢流,它被用作带有标记的分水岭分割的预处理步骤,称之为**基于标记的测地重建**[42,43],这里的标记是一个子图。其本质是移除 $\mathcal{C}_{\mathcal{E}}^{<}$ 中所有未标记(即不包含标记顶点)的分量,并作为一个函数 w_R,使得对于每条边 e,我们可以将 $w_R(e)$ 与 w 的最低分量的水平 λ 设为相等,而 w 包括 e 和至少一个标记顶点。可以看出,w_R 的任何一个分量实际上都包含至少一个标记顶点。给定一些标记,测地重建就是一种闭运算,这样的闭运算作为快速幂分水岭最优化算法(参见文献[15]和6.8节)的高效预处理步骤也是很有用的。

6.6　分水岭割

对于分水岭的定义,可以有许多方法[24,44-47,13]。直观地说,一个函数的分水岭(可看作一种地形表面)是由多个位置构成的,从这些位置出发一滴水可以流向呈现不同极小值的位置。利用边加权图框架可以描述这个原理并完成本节后续部分我们回顾的几个重要性质[13]的证明。我们首先指出分水岭割可以等价地由它们的“集水盆地”(通过最陡下降特性)或者由分离这些集水盆地的“分界线”(通过水滴原理)来定义。据我们所知,在离散框架下,类似的性质并不成立。第二个性质确立了分水岭割的最优性:与极小值有关的最小生成森林产生的分离与分水岭割之间存在等价关系。

6.6.1　水滴原理

定义 13(源于文献[46]中的定义12)

令 $\mathcal{G}_1$ 和$\mathcal{G}_2$ 和 $\mathcal{G}$ 是 的两个非空子图。若 $\mathcal{G}_1 \sqsubseteq \mathcal{G}_2$ 且 $\mathcal{G}_2$ 的任何分量恰好包含 $\mathcal{G}_1$ 的某一分量,则称 $\mathcal{G}_2$ 是 $\mathcal{G}_1$(在 $\mathcal{G}$ 中)的一个扩展。

扩展的概念是很常用的。许多分割算法迭代扩展图中的一些种子分量,产生了这些种子的扩展。一旦达到一个能覆盖图中所有顶点的扩展时,大部分算法就会终止运行,这样产生的分离称之为**图割**。令 $\mathcal{S} \subseteq \mathcal{E}$。我们用 $\overline{\mathcal{S}}$表示 $\mathcal{S}$ 在 $\mathcal{E}$ 中的**补集**,即 $\overline{\mathcal{S}} = \mathcal{E} \setminus \mathcal{S}$。回顾一下,由 $\mathcal{S}$ 导出的图(通过膨胀算子 β_1 产生)的边集是 $\mathcal{S}$,而其顶点集是由属于 $\mathcal{S}$ 中的边的所有点组成的,即 $(\{v \in \mathcal{V} \mid \exists e \in \mathcal{S}, v \in e\}, \mathcal{S})$。下文中,由 $\mathcal{S}$ 导出的图也用 $\mathcal{S}$ 来表示。

定义 14

令 $\mathcal{G}_1 \sqsubseteq \mathcal{G}$ 且 $\mathcal{S} \subseteq \mathcal{E}$。当 $\overline{\mathcal{S}}$是 $\mathcal{G}_1$ 的一个扩展且在该性质上 $\mathcal{S}$ 是极小值时,我们

称 $\mathcal{S}$ 是 $\mathcal{G}_1$ 的一个(图)割，即如果 $\mathcal{T}\subseteq\mathcal{S}$ 且 $\overline{\mathcal{T}}$是 $\mathcal{G}_1$ 的一个扩展，则有 $\mathcal{T}=\mathcal{S}$。

我们介绍一下边加权图的分水岭切割。为此，我们正式描述水滴原理。直观地讲，集水盆地构成了极小值的一个扩展，而且它们由“分界线”分开，使得水滴可以从这些“分界线”向下流到不同的极小值。

令 $\pi=(v_0,\cdots,v_n)$ 为一条路径。如果对于任何 $i\in[1,l-1]$，满足 $w(v_{i-1},v_i)\geqslant w(v_i,v_{i+1})$，则路径 π 是下行的。

定义 15（水滴原理[13]）

令 $\mathcal{S}\subseteq\mathcal{E}$。当 $\overline{\mathcal{S}}$是 $\mathcal{M}$ 的一个扩展且对于任何 $e_{ij}=\{v_i,v_j\}\in\mathcal{S}$，在 $\overline{\mathcal{S}}$中存在两条下行路径 $\pi_1=(v_0^1=v_i,\cdots,v_n^1)$ 和 $\pi_2=(v_0^2=v_j,\cdots,v_m^2)$，使得 v_n^1 和 v_m^2 是 w 中两个不同极小值的顶点时，我们称 $\mathcal{S}$ 是一个分水岭割(或简称为分水岭)；当 π_1(或 π_2)并不微不足道时，$w_{ij}\geqslant w(\{v_0^1,v_1^1\})$（或者 $w_{ij}\geqslant w(\{v_0^2,v_1^2\})$）。

在图 6.6 中我们阐释了先前定义的边加权图。权值 w 包括三个极小值(在图 6.6(a)中用粗线描绘)。我们用 $\mathcal{S}$ 表示图 6.6(b)中描绘的虚线边的集合，并用 $e=\{v_1,v_2\}$ 表示高度为 8 的唯一一条边。可以看出，$\overline{\mathcal{S}}$(在图 6.6(b)中用粗线描绘)是 $\mathcal{M}$ 的一个扩展。我们也要说明的是，在 $\overline{\mathcal{S}}$中从 v_1(或者 v_2)到高度为 1(或者 3)的极小值之间存在一条下行路径 π_1(或者 π_2)。π_1(或者 π_2)的第一条边的高度比 e 的高度要低。可以验证，对于 $\mathcal{S}$ 中的任何边，前面的性质都是适用的。因此，$\mathcal{S}$ 是 $\mathcal{E}$ 的一个分水岭。

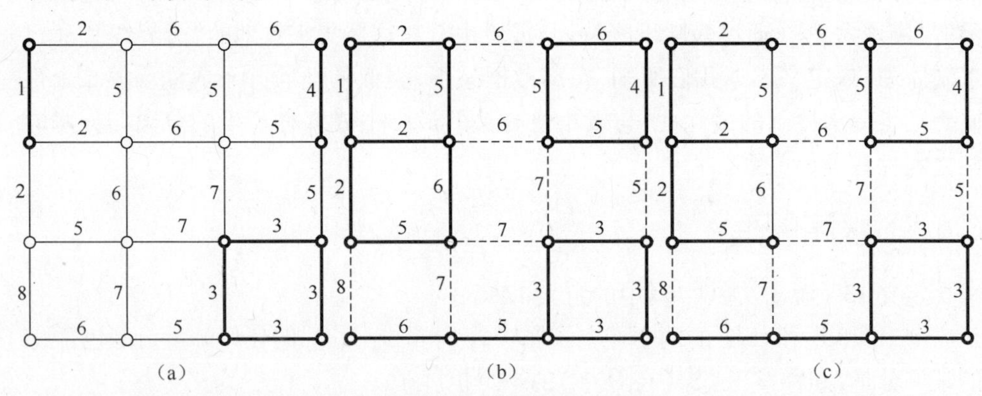

图 6.6 边加权图$\mathcal{G}$示例。边和顶点加粗显示的是(a) w 的极小值;(b) $\mathcal{M}$ 的一个扩展;(c)植根于 $\mathcal{M}$ 的一个 MSF。在图(b)中，虚线边集合是 w 的一个分水岭割。

6.6.2 最陡下降特性驱动的集水盆地

定义 15 的一个常用替代方式是通过它的集水盆地和 w 的最陡下降路径专门定义一个分水岭[48,44,49,45]，并且不涉及划分线的任何性质。下列定理 17 确立了分水岭切割在边加权图中的一致性：它们可以等价地由集水盆地(区域)上的最陡下降性质或由能分离它们的割(边界)上的水滴原理来定义。据我们所知，还没有一种顶点加权图中的分水岭定义能验证类似的性质。因此，该定理强调了边加权图框架适合于研究离散分水岭。

令 $\pi=(v_0,\cdots,v_l)$ 为 $\mathcal{G}$ 中的一条路径。如果对于任何 $i\in[1,l]$，$w(v_{i-1},v_i)=(\varepsilon_{\mathcal{E}\mathcal{V}}w)_{i-1}=\min\{w_{ij}\mid\forall j,e_{ij}\in\mathcal{E}\}$ 都成立的话，路径 π 就是一条**最陡下降路径**（对于 w 来说）。

定义 16 [13]

令 $\mathcal{S}\subseteq\mathcal{E}$ 为 $\mathcal{M}$ 的一个割。如果在由 $\bar{\mathcal{S}}$ 导出的图中从 $\mathcal{V}$ 内的每个点到 $\mathcal{M}$ 存在一条 w 的最陡下降路径的话，则我们称 $\mathcal{S}$ 是（w 的）一个盆地割。如果 $\mathcal{S}$ 是 w 的一个盆地割，则 $\bar{\mathcal{S}}$ 的任一分量称之为（w 的）一个集水盆地（对于 $\mathcal{S}$ 来说）。

定理 17（一致性[13]）

令 $\mathcal{S}\subseteq\mathcal{E}$ 为 $\mathcal{M}$ 的一个割。当且仅当 $\mathcal{S}$ 是 w 的一个盆地割时，集合 $\mathcal{S}$ 是一个分水岭。

6.6.3 最小生成森林

我们来确立分水岭的最优性。为此，我们介绍一下植根于 $\mathcal{G}$ 的某些子图的最小生成森林概念。这些森林中每一个都能产生一个唯一的图割。这项研究（定理 19）的主要结果表明，当且仅当一个图割是某一函数的分水岭时，该图割可由植根于此函数极小值的最小生成森林产生。

定义 18（有根 MSF[14]）

令 $\mathcal{G}_1$ 和 $\mathcal{G}_2$ 是 $\mathcal{G}$ 的两个非空子图。如果 $\mathcal{V}(\mathcal{G}_1)\subseteq\mathcal{V}(\mathcal{G}_2)$ 且 $\mathcal{G}_2$ 的任何一个分量的顶点集恰好包含 $\mathcal{G}_1$ 的某一分量的顶点集，我们称 $\mathcal{G}_2$ 的根在 $\mathcal{G}_1$ 中。回忆一下，$\mathcal{G}_1$ 的权值之和，即 $\sum_{e_{ij}\in\mathcal{E}(\mathcal{G}_1)}w_{ij}$。

我们称 $\mathcal{G}_2$ 是一个根在 $\mathcal{G}_1$ 中的最小生成森林（MSF），如果满足：(1) $\mathcal{G}_2$ 是面向 $\mathcal{V}$ 生成的；(2) $\mathcal{G}_2$ 的根在 $\mathcal{G}_1$ 中；(3) $\mathcal{G}_2$ 的权值小于或等于满足条件（1）和（2）的任何图 $\mathcal{G}_3$ 的权值（即 $\mathcal{G}_3$ 是面向 $\mathcal{V}$ 生成的且根在 $\mathcal{G}_1$ 中）。植根于 $\mathcal{G}_1$ 的所有最小生成森林构成的集合表示为 MSF($\mathcal{G}_1$)。

可以通过以上有根 MSF 的定义重新得出基于树和森林的常用图论概念。特别地，如果 v 是 $\mathcal{V}$ 的一个顶点，可以看出 MSF ($\{v\}$,$\varnothing$) 中的任何一个元素都是 $(\mathcal{G},w)$ 的一棵**最小生成树**，同时，反过来看，$(\mathcal{G},w)$ 的任何一棵最小生成树都属于 MSF ($\{v\}$,$\varnothing$)。

我们来看一下边加权图 $\mathcal{G}$ 和图 6.6(a) 中的子图 $\mathcal{M}$（加粗部分）。可以验证，图 $\mathcal{G}_1$（图 6.6(c) 的加粗部分）是一个根在 $\mathcal{M}$ 中的 MSF。

我们现在有了表述本节主要结果（定理 19）的数学工具，这些工具奠定了分水岭的最优性。

令 $\mathcal{G}_1$ 是 $\mathcal{G}$ 的一个子图，$\mathcal{G}_2$ 是根在 $\mathcal{G}_1$ 中的一个生成森林。对于 $\mathcal{G}_2$，存在着一个唯一的割，且它也是 $\mathcal{G}_1$ 的一个割。我们称这个唯一的割是 $\mathcal{G}_2$ **导出割**。

定理 19（最优性[13]）

令 $\mathcal{S} \subseteq \mathcal{E}$。当且仅当集合 $\mathcal{S}$ 是一个分水岭割时，$\mathcal{S}$ 就是一个由植根于 $\mathcal{M}$ 的 MSF 导出的割。

6.6.4 分割实例

在这一小节，我们通过分割不同类型的几何物体来阐明所提出框架的通用性。首先，我们展示如何通过分水岭切割来分割三角化曲面。其次，我们将分水岭切割应用于扩散张量图像的分割，这些扩散张量图像是将张量与每个体素关联起来的医学图像。

在近十年中，三维形状的获取与数字化已经得到了越来越多的关注，导致类似于图 6.7(d) 的三维曲面模型（即网状结构）数量的剧增。在近期的研究工作中[50]，针对从网状结构数据库（EROS 3D）中索引和检索有意义目标的新的搜索引擎已被提出，该数据库由法国博物馆研究中心提供。这种搜索引擎的关键思路是利用了区域描述子而不是全局形状描述子。为了生成这种描述子，最基本的工作就是获得有意义的网格分割。

非正式地说，三维欧氏空间中的**网格** M 是一个由三角形、三角形的边和点构成的集合，使得每条边恰好包含在两个三角形中（见图 6.7(a)）。为了在这样的网格上实现分水岭割，我们构造一个图 $\mathcal{G}=(\mathcal{V},\mathcal{E})$，该图的顶点集 $\mathcal{V}$ 是 M 中所有三角形的集合，该图的边集 $\mathcal{E}$ 由顶点对 $e_{ij}=\{v_i,v_j\}$ 构成，其中 v_i 和 v_j 是 M 中共同分享一条边的两个三角形（见图 6.7(a)）。在**曲面网格的 2-对偶**这个术语含义下，图 $\mathcal{G}$ 是已知的[51]。

为了获得由分水岭切割实现的网格 M 的一个分割，需要通过一个映射对 $\mathcal{G}$ 的边（或等价地说成 M 的边）进行加权，在要分离的区域边界周围这些边的权值较高。我们发现，EROS 3D 网格上有意义的的轮廓大部分都位于凹区。因此，我们按照类似于曲面平均曲率倒数的形式通过权重 w 对 $\mathcal{G}$ 的边进行加权（更多细节参见文献[50]）。然后，我们可以计算一个分水岭切割（图 6.7(b) 中的粗线部分），获得一个自然且精确的网格分割。在这个意义上讲，区域的“边界”是由高曲率三角形的边（图 6.7(c) 中的粗线部分）组成的。

由于存在大量的局部极小值，将该方法直接用于图 6.7(d) 中的网格上会导致明显的过分割（见图 6.7(e)）。通过利用 6.5 节介绍的方法从 w 中删除所有深度低于预定阈值（这里设为 50）的极小值，就会获得图 6.7(f) 中所描绘的 w 滤波分水岭割。

在医学应用场合，**扩散张量图像**（DTI）[52]对组织中的定向结构提供了一个独

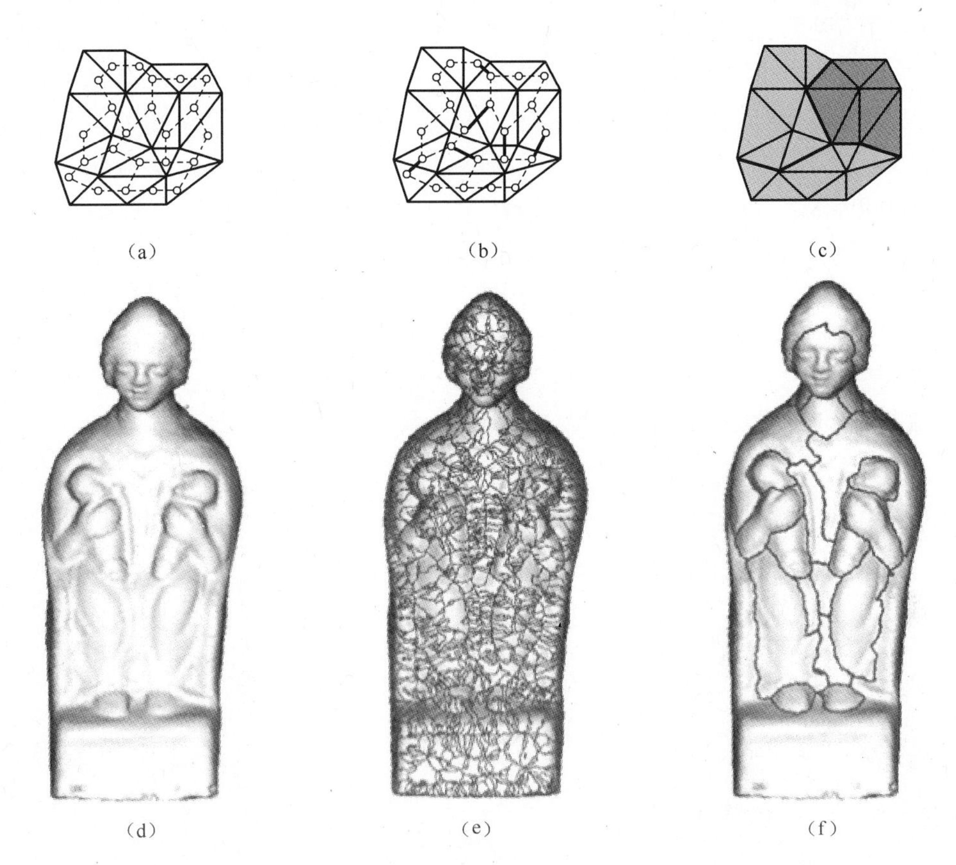

图 6.7　基于分水岭割的曲面分割。(a)黑线网格及其相关的灰色图;(b)该图上的割(粗线);(c)相应的网格分割;(d)雕塑的网格呈现;(e)具有平面曲率倒数特性的映射 F 的一个分水岭;(f)F 滤波后的分水岭。(d)中展示的网格由法国博物馆研究中心提供。

特的理解。一个 DTI T 将体素集 $\mathcal{V}\subseteq \mathbb{Z}^3$(即 $\mathcal{V}$是$\mathbb{Z}^3$ 空间中的一个立方体)映射到 3×3 张量(即 3×3 的对称正定矩阵)集合上。一个 DTI T 在体素 $v\in\mathcal{V}$ 处的值 $T(v)$ 描述了水分子在 v 处的扩散。比如,$T(v)$ 的第一个特征向量(即其相关特征值最大的那个特征向量)给出了点 x 处水分子扩散的主方向,而其相关特征值给出了沿该方向扩散的量值。由于水分子沿纤维束会高度扩散而脑白质又主要是由纤维束构成的,因此 DTI 特别适合于研究脑结构。图 6.8(a)展示了大脑 DTI 某一横截面的表现形式,其中的张量由椭球面表示。事实上,张量数据与椭球面数据是等价的。在大脑中,脑胼胝体是一种由连接每个半球同源区域的纤维束组成的重要结构。为了跟踪穿过脑胼胝体的纤维,有必要先对其进行分割。下一段简略回顾一下如何通过分水岭割实现此目标[47]。

当且仅当 $v_i\in\mathcal{V}, v_j\in\mathcal{V}$ 且 $\sum_{k\in\{1,2,3\}}|v_i^k - v_j^k| = 1$ 时,其中 $v_i = (v_i^1, v_i^2, v_i^3)$ 且 $v_j = (v_j^1, v_j^2, v_j^3)$,我们考虑一下由 6 近邻产生并通过 $e_{ij}\in\mathcal{E}$ 定义的图 $\mathcal{G}=(\mathcal{V},$

$\mathcal{E}$)。为了利用张量 $T(v_i)$ 与 $T(v_j)$ 之间的相异性度量对图 $\mathcal{G}$ 的任何边 e_{ij} 进行加权,我们选择采用对数欧氏距离,众所周知该距离度量能满足一些有意义的性质[53]。然后,我们将每条边 $e_{ij} \in \mathcal{E}$ 所对应的权值设为 $w_{ij} = \|\log(T(v_i)) - \log(T(v_j))\|$,其中 log 表示矩阵对数而 $\|.\|$ 表示矩阵的欧氏(有时也称之为 Frobenius)范数。为了分割该图中的脑胼胝体,我们(根据一个统计图谱)提取脑胼胝体及其背景对应的标记,然后计算这些标记的 MSF 割。这个过程的示例展示在图 6.8 中。

在总结这一部分时,我们要提醒的是,时空图也是可行的工具。例如,在文献[54]中,电影磁共振影像上左心室的 3D+t 分割结果表明,相比于对每一个三维体单独进行分割,前者的确有所改进。

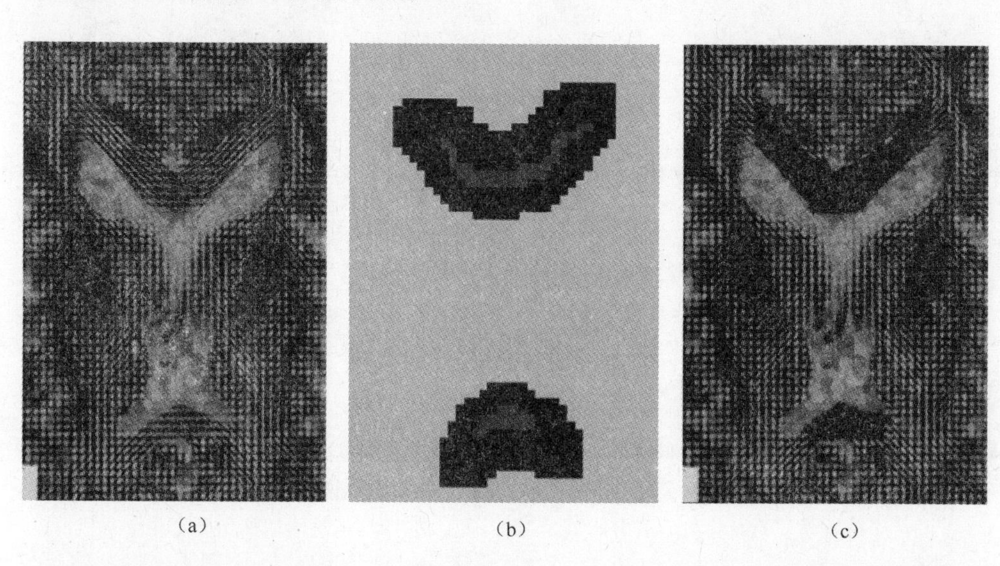

(a) (b) (c)

图 6.8 扩散张量图像的分割。(a)三维大脑 DTI 某一横截面的特写;(b)由统计图谱产生的脑胼胝体(深灰色)及其背景(浅灰色)标记的图像表示(与图(a)的横截面相同);(c)通过标记的 MSF 割产生的脑胼胝体分割,属于"脑胼胝体"标记扩展所用 MSF 分量的张量被从初始 DTI 中移除,因此对应的体元以黑色显示。

6.7 MSF 割的层级结构与显著图

我们现在研究边加权图框架下分层分割的一些最优性特性(参见文献[55-60]中的分层分割实例),其中边的代价由图像中两点间的相异性确定。自从文献[39,40]中的首创性工作提出层级结构与最小生成树(MST)之间具有等价性以来,大量的分层分割方案都依赖于这种树的构造(文献[21]是这方面最早的工作之一)。我们正式确定了一种称为**根除**的基本运算,这种运算可以使我们将一个标记区域与它的某一邻域以最低代价进行合并。当序贯地将根除操作应用于相邻区域的加权图上时,就构造了该相邻图的一个 MST。直观地讲,可以看出,如果从一个植根于图像极小值的 MSF (或等价地说从一个分水岭切割)开始,那么就构造了原始图像本身的一个 MSF 层级体系,而最后的根除步骤则产生了原始图像的一个 MST。更令人惊讶的是,定理 23 指出这两个过程是等价的:原始图像的任何一个 MST 都可以由分水岭割上的根除序列构造出来。因此,分水岭割是能够构造原始图像最优分层分割的唯一分水岭,其意义在于它们"保持"了原始图像的 MST。

定义 20(MSF 层级系统[14])

令 $\mathcal{M} = \langle \mathcal{M}_1, \cdots, \mathcal{M}_l \rangle$ 是一个 w 的成对相异极小值序列,且 $\mathcal{T} = \langle \mathcal{G}_0, \cdots, \mathcal{G}_l \rangle$ 是 $\mathcal{G}$ 的一个子图序列。如果对于任何 $i \in [0, l]$, 图 $\mathcal{G}_i$ 是一个植根于 $\sqcup[\mathcal{M} \setminus \{M_j \mid j \in [1, i]\}]$ 的 MSF,并且对于任何 $i \in [1, l]$, $\mathcal{G}_{i-1} \sqsubseteq \mathcal{G}_i$ 成立的话,我们称 $\mathcal{T}$ 是 $\mathcal{S}$ 的一个 MSF 层级系统。

定理 21[61,14]

一个 MSF 层级系统中的任何 $\mathcal{G}_i$ 都是测地重建 w_R 的一个分水岭割,其中标记是植根于 MSF $\mathcal{G}_i$ 的极小值。

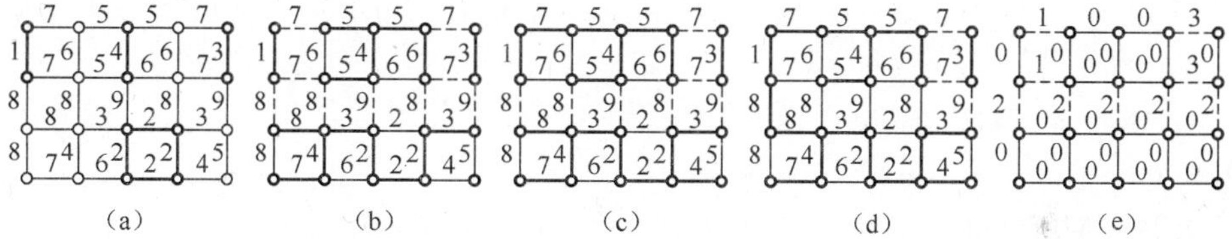

图 6.9　(a)一个边加权图 $\mathcal{G}, w$ 的极小值用粗线表示;(b)由虚线表示的一个分水岭割,分水岭割与粗线表示的图 $\mathcal{G}_0 \in \text{MSF}(\mathcal{M})$ 等价;(c),(d)两个粗线图分别称为 $\mathcal{G}_1$ 和 $\mathcal{G}_2$, 使得 $\mathcal{T} = \langle \mathcal{G}_0, \mathcal{G}_1, \mathcal{G}_2 \rangle$ 是关于 $\langle M_1, M_2 \rangle$ 的一个 MSF 层级系统,同时也是由其产生的一个根除(其中 M_i 是高度为 i 的 w 的极小值),它们的相关切割由虚线边表示;(e) MSF 层级系统 $\langle \mathcal{G}_0, \mathcal{G}_1, \mathcal{G}_2 \rangle$ 的显著图。

6.7.1　根除与 MSF 的层级系统

在这一节,我们介绍一种称之为**根除**的简单变换,通过删除 $\mathcal{G}_2$ 的一些分量它可以使植根于图 $\mathcal{G}_2$ 的森林 $\mathcal{G}_1$ 递增地变换为一个植根于图 $\mathcal{G}_4$ 的森林 $\mathcal{G}_3$。通过一个等价定理,我们在根除变换和 MSF 层级系统之间建立了一种重要的关系,这为获得计算 MSF 层级系统的高效算法开辟了道路。

令 $\mathcal{G}_1$ 是 $\mathcal{G}$ 的一个由 $\mathcal{V}$ 生成的子图,并且令 $v \in \mathcal{V}$。我们用 $CC_v(\mathcal{G}_1)$ 表示 $\mathcal{G}_1$ 的其顶点集包含 v 的分量。令 $\mathcal{V}' \subseteq \mathcal{V}$, 我们设定 $CC_{\mathcal{V}'}(\mathcal{G}_1) = \sqcup \{CC_v(\mathcal{G}_1) \mid v \in \mathcal{V}'\}$。

令 $\mathcal{G}_1 \sqsubseteq \mathcal{G}$, 且令 $e_{ij} = \{v_i, v_j\} \in \mathcal{E}$。如果 e_{ij} 是由 $\mathcal{V}(\mathcal{G}_1)$ 中的一个顶点以及

$\overline{\mathcal{V}(\mathcal{G}_1)}$ 中的一个顶点组成的，那么边 e_{ij} 要从 $\mathcal{G}_1$ 中移出。下面，混用一下符号，我们将 $\mathcal{G}_1$ 的上确界记为 $\mathcal{G}_1 \sqcup \{e_{ij}\}$，并将由 $\{e_{ij}\}$ 引出的图记为：$\mathcal{G}_1 \sqcup \{e_{ij}\} = (\mathcal{V}(\mathcal{G}_1) \cup e_{ij}, \mathcal{E}(\mathcal{G}_1) \cup \{e_{ij}\})$。

令 $\mathcal{G}_1,\mathcal{G}_2$ 和 $\mathcal{G}_3$ 为 $\mathcal{G}$ 的三个子图，满足条件：$\mathcal{G}_1$ 是由 $\mathcal{V}$ 生成的且 $\mathcal{G}_1 \neq \mathcal{G}_2$。如果从 $CC_{\mathcal{V}(\mathcal{G}_3)}(\mathcal{G}_1)$ 移出的边中，存在一条最小权值边 e，使得 $\cup_2 = \mathcal{G}_1 \sqcup \{e\}$，那么我们称 $\mathcal{G}_2$ 是通过 $\mathcal{G}_3$ 对 $\mathcal{G}_1$ 的一个**初级根除**。如果 $\mathcal{G}_2 = \mathcal{G}_1$ 且没有从 $CC_{\mathcal{V}(\mathcal{G}_3)}(\mathcal{G}_1)$ 中移出的边，我们也称 $\mathcal{G}_2$ 是通过 $\mathcal{G}_3$ 对 $\mathcal{G}_1$ 的一个**初级根除**。

定义 22[14]

令 $\mathcal{S}=\langle M_1,\cdots,M_l\rangle$ 为 w 的成对相异极小值构成的一个序列。基于 $\mathcal{S}$ 的根除结果是一个图序列 $\langle \mathcal{G}_0,\cdots,\mathcal{G}_l\rangle$ 使得 $\mathcal{G}_0 \in \mathrm{MSF}(\mathcal{M})$，而且对于任意的 $i \in [1,l]$，$\mathcal{G}_i$ 是通过 M_i 对 $\mathcal{G}_{i-1}$ 的一个初级根除。

定理 23[14]

令 $\mathcal{S}=\langle M_1,\cdots,M_l\rangle$ 为 w 的成对相异极小值构成的一个序列。令 $\mathcal{T}=\langle \mathcal{G}_0,\cdots,\mathcal{G}_l\rangle$ 为 $\mathcal{G}$ 的子图构成的一个序列。当且仅当序列 $\mathcal{T}$ 是基于 $\mathcal{S}$ 的一个根除时，序列 $\mathcal{T}$ 是 $\mathcal{S}$ 的一个 MSF 层级系统。

6.7.2 显著图

任何一种 MSF 层级系统序列的切割都可以通过堆叠形成一种称之为**显著图**的权重。显著图可以让我们很容易地评价层级分割的质量和鲁棒性。此外，它是一种加权图。如果需要的话，可以对其做进一步处理，例如，去除层级系统中不需要的小区域。

我们给出显著图的一个精确定义[56,14]。首先，我们需要定义图 $\mathcal{G}$ 的映射 ϕ 为 $\phi(\mathcal{G}) = \sqcup\{\alpha_2(\mathcal{G}_i) \mid \mathcal{G}_i$ 是$\mathcal{G}$的一个分量$\}$。换言之，$\phi(\mathcal{G})$ 是由 $\mathcal{G}$ 的连通分量导出的所有图的并。容易看出，ϕ 是一个开运算算子。

令 $\mathcal{M} = \langle M_1,\cdots,M_l\rangle$ 为 w 的成对相异极小值构成的一个序列，并且令 $\mathcal{T} = \langle g_0,\cdots,g_l\rangle$ 为 $\mathcal{M}$ 的一个 MSF 层级系统。$\mathcal{T}$ 的**显著图** s 是满足如下条件的一个图：对于任何 $e_{ij} \in \mathcal{E}$，如果存在一个满足 $e_{ij} \in \phi(\mathcal{G}_k)$ 的最小数字 k，那么 $s_{ij} = k$；或者，如果不存在任何 $\mathcal{G}_k$ 满足条件 $e_{ij} \in \phi(\mathcal{G}_k)$，那么 $s_{ij} = l+1$。我们尤其注意到：如果 $e_{ij} \in \mathcal{E}(\phi(\mathcal{G}_0))$，则 $s_{ij} = 0$，并且对于 $\lambda \in \{0,\cdots,l\}$，$s[\lambda] = \phi(\mathcal{G}_\lambda)$。

按照**超度量分水岭**术语，可以给出显著图的一个可计算定义，这有助于展示层级分割集合与显著图集合之间的等价性[60]。

6.7.3 图像分割中的应用

为了在实际应用中利用该框架，我们必须对 w 的极小值设定一种顺序。令 μ

为 $\mathcal{C}_{\mathcal{E}}^{\leq}$ 上的一种属性(即从 $\mathcal{C}_{\mathcal{E}}^{\leq}$ 到 $\mathbb{R}$ 的一个函数,且在 $\mathcal{C}_{\mathcal{E}}^{\leq}$ 上呈递增特性),比如面积、体积或高度。我们首先通过在极小值集合上定义一个严格的全序关系 $\prec$(例如基于每个极小值的高度)来计算 w 的每个极小值的**灭火度量** μ_e [62,63],使得 $M_0 \prec M_1 \prec \cdots \prec M_l$。然后,我们设定 $\mu_e(M_0)=\infty$ 且

$$\mu_e(M_i)=\min\{\mu([\lambda,C])\mid[\lambda,C]\in\mathcal{C}_{\mathcal{E}}^{\leq},\text{存在 } w \text{ 的一个极小值 } M_j,\text{且 } M_j \prec M_i\} \tag{6.5}$$

映射 μ_e 能定义 MSF 层级系统序列的顺序 $\prec_e$:当 $\mu_e(M_i)<\mu_e(M_j)$ 时,$M_i \prec_e M_j$。

也可以选择其他排序方法:例如,瀑布式[64],其思路是指计算分水岭的一个分水岭序列,每一步都要带来盆地数量的大幅减少。另一种有意义的排序是通过最优化方法实现的[57]。我们考虑一个形如 $\lambda C+D$ 的两项型能量函数,其中 D 是一个拟合优度项,而 C 是一个正则项。在一般情况下,求解该函数的最优值是一个 NP 困难问题。另一方面,在一个层级系统上(因此也就是在一个分水岭割上),当拟合优度项随着划分的精细度递减,且与此相反,正则项随着精细度递增时,可以看出:通过动态规划能够在线性复杂度时间内获得最优解。这样的最优解是控制溢流的一种有效方式,当达到最优解时溢流停止。通过改变参数 λ 我们可以获得一个完整的分割层级系统。

图 6.10(b)、(c)和(d)展示了图 6.10(a)中的图像的一些显著图。基本图是由 4 近邻关系导出的一个图,该图的边由一个简单的色彩梯度(RGB 通道上像素值绝对偏差的最大值)来加权。根据与深度、体积和色彩一致性相关的灭火值[62]对极小值进行排序。

6.8 最优化与幂分水岭

在这一节,我们回顾一下幂分水岭框架[15](也可以参考本书 Leo Grady 撰写的章节)。在前面论述分水岭切割的几个章节中,权值描述了差异性(比如梯度)。典型情况下,在基于最优化的分割和聚类应用场合,权值描述了邻近性,使得由高权值边连通到一起的顶点被考虑为强连通且低权值边表示了各种近乎非连通的顶点。从图像灰度值产生权值的一个普遍选择是设定一种形如下列表达式的高斯权值:

$$w_{ij}=\exp(-\beta(\nabla I)^2) \tag{6.6}$$

其中,∇I 是图像 I 的归一化梯度。灰度图像的梯度是 I_i-I_j。当权值反过来时,考虑极大值而不是极小值,且计算河流谷底线而不是计算分水岭。河流谷底线是沿着山谷最深的连续线。在本章其余内容中,我们继续习惯性地使用术语“分水岭”而不是“河流谷底线”。

图 6.10 分水岭割的显著性示例(原始图像(a)来自 koakoo:http://blog.photos-libres.fr/)。

给定前景 F 和背景 B 的种子,以及两个正实数 p,q,文献[15]中关于二元分割的能量函数可表示为

$$x^{*pq} = \arg\min_{x} \sum_{e_{ij}\in\mathcal{E}} w_{ij}^{p} \left|x_i - x_j\right|^{q}, \quad \text{s.t. } x(F)=1, \quad x(B)=0 \qquad (6.7)$$

在这个能量函数中,w_{ij} 可解释为一种对轮廓施加了正则性的权值,使得任何(通常不需要的)高频信息在 x 中都予以惩罚。实质上,式(6.7)中定义的能量函数促使 x 在目标内保持平滑,同时使其快速变化从而接近目标边界附近的点集群。数据约束对 x 的保真度施加了一个特定配置,从而把取值为 0 和 1 作为重建目标指示符。我们观察到,当 q 的值绝对严格大于 1 时,x 的值可能未必再是二值形式。

不同的 p 和 q 值会产生不同的能量函数优化算法,这些算法构成了现有文献中很多高级图像分割方法的基础。表 6.1 给出了由各种 p 和 q 值形成的不同算法

的参考结果。极限情况是式(6.7)极小元的极限,例如,$p \to \infty$ 时的情况记为

$$x^{*q} = \lim_{p \to \infty} x^{*pq} \tag{6.8}$$

我们来强调一下这些参数的主要选择情况。

(1) 当权值的幂 p 是有限的且指数 $q = 1$ 时,我们可以重新获得最大流(图割)能量[61],该能量可通过最大流算法进行优化。

(2) 当 $q = 2$ 时,我们得到一个组合 Dirichlet 问题,也称之为随机游走问题[65]。

(3) 当 q 和 p 以相同的速度往无穷大方向变化时,那么可以通过最短路径(测地线)算法[6,67]计算出式(6.8)的解[66]。

(4) 正如文献[15]中所描述的,通过向无穷大方向增大幂 p 的值并改变幂 q 的值,可以获得一系列分割模型,我们将其称之为**幂分水岭**,下面我们将对其进行详细描述。

表 6.1 文献[15]中的图像分割广义方案包括几种常见的分割算法(参数 p 和 q 取特定值)。可以通过计算最大生成森林实现幂分水岭的高效优化。

q \ p	0	有限值	∞
1	种子沉陷	最大流(图割)	幂分水岭($q=1$)
2	ℓ_2 范数 Voronoi	随机游走	幂分水岭($q=2$)
∞	ℓ_1 范数 Voronoi	ℓ_1 范数 Voronoi	最短路径森林

q 可变的幂分水岭的主要优点之一是这些算法的主要计算量取决于一个极其高效的 MSF 计算过程[68]。例如,从式(6.6)中高斯加权函数的观点来解释的话,很明显我们可以将 $\beta = p$ 理解为:分水岭等价性源于在一个特定参数范围内使用权值函数。在 $q = 1$ 的情况下,源于该关系的一个重要见解是:当超过 β 的某个值时,我们可以用一个高效的最大生成森林计算过程代替计算量很大的最大流计算过程。

我们回顾一下几个重要的理论结果。首先,我们要强调的是,最小化能量函数式(6.8)获得的割是一个分水岭割[13],因此就是一个最大生成森林[13](MSF)。令 x^* 为式(6.8)的一个解,而 s 是其对应的分割结果,定义是:如果 $x_i^* \geq \frac{1}{2}$,则 $s_i = 1$;如果 $x_i^* < \frac{1}{2}$,则 $s_i = 0$。满足 $s_i \neq s_j$ 条件的边 e_{ij} 构成的集合是一个 q 切割。

定理 24[15]

对于 $q \geq 1$,任何 q 切割都是(以测地线方式获得的)重建权值的一个分水

岭割。

此外，如果 $\mathcal{M}$ 的每个连通分量至少包含 $B \cup F$ 的一个顶点且 $q \geqslant 1$，则当 $p \to \infty$ 时任何 q 切割都是一个关于 w 的 MSF 割。

算法 1：幂分水岭算法 $p \to \infty$，$q > 1$

数据：一个加权图 $\mathcal{G}(\mathcal{V},\mathcal{E})$，包含已知类标 $x(B)$，$x(F)$。

结果：一个势函数 $\bar{x}$（由定理 25 求得的式(6.8)的解）

当 任意一个节点有一个未知类标时，则
　求解一个由最大权值边组成的最大子图 $S \in \mathcal{G}$；
　如果 S 包含的任意节点 x 值已知，则
　　对于给定的 q，从子集 S 中求解能最小化式(6.7)的 x_S；
　　将由该操作过程产生的所有 x_S 值考虑为已知；
　否则
　　将 S 中的所有节点合并为单个节点，使得当该合并节点的 x 值已知时，
　　赋予所有被合并的节点相同的 x 值并考虑为已知。

算法 1 给出了一个算法用来优化能实现 $q > 1$ 和 $p \to \infty$ 时能量函数优化的(唯一)分水岭。参数 $p \to \infty$ 时的情况是特别有意义的。

1. $q > 1$ 的情况下，当不存在或缺少权值信息(存在平稳期)时，幂分水岭算法有一个定义明确的特性；事实上，当能量函数为严格凸函数时，式(6.8)的解是唯一的。

2. $p \to \infty$ 的情况下，幂分水岭算法的最差复杂度由 q 已知条件下优化式(6.7)的代价确定。在最好情况下(所有权值都有唯一值)，幂分水岭算法与用于计算 MSF 的算法(具有准线性复杂度)都有相同的渐近复杂度。在实际应用中，如果平稳期的长度小于某一固定值 K，则幂分水岭算法的复杂度与标准分水岭切割算法的准线性复杂度是相匹配的。

算法 1($q \geqslant 1$ 时)的主要性质总结在如下定理中。该定理指出：通过该算法产生的能量恰好就是那个正确的，即 $x^{*q} = \bar{x}$；此外，计算出来的切割是一个 MSF 割。

定理 25[15]

如果 $q > 1$，在边界约束条件下最小化式(6.7)中的能量函数获得的势 x^* 在 $p \to \infty$ 时利用算法 1 会收敛到势 $\bar{x}$。

此外，对于任意的 $q \geqslant 1$，由算法 1 计算出来的分割 s 所定义的切割 C 是一个关于 w 的 MSF 割。

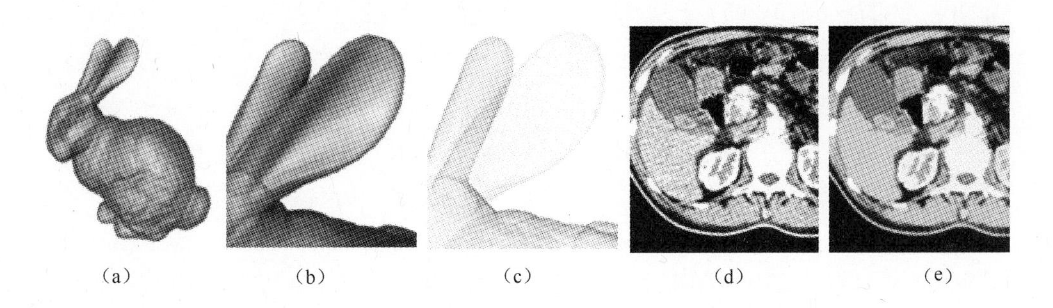

图 6.11　幂分水岭的两个应用。(a)-(c)利用幂分水岭实现的形状拟合[69]:(a)重构的兔子;(b)一只耳朵的特写;(c)原始扫描有噪点测量数据集的特写。(d)-(e)利用幂分水岭驱动的各向异性扩散过程实现肝脏图像的滤波[70]:在(e)中噪声和小血管都从(d)中移除掉了,产生的结果可以用作分割前的首要步骤。

6.8.1　应用

在两类类标情形下利用图割(即 $q=1$)算法可以实现能量 $E_{1,1}$ 的准确最小化,但如果约束条件施加在两个以上不同类标上,则是一个 NP 难题。然而,该框架内的其他算法(特别是分水岭割和幂分水岭)可以在尽可能多的类标条件下有效执行种子点分割[15]。因为在本章已经展示了几个分割例子,我们这里侧重强调其他两种利用了幂分水岭独特优化特性的应用。

第一个例子是**形状拟合**。在过去几十年中,从一个有噪点观测值集合中实现曲面重构是一个被深入研究的问题。最近,已经利用变分优化[71,72]和离散优化方法[73]解决该问题,结果展示:得益于全局能量最小化方案,这些方法对奇异点具有良好的鲁棒性。在文献[69]中,Couprie 等人利用幂分水岭框架推导出一种用于曲面重构的特殊分水岭算法,所提出的算法是快速的,对标记点的布局又是鲁棒的,并能产生光滑的曲面。图 6.11(a)~(c)展示了一个利用幂分水岭算法从有噪扫描点集合重构的曲面。

第二个例子就是**滤波**。在文献[70]中,Couprie 等人将各向异性扩散问题重新构思为一个 L_0 最优化问题,并展示出幂分水岭能够快速有效地实现该能量函数的优化。这项研究为在众多不同计算机视觉应用场合将幂分水岭看作一种通用的最小元打下了基础。关于这种 L_0 最优化的例子呈现在图 6.11(d)~(e)中。

6.9　结论

我们在本章展示了数学形态学在加权图上的一些应用。从晶格的抽象框架转变为图可以使我们获得比通常仅仅定义于顶点上的常规算子更细小的形态学算子(在某种意义上,它们可以处理更小的细节)。我们展示了如何在图像的树表示基础上利用连通滤波器对图像进行滤波。我们也展示了分水岭与最小生成树之间的联系,这可以使我们在基于分水岭割的层级分割与最小生成树之间建立等价关系。我们通过探索形态学方法与最优化方法之间的联系来结束本章。

对于实际应用,我们想要强调的是建立一个能实现现有算法开源通用意义上的框架的重要性,这不仅局限于像素框架,而且也能清楚明了地处理边,或者更一般地讲,处理图和复合体[74]。

参考文献

[1] G. Matheron, *Random sets and integral geometry*. New York: John Wiley & Sons, 1975.

[2] J. Serra, *Image analysis and mathematical morphology*. London, U. K.: Academic Press, 1982.

[3] J. Serra, Ed., *Image analysis and mathematical morphology. Volume* 2: *Theoretical advances*. London, U. K.: Academic Press, 1988.

[4] L. Vincent, "Graphs and mathematical morphology," *Signal Processing*, vol. 16, pp. 365-388, 1989.

[5] H. Heijmans and L. Vincent, "Graph morphology in image analysis," in *Mathematical morphology in image processing*, E. Dougherty, Ed. New York: Marcel Dekker, 1993, vol. 34, ch. 6, pp. 171-203.

[6] A. X. Falcão, R. A. Lotufo, and G. Araujo, "The image foresting transformation," *IEEE PAMI*, vol. 26, no. 1, pp. 19-29, 2004.

[7] F. Meyer and R. Lerallut, "Morphological operators for flooding, leveling and filtering images using graphs," in *Graph-based Representations in Pattern Recognition* (*GbRPR*'07), vol. LNCS 4538, 2007, PP. 158-167.

[8] F. Meyer and J. Angulo, "Micro-viscous morphological operators," in *Mathematical Morphology and its Application to Signal and Image Processing* (*ISMM* 2007), 2007, pp. 165-176.

[9] V. -T. Ta, A. Elmoataz, and O. Lézoray, "Partial difference equations over graphs: Morphological processing of arbitrary discrete data," in *ECCV* 2008, ser. Lecture Notes in Computer Science, D. Forsyth, P. Torr, and A. Zisserman, Eds. Springer Berlin / Heidelberg, 2008, vol. 5304, pp. 668-680.

[10] J. Cousty, L. Najman, and J. Serra, "Some morphological operators in graph spaces," in *International Symposium on Mathematical Morphology* 2009, ser. LNCS, vol. 5720. Springer Verlag,

Aug. 2009, pp. 149-160.

[11] I. Bloch and A. Bretto, "Mathematical morphology on hypergraphs: Preliminary definitions and results," in *Discrete Geometry for Computer Imagery*, ser. Lecture Notes in Computer Science, I. Debled-Rennesson, E. Domenjoud, B. Kerautret, and P. Even, Eds. Springer Berlin / Heidelberg, 2011, vol. 6607, pp. 429-440.

[12] F. Dias, J. Cousty, and L. Najman, "Some morphological operators on simplicial complexes spaces," in *DGCI* 2011, ser. LNCS, no. 6607. Springer, 2011, pp. 441-452.

[13] J. Cousty and, G. Bertrand, L. Najman, and M. Couprie, "Watershed Cuts: Minimum Spanning Forests and the Drop of Water Principle," *IEEE PAMI*, vol. 31, no. 8, pp. 1362 - 1374, Aug. 2009.

[14] J. Cousty and L. Najman, "Incremental algorithm for hierarchical minimum spanning forests and saliency of watershed cuts," in *ISMM* 2011, ser. LNCS, no. 6671, 2011, pp. 272-283.

[15] C. Couprie, L. Grady, L. Najman, and H. Talbot, "Power Watersheds: A Unifying Graph Based Optimization Framework," *IEEE Transactions on Pattern Analysis and Machine Intelligence*, vol. 33, no. 7, pp. 1384 - 1399, July 2011, http://doi. ieeecomputersociety. org /10. 1109/TPAMI. 2010. 200. [Online\] . Available: http://powerwatershed. sourceforge. net/

[16] P. Soille, *Morphological Image Analysis*. Springer-Verlag, 1999.

[17] L. Najman and H. Talbot, Eds. , *Mathematical morphology: from theory to applications*. ISTE-Wiley, June 2010.

[18] Nesetril, Milkova, and Nesetrilova, "Otakar Boruvka on Minimum Spanning Tree problem: Translation of both the 1926 papers, comments, history," *DMATH: Discrete Mathematics*, vol. 233, 2001.

[19] G. Choquet, "étude de certains réseaux de routes," *Comptes-rendus de l' Acad. des Sciences*, pp. 310-313, 1938.

[20] C. Zahn, "Graph-theoretical methods for detecting and describing Gestalt clusters," *IEEE Transactions on Computers*, vol. C-20, no. 1, pp. 99-112, 1971.

[21] O. J. Morris, M. d. J. Lee, and A. G. Constantinides, "Graph theory for image analysis: an approach based on the shortest spanning tree," *IEEE Proc. on Communications, Radar and Signal*, vol. 133, no. 2, pp. 146-152, 1986.

[22] F. Meyer, "Minimum spanning forests for morphological segmentation" in *Proc. of the Second International Conference on Mathematical Morphology and its Applications to Image Processing*, September 1994, pp. 77-84.

[23] P. Felzenszwalb and D. Huttenlocher, "Efficient graph-based image segmentation," *International Journal of Computer Vision*, vol. 59, pp. 167-181, 2004.

[24] L. Vincent and P. Soille, "Watersheds in digital spaces: An efficient algorithm based on immersion simulations," *IEEE PAMI*, vol. 13, no. 6, pp. 583-598, June 1991.

[25] G. Birkhoff, *Lattice Theory*, ser. American Mathematical Society Colloquium Publications. American Mathematical Society, 1995, vol. 25.

[26] C. Ronse, and J. Serra, "Algebric foundations of morphology," in *Mathematical Morphology*, L. Najman and H. Talbot, Eds. ISTE-Wiley, 2010, pp. 35-79.

[27] P. Salembier and J. Serra, "Flat zones filtering, connected operators, and filters by reconstruction," *IEEE TIP*, vol. 4, no. 8, pp. 1153-1160, Aug 1995.

[28] C. Ronse, "Set-theoretical algebraic approaches to connectivity in continuous or digital spaces," *JMIV*, vol. 8, no. 1, pp. 41-58, 1998.

[29] U. Beraga - Neto and J. Goutsias, "Connectivity on complete lattices: new results," *Comput. Vis. Image Underst*, vol. 85, no. 1, pp. 22-53, 2002.

[30] G. K. Ouzounis and M. H. Wilkinson, "Mask-based second-generation connectivity and attribute filters," *IEEE PAMI*, vol. 29, no. 6, pp. 990-1004, 2007.

[31] R. K. Gabriel and R. R. Sokal, "A new statistical approach to geographic variation analysis," *Systematic Zoology*, vol. 18, no. 3, pp. 259-278, Sep. 1969.

[32] P. Salembier, A. Oliveras, and L. Garrido, "Anti-extensive connected operators for image and sequence processing," *IEEE TIP*, vol. 7, no. 4, pp. 555-570, April 1998.

[33] L. Najman and M. Couprie, "Building the component tree in quasi-linear time," *IEEE TIP*, vol. 15, no. 11, pp. 3531-3539, 2006.

[34] P. Salembier and L. Garrido, "Binary partition tree as an efficient representation for image processing, segmentation and information retrieval," *IEEE Transactions on Image Processing*, vol. 9, no. 4, pp. 561-576, Apr. 2000.

[35] V. Caselles and P. Monasse, *Geometric Description of Images as Topographic Maps*, ser. Lecture Notes in Computer Science. Springer, 2010, vol. 1984.

[36] P. Salembier, "Connected operators based on tree pruning strategies," in *Mathematical morphology: from theory to applications*, L. Najman and H. Talbot, Eds. ISTE-Wiley, 2010, pp. 179-198.

[37] J. Benzécri, *L' Analyse des données: la Taxinomie*. Dunod, 1973, vol. 1.

[38] B. Leclerc, "Description combinatoire des ultramétriques," *Mathématique et sciences humaines*, vol. 73, pp. 5-37, 1981.

[39] N. Jardine and R. Sibson, *Mathematical taxonomy*. Wiley, 1971.

[40] J. Gower and G. Ross, "Minimum spanning tree and single linkage cluster analysis," *Appl. Stats.*, vol. 18, pp. 54-64, 1969.

[41] J. B. Kruskal, "On the shortest spanning subtree of a graph and the traveling salesman problem," *Proceedings of the American Mathematical Society*, vol. 7, pp. 48-50, February 1956.

[42] F. Meyer and S. Beucher, "Morphological segmentation," *JVCIR*, vol. 1, no. 1, pp. 21 - 46, Sept. 1990.

[43] S. Beucher and F. Meyer, "The morphological approach to segmentation: the watershed transformation," in *Mathematical morphology in image processing*, ser. Optical Engineering, E. Dougherty, Ed. New York: Marcel Dekker, 1993, vol. 34, ch. 12, pp. 433-481.

[44] L. Najman and M. Schmitt, "Watershed of a continuous function," *Signal Processing*, vol. 38, no. 1, pp. 99-112, 1994.

[45] J. B. T. M. Roerdink and A. Meijster, "The watershed transform: Definitions, algorithms and parallelization strategies," *Fundamenta Informaticae*, vol. 41, no. 1-2, pp. 187-228, 2001.

[46] G. Bertrand, "On topological watersheds," *JMIV*, vol. 22, no. 2-3, pp. 217-230, May 2005.

[47] J. Cousty, G. Bertrand, L. Najman, and M. Couprie, "Watershed cuts: thinnings, shortest-path forests and topological watersheds," *IEEE PAMI*, vol. 32, no. 5, pp. 925-939, 2010.

[48] F. Meyer, "Topographic distance and watershed lines," *Signal Processing*, vol. 38, no. 1, pp. 113-125, July 1994.

[49] P. Soille and C. Gratin, "An efficient algorithm for drainage networks extraction on DEMs," *Journal of Visual Communication and Image Representation*, vol. 5, no. 2, pp. 181-189, June 1994.

[50] S. Philipp-Foliguet, M. Jordan, L. Najman, and J. Cousty, "Artwork 3D Model Database Indexing and Classification," *Pattern Recogn.*, vol. 44, no. 3, pp. 588-597, Mar. 2011.

[51] L. J. Grady and J. R. Polimeni, *Discrete Calculus: Applied Analysis on Graphs for Computational Science*, 1st ed. Springer, Aug. 2010.

[52] P. J. Basser, J. Mattiello, and D. LeBihan, "MR diffusion tensor spectroscopy and imaging," *Biophys. J.*, vol. 66, no. 1, pp. 259-267, 1994.

[53] V. Arsigny, P. Fillard, X. Pennec, and N. Ayache, "Log-Euclidean metrics for fast and simple calculus on diffusion tensors," *Magnetic Resonance in Medicine*, vol. 56, no. 2, pp. 411 - 421, August 2006.

[54] J. Cousty, L. Najman, M. Couprie, S. Clément-Guinaudeau, T. Goissen, and J. Garot, "Segmentation of 4D cardiac MRI: automated method based on spatio-temporal watershed cuts," *IVC*, vol. 28, no. 8, pp. 1229-1243, Aug. 2010.

[55] F. Meyer, "The dynamics of minima and contours," in *Mathematical Morphology and its Applications to Image and Signal Processing*, *P. Maragos*, R. Schafer, and M. Butt, Eds. Boston: Kluwer, 1996, pp. 329-336.

[56] L. Najman and M. Schmitt, "Geodesic saliency of watershed contours and hierarchical segmentation," *IEEE PAMI*, vol. 18, no. 12, pp. 1163-1173, December 1996.

[57] L. Guigues, J. P. Cocquerez, and H. L. Men, "Scale-sets image analysis," *IJCV*, vol. 68, no. 3, pp. 289-317, 2006.

[58] P. A. Arbeláez and L. D. Cohen, "A metric approach to vector-valued image segmentation," *IJCV*, vol. 69, no. 1, pp. 119-126, 2006.

[59] F. Meyer and L. Najman, "Segmentation, minimum spanning tree and hierarchies," in *Mathematical Morphology: from theory to application*, L. Najman and H. Talbot, Eds. London: ISTE - Wiley, 2010, ch. 9, pp. 229-261.

[60] L. Najman, "On the equivalence between hierarchical segmentations and ultrametric watersheds," *Journal of Mathematical Imaging and Vision*, vol. 40, no. 3, pp. 231 - 274, July 2011, arXiv: 1002. 1887v2. [Online\] . Available: http://www. laurentnajman. org

[61] C. Allène, J. -Y. Audibert, M. Couprie, and R. Keriven, "Some links between extremum spanning forests, watersheds and min-cuts," *IVC*, vol. 28, no. 10, pp. 1460-1471, Oct. 2010.

[62] C. Vachier and F. Meyer, "Extinction value: a new measurement of persistence," in *IEEE Workshop on Nonlinear Signal and Image Processing*, 1995, pp. 254-257.

[63] G. Bertrand, "On the dynamics," *IVC*, vol. 25, no. 4, pp. 447-454, 2007.

[64] S. Beucher, "Watershed, hierarchical segmentation and waterfall algorithm," in *Mathematical Morphology and its Applications to Image Processing*, J. Serra and P. Soille, Eds Kluwer Academic Publishers, 1994, pp. 69-76.

[65] L. Grady, "Random walks for image segmentation," *IEEE PAMI*, vol. 28, no. 11, pp. 1768-1783, 2006.

[66] A. K. Sinop and L. Grady, "A seeded image segmentation framework unifying graph cuts and random walker which yields a new algorithm," in Proc. of *ICCV'* 07, 2007.

[67] G. Peyre, M. Pechaud, R. Keriven, and L. Cohen, "Geodesic methods in computer vision and graphics," *Foundations and Trends in Computer Graphics and Vision*, vol. 5, no. 3-4, pp. 197-397, 2010. [Online\]. Available: http://hal. archives-ouvertes. fr/hal-00528999/

[68] B. Chazelle, "A minimum spanning tree algorithm with inverse-Ackermann type complexity," *Journal of the ACM*, vol. 47, pp. 1028-1047, 2000.

[69] C. Couprie, X. Bresson, L. Najman, H. Talbot, and L. Grady, "Surface reconstruction using power watershed," in *ISMM* 2011, ser. LNCS, no. 6671, 2011, pp. 381-392.

[70] C. Couprie, L. Grady, L. Najman, and H. Talbot, "Anisotropic Diffusion Using Power Watersheds," in *International Conference on Image Processing* (*ICIP'* 10), Sept. 2010, pp. 4153-4156.

[71] T. Goldstein, X. Bresson, and S. Osher, "Geometric applications of the Split Bregman Method: Segmentation and surface reconstruction," UCLA, Computational and Applied Mathematics Reports, Tech. Rep. 09-06, 2009.

[72] J. Ye, X. Bresson, T. Goldstein, and S. Osher, "A fast variational method for surface reconstruction from sets of scattered points," UCLA, Computational and Applied Mathematics Reports, Tech. Rep. 10-01, 2010.

[73] V. Lempitsky and Y. Boykov, "Global Optimization for shape Fitting," in *Proc. IEEE Conference on Computer Vision and Pattern Recognition* (*CVPR*), Minneapolis, USA, 2007.

[74] R. Levillain, T. Géraud, and L. Najman, "Why and how to Design a Generic and Efficient Image Processing Framework: The Case of the Milena Library," in 17 *th International Conference on Image Processing*, 2010, pp. 1941-1944.

第7章

图上偏差分方程在局部与非局部图像处理中的应用

Abderrahim Elmoataz, Olivier Lézoray, Vinh-Thong Ta, Sébastien Bougleux

7.1 引言

随着数字时代的来临,众多不同类型的数据现在已随处可见。与传统的图像与视频数据相比,这些数据不一定分布于笛卡尔网格上,而有可能呈现不规则的分布。实现众多数据类型(图像、网格、社交网络等) 的表示最自然最灵活的方法就是采用能够描述邻域关系的加权图。通常采用组合数学和图论领域的工具来处理这些数据。然而,对于图像和信号的处理,在通常的欧氏域发展起来的许多数学工具已被证实是非常高效的。因此,人们非常有兴趣通过转换各种图像和信号处理工具来处理基于图的函数,其中的一些例子包括谱图小波[1]或图的偏微分方程[2,3]。第8章给出了一个构建图的多尺度小波变换的框架。本章我们主要探讨图的偏微分方程的框架。

在图像处理和计算机视觉领域,各种基于能量最小化和偏微分方程的方法在解决诸如图像平滑、去噪、插值和分割等众多重要问题时的有效性已被证实。这些问题的解可以这样获得:把输入的离散数据看作是定义在连续域上的连续函数,然后设计连续的偏微分方程并对其解离散化以保证与离散域相一致。这种基于偏微分方程的方法其优点有:数学建模性好、紧密的物理学联系以及更好的几何近似。有关这些方法比较全面的综述可参考文献[4-6]以及其中所列的文献。另一种基于连续偏微分方程的正则化方法学是直接在离散设置(未必是网格)下构思该问题[7]。但是,基于偏微分方程的方法很难适用于非欧域内的数据,原因是对于高维数据基本的微分算子很难离散化。

因此,我们致力于发展图的变分偏微分方程[8]。正如之前所提到的,当描述一些重要物理过程(例如:拉普拉斯、波动、热能和 Navier-Stokes 方程)的时候,自然要涉及到偏微分方程。正如 Courant、Friederichs 和 Lewy 在他们有影响力的论文中首先介绍的那样,那些涉及到数学物理学领域经典偏微分方程的问题可通过把微分方程替换为图的差分方程简化为一个结构非常简单的代数问题。这样,就可以从**泛函分析**的视角(这个观点类似但不同于文献[10]中的组合方法)产生一些能在图上模仿经典偏微分方程变分形式的方法。解决这类问题的一种思路是采用图的**偏差分方程**(PdE)[11]。从概念上来说,偏差分方程是在具有图结构的范畴中模仿了偏微分方程。

由于图可以用于建模任意类型的离散数据集,因此图偏差分方程受到了诸多关注[2,3,12-14]。在之前的工作中,我们已经介绍了图非局部差分算子并使用偏差分方程框架形成图的偏微分方程,这使我们能够统一局部和非局部处理过程。特别地,在文献[3]中我们已经介绍了一种在具有任意拓扑结构的图上施行非局部离散正则化的方法。该方法可以作为数据简化和插值(类标扩散、图像修复和着色)的实现框架。在这些工作的基础上,我们已经给出了一种数学形态学新构思形式的基础[15,16],涉及到加权图中偏微分方程方法的离散化问题。最后,基于同样的思想,我们最近已利用 Eikonal 方程[17]解决数据聚类和图像分割问题。在本章,我们将就我们的工作——利用偏差分方程实现图的 p-拉普拉斯正则化——给出一个自成一体的综述。

7.2 加权图的差分算子

在本节,我们回顾一下有关图的几个基本定义,并定义差分、散度、梯度和 p-拉普拉斯算子。

7.2.1 基本符号和定义

加权图 $\mathcal{G}=(\mathcal{V},\mathcal{E},w)$ 包括一个由 N 个顶点构成的有限集 $\mathcal{V}=\{v_1,\cdots,v_N\}$ 和一个由 N'条加权边构成的有限集 $\mathcal{E}=\{e_1,\cdots,e_{N'}\}\subset\mathcal{V}\times\mathcal{V}$ 。我们假定$\mathcal{G}$是无向图,且不具有自环和多重边。记 $e_{ij}=(v_i,v_j)$ 是$\mathcal{E}$中连接$\mathcal{V}$的顶点 v_i 和 v_j 的边,其权重记为 $w_{ij}=w(v_i,v_j)$,代表顶点之间的相似度。相似度的计算通常要利用正对称函数 w: $\mathcal{V}\times\mathcal{V}\to\mathbb{R}^+$ 。该函数满足这样的条件:如果 $(v_i,v_j)\notin\mathcal{E}$,则 $w(v_i,v_j)=0$。通常用符号 $v_i\sim v_j$ 表示两个邻近的顶点。我们称$\mathcal{G}$是连通的,如果对于任意顶点对 (v_k,v_l) ,存在一个有限序列 $v_k=v_0,v_1,\cdots,v_n=v_l$ 使得对于每个 $i\in\{1,\cdots,n\}$ 都满足 v_{i-1} 是 v_i 的邻近点。一个顶点的度函数 deg: $\mathcal{V}\to\mathbb{R}$ 定义为 $\deg(v_i)=\sum_{v_j\sim v_i}w(v_i,v_j)$ 。记 $\mathcal{H}(\mathcal{V})$ 是定义在图的顶点上的实值函数的希尔伯特空间。$\mathcal{H}(\mathcal{V})$ 的函数 $f:\mathcal{V}\to\mathbb{R}$ 赋予每个顶点 $v_i\in\mathcal{V}$ 一个实值 $x_i=f(v_i)$ 。显然,函数$f\in\mathcal{H}(\mathcal{V})$ 可以由 $\mathbb{R}^{|\mathcal{V}|}$ 中的列向量 $[x_1,\cdots,x_N]^{\mathrm{T}}=[f(v_1),\cdots,f(v_N)]^{\mathrm{T}}$ 来表示。类似于连续空间

中的泛函分析,函数$f \in \mathcal{H}(\mathcal{V})$在顶点集$\mathcal{V}$上的积分定义为$\int_{\mathcal{V}} f = \sum_{\mathcal{V}} f$。空间$\mathcal{H}(\mathcal{V})$上具有常见的内积形式$\langle f,h \rangle_{\mathcal{H}(\mathcal{V})} = \sum_{v_i \in \mathcal{V}} f(v_i)h(v_i)$,其中$f,h: \mathcal{V} \to \mathbb{R}$。同样地,记$\mathcal{H}(\mathcal{E})$是定义在$\mathcal{G}$的边上的实值函数构成的空间,并具有内积①$\langle F,H \rangle_{\mathcal{H}(\mathcal{E})} = \sum_{e_i \in \mathcal{E}} F(e_i)H(e_i) = \sum_{v_i \in \mathcal{V}} \sum_{v_j \sim v_i} F(e_{ij})H(e_{ij}) = \sum_{v_i \in \mathcal{V}} \sum_{v_j \sim v_i} F(v_i, v_j)H(v_i,v_j)$,其中$F,H: \mathcal{E} \to \mathbb{R}$是$\mathcal{H}(\mathcal{E})$中的两个函数。

7.2.2　差分算子

令$\mathcal{G} = (\mathcal{V},\mathcal{E},w)$是一个加权图,并记$f: \mathcal{V} \to \mathbb{R}$是$\mathcal{H}(\mathcal{V})$的一个函数,则定义在边$e_{ij} = (v_i,v_j) \in \mathcal{E}$上$f$的**差分算子**(记作$d_w: \mathcal{H}(\mathcal{V}) \to \mathcal{H}(\mathcal{E})$ [18-20,3])的表达式为

$$(d_w f)(e_{ij}) = (d_w f)(v_i,v_j) = w(v_i,v_j)^{1/2}(f(v_j) - f(v_i)) \tag{7.1}$$

在顶点$v_i \in \mathcal{V}$处,沿着边$e_{ij} = (v_i,v_j)$的**方向导数**(或**边导数**)定义为

$$\frac{\partial f}{\partial e_{ij}}\Big|_{v_i} = \partial_{v_j} f(v_i) = (d_w f)(v_i,v_j)$$

这个定义与函数导数的连续定义是一致的:那么$\partial_{v_j} f(v_i) = -\partial_{v_i} f(v_j)$,$\partial_{v_i} f(v_i) = 0$;并且,如果$f(v_j) = f(v_i)$,那么$\partial_{v_j} f(v_i) = 0$。差分算子的**伴随算子**(记作$d_w^*: \mathcal{H}(\mathcal{E}) \to \mathcal{H}(\mathcal{V})$)是一个线性算子。对所有的$f \in \mathcal{H}(\mathcal{V})$和所有的$H \in \mathcal{H}(\mathcal{E})$,该算子的定义是

$$\langle d_w f, H \rangle_{\mathcal{H}(\mathcal{E})} = \langle f, d_w^* H \rangle_{\mathcal{H}(\mathcal{V})} \tag{7.2}$$

函数$H \in \mathcal{H}(\mathcal{E})$在顶点$v_i \in \mathcal{V}$处的伴随算子$d_w^*$的表达式为

$$(d_w^* H)(v_i) = \sum_{v_j \sim v_i} w(v_i,v_j)^{1/2}(H(v_j,v_i) - H(v_i,v_j)) \tag{7.3}$$

证明:根据$\mathcal{H}(\mathcal{E})$中内积的定义,可得:

$$\begin{aligned}\langle d_w f, H \rangle_{\mathcal{H}(\mathcal{E})} &= \sum_{e_{ij} \in \mathcal{E}} (d_w f)(e_{ij}) H(e_{ij}) \overset{(7.1)}{=} \sum_{e_{ij} \in \mathcal{E}} \sqrt{w_{ij}} (f(v_j) - f(v_i)) H(e_{ij}) = \\ &\sum_{v_i \in \mathcal{V}} \sum_{v_j \sim v_i} \sqrt{w_{ij}} f(v_i) H(e_{ji}) - \sum_{v_i \in \mathcal{V}} \sum_{v_j \sim v_i} \sqrt{w_{ij}} f(v_i) H(e_{ij}) = \\ &\sum_{v_i \in \mathcal{V}} f(v_i) \sum_{v_j \sim v_i} \sqrt{w_{ij}} (H(e_{ji}) - H(e_{ij})) = \sum_{v_i \in \mathcal{V}} f(v_i)(d_w^* H)(v_i) \overset{(7.2)}{=} \langle f, d_w^* H \rangle\end{aligned} \tag{7.4}$$

■

散度算子(定义为$-d_w^*$)用于计算$\mathcal{H}(\mathcal{E})$中的函数在图的每个顶点处的净流出量。每个函数$H \in \mathcal{H}(\mathcal{E})$在整个顶点集$\sum_{v_i \in \mathcal{V}} (d_w^* H)(v_i) = 0$的散度为零。差分

① 既然所考虑的图为无向图,那么,如果$e_{ij} \in \mathcal{E}$,则$e_{ji} \in \mathcal{E}$。

算子的另一个通用性定义由 Zhou[21] 提出，表达为 $(d_w f)(v_i,v_j) = \sqrt{w_{ij}}\left(\frac{f(v_j)}{\deg(v_j)} - \frac{f(v_i)}{\deg(v_i)}\right)$ 。然而，当函数 f 的值在局部范围恒定且它的伴随在整个顶点集内为非空的时候[22-24]，上述算子就是非空的。

7.2.3 梯度和范数

函数 $f \in \mathcal{H}(\mathcal{V})$ 在顶点 $v_i \in \mathcal{V}$ 处的**加权梯度算子**是一种向量算子，其定义是

$$(\nabla_{\mathbf{w}}\mathbf{f})(\mathbf{v_i}) = [\partial_{v_j} f(v_i) : v_j \sim v_i]^{\mathrm{T}} = [\partial_{v_1} f(v_i), \cdots, \partial_{v_k} f(v_i)]^{\mathrm{T}}, \forall (v_i,v_j) \in \mathcal{E} \tag{7.5}$$

这个向量的 $\mathcal{L}_p$ 范数表示函数 f 在图上某一顶点处的**局部变化量**，其定义是[18-20,3]：

$$\|(\nabla_{\mathbf{w}}\mathbf{f})(\mathbf{v_i})\|_p = \left[\sum_{v_j \sim v_i} w_{ij}^{p/2} |f(v_j) - f(v_i)|^p\right]^{1/p} \tag{7.6}$$

当 $p \geqslant 1$ 时，局部变化量是一个半范数，用于度量函数在图中某一顶点附近的正则性：

1. $\|(\nabla_{\mathbf{w}}\alpha\mathbf{f})(\mathbf{v_i})\|_p = |\alpha| \|(\nabla_{\mathbf{w}}\mathbf{f})(\mathbf{v_i})\|_p, \forall \alpha \in \mathbb{R}, \forall f \in \mathcal{H}(\mathcal{V})$。
2. $\|(\nabla_{\mathbf{w}}(\mathbf{f}+\mathbf{h}))(\mathbf{v_i})\|_p \leqslant \|(\nabla_{\mathbf{w}}\mathbf{f})(\mathbf{v_i})\|_p + \|(\nabla_{\mathbf{w}}\mathbf{h})(\mathbf{v_i})\|_p, \forall f \in \mathcal{H}(\mathcal{V})$。
3. $\|(\nabla_{\mathbf{w}}\mathbf{f})(\mathbf{v_i})\|_p = 0 \Leftrightarrow (f(v_j) = f(v_i))$ or $w(v_i,v_j) = 0, \forall v_j \sim v_i$。

若 $p < 1$，由于三角不等式不成立，所以式(7.6)不是一个范数（性质 2）。

7.2.4 图的边界

令 $\mathcal{A} \subset \mathcal{V}$ 是一个由连通顶点构成的集合且满足：对于所有 $v_i \in \mathcal{A}$，存在一个顶点 $v_j \in \mathcal{A}$ 使得 $e_{ij} = (v_i,v_j) \in \mathcal{E}$ 。分别用 $\partial^+ \mathcal{A}$ 和 $\partial^- \mathcal{A}$ 表示$\mathcal{A}$的**外部**和**内部**边界集。$\mathcal{A}^c = \mathcal{V} \backslash \mathcal{A}$ 是$\mathcal{A}$的补集。对于一个已知顶点 $v_i \in \mathcal{V}$，

$$\partial^+ \mathcal{A} = \{v_i \in \mathcal{A}^c : \exists \mathrm{v_j} \in \mathcal{A} \text{ with } e_{ij} = (v_i,v_j) \in \mathcal{E}\},$$

$$\partial^- \mathcal{A} = \{v_i \in \mathcal{A} : \exists \mathrm{v_j} \in \mathcal{A}^c \text{ with } e_{ij} = (v_i,v_j) \in \mathcal{E}\}。$$

图 7.1 通过两种不同的图结构阐明了这些概念：一个 4 邻接的网格图和一个任意结构图。图边界这一概念将会用在图插值问题中。

7.2.5 p-拉普拉斯算子

令 $p \in (0, +\infty)$ 是一个实数。我们介绍各向同性和各向异性的 p-拉普拉斯算子以及与其相关的p-拉普拉斯矩阵。

7.2.5.1 p-拉普拉斯各向同性算子

函数 $f \in \mathcal{H}(\mathcal{V})$ 的**加权 p-拉普拉斯各向同性算子**（记作 $\Delta_{w,p}^i : \mathcal{H}(\mathcal{V}) \rightarrow$

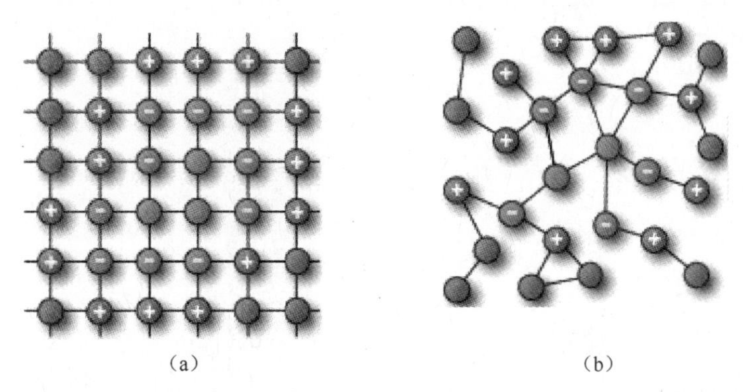

图 7.1　两种不同类型图上的边界集。(a)4 邻接网格图;(b)任意结构的无向图。无标记符号的顶点对应$\mathcal{A}$。用"-"号标记的顶点对应内部边界 $\partial^{-}\mathcal{A}$,而用"+"号标记的顶点则对应外部边界 $\partial^{+}\mathcal{A}$。

$\mathcal{H}(\mathcal{V})$)定义为

$$(\Delta_{w,p}^{i}f)(v_i)=\frac{1}{2}d_w^{*}(\|(\nabla_{\mathbf{W}}\mathbf{f})(\mathbf{v_i})\|_2^{p-2}(d_w f)(v_i,v_j)) \tag{7.7}$$

在顶点 $v_i\in\mathcal{V}$ 处函数 $f\in\mathcal{H}(\mathcal{V})$ 的各向同性 p-拉普拉斯算子可由关系式

$$(\Delta_{w,p}^{i}f)(v_i)=\frac{1}{2}\sum_{v_j\sim v_i}(\gamma_{w,p}^{i}f)(v_i,v_j)(f(v_i)-f(v_j)) \tag{7.8}$$

计算得到[18-20,3]。其中,

$$(\gamma_{w,p}^{i}f)(v_i,v_j)=w_{ij}(\|(\nabla_{\mathbf{W}}\mathbf{f})(\mathbf{v_j})\|_2^{p-2}+\|(\nabla_{\mathbf{W}}\mathbf{f})(\mathbf{v_i})\|_2^{p-2}) \tag{7.9}$$

证明:根据式(7.7)、式(7.3)和式(7.1),可得

$$\begin{aligned}(\Delta_{w,p}^{i}f)(v_i)&=\frac{1}{2}\sum_{v_j\sim v_i}\sqrt{w_{ij}}\left(\frac{(d_w f)(v_j,v_i)}{\|(\nabla_{\mathbf{W}}\mathbf{f})(\mathbf{v_j})\|^{2-p}}-\frac{(d_w f)(v_i,v_j)}{\|(\nabla_{\mathbf{W}}\mathbf{f})(\mathbf{v_i})\|^{2-p}}\right)\\&=\frac{1}{2}\sum_{v_j\sim v_i}w_{ij}\left(\frac{f(v_i)-f(v_j)}{\|(\nabla_{\mathbf{W}}\mathbf{f})(\mathbf{v_j})\|^{2-p}}-\frac{f(v_j)-f(v_i)}{\|(\nabla_{\mathbf{W}}\mathbf{f})(\mathbf{v_i})\|^{2-p}}\right)\end{aligned} \tag{7.10}$$

上式最后一项正是公式(7.8)。■

p-拉普拉斯各向同性算子是非线性的。但是,当 $p=2$ 时却是例外(参见文献[18-20,3])。对于后一种情况,该算子对应于**组合图拉普拉斯算子**,它是基于谱图理论[25]定义的一种经典二阶算子。当 $p=1$ 时,可得到 p-拉普拉斯各向同性算子的另外一种特例。在这种情况下,该算子是函数 f 在图上的**加权曲率**。为了避免 $p\leqslant 1$ 时式(7.8)中的分母为0,我们用 $\|(\nabla_{\mathbf{W}}\mathbf{f})(\mathbf{v_i})\|_{2,\in}=\sqrt{\sum_{v_j\sim v_i}w_{ij}(f(v_j)-f(v_i))^2+\in^2}$ 代替 $\|(\nabla_{\mathbf{W}}\mathbf{f})(\mathbf{v_i})\|_2$,其中 $\in\rightarrow 0$ 是一个充分小的常数。

7.2.5.2　p-拉普拉斯各向异性算子

函数 $f\in\mathcal{H}(\mathcal{V})$ 的**加权 p-拉普拉斯各向异性算子**(记作 $\Delta_{w,p}^{a}:\mathcal{H}(\mathcal{V})\rightarrow$

$\mathcal{H}(\mathcal{V})$)定义为

$$(\Delta_{w,p}^{a} f)(v_i) = \frac{1}{2} d_w^{*} (|(d_w f)(v_i, v_j)|^{p-2} (d_w f)(v_i, v_j)) \tag{7.11}$$

在顶点 $v_i \in \mathcal{V}$ 处函数 $f \in \mathcal{H}(\mathcal{V})$ 的各向异性 p-拉普拉斯算子可由关系式

$$(\Delta_{w,p}^{a} f)(v_i) = \sum_{v_j \sim v_i} (\gamma_{w,p}^{a} f)(v_i, v_j)(f(v_i) - f(v_j)) \tag{7.12}$$

计算得到[26]。其中，

$$(\gamma_{w,p}^{a} f)(v_i, v_j) = w_{ij}^{p/2} |f(v_i) - f(v_j)|^{p-2} \tag{7.13}$$

证明：根据式(7.11)、式(7.3)和式(7.1)，可得

$$(\Delta_{w,p}^{a} f)(v_i) = \frac{1}{2} \sum_{v_j \sim v_i} \sqrt{w_{ij}} \left(\frac{(d_w f)(v_j, v_i)}{|(d_w f)(v_i, v_j)|^{2-p}} - \frac{(d_w f)(v_i, v_j)}{|(d_w f)(v_i, v_j)|^{2-p}} \right) =$$

$$\sum_{v_j \sim v_i} \sqrt{w_{ij}} \left(\frac{(d_w f)(v_j, v_i)}{|(d_w f)(v_i, v_j)|^{2-p}} \right) = \sum_{v_j \sim v_i} w_{ij}^{\frac{p}{2}} |f(v_i) - f(v_j)|^{p-2} (f(v_i) - f(v_j)) \tag{7.14}$$

■

如果 $p \neq 2$，这个算子是非线性的。否则，就像各向同性 2-拉普拉斯算子一样，该算子对应于**组合图拉普拉斯算子**。为了避免 $p \leqslant 1$ 时式(7.12)中的分母为 0，我们用 $|f(v_i) - f(v_j)|_{\epsilon} = |f(v_i) - f(v_j)| + \epsilon$ 替代 $|f(v_i) - f(v_j)|$，其中 $\epsilon \to 0$ 是一个充分小的常数。

7.2.6 p-拉普拉斯矩阵

最后，各向同性或各向异性的 p-拉普拉斯矩阵 $\mathbf{L}_p^{*}$ 满足下列性质：

(1) $\mathbf{L}_p^{*}$ 的表达式为

$$\mathbf{L}_p^{*}(v_i, v_j) = \begin{cases} \frac{\alpha}{2} \sum_{v_k \sim v_i} (\gamma_{w,p}^{*} f)(v_i, v_k) & \text{if } v_i = v_j \\ -\frac{\alpha}{2} (\gamma_{w,p}^{*} f)(v_i, v_j) & \text{if } v_i \neq v_j \text{ and } (v_i, v_j) \in \mathcal{E} \\ 0 & \text{if } (v_i, v_j) \notin \mathcal{E} \end{cases} \tag{7.15}$$

当 $\gamma_{w,p}^{*} = \gamma_{w,p}^{i}$ 且 $\alpha = 1$ 时，$\mathbf{L}_p^{*}$ 是各向同性的 p-拉普拉斯矩阵；当 $\gamma_{w,p}^{*} = \gamma_{w,p}^{a}$ 且 $\alpha = 2$ 时，$\mathbf{L}_p^{*}$ 是各向异性的 p-拉普拉斯矩阵。

(2) 对于每个向量 $\mathbf{f}(\mathbf{u})$，$\mathbf{f}(\mathbf{u})^{\mathrm{T}} \mathbf{L}_p^{*} \mathbf{f}(\mathbf{u}) = (\Delta_{w,p}^{*} f)(u)$，其中 $\Delta_{w,p}^{*} = \Delta_{w,p}^{i}$ 或者 $\Delta_{w,p}^{*} = \Delta_{w,p}^{a}$。

(3) $\mathbf{L}_p^{*}$ 是对称半正定的(参见 7.4 节的论述)。

(4) $\mathbf{L}_p^{*}$ 具有非负的实特征值：$0 = s_1 \leqslant s_2 \leqslant \cdots \leqslant s_N$。

因此,各向同性或各向异性的 p-拉普拉斯矩阵可用于流形学习,并能推广基于2-拉普拉斯算子的方法[27]。通过对矩阵 $\mathbf{L}_p^*$ 做特征分解可获得新的降维方法。最近就有这方面的研究工作:通过各向同性[28]或各向异性[29]的 p-拉普拉斯算子来解决谱聚类问题。在文献[29]中,提出了一种变分算法来解决广义谱聚类问题。

7.3 加权图的构造

任何离散域都可以用加权图描述,其中每个数据点由一个顶点 $v_i \in \mathcal{V}$ 表示。这个域可以表示无序或有序的数据,而定义在$\mathcal{V}$上的函数与需要处理的数据相对应。我们在下面给出了定义图拓扑与图权重的具体内容。

7.3.1 图的拓扑结构

7.3.1.1 无序数据

一般情况下,可把无序点集 $\mathcal{V} \in \mathbb{R}^n$ 看作是一个函数$f^0: \mathcal{V} \to \mathbb{R}^m$。那么,边集的定义就等价于根据数据集特征向量之间的相似性关系描述每个顶点的邻域。这种相似性依据一种两两距离度量$\mu: \mathcal{V} \times \mathcal{V} \to \mathbb{R}^+$。对于无序数据,$\mu$ 通常采用欧氏距离。图的构建取决于具体的应用,没有通用的规则可供采纳。然而,目前有若干种构建邻域图的方法,感兴趣的读者可以参考文献[30]了解关于邻近度和邻域图的综述内容。我们主要研究两类图:改进的 k 近邻图和 τ 邻域图。

τ 邻域图(记作$\mathcal{G}_\tau$)是一种加权图,该图中顶点 v_i 的 τ 邻域 $\mathcal{N}_\tau$ 定义为 $\mathcal{N}_\tau(v_i) = \{v_j \in \mathcal{V} \backslash \{v_i\} : \mu(v_i, v_j) \leq \tau\}$,其中 $\tau > 0$ 是一个阈值参数。

k 近邻图(记作 $k-\mathbf{NNG}_\tau$)是一种加权图,该图中每个顶点 v_i 与它的 k 个最近邻相连。按照 $\mathcal{N}_\tau$ 中的函数μ,这 k 个最近邻点与 v_i 有最小的距离。由于 k 近邻图是有向图,需要对它修正使其变为无向图。修改后,对于任意 v_i, $v_j \in \mathcal{V}$ 有 $\mathcal{E} = \{(v_i, v_j) : v_i \in \mathcal{N}_\tau(v_j) \text{ or } v_j \in \mathcal{N}_\tau(v_i)\}$。当 $\tau = \infty$ 时,可得到 $k-\mathbf{NNG}_\infty$。这样,对集合 $\mathcal{V} \backslash \{v_i\}$ 中的所有顶点,都需要计算 k 近邻。为了清楚起见,将 $k-\mathbf{NNG}_\infty$ 记为 $k-\mathbf{NNG}$。

7.3.1.2 有序数据

通常情况下有序数据是信号、灰度或彩色图像(二维或三维形式)。这样的数据可视为函数$f^0: \mathcal{V} \subset \mathbb{Z}^n \to \mathbb{R}^m$。这样,用于构建图的距离$\mu$ 就对应于与顶点相关的空间坐标之间的距离。需要用到若干种距离,在这些距离中,对于二维图像可以采用城区距离 $\mu(v_i, v_j) = |x_i^1 - x_j^1| + |x_i^2 - x_j^2|$ 或者切比雪夫距离 $\mu(v_i, v_j) =$

$\max(|x_i^1 - x_j^1|, |x_i^2 - x_j^2|)$ 。其中，顶点 v_i 与它的空间坐标 $(x_i^1, x_i^2)^{\mathrm{T}}$ 相关。有了这些距离和 τ 邻域图，就可以获得用于二维图像处理的常规邻近图，该图中每个顶点对应于一个像素。那么，四近邻和八近邻网格图（分别记作 $\mathcal{G}_0$ 和 $\mathcal{G}_1$）分别可以通过城区距离和切比雪夫距离获得（$\tau \leqslant 1$）。更一般情况下，可利用切比雪夫距离在 $\tau \leqslant s$ 和 $s \geqslant 1$ 的情况下获得 $((2s+1)^2 - 1)$ 邻近图。这表明需要增加大小为 $(2s+1)^2$ 的方形窗口内中心像素与其他像素之间的边数。类似的结论可用于三维图像上图的构造，其中顶点与体素相关联。

区域邻近图（RAG）也可用于图像处理，该图的每个顶点对应于一个区域。边集可以通过邻近距离和 τ 邻域图获得：如果 v_i 和 v_j 是邻近的，则 $\mu(v_i, v_j) = 1$；否则，$\mu(v_i, v_j) = \infty$ 。$\tau = 1$ 时，τ 邻域图则对应于图像划分的 Delaunay 图。

最后，我们提及一下具有自然图表达特性的多边形曲线或曲面的情况，其中顶点对应于网格的顶点，而边对应于网格的边。

7.3.2 图的加权

对于初始函数 $f^0: \mathcal{V} \to \mathbb{R}^m$，可根据相似性度量 $\mathcal{E} \to [0,1]$ 将数据之间的相似关系集成到边的权重之中，其中 $w(e_{ij}) = g(e_{ij})$ ，$\forall e_{ij} \in \mathcal{E}$ 。计算顶点之间的距离实质上是比较它们之间的特征，通常要取决于 f^0。为了做到这一点，每个顶点 v_i 对应着一个特征向量 $\mathbf{F}_{\tau}^{\mathbf{f}^0}: \mathcal{V} \to \mathbb{R}^{m \times q}$，其中 q 表示向量的大小：

$$\mathbf{F}_{\tau}^{\mathbf{f}^0}(v_i) = (f^0(v_j): v_j \in \mathcal{N}_{\tau}(v_i) \cup \{v_i\})^T \tag{7.16}$$

然后，可以考虑如下几种加权函数。已知一种与特征向量 $\mathbf{F}_{\tau}^{\mathbf{f}^0}$ 相关的距离测度 $\rho: \mathbb{R}^{m \times q} \times \mathbb{R}^{m \times q} \to \mathbb{R}$ ，那么对于一条边 e_{ij} 则有：

$$\begin{cases} g_1(e_{ij}) = 1(\text{无加权情形}) \\ g_2(e_{ij}) = \exp(-\rho(\mathbf{F}_{\tau}^{\mathbf{f}^0}(v_i), \mathbf{F}_{\tau}^{\mathbf{f}^0}(v_j))^2/\sigma^2), \sigma > 0 \\ g_3(e_{ij}) = 1/(1 + \rho(\mathbf{F}_{\tau}^{\mathbf{f}^0}(v_i), \mathbf{F}_{\tau}^{\mathbf{f}^0}(v_j))) \end{cases} \tag{7.17}$$

通常，ρ 是欧氏距离函数。对于 $\mathbf{F}_{\tau}^{\mathbf{f}^0}$ 的表达式，有多种形式可供选择，主要取决于需要保持的特征。最简单的一种形式是 $\mathbf{F}_{\mathbf{0}}^{\mathbf{f}^0} = f^0$。

在图像处理领域，通过图像块可以获得重要的特征向量 $\mathbf{F}_{\tau}^{\mathbf{f}^0}$ 。对于灰度图像 $f^0: \mathcal{V} \to \mathbb{R}$ ，由图像块确立的特征向量 $\mathbf{F}_{\tau}^{\mathbf{f}_0}$ 对应着 f^0 在某一顶点（像素）为中心、大小为 $(2\tau+1)^2$ 的方形窗口内的值。图 7.2(a)给出了几个图像块例子。描述某个已知的顶点（中心像素）不仅要用到其自身的灰度值，同时也要用到以该顶点为中心的方形窗口（图像块）内的其他像素灰度值。图 7.2(b)展示了 8 近邻网格图中局部与非局部交互特性的差异。通过增加 5×5 的邻域内空域不连通但邻近的顶点间的非局部边来实现非局部交互特性。这种特征向量已经用于纹理合成[31]，最近也用于图像恢复和滤波[32,33]。在图像处理领域,这样的结构布局称为"非局部结构"。与局部性方法相比较,后来这些研究工作均展示了基于非局部块的方法的高效性,源于这些方法能够更好地捕捉图像中的复杂结构(比如目标的边界或者精细的复现模式)。"非局部性"这一概念(文献[32]已给出定义)包含两个方面的内容:(1)已知像素最相似邻近点的搜索窗口;(2)用于比较这些邻近点的特征向量。在文献[32]中,对于某个已知像素,**非局部处理**是指要对一幅图像中的所有图像块进行比较。实际上,为了避免高的计算代价,可以使用固定尺寸的搜索窗口。局部和非局部方法自然都包含在加权图的范畴之中。事实上,基于非局部块的结构布局可以很简单地用图拓扑(顶点邻域)和边的权值(顶点特征距离)来描述,图像的非局部处理就变成了相似性图的局部处理。我们提出的图上算子(加权差分和梯度)能够(利用加权函数和图拓扑)将局部和非局部结构自然地集成在一起,并引入新的自适应图像处理工具。

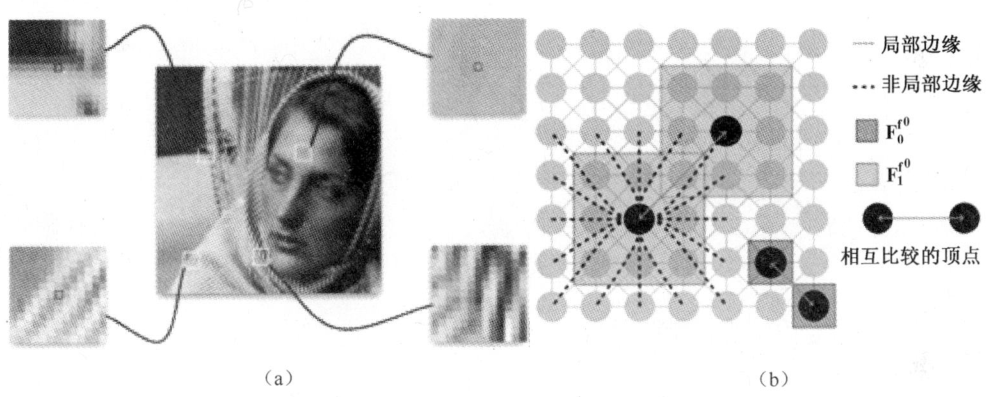

图 7.2 (a)四个图像块例子,中心像素与一个大小为 13×13 ($\mathbf{F}_6^{f^0}$) 的图像块的灰度值向量相关;(b)图的拓扑结构和特征向量示意:构造一个 8 近邻网格图。红色框(右上角)包围的顶点显示了最简单特征向量的使用情况,即初始函数。由绿色框(左下角)包围的顶点显示了由图像块构成的特征向量的使用情况。

7.4 图的p-拉普拉斯正则化

令$f^0: \mathcal{V}\to\mathbb{R}$ 是某一定义在加权图 $\mathcal{G}=(\mathcal{V},\mathcal{E},w)$ 顶点上的已知函数。在一定的条件下,函数f^0 表示某一无损函数 $g: \mathcal{V}\to\mathbb{R}$ 被给定噪声 n 破坏后的观察值,即 $f^0=g+n$。这类噪声通常对应于观察值的误差,其均值假设为 0, 方差为 σ^2。为了恢复未被破坏的函数 g,普遍做法是寻找一个在图$\mathcal{G}$上正则性充分好并足够接近 f^0 的函数$f: \mathcal{V}\to\mathbb{R}$。可以按照能量函数最小化形式来构思这个逆问题,这往往要涉及到一个正则项并加上一个近似项(也称为**拟合项**)。我们考虑如下变分问题[18-20,3]:

$$g \approx \min_{f:\mathcal{V}\to\mathbb{R}} \left\{ \mathcal{E}^{*}_{w,p}(f,f^{0},\lambda) = R^{*}_{w,p}(f) + \frac{\lambda}{2} \| f - f^{0} \|_{2}^{2} \right\} \tag{7.18}$$

其中，正则化函数 $R^{*}_{w,p}: \mathcal{H}(\mathcal{V}) \to \mathbb{R}$ 可以是一个各向同性函数 $R^{i}_{w,p}$ 或者一个各向异性函数 $R^{a}_{w,p}$。各向同性正则化函数 $R^{i}_{w,p}$ 通过梯度的 $\mathcal{L}_2$ 范数来定义，并且是函数 $f \in \mathcal{H}(\mathcal{V})$ 的离散 p -Dirichlet 形式：

$$\begin{aligned} R^{i}_{w,p}(f) &= \frac{1}{p} \sum_{v_i \in \mathcal{V}} \| (\nabla_{\mathbf{w}} \mathbf{f})(\mathbf{v_i}) \|_{2}^{p} = \frac{1}{p} \langle f, \Delta^{i}_{w,p} f \rangle_{\mathcal{H}(\mathcal{V})} \\ &= \frac{1}{p} \sum_{v_i \in \mathcal{V}} \Big[\sum_{v_j \sim v_i} w_{ij} \, (f(v_j) - f(v_i))^2 \Big]^{\frac{p}{2}} \end{aligned} \tag{7.19}$$

各向异性正则化函数 $R^{a}_{w,p}$ 通过梯度的 $\mathcal{L}_p$ 范数来定义：

$$\begin{aligned} R^{a}_{w,p}(f) &= \frac{1}{p} \sum_{v_i \in \mathcal{V}} \| (\nabla_{\mathbf{w}} \mathbf{f})(\mathbf{v_i}) \|_{p}^{p} = \frac{1}{p} \langle f, \Delta^{a}_{w,p} f \rangle_{\mathcal{H}(\mathcal{V})} \\ &= \frac{1}{p} \sum_{v_i \in \mathcal{V}} \sum_{v_j \sim v_i} w_{ij}^{p/2} \, |f(v_j) - f(v_i)|^{p} \end{aligned} \tag{7.20}$$

上述两种正则化函数的形式表明 $\Delta^{i}_{w,p}$ 和 $\Delta^{a}_{w,p}$ 是半正定的（这是因为 $R^{i}_{w,p} \geqslant 0$ 和 $R^{a}_{w,p} \geqslant 0$）。$\mathcal{E}^{*}_{w,p}$ 的各向同性和各向异性形式分别记为 $\mathcal{E}^{i}_{w,p}$ 和 $\mathcal{E}^{a}_{w,p}$。函数 $\mathcal{E}^{*}_{w,p}$ 中两个竞争项之间的折中是由保真度参数 $\lambda \geqslant 0$ 来确立。通过改变 λ 的值，式(7.18)中的变分问题便于在不同尺度内表达函数 f^{0}，每个尺度对应着一个 λ 值。正则化的程度必须要保持，并由 $p > 0$ 的值控制着。

7.4.1 各向同性扩散过程

首先，我们考虑一下各向同性正则化函数的情形，即 $R^{*}_{w,p} = R^{i}_{w,p}$。当 $p \geqslant 1$ 时，能量函数 $\mathcal{E}^{i}_{w,p}$ 是 $\mathcal{H}(\mathcal{V})$ 空间上函数的一个凸函数。为了求得式(7.18)的解，我们考虑如下方程：

$$\frac{\partial \mathcal{E}^{i}_{w,p}(f,f^{0},\lambda)}{\partial f(v_i)} = 0, \quad \forall v_i \in \mathcal{V} \tag{7.21}$$

上式也可写成

$$\frac{\partial R^{i}_{w,p}(f)}{\partial f(v_i)} + \lambda (f(v_i) - f^{0}(v_i)) = 0, \quad \forall v_i \in \mathcal{V} \tag{7.22}$$

后一个方程的解可通过下列性质计算得出。令 f 是 $\mathcal{H}(\mathcal{V})$ 的一个函数，通过式(7.19)可以证明[3]

$$\frac{\partial R^{i}_{w,p}(f)}{\partial f(v_i)} = 2(\Delta^{i}_{w,p} f)(v_i) \tag{7.23}$$

证明：令 v_1 是$\mathcal{V}$的一个顶点。按照式(7.19)，有关 v_1 项的 $R^{i}_{w,p}(f)$ 偏导数有如下形式：

$$\frac{\partial R_{w,p}^{i}(f)}{\partial f(v_1)}=\frac{1}{p}\frac{\partial}{\partial f(v_1)}\left(\sum_{v_i\in\mathcal{V}}\left(\sum_{v_j\sim v_i}w_{ij}\,(f(v_j)-f(v_i))^2\right)^{\frac{p}{2}}\right) \tag{7.24}$$

它仅仅取决于连接到顶点 v_1 的边。设 $v_l,\cdots,v_k$ 是$\mathcal{V}$中经由$\mathcal{E}$的边与顶点 v_1 相连的顶点。那么,利用链式法则可得:

$$\begin{aligned}\frac{\partial R_{w,p}^{i}(f)}{\partial f(v_1)}=&-\sum_{v_j\sim v_1}w_{1j}(f(v_j)-f(v_1))\ \|(\nabla_{\mathbf{w}}\mathbf{f})(\mathbf{v_1})\|_2^{p-2}\\&+w_{l1}(f(v_1)-f(v_l))\ \|(\nabla_{\mathbf{w}}\mathbf{f})(\mathbf{v_1})\|_2^{p-2}\\&+\cdots+w_{k1}(f(v_1)-f(v_k))\ \|(\nabla_{\mathbf{w}}\mathbf{f})(\mathbf{v_k})\|_2^{p-2}\end{aligned} \tag{7.25}$$

上式等于 $\sum_{v_j\sim v_1}w_{1j}(f(v_1)-f(v_j))(\|(\nabla_{\mathbf{w}}\mathbf{f})(\mathbf{v_1})\|_2^{p-2}+\|(\nabla_{\mathbf{w}}\mathbf{f})(\mathbf{v_j})\|_2^{p-2})$。根据式(7.8),该表达式恰恰就是 $2\Delta_{w,p}^{i}f(v_1)$。

■

这样,式(7.22)中的方程可重新写成

$$2(\Delta_{w,p}^{i}f)(v_i)+\lambda(f(v_i)-f^0(v_i))=0,\quad \forall v_i\in\mathcal{V} \tag{7.26}$$

它等价于下列方程:

$$\left(\lambda+\sum_{v_j\sim v_i}(\gamma_{w,p}^{i}f)(v_i,v_j)\right)f(v_i)-\sum_{v_j\sim v_i}(\gamma_{w,p}^{i}f)(v_i,v_j)f(v_j)=\lambda f^0(v_i) \tag{7.27}$$

我们利用线性化高斯-雅可比迭代方法来求解上述方程。记 n 是迭代步骤的序数,并记$f^{(n)}$ 是第 n 步的解。那么,此方法可由下列算法实现:

$$\begin{cases}f^{(0)}=f^0\\ f^{(n+1)}(v_i)=\dfrac{\lambda f^0(v_i)+\sum_{v_j\sim v_i}(\gamma_{w,p}^{i}f^{(n)})(v_i,v_j)f^{(n)}(v_j)}{\lambda+\sum_{v_j\sim v_i}(\gamma_{w,p}^{i}f^{(n)})(v_i,v_j)},\quad \forall v_i\in\mathcal{V}\end{cases} \tag{7.28}$$

其中,$\gamma_{w,p}^{i}$ 的定义参见式(7.9)。在本章我们仅提供这个简单的解法,更有效的方法参见文献[34,35]。

7.4.2 各向异性扩散过程

其次,我们考虑一下各向异性正则化函数的情形,即 $R_{w,p}^{*}=R_{w,p}^{a}$。当 $p\geqslant 1$ 时,能量函数 $\mathcal{E}_{w,p}^{a}$ 是 $\mathcal{H}(\mathcal{V})$ 空间上函数的一个凸函数。可以按照与各向同性情形相同的方法获得所需的解。事实上,为了求得式(7.18)的解,我们考虑如下方程:

$$\frac{\partial R_{w,p}^{a}(f)}{\partial f(v_i)}+\lambda(f(v_i)-f^0(v_i))=0,\quad \forall v_i\in\mathcal{V} \tag{7.29}$$

类似于各向同性的情形,通过式(7.20)按照链式规则可以证明[26]

$$\frac{\partial R_{w,p}^{a}(f)}{\partial f(v_i)} = (\Delta_{w,p}^{a} f)(v_i) \tag{7.30}$$

上述方程可以重新写成：

$$(\Delta_{w,p}^{a} f)(v_i) + \lambda(f(v_i) - f^0(v_i)) = 0, \quad \forall v_i \in \mathcal{V} \tag{7.31}$$

与各向同性的情形类似,我们使用线性化高斯-雅可比迭代方法来求解上述方程。记 n 是迭代步骤的序数,并记 $f^{(n)}$ 是第 n 步的解。那么,此方法可由下列算法实现：

$$\begin{cases} f^{(0)} = f^0 \\ f^{(n+1)}(v_i) = \dfrac{\lambda f^0(v_i) + \sum_{v_j \sim v_i} (\gamma_{w,p}^{a} f^{(n)})(v_i, v_j) f^{(n)}(v_j)}{\lambda + \sum_{v_j \sim v_i} (\gamma_{w,p}^{a} f^{(n)})(v_i, v_j)}, \quad \forall v_i \in \mathcal{V} \end{cases} \tag{7.32}$$

其中,$\gamma_{w,p}^{a}$ 已在式(7.13)中给出了定义。

7.4.3 相关工作

上述两种正则化方法描述了一类离散的各向同性或各向异性扩散过程[3,26],其参数化形式由图的结构(拓扑和加权函数)、参数 p 和参数 λ 确立。在每次迭代执行算法(7.28)的过程中,新值 $f^{(n+1)}(v_i)$ 由两个量来决定:原始值 $f^0(v_i)$ 以及在 v_i 的邻域内 $f^{(n)}$ 的滤波值的加权平均。这类滤波器与图像滤波领域众多现有的滤波器之间存在着密切的联系,并且把它们进行了推广,可以在图上处理任意维度的数据(参见文献[3,26])。同时,也揭示出了与谱方法之间的联系。

7.4.3.1 与图像处理有关的工作

当 $p=2$ 时,各向同性和各向异性 p-拉普拉斯算子均是经典的组合拉普拉斯算子。当 $\lambda=0$ 时,对于所有 $v_i \in \mathcal{V}$,扩散过程的解就是热传导方程 $\Delta_w f(v_i)=0$ 的解。而且,由于它也是 Dirichlet 能量函数 $R_{w,2}^{*}(f)$ 最小化的解,扩散过程也实现了拉普拉斯平滑。许多其他特殊滤波器与我们提出的扩散过程也是相关的(详细内容参见文献[3,26])。特别地,在赋予 p,λ 具体数值并给定图拓扑结构和权值的条件下,高斯滤波、双边滤波[36]、TV 数字滤波[37]、中值和极小极大滤波[10]以及非局部均值滤波[32]都很容易得到恢复。我们提出的 p-拉普拉斯正则化也可以看作是最近提出的连续非局部各向异性函数[33,38,39]的离散形式。最后,我们提出的基于各向同性或各向异性 p-拉普拉斯算子的框架将这些方法进行了推广和拓展,可适用于具有任意拓扑结构的加权图上。

7.4.3.2 与谱方法的联系

当 $\lambda=0$ 且 $p=2$ 时,扩散方程迭代一次后可得 $f^{(n+1)}(v_i) = \sum_{v_j \sim v_i} \Phi_{ij}(f^{(n)})$

$f^{(n)}(v_j)$，$\forall v_i \in \mathcal{V}$，其中

$$\Phi_{ij}(f)=\frac{(\gamma_{w,p}^{*}f)(v_i,v_j)f(v_j)}{\sum_{v_j\sim v_i}(\gamma_{w,p}^{*}f)(v_i,v_j)},\quad \forall (v_i,v_j)\in\mathcal{E} \tag{7.33}$$

对于各向同性的情形，$\gamma_{w,p}^{*}f=\gamma_{w,p}^{i}f$，而对于各向异性的情形，$\gamma_{w,p}^{*}f=\gamma_{w,p}^{a}f$。

令 $\mathbf{Q}$ 为一个马尔可夫矩阵，其定义是

$$\begin{cases}\mathbf{Q}(v_i,v_j)=\mathbf{\Phi}_{ij} & \text{if}\quad (v_i,v_j)\in\mathcal{E}\\ \mathbf{Q}(v_i,v_j)=0 & \text{if}\quad (v_i,v_j)\notin\mathcal{E}\end{cases} \tag{7.34}$$

这样，当 $\lambda=0$ 时，式(7.28)中的扩散过程迭代一次后可以写成 $f^{(n+1)}=\mathbf{Q}f^{(n)}=\mathbf{Q}^{(\mathbf{n})}f^{0}$ 这种矩阵形式。其中，$\mathbf{Q}$ 是一个随机矩阵(非负、对称、每行之和为1)。在扩散过程中计算 $\mathbf{Q}$ 的幂的一种等价方法是在 $\mathbf{Q}$ 的前几个特征向量上分解 f 的每个值。因此，也可把扩散过程解释为谱域的一种滤波过程[40]。

此外，文献[29]的研究结果也表明，可以按照广义 Rayleigh-Ritz 原理通过计算函数 $F_{w,p}^{*}(f)=\dfrac{R_{w,p}^{*}(f)}{\|f\|_{p}^{p}}$ 的全局极小值和极小元获得 p-拉普拉斯的特征值和特征向量。这表明：如果 $F_{w,p}^{*}(f)$ 在 $\varphi\in\mathbb{R}^{|\mathcal{V}|}$ 处有临界点，那么 φ 是 $\Delta_{w,p}^{*}$ 的一个 p-特征向量，而特征值 $s=F_{w,p}^{*}(\varphi)$。这一点给出了 p-拉普拉斯谱的变分解释，表明 p-拉普拉斯算子的特征向量可以直接在空域获得。因此，当 $\lambda=0$ 时，我们提出的扩散过程与 f 的谱分析就联系起来了。

7.4.4 图上缺失数据的插值

图像处理和计算机视觉领域的许多任务都可以看作是插值问题。数据插值的目的在于构造与已知数据集一致的缺失数据的新值。我们考虑的数据可定义在基于图 $\mathcal{G}=(\mathcal{V},\mathcal{E},w)$ 表示的通用域上。令 $f^{0}:\mathcal{V}_0\to\mathbb{R}$ 是某一函数，$\mathcal{V}_0\subset\mathcal{V}$ 是整个图中数值已知的顶点集的子集。因此，$\mathcal{V}\backslash\mathcal{V}_0$ 则对应于数值未知的顶点构成的集合。插值就是通过 f^{0} 来预测一个函数 $f:\mathcal{V}\to\mathbb{R}$，这就变为在给定 $\mathcal{V}_0$ 中的顶点数值的条件下恢复 f 在 $\mathcal{V}\backslash\mathcal{V}_0$ 中的顶点上的值，这个问题可以构思成如下基于图的正则化问题：

$$\min_{f:\mathcal{V}\to\mathbb{R}} R_{w,p}^{*}(f)+\lambda(v_i)\ \|f(v_i)-f^{0}(v_i)\|_2^2 \tag{7.35}$$

由于 $f^{0}(v_i)$ 的值仅对于 $\mathcal{V}_0$ 中的顶点是已知的，那么拉格朗日参数就定义为 $\lambda:\mathcal{V}\to\mathbb{R}$：

$$\lambda(v_i)=\begin{cases}\lambda & \text{if } v_i\in\mathcal{V}_0\\ 0 & \text{otherwise}\end{cases} \tag{7.36}$$

然后，可以直接利用各向同性式(7.28)和各向异性式(7.32)扩散过程实现插值。

接下来,我们将阐述如何利用所提出的思路解决图像聚类、修复和着色问题。

7.4.4.1 半监督图像聚类

现有文献中有众多自动图像分割方法已被提出,并展示了各自的有效性。与此同时,近年来各种交互式图像分割方法也已被提出。这类方法通过类标传播策略将(自动)图像分割方法转化为半监督分割方法[41-43]。近来提出的幂分水岭算法[44]就是这些最新方法中的一种,它提供了一种实现种子式图像分割的通用框架。这些类标扩散方法的其他应用情况参见文献[21,45]。基于插值正则化的构思形式(7.35)式自然适用于解决半监督图像分割的学习问题。我们将这个问题重新定义一下[46]:记 $\mathcal{V}=\{v_1,\cdots,v_N\}$ 是一个有限数据集,每个数据 v_i 是 $\mathbb{R}^m$ 空间中的一个向量。同时,记 $\mathcal{G}=(\mathcal{V},\mathcal{E},w)$ 是一个加权图,通过边集$\mathcal{E}$中的每条边将数据连接起来。$\mathcal{V}$的半监督聚类实质上就是将集合$\mathcal{V}$分成 k 类,其中 k 表示(预先已知的)类数。集合$\mathcal{V}$由已标记和未标记的数据组成。那么,半监督聚类的目的就是用已标记的数据来估计未标记的数据。

令 $\mathcal{C}_l$ 表示属于第 l 类的已标记顶点构成的集合。令 $\mathcal{V}_0=\cup\{\mathcal{C}_l\}_{l=1,\cdots,k}$ 是初始**标记**顶点的集合,并且令$\mathcal{V}\backslash\mathcal{V}_0$ 是初始**未标记**顶点的集合。那么,每个顶点 $v_i\in\mathcal{V}$可以通过一个类标向量 $\mathbf{f^0}(\mathbf{v_i})=(f_l^0(v_i))_{l=1,\cdots,k}^{\mathrm{T}}$ 来表征,其中

$$f_l^0(v_i)=\begin{cases}+1 & \text{if } v_i\in\mathcal{C}_l\\ 0 & \text{otherwise}\\ 0 & \forall v_i\in\mathcal{V}\backslash\mathcal{V}_0\end{cases}\tag{7.37}$$

这样,半监督聚类问题就简化为利用已标记顶点(来自 $\mathcal{V}_0$)通过插值获得未标记顶点(来自 $\mathcal{V}\backslash\mathcal{V}_0$)的类标这样一个问题。为了解决这种插值问题,我们考虑可利用式(7.35)的变分构思形式。为了避免初始类标的变动,我们设定 $\lambda(v_i)=+\infty$ 。

在类标传播过程结束时,可以估计各个类的隶属度概率。对于给定的顶点 $v_i\in\mathcal{V}$,最终的分类结果可通过下列公式获得:

$$\underset{l\in 1,\cdots,k}{\operatorname{argmax}}\left\{\frac{f_l^{(t)}(v_i)}{\sum_l f_l^{(t)}(v_i)}\right\}\tag{7.38}$$

7.4.4.2 几何和纹理图像的修复

图像修复过程是指利用最合适的数据填充图像中的缺失部分从而形成协调性好且很难察觉的重建区域。图像和视频修复的研究方法可以分为两大类,即几何算法和基于样例的算法。第一类算法需要用到偏微分方程[47]。第二类修复算法要通过纹理合成[31]来实现。我们可以使用基于插值正则化的函数(7.35)式修复缺失的数据,这种构思形式可以让我们将局部与非局部信息一同考虑进来,这种做

法的主要优势在于将基于几何和基于纹理的技术[48]作了统一。通过图的拓扑来描述几何特性方面,而纹理特性方面则通过图的加权来表征。因此,通过调整几何和纹理方面的表达形式,我们可以复现现有文献中的许多方法并且可以把它们推广到具有任意拓扑的加权图中。

令 $\mathcal{V}_0 \subset \mathcal{V}$ 是顶点集的子集,对应于原始图像的已知部分。修复的目的是将已知的来自集合$\mathcal{V}_0$ 的 f^0 值插值到集合 $\mathcal{V}\backslash\mathcal{V}_0$ 中。我们的方法其基本思路是从它的外周 $\partial^- \mathcal{V}_0$ 到它的中心递归地把修复掩码填充在一系列嵌套的轮廓中。我们将所提出的正则化过程(7.35)式迭代地运用到每个顶点 $v_i \in \partial^- \mathcal{V}_0$ 上。在每一次迭代过程中,由于修复过程仅仅在 $\partial^- \mathcal{V}_0$ 的顶点上实现,不再使用式(7.35)中的数据项。此外,我们强制要求,对于 $\partial^- \mathcal{V}_0$ 中的每个顶点,不能利用 $\partial^- \mathcal{V}_0$ 中其他顶点(即便它们是邻近的)的估计值来计算其值,这在需要降低类标传播误差带来的风险时是必要的。对于整个外周 $\partial^- \mathcal{V}_0$ 来说,一旦收敛性条件达到,这些顶点子集就添加到 $\mathcal{V}\backslash\mathcal{V}_0$ 中并从 $\mathcal{V}_0$ 中移除。图的权值也就得到相应的更新(关于权值更新步骤的明确描述参见文献[49])。这一过程不断迭代,直到集合 $\mathcal{V}_0$ 为空。

7.4.4.3 图像着色

着色是一种把色彩添加到单色图像中的过程。通常由着色专家手工来操作,但其过程单调乏味且极其耗时。近些年来,已经有许多关于着色的方法被提出[50,51],均只需要很少量的人工。这些图像着色技术借助了用户输入的彩色条带,而且主要通过一种扩散过程来实现,然而,这些扩散方程大部分只利用了像素的局部交互特性,并不能正确描述非局部交互所表征的复杂结构。正如我们已经讨论的那样,通过我们的构思形式很容易将非局部交互特性集成在一起。现在我们来解释一下怎样利用文献[52]中提出的框架实现图像的着色。给定一幅灰度图像 $f^l: \mathcal{V}\to\mathbb{R}$,同时用户提供了带有彩色条带的图像 $\mathbf{f^s}: \mathcal{V}_s \subset \mathcal{V}\to\mathbb{R}^3$,这种图像明确定义了从顶点到 RGB 彩色通道向量的映射关系:$\mathbf{f^s}(\mathbf{v_i}) = [f^s_1(v_i), f^s_2(v_i), f^s_3(v_i)]^{\mathrm{T}}$,其中$f^s_j: \mathcal{V}\to\mathbb{R}$ 是 $\mathbf{f}^s(\mathbf{v_i})$ 的第j个分量。根据这些函数,可以计算出函数 $\mathbf{f^c}: \mathcal{V}\to\mathbb{R}^3$,该函数定义了从各个顶点到一个色度向量的映射关系:

$$
\begin{cases}
\mathbf{f^c}(\mathbf{v_i}) = \left[\dfrac{f_1^s(v_i)}{f^l(v_i)}, \dfrac{f_2^s(v_i)}{f^l(v_i)}, \dfrac{f_3^s(v_i)}{f^l(v_i)}\right]^{\mathrm{T}}, \forall v_i \in \mathcal{V}_s \\
\mathbf{f^c}(\mathbf{v_i}) = [0,0,0]^{\mathrm{T}}, \forall v_i \notin \mathcal{V}_s
\end{cases}
\tag{7.39}
$$

然后,我们通过算法式(7.28)或式(7.32)利用基于插值正则化的函数式(7.35)来实现 $\mathbf{f^c}(\mathbf{v_i})$ 的正则化。由于f^c 未知,我们不能通过f^c 计算出图的权值,就用 $(\gamma^*_{w,p}f^l)(u,v)$ 代替 $(\gamma^*_{w,p}f^c)(u,v)$,并且通过灰度图像f^l 计算权值。此外,数据项只涉及到 $\mathcal{V}_s$ 中具有较小 $\boldsymbol{\lambda}(v_i)$ 值的初始已知顶点,从而可以修正原始的彩色条带以避免产生令人不快的视觉效果。在收敛时，最终的颜色可通过$f^{l}(v_i)\times[f_1^{c^{(t)}}(v_i),f_2^{c^{(t)}}(v_i),f_3^{c^{(t)}}(v_i)]^{\mathrm{T}},\forall v_i\in\mathcal{V}$得到，其中$t$是迭代次数。

7.5 案例分析

在本节中，我们将展示图的p-拉普拉斯(各向同性和各向异性)正则化在对定义于$\mathbb{R}^m$空间中有限离散数据集上的任意函数进行简化和插值方面的性能。通过构造加权图$\mathcal{G}=(\mathcal{V},\mathcal{E},w)$并把需要简化的函数看作定义于图$\mathcal{G}$顶点上的函数$f^0:\mathcal{V}\to\mathbb{R}^m$可以实现简化的目的。简化的对象是向量值函数，即每个向量元素对应于一个简化过程。对向量值数据进行逐元素的简化可能存在多种严重的不足，而通过考虑向量元素间的耦合关系来利用等价的几何属性驱动简化过程是更为理想的。正如文献[3]所提到的，通过对所有的元素使用相同的梯度(向量梯度)可以做到这一点。

7.5.1 基于正则化的图像简化

下面，将展示我们的方法在简化那些能表示图像或图像流形的函数方面的性能。同时，也考虑了几种图拓扑结构。

令f^0为一幅由N个像素组成的彩色图像，其中，$f^0:\mathcal{V}\subset\mathbb{Z}^2\to\mathbb{R}^3$定义了一种从(图的)顶点到颜色向量的映射关系。图7.3给出了各向同性和各向异性正则化方法在不同参数下的样例结果：p和λ的值不同、加权函数不同，还有图的拓扑也不同。同时，也给出了滤波结果与原始无损图像之间的PSNR值。图7.3中第一行是原始图像和被方差为$\sigma=15$的高斯噪声污损的图像。从第一行往下，第一列展示的是当$p\in\{2,1\}$且$\lambda=0.005$时通过8近邻网格图($\mathcal{G}_1$)执行各向同性和各向异性滤波后的结果。这些结果与Chan和Osher[7,37]通过数字全变差(TV)滤波器和$\mathcal{L}_2$滤波器获得的经典结果是一致的。当权值不是常数时，我们的方法就推广了这些先前的工作，通过利用图7.3第二列给出的以计算方式获得的边权值可产生更好的视觉结果。此外，在$p=1$时使用曲率能够使边缘以及精细结构特征得到更好的保持，且各向同性正则化的优势略胜一筹。最后，提出方法的所有这些优势在使用非局部形式时会更加突出，这进一步促进了边缘的保持以及平滑区域的生成。这些结果在图7.3的最后一列得到了展示，利用的是80近邻图($\mathcal{G}_4$)，并通过5×5大小的图像块提取特征向量。这些结果表明，我们提出的框架进一步推广了非局部均值(NL-Means)滤波器[32]。

为了进一步展示所提出的方法将非局部性交互特性集成到图拓扑和图权值后对于重复性精细结构和纹理呈现出的优良去噪性能，我们给出了另一幅含有丰富

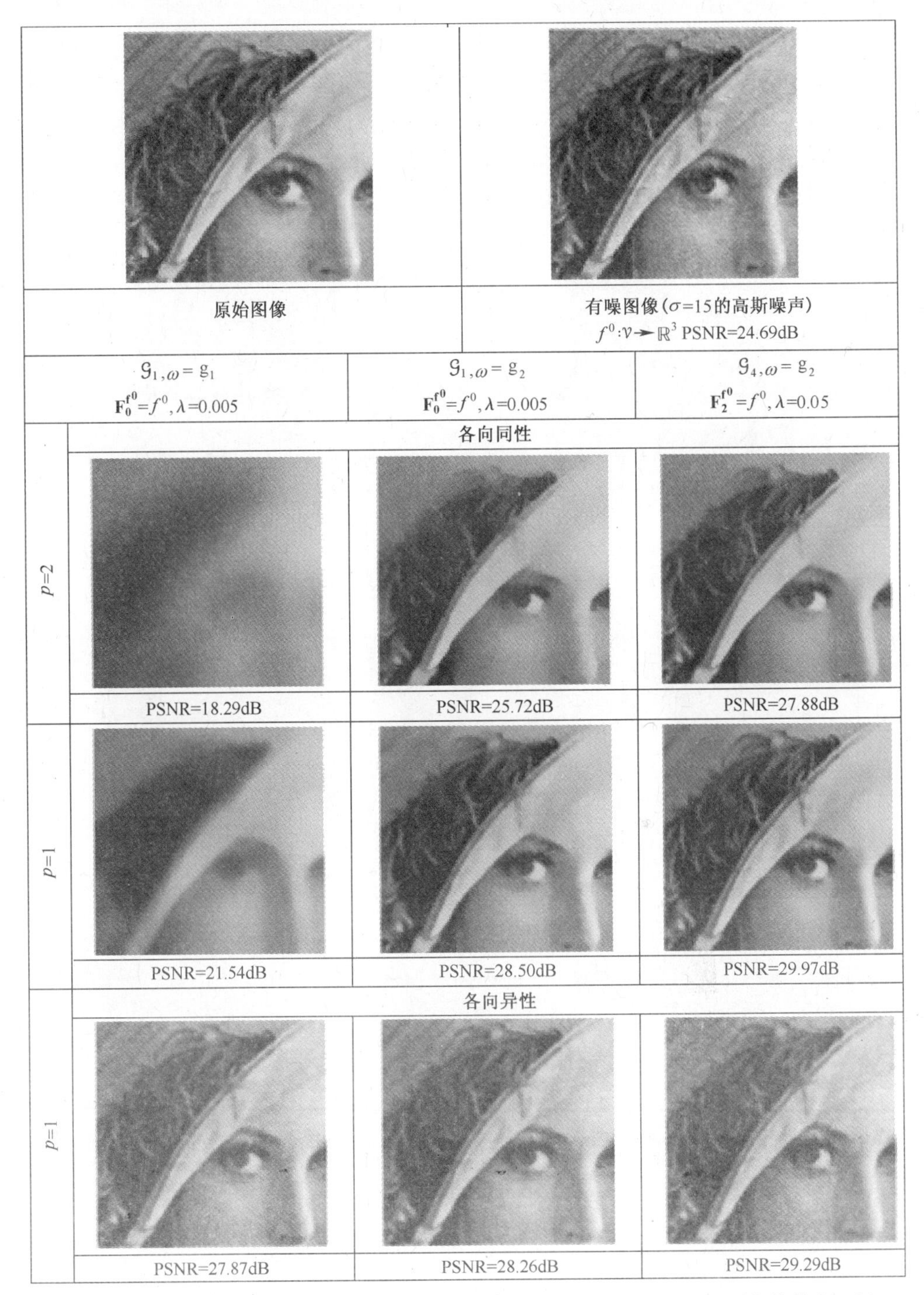

图 7.3 在局部或非局部配置中采用不同的权重函数并利用 p 和 λ 的不同参数值在一幅彩色图像上实现的各项同性和各向异性图像简化。第一行表示原始图像，下面各行表示不同 p 值对应的简化结果。

纹理信息的图像的实验结果(见图 7.4)。再次,该图像首先被方差 $\sigma = 15$ 的高斯噪声所污损。结果表明,局部结构(图 7.4 的第一列)不能正确地恢复高纹理区域的灰度值,并且会出现过度平滑同质区域的现象。通过扩大每个顶点的邻近度并将图像块当作特征向量,可以使边缘和细节结构得到更好的保持。对于该图像来说,各向同性模型的性能再一次比各向异性的性能要略好一些。

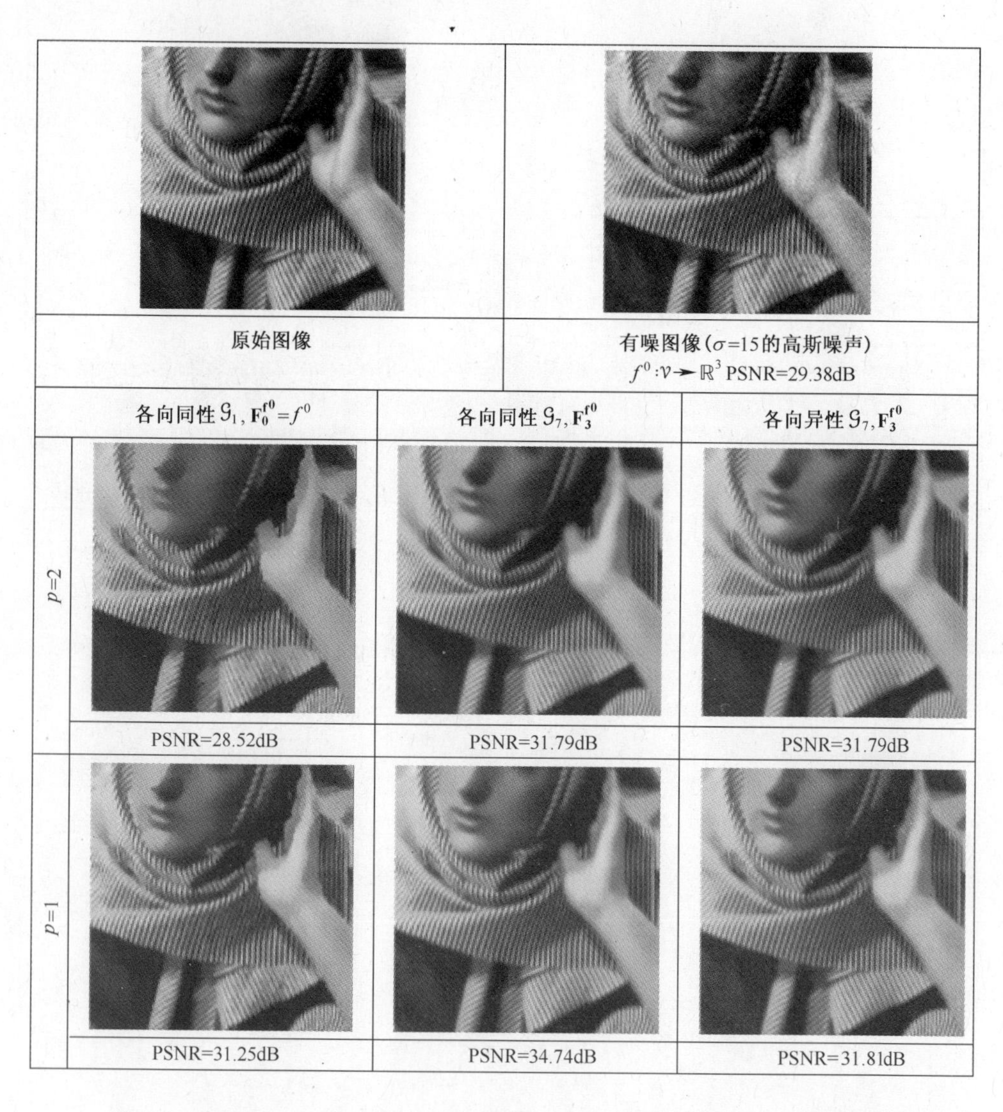

图 7.4 在 $w = g_2$、$\lambda = 0.005$ 和不同的 p 值条件下通过局部和非局部形式实现的纹理图像各向同性和各向异性恢复结果。

如果经典的图像简化方法利用了网格图,那么超像素[53]在各种计算机视觉应用领域将会越来越流行。超像素为计算局部的图像特征提供了一种简便的基元,

它能捕捉到图像的冗余特性，这大大地降低了后续图像处理任务的复杂性。因此，非常需要一些算法能够直接处理表示成超像素集而不是像素集的图像。我们的方法能够自然且直接地实现这样的处理方式。在获得由任何一种过分割方法实现的图像超像素表示形式后，超像素图像就与区域邻近图(RAG)关联起来了。然后，每个区域就可由该区域中所有像素颜色值的中值来表示。令 $\mathcal{G}=(\mathcal{V},\mathcal{E},w)$ 是一个与某一图像分割结果相关的 RAG。令 $f^0:\mathcal{V}\subset\mathbb{Z}^2\to\mathbb{R}^3$ 是一种从$\mathcal{G}$的顶点到其区域内颜色中值的映射函数。那么，可以很容易通过正则化$\mathcal{G}$上的函数 f^0 来实现 f^0 的简化。相比于在网格图上实现简化，这种简化方法的优势在于减少了顶点数：RAG 比网格图有更少的顶点，并且简化过程也很快。图 7.5 给出了这些结果。通过简化邻近区域，正则化过程自然就产生了 RAG 上的许多平滑区域。因此，在完成这一处理后，我们就可以合并恰好有相同颜色向量的区域，这样就能够对 RAG 进行修剪(在图 7.5 中，这要通过最后的顶点数 $|\mathcal{V}|$ 来确定)。对于图像来说，在 $p=1$ 时获得的简化结果视觉效果更好。

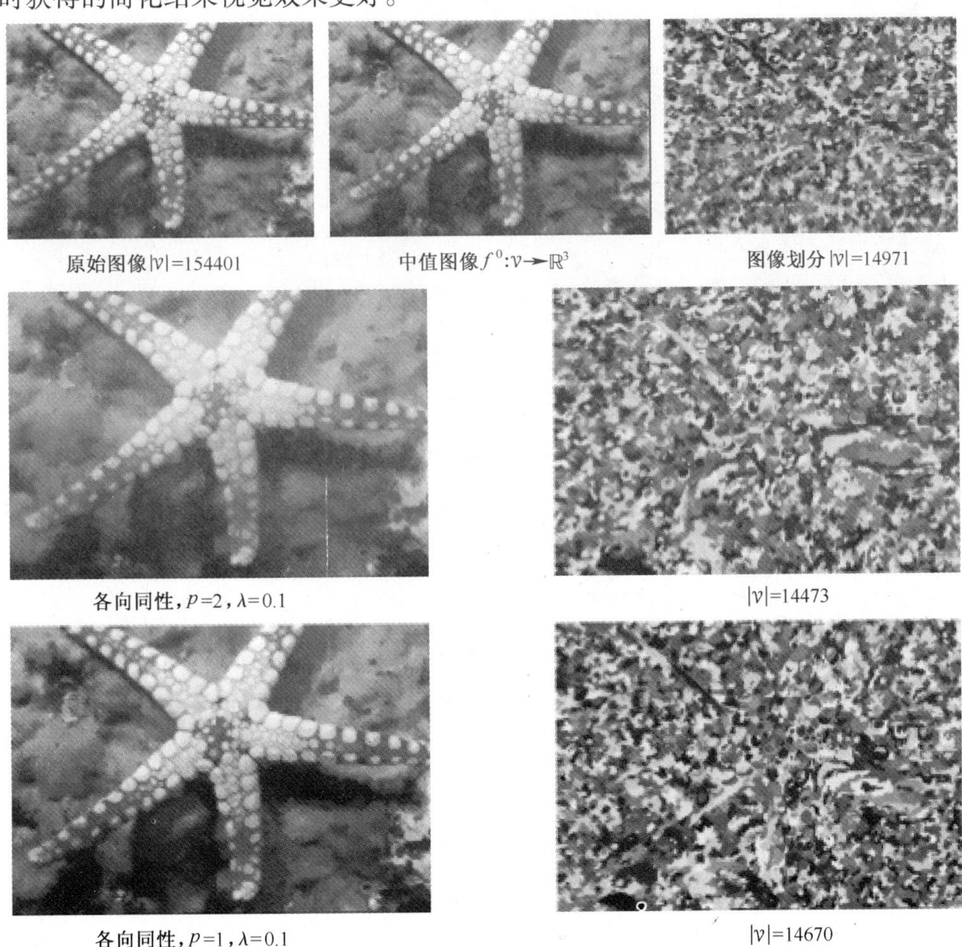

原始图像 $|\mathcal{V}|=154401$　　中值图像 $f^0:\mathcal{V}\to\mathbb{R}^3$　　图像划分 $|\mathcal{V}|=14971$

各向同性，$p=2$，$\lambda=0.1$　　$|\mathcal{V}|=14473$

各向同性，$p=1$，$\lambda=0.1$　　$|\mathcal{V}|=14670$

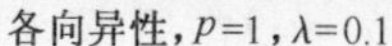

各向异性，p=1，λ=0.1

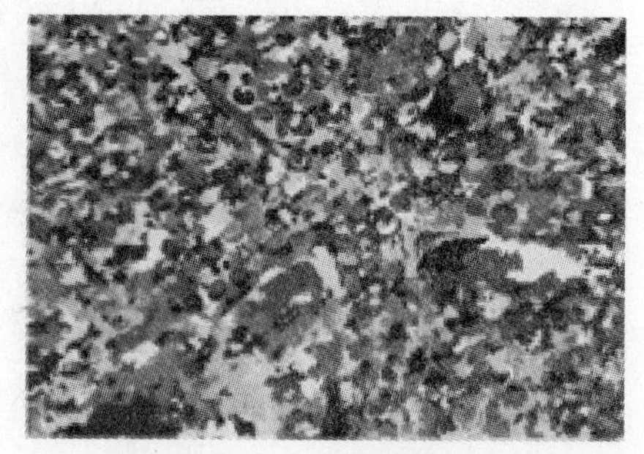

$|\mathcal{V}|$=13890

图 7.5 图像简化的图解。从原始图像可以计算出预分割和相关的颜色中值图像（第一行）。将正则化和抽样运用在预分割的 RAG 和简化区域图上，获得不同 λ 和 p 值条件下的颜色中值图像，其中 $w = g_3$ 。

从本质上来说，曲面网格具有图结构，因此可以用我们的方法对其进行处理。令$\mathcal{V}$是网格顶点的一个集合，$\mathcal{E}$是网格边的一个集合。如果输入的网格是有噪的，我们可以对顶点坐标或其他任何定义在图 $\mathcal{G}=(\mathcal{V},\mathcal{E},w)$ 上的函数$f^0:\mathcal{V}\subset\mathbb{R}^3\rightarrow\mathbb{R}^3$ 进行正则化。图 7.6 给出了一个有噪三角网格的结果。在 $p = 1$ 时，简化使我们能把高曲率区域附近的相似顶点聚集在一起，同时保持棱角。

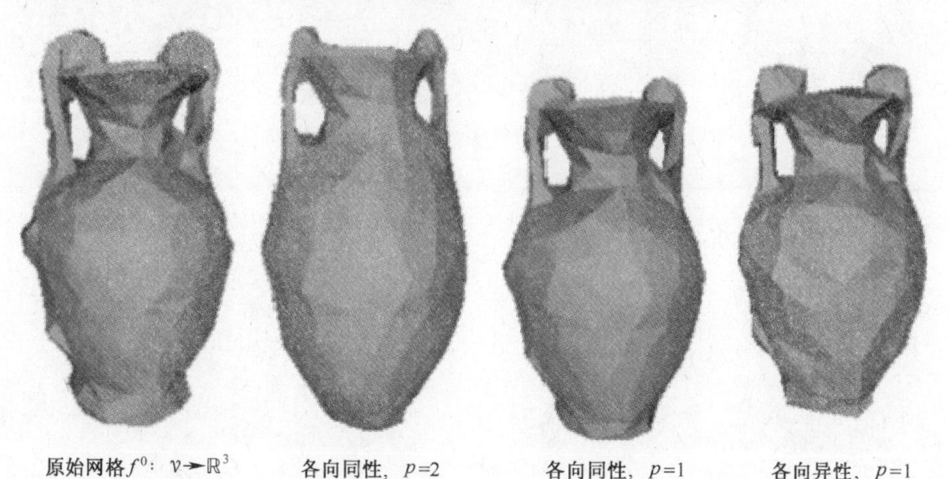

图 7.6 三角网格简化示意图。图直接由网格得到并且有 $\mathbf{F}_0^{f^0} = f^0$ ，$\lambda = 0.1$ ，$w = g_3$ 。

为了总结这些简化结果，我们利用了 USPS 数据集，从该数据集中随机抽取出一个由 100 幅包含数字 0 和 1 的图像构成的子集。然后，对选出来的图像独立地加入高斯噪声（$\sigma = 40$）。图 7.7(a) 和 7.7(b) 分别给出了原始图像和有噪图像。为了将一个图与对应的数据集关联起来，利用有噪数据集构造了一个 10 近邻图（10-NNG），如图 7.7(c) 所示。每一幅图像表示我们要正则化的总特征向量，即$f^0:\mathcal{V}\subset\mathbb{R}^{16\times16}$ 。图 7.7 给出了在不同的 $p(\{2,1\})$ 和 $\lambda(\{0,1\})$ 条件下 p -拉普

拉斯算子各向同性和各向异性正则化的滤波结果。每一次结果包括滤波后的图像（$f^{(n)}$）、原始图像和滤波图像之间的差别图（$|f^{(0)}-f^{(n)}|$）以及滤波结果和原始无损图像之间的 PSNR 值，其中 $n \to \infty$ 。当 $p=2$（λ 为任意值）时，滤波结果近乎一样。这个处理趋向于一个由两个平均数字构成的统一数据集。这种类型的处理对于实现较容易辨别的两类数字滤波数据集的聚类任务来说是比较有意义的。

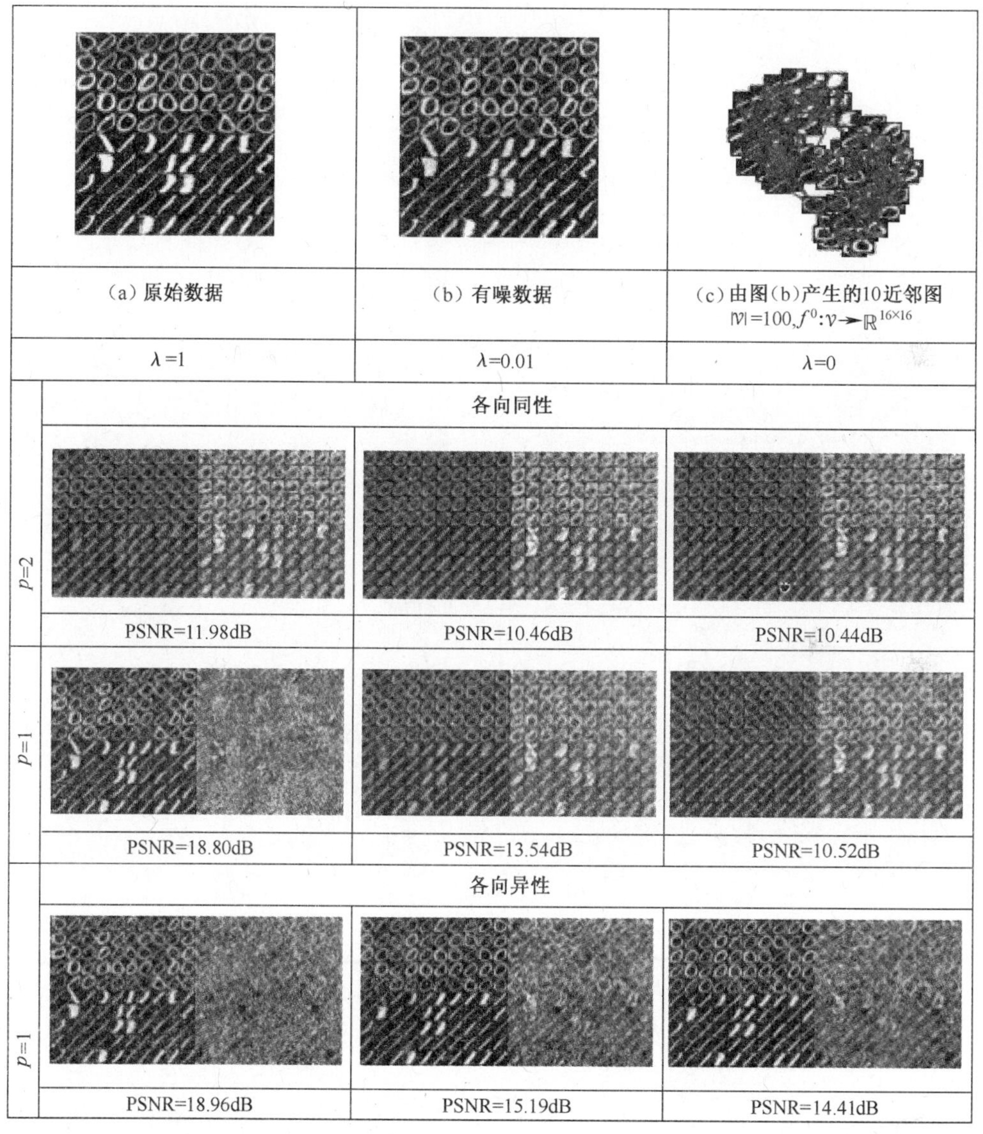

图 7.7　一个图像流形（USPS）在不同 p 和 λ 值条件下的各向同性（上面两行）和各向异性（最后一行）滤波结果。每一次结果包括滤波后的图像（$f^{(n)}$）、原始图像和滤波图像之间的差别图（$|f^{(0)}-f^{(n)}|$）以及由滤波结果和原始图像计算出的 PSNR 值。其中：(a)为原始数据；(b)为有噪数据（$\sigma=40$ 的高斯噪声）；(c)由图(b)构造的 10 近邻图（10-NNG）。

从这些结果可以看出,不论是采用各向同性还是各向异性的正则化方法,最优的PSNR值都是在 $p=1$ 且 $\lambda=1$ 时获得。利用这些参数,滤波方法在抑制噪声的同时能更好地保持流形的初始结构。若采用的是各向异性的 p-拉普拉斯算子,这种效果更为明显。最后,滤波过程可以看作是各种解决原象问题方法的一种有意义的备选方案[54],这些方法通常是在通过流形学习[40]完成谱域投影后利用流形来解决原象问题[55]。采用我们的方法,可以在不使用任何投影的情况下恢复初始流形。

7.5.2 基于正则化的图像插值

下面我们来展示所提出方法在实现缺失数据插值方面的性能。首先,我们考虑的是图像修复情形。

图7.8给出了利用这种方法获得的图像修复结果。图7.8前两行展示了在8

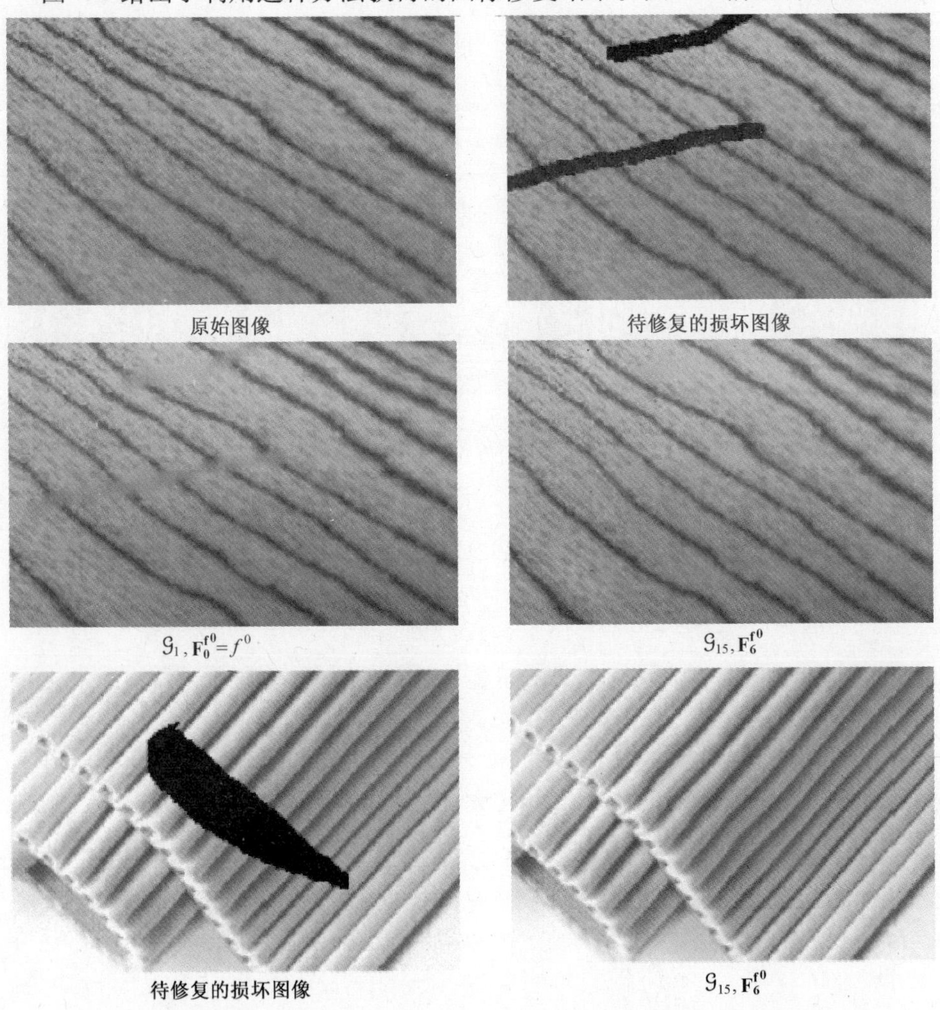

图7.8 使用参数 $p=2, w=g_2$ 产生的各向同性图像局部修复与非局部修复结果。

近邻加权图上实现局部修复的结果(扩散方法)以及通过 13×13 大小的图像块在高度连通图($\mathcal{G}_{15}$)上实现非局部修复的结果(纹理复制方法)。扩散方法不能正确地恢复图像并产生了很多模糊不清的区域,而纹理方法则能实现几乎完美的插值结果。这个简单例子展示了我们的方法通过单一变分形式结合几何修复和纹理修复所带来的优势。图 7.8 中的最后一行结果表明,当处理重复性的纹理模式时我们的方法也适用于范围较大的区域。

其次,我们考虑了图像着色的应用情形。图 7.9 给出了相应的结果。在初始图像上由用户给定一些彩色条带作为输入信息。局部和非局部方式获得的着色结

灰度图像

彩色条带

$p=1, \mathcal{G}_1, \mathbf{F}_0^{\mathbf{f}^0}=f^0$

$p=1, \mathcal{G}_5, \mathbf{F}_2^{\mathbf{f}^0}$

图 7.9 采用局部方式和非局部方式实现的一幅灰度图像的各向同性着色结果(参数 $w=g_2, \lambda=0.01$)。

果都是比较令人满意的，而非局部方式的优势更大。事实上，局部方式获得的着色结果在边缘上会呈现色彩混合效应，但是通过非局部方式着色这种效应就明显得到了降低。这一点可以在男孩的嘴巴、头发和胳膊等部位观察到。再次，我们所提出方法的优势是局部和非局部方式的着色算法都是一样的，只是图的拓扑结构和图的权值有所不同。

最后，我们考虑了半监督图像分割的应用情形。图 7.10 给出了不同条件下的分割结果。第一列是原始图像，第二列显示了用户输入的类标，而最后一列给出了分割结果。第一行给出了一个简单例子：一幅由两个区域构成且加入了高斯噪声的彩色图像。只要用户提供两个类标并在一个 4 近邻网格图上采用纯局部方法就能获得一个理想的结果。当要提取的目标相对均匀时，局部方式就能提供良好的结果。这可以通过图 7.10 第二行给出的结果来验证。如果要分割的图像包含丰富的纹理特征，就需要利用非局部方式获得准确的分割结果。相应的示例结果显示在图 7.10 的第三行，其中 8 近邻网格图结合了 4-NNG_3 中的边并将 7×7 大小的图像块作为特征向量来捕捉非局部交互特性。图 7.10 的最后一行给出了一个基于图的类标扩散例子，该图就是通过一幅图像的超像素分割结果获取的。在这种情况下，该图就是由与超像素分割结果相对应的 RAG 顶点构成的完全图 $K_{|V|}$。在整个像素集上使用完全图是不可行的，但由于顶点数目的大大减少（在这种情况下缩减因子是 97%），在超像素分割结果上使用完全图是计算高效的。使用完全图实现类标的扩散还有两大优势：其一，减少了输入类标的数目（每类要被提取的目标只需一个类标）；其二，即使只提供了一个类标，非邻近区域也可以被赋予相同的类标（这是因为完全图可以引起远距离的连通）。

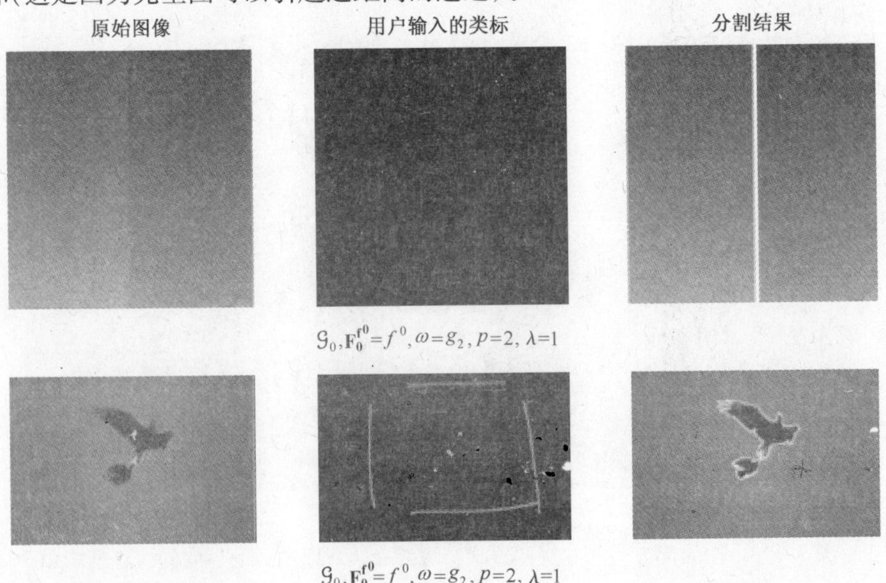

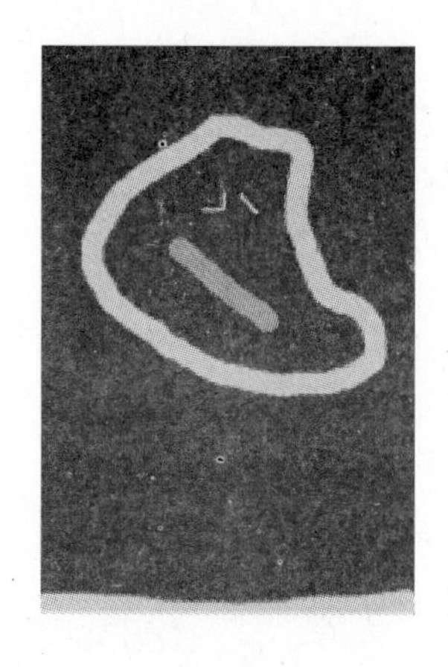

$\mathcal{G}_0 \cup 4\text{-NNG}_3, \mathbf{F}_3^{\mathbf{f}^0}, \omega = g_2, p=2, \lambda=1$

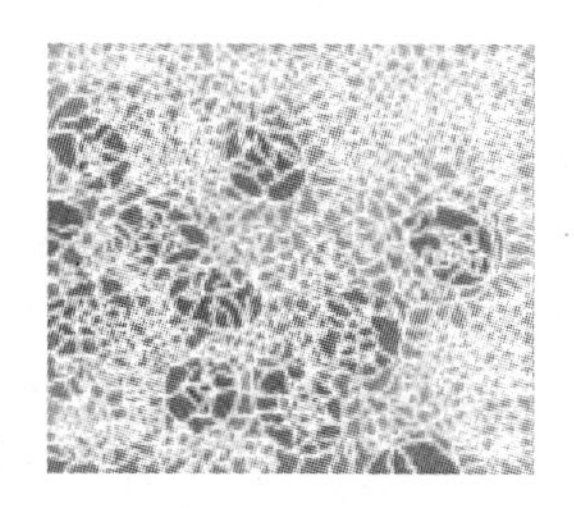
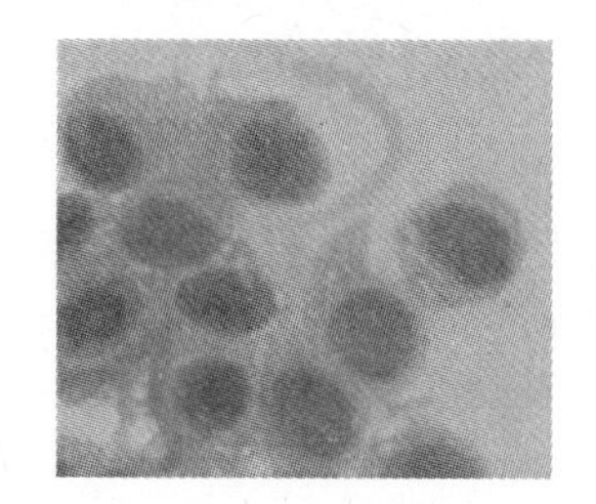
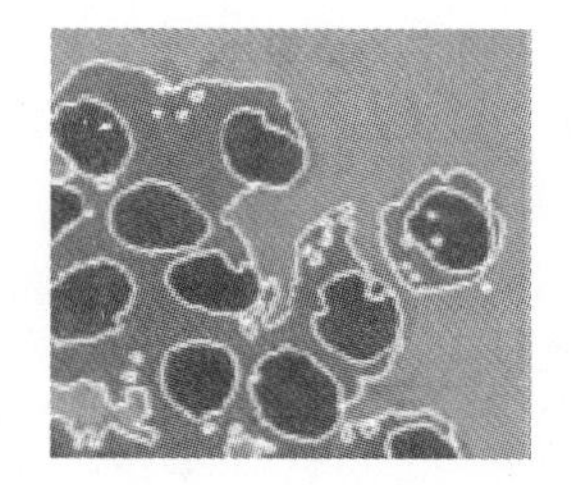

$\mathcal{G}=K_{|\mathcal{V}|}, \mathbf{F}_0^{\overline{\mathbf{f}}}, \omega = g_2, p=2, \lambda=1$

图 7.10 半监督分割结果。

7.6 结论

在本章,我们已经展示了图偏差分方程在图像处理与分析中的应用价值。正如在引言中所解释的那样,在呈现图结构的领域中偏差分方程模仿了偏微分方程,同时能使我们在任意拓扑形式的图上构思变分问题,并获得相关解。采用图偏差分方程的一个显著优势是它能够处理任何离散型数据集,这样做的好处是可以自然地集成非局部交互的优势。我们已经提出利用图偏差分方程建立一个图 p -拉普拉斯正则化框架,该框架可以看作是那些与偏微分方程相关的连续正则化模型的一种离散形式,同时又进一步推广和发展了这些模型。我们已经通过各种实验展示了该框架具有很强的通用性,可用于图像的去噪、简化、分割和插值。在今后的工作中,我们将会考虑其他的偏微分方程,正如我们已经采用偏差分方程使得连续数学形态学适用于图结构那样[15]。

参考文献

[1] D. Hammond, P. Vandergheynst, and R. Gribonval, "Wavelets on graphs via spectral graph theory," *Appl. Comp. Harmonic Analysis*, vol. 30, no. 2, pp. 129–150, 2011.

[2] L. Grady and C. Alvino, "The piecewise smooth Mumford–Shah functional on an arbitrary graph," *IEEE Trans. on Image Processing*, vol. 18, no. 11, pp. 2547–2561, Nov. 2009.

[3] A. Elmoataz, O. Lezoray, and S. Bougleux, "Nonlocal discrete regularization on weighted graphs: a framework for image and manifold processing," *IEEE Transactions on Image Processing*, vol. 17, no. 7, pp. 1047–1060, 2008.

[4] L. Alvarez, F. Guichard, P. –L. Lions, and J. –M. Morel, "Axioms and fundamental equations of image processing," *Archive for Rational Mechanics and Analysis*, vol. 123, no. 3, pp. 199 – 257, 1993.

[5] T. Chan and J. Shen, *Image Processing and Analysis–Variational, PDE, Wavelets, and Stochastic Methods*. SIAM, 2005.

[6] Y. –H. R. Tsai and S. Osher, "Total variation and level set methods in image science," *Acta Numerica*, vol. 14, pp. 509–573, May 2005.

[7] S. Osher and J. Shen, "Digitized PDE method for data restoration," in *In Analytical – Computational methods in Applied Mathematics*, E. G. A. Anastassiou, Ed. Chapman&Hall/CRC, 2000, pp. 751–771.

[8] J. Neuberger, "Nonlinear elliptic partial difference equations on graphs," *Experiment. Math*, vol. 15, no. 1, pp. 91–107, 2006.

[9] R. Courant, K. Friedrichs, and H. Lewy, "On the partial difference equations of mathematical physics," *Math. Ann.*, vol. 100, pp. 32–74, 1928.

[10] L. Grady and J. R. Polimeni, *Discrete Calculus–Applied Analysis on Graphs for Computational Science*. Springer, 2010.

[11] A. Bensoussan and J. –L. Menaldi, "Difference equations on weighted graphs," *Journal of Convex Analysis*, vol. 12, no. 1, pp. 13–44, 2003.

[12] J. Friedman and J. Tillich, "Wave equations on graphs and the edge–based Laplacian," *Pacific Journal of Mathematics*, vol. 216, no. 2, pp. 229–266, 2004.

[13] F. Chung and S. T. Yau, "Discrete green's functions," *Journal of Combinatorial Theory*, *Series A*, vol. 91, no. 1–2, pp. 191–214, 2000.

[14] R. Hidalgo and M. Godoy Molina, "Navier–stokes equations on weighted graphs," *Complex Analysis and Operator Theory*, vol. 4, pp. 525–540, 2010.

[15] V. Ta, A. Elmoataz, and O. Lezoray, "Partial difference equations on graphs for mathematical morphology operators over images and manifolds," in *IEEE International Conference on Image*

Processing, 2008, pp. 801-804.

[16] V. Ta, A. Elmoataz, and O. Lézoray, "Nonlocal pdes-based morphology on weighted graphs for image and data processing," *IEEE Transactions on Image Processing*, vol. 20, no. 6, pp. 1504-1516. June 2011.

[17] V. Ta, A. Elmoataz, and O. Lezoray, "Adaptation of eikonal equation over weighted graphs," in *International Conference on Scale Space Methods and Variational Methods in Computer Vision (SS-VM)*, vol. LNCS 5567, 2009, pp. 187-199.

[18] A. Elmoataz, and O. Lezoray, S. Bougleux, and V. Ta, "Unifying local and nonlocal processing with partial difference operators on weighted graphs," in *International Workshop on Local and Non-local Approximation in Image Processing (LNLA)*, 2008, pp. 11-26.

[19] S. Bougleux, A. Elmoataz, and M. Melkemi, "Discrete regularization on weighted graphs for image and mesh filtering," in *Scale Space and Variational Methods in Computer Vision*, ser. LNCS, vol. 4485, 2007, pp. 128-139.

[20] ——, "Local and nonlocal discrete regularization on weighted graph for image and mesh processing," *International Journal of Computer Vision*, vol. 84, no. 2, pp. 220-236, 2009.

[21] D. Zhou and B. Schölkopf, "Regularization on discrete spaces," in *DAGM Symposium*, ser. LNCS, vol. 3663. Springer-Verlag, 2005, pp. 361-368.

[22] M. Hein, J. -Y. Audibert, and U. von Luxburg, "Graph Laplacians and their convergence on random neighborhood graphs," *Journal of Machine Learning Research*, vol. 8, pp. 1325 - 1368, 2007.

[23] M. Hein and M. Maier, "Manifold denoising," in *NIPS*, 2006, PP. 561-568.

[24] M. Hein, J. -Y. Audibert, and U. Von Luxburg, "From graphs to manifolds - weak and strong point wise consistency of graph Laplacians," in *COLT*, 2005, pp. 470-485.

[25] F. R. Chung, "Spectral graph theory," *CBMS Regional Conference Series in Mathematics*, vol. 92, pp. 1-212, 1997.

[26] V. -T. Ta, S. Bougleux, A. Elmoataz, and O. Lezoray, "Nonlocal anisotropic discrete regularization for image, data filtering and clustering," GREYC CNRS UMR 6072-Université de Caen Basse-Normandie-ENSICAEN, HAL Technical Report, 2007.

[27] M. Belkin and P. Niyogi, "Laplacian eigenmaps for dimendionality reduction and data representation," *Neural Computation*, vol. 15, no. 6, pp. 1373-1396, 2003.

[28] O. Lezoray, V. Ta, and A. Elmoataz, "Manifold and data filtering on graphs," in *International Symposium on Methodologies for Intelligent Systems, International Workshop on Topological Learning*, 2009, pp. 19-28.

[29] T. Bühler and M. Hein, "Spectral clustering based on the graph p-laplacian," in *International Conference on Machine Learning*, 2009, pp. 81-88.

[30] J. O'Rourke and G. Toussaint, "Pattern recognition," in *Handbook of discrete and computational geometry*, J. Goodman and J. O'Rourke, Eds. Chapman & Hall/CRC, New York, 2004, ch. 51, pp. 1135-1161.

[31] A. A. Efros and T. K. Leung, "Texture synthesis by non-parametric sampling," in *International Conference on Computer Vision*, vol. 2, 1999, p. 1033-1038.

[32] A. Buades, B. Coll, , and J. -M. Morel, "Non-local image and movie denoising," *International Journal of Computer Vision*, vol. 76, no. 2, pp. 123-139, 2008.

[33] G. Gilboa and S. Osher, "Non-local linear image regularization and supervised segmentation," *Multiscale Modeling & Simulation*, vol. 6, no. 2, pp. 595-630, 2007.

[34] A. Chambolle, "An algorithm for total variation minimization and applications," *Journal of Mathematical Imaging and Vision*, vol. 20, no. 1-2, pp. 89-97, 2004.

[35] A. Chambolle and T. Pock, "A first-order primal-dual algorithm for convex problems with applications to imaging," *Journal of Mathematical Imaging and Vision*, vol. 40, no. 1, pp. 120-145, 2011.

[36] C. Tomasi and R. Manduchi, "Bilateral filtering for gray and color images," in *International Conference on Computer Vision*, IEEE Computer Society, 1998, pp. 839-846.

[37] T. Chan, S. Osher, and J. Shen, "The digital TV filter and nonlinear denoising," *IEEE Transactions on Image Processing*, vol. 10, no. 2, pp. 231-241, 2001.

[38] G. Gilboa and S. Osher, "Nonlocal operators with applications to image processing," UCLA, Tech. Rep. CAM Report 07-23, July 2007.

[39] ——, "Nonlocal operators with applications to image processing," *Multiscale Modeling & Simulation*, vol. 7, no. 3, pp. 1005-1028, 2008.

[40] R. Coifman, S. Lafon, A. Lee, M. Maggioni, B. Nadler, F. Warner, and S. Zucker, "Geometric diffusions as a tool for harmonic analysis and structure definition of data," *Proc. of the National Academy of Sciences*, vol. 102, no. 21, pp. 7426-7431, 2005.

[41] F. Wang, J. Wang, C. Zhang, and H. C. Shen, "Semi-Supervised Classification Using Linear Neighborhood Progation," *IEEE Computer Society Conference on Computer Vision and Pattern Recognition-Volume* 1 (*CVPR*'06), vol. 1, pp. 160-167, 2006.

[42] L. Grady, "Random walks for image segmentation," *IEEE Transactions on Pattern Analysis and Machine Intelligence*, vol. 28, no. 11, pp. 1768-1783, 2006.

[43] A. K. Sinop and L. Grady, "A Seeded Image Segmentation Framework Unifying Graph Cuts And Random Walker Which Yields A New Algorithm," in *International Conference on Computer Vision*, 2007, pp. 1-8.

[44] C. Couprie, L. Grady, L. Najman, and H. Talbot, "Power watersheds: A new image segmentation framework extending graph cuts, random walker and optimal spanning forest," in *International Conference on Computer Vision*, Sept. 2009, pp. 731-738.

[45] M. Belkin, P. Niyogi, V. Sindhwani, and P. Bartlett, "Manifold Regularization: A Geometric Framework for Learning from Labeled and Unlabeled Examples," *Journal of Machine Learning Research*, vol. 7, pp. 2399-2434, 2006.

[46] V. -T. Ta, O. Lezoray, A. Elmoataz, and S. Schüpp, "Graph-based tools for microscopic cellular image segmentation," *Pattern Recognition*, vol. 42, no. 6, pp. 1113-1125, 2009.

[47] M. Bertalmío, G. Sapiro, V. Casells, and C. Ballester, "Image inpainting," in *SIGGRAPH*, 2000, pp. 417-424.

[48] M. Ghoniem, Y. Chahir, and A. Elmoataz, "Geometric and texture inpainting based on discrete regularization on graphs," in *ICIP*, 2009, pp. 1349-1352.

[49] G. Facciolo, P. Arias, V. Caselles, and G. Sapiro, "Exemplar-based interpolation of sparsely sampled images," in *EMMCVPR*, 2009, pp. 331-334.

[50] A. Levin, D. Lischinski, and Y. Weiss, "Colorization using optimization," *ACM Transactions on Graphics*, vol. 23, no. 3, pp. 689-694, 2004.

[51] L. Yatziv and G. Sapiro, "Fast image and video colorization using chrominance blending," *IEEE Transactions on Image Processing*, vol. 15, no. 5, pp. 1120-1129, 2006.

[52] O. Lezoray, A. Elmoataz, and V. Ta, "Nonlocal graph regularization for image colorization," in *International Conference on Pattern Recognition (ICPR)*, 2008.

[53] A. Levinshtein, A. Stere, K. N. Kutulakos, D. J. Fleet, S. J. Dickinson, and K. Siddiqi, "Turbopixels: Fast superpixels using geometric flows," *IEEE Transactions on Pattern Analysis and Machine Intelligence*, vol. 31, pp. 2290-2297, 2009.

[54] J. T. Kwok and I. W. Tsang, "The pre-image problem in kernel methods," in *International Conference on Machine Learning*, 2003, pp. 408-415.

[55] N. Thorstensen, F. Segonne, and R. Keriven, "Preimage as karcher mean using diffusion maps: Application to shape and image denoising," in *Proceedings of International Conference on Scale Space and Variational Methods in Computer Vision*, ser. LNCS, Springer, Ed., vol. 5567, 2009, pp. 721-732.

第 8 章

基于非局部谱图小波变换的图像去噪

David K. Hammond, Laurent Jacques, Pierre Vandergheynst

8.1 引言

有效表征图像中的结构是图像处理领域的一个重要主题。长久以来,图像表征领域的研究工作传统上成功的做法是将某一变换应用于图像,然后描述所得系数的特性,尤其是广泛采用了局部化、多方向的多尺度小波变换以及大量的变种。小波方法成功的的关键因素在于图像通常含有高度局部化的特征(如边缘),其间散布着相对平滑的区域,这就导致了小波系数的稀疏特性。图像信息的这种局部正则性可通过局部化小波基进行有效的表征。

图像中存在的另一类重要的正则性是自相似性。对于许多自然图像,在其中空间距离较远的区域内,存在着相似的局部化模式。自相似性也会出现在呈现重复特性的人造结构图像中,例如包含砖墙的图像或者所包含的建筑外立面带有重复相似窗户的图像。

对于噪声污染图像的复原问题,合理的假设是知道哪些图像区域具有相似性将有助于图像的复原。直观地说,对具有相似内在结构的图像区域执行平均操作应该能在保持所需图像信息的同时实现噪声的减少。在本工作中,我们描述了一种新颖的图像去噪算法,该算法利用了某些基于既定变换的技术力图捕捉图像的非局部正则性。通过假设按照图像的非局部结构构造的变换所产生的图像系数具有稀疏性可以实现这个目的。

我们的方法的构思基础是通过构造一个面向图像的非局部图(简称图像的非局部图)实现图像自相似性的明确表达。图像的非局部图是一种加权图,图中的顶点是原始图像的像素,而边的权重表示图像块之间的相似度。我们使用一种新的描述方法,即谱图小波变换(SGWT),用于构造任意加权图上的小波变换[1]。在图像的非局部图基础上构造 SGWT 就可以形成非局部图小波变换。同时,我们也探索了一类混合加权图,它将图像的非局部图与局部连通结构顺当地结合在一起。通过 SGWT 就可以产生一种局部与非局部混合的小波变换。

我们研究了两种图像去噪方法:基于简单阈值规则的缩比拉普拉斯法和基于

ℓ_1 最小化的方法。前一种方法的基础是在简单的伸缩后通过拉普拉斯分布描述所得的系数,需根据非局部图小波范数利用伸缩解释异质性。利用缩比拉普拉斯法,对系数做阈值化处理,然后再作逆变换获得去噪图像。虽然这个方法只是独立对每个系数进行简单的操作,但其去噪性能却可以与使用相当复杂的系数间依赖关系表达形式的小波方法相媲美。

与上述方法密切相关的基于 ℓ_1 最小化的算法是在相同的基本非局部图小波变换的基础上设计的。这种算法不是独立地处理每个系数,而是通过最小化一个包含二次数据保真项和系数的加权 ℓ_1 先验惩罚项的单一凸函数来实现的。我们利用一种迭代前向后向分裂过程计算该函数的最小值。我们发现,在图像感知质量方面 ℓ_1 最小化过程比缩比拉普拉斯法更胜一筹,其代价是会增加计算复杂度。

8.1.1　相关研究工作

利用图像中由自相似性而产生的冗余信息的想法已经有很长历史了。大部分关于统计图像建模的文献都注重描述自然图像的高度相关尺度不变特性[2-4]。近来,许多图像处理和去噪方法都试图通过基于图像块的方法来利用图像的自相似性。与这项研究特别相关的工作是由 Buades 等人最早提出的用于图像去噪的非局部均值算法[5]。

原始非局部均值算法的许多扩展和变种形式已在文献[6-8]中得到了研究。基本的非局部均值算法的实现过程是,首先通过计算图像块差异的 ℓ_2 范数度量一对对有噪图像块之间的相似性,然后利用这些结果来计算权重,使得两个相似的图像块对应于高权值(接近单位 1)而两个不相似的图像块所对应的权值接近 0。最后,每个有噪像素都用所有其他像素的加权平均值来替换。如果某个特定图像块与图像中的许多其他块都有高度的相似性,那么就用由大量区域的平均结果获得的图像结构来替换它,以达到减少噪声的目的。从本质上来说,非局部均值算法中所用的权值与目前研究工作中所用的图像非局部图中的边权值是一样的。

另外一种利用块相似性实现图像去噪的方法是由 Dabov 等人提出的 BM3D 协同滤波算法[9]。在该方法中,将有噪图像的相似块垂直堆叠在一起,形成一个三维数据体。然后,运用一个可分离的三维变换并通过阈值化处理对堆叠的数据体进行去噪。该方法的优点来源于小波阈值化与相似图像块堆栈所呈现的冗余性之间的相互作用,从而隐式地实现了图像块之间相似图像结构的平均。

本研究工作所用的谱图小波变换涉及到谱图理论中的各种工具,特别是需要用到图拉普拉斯算子的特征向量。先前有多位作者将图拉普拉斯算子用于图像处理领域。Zhang 和 Hancock 利用了与图拉普拉斯算子相对应的热核以及一种边权重取决于局部邻近窗差值的图来研究图像平滑问题[10]。Szlam 等人在更一般意义下研究了基于热核的类似平滑问题,包括利用图像的非局部图实现图像去噪的例子,这与当前的研究工作更相似[11]。Peyré 利用非局部图热扩散进行图像去噪,而且研究了基于非局部图拉普拉斯特征向量的阈值化问题[12]。Elmoataz 等人[13]研究了任意图上的正则化问题,包括通过一种采用了 p -拉普拉斯算子的变分框架并利用非局部图实现的各种图像处理应用。对于一般的 p 来说,p -拉普拉斯算子是一种非线性算子;当 $p = 2$ 时,则简化为图拉普拉斯算子。

8.2 谱图小波变换(SGWT)

谱图小波变换(SGWT)是一种用于构造定义于任意有限加权图顶点上的多尺度小波变换的框架。文献[1]对 SGWT 进行了详细的描述。这里,我们对其做一下简单的介绍。

加权图为众多数据科学应用领域信息的描述提供了一种相当灵活的方式。例如,图中的顶点可以对应于社交网络中的个体或者由道路交通网连接在一起的城市。因此,基于这类加权图结构的小波变换应用潜力很大,可用于本研究工作所讲的图像去噪应用之外的许多问题中。其他作者提出了一些用于对图构造类小波结构的方法。这些方法包括基于 n-hop 距离的顶点域方法[14]、提升方案[15]以及树约束型方法[16]。最近,Gavish 等人提出了一种基于层级树的正交小波构造方法,并通过首先采用节点的分层聚类展示了该方法在任意图函数估计中的应用[17]。上述方法与 SGWT 的主要区别在于它们构建于顶点域,而不是利用谱图理论实现的。目前提出的还有其他几种基于谱图理论的构造方法,尤其是 Maggioni 和 Coifman 提出的“扩散小波”[18]。扩散小波与 SGWT 的主要区别是 SGWT 的构造简单,而且 SGWT 产生的是一个过完备小波框架,而不是一个正交基。

我们考虑一个包含 N 个顶点的无向加权图$\mathcal{G}$。定义在图顶点上的任意标量值函数 $\mathbf{f}$ 都可以对应于 $\mathbb{R}^N$ 空间中的一个向量。其中,坐标 f_i 是 $\mathbf{f}$ 在第 i 个顶点处的函数值。对于任意的实尺度参数 $t > 0$,SGWT 将会定义以每个顶点 n 为中心的小波基 $\psi_{t,n} \in \mathbb{R}^N$ 。这些图小波的主要特性是它们的均值为零,都集中在中心顶点 n 的周围,且随着 t 的减小其支撑区间将会变小。

SGWT 的构造基础是图拉普拉斯算子 $\mathbf{L}$,具体定义如下。令 $\mathbf{W} \in \mathbb{R}^{N\times N}$ 表示图$\mathcal{G}$的对称邻接矩阵,其中 $w_{ij} \geqslant 0$ 表示顶点 i 与 j 之间的边权重。将顶点 i 的度定义为所有连到 i 的边的权重之和,即 $d_i = \sum_j w_{i,j}$ 。设定对角型度矩阵 $\mathbf{D}$ 中的 $\mathbf{D}_{i,i} = d_i$ 。那么,图拉普拉斯算子 $\mathbf{L} = \mathbf{D} - \mathbf{W}$。

算子 $\mathbf{L}$ 可以看作是平坦欧几里得域中标准拉普拉斯算子 Δ 的图形式。尤其是 $\mathbf{L}$ 的特征向量与傅里叶基 $e^{i\mathbf{k}\cdot\mathbf{x}}$ 相类似,并可用于定义图傅里叶变换。因为 $\mathbf{L}$ 是实对称矩阵,所以它有一个完备的标准正交特征向量$\chi_\ell \in \mathbb{R}^N$构成的集合,其中 ℓ=

$0,\cdots,N-1$,对应的实特征值为 λ_ℓ。对它们进行非递减排序,使得 $\lambda_0 \leqslant \lambda_1 \cdots \leqslant \lambda_{N-1}$ 。研究结果表明,对于图拉普拉斯算子,特征值是非负的且 $\lambda_0=0$。那么,对于任意函数 $\mathbf{f}\in\mathbb{R}^N$,其图傅里叶变换的定义是

$$\hat{f}(\ell)=\langle \chi_\ell,\mathbf{f}\rangle=\sum_n \chi_\ell^*(n)\mathbf{f}(n) \tag{8.1}$$

我们把$\hat{f}(\ell)$ 解释为 $\mathbf{f}$ 的第ℓ个图傅里叶系数。由于这些χ_ℓ是标准正交的,因此可以直接看出,可以按照 $\mathbf{f}=\sum_\ell \hat{f}(\ell)\chi_\ell$将 $\mathbf{f}$ 从它的傅里叶变换结果中恢复出来。

利用图傅里叶变换定义 SGWT 的动机来源于对傅里叶域中实直线上的经典连续小波变换的研究。可以采用"母"小波 $\psi(x)$ 产生这些小波,然后通过缩放和平移得到小波 $\psi_{t,a}=\dfrac{1}{t}\psi((x-a)/t)$ [19]。对于一个给定的函数f ,在尺度 t 和位置 a 处的小波系数就可以通过内积给出,即 $W_f(t,a)=\int \dfrac{1}{t}\psi^*((x-a)/t)f(x)\mathrm{d}x$ 。对于固定的尺度 t ,这个积分可以改写为在点 a 处计算的一个卷积。令 $\overline{\psi}_t(x)=\dfrac{1}{t}\psi^*(-x/t)$,可以看到 $W_f(t,a)=(\overline{\psi}_t * f)(a)$ 。这里考虑的是在变量 a 上作傅里叶变换。在实直线上,利用卷积定理,可以得到

$$\hat{W}_f(t,w)=\hat{\overline{\psi}}_t(w)\hat{f}(w)=\hat{\psi}^*(tw)\hat{f}(w) \tag{8.2}$$

因此,将f映射到其小波系数 $W_f(t,a)$ 的运算步骤包括对f进行傅里叶变换,乘以 $\hat{\psi}^*(tw)$,以及逆傅里叶变换。这里的关键点是通过 t 所作的缩放运算已经利用从原始域到傅里叶域函数 $\hat{\psi}^*(tw)$ 的伸缩变换来完成,这一点是很重要的,因为促使经典小波变换适用于图范畴的一个主要问题是在不规则图上定义函数的缩放运算本身所具有的困难性。

尺度 t 固定时,SGWT 算子的定义与前面讨论的情况类似,它的具体形式取决于非负小波核 $g(x)$ 的选择,这种小波核与傅里叶变换小波 $\hat{\psi}^*$ 相似。g 这个核相当于带通函数,尤其我们要求 $g(0)=0$ 且 $\lim_{x\to\infty}g(x)=0$。对于任意的尺度 $t>0$, SGWT 算子 $T_g^t:\mathbb{R}^N\to\mathbb{R}^N$ 的定义是 $T_g^t(\mathbf{f})=g(t\mathbf{L})\mathbf{f}$ 。将实值函数 $g(t\cdot)$ 应用于算子 $\mathbf{L}$ 就可以得到一个线性算子。对于对称型 $\mathbf{L}$,该线性算子可以通过它对特征向量的操作来定义。具体地说,我们可以定义 $g(t\mathbf{L})(\chi_\ell)\equiv g(t\lambda_\ell)\chi_\ell$。通过线性化,可以利用图傅里叶变换系数将 $g(t\mathbf{L})$ 作用于任意函数 $\mathbf{f}\in\mathbb{R}^N$ 表示为

$$T_g^t\mathbf{f}\equiv g(t\mathbf{L})\mathbf{f}=\sum_\ell g(t\lambda_\ell)\hat{f}(\ell)\chi_\ell \tag{8.3}$$

观察一下这个表达式,可以看出,将 T_g^t 作用于 $\mathbf{f}$ 相当于对函数 $\mathbf{f}$ 进行图傅里叶变换,接着乘以函数 $g(t\lambda)$,然后再进行逆变换,这与式(8.2)所蕴含的经典小波变

换的傅里叶域描述很相似。

式(8.3)定义了函数 $\mathbf{f}$ 在尺度 t 上的 N 个谱图小波系数。我们用 $W_{\mathbf{f}}(t,n)$ 表示这些系数,即 $W_{\mathbf{f}}(t,n)=(T_g^t\mathbf{f})_n$。通过将这个算子应用于三角形脉冲就可以实现小波的恢复。如果我们将 $\delta_n\in\mathbb{R}^N$ 在顶点 n 处的值设为1,其余位置的值设为0,那么以顶点 n 为中心的小波就可以表示为 $\psi_{t,n}=T_g^t\delta_n$。可以直接验证一下,这与前面关于系数的定义以及通过内积产生系数这种想法(即 $W_{\mathbf{f}}(t,n)=\langle\psi_{t,n},\mathbf{f}\rangle$)都是一致的。在图8.1中,我们给出了一个含有300个顶点的示例图,这些顶点是通过对一个平滑流形随机采样获得的。通过连接那些距离小于某个给定阈值的所有顶点(其边权重为单位1)形成该图的边。我们给出了一个单尺度函数和两种不同尺度上的小波。

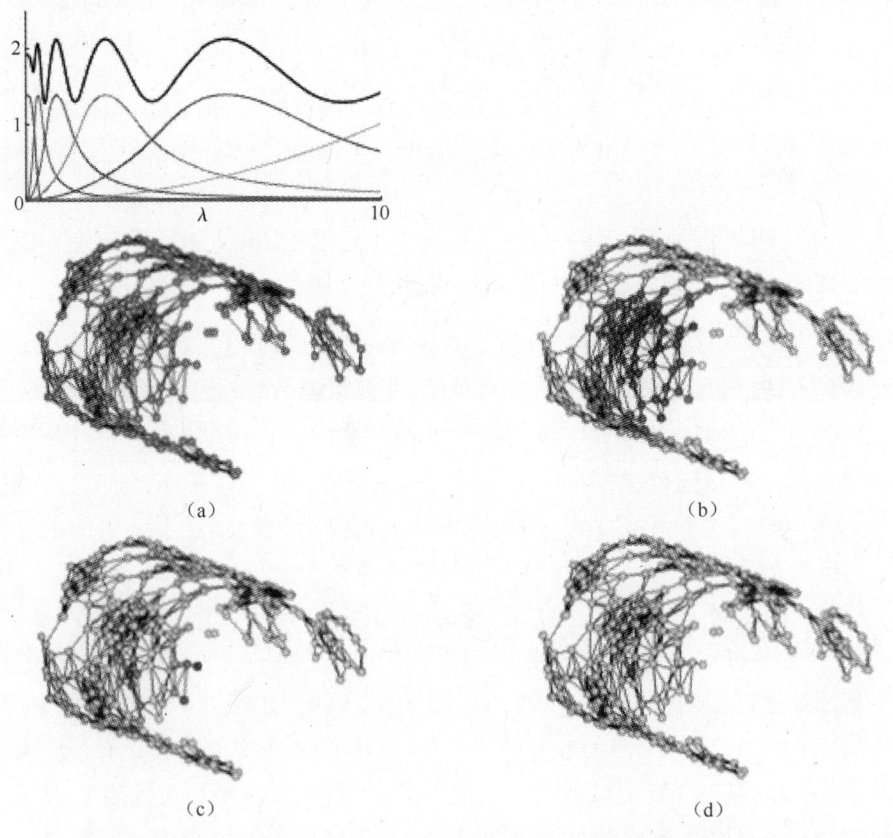

图8.1 左上:尺度 $J=5,\lambda_{\max}=10,K_{\mathrm{lp}}=20$ 时的尺度函数 $h(\lambda)$,小波生成核 $g(t_j\lambda)$ 以及平方和 G,详见8.2.3节。下边:展示了特定中心顶点的示例图(a),尺度函数(b)和两种尺度上的小波(c)、(d)。这些图取自于文献[1]。

通过尺度函数表示信号的低频分量可以改善SGWT的整体稳定性,这可以通过引入一个尺度函数核 h 来实现。h 是一个低通函数,满足 $h(0)>0$,且当 $x\rightarrow\infty$

时，$h(x) \to 0$。同小波的定义一样，我们将尺度函数算子定义为 $T_h = h(\mathbf{L})$，尺度函数的定义为 $\phi_n = T_h\delta_n$，而 $\mathbf{f}$ 的尺度函数系数为 $T_h\mathbf{f}$。

上述理论描述的是连续尺度 t 情形下的 SGWT。实际上，我们将 t 离散化为有限个尺度 $t_1 > \cdots > t_J > 0$，详见 8.2.3 节。一旦将这些确定了，我们通常采用不太严谨的符号记法：将 $\psi_{t_j,n}$（或 $W_{\mathbf{f}}(t_j,n)$）简记为小波 $\psi_{j,n}$（或系数 $W_{\mathbf{f}}(j,n)$）。

然后，我们就可以考虑一下整体变换算子 $\mathbf{T}: \mathbb{R}^N \to \mathbb{R}^{(J+1)N}$，它是通过级联尺度函数系数和 J 个小波系数集中的每个集合所构成的。在文献[1]中（定理5.6），研究结果表明该算子是一种框架，其框架界 A 和 B 可通过如下方法来估计。首先，定义函数 $G(\lambda) = h^2(\lambda) + \sum_{j=1}^{J} g^2(t_j\lambda)$。那么，对于任意的函数 $\mathbf{f} \in \mathbb{R}^N$，不等式 $A\|\mathbf{f}\|^2 \leqslant \|\mathbf{Tf}\|^2 \leqslant B\|\mathbf{f}\|^2$ 成立。其中，$A = \min_{\lambda\in[0,\lambda_{N-1}]} G(\lambda)$，$B = \max_{\lambda\in[0,\lambda_{N-1}]} G(\lambda)$。

8.2.1 基于切比雪夫多项式逼近的快速 SGWT

利用式(8.3)直接计算 SGWT 需要显式地计算出 $\mathbf{L}$ 的全部特征向量和特征值，这种方法对于极大图可扩展性很差，需要的存储复杂度为 $O(N^2)$，而计算复杂度为 $O(N^3)$。只有当图中的顶点数少于几千个时，通过对角化矩阵 $\mathbf{L}$ 而直接计算 SGWT 才是可行的。这个约束条件完全影响了 SGWT 在解决图像处理问题时的实用性，这些问题所涉及的数据通常具有几十万维（即像素的数目）。

记每个尺度内的 SGWT 系数为 $g(t_j\mathbf{L})\mathbf{f}$。在快速算法中，通过利用一个 m 次多项式 $p_j(x)$ 逼近函数 $g(t_jx)$ 可以避免对角化矩阵 $\mathbf{L}$，这个近似在包含 $\mathbf{L}$ 谱的区间 $[0,\lambda_{\max}]$ 内是成立的。一旦计算出了这个近似多项式，尺度 j 上的近似 SGWT 系数就确定为 $p_j(\mathbf{L})\mathbf{f}$。

可以通过切比雪夫多项式展开式来计算 $p_j(x)$（参见文献[20]中的论述）。可以通过稳定的递推关系 $T_k(x) = 2xT_{k-1}(x) - T_{k-2}(x)$ 产生切比雪夫多项式 $T_k(x)$，其中 $T_0 = 1$，而 $T_1 = x$。当 $x \in [-1,1]$ 时，$-1 \leqslant T_k(x) \leqslant 1$ 成立，并且自然构成了逼近区间[-1,1]上函数的基础。由于我们要求区间 $[0,\lambda_{\max}]$ 上的近似必须有效，所以采用了平移切比雪夫多项式 $\overline{T}_k(x) = T_k\left(\frac{x-a}{a}\right)$，其中 $a = \lambda_{\max}/2$。对于十分规则的 $g(t_jx)$，当 $x \in [0,\lambda_{\max}]$ 时，展开式 $g(t_jx) = \frac{1}{2}c_{j,0} + \sum_{k=1}^{\infty} c_{j,k}\overline{T}_k(x)$ 成立，其中 $c_{j,k} = \frac{2}{\pi}\int_0^{\pi}\cos(k\theta)g(t_j(a(\cos(\theta)+1)))\mathrm{d}\theta$。我们通过数值积分计算 $c_{j,k}$，然后通过将上述序列截取为 m 项得到 $p_j(x)$。那么，通过快速 SGWT 逼近得到的小波系数就可以表示为

$$\widetilde{W}_{\mathbf{f}}(t_j,n)=\left(\frac{1}{2}c_{j,0}\mathbf{f}+\sum_{k=1}^{m}c_{j,k}\overline{T_k}(\mathbf{L})\mathbf{f}\right)_n \tag{8.4}$$

同样地,利用关于 $h(x)$ 的类似多项式逼近就可以计算出尺度函数的系数。

重要的是,我们可以利用切比雪夫递推关系计算上面的 $\overline{T}_k(\mathbf{L})\mathbf{f}$ 项,仅仅通过矩阵向量相乘来利用 $\mathbf{L}$。平移切比雪夫多项式满足 $\overline{T}_k(x)=\frac{2}{a}(x-1)\overline{T}_{k-1}(x)-\overline{T}_{k-2}(x)$,所以就有 $\overline{T}_k(\mathbf{L})\mathbf{f}=\frac{2}{a}(\mathbf{L}-\mathbf{I})(\overline{T}_{k-1}(\mathbf{L})\mathbf{f})-\overline{T}_{k-2}(\mathbf{L})\mathbf{f}$。将每个向量 $\overline{T}_k(\mathbf{L})\mathbf{f}$ 看作一个单一符号,这表明 $\overline{T}_k(\mathbf{L})\mathbf{f}$ 可以通过 $\overline{T}_{k-1}(\mathbf{L})\mathbf{f}$ 和 $\overline{T}_{k-2}(\mathbf{L})\mathbf{f}$ 计算得出,计算代价由关于矩阵 $\mathbf{L}$ 的单一矩阵向量相乘所主导。如果使用稀疏矩阵表示,则应用矩阵 $\mathbf{L}$ 的计算代价与非零边的个数成比例,使得用于 SGWT 的多项式逼近算法在 $\mathbf{L}$ 为稀疏矩阵这种重要情形下变得高效起来。

文献[1]介绍了该算法的更多细节内容。此外,该文献也表明快速 SGWT 算法的计算复杂度为 $O(m|E|+Nm(J+1))$,其中 J 为小波尺度的数目, m 表示多项式逼近的阶次,而 $|E|$ 表示所依据的图 $\mathcal{G}$ 中非零边的数目。特别地,对于 $|E|$ 随 N 呈线性变化的那些图,例如有界极大度图,快速 SGWT 算法的计算复杂度为 $O(N)$ 。

我们要求 $\mathbf{L}$ 的最大特征值的上界为 $\lambda_{\max}$,这样所带来的计算代价会远低于计算整个谱的代价。我们利用 Arnoldi 迭代法粗略地估计 λ_{N-1}(仅仅通过矩阵向量相乘来使用 $\mathbf{L}$),然后将该估计结果增大 1%得到 $\lambda_{\max}$ 。

8.2.2 SGWT 的逆变换

在一类广泛的信号处理应用中,包括本工作后面要讲的图像去噪方法,都会涉及到对某种变换下信号的系数进行处理,然后再进行逆变换。SGWT 不仅仅只在信号分析方面有用,更重要的是能够利用一组给定的系数将相关的信号恢复出来。

SGWT 是一种过完备变换,将一个维数为 N 的输入向量 $\mathbf{f}$ 映射为 $N(J+1)$ 个系数 $\mathbf{c}=\mathbf{Tf}$ 。众所周知,这意味着 $\mathbf{T}$ 将会有无限多个左逆矩阵 $\mathbf{B}$,相关约束条件是 $\mathbf{BTf}=\mathbf{f}$ 。一个自然的选择是使用伪逆矩阵 $\mathbf{T}^{+}=(\mathbf{T}^{\mathrm{T}}\mathbf{T})^{-1}\mathbf{T}^{\mathrm{T}}$,它满足如下最小范数性质:

$$\mathbf{T}^{+}\mathbf{c}=\arg\min_{\mathbf{f}\in\mathbb{R}^N}\|\mathbf{c}-\mathbf{Tf}\|_2$$

对于涉及小波系数处理的一些应用,很可能需要对不再直接处于图像 $\mathbf{T}$ 中的一组系数执行逆变换。在这种情况下,伪逆矩阵对应于在图像 $\mathbf{T}$ 上的正交投影,然后进行图像 $\mathbf{T}$ 的逆变换。

给定一组系数 $\mathbf{c}$,可以通过求解平方矩阵方程 $(\mathbf{T}^{\mathrm{T}}\mathbf{T})\mathbf{f}=\mathbf{T}^{\mathrm{T}}\mathbf{c}$ 获得伪逆矩阵。

这个系统太大而不能直接进行逆变换,但是可以利用共轭梯度法迭代求解。共轭梯度法的计算代价主要由每个执行步骤中关于 $\mathbf{T}^{\mathrm{T}}\mathbf{T}$ 的矩阵向量相乘所主导。正如文献[1]中进一步所讲的那样,8.2.1 节中所述的快速切比雪夫逼近方案适合于有效地计算 $\mathbf{T}^{\mathrm{T}}$ 或 $\mathbf{T}^{\mathrm{T}}\mathbf{T}$ 的场合。我们利用共轭梯度法并结合快速切比雪夫逼近方案来计算 SGWT 的逆变换。

未经预处理的共轭梯度算法的收敛速度由 $\mathbf{T}^{\mathrm{T}}\mathbf{T}$ 的谱条件数 κ 所决定,尤其是在 n 步以后误差限定为 $\left(\frac{\sqrt{\kappa}-1}{\sqrt{\kappa}+1}\right)^n$ 乘以某个常数[21]。注意 $\kappa \leqslant \frac{A}{B}$,其中 A 和 B 是 $\mathbf{T}$ 的框架界;SGWT 小波函数核与尺度函数核的设计会受到使 A/B 取值要小这一想法的影响。

8.2.3 SGWT 的设计细节

SGWT 框架对小波函数核与尺度函数核的选择几乎没有限制。为了简单起见,我们选择的 g 在原点附近要有首一幂特性,并且在 x 很大时满足幂律衰减特性。在两者之间,我们设 g 为一个三次样条函数,从而保证 g 和 g' 的连续性。具体地说,我们利用

$$g(x)=x^2\zeta_{[0,1)}(x)+[(x-1)(x-2)(x-3)+1]\zeta_{[1,2)}(x)+4x^{-2}\zeta_{[2,+\infty)}(x) \tag{8.5}$$

其中,$\zeta_A(x)$ 是关于 $A \subset \mathbb{R}$ 的指示符。如果 $x \in A$,则 $\zeta_A(x)$ 的值为 1,否则为 0。

按照最小尺度 t_J 和最大尺度 t_1 之间的对数等间隔来选择小波变换的尺度 t_j(其中 $t_j > t_{j+1}$)。正如 8.2.1 节所述,这使其自身适合于 $\mathbf{L}$ 谱的上界 $\lambda_{\max}$。最大尺度 t_1 和尺度函数核 h 的配置由 $\lambda_{\min}=\lambda_{\max}/K_{\mathrm{lp}}$ 的选取情况所决定,其中 K_{lp} 是该变换的一个设计参数。然后,我们设置 t_1 的值,使得 $g(t_1x)$ 在 $x>\lambda_{\min}$ 时呈幂律衰减特性;同时,设置 t_J 的值,使得 $g(t_Jx)$ 在 $x<\lambda_{\max}$ 时具有首一多项式特性。当 $t_1=2/\lambda_{\min}$ 且 $t_J=2/\lambda_{\max}$ 时,这些便可以实现。令 $h(x)=\gamma\exp\left(-\left(\frac{x}{0.6\lambda_{\min}}\right)^4\right)$,其中在设置 γ 时要能够使 $h(0)$ 与 g 的最大值相同。在参数 $\lambda_{\max}=10$、$K_{\mathrm{lp}}=20$ 且 $J=5$ 时,对应的一组尺度函数核和小波生成核如图 8.1 所示。

8.3 图像的非局部图

图像的非局部图是一种加权图,其顶点数 N 与原始图像中像素的数目相等。这种关联性体现了对二维像素的某种标注形式,例如,可以按照光栅扫描顺序对其标注。我们将会定义的边权重的权值处于 0 和 1 之间,还会给出一种关于图像块

之间相似性的度量。

对于任何尺寸合理的图像，其像素个数 N 可能会太大，以致于我们不能合理地期望会显式对角化相应的图拉普拉斯算子。由于我们希望使用定义于非局部图上的 SGWT，我们必须产生一个足够稀疏的图以便可以利用快速切比雪夫多项式逼近法对其进行处理。

给定一个图像块半径 K，令 $\mathbf{p}_i \in \mathbb{R}^{(2K+1)^2}$ 表示中心处于像素 i、大小为 $(2K+1)\times(2K+1)$ 的方形像素块。对于离图像边界的距离在 K 这个范围之内的像素，可以通过镜像将图像扩展到原始边界之外来定义图像块。令 $d_{i,j} = \|\mathbf{p}_i - \mathbf{p}_j\|$ 表示图像块差异的范数。依照许多有关非局部均值的文献中采用的加权方式，我们将图像的(非稀疏化)非局部图的边权重设置为 $w_{i,j} = \exp(-d_{i,j}^2/2\sigma_p^2)$。

为了稀疏化我们提出的非局部图的邻接矩阵，我们采用了一种操作来限定图中每个顶点的度数，而不是按照某个固定的阈值对 $w_{i,j}$ 的值进行阈值化处理。特别要指出的是，这种做法限制了非连通顶点簇的建立。通过保留与每个节点(排除自连通)的 M 个最近邻(在图像块域)相对应的边就可以直接获得图像的这种稀疏化非局部图的邻接矩阵 $\mathbf{W}^{\mathrm{nl}}$。对于每个节点 i，我们将这 M 个最近邻节点的索引集表示为 $\mathcal{N}(i)$。那么，通过对边缘连接分量进行对称操作就可以获得 $\mathbf{W}^{\mathrm{nl}}$，即

$$\mathbf{W}_{i,j}^{\mathrm{nl}} = \begin{cases} w_{i,j} & \text{if } i \in \mathcal{N}(j) \quad \text{or} \quad j \in \mathcal{N}(i) \\ 0 & \text{otherwise} \end{cases}$$

在这个操作完成之后，$\mathbf{W}^{\mathrm{nl}}$ 的每个顶点将至少有 M 个非零边与其相连，而且非零边总数的上界将达 $2NM$。需要说明的是，由于矩阵的对称性，连接到顶点的非零边个数有可能超过 M 个。

为了后面叙述的方便，我们用 $\mathcal{D}(i)$ 表示 M 个图像块距离 $\{d_{i,j} \mid j \in \mathcal{N}(i)\}$ 组成的有序集。既然通过 $d_{i,j}$ 确定 $w_{i,j}$ 的函数 $\exp\left(-\frac{(\cdot)^2}{2\sigma_p^2}\right)$ 是递减的，那么 $\mathcal{D}(i)$ 中的元素就由与顶点 i 对应的图像块距离最小的 M 个图像块距离所组成。需要指出的是，集合 $\mathcal{N}(i)$ 和 $\mathcal{D}(i)$ 并不依赖于 σ_p。

通过指定 $\mathbf{W}^{\mathrm{nl}}$ 中所有非零元素的期望均值来确定参数 σ_p 的值。给定一个目标均值 $\mu_{\mathrm{NL}} \in (0,1)$，在设置 σ_p 时要保证

$$\frac{1}{|\{\mathbf{W}_{i,j}^{\mathrm{nl}} : \mathbf{W}_{i,j}^{\mathrm{nl}} \neq 0\}|}\left(\sum_{i,j} \mathbf{W}_{i,j}^{\mathrm{nl}}\right) = \mu_{\mathrm{NL}} .$$

我们选择用这种方式确定 σ_p 而不是简单地赋给它一个固定数值的目的是，当输入图像和其他参数(例如图像块的尺寸 K)改变的时候可以自动选择一个合适的 σ_p 值。实际上，当 $\mu_{\mathrm{NL}} = 0.75$ 时就可以获得很好的结果。

8.3.1 种子加速算法

集合 $\mathcal{N}(i)$ 和 $\mathcal{D}(i)$ 的简单计算可直接通过循环 i、计算整个图像块距离 $d_{i,j}$ 的

集合、对距离的排序以及保留其中最小的 M 个距离等步骤来完成，这种计算方法的计算量很大。在本节，我们描述了一种加速算法，可以更高效地计算这些集合。我们注意到，有众多其他学者都在探索各种不同的策略来降低与此密切相关的非局部均值滤波器的计算代价。有代表性的方法包括基于 PCA 的原始图像块的维数约简[22]以及将图像块以结构化形式组织成一个簇树[23]。

我们的“种子加速”算法是利用图像块空间 $\mathbb{R}^{(2K+1)^2}$ 的几何特性来获得图像块距离的下界的，这些下界取决于种子块集合的选择，与这些块相关的所有距离都将会计算。通过利用下界可以立即发现，某些块距离将不会出现在最小的 M 个距离值之中，这就不需要我们再去计算它们了。

令 $\mathcal{S}=\{\mathbf{s}_1,\cdots,\mathbf{s}_F\}$ 表示一个含有 F 个种子的集合，且每个 $\mathbf{s}_k\in\mathbb{R}^{(2K+1)^2}$。我们首先计算并存储 NF 个 $\xi_{i,k}=\|\mathbf{p}_i-\mathbf{s}_k\|$ 的值，然后利用三角不等式 $\|\mathbf{p}_i-\mathbf{s}_k\|\leqslant\|\mathbf{p}_i-\mathbf{p}_j\|+\|\mathbf{p}_j-\mathbf{s}_k\|$ 和 $\|\mathbf{p}_j-\mathbf{s}_k\|\leqslant\|\mathbf{p}_j-\mathbf{p}_i\|+\|\mathbf{p}_i-\mathbf{s}_k\|$。这些不等式反过来意味着

$$|(\|\mathbf{p}_i-\mathbf{s}_k\|-\|\mathbf{p}_j-\mathbf{s}_k\|)|\leqslant\|\mathbf{p}_i-\mathbf{p}_j\|\equiv d_{i,j} \tag{8.6}$$

对于所有的 $k\leqslant J$，都采用这个不等式，结果表明

$$\max_k(|\xi_{i,k}-\xi_{j,k}|)\leqslant d_{i,j}$$

将这个量表示为 $\bar{d}_{i,j}=\max_k(|\xi_{i,k}-\xi_{j,k}|)$。固定 i,j 时，可以非常快地计算出 $\bar{d}_{i,j}$（复杂度为 $O(F)$），因为除了绝对值和比较运算外不需要浮点运算。最重要的是，这比直接计算 $d_{i,j}$ 要快得多。

现在，我们考虑计算所有索引集 $\mathcal{N}(i)$ 与距离集 $\mathcal{D}(i)$。没有利用种子的朴素算法如表 8.1 中的算法 1 所示。然而，这种算法很浪费时间，因为既使只需用到最小的 M 个元素，但整个列表 L 都要被排序。相反，我们只需要在循环 j 的同时跟踪最小的 M 个元素，这一点可利用一种堆数据结构高效地实现。我们现在要做的就是利用种子删除掉不必要的计算。如果计算出的下界 $\bar{d}_{i,j}$ 足够大而能确保 $d_{i,j}$ 超过当前堆的最大值，那么就可以放心地跳过 $d_{i,j}$ 的计算，这样产生的加速算法如表 8.1 中的算法 2 所示。

我们发现，由于种子加速算法的加速源自那些不可能处于 M 个最小值中的 j 所对应的 $d_{i,j}$ 值的跳步计算，因此它不是一种近似算法。特别地，它将会产生与朴素算法恰好相同的边集与距离集（除非距离中存在联系，从而造成不同程度的破坏）。

加速算法的性能高度依赖于种子点 $\mathbf{s}_k$ 的选取。对于任何图像块 $\mathbf{p}_i$，种子点 $\mathbf{s}_k$ 越接近 $\mathbf{p}_i$，通过种子点 $\mathbf{s}_k$ 产生的 $d_{i,j}$ 的下界[式(8.6)]所包含的信息就越丰富。这意味着，如果种子与尽可能多的图像块邻近，那么这组种子点就是好的。另一方面，如果两个种子接近，那么它们在处于下界时所提供的信息就是冗余的，这意味

着种子应该彼此相距较远这一对照准则。

表 8.1　朴素算法和种子加速算法

算法 1:朴素算法	**算法 2:** 种子加速算法 通过堆($\mathcal{H}$)进行隐式排序,并按照下界修剪

for $i \in \{1,\cdots,N\}$ **do**
　for $j \in \{1,\cdots,N\} \setminus \{i\}$ **do**
　　计算 $d_{i,j}$
　　$L(j) \leftarrow d_{i,j}$
　end for
　增序排序列表 L,跟踪元素索引
　$\mathcal{N}(i) \leftarrow$ 前 M 个元素索引
　$\mathcal{D}(i) \leftarrow$ 前 M 个距离值
end for
	选择 F 个种子: $\mathcal{S} = \{s_k : 1 \leqslant k \leqslant F\}$
	预计算 $\{\xi_{i,k} : 1 \leqslant i \leqslant N, 1 \leqslant k \leqslant F\}$
	for $i \in \{1,\cdots,N\}$ **do**
	　$\mathcal{H} \leftarrow \varnothing$
	　for $j \in \{1,\cdots,N\} \setminus \{i\}$ **do**
	　　if $\|\mathcal{H}\| < M$ **then**
	　　　计算 $d_{i,j}$
	　　　$\mathcal{H} \leftarrow \mathcal{H} \cup \{d_{i,j}\}$
	　　else
	　　　计算 $\bar{d}_{i,j}$
	　　　if $\bar{d}_{i,j} \leqslant \max\{\mathcal{H}\}$ **then**
	　　　　计算 $d_{i,j}$
	　　　　$\mathcal{H} \leftarrow \mathcal{H} \cup \{d_{i,j}\}$ 中的 M 个最小值
	　　　end if
	　　end if
	　end for
	　增序排序$\mathcal{H}$,跟踪元素索引
	　$\mathcal{N}(i) \leftarrow$ 前 M 个元素索引
	　$\mathcal{D}(i) \leftarrow$ 前 M 个距离值
	end for

受这两种因素的启发,我们引入了一种选择种子点的极大极小启发式搜索方法。这种启发式算法是"最远点"策略的一个实例,早先由 Eldar[24] 在渐近图像采样这一背景下提出,同时也被 Peyré 等人用于测地距离的高效计算[25]。我们将处于图像正中心的图像块选为第一个种子 $\mathbf{s}_1$。然后,我们计算并存储 N 个 $\xi_{i,1} = \|\mathbf{p}_i - \mathbf{s}_1\|$ 值。下一个种子 $\mathbf{s}_2$ 选择距离 $\mathbf{s}_1$ 最远的点,即 $\mathbf{s}_2 = \arg\max_i \xi_{i,1}$。在每个连续步骤中,将第 $k+1$ 个种子选为距离集合 $\{\mathbf{s}_1, \mathbf{s}_2, \cdots, \mathbf{s}_k\}$ 最远的点,即

$$\mathbf{s}_{k+1} = \underset{i}{\operatorname{argmax}} \left(\min_{k' \leqslant k} \xi_{i,k'} \right).$$

一直迭代执行这个过程直到 F 个种子全部都计算出来为止。要注意的是,在执行这个启发式算法的过程中会产生预先计算的距离 $\xi_{i,k}$。

我们发现,利用上述极大极小化启发式方法计算种子的种子加速算法的性能

略好于利用相同数目的随机选取种子的情况。然而，即使是利用随机选取种子也会比朴素算法的性能有显著的改善。

种子加速算法的性能可以通过由加速算法得到的块距离 $d_{i,j}$ 除以由朴素算法计算出的块距离数目所获得的比值 ρ 来量化。或者，也可以直接观察运行时间的减少量。整体运行时间不会像块距离计算的次数那样减少那么多，这反映出计算下界 $\bar{d}_{i,j}$ 需要额外的开销。给定 ρ ，一种快速计算复杂度估计方法表明，算法 2 的计算复杂度为 $O(NM(2K+1)^2+(N-M)NF+\rho(N-M)N(2K+1)^2)$。考虑到算法 1 与算法 2 中的比例常数相同，它们的计算时间之比大约为 $\rho+\frac{F}{(2K+1)^2}+\frac{M}{N}$。表 8.2 近似符合这个粗略估计结果。

表 8.2 种子加速算法的性能，$K=5$ 且 $M=10$，进行三次实验取平均值。在 4 个 Intel Xeon 2.0 GHz CPU 核上并行运行环境下测量运行时间(以秒为单位)。

		Lena	Barbara	Boat	House
极大极小算法	ρ	5.2%	4.9%	12.5%	14.3%
	运行时间	89.07s	87.77s	111.67s	121.02s
随机算法	ρ	6.1%	6.0%	13.1%	14.9%
	运行时间	92.71s	92.31s	112.12s	122.44s
朴素算法	运行时间	425.16s	430.84s	434.08s	425.87s

实际上，在一个块半径 $K=5$、大小为 256 × 256 的洁净测试图像上，使用带有 15 个种子的种子加速算法在计算稀疏邻接矩阵时，所需的运行时间就可以比朴素算法减少 3~8 倍，如表 8.2 所示。我们发现，性能的改善与输入图像的结构有着十分密切的关系。特别要指出的是，在含有随机噪声的图像上运行时，计算时间完全没有减少！这是讲得通的，因为只有当种子处于“绝大多数”图像块附近时，下界才有用；对于随机图像来说，图像块太分散。

8.4 图像的局部与非局部混合图

由于谱图小波变换可以利用潜在的加权图实现参数化，通过选择图的设计方法可以很灵活地改变小波。虽然本工作将研究重点更多地集中在图像的非局部图的构造上，但是也可以直接利用仅包含局部连通顶点的连通图构造局部图小波。给定一个非局部邻接矩阵 $\mathbf{W}^{nl}$ 和一个局部邻接矩阵 $\mathbf{W}^{loc}$，我们可以通过凸组合方式构成一个局部与非局部混合图，例如，$\mathbf{W}^{hyb}(\lambda)=\lambda\mathbf{W}^{loc}+(1-\lambda)\mathbf{W}^{nl}$。这里，$\lambda$ 是反映该图局部化程度的平滑参数：当 $\lambda=0$ 时该图完全是非局部图，而 $\lambda=1$ 时则完全是局部图。SGWT 的结构可以让我们非常容易地研究这样一个混合连通性的效果。只要局部和非局部邻接矩阵都具有足够的稀疏性而能使快速切比雪夫变换高效运行,那么就不需要对 SGWT 的其它任何部分做其它形式的改变了。

在混合图中,两个位置之间的连接强度既取决于两个区域中图像内容的相似性,也与确定这两个位置的坐标的相似性有关。这个概念在思想上类似于文献[12,23]中描述的"半局部处理"情况:在计算图像块的距离度量之前将图像块升级为一个包含图像块中心坐标和图像强度数据的增强图像块。将图连接分解成局部和非局部边集这一概念与文献[26]中研究的缓慢/快速图像块图模型是相关的。最后,要指出的一点就是,结合定义域和值域的相似性计算滤波器的权重是古老的双边滤波方法的基础[27]。

8.4.1 定向局部连通性

对于各种图像处理应用来说,定向小波滤波器通常比空间各向同性滤波器更有效,因为图像中的很多重要部分都是有显著方向性的,比如边缘。这一观察激发了局部邻接图的设计,当与 SGWT 一起使用时,这种图就会产生有向滤波器。所有方向边缘权重均相等的标准 4 点局部连通产生的是各向同性的谱图小波,因此是不可能作为高效稀疏基的。

通过选择自身具有方向性的局部连通,就可以产生定向局部图小波。如果要求相关的图拉普拉斯算子近似为一个连续**定向**二阶导数算子,那么就可以确定如何设计这些定向局部连通性。

我们根据主导方向参数 θ 和确定各向异性度(即"方向性")的另一个参数 $\delta \in [0,1]$ 来描述目标连续算子。对于任意角度 θ ,令 θ 方向的准确定向二阶导数为 D_θ^2 ,使得对于平面内的任何 (x,y) ,有 $(D_\theta^2 f)(x,y) \equiv \frac{d^2}{d\mathcal{E}^2} f(x+\mathcal{E}\cos\theta, y+\mathcal{E}\sin\theta)\mid_{\mathcal{E}=0}$ 。对于任何 $\delta < 1$,目标算子 $D(\theta,\delta)$ 将会包括垂直方向上二阶导数的某一部分。具体来说,我们定义

$$D(\theta,\delta)=\frac{1+\delta}{2}D_\theta^2+\frac{1-\delta}{2}D_{\theta+\pi/2}^2 .$$

可以按照标准坐标方向上的偏导数将该算子表达为

$$D(\theta,\delta)f=\frac{1}{2}(1+\delta\cos 2\theta)f_{xx}+(\delta\sin 2\theta)f_{xy}+\frac{1}{2}(1-\delta\cos 2\theta)f_{yy} \quad (8.7)$$

我们选择的局部连通矩阵 $\mathbf{W}_{\theta,\delta}^{\mathrm{loc}}$ 为带有权重的 8 点连通,使得图拉普拉斯算子近似为 $D(\theta,\delta)$ 。局部连通就可以完全利用任何顶点与其 8 近邻之间的权重值来指定。为了方便起见,可以将它们标记为 $u_1,u_2,\cdots,u_8$,如图 8.2(a)所示。如同我们考虑无向图一样,必须使相反方向上的边具有相等的权重值,例如,$u_1=u_8$,$u_2=u_7$,

$u_3=u_6$，$u_4=u_5$。我们可以把前四个权重看作是向量 $\mathbf{u}\in\mathbb{R}^4$ 中的元素。

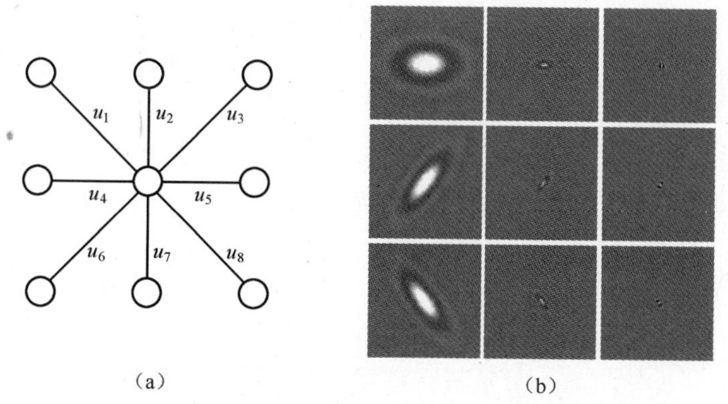

图 8.2　(a)8 近邻连通情况，完整的图要通过复制穿过整个图像的边而得到；(b)利用局部有向图邻接矩阵 $\mathbf{W}_{\theta,\delta}^{\mathrm{loc}}$ 计算出的谱图小波基，图中显示的是一个具体变换（小波尺度 $J=20$，方向数 $S=3$，$\delta=0.44$）中的尺度函数和小波。上面一行，$\theta=0$；中间一行，$\theta=\pi/3$；底下一行，$\theta=2\pi/3$。左列，尺度函数；中间列，$j=10$；右列，$j=20$。

通过观察局部泰勒级数展开式，我们使由 $\mathbf{u}$ 的取值所隐含的离散图拉普拉斯算子与连续算子 $D(\theta,\delta)$ 相符。我们现在把 f 看作是一个在图像像素晶格上采样的连续函数。令 f_i 表示 $0\leqslant i\leqslant 8$ 时 f 在图 8.2 所示的顶点处的值，而令 x_i 和 y_i 表示顶点 i 的整数偏移量，也就是，$(x_1,y_1)=(-1,1)$，$(x_2,y_2)=(0,1)$，等等。如果用 Δ 表示网格间距，那么二阶泰勒级数展开表明

$$f_i-f_0=\Delta(x_i f_x+y_i f_y)+\frac{1}{2}\Delta^2(x_i^2 f_{xx}+2x_iy_if_{xy}+y_i^2f_{yy})+o(\Delta^3).$$

由上可知，在中心顶点将图拉普拉斯算子应用于 f，可得

$$\sum_i u_i(f_i-f_0)=\Delta^2\left(f_{xx}\sum_i\frac{1}{2}u_ix_i^2+f_{xy}\sum_i u_ix_iy_i+f_{yy}\sum_i\frac{1}{2}u_iy_i^2\right)+o(\Delta^3)\tag{8.8}$$

我们假设采用单位网格间距，即 $\Delta=1$。若使式(8.7)和式(8.8)中 f_{xx}、f_{xy} 和 f_{yy} 的系数相等，则得

$$\begin{cases}u_1+u_3+u_4=\dfrac{1}{2}(1+\delta\cos2\theta)\\[2ex]-u_1+u_3=\dfrac{1}{2}\delta\sin2\theta\\[2ex]u_1+u_2+u_3=\dfrac{1}{2}(1-\delta\cos2\theta)\end{cases}\quad\Leftrightarrow\quad\mathbf{Mu}=\mathbf{v}(\theta,\delta)\tag{8.9}$$

其中，令 $\mathbf{M}=\begin{pmatrix}1&0&1&1\\-1&0&1&0\\1&1&1&0\end{pmatrix}$，$\mathbf{v}=(1/2,0,1/2)^{\mathrm{T}}+\dfrac{\delta}{2}(\cos\theta/2,\sin\theta/2,-\cos\theta/2)^{\mathrm{T}}$。

这是一个关于 $\mathbf{u}$ 的四个自由分量的欠定线性系统，对于任意的 $\mathbf{v}(\theta,\delta)$，都会有无穷多个解。一种确保 $\mathbf{u}$ 的解唯一的自然选择就是选择其 ℓ_2 范数最小的解。遗憾的是，这样获得的解会使图的权重呈现负值，实际上我们要求它们应是非负的。基于这两种考虑，就有了关于 $\mathbf{u}$ 的凸优化形式：

$$\mathbf{u}^*(\theta,\delta) = \arg\min_{\mathbf{u}} \|\mathbf{u}\|^2, \text{其中}, \mathbf{Mu} = \mathbf{v}(\theta,\delta), \text{且 } u_i \geqslant 0 \tag{8.10}$$

当 δ 接近 1 时，若角度 θ 与坐标轴不能对齐，式(8.10)是行不通的。通过数值仿真实验我们发现，只要 $\delta < \tilde{\delta} \approx 0.44$，对于任何 θ 这种构思都是可行的。要说明的是，当 δ 的取值大于 $\tilde{\delta}$ 时，对于特定的一组 θ 值，这种构思仍有可能是可行的。我们使用 MATLAB 的 cvx 工具箱通过数值计算方式求解式(8.10)[28]。使用这些 $\mathbf{u}(\theta,\delta)$ 值构造整个图像的加权图则产生局部连通矩阵 $\mathbf{W}_{\theta,\delta}^{\mathrm{loc}}$。

出于完整性的考虑，我们在图 8.2(b)中展示了几个利用 $\mathbf{W}_{\theta,\delta}^{\mathrm{loc}}$ 计算出的谱图小波图像。这些局部定向小波的重要意义不一定是我们期望能通过它们自身实现图像的高度有效表示，而是可以通过它们以一种与 SGWT 的构造相兼容的方式引入定向滤波器的特性。

8.4.2 局部与非局部混合 SGWT 框架的合并

SGWT 通过单一的邻接矩阵产生小波框架和尺度函数。使用具有定向局部连通性的混合邻接矩阵则会产生这样一个单一框架：该框架中的所有小波基都具有相同的方向性。使用这样的框架执行图像恢复任务时可能会在这个特定方向上引入方向偏差。我们更喜欢采用在$[0,\pi]$上均匀采样方向的小波变换。一个直接的做法就是将带有均匀采样方向的混合邻接矩阵所对应的多个 SGWT 框架合并在一起。令 $\mathbf{T}^{\theta,\delta}: \mathbb{R}^N \to \mathbb{R}^{N(J+1)}$ 表示利用混合邻接矩阵 $\mathbf{W}_{\theta,\delta}^{\mathrm{hyb}} \equiv \lambda \mathbf{W}_{\theta,\delta}^{\mathrm{loc}} + (1-\lambda)\mathbf{W}^{\mathrm{nl}}$ 产生的 SGWT 算子。用 S 表示要采样的指定方向数，并且令 $\theta_k = \dfrac{(k-1)\pi}{S}$，其中 $1 \leqslant k \leqslant S$。然后，我们通过 $\mathbf{Tf} = ((\mathbf{T}^{\theta_1,\delta}\mathbf{f})^{\mathrm{T}}, (\mathbf{T}^{\theta_2,\delta}\mathbf{f})^{\mathrm{T}}, \cdots, (\mathbf{T}^{\theta_S,\delta}\mathbf{f})^{\mathrm{T}})^{\mathrm{T}}$ 定义总体小波变换算子 $\mathbf{T}: \mathbb{R}^N \to \mathbb{R}^{NS(J+1)}$。

虽然原则上可分离的尺度函数与小波的核 h 和 g 可以用于带有分离分量的 SGWT 框架，对于 S 个子框架中的每一个，我们使用相同的核以及相同的采样尺度 t_j。由于尺度的选择取决于图拉普拉斯算子的谱(如 8.2 节所述)，如果由每个 $\mathbf{W}_{\theta_k,\delta}^{\mathrm{hyb}}$ 形成的总计 S 个图拉普拉斯算子的最大特征值相似的话，均匀地选择尺度才有意义。实际上，我们发现就是这样的情况。定向局部图拉普拉斯算子是连续二阶导数算子 $D(\theta,\delta)$ 的近似，通过旋转变换可以将彼此相关起来，因此它们的谱应该完全相同。直观地讲，混合拉普拉斯算子的最大特征向量(包含非局部分量)不会随 θ 的改变发生明显变化这一事实反映出原始图像中缺乏方向倾向。

框架的合并变换本身就是一种框架,其冗余性增加了 S 倍。如果每个子框架都满足框架界 A 和 B ,那么框架的合并变换所具有的框架界是 SA 与 SB ,并具有 $S(J+1)$ 倍的过完备性。虽然高冗余变换可能不适合某些信号处理应用(例如压缩),但在利用变换执行图像去噪任务时过完备性并不会带来一个根本问题。过完备变换已经广泛且成功地用于图像去噪,例如文献[29-32]。事实上,一定程度的变换冗余性对于避免因缺乏平移不变性所带来的问题是至关重要的[33,34]。

同样地,借助 λ 的混合也可以直接用图拉普拉斯算子来表述,即我们可以将其写成 $\mathbf{L}_{\theta_k,\delta}^{\text{hyb}}=\lambda\mathbf{L}_{\theta_k,\delta}^{\text{loc}}+(1-\lambda)\mathbf{L}^{\text{nl}}$ 。这种参数化形式存在的一个问题就是,$\mathbf{L}^{\text{nl}}$ 的算子范数在幅度上可能与 $\mathbf{L}_{\theta_k,\delta}^{\text{loc}}$ 算子范数的幅度明显不同,具体要取决于图构造的参数。在这种情况下,$\lambda=0.5$ 这一取值并不能真正实现局部特性与非局部特性的均等混合。为方便起见,我们引入参数 λ' 。我们希望非局部特性的有效贡献正比于 λ' ,而局部特性的有效贡献正比于 $1-\lambda'$ 。我们通过确定 λ 来实现这一目标,使得对于某个常数 C ,$(1-\lambda)\|\mathbf{L}^{\text{nl}}\|=(1-\lambda')C$,且 $\lambda\|\mathbf{L}^{\text{loc}}\|=\lambda'C$ 。在前面,我们抑制了 $\|\mathbf{L}^{\text{loc}}\|$ 对于角度 θ_k 的依赖性。正如前面讨论的那样,我们发现,$\|\mathbf{L}^{\text{loc}}\|$ 与 k 的取值没有多大关系,所以就取 $\|\mathbf{L}^{\text{loc}}\|=\max_k\|\mathbf{L}_{\theta_k,\delta}^{\text{loc}}\|$ 。解上述方程组,可得

$$\lambda=\frac{\|\mathbf{L}^{\text{nl}}\|}{\left(\frac{1-\lambda'}{\lambda'}\right)\|\mathbf{L}^{\text{loc}}\|+\|\mathbf{L}^{\text{nl}}\|}$$

最后,为了符号标记的方便,我们作如下说明。由单一 SGWT 框架形成的图小波变换的系数可以通过尺度参数 j 和位置指数 n 来索引,而局部与非局部混合小波变换的系数还需要增加一个方向指数 k 。在后面,我们经常会用一个与 (t_j,θ_k) 的某一取值相对应的单一多元指数 β 代替尺度指数和方向指数。这样,我们就可以称呼在(尺度和/或方向)频带 β 、位置 n 处的小波 $\psi_{\beta,n}$ 与系数 $x_{\beta,n}$,这并不依赖于特定的变换形式。

8.4.3 图像的图小波基

图 8.3 中,我们给出了几个例子来展示由此产生的面向图像的局部与非局部混合图小波基的样子,这些例子是针对著名的“船”测试图像产生的计算结果。计算这些小波基所用的参数与后面去噪应用中涉及的参数相同。由于使用了一个相对较小的 $\lambda'=0.15$ 值,所以它们大部分呈现非局部性,并伴有少量的局部性。注意,这些小波基的确是非局部的——这一点对于支撑范围处于图像中距离小波中心很远那些部分的尺度函数尤其明显。同样明显的是,尺度函数和小波的支撑范围是由那些结构上与中心块相似的图像区域组成的。注意观察一下,对于最上面一行所展示的图小波图像,中心块在地面上,尺度函数的支撑范围大部分都是地面

和类似的空白天空，而对于最下面一行图像，支撑范围是由具有与图像块中心类似的显著水平结构的区域组成的。同时可以证实的是，随着 j 的增加（对应的尺度 t_j 将减少），小波基的局部性越发显著。对于更小的尺度（这里没有用图像来展示），这种局部化程度更高。

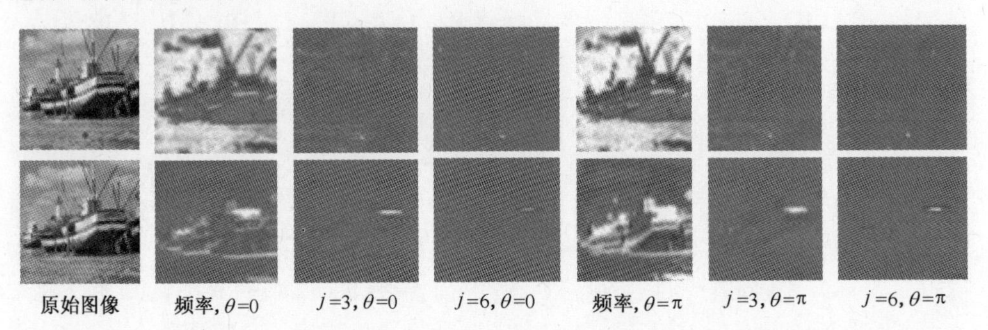

图 8.3 采用局部与非局部混合邻接矩阵获得的图小波图像。图中显示的是一个具体变换（小波尺度 $J=20$，方向数 $S=2$，$\delta=0.5$）中某些选定尺度对应的尺度函数和小波（两个不同小波中心情形）。原始图像中的点代表小波的中心位置。

8.5 缩比拉普拉斯模型

通过常见的局部性基（如（双）正交小波、小波框架、可操控小波、曲线波……）表示自然信号产生的系数往往表现出稀疏性。通常将具有"高峰值、重拖尾"形式的分布作为系数的先验模型来表达这种特性。拉普拉斯分布 $p(x)=\dfrac{1}{2s}\exp\left(\dfrac{-|x|}{s}\right)$ 就是这样一个典型例子。在现有文献中，拉普拉斯模型已被广泛地用于描述图像小波系数的边缘统计特性，例如文献[35-37]。

通常，参数 s 是可以取决于小波尺度的。这么做是有必要的，可以允许信号系数的方差与尺度相关，这种效应源于原始图像信号的功率谱特性（通常在低频段呈现更大的功率）。这也可能源于小波自身的归一化，因为对于许多过完备小波变换来说，小波的范数可能取决于小波的尺度。

不像经典的小波变换，它们在每个尺度都具有平移不变性（即，一个特定子带中的所有小波都是单一波形的平移结果），对于一个特定的小波尺度 t，以不同顶点为中心的谱图小波并不都具有相同的范数。由于系数 $c_{\beta,n}=\langle\psi_{\beta,n},f\rangle$ 与每个小波的范数成线性关系，所以用单一的拉普拉斯密度函数对一个尺度内的系数进行建模是有问题的。允许拉普拉斯参数 s 在每个顶点位置 n 处独立地变化将会产生一个包含太多我们将无法拟合的自由参数的模型。

这些考虑促使了缩比拉普拉斯模型的产生，在该模型中我们将每个系数建模为带有一个与小波范数成正比的参数的拉普拉斯算子。这个比例常数可以取决于小波频带 β，使每个小波频带对应的模型都有一个自由参数。该模型是

$$p_{\beta,n}(x)=\frac{1}{2\alpha_j\sigma_{\beta,n}}\exp\left(\frac{-|x|}{\alpha_\beta\sigma_{\beta,n}}\right)$$

其中，$\sigma_{\beta,n}=\|\psi_{\beta,n}\|$ 是频带 β 顶点 n 处的小波范数。

这个模型表明，在每个频带内，按照 $1/\sigma_{\beta,n}$ 这一比例重新缩比的系数的边缘分布应该服从拉普拉斯分布。我们发现，利用拉普拉斯算子可以将这些边缘分布定性合理地拟合，如图8.4所示。对于较高的 j 个尺度，缩比小波系数的边缘分布似乎比拉普拉斯分布的拟合结果更加呈现峰态。事实上，这可以利用形如 $p(x)\propto e^{-|x/s|^p}$（其中，指数 $p<1$）的广义高斯密度函数进行更好地建模。使用这样一个 $p<1$ 的缩比GGD模型会得到不同的去噪算法，但是我们这里不予考虑。我们展示的是完全非局部图小波变换下的结果，但我们发现，通过局部与非局部混合变换会得到非常相似的结果。

我们注意到，许多作者利用空变统计参数构造了各种统计图像模型，包括文献[31,37,38]。在这些工作中，都用到了具有平移不变性的变换，而允许模型具有空间自适应性的动机直接就是为了解释图像内容的非平稳性。相比而言，在我们的工作中，拉普拉斯模型应具有自适应性源于需要考虑非局部图小波并不具有平移不变性且具有不均一范数这样一个事实。这种不均匀性的确起因于图像内容的非平稳性，但并不是以直接方式。

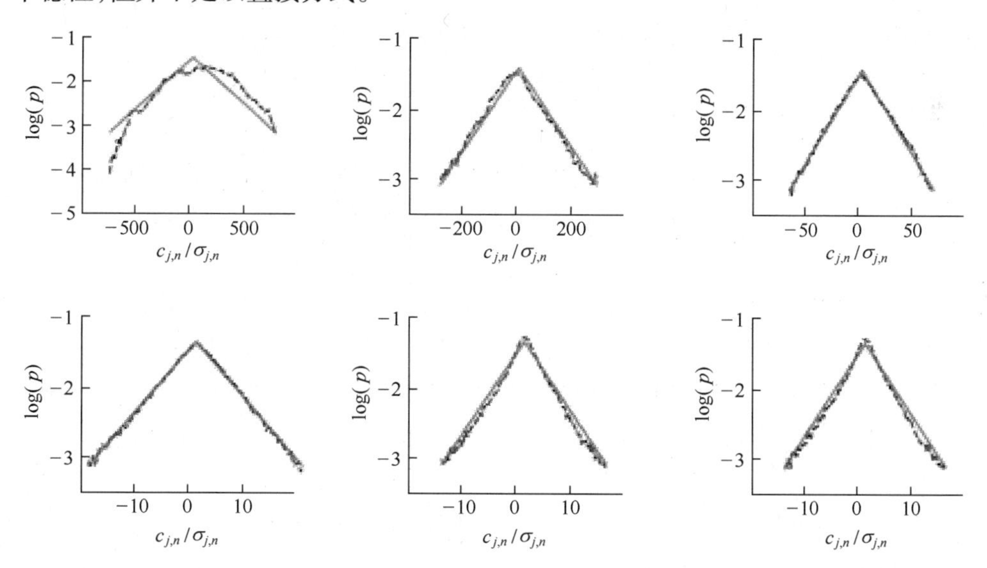

图8.4　洁净“轮船”图像的缩比图小波系数的对数直方图，系数是由使用了6个小波尺度的完全非局部变换产生的。从左上角到右下角依次为小波尺度从 $j=1$ 变化到 $j=6$。实线代表最佳拉普拉斯模型的拟合结果。

8.6 图像去噪的应用

作为非局部图小波与混合图小波的一种应用，我们研究从自然图像中去除噪声这一问题。在该工作中，我们考虑的噪声类型是加性高斯白噪声。我们按如下方式标记所用的符号：令 $\mathbf{x}$、$\mathbf{y}$ 和 $\mathbf{n}$ 分别表示（未知的）洁净图像、有噪图像以及噪声。这样，我们就可以得到噪声模型 $\mathbf{y} = \mathbf{x} + \mathbf{n}$，其中 $\mathbf{n}$ 代表像素域中均值为零、方差为 σ_I^2 的高斯白噪声。我们的去噪算法是在小波域中描述的。令 $\mathbf{T}$ 表示图小波算子，它既可以是采用了非局部拉普拉斯算子的 SGWT，也可以是 8.4.2 节中所述的用于表征局部与非局部混合邻接关系的 SGWT 框架的一种合并。我们将用符号 $\mathbf{c}$、$\mathbf{d}$ 和 $\mathbf{e}$ 分别代表洁净图像、有噪图像和噪声过程的小波系数，因此，$\mathbf{c} = \mathbf{Tx}$，$\mathbf{d} = \mathbf{Ty}$，以及 $\mathbf{e} = \mathbf{Tn}$。

8.6.1 基于有噪图像的非局部图的构造

对于一个实际的图像去噪问题，我们无法计算真正的非局部图，因为关于它的计算需要洁净图像数据的存在。如何估计图像的非局部图这一问题是我们的方法中的一个关键环节，也是其它许多使用非局部方法的研究工作中的一个关键，这是因为整个非局部图像去噪的有效性显著依赖于非局部图估计结果的质量。这样产生了一个“先有鸡还是先有蛋的”的问题，因为图像去噪需要一个高质量的非局部图，但这种非局部图的计算又依赖于良好的洁净图像块估计结果。

我们发现，利用从有噪图像块直接计算出的非局部图并直接采用本节所述的去噪过程而获得的去噪效果很不好。多少会令人吃惊的是，采用同样的有噪图像时标准的非局部均值方法具有很好的去噪性能。因此，当存在噪声时，就势必要发展某种能鲁棒估计非局部图的方法。虽然我们还没有令人满意地解决这个问题，但我们仍然希望展示基于非局部图小波的方法在捕捉图像结构方面的潜力。在该工作中，我们首先利用某种不同的图像去噪方法（称之为预去噪器）执行图像估计来回避这个问题。然后，我们通过这个预去噪的图像计算图像的非局部图。一旦计算出图像的非局部图，就将预去噪的图像丢掉，然后只用我们的图小波技术继续执行后续步骤。在该工作中，我们使用 Portilla 等人[31]提出的高斯尺度混合模型执行预去噪任务。我们可以考虑按照文献[39]中的块松弛方案将图权重与去噪图像的估计联合在一起，作为未来的一个研究方向。

虽然结合预去噪可以获得非常有效的整体去噪算法，但它引入了诸如去噪性能多大程度上依赖于非局部图的估计效果这类问题。为了解决这个问题，我们同时也测试了非局部图处于理想情况下的去噪效果，即通过原始的洁净图像计算出非局部图。虽然这样不能形成真正的去噪方法学（因为它需要使用原始的洁净图像),但这种做法的确给出了整个方法性能的上界。

8.6.2　缩比拉普拉斯阈值化

我们第一个去噪算法的实现过程包括执行前向图小波变换,对小波系数作空变软阈值化处理,然后作逆变换。我们将软阈值化规则推导为一种贝叶斯最大后验概率(MAP)估计器,假设信号系数服从8.5节中描述的缩比拉普拉斯模型。

给定一个有噪输入图像,我们必须首先估计每个小波频带β内的参数α_β。在小波域中,噪声模型为$d_{\beta,n}=c_{\beta,n}+e_{\beta,n}$,其中噪声系数$e_{\beta,n}=\langle\psi_{\beta,n},\mathbf{n}\rangle$。假设信号和噪声是独立的,则有

$$\mathbb{E}[d_{\beta,n}^2]=2\alpha_\beta^2\sigma_{\beta,n}^2+\sigma_I^2\sigma_{\beta,n}^2\Rightarrow\alpha_\beta^2=\left(2\sum_n\sigma_{\beta,n}^2\right)^{-1}\left(\sum_n\mathbb{E}[d_{\beta,n}^2]-\sigma_I^2\sum_n\sigma_{\beta,n}^2\right).$$

用插入式估计结果$\sum_n d_{\beta,n}^2$取代$\sum_n\mathbb{E}[d_{\beta,n}^2]$会得到估计器$\widetilde{\alpha}_\beta^2$的表达式。对于实际数据,得到的$\widetilde{\alpha}_\beta^2$可能为负值,在这种情况下我们设定$\widetilde{\alpha}_\beta=0$。

缩比拉普拉斯阈值化规则是通过假设不同空间位置上信号和噪声的小波系数相互独立而得出的。在这种情况下,每个系数$d_{\beta,n}$都是由期望信号、一个参数为$\alpha_\beta\sigma_{\beta,n}$的零均值拉普拉斯函数以及方差为$\sigma_I^2\sigma_{\beta,n}^2$的零均值高斯噪声之和得到的。在这种情况下,关于$c_{\beta,n}$的MAP估计器由软阈值过程给出(参见文献[40]),即

$$c_{\beta,n}^{\mathrm{MAP}}(d_{\beta,n})=\arg\min_x\,(d_{\beta,n}-x)^2+\frac{2\sigma_I^2}{\alpha_\beta}\sigma_{\beta,n}|x|=:S_{\tau_{\beta,n}}(d_{\beta,n})\qquad(8.11)$$

阈值$\tau_{\beta,n}=\dfrac{\sigma_I^2}{\alpha_\beta}\sigma_{\beta,n}$,其中$S_\tau(y)=(|y|-\tau)_+\operatorname{sign}(y)$,而$(\lambda)_+=\max(0,\lambda)$。按照8.2节中的描述过程,将逆变换应用于估计的系数$\mathbf{c}^{\mathrm{MAP}}$就可以恢复出去噪图像。

在利用缩比拉普拉斯模型时,需要知道小波系数的范数$\sigma_{\beta,n}$。在已知SGWT计算方式的条件下,这多少是有问题的,因为小波的具体形式还不清楚。简单地将SGWT应用于所有图像位置的三角形脉冲信号上来计算这些范数会非常慢。相反,我们通过计算伪随机噪声小波系数的方差来估计$\sigma_{\beta,n}$。令$\mathbf{e}^{(k)}=\mathbf{T}\mathbf{n}^{(k)}$,其中$\mathbf{n}^{(k)}$表示图像域中零均值单位高斯白噪声的一个采样。我们通过$\widetilde{\sigma}_{\beta,n}=\frac{1}{P}\sum_{k=1}^{P}(e_{\beta,n}^{(k)})^2$来估计$\sigma_{\beta,n}$,选用的采样个数为$P=100$。

8.6.3　加权ℓ_1最小化

虽然缩比拉普拉斯阈值法的提出十分清楚是源于统计建模,但是它的局限性是每个小波系数的处理过程都相互独立。作为一种相关的替代去噪算法,我们提出了变分加权ℓ_1最小化过程,从而可以将不同小波系数之间的耦合关系考虑在内。

通过研究式(8.11)中的最小化问题可以获得加权ℓ_1函数。在形式上，所有这些非耦合的最小化构思形式可以写在一起：

$$\underset{\mathbf{c}}{\operatorname{argmin}} \sum_{\beta,n} (d_{\beta,n} - c_{\beta,n})^2 + \sum_{\beta,n} 2\tau_{\beta,n} |c_{\beta,n}|.$$

上式中的第一项表示与噪声过程相关的那部分小波系数的平方和。我们通过将这一项替换成在图像域估计出的噪声的平方和就可以得到我们的ℓ_1最小化形式，其中恢复图像表示为$\mathbf{T}^{\mathrm{T}}\mathbf{c}$。这样，可得

$$\mathbf{c}^* \in \arg\min_{\mathbf{c}} \|\mathbf{y} - \mathbf{T}^{\mathrm{T}}\mathbf{c}\|^2 + 2\|\mathbf{c}\|_{\tau,1} \tag{8.12}$$

对于前面描述的阈值，$\mathbf{T}^{\mathrm{T}}\mathbf{c}$表示恢复的图像，$\|\mathbf{c}\|_{\tau,1} = \sum_{\beta,n} \tau_{\beta,n} |c_{\beta,n}|$表示系数$\mathbf{c}$的$\tau$加权$\ell_1$范数。那么，去噪后的图像则表示为$\mathbf{x}^* = \mathbf{T}^{\mathrm{T}}\mathbf{c}^*$。

式(8.12)中的目标函数是关于$\mathbf{c}$的凸函数。这是一个利用了合成稀疏先验的拉格朗日形式的BPDN/Lasso问题，因此具有全局最小值。通过各种成熟的最小化技术(如迭代软阈值化(IST)[41]、前向-后向(FB)分裂法[42]或者相关的方法[43,44])就可以求得其解。在所有实验中，我们都采用了FB法。

8.6.4 去噪结果

我们开展了数值仿真实验，展示了图小波方法在去噪方面的效力。我们也尝试着研究了去掉局部与非局部混合图小波中的局部定向部分后我们的去噪方法的性能变化情况。我们所选择的测试图像的尺寸都是256×256，且灰度值的变化范围在0到255之间。在我们的所有实验中，通过峰值信噪比(PSNR)来评价重建图像的质量，所采用的表达式为$10\log_{10} 255^2 N/\|\mathbf{x} - \mathbf{x}^*\|^2$，其中$\mathbf{x} \in \mathbb{R}^N$和$\mathbf{x}^* \in \mathbb{R}^N$代表原始图像和重建图像。

本研究工作所用的方法具有极大的灵活性，从而需要大量的参数来详细描述SGWT和图构造的具体情况。为了方便起见，在这里我们将其逐一列出。对于所有的去噪示例，我们都使用尺度$J=20$、$K_{\mathrm{lp}}=200$和多项式阶数$m=80$的SGWT执行快速SGWT变换。构造图像的非局部图时选用11×11大小的图像块(即图像块的半径$K=5$)，$M=10$，而$\mu_{NL}=0.75$。对于局部与非局部混合图，我们使用$S=2$个定向方向，$\delta=0.5$，而归一化混合参数$\lambda'=0.15$。要注意的是，虽然$\delta=0.5$超过了能确保对所有θ式(8.10)都具有可行性的上界$\tilde{\delta}$，但这并不会有问题，因为对于$S=2$所暗含的特殊(水平和垂直)θ值，在$\delta=0.5$时，式(8.10)是可行的。

表8.3所示为缩比拉普拉斯阈值化(SL)算法和加权ℓ_1最小化(ℓ_1-min)算法在四个标准测试图像上的实验结果，对标准差$\sigma=20$、40和80这三种不同程度的噪声进行了测试。同时，我们也给出了使用理想图像计算非局部图的变种方法以及不使用预去噪(即直接利用有噪图像计算非局部图)步骤的变种方法得到的结

果。我们也比较了用于预去噪的 8 频带 GSM 方法以及采用了与 SL 和ℓ_1-min 算法中相同非局部图的非局部均值方法得到的结果。我们也与 BM3D 方法[9]进行了比较，它是目前能代表去噪 PSNR 性能指标的最先进方法。

我们首先注意到，SL 法和ℓ_1-min 法的 PSNR 性能都可以与 8 频带 GSM 方法相媲美，在少数情况下甚至具有更强的去噪性能，但优势通常在 0.2dB 以内，而 BM3D 方法的去噪性能却始终很高。虽然去噪性能上所表现出的相似性似乎表明图小波方法仅仅是重现了预去噪图像，这里给出的结果的确代表了一种不同的去噪方法学，这一点可以通过观察所产生的图像而得出。特别地，GSM 预去噪方法和ℓ_1-min 法产生的图像在视觉效果上是有差别的。在图 8.5 中，仔细对比图(c)和图(e)，发现 GSM 法产生的图像中存在难看的波纹效应，而在ℓ_1-min 法产生的图像中却很平滑，比如靠近桌子边缘的地方。

表 8.3　文中提出的去噪算法及其变体的性能(4 个 256×256 标准测试图像的 PSNR)。最上面，GSM8：Portilla 等人提出的 8 频带 GSM 方法，用于图像预去噪；NLM：使用了与 SL 法和ℓ_1 最小化法相同权重的非局部均值方法；BM3D：Dabov 等人提出的块匹配 3D 滤波法；SL$^+$和ℓ_1-min$^+$：SL 法和ℓ_1 最小化法的变体，它们的非局部图计算都没有涉及预去噪；SL：缩比拉普拉斯阈值法；ℓ_1-min：加权ℓ_1 最小化方法；SL*和ℓ_1-min*：使用理想图像时的变体。粗体显示的是每行的最高 PSNR。带下划线的表示非理想方法中最佳的 PSNR。

		有噪图像	GSM8	NLM	BM3D	SL$^+$	ℓ_1-min$^+$	SL	ℓ_1-min	SL*	ℓ_1-min*
barbara	$\sigma=20$	22.12	30.78	30.07	**31.74**	29.74	29.48	30.70	30.75	31.42	31.47
	$\sigma=40$	16.10	27.31	25.46	28.03	26.38	26.18	27.37	27.46	28.62	**28.85**
	$\sigma=80$	10.08	23.89	20.02	24.68	23.05	23.14	24.08	24.11	25.93	**26.36**
boat	$\sigma=20$	22.12	30.11	29.14	**30.61**	28.82	28.86	29.54	29.68	30.27	30.36
	$\sigma=40$	16.10	26.68	24.90	27.04	25.39	25.65	26.28	26.41	27.36	**27.82**
	$\sigma=80$	10.08	23.58	19.42	23.81	22.63	22.91	23.36	23.24	24.98	**25.54**
lena	$\sigma=20$	22.12	31.39	30.38	**32.13**	30.22	29.43	31.14	31.13	31.80	31.77
	$\sigma=40$	16.10	27.69	25.49	28.27	26.38	26.20	27.69	27.71	28.74	**28.91**
	$\sigma=80$	10.08	24.27	19.93	25.18	23.00	23.23	24.43	24.35	26.00	**26.29**
house	$\sigma=20$	22.12	32.25	30.09	**33.84**	30.71	30.50	32.01	31.97	31.72	31.99
	$\sigma=40$	16.10	29.08	24.97	**30.66**	27.97	27.57	28.91	28.77	29.28	29.53
	$\sigma=80$	10.08	25.85	19.57	27.19	24.73	24.73	25.82	25.62	26.83	**27.25**

显然，图小波法的优越性能的确依赖于非局部图的良好估计结果。如表 8.3 所示，将直接通过有噪图像计算出的非局部图用于 SL 法和ℓ_1-min 法后得到的效果很差，通常去噪性能会降低 1dB 之多。相反，采用了完美非局部图的理想方法展示

出了特别优异的性能，这种现象在高噪声（$\sigma=80$）情形下尤其明显，超过了 GSM 方法 2dB 之多。

虽然采用预去噪的 SL 法和ℓ_1-min 法的 PSNR 性能非常相似，但它们的视觉效果却存在差异。与ℓ_1-min 法得到的结果相比，SL 法获得的结果看起来有些过度平滑，而前者保持了更加陡峭的边缘且一般情况下似乎包含更多的高频信息。有意思的是，在理想情况下，ℓ_1-min 法的 PSNR 性能一直都比 SL 法的要好，这表明ℓ_1-min 法对非局部图的质量更加敏感。两种方法的计算开销如表 8.4 所示。对于 SL 法，运行时间主要是计算非局部图和小波范数的时间，而对于ℓ_1-min 法，FB 迭代时间占总运行时间的绝大部分。

表 8.4　左边：PSNR（$\lambda'=0.15$）-PSNR（$\lambda'=0$）在不同噪声条件下 16 幅测试图像上的平均值。右边：去噪不同阶段的 CPU 时间，采用了与表 8.3 中相同的四幅测试图像而获得的平均值。右上列中所有阶段的时间在 SL 法和ℓ_1 最小化方法中都会出现，右下列同时给出了 SL 法和ℓ_1-最小化方法所需要的额外 CPU 时间。运行时间是指利用 MATLAB 在 2.66GHz 的 IntelXeon 单核处理器上运行实现时测量得出的。

	$\sigma=20$	$\sigma=40$	$\sigma=80$
ℓ_1-min	**0.133**	**0.117**	**0.116**
理想ℓ_1-min	**-0.164**	**-0.159**	**-0.067**

阶段	CPU 时间
带有预去噪（GSM8）	48.73 s
采用非局部图权重	272.15 s
采用局部图权重	0.21 s
$\lambda_{\max}$，切比雪夫系数 $c_{j,n}$	1.89 s
小波范数（$\sigma_{\beta,n}$）	263.06 s

方法	额外 CPU 时间
SL	**64.65 s**
ℓ_1-min	**601.12 s**

我们的方法中所采用的非局部图权重计算方法与用于图像去噪的非局部均值法中的权重计算方法相同。由于非局部图小波法和非局部均值法都可以用相同的基本图结构来描述，因此与采用相同的非局部图计算出的非局部均值的结果相对比就很有意义。给定邻接矩阵 $\mathbf{W}$，将有噪图像的每个像素值用其图邻域的加权平均来代替就是非局部均值的主要思想。回想一下，$\mathbf{W}$ 的定义中对角线元素为零，则非局部均值的去噪结果为

$$\mathbf{x}^*_{\mathrm{NLM}}(j)=\frac{\mathbf{y}(j)+\sum_i w_{i,j}\mathbf{y}(i)}{1+\sum_i w_{i,j}} \tag{8.13}$$

这种非局部均值方法的去噪结果如图 8.5 所示，并且注意到图小波方法的性能比其要好得多。还应该注意的是，图中所示的非局部均值去噪结果并不是利用非局部均值算法可以获得的最佳结果。这里对图的构造进行了优化，以便使图小波法能取得好的效果。我们发现，选择不同的图稀疏化形式和 μ_{NL} 都可以改善非

局部均值法的去噪性能。然而,使用相同的图时性能上表现出的显著差异的确突显了图小波法比简单的非局部均值法要超出很多。

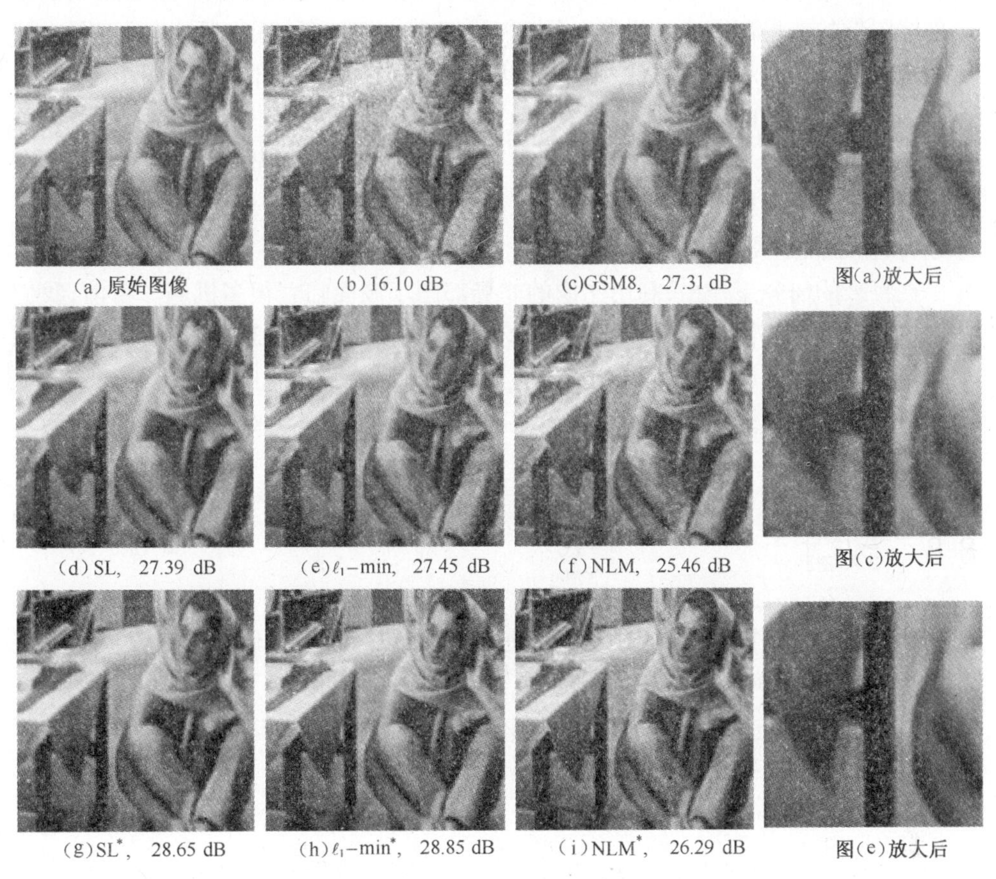

图 8.5　去噪结果。NLM* 表示使用理想图的非局部均值方法。

为了评价 8.4 节中描述的通过局部与非局部混合而引入了定向的有效性,我们研究了去除局部定向邻接关系后(即设定 $\lambda' = 0$)性能的变化情况。表 8.4 给出的是一个包含 16 幅测试图像的较大集合上的平均结果。当通过预去噪环节计算非局部图时,从平均结果来看,包含定向局部部分对去噪效果会有略微改善。有意思的是,当使用理想图时,包含局部部分实际上还会降低图像去噪的性能。这表明局部部分的作用是对一些估计效果不理想的非局部图执行某种正则化操作。对于理想情况,由于非局部图得到了完美的估计,局部部分就不需要了。

8.7　结论

我们通过描述一种新的面向图像的非局部图小波变换的系数提出了一种新颖的图像模型。在该模型中,所依据的图像非局部图的顶点与图像的像素相对应,而各种边权重则度量了不同图像块之间的相似性。我们利用谱图小波变换在这种图上构造了一个过完备小波框架,并指出利用一个缩比拉普拉斯概率模型能够很好地描述图像的非局部图小波系数。同时,我们也详细地阐述了一种利用谱图小波变换构造局部定向小波的方法,从而可以构造出局部与非局部混合的图小波。

为了展示图像的图小波的效力,我们利用缩比拉普拉斯模型提出了两种相关的图像去噪算法。直接在小波域应用贝叶斯 MAP 推理过程产生了缩比拉普拉斯阈值法。第二种加权ℓ_1 最小化方法将缩比拉普拉斯先验作为全局凸目标函数的一部分,改善了高频图像特征的恢复效果。

在将来的研究工作中,利用图像的非局部图小波面临着很多机遇。目前,我们正在积极研究如何使用图像的非局部图小波解决其它图像处理问题。图像去卷积和图像超分辨率问题都可以在凸变分框架下转化为ℓ_1 最小化问题。另外一个重要的问题是如何改善非局部图的估计效果,从而希望能够避免对预去噪方法略微不恰当的使用。

8.8 致谢

DH 的研究工作得到了美国国防部远程医疗和高新技术研究中心设立的研究基金# W81XWH-09-2-0114 的资助。

LJ 的研究工作得到了比利时联邦科学政策办公室交换基金(比利时大学校际间吸引极计划 IAP-VI BCRYPT)的资助。

参考文献

[1] D. K. Hammond, P. Vandergheynst, and R. Gribonval, "Wavelets on graphs via spectral graph theory," *Applied and Computational Harmonic Analysis*, vol. 30, pp. 129-150, 2011.

[2] D. L. Ruderman and W. Bialek, "Statistics of natural images: Scaling in the woods," *Physical Review Letters*, vol. 73, pp. 814-817, 1994.

[3] D. B. Mumford amd B. Gidas, "Stochastic models for generic images" *Quarterly of Applied Mathematics*, vol. 59, pp. 85-111, 2001.

[4] A. B. Lee, D. Mumford, and J. Huang, "Occlusion models for natural images: A statistical study of a scale-invariant dead leaves model," *International Journal of Computer Vision*, vol. 41, pp. 35-59, 2001.

[5] A. Buades, B. Coll, and J. M. Morel, "A review of image denoising algorithms, with a new one," *Multiscale Modeling & Simulation*, vol. 4, pp. 490–530, 2005.

[6] G. Gilboa and S. Osher, "Nonlocal linear image regularization and supervised segmentation," *Multiscale Modeling & Simulation*, vol. 6, pp. 595–630, 2007.

[7] A. Buades, B. Coll, and J. -M. Morel, "Nonlocal image and movie denoising," *International Journal of Computer Vision*, vol. 76, pp. 123–139, 2008.

[8] L. Pizarro, P. Mrazek, S. Didas, S. Grewenig, and J. Weickert, "Generalised nonlocal image smoothing," *International Journal of Computer Vision*, vol. 90, pp. 62–87, 2010.

[9] K. Dabov, A. Foi, V. Katkovnik, and K. Egiazarian, "Image denoising by sparse 3D transform-domain collaborative filtering," *IEEE Transactions on Image Processing*, vol. 16, pp. 2080 – 2095, 2007.

[10] F. Zhang and E. R. Hancock, "Graph spectral image smoothing using the heat kernel," *Pattern Recogn*, vol. 41, pp. 3328–3342, 2008.

[11] A. D. Szlam, M. Maggioni, and R. R. Coifman, "Regularization on graphs with function-adapted diffusion processes," *Journal of Machine Learning Research*, vol. 9, pp. 1711–1739, 2008.

[12] G. Peyré, "Image processing with nonlocal spectral bases," *Multiscale Modeling & Simulation*, vol. 7, pp. 703–730, 2008.

[13] A. Elmoataz, O. Lezoray, and S. Bougleux, "Nonlocal discrete regularization on weighted graphs: A framework for image and manifold processing, " *IEEE Transactions on Image Processing*, vol. 17, pp. 1047–1060, 2008.

[14] M. Crovella and E. Kolaczyk, "Graph wavelets for spatial traffic analysis ," *INFOCOM*, pp. 1848–1857, 2003.

[15] M. Jansen, G. P. Nason, and B. W. Silverman, "Multiscale methods for data on graphs and irregular multidimensional situations," *Journal of the Royal Statistical Society: Series B*, vol. 71, pp. 97–125, 2009.

[16] A. B. Lee, B. Nadler, and L. Wasserman, "Treelets-an adaptive multi-scale basis for sparse unordered data," *Annals of Applied Statistics*, vol. 2, pp. 435–471, 2008.

[17] M. Gavish, B. Nadler, and R. Coifman, "Multiscale wavelets on tress, graphs and high dimensional data: Theory and applications to semi supervised learning," in *International Conference on Machine Learning*, 2010.

[18] R. R. Coifman and M. Maggioni, "Diffusion wavelets," Applied and Computational Harmonic Analysis, vol. 21, pp. 53–94, 2006.

[19] I. Daubechies, *Ten Lectures on Wavelets*. Society for Industrial and Applied Mathematics, 1992.

[20] G. M. Phillips, *Interpolation and Approximation by Polynomials*. Springer-Verlag, 2003.

[21] G. Golub and C. V. Loan, *Martrix Computations*. Johns Hopkins University Press, 1983.

[22] T. Tasdizen, "Principal neighborhood dictionaries for nonlocal means image denoising," *IEEE Transactions on Image Processing*, vol. 18, pp. 2649–2660, 2009

[23] T. Brox, O. Kleinschmidt, and D. Cremers, "Efficient nonlocal means for denoising of textural

patterns," *IEEE Transactions on Image Processing*, vol. 17, pp. 1083-1092, 2008.

[24] Y. Eldar, M. Lindenbaum, M. Porat, and Y. Zeevi, "The farthest point strategy for progressive image sampling," *IEEE Transactions on Image processing*, vol. 6, pp. 1305-1315, 1997.

[25] G. Peyré and L. Cohen, "Geodesic remeshing using front propagation," *International Journal of Computer Vision*, vol. 69, pp. 145-156, 2006.

[26] K. M. Taylor and F. G. Meyer, "A random walk on image patches," 2011, arXiv: 1107.0414v1 [physics. data-an].

[27] C. Tomasi and R. Manduchi, "Bilateral filtering for gray and color images," *IEEE International Conference on Computer Vision*, vol. 0, p. 839, 1998.

[28] M. Grant and S. Boyd, "CVX: Matlab software for disciplined convex programming," http://cvxr.com/cvx.

[29] I. Selesnick, R. Baraniuk, and N. Kingsbury, "The dual-tree complex wavelet transform," *Signal Processing Magazine, IEEE*, vol. 22, pp. 123-151, 2005.

[30] J.-L. Starck, E. Candes, and D. Donoho, "The curvelet transform for image denoising," *IEEE Transactions on Image Processing*, vol. 11, pp. 670-684, 2002.

[31] J. Portilla, V. Strela, M. J. Wainwright, and E. P. Simoncelli, "Image denoising using scale mixtures of Gaussians in the wavelet domain," *IEEE Transactions on Image Processing*, vol. 12, pp. 1338-1351, 2003.

[32] M. Elad and M. Aharon, "Image denoising via sparse and redundant representations over learned dictionaries," *IEEE Transactions on Image Processing*, vol. 15, pp. 3736-3745, 2006.

[33] R. R. Coifman and D. L. Donoho, "Translation invariant de-noising," in *Wavelets and Statistics*, A. Antoniadis and G. Oppenheim, Eds. Springer-Verlag, 1995, pp. 125-150.

[34] M. Raphan and E. Simoncelli, "Optimal denoising in redundant representations," *IEEE Transactions on Image Processing*, vol. 17, pp. 1342-1352, 2008.

[35] S. Mallat, "A theory for multiresolution signal decomposition: the Wavelet representation," *IEEE Transactions on Pattern Analysis and Machine Intelligence*, vol. 11, 1989.

[36] P. Moulin and J. Liu, "Analysis of multiresolution image denoising schemes using generalized Gaussian and complexity priors," *IEEE Transactions on Information Theory*, vol. 45, pp. 909-919, 1999.

[37] H. Rabbani, "Image denoising in steerable pyramid domain based on a local Laplace prior," *Pattern Recognition*, vol. 42, pp. 2181-2193, 2009.

[38] S. Lyu and E. Simoncelli, "Modeling multiscale subbands of photographic images with fields of Gaussian scale mixtures," *IEEE Transactions on Pattern Analysis and Machine Intelligence*, vol. 31, pp. 693-706, 2009.

[39] G. Peyré, S. Bougleux, and L. Cohen, "Non-local regularization of inverse problems," in *European Conference on Computer Vision (ECCV)*, 2008, pp. 57-68.

[40] A. Chambolle, R. De Vore, N.-Y. Lee, and B. Lucier, "Nonlinear wavelet image processing: variational problems, compression, and noise removal through wavelet shrinkage," *IEEE Trans-*

actions on Image Processing, vol. 7, pp. 319–335, 1998.

[41] I. Daubechies, M. Defrise, and C. D. Mol, "An iterative thresholding algorithm for linear inverse problems with a sparsity constraint," *Communications on Pure and Applied Mathematics*, vol. 57, pp. 1413–1457, 2004.

[42] P. Combettes and V. Wajs, "Signal recovery by proximal forward–backward splitting," *Multiscale Modeling and Simulation*, vol. 4, pp. 1168–1200, 2005.

[43] J. Bioucas–Dias and M. Figueiredo, "A new twist: Two–step iterative shrinkage/thresholding algorithms for image restoration," *IEEE Transactions on Image Processing*, vol. 16, pp. 2992–3004, 2007.

[44] M. Figueiredo, R. Nowak, and S. Wright, "Gradient projection for sparse reconstruction: Application to compressed sensing and other inverse problems," *IEEE Journal of Selected Topics in Signal Processing*, vol. 1, pp. 586–597, 2007.

第9章

图像与视频抠图

Jue Wang

9.1 引言

抠图指的是一种通过确定静止图像与视频序列中像素的完全和部分覆盖范围准确地将前景目标从背景中分离出来的问题。在数学上,将输入图像中像素 p 的颜色向量 $\mathbf{c}_p$ 表示为前景颜色向量 $\mathbf{f}_p$ 和背景颜色向量 $\mathbf{b}_p$ 的凸组合:

$$\mathbf{c}_p = \alpha_p \mathbf{f}_p + (1 - \alpha_p)\mathbf{b}_p \tag{9.1}$$

其中,$\alpha_p \in [0,1]$ 是像素的**阿尔法值**。图像中所有像素阿尔法值的集合称之为**阿尔法蒙板**。这个方程首先是由 Porter 和 Duff 于 1984 年提出的[1],称之为**合成方程**。在抠图问题中,通常只有观测到的颜色向量 $\mathbf{c}_p$ 是已知的,而其目标是准确地恢复阿尔法值 α_p 以及潜在的前景颜色向量 $\mathbf{f}_p$ ①,以便于可将前景目标从背景中完整地分离出来。一旦估计出阿尔法蒙板,便可将其作为即可使用的掩膜用于众多的图像与视频编辑应用中。例如,应用特定的数字滤波器对前景目标进行滤波,或者使用一个新的背景替换原始图像中的背景来创建一个新颖的(前景与背景的)合成结果。图 9.1 显示的例子是利用抠图技术提取出前景目标并将其合成到一个新的背景中。

可以将抠图问题看作是经典的二元分割问题的一种扩展,其中每个像素被完全赋予成前景或者背景,即 $\alpha_p \in \{0,1\}$ 。在自然图像中,虽然通常情况下大部分像素或者明确地属于前景或者明确地属于背景,但是准确地估计出前景边缘处像素的分数阿尔法值对于提取模糊的目标边界(像头发或皮毛)是很有必要的,如图 9.1 中的例子所示。

9.1.1 用户约束

抠图本质上是一种欠约束问题。假设输入图像有三个颜色通道, 需要利用 $\mathbf{c}_p$

---

① 在许多应用中,仅仅恢复 α_p 就足够了。在本章,我们主要关注的是如何恢复阿尔法蒙板。

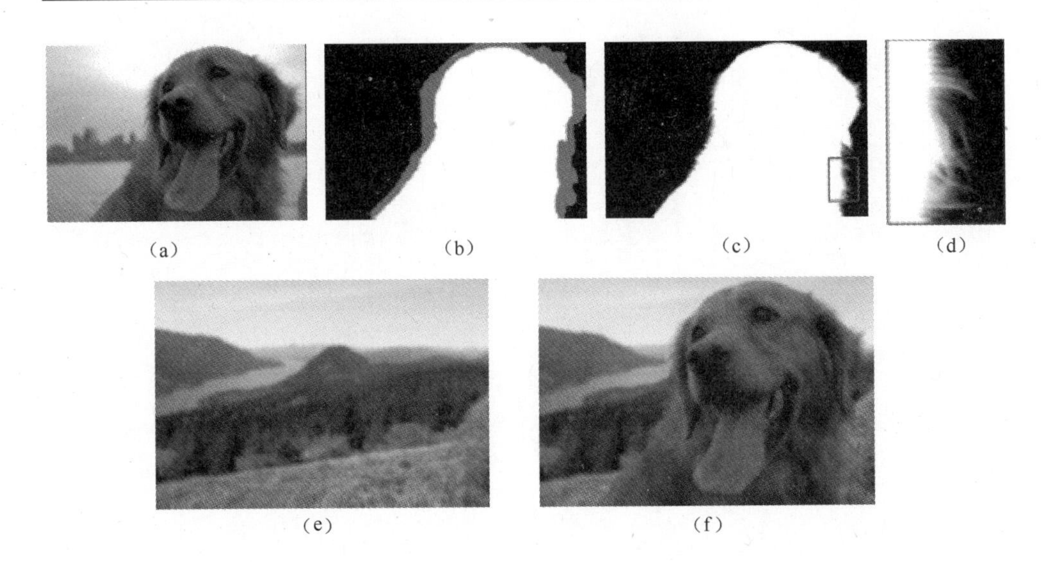

图 9.1 一个图像抠图例子。(a)原始图像;(b)用户指定的三元图,其中白色代表前景区域,黑色代表背景区域,而灰色代表未知区域;(c)提取的阿尔法蒙板,白色意味着更高的阿尔法值;(d)阿尔法蒙板中突出显示区域的特写;(e)一个新的背景图像;(f)一个新的合成图像。

三个颜色通道的值估计出七个未知变量(三个 $\mathbf{f}_p$ 变量,三个 $\mathbf{b}_p$ 变量以及一个 α_p 变量)。不施加额外约束条件的情况下,该问题就是一个病态问题,存在许多可行解。例如,设定 $\mathbf{f}_p=\mathbf{b}_p=\mathbf{c}_p$ 并选择任意的 α_p 就可以得到满足合成方程的一个简单解,这显然不是实现前景目标分离的正确解。为了估计出能表征正确前景覆盖情况的阿尔法蒙板,大多数抠图方法依赖于用户的指导和有关自然图像统计特性的先验知识来约束解空间。提供给抠图系统的一种典型用户约束是**三元图**,其中图像的每个像素被赋予三种可能值:确定的前景 $\mathcal{F}(\alpha_p=1)$,确定的背景 $\mathcal{B}(\alpha_p=0)$ 和未知的 $\mathcal{U}(\alpha_p$ 待定)。图 9.1(b)所示的是一个用户指定的三元图例子。给定输入的三元图,那么抠图任务就归结为在$\mathcal{F}$和$\mathcal{B}$中的像素已知这一约束条件下估计未知像素的阿尔法值。

输入三元图的准确性直接影响着最终阿尔法蒙板的质量。一般来说,对于一个准确指定的三元图,其中的未知区域仅仅覆盖真正的半透明像素,由于未知变量数目的减少,这种三元图常常比松散定义的三元图能得到更加准确的阿尔法蒙板。一个相关的例子如图 9.2 所示,其中采用了两种不同的三元图将同样的抠图算法应用于同一个输入图像。图 9.2(b)中的三元图比图 9.2(c)所示的三元图更准确。因此,这就产生了更加准确的阿尔法蒙板,如图 9.2(d)到图 9.2(g)所示。

考虑到以人工方式指定一个准确的三元图仍是一个繁琐的过程,因此在抠图系统中采用了快速图像分割算法产生有效的三元图。Grabcut 系统[3]可以产生相当准确的前景目标二元分割结果:以用户指定的边框为输入,然后迭代使用图割算

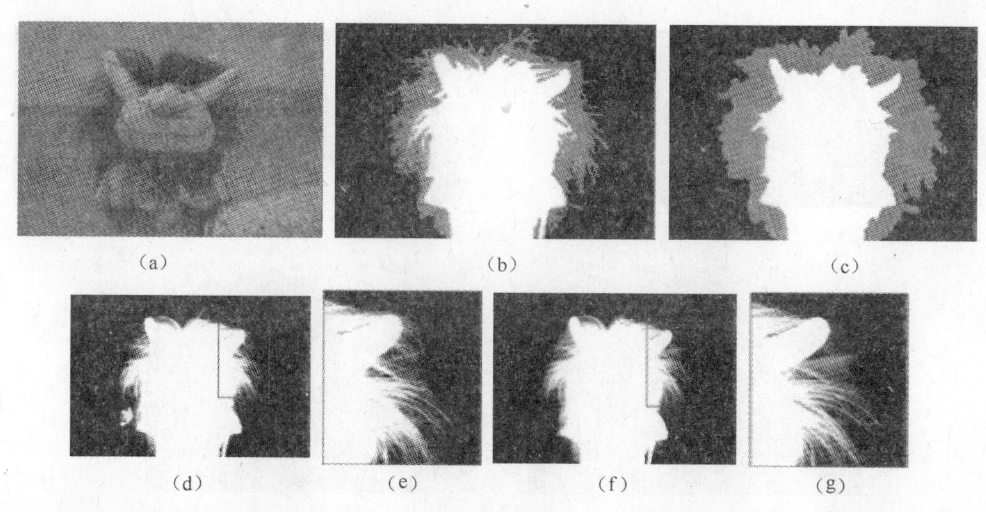

图 9.2 使用不同三元图的图像抠图。(a)输入图像;(b)紧致的三元图;(c)粗略的三元图;(d)由紧致三元图得到的蒙板;(e)图(d)中突出显示区域的特写;(f)由粗略三元图得到的蒙板;(g)图(f)中突出显示区域的特写。产生的两个蒙板都使用了鲁棒抠图算法[2]。

法加以优化。在类似的优化框架下,Lazy Snapping 系统可以利用前景和背景中的一些线条产生二元分割结果。一旦获得了二元分割结果,就可以直接腐蚀和膨胀前景的轮廓而构造用于抠图的未知区域。Rhemann 等人[5]提出了一种更准确的三元图分割工具,它利用参数化最大流算法将图像明确地分为三个区域:$\mathcal{F}$、$\mathcal{B}$和$\mathcal{U}$。借助这些技术,就可以利用较少的用户交互有效地产生准确的三元图。

对于本章中的图像抠图问题,我们假设三元图已经给定,并将重点集中在如何估计$\mathcal{U}$区域中的分数阿尔法值。对于视频抠图问题,我们将论述如何从视频帧产生时域连贯的三元图,因为这是将抠图技术应用于视频时最主要的瓶颈问题。

9.1.2 早期的方法

早期的抠图方法都试图在不依赖任何空间正则化约束的条件下独立地估计各个像素的阿尔法值。常用的方法是:对于未知的像素 p,从邻近位置采样一组已知的前景颜色和背景颜色作为 $\mathbf{f}_p$ 和 $\mathbf{b}_p$ 的先验知识。假设图像颜色平稳变化,那么就可以合理地将这些样本看作是 $\mathbf{f}_p$ 和 $\mathbf{b}_p$ 的准确估计。一旦估计出 $\mathbf{f}_p$ 和 $\mathbf{b}_p$,那么通过合成方程求解 α_p 就变得简单了。

已经采用了各种统计模型从颜色样本中估计 $\mathbf{f}_p$ 和 $\mathbf{b}_p$。Ruzon 和 Tomasi 提出了一种参数化采样算法[6],该算法将前景和背景的颜色样本建模成高斯混合模型,而将观测到的颜色向量 $\mathbf{c}_p$ 看作是由前景高斯分布和背景高斯分布之间的中间分布产生的。Mishima[7]提出了一个蓝屏抠图系统,它以非参数化方式使用这些颜色样本。关于这些方法的详细描述参见 Wang 和 Cohen 撰写的综述[8]。

早期研究方法中一种著名的方法是贝叶斯抠图法[9]，它将 $\mathbf{f}_p$ 、$\mathbf{b}_p$ 和 α_p 的估计统一到一个贝叶斯框架中，并利用最大后验概率（MAP）估计技术求解蒙板。这是第一次将抠图问题转化到完善的统计推断框架中。在数学上，对于一个未知像素 p ，它的抠图解可表示为：

$$\arg\max_{\mathbf{f}_p,\mathbf{b}_p,\alpha_p} P(\mathbf{f}_p,\mathbf{b}_p,\alpha_p|\mathbf{c}_{p_i}) = \arg\max_{\mathbf{f}_p,\mathbf{b}_p,\alpha_p} L(\mathbf{c}_p|\mathbf{f}_p,\mathbf{b}_p,\alpha_p|) + L(\mathbf{f}_p) + L(\mathbf{b}_p) + L(\alpha_p) \tag{9.2}$$

其中，$L(\cdot)$ 为对数似然函数，即 $L(\cdot)=\log P(\cdot)$ 。等式右边第一项的计算结果是

$$L(\mathbf{c}_p|\mathbf{f}_p,\mathbf{b}_p,\alpha_p|) = -\|\mathbf{c}_p - \alpha_p\mathbf{f}_p - (1-\alpha_p)\mathbf{b}_p\|^2/\sigma_p^2 \tag{9.3}$$

其中，颜色方差 σ_p^2 要通过局部计算获得。这只是依据合成方程的拟合误差。为了估计 $L(\mathbf{f}_p)$ ，首先将邻近区域内的前景颜色划分成几个组，并在每组中通过计算均值 $\bar{\mathbf{f}}$ 和协方差 Σ_F 来估计有向高斯分布。然后，$L(\mathbf{f}_p)$ 就可定义为

$$L(\mathbf{f}_p) = -(\mathbf{f}_p - \bar{\mathbf{f}})^{\mathrm{T}} \Sigma_F^{-1} (\mathbf{f}_p - \bar{\mathbf{f}})/2 \tag{9.4}$$

通过同样的方式利用背景样本就可计算出 $L(\mathbf{b}_p)$ 。$L(\alpha_p)$ 被看作是一个常数。通过迭代估计 $(\mathbf{f}_p,\mathbf{b}_p)$ 和 α_p 就可以获得推断问题的解。

尽管在简单情况下取得了成功，但仅仅依赖于颜色采样的抠图方法对于前景和背景的颜色分布出现重叠的复杂图像常常不能凑效，且输入三元图定义松散。这是由于该框架存在两个根本的局限性：第一，不受任何空间正则化条件的约束而独立地估计各个像素的阿尔法值容易受到图像噪声的影响；第二，当三元图定义松散时，前景和背景的采样颜色就不再是估计 $\mathbf{f}_p$ 和 $\mathbf{b}_p$ 的良好先验信息了，从而会导致估计偏差。现代抠图方法通过对要估计的阿尔法蒙板施加局部空间正则化约束来尽量避免这些局限性，从而使其可以在困难的例子中表现出更好的鲁棒性。从现在起，我们将重点论述这些方法。

9.2 图像抠图的图构造方法

现代图像抠图方法通常先将输入图像描述为无向加权图 $\mathcal{G}=(\mathcal{V},\mathcal{E})$ ，其中每个 $v_i\in\mathcal{V}$ 对应着一个未知像素，即输入三元图未知区域$\mathcal{U}$中的一个像素①。边 $e_i\in\mathcal{E}$ 的定义通常建立在一个节点与它的四个空间邻域之上，虽然一些研究工作将边的定义建立在更大的空间邻域像素之间，例如 3×3 或 5×5 的邻域[10]。此外，一些方法为每个节点 v_i 都定义了节点权重 w_i 。在给定其观测颜色向量 $\mathbf{c}_i$ 和邻近的前景和背景颜色的条件下，该权重对 v_i 的阿尔法值的某种先验知识做了描述。这种

① 为了符号表示的简单性，我们将使用 v_i 既表示一个未知像素也表示它在图中所对应的节点。

图的结构如图 9.3 所示。利用这种图表示方式可以将抠图问题转化为一种图标注问题,其目标是求解能最小化图的总能量的最优 α_i 。

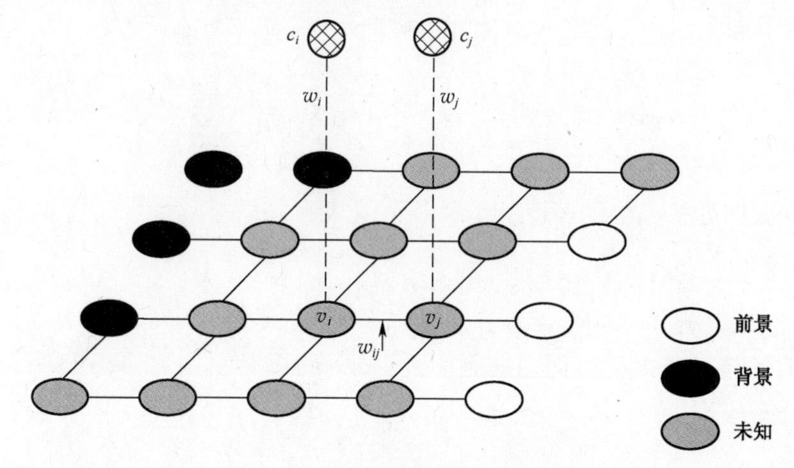

图 9.3 用于图像抠图的典型图配置。

虽然许多图像抠图方法采用一样的通用图结构,但它们之间的主要区别是边权重 w_{ij} 的表达方式,有时还与节点权重 w_i 有关。表 9.1 概括了本节将会讨论的一些代表性图像抠图技术及其关于边权重和节点权重的选择情况。具体地说,不同的边权重将会在 9.2.1 节展开详细的讨论,而各种节点权重将会在 9.2.2 节加以阐述。最后,如何利用定义的边权重与节点权重求解图标注问题将在 9.3 节讨论。

表 9.1 图像抠图技术及其图结构的汇总

方法	参考文献	边权重	节点权重	最优化方法
随机游走抠图	[11]	w_{ij}^{lpp} (式 9.7)	否	线性系统
Easy 抠图	[12]	w_{ij}^{easy} (式 9.8)	w_i^{easy} (式 9.21)	线性系统
迭代 BP 抠图	[13]	w_{ij}^{bp} (式 9.9)	w_i^{bp} (式 9.22)	置信传播
闭式抠图	[10]	w_{ij}^{cf} (式 9.13)	否	线性系统
鲁棒抠图	[2]	w_{ij}^{cf} (式 9.13)	w_i^{rm} (式 9.27)	线性系统
基于学习的抠图	[14]	w_{ij}^{ln} (式 9.20)	否	线性系统
全局采样抠图	[15]	w_{ij}^{cf} (式 9.13)	w_i^{gs} (式 9.32)	线性系统

9.2.1 定义边权重 w_{ij}

将像素颜色映射到边权重 w_{ij} 的一种最直接想法是利用下列经典欧几里德范数:

$$w_{ij} = \exp\left(-\frac{\|\mathbf{c}_i - \mathbf{c}_j\|^2}{\sigma_{ij}^2}\right) \tag{9.5}$$

其中 $\mathbf{c}_i$ 为 v_i 的 RGB 颜色，而参数 σ_{ij} 既可以通过用户手动选择，也可以基于图像的局部统计信息自动计算[16]。在相邻像素间颜色差异值较小的平坦图像区域中，该函数用于惩罚大的阿尔法变化量，这种度量已广泛地应用于基于图的二元图像分割体系中[17]。Grady 等人[11]采用这种表达形式实现了图像的抠图，但他们并没有采用针对 RGB 颜色空间的欧几里德范数度量，而是提出采用局部保持投影(LPP)[18]方法来定义一个共轭范数，该范数在描述可感知的目标边界方面比 RGB 颜色空间更加可靠。在数学上，由 LPP 算法定义的投影可以通过求解下列广义特征向量问题获得：

$$\mathbf{ZLZ}^{\mathrm{T}}\mathbf{x} = \lambda \mathbf{ZDZ}^{\mathrm{T}}\mathbf{x} \tag{9.6}$$

式中：$\mathbf{Z}$ 是一个 $3\times N$(N 是图像中像素的数目)的矩阵，每个 $\mathbf{c}_i$ 颜色向量是该矩阵的一列，$\mathbf{D}$ 是一个对角矩阵，定义为 $\mathbf{D}_{ii} = d_i \doteq \sum w_{ij}$，而 $\mathbf{L}$ 是稀疏拉普拉斯矩阵，其中 $\mathbf{L}_{ii} = d_i$，且当 $j \neq i$ 时，$\mathbf{L}_{ij} = -w_{ij}$。用 $\mathbf{Q}$ 表示它的解，而每个特征向量是其中的一行，最终的边权重计算表达式为

$$w_{ij}^{\mathrm{lpp}} = \exp\left(-\frac{(\mathbf{c}_i - \mathbf{c}_j)^{\mathrm{T}}\mathbf{Q}^{\mathrm{T}}\mathbf{Q}(\mathbf{c}_i - \mathbf{c}_j)}{\sigma_{ij}^2}\right) \tag{9.7}$$

在给定输入图像的情况下，上述定义的边权重是静态的，且它们与随机变量 α_i 和 α_j 的取值并没有关系。在其他一些方法中，将边权重明确地定义为 α_i 和 α_j 的函数，以此来增强阿尔法蒙板的局部平滑性。Easy Matting 系统[12]通过二次式将边权重定义为

$$w_{ij}^{\mathrm{easy}} = \lambda \cdot \frac{(\alpha_i - \alpha_j)^2}{\| \mathbf{c}_i - \mathbf{c}_j \|} \tag{9.8}$$

其中 λ 是用户定义的一个常数。在局部图像梯度较小时，最小化图的边权重之和会使邻近像素的阿尔法值趋于相似。出于同样的目的，Wang 和 Cohen[13]构造了一种马尔可夫随机场(MRF)模型，该模型通过一个类似二次能量函数的玻尔兹曼概率分布将 α_i 和 α_j 的联合概率分布表示为

$$w_{ij}^{\mathrm{bp}} = \exp\left(-\frac{(\alpha_i - \alpha_j)^2}{\sigma_{\mathrm{const}}^2}\right) \tag{9.9}$$

上面定义的所有边权重都隐含地假设输入图像是局部平滑的。在闭式抠图算法中[10]，利用**色线模型**明确地描述了局部平滑性。也就是说，在一个小的局部窗口 Υ (3×3 或者 5×5)中，前景和背景的颜色($\mathbf{f}_i$ 和 $\mathbf{b}_i$)是两个潜在颜色的线性混合：

$$\mathbf{f}_i = \beta_i^f \mathbf{f}_{l1} + (1 - \beta_i^f)\mathbf{f}_{l2}, \mathbf{b}_i = \beta_i^b \mathbf{b}_{l1} + (1 - \beta_i^b)\mathbf{b}_{l2}, \forall i \in \Upsilon \tag{9.10}$$

其中，$\mathbf{f}_{l1}$，$\mathbf{f}_{l2}$，$\mathbf{b}_{l1}$，$\mathbf{b}_{l2}$ 为潜在颜色。将这个约束条件与合成方程结合起来，很容易得出 Υ 中阿尔法值的表达式为

$$\alpha_i = \sum_k a^k \mathbf{c}_i^k + b, \forall i \in \Upsilon \tag{9.11}$$

其中 k 表示颜色通道，而 a^k 和 b 是 β_i^f，β_i^b，$\mathbf{f}_{l1}$，$\mathbf{f}_{l2}$，$\mathbf{b}_{l1}$ 和 $\mathbf{b}_{l2}$ 的函数，因此它们在这种窗口中是常数。基于这个约束条件，Levin 等人[10] 定义了一个二次型抠图代价函数：

$$J(\alpha,a,b)=\sum_{j\in I}\Big(\sum_{i\in\Upsilon_j}\Big(\alpha_i-\sum_k a_j^k\mathbf{c}_i^k-b_j\Big)^2+\epsilon\sum_k a_j^{k2}\Big) \tag{9.12}$$

其中，第二项为正则化项，其主要作用是确保数值的稳定性，同时也会出现使其解趋于更加平滑的阿尔法蒙板这种预期的副作用，这是由于 $a_j=0$ 意味着在第 j 个窗口中 α 是常数。给定这样的代价函数，就可以推导出边权重：

$$w_{ij}^{\mathrm{cf}}=\frac{1}{|\Upsilon_k|}\sum_{k|(i,j)\in\Upsilon_k}\left(1+(\mathbf{c}_i-\boldsymbol{\mu}_k)^{\mathrm{T}}\left(\sum{}_k+\frac{\varepsilon}{|\Upsilon_k|}\mathbf{I}_3\right)^{-1}(\mathbf{c}_j-\boldsymbol{\mu}_k)\right) \tag{9.13}$$

式中：Σ_k 是一个 3×3 的协方差矩阵；$\boldsymbol{\mu}_k$ 表示窗口 Υ_k 中颜色的 3×1 均值向量；$\mathbf{I}_3$ 是一个 3×3 的单位矩阵。因此，抠图拉普拉斯矩阵的计算表达式为

$$\mathbf{L}_{ij}^{\mathrm{cf}}=\begin{cases}-w_{ij}^{\mathrm{cf}} & : \quad \text{if } i\neq j,(i,j)\in\Upsilon_k\\ \sum_{l,l\neq i}w_{il}^{\mathrm{cf}} & : \quad \text{if } i=j\\ 0 & : \quad \text{otherwise}\end{cases} \tag{9.14}$$

将其称为**抠图拉普拉斯算子**。很容易看出，抠图拉普拉斯矩阵 $\mathbf{L}^{\mathrm{cf}}$ 是对称且半正定的。

边权重 w_{ij}^{cf} 还具有一些独特的特性。首先，在一个局部（如果 Υ 为 3×3，那就是 5×5）邻域中，每个像素和其他所有像素间的权重均为非零，因此拉普拉斯矩阵比典型的图像 4 邻域图对应的矩阵更密。在拉普拉斯矩阵 $\mathbf{L}^{\mathrm{cf}}$ 的每一行中，有 25 个非零元素。相比之下，4 邻域图拉普拉斯矩阵中每行仅有 5 个非零元素。其次，边权重 w_{ij}^{cf} 可以为负值，这与式（9.5）到式（9.9）中定义的严格非负边权重不同。因此需要强调的一点是，一些常用的非负图分析方法不适用于 $\mathbf{L}^{\mathrm{cf}}$。例如，在一个非负图中，对所有入射到顶点 v_i 上的边，顶点 v_i 的度为 $d_i=\sum w_{ij}$，并经常用于归一化图拉普拉斯矩阵第 i 行所有的非零值[17]。对于抠图拉普拉斯矩阵 $\mathbf{L}^{\mathrm{cf}}$，由于正值与负值相互抵消，计算顶点的度并将其用于归一化已不再合适。采用负的边权重的另外一个副作用是不能保证计算出的阿尔法值落在[0,1]范围内，正如文献[19]中讨论的那样。采用这种方法得到的阿尔法值经常会超出边界，因此在实际应用时，为了获得视觉上正确的阿尔法蒙板，必须在 0 和 1 处对阿尔法值做限幅处理。

由于抠图拉普拉斯矩阵 $\mathbf{L}^{\mathrm{cf}}$ 是通过色线模型严格推导出来的，因此在基本颜色模型满足时经常会得到准确的阿尔法蒙板。实际上，如果输入图像是由不带有显著纹理的光滑区域组成的，那么色线模型就经常是有效的。由于它的一般性和准确性，色线模型已广泛应用于最近发展的各种抠图方法中，并与其他技术相结合来获得高质量的抠图结果。同时，它也作为一般的边缘感知插值工具应用于许多其

他应用中，比如图像去雾[20]和光源分离[21]。

同时，抠图拉普拉斯矩阵 $\mathbf{L}^{cf}$ 的局限性也得到了广泛的研究。Singaraju 等人[22]的研究结果表明，当前景层和背景层的亮度变化比色线简单得多的时候，色线模型就会产生过拟合，并带来歧义性。具体地说，他们研究了两种紧凑的颜色模型，点对点的颜色模型和点线之间的颜色模型。当前景和背景的亮度局部恒定时（点约束）就采用前一种模型；当一层满足点约束而另一层满足色线约束时就采用后一种模型。这两种颜色模型会带来改善的边权重，在这些特殊情形下会比原始抠图拉普拉斯矩阵的性能更好。

为了解决线性颜色模型不能准确描述颜色变化这类更复杂的情况，Zheng 等人[14]提出了一种半监督学习方法，利用众所周知的核技巧[23]来处理非线性的局部颜色分布。该方法假设未知像素 v_i 的阿尔法值是其邻域像素阿尔法值的线性组合。例如，一个 7×7 窗口中心像素的阿尔法值为

$$\alpha_i = \xi_i^{\mathrm{T}} \boldsymbol{\alpha} \tag{9.15}$$

其中，$\boldsymbol{\alpha}$ 是图像中所有像素的阿尔法值组成的向量，而 ξ_i 是系数向量，该向量中除了 v_i 的邻域像素以外其余大多数像素的系数值都是 0。通过堆叠 ξ_i 引入一个新的矩阵 $\mathbf{G}$：$\mathbf{G} = [\xi_1, \cdots, \xi_n]$，可以将上述等式改写为

$$\boldsymbol{\alpha} = \mathbf{G}^{\mathrm{T}} \boldsymbol{\alpha} \tag{9.16}$$

这样，通过最小化下列二次型代价函数就可以得到 $\boldsymbol{\alpha}$ 的解：

$$\arg\min_{\boldsymbol{\alpha}} \|\boldsymbol{\alpha} - \mathbf{G}^{\mathrm{T}} \boldsymbol{\alpha}\|^2 \tag{9.17}$$

上式还可以表达为

$$E^{\ln}(\boldsymbol{\alpha}) = \boldsymbol{\alpha}^{\mathrm{T}} (\mathbf{I}_n - \mathbf{G})(\mathbf{I}_n - \mathbf{G})^{\mathrm{T}} \boldsymbol{\alpha} \tag{9.18}$$

那么，该方法获得的拉普拉斯矩阵就可定义为

$$\mathbf{L}^{\ln} = (\mathbf{I}_n - \mathbf{G})(\mathbf{I}_n - \mathbf{G})^{\mathrm{T}} \tag{9.19}$$

且相应的边权重为

$$w_{ij}^{\ln} = \mathbf{L}^{\ln}(i, j) \tag{9.20}$$

利用三元图中已知的像素局部或全局地训练一个非线性阿尔法颜色模型就可获得矩阵 $\mathbf{G}$，如文献[14]中详述的那样。

9.2.2　定义节点权重 w_i

对于每个 v_i，节点权重 w_i 度量的是估计的值 α_i 与其观测颜色 $\mathbf{c}_i$ 以及邻近的前景和背景颜色之间的匹配程度。虽然并不是所有抠图方法都定义并使用了这一项，但研究结果证实[2]，如果节点权重定义得比较合适的话就会得到更加准确的阿尔法估计结果。

定义 w_i 的常用方法是首先采样邻近的已知前景颜色和背景颜色集合，并记为

$\mathbf{c}_k^f$ 和 $\mathbf{c}_l^b$，$0 < k, l < N$，如图 9.4 所示。假设前景区域和背景区域的颜色变化十分平稳，这些颜色样本集成了 $\mathbf{f}_i$ 和 $\mathbf{b}_i$ 的合理概率分布。与 $\mathbf{c}_i$ 结合起来，借助合成方程可以利用这些样本检验所估计的 α_i 的可行性。利用这一想法，Guan 等人[12]在 Easy Matting 系统中将节点权重定义为

$$w_i^{\text{easy}} = \frac{1}{N^2}\sum_{k=1}^{N}\sum_{l=1}^{N} \| \mathbf{c}_i - \alpha_i \mathbf{c}_k^f - (1-\alpha_i)\mathbf{c}_l^b \|^2 / \sigma_i^2 \tag{9.21}$$

其中，σ_i 表示 $\mathbf{c}_i$ 和 $\alpha_i \mathbf{c}_k^f + (1-\alpha_i)\mathbf{c}_l^b$ 之间的距离方差。该节点权重导出的 α_i 可以将观测颜色 $\mathbf{c}_i$ 很好地解释为采样颜色 $\mathbf{c}_k^f$ 和 $\mathbf{c}_l^b$ 的一种线性组合。类似地，Wang 和 Cohen[13]利用指数函数将节点权重定义为

$$w_i^{\text{bp}} = \frac{1}{N^2}\sum_{k=1}^{N}\sum_{l=1}^{N} \mu_k^f \mu_l^b \cdot \exp(-\| \mathbf{c}_i - \alpha_i \mathbf{c}_k^f - (1-\alpha_i)\mathbf{c}_l^b \|^2 / \sigma_i^2) \tag{9.22}$$

其中，μ_k^f 和 μ_l^b 是基于颜色样本与 v_i 的空间距离得到的样本附加权重。

式(9.21)和式(9.22)中定义的节点权重对每个颜色样本都是一视同仁的。然而，实际上，当样本集合的规模较大且前景与背景的颜色分布比较复杂时，样本集可能会存在较大的颜色变化。可以用来很好地估计 α_i 的样本只有少数，这是一种常见的情况。为了确定哪些样本有利于定义 w_i，Wang 和 Cohen[2]提出了一种颜色样本选择方法。在该方法中，将那些可以把 $\mathbf{c}_i$ 表示为其自身凸组合的样本对确定为好的类型。数学上，如图 9.4 所示，对于一个前景和背景颜色对 $(\mathbf{c}_k^f, \mathbf{c}_l^b)$，可以定义一个距离比为

$$R_d(\mathbf{c}_k^f, \mathbf{c}_l^b) = \frac{\| \mathbf{c}_i - \hat{\alpha}_i \mathbf{c}_k^f - (1-\hat{\alpha}_i)\, \mathbf{c}_l^b \|}{\| \mathbf{c}_k^f - \mathbf{c}_l^b \|} \tag{9.23}$$

其中，$\hat{\alpha}_i$ 是通过该样本对估计出的阿尔法值：

$$\hat{\alpha}_i = \frac{(\mathbf{c}_i - \mathbf{c}_l^b)(\mathbf{c}_k^f - \mathbf{c}_l^b)}{\| \mathbf{c}_k^f - \mathbf{c}_l^b \|^2} \tag{9.24}$$

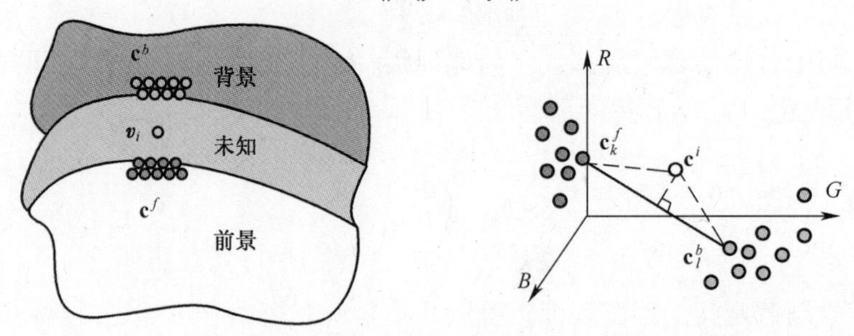

图 9.4　左边：为了定义未知像素 v_i 的节点权重，汇集了一组空间邻近的前景颜色 $\mathbf{c}^f$ 和背景颜色 $\mathbf{c}^b$。右边：如果 $\mathbf{c}_k^f$、$\mathbf{c}_l^b$ 和 $\mathbf{c}_i$ 同时满足 RGB 颜色空间的线性约束，则就可以认为样本对 $\mathbf{c}_k^f$ 和 $\mathbf{c}_l^b$ 是 v_i 处真实前景颜色和背景颜色的良好估计结果。

$R_d(\mathbf{c}_k^f,\mathbf{c}_l^b)$ 的实质作用是度量颜色空间中 $\mathbf{c}_k^f$、$\mathbf{c}_l^b$ 以及 I_i 的线性度。很容易看出，如果这三种颜色近似地落在一条颜色线上，那么 $R_d(\mathbf{c}_k^f,\mathbf{c}_l^b)$ 的取值较小，反之亦然。基于距离比，样本对的置信值可定义为

$$f(\mathbf{c}_k^f,\mathbf{c}_l^b)=\exp\left(-\frac{R_d(\mathbf{c}_k^f,\mathbf{c}_l^b)}{\sigma_c^2}\right)\cdot\gamma(\mathbf{c}_k^f)\cdot\gamma(\mathbf{c}_l^b) \tag{9.25}$$

其中，σ_c 是一个常数，设为0.1。$\gamma(\mathbf{c}_k^f)$ 为颜色 $\mathbf{c}_k^f$ 的权重：

$$\gamma(\mathbf{c}_k^f)=\exp\left(-\frac{\|\mathbf{c}_k^f-\mathbf{c}_i\|^2}{\min_k\|\mathbf{c}_k^f-\mathbf{c}_i\|^2}\right) \tag{9.26}$$

它倾向于离目标像素较近的前景样本。$\gamma(\mathbf{c}_l^b)$ 的定义方法类似。

给定前景样本和背景样本的集合，该方法彻底地检验了前景样本和背景样本的每种可能组合，并最终选出几个具有高置信值的样本对（通常情况下为3对）。将这些样本对的平均置信值表示为 $\overline{f_i}$，且将通过式（9.24）利用这些样本对估计出的平均阿尔法值表示为 $\overline{\alpha_i}$，则最终节点权重的表达式就是

$$w_i^{\mathrm{rm}}=\overline{f_i}\cdot(\alpha_i-\overline{\alpha_i})^2+(1-\overline{f_i})(\alpha_i-H(\overline{\alpha_i}-0.5))^2 \tag{9.27}$$

其中，$H(x)$ 为单位阶跃函数，当 $x>0$ 时输出1，否则输出0。当采样置信值 $\overline{f_i}$ 比较高时，该节点权重会使最终的阿尔法值 α_i 接近 $\overline{\alpha_i}$；当置信值较低时，会使 α_i 的取值为0或者1。研究结果表明，当置信值比较低时，不能很好地将 $\mathbf{c}_i$ 近似为已知前景颜色和背景颜色的线性插值，因而它很可能是一种新的前景或背景颜色。

图9.5给出了一个利用该采样方法实现阿尔法抠图的例子。给定图9.5（a）所示的输入图像和指定的三元图，利用式（9.24）计算出的阿尔法蒙板 $\overline{\alpha_i}$ 以及利用式（9.25）计算出的置信图 $\overline{f_i}$ 分别显示在图9.5（b）和9.5（c）中。最小化式（9.40）中的能量函数后获得的鲁棒抠图算法的最终阿尔法蒙板如图9.5（d）所示。

基于以上描述的颜色采样法，Rhemann 等人[24]提出了一种改进的采样流程来定义节点的权重。在 Wang 和 Cohen 的研究工作中，前景和背景样本的选择仅仅依赖于它们到 v_i 的空间距离，却没有考虑到内在的图像结构。为了改进这一问题，Rhemann 等人提出了一种基于图像空间中与 v_i 的测地距离[25]来选择前景样本。该距离度量促使前景样本不仅在空间上接近 v_i，并且与 v_i 都隶属于相同的连通图像分量。在该方法中，置信函数（与式（9.25）稍微不同）的定义是

$$f_2(\mathbf{c}_k^f,\mathbf{c}_l^b)=\exp\left(-\frac{R_d(\mathbf{c}_k^f,\mathbf{c}_l^b)\cdot\gamma'(\mathbf{c}_k^f)\cdot\gamma'(\mathbf{c}_l^b)}{\sigma_c^2}\right) \tag{9.28}$$

其中，样本权重的定义是

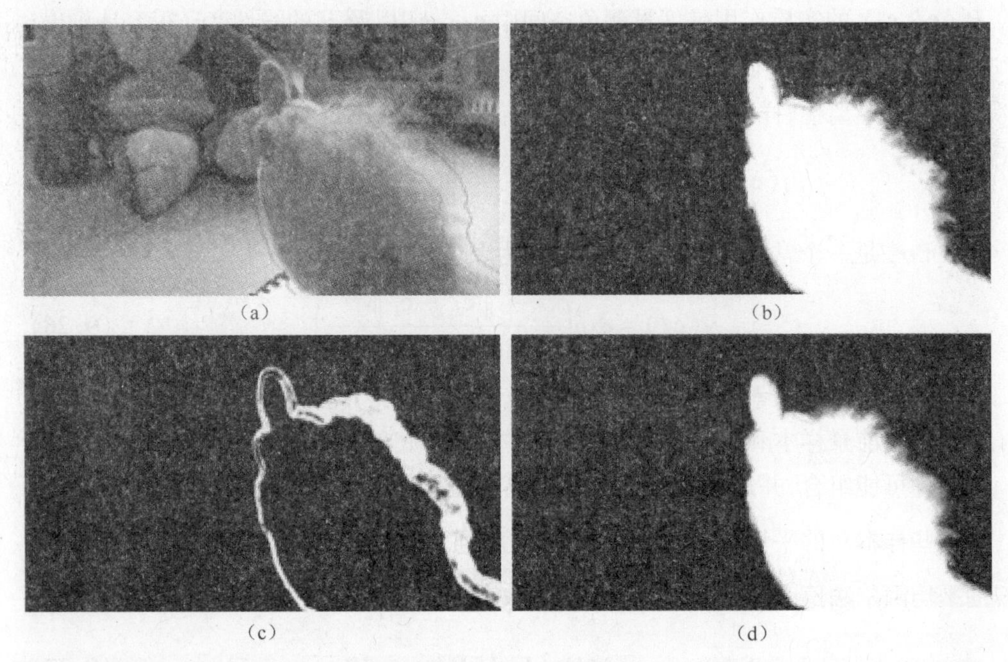

图 9.5 鲁棒抠图系统中所用的颜色采样方法的一个示例[2]。(a)覆盖了三元图的输入图像；(b)按照式(9.24)利用最佳样本对计算得到的初始阿尔法蒙板；(c)利用式(9.25)计算得到的置信图，白色代表更高的置信值；(d)最小化式(9.40)中的能量函数后得到的最终阿尔法蒙板。

$$\begin{cases}\gamma'(\mathbf{c}_k^f)=\exp\left(-\dfrac{\max_k\|\mathbf{c}_k^f-\mathbf{c}_i\|^2}{\|\mathbf{c}_k^f-\mathbf{c}_i\|^2}\right)\\ \gamma'(\mathbf{c}_l^b)=\exp\left(-\dfrac{\max_l\|\mathbf{c}_l^b-\mathbf{c}_i\|^2}{\|\mathbf{c}_l^b-\mathbf{c}_i\|^2}\right)\end{cases}\tag{9.29}$$

上述两种采样流程都彻底地检验前景样本和背景样本的每一种可能组合，因此它们的计算代价很高。例如，如果从前景和背景中共收集了 N 个(在文献[2]中，$N=20$)样本，那么对每个未知的像素需执行 N^2 次的样本对评价。为了在减少计算代价的同时保持采样的准确性，Gastal 和 Oliveira 提出了一种共享式采样方法[26]，该方法的提出受到了小邻域内的像素通常分享相同属性这一事实的启发。该算法首先对每个像素选择至多 k_g (一个比较小的数)个前景和背景样本，这样就会引出至多 k_g^2 个检验对，并从中选择最佳样本对。该算法同时确保了邻近像素的采样集合是不相交的。那么，在一个由 k_r 个像素组成的小邻域中，每个像素对其 k_r 个空间邻域的最佳选项进行分析，并选择最佳的样本对作为其最终决策。因此，虽然实际上对每个像素执行了 $k_g^2+k_r$ 次样本对评价，但是由于相邻像素之间存在亲和性，这大致相当于执行了 $k_g^2\times k_r$ 次样本对评价。在他们提出的系统中，将 k_g 和 k_r 分别设定为 4 和 200，因此执行 4×4+200=216 次样本对评价的效果相当于完成了 16×

200=3200个样本对的评价。采用这个高效的采样方法再利用一些具有局部平滑功能的后处理步骤,Gastal 和 Oliveira 开发了一个具有实时性的抠图系统,该系统在公开提供的在线抠图基准数据集上可以获得很高的准确性[27]。

目前为止描述的采样过程都是一些局部采样方法,也就是说,对于一个未知的像素,仅仅收集了有限数目的邻近前景颜色和背景颜色用于估计阿尔法的值。He 等人[15]指出,由于样本集规模的有限性以及有时前景结构比较复杂,局部采样可能并不总是能够覆盖到未知像素的真正前景颜色和背景颜色。他们进一步提出了一种全局采样方法。在该方法中,为了计算未知像素的阿尔法值,图像中所有的已知前景颜色和背景颜色都用作样本。具体地说,从所有可能的样本对中选择出能最小化下列代价函数的最佳样本对:

$$E^{gs}(\mathbf{c}_k^f,\mathbf{c}_l^b)=\kappa\|\mathbf{c}_i-\hat{\alpha}_i\mathbf{c}_k^f-(1-\hat{\alpha}_i)\mathbf{c}_l^b\|+\eta(\mathbf{x}_k^f)+\eta(\mathbf{x}_l^b) \tag{9.30}$$

其中,$\hat{\alpha}_i$ 是利用式(9.24)通过 $\mathbf{c}_k^f$ 和 $\mathbf{c}_l^b$ 估计出的阿尔法值,κ 是一个平衡权重,而 $\eta(\mathbf{x}_k^f)$ 是通过 $\mathbf{c}_k^f$ 和 $\mathbf{c}_i$ 的空间位置计算出的空间能量:

$$\eta(\mathbf{x}_k^f)=\frac{\|\mathbf{x}_k^f-\mathbf{x}_i\|}{\min_k\|\mathbf{x}_k^f-\mathbf{x}_i\|} \tag{9.31}$$

$\eta(\mathbf{x}_l^b)$ 是采用相同的方式计算出的关于 $\mathbf{c}_l^b$ 的空间能量。为了解决大样本带来的复杂计算问题,该系统把采样任务看作是特定"FB 搜索空间"中的一个对齐问题,并利用广义快速块匹配算法[28]有效地搜索该空间中的最佳样本对(表示为 $\hat{\mathbf{c}}_k^f$ 和 $\hat{\mathbf{c}}_l^b$)。在完成样本搜索之后,最终的节点权重定义为

$$w_i^{gs}=\exp(-|\mathbf{c}_i-\hat{\alpha}_i\mathbf{c}_k^f-(1-\hat{\alpha}_i)\mathbf{c}_l^b|)(\alpha_i-\hat{\alpha}_i)^2 \tag{9.32}$$

要注意的是,从本质上说,全局采样法假设前景区域和背景区域的颜色分布具有空间不变性,从而使得与目标像素的空间距离很远的颜色样本仍然可以看作是该像素的真正前景颜色和背景颜色的有效估计。如果前景颜色或背景颜色是空间变化的,利用偏远的颜色样本可能会引入额外的颜色模糊性,从而将会降低阿尔法估计结果的准确性。

9.3 求解图像抠图的图模型

一旦正确地定义了抠像图模型中的边权重和节点权重,求解阿尔法蒙板的问题就变成了一个图标注问题。根据边权重和节点权重的表示情况,可以采用各种优化方法得到可行解。这里,我们回顾几种已广泛应用于现有抠图系统的代表性方法。

9.3.1 求解 MRF

Wang 和 Cohen 提出了一种迭代优化算法[13],利用用户指定的稀疏笔画计算

阿尔法蒙板。在该方法中，将用于抠像的图表达为一个马尔可夫随机场(MRF)，则需要最小化的总能量函数的定义是：

$$E^{\mathrm{bp}}(\alpha) = \sum_{v_i \in \mathcal{V}} w_i^{\mathrm{bp}} + \lambda \cdot \sum_{v_i, v_j \in \mathcal{V}} w_{ij}^{\mathrm{bp}} \tag{9.33}$$

其中，w_i^{bp} 是式(9.22)中定义的节点权重，而 w_{ij}^{bp} 是式(9.9)中定义的边权重。该方法也将[0,1]范围内的连续阿尔法值量化成多个离散等级，从而可以应用离散优化算法。若按照这种方式定义 MRF，那么寻找阿尔法类标这一问题则可转化成 MAP 估计问题，在实际应用中可以利用环路置信传播(BP)算法来求解[29]。

在该方法中，为了利用用户定义的稀疏三元图产生准确的阿尔法蒙板，可以在活动区域中反复使用上述能量函数最小化方法。通过从用户的笔画扩展到图像的其它区域直到覆盖全部未知像素来产生和迭代更新活动区域，这就保证了首先得到计算的是邻近用户笔画的像素，而它们将会反过来影响距离用户笔画比较远的其它像素。在该算法每次迭代的过程中，数据权重 w_i^{bp} 和边权重 w_{ij}^{bp} 的更新是在上一次迭代过程计算的阿尔法蒙板基础上进行的，并利用 BP 算法实现新能量函数 $E^{\mathrm{bp}}(\alpha)$ 的最小化。

9.3.2 线性优化

使用 MRF 表达形式的最主要局限性之一是它的计算复杂度太高。而且，应用 BP 算法实现迭代优化可能会使算法收敛到局部极小值。为了避免这些局限性，一些算法在定义相关能量函数时非常谨慎，目的是可以利用闭式优化技术对其进行有效的求解。

Grady 等人[11]定义了一种用于抠像的图，其中将边权重 w_{ij}^{lpp} 表示成式(9.7)的形式，并利用随机游走求解图的标注问题。在该算法中，将 α_i 描述成一种概率，即，当被施加偏移以避免穿过前景区域的边界时，以 v_i 为起点的随机游走子在碰到背景区域的像素之前将会到达前景区域像素的概率。将 v_i 的度表示为

$$d_i^{\mathrm{rm}} = \sum w_{ij}^{\mathrm{lpp}} \tag{9.34}$$

适用于所有入射到顶点 v_i 上的边 e_{ij}。利用式 $p_{ij} = w_{ij}^{lpp}/d_i$ 来计算随机游走子从 v_i 点转移到 v_j 点的概率。理论研究结果表明[30]，随机游走问题的解恰好就是位势理论中给定 Dirichlet 边界条件时异质 Dirichlet 问题的解。所需的 Dirichlet 边界条件是：如果 v_j 在三元图的前景区域中，则 $\alpha_j = 1$；如果 v_j 在背景区域中，则 $\alpha_j = 0$。具体地说，这些概率是在某些边界条件约束下如下 Dirichlet 能量函数的精确、稳态、全局最小值：

$$E^{\mathrm{rm}}(\boldsymbol{\alpha}) = \boldsymbol{\alpha}^{\mathrm{T}} \mathbf{L}^{\mathrm{rm}} \boldsymbol{\alpha} \tag{9.35}$$

$\mathbf{L}^{\mathrm{rm}}$ 是图拉普拉斯矩阵，定义为

$$\mathbf{L}_{ij}^{\mathrm{rm}}=\begin{cases}d_i^{\mathrm{rm}} & : \quad \text{if } i=j\\ -w_{ij}^{\mathrm{lpp}} & : \quad \text{if } i \text{ and } j \text{ are neighbors}\\ 0 & : \quad \text{otherwise}\end{cases} \tag{9.36}$$

可以通过求解一个稀疏、对称且正定的线性系统有效执行式(9.35)中能量函数的最小化,这个过程已经在 GPU 上得到了进一步实现,用于实时互动[11]。

与 Wang 和 Cohen 的方法[13]相似,Easy Matting 系统[12]也使用了一种迭代优化框架。在第 k 次迭代过程中,将需要最小化的总能量定义为

$$E^{\mathrm{easy}}(\boldsymbol{\alpha},k)=\sum_{v_i\in\mathcal{V}}w_i^{\mathrm{easy}}+\boldsymbol{\lambda}_k\cdot\sum_{v_i,v_j\in\mathcal{V}}w_{ij}^{\mathrm{easy}} \tag{9.37}$$

其中,w_i^{easy} 为式(9.21)中定义的节点权重,而 w_{ij}^{easy} 为式(9.8)中定义的边权重。注意,由于上述两项均被严格定义成二次型,因此可以通过求解一个大规模线性系统来有效实现该能量函数的最小化。同时,与式(9.33)中所定义的 $E^{\mathrm{bp}}(\alpha)$ 不同,后者利用一个恒定权重 $\boldsymbol{\lambda}$ 来平衡这两个能量项,可以利用如下形式对式(9.37)中的权重 $\boldsymbol{\lambda}_k$ 进行动态调节:

$$\boldsymbol{\lambda}_k=\mathrm{e}^{-(k-\beta)^3} \tag{9.38}$$

式中:k 为迭代次数;β 为预先定义的常数,在该系统中被设定为 3.4。在这种设置下,随着迭代次数 k 的增加,$\boldsymbol{\lambda}_k$ 逐渐变小。早期若使用较大的 $\boldsymbol{\lambda}_k$ 值可以在初始的几次迭代中使前景区域和背景区域从用户指定的稀疏笔画快速增长。在后期的迭代中,当前景区域和背景区域相遇时,较小的 $\boldsymbol{\lambda}_k$ 值可以使节点权重 w_i^{easy} 在确定前景区域边缘上像素的阿尔法值时起到更大的作用。

基于式(9.13)中定义的边权重,Levin 等人提出了一种抠图能量函数:

$$E^{\mathrm{cf}}(\boldsymbol{\alpha})=\boldsymbol{\alpha}^{\mathrm{T}}\mathbf{L}^{\mathrm{cf}}\boldsymbol{\alpha} \tag{9.39}$$

其中,$\mathbf{L}^{\mathrm{cf}}$ 为式(9.14)中定义的抠图拉普拉斯矩阵。这又是一个最小化二次误差值的问题,可以利用一个线性系统来求解。在此基础上,鲁棒性抠图算法[2]将其能量函数定义为

$$E^{\mathrm{rm}}(\boldsymbol{\alpha})=\sum_{v_i\in\mathcal{V}}w_i^{\mathrm{rm}}+\lambda\cdot\boldsymbol{\alpha}^{\mathrm{T}}\mathbf{L}^{\mathrm{cf}}\boldsymbol{\alpha} \tag{9.40}$$

其中,w_i^{rm} 为式(9.27)中定义的节点权重。除了节点权重 w_i 是利用 9.2.2 节中描述的共享采样法或全局采样法求解之外,共享抠图法[26]和全局采样法[15]中需最小化的能量函数是相似的。

9.4 数据集

为了对各种图像抠图方法进行定量的比较,Rhemann 等人[27]提出了第一个用

于图像抠图的在线基准评测数据集①。该数据集提供了高分辨率真实参照数据，共包含8个测试图像和27个训练图像，以及预定义的三元图。这些图像是在受控环境中拍摄到的：在多个单色背景下拍摄相同的前景目标并利用三角形法[31]提取真实参照蒙板。测试图像具有不同的特性，例如硬边界和软边界，半透明效果或者不同的边界拓扑结构，如图9.6所示。

图9.6 在线的图像抠图基准评测数据集中具有不同特征的测试图像[27]。

在线系统也提供了所有必要的脚本和数据，使得人们可以提交关于测试图像的新结果，并且可以与该系统中其它方法的结果进行比较。在将结果与真实参照数据进行比较时使用了四种不同的误差度量：绝对误差（SAD）、均方误差（MSE）以及其它两种视觉感知机理启发的度量（称之为**连通性误差**和**梯度误差**）。自从这一基准评测数据集推出以来，近年来开发的许多图像抠图系统都使用它进行客观、定量的评价。

9.5 视频抠图

9.5.1 概述

视频抠图指的是从视频序列中估计出动态前景目标的阿尔法蒙板的问题。相比于图像抠图，视频抠图是一个更难的问题，因为它存在两个新的挑战：交互效率和时域连贯性。

在图像抠图系统中，为了获得准确的蒙板，通常需要用户手工地指定一个准确

① 基准评测数据集的网址为 www. alphamalting. com.

的三元图。然而,对于视频来说,这就会立即变得相当麻烦,因为一个短的视频序列可能会包含数百或数千帧,因此手工地为每一帧均指定一个三元图需要做大量的工作。为了最小化对用户交互的需要,视频抠图方法往往仅需要用户提供其中的稀疏分布关键帧的三元图,然后利用自动的方法将这些三元图传播给其它帧。因此,三元图的自动生成就变成了视频抠图系统的关键部分。

在视频抠图任务中,除了要求每一帧对应的阿尔法蒙板必须准确之外,还要求连续帧中计算的阿尔法蒙板必须具有时域连贯性。事实上,时域连贯性往往比单帧准确性更加重要,因为人类视觉系统(HVS)对视频序列呈现的时域不一致性非常敏感[32]。仅仅是逐帧地使用图像抠图技术而不考虑时域连贯性通常会导致阿尔法蒙板出现时域抖动现象。因此,保持所产生蒙板的时域连贯性就成了对视频抠图方法的另一个基本要求。

9.5.2　基于图的三元图生成

视频抠图方法通常采用二元前景目标分割流程产生三元图。只要对每一帧都获得了一个二元分割结果,就可以通过对前景区域进行膨胀和腐蚀很容易地获得三元图的未知区域。一个实例如图9.9所示:对于图9.9(b)中的输入图像,首先产生的是图9.9(c)所示的二元分割图像,这样就可以得到图9.9(d)所示的三元图。

在视频目标“剪切-粘贴”系统中[33],为了提高计算效率,首先利用分水岭图像分割算法[34]将每个视频帧自动地分割成多个原子区域,这些原子区域可看作是图构造的基本元素。然后,需要用户使用现有的交互式图像分割工具对几个关键帧提供准确的前景目标分割结果作为初始的引导。那么,在每一对连续关键帧之间,就可以在原子区域的基础上构造一个3D图 $\mathcal{G}=(\mathcal{V},\mathcal{E})$,如图9.7所示。

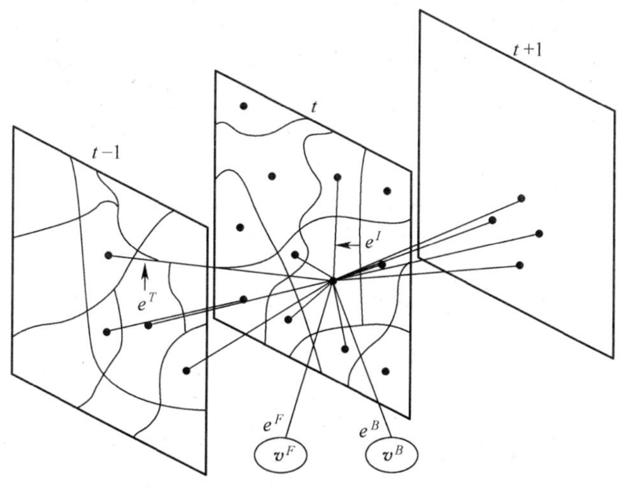

图9.7　在视频目标“剪切-粘贴”系统中用于三元图生成的图构造示意图[33]。

在图$\mathcal{G}$中，节点集$\mathcal{V}$包含两个关键帧之间所有帧上的全部原子区域。同时也存在两个虚拟节点 v^F 和 v^B，对应于作为硬约束的明确前景$\mathcal{F}$和明确背景$\mathcal{B}$。图中有三种类型的边：帧内边 e^I、帧间边 e^T 以及原子区域与虚拟节点之间的边 e^F 和 e^B。如果两个邻近原子区域的颜色类似且空间位置出现重叠的话，那么就有一个连接帧 t 中两个邻近原子区域 v_i^t 和 v_j^t 的帧内边 e_{ij}^I 和一个连接 v_i^t 和 v_j^{t+1} 的帧间边 e_{ij}^T。每个原子区域都与虚拟节点 v^F 和 v^B 相连。

对于边 e_i^F 和 e_i^B，权重 w_i^F 和 w_i^B 表达了用户提供的硬约束以及 v_i 与用户标记区域之间的颜色相似性。在数学上，将它们定义为

$$w_i^F = \begin{cases} 0 & \text{if} \quad v_i \in \mathcal{F} \\ \infty & \text{if} \quad v_i \in \mathcal{B} \\ d^F(v_i) & \text{otherwise} \end{cases} \tag{9.41}$$

和

$$w_i^B = \begin{cases} \infty & \text{if} \quad v_i \in \mathcal{F} \\ 0 & \text{if} \quad v_i \in \mathcal{B} \\ d^B(v_i) & \text{otherwise} \end{cases} \tag{9.42}$$

如果在关键帧中 v_i 被标记为 $\mathcal{F}(\alpha_i = 1)$ 或者 $\mathcal{B}(\alpha_i = 0)$，那么与对应节点之间的边权重为0，与其它节点之间的边权重为 ∞。否则，w_i^F 和 w_i^B 将由它与已知前景颜色和背景颜色之间的颜色距离 $d^F(v_i)$ 和 $d^B(v_i)$ 来决定。为了计算这个颜色距离，利用高斯混合模型(GMMs)[35]来描述前景和背景区域的颜色分布，这些颜色是按照关键帧的真实参照分割结果收集而来的。将前景 GMM 的第 k 个分量表示为 $(w_k^f, \mu_k^f, \sum_k^f)$，每个元素分别代表权重、颜色均值以及颜色协方差矩阵。对于给定的颜色 $\mathbf{c}$，$d^F(\mathbf{c})$ 的计算表达式为

$$d^F(\mathbf{c}) = \min_k [\hat{D}(w_k^f, \sum{}_k^f) + \overline{D}(\mathbf{c}, \mu_k^f, \sum{}_k^f)] \tag{9.43}$$

其中

$$\hat{D}(w, \Sigma) = -\log w + \frac{1}{2}\log det \Sigma \tag{9.44}$$

而

$$\overline{D}(\mathbf{c}, \mu, \Sigma) = \frac{1}{2}(\mathbf{c}-\mu)^{\mathrm{T}} \Sigma^{-1}(\mathbf{c}-\mu) \tag{9.45}$$

对于节点 v_i（注意 v_i 是一个包含许多像素的原子区域），它与前景 GMM 的距离 $d^F(v_i)$ 定义为 d^F 的平均距离（$\mathbf{c}_j \in v_i$），其中 $\mathbf{c}_j$ 为原子区域内像素的颜色。采用背景 GMMs 可以通过相同的方式定义背景距离 $d^B(v_i)$。

对于帧内边和帧间边 e^I 和 e^T，其边权重定义为

$$w_{ij} = |\alpha_i - \alpha_j| \cdot \exp(-\beta \| \bar{\mathbf{c}}_i - \bar{\mathbf{c}}_j \|^2) \tag{9.46}$$

其中，α_i 和 α_j 为 v_i 和 v_j 的类标。为了实现二元分割，这些类标的取值限定为 0 或 1。β 是一个衡量颜色对比度的参数，可以将它设置为常数，也可以利用 Blake 等人[36]提出的鲁棒性方法进行自适应的计算[36]。$\bar{\mathbf{c}}_i$ 和 $\bar{\mathbf{c}}_j$ 是 v_i 和 v_j 内像素的平均颜色。

对于上述图标注问题，需要最小化的总能量是

$$E(\boldsymbol{\alpha}) = \sum_{v_i \in \mathcal{V}} (\alpha_i w_i^F + (1 - \alpha_i) w_i^B) + \lambda_1 \sum_{e_{ij} \in e^I} w_{ij} + \lambda_2 \sum_{e_{ij} \in e^T} w_{ij} \tag{9.47}$$

其中，在这个二元标注问题中，α_i 的取值仅能为 0 或者 1，而 λ_1 和 λ_2 是用于调节能量项权重的参数。例如，如果 λ_2 的取值较高，则会使获得的解具有更好的时域连贯性。上面这种能量函数可以利用图割算法实现最小化[16]。

求解完图的标注问题之后，接下来需要进一步利用局部跟踪和增强步骤来提高分割结果的准确性。最后，通过对分割的前景区域执行膨胀和腐蚀操作为每一帧生成一个三元图，并利用连贯性抠图算法[37]产生最终的阿尔法蒙板。连贯性抠图算法是贝叶斯抠图算法[9]的一种变体。Wang 等人[38]提出了另外一种用于从视频序列中产生三元图的 3D 图标注方法。他们的系统首先在每一帧中采用 2D 均值漂移图像分割算法[39]产生许多过分割区域，这些区域类似于视频目标“剪切-粘贴”系统中的原子区域。然后，利用每个区域内全部像素的平均位置和颜色来表示该区域，从而使该系统将 2D 均值漂移区域看作是超像素，接着再次使用均值漂移算法将这些 2D 区域分组成 3D 时空区域。这种两步聚类法使输入视频呈现出完全的层级结构，如图 9.8(a)所示，其中每个像素隶属于一个 2D 区域，而每个 2D 区域隶属于一个 3D 时空区域。

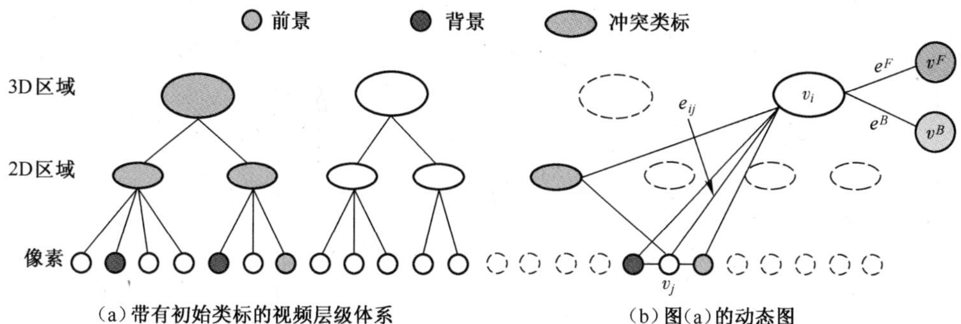

图 9.8　3D 视频剪切系统中的视频层级结构和动态图构造[38]。(a)由两步均值漂移分割算法产生的视频层级结构，然后将用户指定的类标从最底层向上传播；(b)基于当前类标布局构造的动态图。只选择那些没有冲突的最高层节点。层级结构中的每个节点也与两个虚拟节点 v^F 和 v^B 相连。

Wang 等人提出的系统所具有的一个独特特性就是图的动态构造。在该方法中，当给定用户输入和预先计算的视频层级结构时，就可以实时动态地构造一个优化图。假设用户标记了一些像素为前景，还标记了一些像素为背景，如图 9.8(a)所示。然后，顺着层级结构向上自动将这些类标传播到更高层的所有节点上。由于更高层的节点中可能包含前景像素也可能包含背景像素，所以这个传播过程可能会引入冲突。为了构造优化图，系统只挑选不带有冲突的最高层节点，并利用边连接相邻节点，如图 9.8(b)所示。在 3D 视频立方体中，在彼此邻近的任意两个节点之间都构造一个边。这样，就可以利用最优化过程来求解图标注问题，对图中的每个节点赋予一个类标。然后，将计算出的类标向下传播给每个单独的像素，从而产生最终的分割。如果分割结果存在误差，那么用户可以标记更多的像素作为硬约束，这样就会得到一个新的优化图。这种动态图构造方法允许系统总是使用最少数目的节点执行优化，同时还满足用户提供的所有约束。这样，分割效率就得到了很大提升。例如，据报道该系统可以在不到 10s 的时间内完成一个 200 帧 720×480 尺寸的视频序列的分割[8]。

与图 9.7 中构造的图相似，动态图（图 9.8(b)）中的每个节点也与两个虚拟节点 v^F 和 v^B 相连。如果用户将 v_i 标记为前景，那么 $w_i^F=0$ 且 $w_i^B=\infty$。同样地，如果将 v_i 指定为背景，那么 $w_i^F=\infty$ 且 $w_i^B=0$。否则，利用下式对它们进行计算：

$$\begin{cases} w_i^F = \dfrac{D_i^B}{D_i^F + D_i^B} \\ w_i^B = \dfrac{D_i^F}{D_i^F + D_i^B} \end{cases} \tag{9.48}$$

其中，D_i^F 和 D_i^B 是 v_i 与已知前景颜色和背景颜色之间的颜色距离。系统首先依据已知的前景颜色和背景颜色训练 GMMs，然后按照如下方式将 v_i 中的平均像素颜色（表示为 $\bar{\mathbf{c}}_i$）与 GMMs 进行拟合（如果 v_i 是更高层的节点，那么它就包含多个像素）来计算颜色距离：

$$D_i^F = 1 - \sum_k w_k^f \exp((\bar{\mathbf{c}}_i - \mu_k^f)^{\mathrm{T}} \Sigma_k^{-1} (\bar{\mathbf{c}}_i - \mu_k^f)/2) \tag{9.49}$$

其中，$(w_k^f, \mu_k^f, \Sigma_k^f)$ 代表前景 GMM 第 k 个分量的权重、平均颜色以及颜色协方差矩阵。通过相同的方式利用背景 GMM 可计算 D_i^B。

对于边权重 w_{ij}，系统采用的是式(9.5)中定义的经典指数项。此外，如果已知输入视频具有静态背景，那么就可以定义一个局部背景颜色模型和一个局部背景链接模型，并将它们集成到全局节点权重和边权重中，这大大有助于系统更好地辨识背景节点。局部节点权重和边权重的详细定义可参见文献[38]。

最后，利用图割算法求解动态构造图，赋予图中的每个节点一个前景类标或背景类标。然后,将这些类标传递给底层像素,从而产生一个完整的分割结果。整个迭代过程中需要用户提供更多的笔画来纠正分割误差,直到获得满意的结果。

9.5.3 基于时域连贯性的抠图

只要获得了视频中所有帧的三元图,就可以逐帧使用图像抠图技术产生最终的阿尔法蒙板。然而,正如前面讨论的那样,这种朴素方法无法保证时域连贯性而且很容易在蒙板中引入时域抖动。因此,在实现视频抠图时必须引入额外的时域连贯性约束。

正如9.1.2节所描述的那样,对于一个未知像素,贝叶斯抠图算法对其邻近的前景区域和背景区域中的颜色进行采样,并将这些采样结果用在贝叶斯框架中估计它的阿尔法值。Chuang 等人[40]通过对颜色采样施加时域连贯性约束将该方法扩展到视频抠图中。具体地说,一旦标记出每一帧的前景目标,那么就对剩下的背景部分进行配准和汇集,形成一个合成拼图[41],这样就可以将它重新投影到每个原始视频帧中,形成一个动态的空背景。动态空背景实质上给每个未知像素提供了一个准确的背景估计值,从而可以提高前景蒙板的准确性。由于重构的空背景具有时域连贯性,因此也就大大提高了最终阿尔法蒙板的时域连贯性。

Xue 等人在视频 SnapCut 系统中为他们的抠图方法定义了一个更加明确的时域连贯性项[42]。该算法的主要思想是利用两帧间估计的运动将由第 $t-1$ 帧计算出的阿尔法蒙板偏转到第 t 帧,并将其看作是计算第 t 帧阿尔法蒙板的先验。对于该方法中定义的抠像图,利用式(9.13)中的闭式解定义边权重。第 t 帧中像素 v_i 的节点权重包括两部分:利用局部采样的邻近前景颜色和背景颜色计算出的颜色先验 α_i^C 和时域先验 $\alpha_{s(i)}^{t-1}$,后者是第 $t-1$ 帧中像素 $s(i)$ 处的阿尔法值。根据所计算的两帧间的光流,像素 $s(i)$ 是像素 v_i 在第 $t-1$ 帧中的对应像素。通过最小化下列能量函数就可以求解阿尔法蒙板:

$$E(\alpha^t) = \sum_i [\lambda_i^{\mathrm{T}}(\alpha_i - \alpha_{s(i)}^{t-1})^2 + \lambda_i^C(\alpha_i - \alpha_i^C)^2] + (\alpha^t)^{\mathrm{T}}\mathbf{L}^{\mathrm{cf}}\alpha^t \quad (9.50)$$

式中:λ_i^{T} 和 λ_i^C 为局部自适应权重。具体来说,λ_i^C 度量了从第 t 帧中采样的前景和背景颜色样本的置信水平以及利用它们估计的阿尔法值,可按照式(9.25)对其进行计算;λ_i^{T} 在第 t 帧像素 v_i 周围和第 $t-1$ 帧像素 $s(i)$ 周围的局部窗口内前景形状相似度的基础上度量了时域先验 $\alpha_{s(i)}^{t-1}$ 的置信水平。关于这个问题的详细描述可以参见文献[42]。$\mathbf{L}^{\mathrm{cf}}$ 是式(9.14)中定义的抠图拉普拉斯矩阵。

图9.9中的例子展示了显式时域连贯项(式(9.50)中的第一项)是如何有助于提高阿尔法蒙板的时域连贯性的。给定图9.9(b)和图9.9(e)所示的第 t 和第 $t+1$ 个输入帧,首先产生这两帧的二元分割结果(图9.9(c)和9.9(f)),然后利用这些结果产生两个三元图,如图9.9(d)和图9.9(g)所示。假设第 t 帧的阿尔法蒙

板 α^t 已经计算出来。如果计算 α^{t+1} 时不使用时域连贯项,那么得到的蒙板就有误差,且与 α^t 不一致,如图 9.9(i)所示。相反,使用时域连贯项时计算出的 α^{t+1} 则具有较小的误差,且与 α^t 保持着更好的一致性,如图 9.9(j)所示。这个例子表明,使用显式时域连贯项时,所估计的阿尔法值对呈现复杂颜色和纹理的动态背景具有更强的鲁棒性。

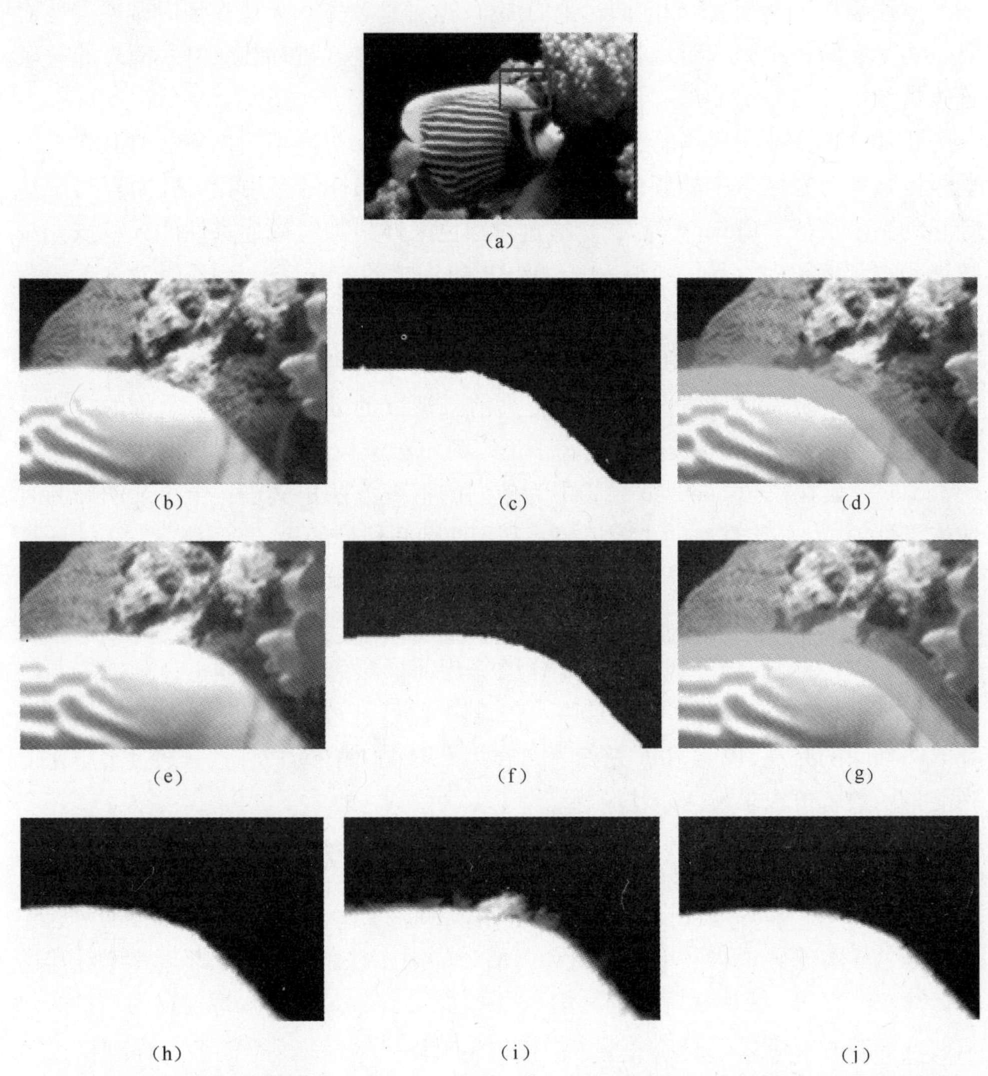

图 9.9 视频中关联性抠图的一个例子。图(a)为输入视频序列,图中方框所示的是图像的其它高光区域;图(b)是视频的第 t 帧中的高光区域;图(c)是视频的第 t 帧的二值分割结果;图(d)是视频的第 t 帧中产生的三元图;图(e)是视频的第 $t+1$ 帧中的高光区域;图(f)是视频的第 $t+1$ 帧的二值分割结果;图(g)是视频的第 $t+1$ 帧中产生的三元图;图(h)是计算的 α^t,图(i)是未利用式(9.50)中的时间相关项计算得到的 α^{t+1};图(j)是利用时间相关项计算得到的 α^{t+1}。

9.6 结论

图像与视频抠图是一个活跃的研究课题，它不仅在理论上很有意思，而且在许多实际应用中具有巨大的潜力，从图像编辑到电影制作都会涉及。近年来，通过将抠图问题表达为一种图标注问题并利用图优化方法加以求解使得该领域研究水平的先进性程度得到了显著的提高。在本章，我们展示出许多图像抠图方法使用了十分通用的图结构，并且每一种方法的优点在于其对图中边权重和节点权重定义的独特方式。我们进一步论述了如何将图分析方法扩展到视频序列中，以便通过时域连贯性方式产生准确的三元图与阿尔法蒙板。

尽管已经取得了显著的进展，但是在许多困难情况下图像与视频抠图仍旧存在一些尚未解决的问题。通过本章给出的分析我们可以清楚地看到，大多数抠图方法都是在一些光滑性图像先验知识的基础上构建的，或者隐式或者显式。对于前景和背景区域中包含高对比度纹理这类困难情况，大多数现有的抠图方法都不能取得很好的效果，这是由于这些方法中潜在的颜色光滑性假设受到了破坏。此外，与图像抠图相比，视频抠图还面临其他一些挑战问题。一个好的视频抠图系统必须对每一帧都能提供准确的蒙板。更重要的是，相邻帧的阿尔法蒙板必须具有时域一致性。现有的各类视频抠图方案仍然不能处理带有较大半透明区域的动态目标，例如运动背景中随风飘动的长发。我们期望在将来可以提出新颖的图模型和新的图分析方法来解决这些局限性。

参考文献

[1] T. Porter and T. Duff, "Compositing digital images," in *Proc. ACM SIGGRAPH*, vol. 18, July 1984, pp. 253-259.

[2] J. Wang and M. Cohen, "Optimized color sampling for robust matting," in Proc. *IEEE Conf. Computer Vision and Pattern Recognition*, 2007, pp. 1-8.

[3] C. Rother, V. Kolmogorov, and A. Blake, ""GrabCut": interactive foreground extraction using iterated graph cuts," *ACM Trans. Graphics*, vol. 23, no. 3, pp. 309-314, 2004.

[4] Y. Li, J. Sun, C. -K. Tang, and H. -Y. Shum, "Lazy snapping," *ACM Trans. Graphics*, vol. 23, no. 3, pp. 303-308, 2004.

[5] C. Rhemann, C. Rother, A. Rav-Acha, and T. Sharp, "High resolution matting via interactive tri-

map segmentation," in Proc. *IEEE Conf. Computer Vision and Pattern Recognition*, 2008, pp. 1-8.

[6] M. Ruzon and C. Tomasi, "Alpha estimation in natural images," in *Proc. IEEE Conf. Computer Vision and Pattern Recognition*, 2000, pp. 18-25.

[7] Y. Mishima, "Soft edge chroma-key generation based upon hexoctahedral color space," in *U. S. Patent* 5,355,174, 1993.

[8] J. Wang and M. Cohen, "Image and video matting: A survey," *Foundations and Trends in Computer Graphics and Vision*, vol. 3, no. 2, pp. 97-175, 2007.

[9] Y.-Y. Chuang, B. Curless, D. H. Salesin, and R. Szeliski, "A Bayesian approach to digital matting," in *Proc. IEEE Conf. Computer Vision and Pattern Recognition*, 2001, pp. 264-271.

[10] A. Levin, D. Lischinski, and Y. Weiss, "A closed-form solution to natural image matting," *IEEE Trans. Pattern Analysis and Machine Intelligence*, vol. 30, no. 2, pp. 228-242, 2008.

[11] L. Grady, T. Schiwietz, S. Aharon, and R. Westermann, "Random walks for interactive alphamatting," in *Proc. Visualization, Imaging, and Image Processing*, 2005, pp. 423-429.

[12] Y. Guan, W. Chen, X. Liang, Z. Ding, and Q. Peng, "Easy matting: A stroke based approach for continuous image matting," in *Computer Graphics Forum*, vol. 25, no. 3, 2006, pp. 567-576.

[13] J. Wang and M. Cohen, "An iterative optimization approach for unified image segmentation and matting," in *Proc. International Conference on Computer Vision*, 2005, pp. 936-943.

[14] Y. Zheng and C. Kambhamettu, "Learning based digital matting," in Proc. *International Conference on Computer Vision*, 2009.

[15] K. He, C. Rhemann, C. Rother, X. Tang, and J. Sun, "A global sampling method for alpha matting," in *Proc. IEEE Conf. Computer Vision and Pattern Recognition*, June 2011, pp. 1-8.

[16] Y. Boykov, O. Veksler, and R. Zabih, "Fast approximate energy minimization via graph cuts," *IEEE Trans. Pattern Analysis and Machine Intelligence*, vol. 23, no. 11, pp. 1222-1239, 2001.

[17] J. Shi and J. Malik, "Normalized cuts and image segmentation," *IEEE Trans. Pattern Analysis and Machine Intelligence*, pp. 888-905, 2000.

[18] X. He and P. Niyogi, "Locality preserving projections," in *Proc. Advances in Neural Information Processing Systems*, 2003.

[19] D. Singaraju and R. Vidal, "Interactive image matting for multiple layers," in *Proc. IEEE Conf. Computer Vision and Pattern Recognition*, 2008, pp. 1-7.

[20] K. He, J. Sun, and X. Tang, "Single image haze removal using dark channel prior," in *Proc. IEEE Conf. Computer Vision and Pattern Recognition*, 2009, pp. 1956-1963.

[21] E. Hsu, T. Mertens, S. Paris, S. Avidan, and F. Durand, "Light mixture estimation for spatially varying white balance," *ACM Trans. Graphics*, vol. 27, pp. 1-7, 2008.

[22] D. Singaraju, C. Rother, and C. Rhemann, "New appearance models for natural image matting," in *Proc. IEEE Conf. Computer Vision and Pattern Recognition*, 2009, pp. 659-666.

[23] B. Scholkopf and A. J. Smola, *Learning with Kernels: Support Vector Machines, Regularization,*

Optimization, and Beyond. Cambridge, MA, USA: MIT Press, 2001.

[24] C. Rhemann, C. Rother, and M. Gelautz, "Improving color modeling for alpha matting," in *Proc. British Machine Vision Conference*, 2008, pp. 1155-1164.

[25] X. Bai and G. Sapiro, "Geodesic matting: A framework for fast interactive image and video segmentation and matting," *International Journal on Computer Vision*, vol. 82, no. 2, pp. 113-132, 2008.

[26] E. S. L. Gastal and M. M. Oliveira, "Shared sampling for real-time alpha matting," *Computer Graphics Forum*, vol. 29, no. 2, pp. 575-584, May 2010.

[27] C. Rhemann, C. Rother, and J. Wang, M. Gelautz, P. Kohli, and P. Rott, "A perceptually motivated online benchmark for image matting," in *Proc. IEEE Conf. Computer Vision and Pattern Recognition*, 2009, pp. 1826-1833.

[28] C. Barnes, E. Shechtman, A. Finkelstein, and D. B. Goldman, "Patchmatch: A randomized correspondence algorithm for structural image editing," *ACM Trans. Graphics*, vol. 28, no. 3, pp. 1-11, July 2009.

[29] Y. Weiss and W. Freeman, "On the optimality of solutions of the max-product belief propagation algorithm in arebitrary graphs," *IEEE Trans. Information Theory*, vol. 47, no. 2, pp. 303-308,2001.

[30] S. Kakutani, "Markov processes and the Dirichlet problem," in *Proc. Japanese Academy*, vol. 21, 1945, pp. 227-233.

[31] A. R. Simth and J. F. Blinn, "Blue screen matting," in *Proc. ACM SIGGRAPH*, 1996, pp. 259-268.

[32] P. Villegas and X. Marichal, "Perceptually-weighted evaluation criteria for segmentation masks in video sequences," *IEEE Trans. Image Processing*, vol. 13, no. 8, pp. 1092-1103, 2004.

[33] J. S. Y. Li and H. Shum, "Video object cut and paste," *ACM Trans. Graphics*, vol. 24, pp. 595-600, 2005.

[34] L. Vincent and P. Soille, "Watersheds in digital spaces: an efficient algorithm based on immersion simulations," *IEEE Trans. Pattern Analysis and Machine Intelligence*, vol. 13, no. 6, pp. 583-598, 1991.

[35] D. Titterington, A. Smith, and U. Makov, *Statistical Analysis of Finite Mixture Distributions*. John Wiley & Sons, 1985.

[36] A. Blake, C. Rother, M. Brown, P. Perez, and P. Torr, "Interactive image segmentation using an adaptive GMMRF model ," in *Proc. European Conference on Computer Vision*, 2004, pp. 428-441.

[37] H. Shum, J. Sun, S. Yamazaki, Y. Li and C. Tang, "Pop-up light field: An interactive image-based modeling and rendering system," *ACM Trans. Graphics*, vol. 23, no. 2, pp. 143-162, 2004.

[38] J. Wang, P. Bhat, R. A. Colburn, M. Agrawala, and M. F. Cohen, "Interactive video cutout," *ACM Trans. Graphics*, vol. 24, pp. 585-594, 2005.

[39] D. Comaniciu and P. Meer, "Mean shift: A robust approach toward feature space analysis," *IEEE Trans. Pattern Analysis and Machine Intelligence*, vol. 24, no. 5, pp. 603-619, 2002.

[40] Y. -Y. Chuang, A. Agarwala, B. Curless, D. Salesin, and R. Szeliski, "Video matting of complex scenes," *ACM Trans. Graphics*, vol. 21, pp. 243-248, 2002.

[41] R. Szeliski and H. Shum, "Creating full view panoramic mosaics and environment maps," in *Proc. ACM SIGGRAPH*, 1997, pp. 251-258.

[42] X. Bai, J. Wang, D. Simons, and G. Sapiro, "Video snapcut: Robust video object cutout using localized classifiers," *ACM Trans. Graphics*, vol. 28, no. 3, pp. 1-11, July 2009.

第10章
多表面和多目标图像最优同步分割

Xiaodong Wu, Mona K. Garvin, Milan Sonka

10.1 引言

图像正在越来越多地以高维数据呈现。早期的工作致力于研究二维(2D)图像的处理和分析方法,后来重心转移到了立体影像,即2D+时间(动态视频)的图像数据,以及多光谱(或多波段)的三维(3D)图像。在过去的几十年里,大量的努力都致力于发展自动或半自动的图像分割技术[1]。随着X射线计算机层析扫描(CT)、磁共振(MR)、正电子发射层析扫描(PET)、单光子发射计算机层析扫描(SPECT)、超声、光学相干层析扫描(OCT)及其他医学成像模态可用性的提高,高维数据在日常临床医学应用中无处不在。显然,三维、四维(4D)和五维(5D)体图像正变得越来越普遍。在这个背景下,3D图像通常表示为一个 $x-y-z$ 阵列形式的体数据。加入图像获取的时域要素后,图像数据就变为4D($x-y-z-t$ 阵列)——在心跳周期内获得的心室MR、CT或超声图像都可以作为此类4D数据集的例子。当这样的4D图像数据在若干时刻获得(例如,在几周时间段内每周出现一次),经过一段时间就会产生5D图像数据结果($x-y-z-t_1-t_2$ 阵列)——在一个呼吸周期内获得并纵贯几个成像周期的肺部CT图像就是一个5D图像数据的例子。想象出高维图像数据的形成方式不再成为问题。与传统的2D图像数据一样,高维图像数据也需要进行处理、分割、分析、以及用于智能决策。然而,图像数据潜在的 nD 特性需要发展完全不同的方法,以便将此类图像所有维度的上下文信息考虑在内并实现内在的集成。在这方面,没有比图像分割表现得更明显的图像分析步骤了。

结合基于图像的上下文信息和采用一种最佳的方式实现图像分割是两个有影响力的方法学,它们形成了下文所述的基于图的 n 维(nD)图像分割方法[2-4]的基础。在介绍一个简单2D图像分割例子的基本算法之后,将引入一种通用的适用于 nD 图像数据的单表面最优分割方法学。同时,也描述了有助于实现单个或多个相互作用目标的多个交互表面最优分割的延伸内容,揭示了该方法在封闭表面和多目标分割情形下的通用性以及它对 nD 图像数据的适用性。由于解的最优性取决于代价函数，所以我们着重论述代价函数的设计，包括基于边缘的、基于区域的和边缘区域相结合的代价函数。我们讨论了结合形状先验信息的方法，并引出了基于弧的图表示法及其相关的基于弧的图分割方案。

10.2 动机和问题描述

如前所述，nD 图像通常遍布于世界上各种医学成像应用领域。随着此类图像数据获取数量的日益增多，组成这些图像的图像切片数量的不断增加，以及面内图像分辨率的增加，需要由放射科医师、骨科医师、内科医师和其他医疗专业人士分析的图像数据总量在急剧增长，超过了医师从视觉上分析这些数据的能力。由于时间的限制和人工勾描法整体上呈现的单调乏味性，在临床上实现器官/目标的3D、4D 或更高维的分割对观察者来说是不可行的。各种医学图像分析问题的解决方案展示了所报道的自动化方法的功能和性能，这为验证所介绍的算法概念的广泛适用性提供了令人信服的证据。

本章我们要解决的分割问题可分为以下几类，所有这些问题都适用于 nD 图像数据：

(1) **类单表面地形的分割**，例如 3D 或 4D CT 图像中的隔膜分割。

(2) **类多表面地形的分割**，例如 3D OCT 图像中多个视网膜层的分割。

(3) **管状目标的单/多表面分割**，例如 3D/4D 血管内超声图像中血管内壁和外壁的检测。

(4) **封闭表面的单/多表面分割**，例如，3D CT 图像中肝脏表面的辨识或 3D/4D/5D 超声图像中心脏左心室的心内膜与心外膜表面的检测。

(5) **分叉管状结构的单/多表面分割**，例如，3D CT 图像中胸内气道树交叉分支的内壁和外壁的检测。

(6) **若干彼此相互作用目标的单/多表面分割**，例如 CT 图像中前列腺和膀胱的同时检测，或 MR 图像中膝盖骨和软骨的同时分割。

在上述所有这些情况以及许多其他类似情况中，要利用这些基础的图像数据构造图。在图中，最佳表面要依据基于节点的或基于弧的代价函数来确定。重要的是，所描述的方法可适用的所有情况都要求图的列能截断所求的表面（或多个表面）恰好一次。这个约束对于那些必须保持目标拓扑结构的应用场合是有利的，这不同于文献[5,6]所描述的基于类标的方法。为了满足这个需求，必须按照合适的方式形成相应的图，或者利用与所得目标的大概形状和/或拓扑结构有关的先验信息，或者通过实现能用于图的构造拓扑结构大致正确的预分割。这些过程的细节将在下面给出。

10.3　基于图的图像分割方法

10.3.1　最优表面检测问题

设$\mathcal{I}$是一个给定的大小为 $n = X \times Y \times Z$ 的 3D 体图像。图 10.1(a)显示了一幅 3D 视网膜 OCT 体图像。对每个坐标对(x,y)，$0 \leqslant x<X$ 且 $0 \leqslant y<Y$，体素子集 $\{\mathcal{I}(x,y,z) \mid 0 \leqslant z < Z\}$ 形成了一个平行于 z 轴的**列**，用 $\mathrm{Col}(x,y)$表示。对于两个列，如果它们的坐标(x,y)满足某些邻域条件，那么它们是**邻近**的。例如，在 4 邻域设置中，如果 $|x - x'| + |y - y'| = 1$，则列 $\mathrm{Col}(x,y)$与列 $\mathrm{Col}(x',y')$邻近。从这往后，我们将采用 4 邻域邻近关系模型；这个简单的模型可以很容易推广到其他邻近关系设置中。要注意的是，所寻求的每个 z 单调表面恰好包含一个处于$\mathcal{I}$中每一列的体素。用 $S(x,y)$表示表面 S 上体素$\mathcal{I}(x,y,z)$的 z 坐标。图 10.1(b)显示了表面的方向。表面**平滑约束**由两个**平滑参数** Δx 和 Δy 确定，它们定义了随着 x 和 y 维度上分别出现单位距离变化时允许表面 z 坐标的最大变化量。如果$\mathcal{I}(x,y,z')$和$\mathcal{I}(x+1,y,z'')$(或$\mathcal{I}(x,y+1,z'')$)是一个可行表面上的两个(相邻)体素，那么$|z'-z''| \leqslant \Delta x$(或$|z'-z''| \leqslant \Delta y$)，如图 10.1(c)所示。更准确地说，可将$\mathcal{I}$内的**表面**定义为函数 $S:[0..X)\times[0..Y)\to[0..Z)$，使得对于任意一个坐标对$(x,y)$，$|S(x,y)-S(x+1,y)| \leqslant \Delta x$ 且$|S(x,y)-S(x,y+1)| \leqslant \Delta y$，其中$[a..b)$表示从 a 到 $b-1$ 的整数构成的集合。在多表面检测中，对于每对要求的表面 S 和 S'，我们使用两个参数($\delta^l \geqslant 0$ 和 $\delta^u \geqslant 0$)来表示表面**分离约束**，该约束定义了两个表面的相对定位和距离范围。也就是说，如果$\mathcal{I}(x,y,z) \in S$ 且$\mathcal{I}(x,y,z') \in S'$，则对于每个坐标对$(x,y)$，我们有 $\delta^l \leqslant z' - z \leqslant \delta^u$ (见图 10.2)。如果一个表面集中的每个独立表面都满足给定的平滑约束并且每一对表面都满足表面分离约束，那么该表面集是**可行**的。

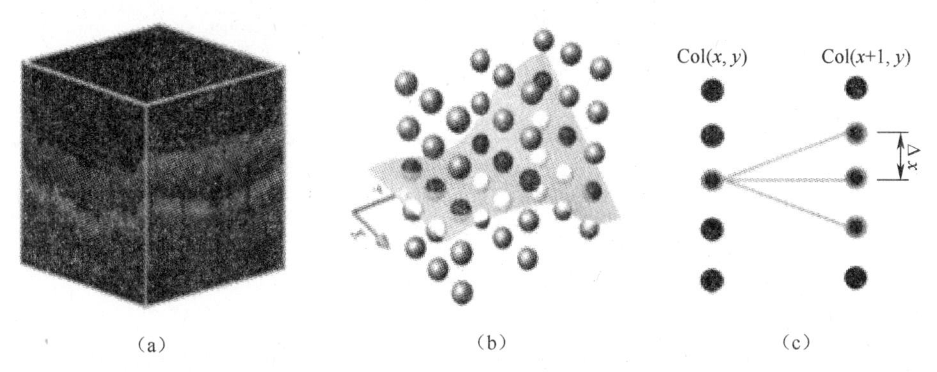

图 10.1　最佳表面检测问题。(a)一个 3D 视网膜 OCT 体图像；(b)表面方向；(c)两个相邻列(平滑参数 $\Delta x=1$)。

设计合适的代价函数对于任何基于优化的分割方法都是极为重要的。输入体图像中每个体素的代价函数通常反映了目标表面基于边缘的和(或)基于区域的特性,具体情况要视成像条件而定。

由图像梯度定义的边缘通常用于图像分割。一个典型的**基于边缘的代价函数**主要用于精确定位体图像的边界表面。结合区域信息能缓解初始模型的灵敏度并有助于鲁棒性的增强,这种策略在图像分割中变得越来越重要[7-13]。因此,我们将代价赋予$\mathcal{I}$中的每个体素以便用于集成基于边缘的和基于区域的代价函数,具体如下。每个体素$\mathcal{I}(x,y,z)$对应一个**基于边缘的代价** $b_i(x,y,z)$,它是一个任意的实数,用于检测第 i 个表面。注意$\mathcal{I}$中的 λ 个表面 $\mathcal{S}=\{S_1,S_2,\cdots,S_\lambda\}$ 会带来 $\lambda+1$ 个区域 $\{R_0,R_1,\cdots,R_\lambda\}$ (见图 10.2(a))。对每个区域 $R_i(i=0,1,\cdots,\lambda)$,每个体素$\mathcal{I}(x,y,z)$都被赋予一个**基于区域的实值代价** $c_i(x,y,z)$。$\mathcal{I}$中每个体素对应的基于边缘的代价与它在一个预期表面出现的似然性是逆相关的,而基于区域的代价 $c_i(\cdot)(i=0,1,\cdots,\lambda)$用于度量一个给定体素在保持划分$\{R_0,R_1,\cdots,R_\lambda\}$的预期区域特性(例如同质性)方面的逆似然性。基于边缘的和基于区域的代价都可以通过使用简单的低级图像特征来确定[1,8,9,12]。然后,由$\mathcal{S}$中 λ 个表面引出的总代价 $\alpha(\mathcal{S})$定义为

$$\alpha(\mathcal{S})=\sum_{i=1}^{\lambda}b_i(S_i)+\sum_{i=0}^{\lambda}c_i(R_i)=\sum_{i=1}^{\lambda}\sum_{\mathcal{I}(x,y,z)\in S_i}b_i(x,y,z)+\sum_{i=0}^{\lambda}\sum_{\mathcal{I}(x,y,z)\in R_i}c_i(x,y,z) \tag{10.1}$$

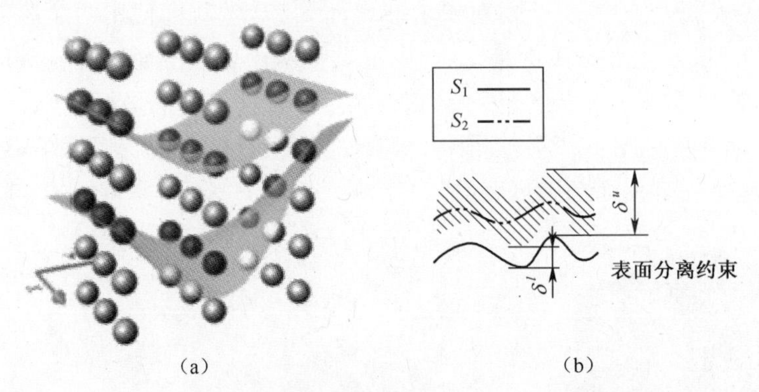

图 10.2 (a)两个所求表面将图像$\mathcal{I}$划分为三个区域;(b)基于最小表面距离(δ^l)和最大表面距离(δ^u)的表面间关系的建模。

10.3.2 最优单表面检测

本节介绍用于解决**最优单表面检测**(OSSD)问题的多项式时间复杂度算法,其中 $\lambda=1$ 且不考虑基于区域的代价,即能量函数是 $\alpha(\mathcal{S})=\sum_{\mathcal{I}(x,y,z)\in\mathcal{S}}b(x,y,z)$。我们首先利用了 OSSD 问题的层内自闭结构,然后将它构思成一个基于非平凡图变

换方法的最小代价闭集问题。

具有任意顶点代价 $w(\cdot)$ 的有向图中的**闭集**$\mathcal{C}$是顶点集的一个子集，要求$\mathcal{C}$中任意顶点的所有后继顶点也包含在$\mathcal{C}$中[14,15]。闭集$\mathcal{C}$的**代价**表示为 $w(\mathcal{C})$，是$\mathcal{C}$中所有顶点的总代价。注意，闭集可以是空集（代价为零）。最小代价闭集问题旨在求解图中代价最小的一个闭集。

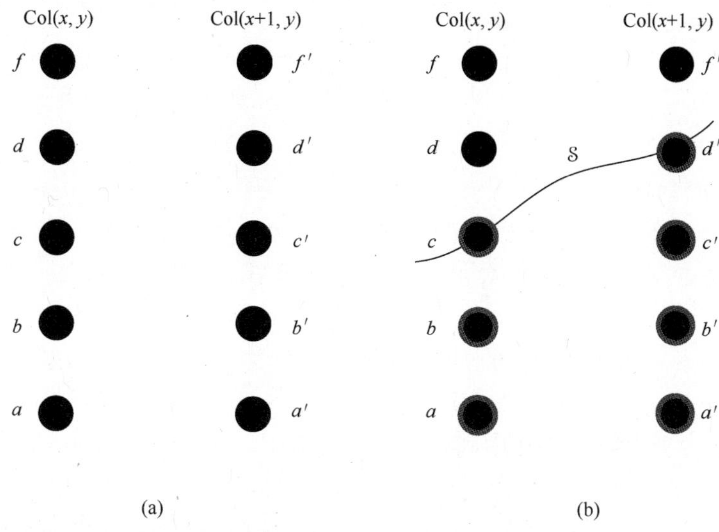

图 10.3　OSSD 问题的层内自闭结构图解。表面平滑参数 $\Delta x=1$。(a)最低邻元素，如果体素 $c\in \mathrm{Col}(x,y)$ 在一个可行表面上，那么 $\mathrm{Col}(x+1,y)$ 上的体素 $\{b',c',d'\}$ 中只有一个可以在相同的表面上，因此 b' 是体素 c 在 $\mathrm{Col}(x+1,y)$ 上的最低邻元素。体素 $a'\in \mathrm{Col}(x+1,y)$ 在 $\mathrm{Col}(x,y)$ 上的最低邻元素是体素 a；(b)层内自闭结构，S 是一个可行表面，图中带有圆圈的体素构成集合 $\mathrm{Lw}(S)$，$\mathrm{Lw}(S)$ 中每个体素的最低邻元素也在 $\mathrm{Lw}(S)$ 中。

10.3.2.1　OSSD 问题的层内自闭性

用于解决 OSSD 问题的算法取决于如下对任意可行 OSSD 解自闭结构的观察。对一个体素$\mathcal{I}(x,y,z)$和 $\mathrm{Col}(x,y)$ 的每个相邻列 $\mathrm{Col}(x',y')$，$\mathcal{I}(x,y,z)$ 在 $\mathrm{Col}(x',y')$上的**最低邻元素**是 $\mathrm{Col}(x',y')$ 上 z 坐标最小的体素，它可以与$\mathcal{I}(x,y,z)$一起出现在$\mathcal{I}$的同一个可行表面上。更精确地说，$\mathcal{I}(x,y,z)$ 在它的相邻列 $\mathrm{Col}(x\pm1,y)$（或 $\mathrm{Col}(x,y\pm1)$）上的最低邻元素是$\mathcal{I}(x\pm1,y,\max\{0,z-\Delta x\})$（或$\mathcal{I}(x,y\pm1,\max\{0,z-\Delta y\})$）。在图 10.3(a)中，体素 c 在 $\mathrm{Col}(x+1,y)$ 上的最低邻元素是 b'，体素 a'在 $\mathrm{Col}(x,y)$ 上的最低邻元素是体素 a，其中 $\Delta x=1$。

如果 $S(x,y)>z$，则称体素$\mathcal{I}(x,y,z)$低于表面 S，并用 $\mathrm{Lw}(S)$ 表示$\mathcal{I}$中所有在 S 上或低于 S 的体素。一个关键的观察结果是：对于$\mathcal{I}$中任意可行的表面 S，$\mathrm{Lw}(S)$ 中每个体素的最低邻元素也包含在 $\mathrm{Lw}(S)$ 中。图 10.3(b)给出了两个相邻列的层内自闭结构。例如，体素 $c \in \mathrm{Lw}(S)$ 在 $\mathrm{Col}(x+1,y)$ 上的最低邻元素 b' 在 $\mathrm{Lw}(S)$ 中，而体素 $d' \in \mathrm{Lw}(S)$ 在 $\mathrm{Col}(x,y)$ 上的最低邻元素 c 也在 $\mathrm{Lw}(S)$ 中。这一层内自闭性对我们设计相关的算法至关重要，表明应该把我们的目标问题与最小闭集问题联系起来。在我们提出的方法中，通过在$\mathcal{L}$中寻找一个能唯一确定最优表面 S^* 的体素集 $\mathrm{Lw}(S^*)$ 来代替直接求解表面 S^*。

10.3.2.2 OSSD 问题的图变换法

本节介绍了利用输入图像$\mathcal{I}$构造节点加权有向图 $\mathcal{G}=(\mathcal{V},\mathcal{E})$，通过它可以按照计算最小代价闭集的方式检测出最优单表面，这种构造显著依赖于层内的自闭结构。

有向图$\mathcal{G}$可按如下方式构造。每个顶点 $v(x,y,z) \in \mathcal{V}$ 恰好表示一个体素 $\mathcal{I}(x,y,z) \in \mathcal{I}$。可以把有向图$\mathcal{G}$看作是一个定义在 3D 网格上的几何图。如果在符号使用上不嫌重复的话，我们也用 $\mathrm{Col}(x,y)$ 表示$\mathcal{G}$中的节点，使其对应于$\mathcal{I}$中 $\mathrm{Col}(x,y)$ 上的体素。然后，引入$\mathcal{G}$的弧（弧是图的有向边）以保证所有对应于可行表面 S 的体素集 $\mathrm{Lw}(S)$ 的节点能形成$\mathcal{G}$中的一个闭集。首先，我们需要确定体素 $\mathcal{I}(x,y,z_s)$ 是否在 S 上，然后确定$\mathcal{G}$中同一列上所有低于 $v(x,y,z_s)$（其中 $z \leqslant z_s$）的节点 $v(x,y,z)$ 一定在一个闭集$\mathcal{C}$内。因此，对于每列 $\mathrm{Col}(x,y)$，每个节点$v(x,y,z)$（$z>0$）都有一条有向弧连接紧邻其下的节点 $v(x,y,z-1)$，这些弧称为**列内弧**，在实际应用时对所求的表面施加了单调性（要求的表面与每列恰好相交一次）。接下来，我们需要沿 $\mathbf{x}$ 和 $\mathbf{y}$ 维度将平滑约束集成到$\mathcal{G}$中。要注意的是，如果体素 $\mathcal{I}(x,y,z_s)$ 在表面 S 上，则其在 S 上沿 $\mathbf{x}$ 维度的相邻体素一定不能"低于"体素 $\mathcal{I}(x,y,z_s-\Delta x)$。因此，节点 $v(x,y,z_s) \in \mathcal{C}$ 表明节点 $v(x+1,y,z_s-\Delta x)$ 和 $v(x-1,y,z_s-\Delta x)$ 必须在$\mathcal{C}$中。所以，对每个节点 $v(x,y,z)$，从 $v(x,y,z)$ 到 $v(x+1,y,z-\Delta x)$ 以及从 $v(x,y,z)$ 到 $v(x-1,y,z-\Delta x)$ 我们分别作弧，这些弧称为**列间弧**。需要注意的是，节点 $v(x+1,y,z-\Delta x)$（或 $v(x-1,y,z-\Delta x)$）对应于体素 $\mathcal{I}(x,y,z)$ 在它的相邻列 $\mathrm{Col}(x+1,y)$（或 $\mathrm{Col}(x-1,y)$）上的的最低邻元素。这里，为了避免在叙述我们的关键思路时出现混乱，我们不考虑边界条件，这同样也有办法解决。我们在 $\mathbf{y}$ 维度上也做了同样的构造。

为了集成基于边缘的代价，可按如下方式将节点代价 $w(x,y,z)$ 赋给$\mathcal{G}$的每个节点 $v(x,y,z)$：

$$w(x,y,z)=\begin{cases} b(x,y,z), & z=0 \\ b(x,y,z)-b(x,y,z-1), & z=1,2,\cdots,Z-1 \end{cases} \tag{10.2}$$

其中，$b(x,y,z)$是体素 $\mathcal{I}(x,y,z)$ 的代价。这样，$\mathcal{G}$的构造就完成了，它包含 n 个节点和 $O(n)$ 条弧。需要注意的是，$\mathcal{G}$的大小与平滑参数 Δx 和 Δy 无关。图 10.4 举例阐释了两个相邻体素列的构造方法。

10.3.2.3 基于最小代价闭集计算的最优单表面检测

按照上述方式构造的图$\mathcal{G}$使我们能够通过计算$\mathcal{G}$中代价最小的非空闭集检测出$\mathcal{I}$中的最优单表面。文献[2,16]对一般条件下最优表面检测问题的分析揭示了以下事实:(1)$\mathcal{G}$中的任意闭集$\mathcal{C}\neq\varnothing$定义了$\mathcal{I}$的一个可行表面,该表面的总代价等于$\mathcal{C}$的总代价;(2)$\mathcal{I}$的任意可行表面$S$对应于$\mathcal{G}$中的一个闭集$\mathcal{C}\neq\varnothing$,该闭集的代价等于$S$的代价。因此,$\mathcal{G}$中代价最小的一个非空闭集可以确定$\mathcal{I}$的一个最佳单表面。

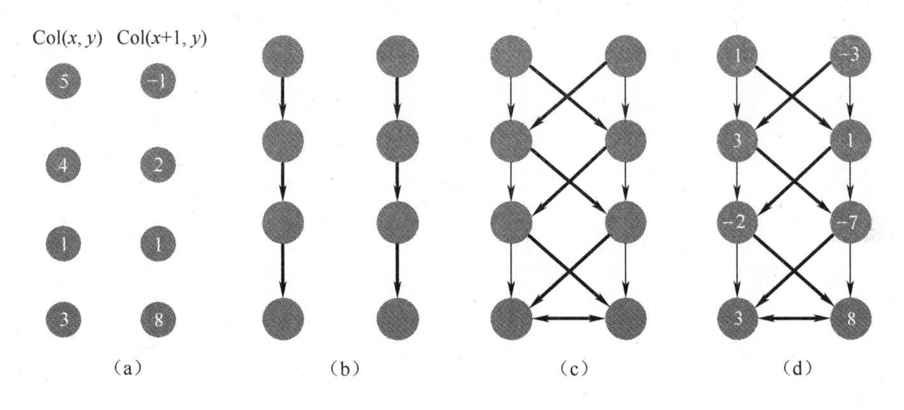

图 10.4 OSSD 问题的图构造图解。通过两个相邻列举例阐释这种构造。表面平滑参数$\Delta x=1$。(a)两个相邻体素列,每个数字是相应体素的边缘代价;(b)箭头指向下的列内弧(深黑色)对所求表面施加了单调性;(c)列间弧(深黑色)施加了表面平滑约束;(d)节点代价赋值方案。

给定$\mathcal{G}$中的任意闭集$\mathcal{C}\neq\varnothing$,我们按照如下方式定义$\mathcal{I}$的一个可行表面$S$。对于每个$(x,y)$对,令$\mathcal{C}(x,y)\subset\mathcal{C}$是$\mathcal{G}$中$\mathrm{Col}(x,y)$列上的节点集。按照$\mathcal{G}$的构造,不难看出$\mathcal{C}(x,y)\neq\varnothing$。令$z_h(x,y)$是$\mathcal{C}(x,y)$中节点的$z$坐标最大值。对于每个$(x,y)$对,定义表面$S$为$S(x,y)=z_h(x,y)$。图10.5给出了一个由闭集恢复可行表面的例子。

因此,我们可以计算$\mathcal{G}$中代价最小的闭集$\mathcal{C}^*\neq\varnothing$,它指定了$\mathcal{I}$的一个最优单表面$S^*$。然而,$\mathcal{G}'$中的最小闭集$\mathcal{C}^*$可能是空集(代价为零)。在这种情况下,$\mathcal{C}^*=\varnothing$对恢复表面几乎没有提供任何有用信息。幸运的是,我们对图$\mathcal{G}$的精心构造仍然可以让我们克服这个困难。如果$\mathcal{G}$中的最小闭集为空集,那么这意味着$\mathcal{G}$中每个非空闭集的代价为非负值。我们想通过一种变换将$\mathcal{G}$中每个闭集的代价减少一个定值,从而确保至少有一个代价是负值。为了做到这一点,我们研究了一个特殊的闭集$\mathcal{C}_0$,它是由$\mathcal{G}$中所有列的“底部”节点组成的,即$\mathcal{C}_0=\{v(x,y,0)\mid 0\leqslant x<X,0\leqslant y<Y\}$。图$\mathcal{G}$的构造过程表明,$\mathcal{C}_0$是一个闭集,且是$\mathcal{G}$中任意非空闭集的一个子集。因此,为了获得$\mathcal{G}$中最小的**非空**闭集,我们按如下步骤来做:令$M$是$\mathcal{C}_0$中节点的总

代价；如果 $M > 0$，任选一个节点 $v(x_0,y_0,0) \in \mathcal{C}_0$，并赋予该节点一个新的权重 $w(x_0,y_0,0) - M - 1$（图 10.6(a)），我们将此过程称之为$\mathcal{G}$上的**平移运算**。因此，经过$\mathcal{G}$上的平移运算后，闭集$\mathcal{C}_0$ 的总代价为负值。由于$\mathcal{C}_0$ 是$\mathcal{G}$中任意非空闭集的一个子集，所以任意非空闭集的代价减少了$(M+1)$。因此，$\mathcal{G}$中代价最小的非空闭集在平移运算后并没有改变且不能为空。于是，在对$\mathcal{G}$实施平移运算后我们可以直接找到$\mathcal{G}$的一个最小闭集$\mathcal{C}^*$。$\mathcal{C}^*$ 是执行平移操作前$\mathcal{G}$中代价最小的非空闭集。

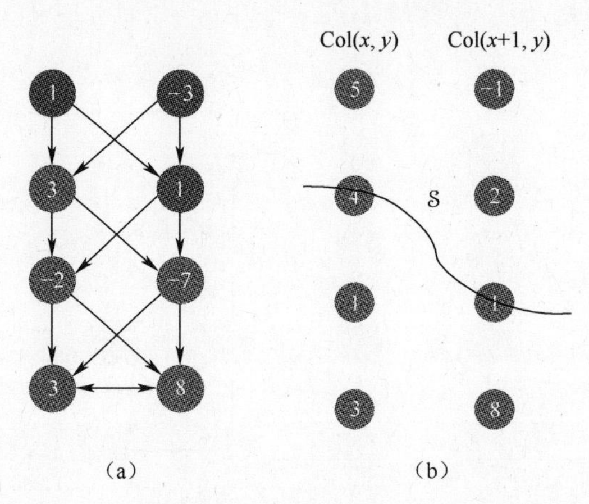

图 10.5　由闭集恢复可行表面的图解。(a)表示图 10.4(d)所示构造图中的一个闭集；(b)表示由(a)中的闭集确定的表面。

与文献[14,15,2,16]一样，我们求出了$\mathcal{G}$中代价最小的闭集 $\mathcal{C}^* \neq \varnothing$，方法是通过将其构思为计算加权有向图$\mathcal{G}'$（通过对$\mathcal{G}$作变换获得）的一个最小 s-t 割。令$\mathcal{V}^+$和$\mathcal{V}^-$分别表示$\mathcal{G}$中具有非负代价和负代价的节点集。定义一个新的有向图 $\mathcal{G}_{st} = (\mathcal{V} \cup \{s,t\}, \mathcal{E} \cup \mathcal{E}_{st})$。$\mathcal{G}_{st}$ 的节点集是$\mathcal{G}$的节点集$\mathcal{V}$加上一个源点 s 和一个汇点 t。$\mathcal{G}_{st}$ 的弧集是$\mathcal{G}$的弧集$\mathcal{E}$加上一个新的弧集 $\mathcal{E}_{st}$。其中，$\mathcal{E}_{st}$ 由以下弧组成：源点 s 通过代价为 $-w(v)$ 的弧连到每个节点 $v \in \mathcal{V}^-$；每个节点 $v \in \mathcal{V}^+$ 通过代价为 $w(v)$ 的弧连到汇点 t（图 10.6(a)）。令 $(A,\bar{A})$ 表示$\mathcal{G}_{st}$中代价有限的一个 s-t 割（$s \in A, t \in \bar{A}$），并令 $C(A,\bar{A})$ 表示割的总代价。注意，割 $(A,\bar{A})$ 中的弧或者在$(A \cap \mathcal{V}^+, t)$中或者在 $(s, \bar{A} \cap \mathcal{V}^-)$ 中。令 $w(\mathcal{V}')$ 表示子集 $\mathcal{V}' \subseteq \mathcal{V}$ 中节点的总代价。

$$
\begin{aligned}
C(A,\bar{A}) &= \sum_{v \in \bar{A} \cap \mathcal{V}^-} (-w(v)) + \sum_{v \in \bar{A} \cap \mathcal{V}^+} w(v) \\
&= \sum_{v \in \mathcal{V}^-} (-w(v)) - \sum_{v \in \bar{A} \cap \mathcal{V}^-} (-w(v)) + \sum_{v \in \bar{A} \cap \mathcal{V}^+} w(v) \qquad (10.3) \\
&= -w(\mathcal{V}^-) + \sum_{v \in A} w(v)
\end{aligned}
$$

注意，$-w(\mathcal{V}^-)$ 这一项是固定的，它是在$\mathcal{G}$中所有负代价节点上计算出的和。$\sum_{v \in A} w(v)$这一项是割 $(A,\bar{A})$ 的源集 A 中所有节点的总代价。但是，$A - \{s\}$ 是

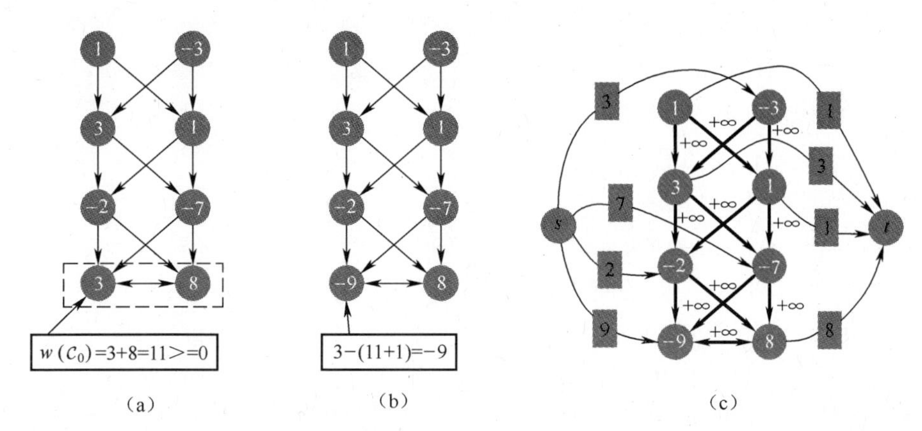

图 10.6　计算代价最小非空闭集的图解。(a)所有列的"底部"节点形成一个最小闭集，它是图 10.4(d)中图的任意非空闭集的一个子集；(b)对(a)中的图执行平移操作；(c)为计算代价最小的非空闭集所构建的 s−t 图。

$\mathcal{G}$中的一个闭集[14,15]。因此，$\mathcal{G}_{st}$ 中割 $(A,\bar{A})$ 的代价与$\mathcal{G}$中对应闭集的代价相差一个常数，且 $\mathcal{G}_{st}$ 中最小割的源集对应$\mathcal{G}$中代价最小的闭集。

因此，$\mathcal{G}_{st}$中最小的 s−t 割定义了$\mathcal{G}$中代价最小的闭集$\mathcal{C}^*$，可以用$\mathcal{C}^*$确定$\mathcal{I}$中的最优单表面 S^*。

10.3.3　最优多表面检测

本节论述了用于解决**最优多表面检测**(OMSD)问题的算法，即实现 3D 图像$\mathcal{I}$中 $\lambda > 1$ 个相关表面的同步检测，从而使表达式(10.1)中定义的 λ 个表面的总代价最小[3,16]。除了研究每个单表面的层内自闭结构，我们进一步探索了相互作用的成对表面之间的**层间自闭结构**，这使我们可以将 OMSD 问题再次描述成一个代价最小的闭集问题。

10.3.3.1　OMSD 算法概述

OMSD 算法是在一个复杂图变换方法的基础上实现的，能够让我们通过计算加权有向图$\mathcal{G}$(通过对$\mathcal{I}$做变换获得)中代价最小的闭集同时把 $\lambda > 1$ 个最优相关网格表面整体辨识出来。该算法利用了如下三个主要步骤。

第 1 步：构造图。构造一个节点加权有向图$\mathcal{G}=(\mathcal{V},\mathcal{E})$，该图包含 λ 个节点不相交的子图 $\mathcal{G}_i = (\mathcal{V}_i,\mathcal{E}_i)$ 。利用每个子图 $\mathcal{G}_i$ 搜索$\mathcal{I}$中的第 i 个表面。通过引入任意两个相邻子图 $\mathcal{G}_i$ 和 $\mathcal{G}_{i+1}(i = 1,2,\cdots,\lambda - 1)$ 之间的有向弧的一个子集，施加表面分离约束。图$\mathcal{G}$的构造(参见 10.3.3.3 节)取决于 10.3.3.2 节所用的自闭结构。

第 2 步：计算代价最小的闭集。计算$\mathcal{G}$中代价最小的非空闭集$\mathcal{C}^*$，这可以通过将它构思为计算由$\mathcal{G}$的变换所得的边缘加权有向图中最小的 s-t 分割来实现。

第 3 步：表面重建。最优的 λ 个表面构成的集合由代价最小闭集$\mathcal{C}^*$重建，其中每个表面由 $\mathcal{C}^* \cap \mathcal{V}_i$ 确定。

10.3.3.2 OMSD 问题的自闭结构

假设$\mathcal{S}=\{S_1,S_2,\cdots,S_\lambda\}$是$\mathcal{I}$中 λ 个表面构成的一个可行集合，且 S_{i+1} 在 S_i 的"上方"。对要求的每一对表面 S_i 和 S_{i+1}，利用两个参数 $\delta_i^l \geqslant 0$ 和 $\delta_i^u \geqslant 0$[①]确定表面分离约束（注意，我们可以对 S 中的任意一对表面定义分离约束）。首先，考虑每个单独表面 $S_i \in \mathcal{S}$。回想一下，我们用 $\mathrm{Lw}(S_i)$ 表示$\mathcal{I}$中在 S_i 上或低于 S_i 的所有体素构成的子集。如 10.3.2.1 节一样，我们观察到每个 $\mathrm{Lw}(S_i)$ 都具有层内自闭结构。

然而，由于 S 中的 λ 个表面是相互关联的，所以这项任务变得错综复杂。以下观察揭示了平滑约束和分离约束之间具有共同的基本结构，使我们可以进一步研究各个 $\mathrm{Lw}(S_i)$ 之间的封闭结构。我们可以把 3D 图像$\mathcal{I}$看作是嵌入在 **yz** 平面上的 X 个 2D 切片构成的集合。因此，$\mathcal{I}$中的可行表面 S 被分解为 X 个 **z** 单调曲线，每个曲线都处在一个 2D 切片中。我们观察到，每个可行的 **z** 单调曲线都受制于对应切片的平滑约束，且任意一对相邻的 **z** 单调曲线都表现出能满足类似的分离约束。这一观察结果表明，dD 图像的表面分离约束可以看作是 $(d+1)$D 图像的表面平滑约束，而 $(d+1)$D 图像是由 λ 个 dD 图像序列堆叠组成的。因此，我们打算把 dD 中 λ 个最优表面的检测问题映射为在 $(d+1)$D 求解最优单表面的问题。

为了区分自闭结构，下面我们根据给定的表面分离参数 δ_i^l 和 δ_i^u 定义$\mathcal{I}$中任意体素 $\mathcal{I}(x,y,z)$ 的**上游**体素和**下游**体素：如果 $\mathcal{I}(x,y,z) \in S_i$，那么 $\mathcal{I}(x,y,z)$ 的第 i 个上游（或下游）体素是列 $\mathrm{Col}(x,y)$ 上 z 坐标值最小的体素，它可以处于 S_{i+1}（或 S_{i-1}）上。更确切地说，对每个体素 $\mathcal{I}(x,y,z)$ 和 $1 \leqslant i < \lambda$（或 $1 < i \leqslant \lambda$），如果 $z+\delta_i^l < Z$（或 $z-\delta_{i-1}^u \geqslant 0$），那么 $\mathcal{I}(x,y,z)$ 的第 i 个**上游**（或**下游**）体素是 $\mathcal{I}(x,y,z+\delta_i^l)$（或 $\mathcal{I}(x,y,\max\{0,z-\delta_{i-1}^u\})$）。考虑任意一个体素 $\mathcal{I}(x,y,z) \in \mathrm{Lw}(S_i)$。由于 $z \leqslant S_i(x,y)$，$\mathcal{I}(x,y,S_i(x,y))$ 的第 i 个上游体素处于 $\mathcal{I}(x,y,z)$ 的第 i 个上游体素的"上方"（即 $S_i(x,y)+\delta_i^l \geqslant z+\delta_i^l$）。同时，$S_{i+1}(x,y) \geqslant S_i(x,y)+\delta_i^l$（通过第 i 个上游体素的定义得到）。因此，$\mathcal{I}(x,y,z)$ 的第 i 个上游体素 $\mathcal{I}(x,y,z+\delta_i^l)$ 在 $\mathrm{Lw}(S_{i+1})$ 中。同理可得，$\mathcal{I}(x,y,z)$ 的第 i 个下游体素 $\mathcal{I}(x,y,\max\{0,z-\delta_{i-1}^u\})$ 在 $\mathrm{Lw}(S_{i-1})$ 中。因此，我们有以下关于 $\mathrm{Lw}(S_i)$ 的**层间自闭结构**：给定$\mathcal{I}$中 λ 个可行表面构成的任意集合$\mathcal{S}$，对每个 $1 \leqslant i < \lambda$（或 $1 < i \leqslant \lambda$），$\mathrm{Lw}(S_i)$ 中每个体素的

① 如果需要，δ_i^l 和 δ_i^u 可定义成与具体位置是相关的（即 δ_i^l 和 δ_i^u 在列与列之间可能不同）。

第 i 个上游(或下游)体素在 $\mathrm{Lw}(S_{i+1})$ (或 $\mathrm{Lw}(S_{i-1})$)中。

层内和层间自闭结构共同将 OMSD 问题与最小闭集问题联系起来了。我们并不是直接求 λ 个表面的最优集合 $\mathcal{S}^* = \{S_1^*, S_2^*, \cdots, S_\lambda^*\}$,而是打算求出$\mathcal{I}$中体素的 λ 个最优子集, $\mathrm{Lw}(S_1^*) \subset \mathrm{Lw}(S_2^*) \subset \cdots \subset \mathrm{Lw}(S_\lambda^*)$,从而使得每个 $\mathrm{Lw}(S_i^*)$ 能唯一定义一个表面 $S_i^* \in \mathcal{S}^*$ 。

10.3.3.3　OMSD 问题的图变换法

本节介绍节点加权有向图 $\mathcal{G}=(\mathcal{V}, \mathcal{E})$ 的构造,利用它可以使我们通过计算代价最小的闭集把最优的 $\lambda > 1$ 个相关表面构成的集合整体辨识出来。图 10.7 给出了一个有关这种构造的例子。

图$\mathcal{G}$包含 λ 个节点不相交的子图 $\{\mathcal{G}_i = (\mathcal{V}_i, \mathcal{E}_i) \mid i = 1,2,\cdots,\lambda\}$;每个$\mathcal{G}_i$ 用于搜索第 i 个表面 S_i。$\mathcal{V}=\cup_{i=1}^{\lambda}\mathcal{V}_i$ 且 $\mathcal{E}=\cup_{i=1}^{\lambda}\mathcal{E}_i \cup \mathcal{E}_s$ 。在$\mathcal{G}$上通过 $\mathcal{E}_s$ 中边的子集对任意两个连续表面 S_i 和 S_{i+1} 施加表面分离约束,就将相应的子图$\mathcal{G}_i$ 和$\mathcal{G}_{i+1}$连接起来了。通过观察所考虑问题的层内自闭结构(图 10.7(b)),采用与 10.3.2.2 节相同的方式构造每个子图$\mathcal{G}_i$。

接着,我们将有向弧放到$\mathcal{G}_i$ 与$\mathcal{G}_{i+1}$之间的$\mathcal{E}_s$ 中,从而施加表面分离约束。根据层间自闭性,如果体素 $\mathcal{I}(x,y,z) \in S_i$,那么它的第 i 个上游体素 $\mathcal{I}(x,y,z+\delta_i^l)$ 一定在表面 S_{i+1} 上或低于 S_{i+1} (即$\mathcal{I}(x,y,z+\delta_i^l) \in \mathrm{Lw}(S_{i+1})$)。因此,对 $\mathcal{G}_i$ 的列 $\mathrm{Col}_i(x,y)$上的每个满足 $z<Z-\delta_i^l$ 的节点 $v_i(x,y,z)$,在 $\mathcal{E}_s$ 中从 $v_i(x,y,z)$ 到 $\mathcal{G}_{i+1}$ 的列 $\mathrm{Col}_{i+1}(x,y)$ 上的节点 $v_{i+1}(x,y,z+\delta_i^l)$ 画一条有向弧。直观地讲,这些弧确保了表面 S_{i+1} 一定在 S_i 的“上方”,相距至少为 δ_i^l (即对每个(x,y)对,$S_{i+1}(x,y)-S_i(x,y) \geqslant \delta_i^l$))。另一方面, $\mathrm{Col}_{i+1}(x,y)$ 上的每个满足 $z \geqslant \delta_i^l$ 的节点 $v_{i+1}(x,y,z)$ 在 $\mathcal{E}_s$ 中有连接 $\mathrm{Col}_i(x,y)$ 上节点 $v_i(x,y,z')$ 的有向弧,其中 $z' = \max\{0, z - \delta_i^u\}$ (注意, $\mathcal{I}(x,y,z')$ 是 $\mathcal{I}(x,y,z)$ 的第$(i+1)$个下游体素),确保 S_{i+1} 一定在 S_i 的“上方”,相距不超过 δ_i^u (即对每个 $(x+y)$ 对, $S_{i+1}(x,y) - S_i(x,y) \leqslant \delta_i^u$)。这种构造主要应用于任意两个子图$\mathcal{G}_i$ 和$\mathcal{G}_{i+1}(i=1,2,\cdots,\lambda-1)$的每一对相关列之中。图 10.7(c)给出一个引入这种图间弧的例子。

我们的目标是计算$\mathcal{G}$中代价最小的非空闭集,这样就可以确定$\mathcal{I}$中的 λ 个最优表面。然而,到目前为止构造出的图$\mathcal{G}$还不能达到此目的。在上面的图构造过程中,大家可以注意到,任意一个满足 $z \geqslant Z-\delta_i^l$ 的节点 $v_i(x,y,z)$与 $\mathrm{Col}_{i+1}(x,y)$上的任何一个节点都没有弧连接,同时任意一个满足 $z<\delta_i^l$ 的节点 $v_{i+1}(x,y,z)$ 与 $\mathrm{Col}_i(x,y)$ 上的任何一个节点也没有弧连接。$\mathcal{G}$中每个这样的节点称为**缺陷节点**。对应于缺陷节点的体素不能处于任何可行表面上。因此,这些缺陷节点连同它们附带的弧可以安全地删掉(图 10.7(d))。缺陷节点的去除也可能造成其它节点成为缺陷

(即其对应的体素不能在任何可行表面上)。我们需要继续消除这些新的缺陷节点。我们也用$\mathcal{G}$来简单表示缺陷节点删除之后的图。要注意的是,在所得的图$\mathcal{G}$中,如果任意一列 $\mathrm{Col}_i(x,y)=\varnothing$,那么 OMSD 问题是没有可行解的。在本节剩余部分,我们假设 OMSD 问题有可行解。那么,对每个(x,y)对及 $i=1,2,\cdots,\lambda$,令 $z_i^{\mathrm{bot}}(x,y)$和 $z_i^{\mathrm{top}}(x,y)$分别是$\mathcal{G}_i$ 的 $\mathrm{Col}_i(x,y)$列上节点的最小和最大 z 坐标。缺陷节点的删除过程可能会删除一些有用的弧,这些弧的末端节点需要改变。在删除之前,对$\mathcal{G}$中任何满足 $z<z_i^{\mathrm{bot}}(x,y)$的节点 $v_i(x,y,z)$,如果它有一条传入弧,那么删除之后$\mathcal{G}$中弧的末端节点需要变为节点 $v_i(x,y,z_i^{\mathrm{bot}}(x,y))$(图 10.7(d))。

接下来,我们进一步对$\mathcal{G}$中的每个节点赋予代价 $w(\cdot)$,如下所示。对于每个(x,y)对,节点 $v_i(x,y,z)$的代价赋值是 $w_i(x,y,z)$,这里

$$w_i(x,y,z)=\begin{cases} b_i(x,y,z)+\sum_{j=0}^{z}[c_{i-1}(x,y,j)-c_i(x,y,j)], \text{if } z=z_i^{\mathrm{bot}}(x,y) \\ [b_i(x,y,z)-b_i(x,y,z-1)]+[c_{i-1}(x,y,z)-c_i(x,y,z)], \\ \qquad \text{for } z=z_i^{\mathrm{bot}}(x,y)+1,\cdots,z_i^{\mathrm{top}}(x,y) \end{cases} \tag{10.4}$$

这样,就完成了$\mathcal{G}$的构造。构造这样的图涉及的时间复杂度为 $O(\lambda n)$,图中有 $O(\lambda n)$个节点和 $O(\lambda n)$条弧。

10.3.3.4 用于 OMSD 问题的最优多表面计算

如此构造的图$\mathcal{G}$使我们能够通过计算$\mathcal{G}$中代价最小的非空闭集找到一个$\mathcal{I}$中 λ 个表面的最优集合。为了做到这一点,与文献[16,3]中的做法一样,我们可以证明以下事实:(1)$\mathcal{G}$中的任意闭集 $\mathcal{C}\neq\varnothing$ 定义了一个$\mathcal{I}$中 λ 个可行表面 $\{S_1,S_2,\cdots,S_\lambda\}$ 的集合$\mathcal{S}$;(2)$\mathcal{I}$中 λ 个可行表面的任意集合 $\mathcal{S}=\{S_1,S_2,\cdots,S_\lambda\}$ 对应于$\mathcal{G}$中的一个闭集 $\mathcal{C}\neq\varnothing$ 。此外,我们可以证明$\mathcal{S}$的代价 $\alpha(\mathcal{S})$ 与$\mathcal{C}$的总代价 $w(\mathcal{C})$ 相差一个定值。令 $\mathcal{C}_i=\mathcal{C}\cap\mathcal{V}_i$,且用 $\mathcal{C}_i(x,y)$ 表示在$\mathcal{G}_i$ 的 $\mathrm{Col}_i(x,y)$ 列上节点$\mathcal{C}_i$ 的集合。需要注意的是,如果有一个节点 $v_i(x,y,z_c)\in\mathcal{C}_i(v)$,那么处于 $\{v_i(x,y,z)\mid v_i(x,y,z)\in\mathrm{Col}_i(x,y),z\leqslant z_c\}$ 中的所有节点也在 $\mathcal{C}_i(x,y)$ 中。因此, $\mathcal{C}_i(x,y)$ 的总节点代价是 $w(\mathcal{C}_i(x,y))=\sum_{z=z_i^{\mathrm{bot}}(x,y)}^{S_i(x,y)}w_i(x,y,z)$ 。因此,我们有

$$\alpha(\mathcal{S})=\sum_{i=1}^{\lambda}b_i(S_i)+\sum_{i=0}^{\lambda}c_i(R_i)=\sum_{i=1}^{\lambda}\sum_{\mathcal{I}(x,y,z)\in S_i}b_i(x,y,z)$$

$$+\sum_{i=0}^{\lambda}\sum_{\mathcal{I}(x,y,z)\in R_i}c_i(x,y,z)=\sum_{i=1}^{\lambda}\sum_{(x,y)}\left\{b_i(x,y,0)+\sum_{z=1}^{S_i(x,y)}[b_i(x,y,z)-b_i(x,y,z-1)]\right\}$$

$$+\left(\sum_{i=1}^{\lambda}\sum_{(x,y)}\sum_{z=0}^{S_i(x,y)}[c_{i-1}(x,y,z)-c_i(x,y,z)]+\sum_{(x,y)}\sum_{z=0}^{Z-1}c_\lambda(x,y,z)]\right)$$

$$= \sum_{i=1}^{\lambda}\sum_{(x,y)}\Bigg\{\underbrace{\Big(b_i(x,y,0)+\sum_{z=0}^{z_i^{\mathrm{bot}}(x,y)}[b_i(x,y,z)-b_i(x,y,z-1)]+\sum_{z=0}^{z_i^{\mathrm{bot}}(x,y)}[c_{i-1}(x,y,z)-c_i(x,y,z)]\Big)}_{\text{the cost of the "bottom-most" node } v_i(x,y,z_b)\,(z_b=z_i^{\mathrm{bot}}(x,y)) \text{ of } \mathrm{Col}_i(x,y) \text{ in } \mathcal{G}_i}$$

$$+\sum_{z=z_i^{\mathrm{bot}}(x,y)+1}^{S_i(x,y)}\underbrace{([b_i(x,y,z)-b_i(x,y,z-1)])+[c_{i-1}(x,y,z)-c_i(x,y,z)])}_{\text{the cost of node } v_i(x,y,z)\in \mathrm{Col}_i(x,y)}\Bigg\}$$

$$+\sum_{(x,y)}\sum_{z=0}^{Z-1}c_\lambda(x,y,z)$$

$$=\sum_{i=1}^{\lambda}\sum_{(x,y)}\sum_{z=z_i^{\mathrm{bot}}(x,y)}^{S_i(x,y)}w_i(x,y,z)+\sum_{(x,y)}\sum_{z=0}^{Z-1}c_\lambda(x,y,z)$$

$$=\sum_{i=1}^{\lambda}\sum_{(x,y)}w(\mathcal{C}_i(x,y))+\sum_{(x,y)}\sum_{z=0}^{Z-1}c_\lambda(x,y,z)$$

$$=w(\mathcal{C})+\sum_{(x,y)}\sum_{z=0}^{Z-1}c_\lambda(x,y,z) \tag{10.5}$$

注意，$\sum_{(x,y)}\sum_{z=0}^{Z-1}c_\lambda(x,y,z)$这一项是固定的，它是$\mathcal{I}$中所有体素在第 λ 个区域的代价总和。因此，可以按照 10.3.2.3 节中的方法计算$\mathcal{G}$中代价最小的非空闭集$\mathcal{C}^*$(图 10.7(e))，然后用它确定$\mathcal{I}$中 λ 个表面$\{S_1^*,S_2^*,\cdots,S_\lambda^*\}$的最优集合$\mathcal{S}^*$。与 10.3.2.3 节的做法一样，每个 S_i^* 均通过$\mathcal{C}^*\cap\mathcal{V}_i$ 来确定(图 10.7(f))。

10.3.4　基于凸先验信息的最优表面检测

到目前为止，在我们提出的最优分层图搜索模型中，图中节点的权重表示预期的分割特性，比如基于边缘和基于区域的图像代价，而预期的表面平滑度则固化为相邻列的连通性。这种表示法限制了在分割过程中集成各种各样先验知识的能力。在我们当前给出的模型中，一个体素与其相邻列中各个体素的连通性基本上具有相同的重要性，这既妨碍了我们对图像边缘信息的充分利用，也妨碍了我们充分利用形状先验信息。在一些应用中，人们可能更愿意检测具有某种结构或形状的表面。例如，黄斑 OCT 图像(图 10.8)中的凹处就具有特定的形状，通过在潜在的可行表面和预期的形状之间使用加权协定，可以将这种偏好集成到优化过程中。此外，固化的平滑约束可能会使目标表面过于平滑，从而难以捕捉到它们的突变。缓解这个不利因素的一种方法是使用由训练集产生的可变平滑参数。这在文献[17]描述的视网膜 OCT 分割中相当奏效。然而，这种方法仅适用于形状-位置双重依赖关系始终一致的场合，这一点在视网膜 OCT 中恰巧满足。

为了获得一种普遍适用的方法，我们利用图中节点的权重和弧的权重表示最优单表面和多表面分割中预期的分割特性，这可以将一系列的约束条件集成到相关问题的描述中。令 $\Gamma=[0\cdots X-1]\times[0\cdots Y-1]$ 表示图像$\mathcal{I}$的网格域。为了检

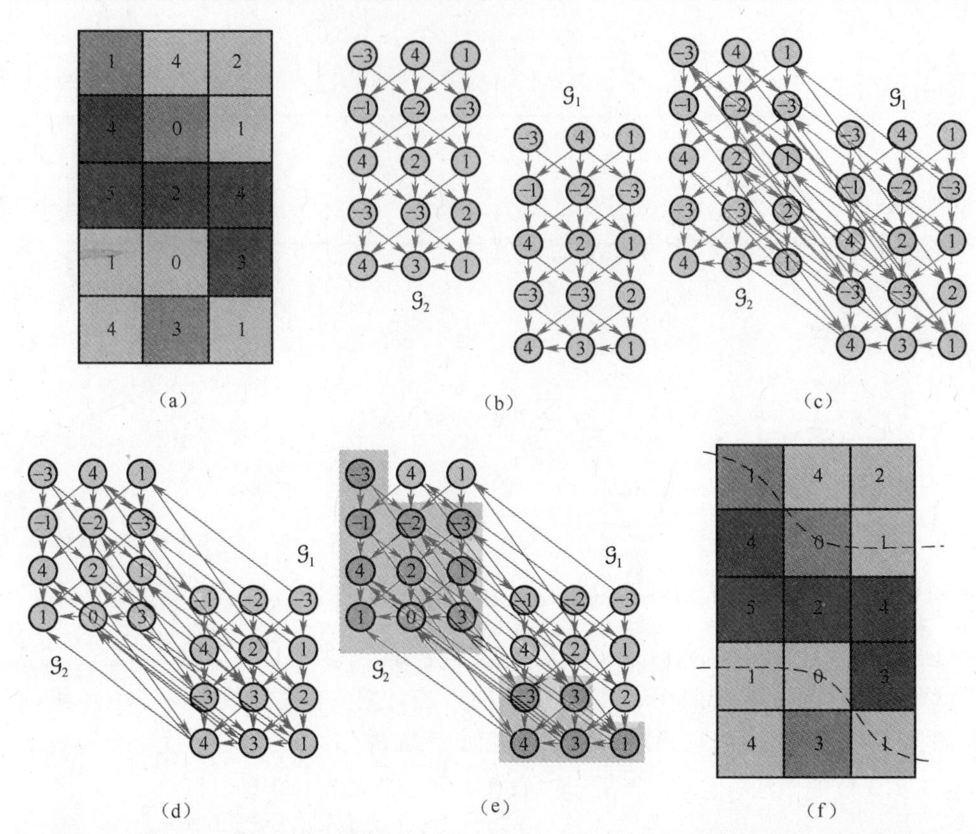

图 10.7 最优多表面检测算法的图解。为了可视化，使用一个 2D 图像(a)。在这个例子中没有考虑基于区域的代价，只使用了基于边缘的代价。每个像素中的数字是其基于边缘的代价。希望检测到两个相互作用的表面。表面平滑参数是 $\Delta x = 1$，最小表面距离 $\delta^l = 1$，而最大表面距离 $\delta^u = 3$。(b)表示根据(a)中的图像构造的两个子图，每个子图用于求一个表面。(c)中所示的引入弧用于加强两个所求表面之间的最小距离和最大距离。$\mathcal{G}_1$ 中最顶端的一行节点和 $\mathcal{G}_2$ 中最底端的一行节点可能不会出现在任何可行表面上，并按(d)中所示删除掉。(e)表示 $\mathcal{G}$ 中代价最小的非空闭集，它由灰色阴影区域中的所有节点构成。已恢复的两个表面如图(f)所示。

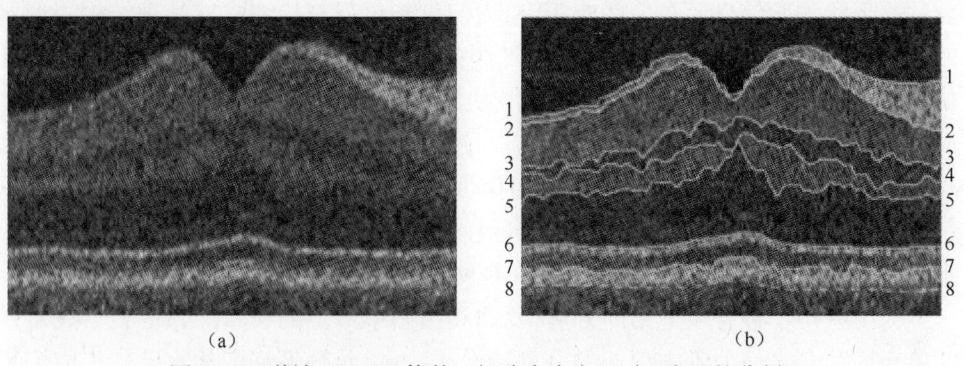

图 10.8 谱域 3D OCT 体某一切片中多个(8 个)表面的分割。注意观察在图像切片中间出现“下降”的凹处位置。

测最优表面,除了要求每个表面 S 满足 10.3.1 节所述的硬平滑约束条件之外,我们还将每个表面 S 的网格域 Γ 上的**软平滑先验形状合规能量项** $\mathcal{E}_{\text{smooth}}(S)$ 引入到目标函数中,这里 $\mathcal{E}_{\text{smooth}}(S)=\int_{\Gamma}\phi(\nabla S)$,其中 ϕ 是一个平滑罚函数,比如,用于惩罚网格 Γ 变形一阶导数的函数。我们考虑了由分段特性扩展的 $\mathcal{E}_{\text{smooth}}(S)$ 的一个离散逼近。假设$\mathcal{N}$是 Γ 上一个给定的邻域系统。对于任意的 $p(x,y)\in\Gamma$,令 $S(p)$ 表示表面 S 上体素 $\mathcal{I}(x,y,z)$ 的 z 坐标。那么,离散的先验形状合规平滑能量 $\mathcal{E}_{\text{smooth}}(S)$ 可表示为 $\sum_{(p,q)\in\mathcal{N}} f_{p,q}(|S(p)-S(q)|)$,其中$f_{p,q}$是与两个相邻列 p 和 q 有关的非递减函数,用于惩罚 p 和 q 上 S 的形状变化。在我们当前给出的模型中,指定节点的权重以便用于反映预期的分割特性。**增强型最优表面检测**(EOSD)问题旨在寻找$\mathcal{I}$中一个由 λ 个表面构成的可行集$\mathcal{S}$,使得:(1)每个独立表面都满足硬平滑约束;(2)每对表面都满足表面分离约束;(3)由$\mathcal{S}$带来的代价 $\alpha(\mathcal{S})$ 是最小的,其中

$$\alpha(\mathcal{S})=\underbrace{\sum_{i=1}^{\lambda}\sum_{\mathcal{I}(x,y,z)\in S_i} b_i(x,y,z)}_{\text{边缘项}}+\underbrace{\sum_{i=0}^{\lambda}\sum_{\mathcal{I}(x,y,z)\in R_i} c_i(x,y,z)}_{\text{区域项}}$$
$$+\underbrace{\sum_{i=1}^{\lambda}\sum_{(p,q)\in\mathcal{N}} f_{p,q}^{(i)}(|S_i(p)-S_i(q)|)}_{\text{平滑形状合规项}} \tag{10.6}$$

实际上,目标函数 $\alpha(\mathcal{S})$ 是 OSD 问题的目标函数(10.3.1 节中的式(10.1))加上$\mathcal{S}$中 λ 个表面的总平滑先验形状合规能量(即 $\sum_{i=1}^{\lambda}\mathcal{E}_{\text{smooth}}(S_i)$)。

在计算机科学中与此最相关的问题是度量标注问题,而在计算机视觉中称之为马尔可夫随机场(MRF)最优化问题。我们的 EOSD 问题是度量标注问题的一个实质性推广,其中 $\lambda=1$ 且不涉及任何区域项。度量标注问题涉及到范围广泛的分类问题,比如图像复原[18,19]、图像分割[20-23]、视觉对齐[24,25]以及变形配准[26]。对于这些问题,其对应标记结果的质量取决于潜在目标集之间的两两关系。这类问题由 Kleinberg 和 Tardos 引入后[27],在理论计算机科学领域得到了广泛的研究[28-31]。这个问题最著名的近似算法是一个复杂度为 $O(\log L)$ 的算法(L 是标记的数目,在我们的例子中,$L=Z$)[30,27],且除非 NP 有准多项式时间复杂度算法,否则没有 $\Omega(\sqrt{\log L})$ 近似[29]。由于该问题的应用性要求,图像处理与计算机视觉领域的研究人员利用经典组合优化技术也开发了各种性能优良的启发式方法,如网络流和局部搜索(例如文献[18,32,21,20,24,33]),用于解决度量标注问题的一些特例。

由于度量标注问题的 NP 困难特性,有关非凸平滑罚函数的 EOSD 问题也是 NP 困难的。在本节,我们关注那些广泛应用于医学图像处理和马尔可夫随机场的凸平滑罚函数(即$f_{p,q}^{(i)}(\cdot)$ 是一个凸的非递减函数)。凸度量标注问题已知是多项

式可解的（例如，文献[2,33,34]）。在文献[2]中，Wu 和 Chen 比 Ahuja 等人[34]和 Ishikawa[33]研究了一个更普遍的情形，其意义是他们考虑了列之间的非均匀连通性。为了解决带有凸平滑罚函数的 EOSD 问题（缩写为凸 EOSD），我们对用于解决凸度量标注问题（其中所涉及的平滑罚函数是凸的）的技术进行了扩展并结合了 10.3.3 节中提出的 OMSD 算法[35]。我们将该问题简化为计算有向图中代价最小的 s 附加问题。并不是不让任何弧（图的有向边）离开所求的节点集，最小 s 附加问题[2,34]惩罚每条离开集合（即弧的尾部在集合内而首部不在）的弧，这可以通过使用最小 s-t 割算法来求解。

10.3.4.1 凸 EOSD 问题的图变换法

图 $\mathcal{G}=(\mathcal{V},\mathcal{E})$ 包含 λ 个节点不相交的子图 $\{\mathcal{G}_i=(\mathcal{V}_i,\mathcal{E}_i)\mid i=1,2,\cdots,\lambda\}$；每个$\mathcal{G}_i$ 用于寻找第 i 个表面 S_i，其构造方法如 10.3.2 节所述。因此，我们在$\mathcal{G}$中实施表面平滑约束和表面分离约束，并集成式(10.6)中的边缘项和区域项。

剩下的问题就是如何集成式(10.6)中的软平滑先验形状合规项。要说明的是，通过计算最小 s-t 割可以求解最小 s 附加问题。实质上，我们需要将代价 $f_{p,q}(\mid S(p)-S(q)\mid)$"分配"给$\mathcal{G}$中与$\mathcal{I}$的列 p 和列 q 相对应的列与列之间的割。需要解决两个相互交错的问题：如何在两个邻近列之间放入弧；如何赋予每条弧一个非负代价（负的弧代价会使最小 s 附加问题的计算变得不易解决）。幸运的是，式(10.7)中定义的$f_{p,q}^{(i)}(\cdot)$ 的二阶导数（的离散等效形式）具有我们预期的特性——当 $h=0,1,2,\cdots,\Delta_x-1$（或 Δ_y-1）时 $f''^{(i)}_{p,q}(h)\geqslant 0$。

$$
\begin{aligned}
f''^{(i)}_{p,q}(0) &= f^{(i)}_{p,q}(1)-f^{(i)}_{p,q}(0)\\
f''^{(i)}_{p,q}(h) &= [f^{(i)}_{p,q}(h+1)-f^{(i)}_{p,q}(h)]-[f^{(i)}_{p,q}(h)-f^{(i)}_{p,q}(h-1)]\\
& h=1,2,\cdots,\Delta_x-1\text{（或 }\Delta_y-1\text{）}
\end{aligned}
\tag{10.7}
$$

以 $f''^{(i)}_{p,q}(\cdot)$ 为基础，可以设计出一种代价分配方案[2,33,34]来集成软平滑先验形状合规项（图 10.9）。假设表面平滑参数是 Δx 和 Δy。对每个子图$\mathcal{G}_i$，我们引入了额外的列间弧：对每个 $h=0,1,\cdots,\Delta x-1$（或 $\Delta y-1$），$v_i(x,y,z)$ 有通向 $v_i(x',y',z-h)$ 的弧，且弧的权重为$f''^{(i)}_{p,q}(h)$（图 10.9(b)），其中 $p(x,y)$ 和 $q(x',y')$ 是两个相邻列且 $\mid x-x'\mid+\mid y-y'\mid=1$（注：我们考虑的是 4 邻域情形）。因此，图$\mathcal{G}$的大小为 $O(\lambda n)$ 个节点以及 $O((\Delta x+\Delta y)\lambda n)$ 条弧。

10.3.4.2 用于凸 EOSD 问题的最优多表面计算

在下文，我们将展示采用这种结构后被两个相邻列 Col(p)和 Col(q)之间的可行表面 S_i 切割的所有弧的总代价等于形状先验惩罚$f^{(i)}_{p,q}(\mid S_i(p)-S_i(q)\mid)$。不失一般性，假设 $f^{(i)}_{p,q}(0)=0$（否则，我们可以将从 Col(p)到 Col(q)的每条弧的代价减

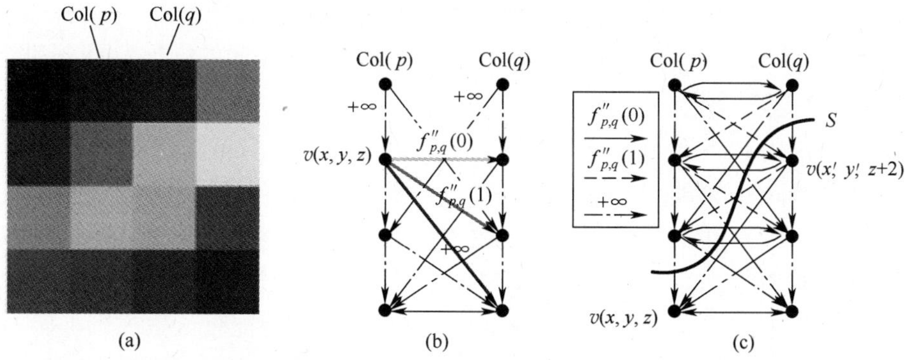

图 10.9　有关凸平滑罚函数的图构造。(a)两个相邻列示例。平滑参数 $\Delta_x=2$。(b)为每个节点 $v(x,y,z)$ 引入的加权弧。权重为+∞ 的灰色弧反映了硬平滑约束。(c)在两个相邻列的对应节点之间构建加权弧。可行表面 S 将弧切割开,总权重为 $f_{p,q}(2)=f''_{p,q}(0)+[f''_{p,q}(0)+f''_{p,q}(1)]$,这为两个相邻列确定了 $\alpha(S)$ 的平滑形状合规项。

去 $f_{p,q}^{(i)}(0)$,这并不影响获得最优解)。令 $z_p=S_i(p)$,$z_q=S_i(q)$。接下来,我们只考虑 $z_p\geqslant z_q$ 时的情形($z_p\leqslant z_q$ 时的情形可通过对称方式作同样的分析)。如果 $z_p=z_q$,S_i 不会切割 Col(p)与 Col(q)之间的任何列间弧。因此,所带来的惩罚为 0,这与代价 $f_{p,q}^{(i)}(0)$ 是相同的。现在我们考虑 $z_p>z_q$ 时的情形。对每个满足 $z_q<z\leqslant z_p$ 的 z,在 $\mathcal{G}_i$ 中 $v_i(x,y,z)$ 有一条通向满足条件 $z_q<zz\leqslant z$ 的节点 $v_i(x',y',zz)$ 的有向弧,其代价为 $f''^{(i)}_{p,q}(z-zz)$。下面,我们列出了所有被表面 S_i 切割的有向弧,对应的做法是:每一行对应于源自 Col(p)中相同节点的弧,每一列对应于指向 Col(q)中相同节点的弧,具体如下:

$$
\begin{matrix}
\begin{pmatrix} v_i(x,y,z_p), \\ v_i(x',y',z_p) \end{pmatrix} & \begin{pmatrix} v_i(x,y,z_p), \\ v_i(x',y',z_p-1) \end{pmatrix} & \cdots, & \begin{pmatrix} v_i(x,y,z_p), \\ v_i(x',y',z_q+1) \end{pmatrix} \\
 & \begin{pmatrix} v_i(x,y,z_p-1), \\ v_i(x',y',z_p-1) \end{pmatrix} & \cdots, & \begin{pmatrix} v_i(x,y,z_p-1), \\ v_i(x',y',z_q+1) \end{pmatrix} \\
 & & \vdots & \vdots \\
 & & & \begin{pmatrix} v_i(x,y,z_q+1), \\ v_i(x',y',z_q+1) \end{pmatrix}
\end{matrix}
$$

Col(p)与 Col(q)之间这些被切割的弧的总代价等于

$$
\begin{aligned}
& f''^{(i)}_{p,q}(0)+[f''^{(i)}_{p,q}(0)+f''^{(i)}_{p,q}(1)]+\cdots+ \\
& [f''^{(i)}_{p,q}(0)+\cdots+f''^{(i)}_{p,q}(z_p-z_q-2)+f''^{(i)}_{p,q}(z_p-z_q-1)] \\
= & [f^{(i)}_{p,q}(1)-f^{(i)}_{p,q}(0)]+[f^{(i)}_{p,q}(2)-f^{(i)}_{p,q}(1)]+\cdots+ \\
& [f^{(i)}_{p,q}(z_p-z_q)-f^{(i)}_{p,q}(z_p-z_q-1)] \\
= & f^{(i)}_{p,q}(z_p-z_q) \qquad (\text{注意,} \ f^{(i)}_{p,q}(0)=0)
\end{aligned}
\tag{10.8}
$$

图 10.9(c)显示了 $z_p \leqslant z_q$ 的条件下被表面 S 切割的有向弧。

因此,我们就证明了被两个相邻列 Col(p)和 Col(q)之间的可行表面 S_i 切割的弧的总代价等于形状先验惩罚 $f_{p,q}^{(i)}(|S_i(p)-S_i(q)|)$。

然后,连同 10.3.3 节中的类似结论,我们可以验证以下事实:(1)$\mathcal{G}$中任意一个代价有限的非空 s 附加集$\mathcal{X}$ 确定了$\mathcal{I}$中的 λ 个可行表面,其总代价与$\mathcal{X}$ 的总代价相差一个定值;(2)$\mathcal{I}$中 λ 个可行表面构成的任何一个集合$\mathcal{S}$对应于$\mathcal{G}$中的一个非空 s 附加集$\mathcal{X}$,其代价与$\mathcal{S}$的代价相差一个定值。因此,$\mathcal{G}$中一个代价最小的非空 s 附加集可以确定一个由$\mathcal{I}$中 λ 个表面构成的最优集,同时实现能量函数式(10.6)的最小化。

与文献[22]中的做法一样,可以利用最小 s-t 割算法计算$\mathcal{G}$中的最小 s 附加集。如果由此得到的$\mathcal{G}$中的最小 s 附加集是空集,类似于 10.3.2 节中的做法,我们可以先对$\mathcal{G}$做平移操作,然后利用基于 s-t 割的算法获得$\mathcal{G}$中的最小非空 s 附加集。如 10.3.2 节所述,我们利用$\mathcal{G}$定义了一个有向图$\mathcal{G}_{st}$,然后计算$\mathcal{G}_{st}$的最小 s-t 割(A^*, $\bar{A}^*$)。那么,$\mathcal{X}^* = A^* - \{s\}$ 就是$\mathcal{G}$中代价最小的 s 附加集,如 10.3.3 节一样,它可以用于确定一个由 λ 个表面构成的最优集。

10.3.5 基于分层式最优图的多目标多表面图像分割方法——LOGISMOS

当用于多目标多表面分割时,基于最优图的分割方法具有许多优势。这类方法可以实现单个目标内和/或目标间彼此相互作用的多个表面的最优分割。类似于上面介绍的多表面情形,表面内、表面间以及目标间的关系都可以由特定应用场合中图的弧来表示。

当分割复杂形状的表面时,LOGISMOS 方法[4]通常以目标预分割步骤开始,其目的是确定预期分割表面的拓扑结构。使用预分割信息构建一个保留所有关系和表面代价要素的单一图,其中所有预期表面的分割可以在一个优化过程中同步执行。虽然以下描述具体涉及的是 3D 图像分割,但从根本上来说 LOGISMOS 方法是适用于 nD 的。

10.3.5.1 目标预分割

LOGISMOS 方法以图像数据的粗略预分割开始,但没有规定必须使用何种方法来实现该目的。唯一的要求是要通过预分割产生单个目标的鲁棒近似表面,与潜在目标的拓扑结构要相同(正确)并能够充分地接近真实表面。对“充分接近”的定义是由特定问题所决定的,并且需要考虑它与分层图是如何由近似表面构成的这个问题之间的关系。要说明的是,由每个目标形成一个单一的预分割表面常常是足够的，即使该目标本身具有不止一个彼此相互作用的有意义表面。水平集、变形模型、主动形状/外观模型或其他分割技术都可用于产生目标的预分割，具体采用何种方法要取决于实际应用。

10.3.5.2　特定目标图的构建

如果特定目标的图由目标的预分割结果构造而成，那么近似的预分割表面可以是网状形式的，而图列可以构造成单个网面的法线。那么图列的长度可以通过近似的预分割表面和真实表面之间的预期最大距离来产生，从而可以在已构成的图中找到正确的解。为单一目标保持相同的图结构，使用预分割的表面网格$\mathcal{M}$可以形成基本图。V_B 是$\mathcal{M}$上的顶点集，而 E_B 是其边集。沿着 V_B 中顶点的法线方向进行若干节点的等采样可以形成图的列。按照 E_B 的连接关系连接底部节点可以形成基本图。在多个封闭表面检测情形中，每寻找一个附加表面，就复制一次基本图。复制的基本图用无向弧连接形成一个新的基本图，这保证了相互作用的表面可以被同时检测到。附加的**有向列内弧**、**列间弧**和**表面间的弧**将表面平滑约束 Δ 和表面分离约束 δ 集成到了图中。

10.3.5.3　多目标的相互作用

当带有多个有意义表面的多个目标紧密并置时，就要用到多目标的图构造。首先考虑相互作用的两两目标，通过连接这两个目标的基本图形成一个新的基本图。目标的相互作用经常在局部区域发生，只限于两个目标表面的某些部分。这里，我们假设两两目标彼此相互作用的区域是已知的。通常要求位置紧密相邻目标的表面不能相互交叉，它们相距特定的最大/最小距离，诸如此类。相互作用目标的表面分离约束是通过在相互作用区域增加**目标间的弧**来实现的。目标之间的表面分离约束也被加到相互作用区域，以便定义两个相邻目标的分离要求。目标间的弧的构建方式与表面间的弧相同。该任务面临的挑战是，相互作用的目标对的基本图（网格）之间不存在一一对应关系。为了应对这一挑战，需要在相互作用的目标之间定义对应的列 i 和 j 。对应的列应具有相同的方向。考虑两个目标的顶点集 $\mathcal{V}_i$ 与 $\mathcal{V}_j$ 之间的有符号距离偏移量 d ，两个对应列之间的目标间弧$\mathcal{E}^o$ 可定义为：

$$\begin{aligned}\mathcal{E}^o = &\{\langle \mathcal{V}_i(k), \mathcal{V}_j(k-d+\delta^l)\rangle \mid \forall k: \\ &\max(d-\delta^l,0) \leqslant k \leqslant \min(K-1+d-\delta^l, K-1)\} \\ &\cup \{\langle \mathcal{V}_j(k), \mathcal{V}_i(k+d-\delta^u)\rangle \mid \forall k: \\ &\max(\delta^u-d,0) \leqslant k \leqslant \min(K-1+d-\delta^u, K-1)\}\end{aligned} \tag{10.9}$$

式中：k 是顶点索引号；δ^l 和 δ^u 是目标间的分离约束，且 $\delta^l \leqslant \delta^u$ 。

然而，很难在两个拓扑结构不同的区域之间找到对应的列。下面介绍的方法提供了一种可能的解决方案。由于可能不止两个目标彼此相互作用，所以在构建的图中可能会有多组两两相互作用共存。

10.3.5.4 电力线(ELF)

从初始预分割形状开始，必须为沿着表面的每个位置确定一个交叉目标搜索方向。目前所采用的通过交叉目标表面映射来定义对应列的方法是建立在电场理论的基础之上的，为了能够鲁棒且广泛地确定这些搜索方向线，从而保证搜索方向线具有不互相影响的特性[36]。回忆一下基础物理学中的库仑定律

$$E_i = \frac{1}{4\pi\varepsilon_0}\frac{Q}{r^2}\hat{\mathbf{r}} \tag{10.10}$$

式中：E_i 是点 i 处的电场；Q 是点 i 处的电荷；r 是点 i 到所求点之间的距离；$\hat{\mathbf{r}}$ 是从点 i 指向所求点的单位向量；ε_0 是真空介电常数。由于总电场 E 是 E_i 的总和：

$$E = \sum_i E_i \tag{10.11}$$

电场与电力线(ELF)的方向相同。当一个电场由多个源点产生时，电力线表现出不相交的特性，这在求解对应列的场合中具有重要意义。

当计算由计算机生成的一个3D三角表面的电力线时，表面是由数量有限且通常分布不均的顶点组成的，这两项发现大大降低了紧邻位置上电荷的影响。为了应对这种不良影响，为每个顶点 v_i 分配一个正电荷 Q_i。Q_i 的值由三角形 t_j 的面积之和决定，其中 $v_i \in t_j$。当 r^2 变为 $r^m(m>2)$ 时，不相交特性仍然存在。不同的是，计算ELF时距离更远的顶点将予以惩罚。因此，稍大一点的 m 值将会增强局部ELF计算的鲁棒性。去掉常数项，电场则定义为

$$\hat{E} = \sum_i \frac{\sum_j \mathrm{AREA}(t_j)}{r_i^m}\hat{\mathbf{r}}_i \tag{10.12}$$

其中，$v_i \in t_j$ 且 $m>2$。

假设在 nD空间中有一个封闭表面，电场为零的点是方程 $\hat{E}=0$ 的解。在极端情况下，当沿着ELF搜索时，封闭表面会收敛到可行解点。除了这些点，不相交的ELF将会充满整个空间。由于ELF是不相交的，很容易在表面的非顶点位置上插入ELF。当对表面进行上采样时，这种插值操作可以大大降低总的ELF计算量。在2D中，可以通过两个相邻顶点及其对应的ELF实现线性插值。在3D中，使用重心坐标在三角内插入点是更为可取的。

当利用封闭表面计算ELF时，可以找到等电势面。除了 $\hat{E}=0$ 的可行解点之外，其他所有点属于一个等电势面，且可以很容易插入穿过这类点的ELF。插入的ELF与初始封闭表面相交。因此，这项技术可用于建立空间中的点与封闭表面之间的联系，从而产生跨表面映射。

10.3.5.5　基于 ELF 的交叉目标表面映射

电力线不相交的特性对于从表面拓扑结构不同的相邻目标之间求解一一对应的映射关系是非常有用的。可分两步确定两个耦合表面的相干电力线:

（1）**前推**——使用式(10.12)计算规则电力线的路径。

（2）**追溯**——按如上所述,通过插值过程形成一条从空间中的点到封闭表面的 ELF 路径。

利用 ELF 实现两个耦合表面映射的一般思路是:使用前推过程定义一条 ELF 路径,确定这条路径上的中轴板相交点,在对立表面上产生一个约束点,并连接该约束点与此表面上已有的紧邻顶点——所谓的**约束点映射**[36]。图 10.10(a)展示了从一个表面前推且从一个点到该表面追溯的 ELF。图 10.10(b)给出了一个在 3D 中映射两个耦合表面的例子。

要说明的是,目标相互作用区域内的每个顶点都可以用于产生一个影响耦合表面的约束点。更重要的是,不管表面顶点的密度如何,利用 ELF 确定的接触区域中两个相互作用目标所对应的顶点对(原始顶点及其约束点)保证是一一对应和多对多映射关系。这样做的结果是,维持先前的表面几何这一预期特性得到了保持(例如图 10.10(b)中的三角形)。因此,这种映射过程避免了表面再生和合并[37](这一目标通常是很困难的);与我们先前介绍的基于最近点的映射技术[38,39]相比,它也增强了关于表面局部粗糙度的鲁棒性。

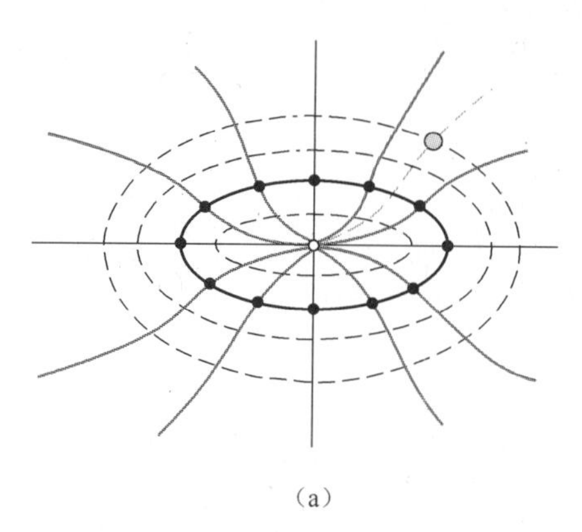

(a)

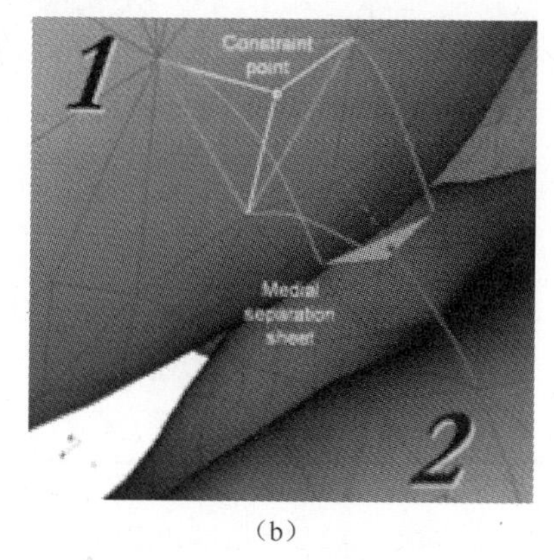

(b)

图 10.10　通过 ELF 实现交叉目标的表面映射。(a) ELF(浅黑色)从一个黑色顶点组成的表面开始前推。黑色虚线表面表示等电势轮廓线的位置。灰色虚线 ELF 是一条从一个浅灰色点到黑色实线表面的追溯回线。追溯回线是通过插入两个相邻的前推 ELF 来计算的。(b)耦合 3D 表面的约束点映射分以下 5 步进行:(i)浅灰色和灰色的 ELF 分别从表面 1 和表面 2 开始前推;(ii)ELF 和中轴分离板的交点形成了一个黑色三角形和一个灰点;(iii)灰点沿着灰色点线追溯到表面 1;(iv)当灰色点线与表面 1 相交时,在表面 1 上形成了一个淡黑色的约束点;(v)该约束点在表面 1 上通过淡灰色边连接。经 IEEE 许可,选自文献[4]。

10.3.5.6 代价函数和图优化

所产生的分割是由与图中顶点相关的代价函数驱动的。顶点相关代价函数的设计具有问题特定性。如上文所述，代价可以反映出基于边缘的、基于区域的或边缘与区域相结合的图像性质。与前面的情形相同，可以将优化问题转化为在改进图中求解最小非空闭集的问题。这种单一优化过程的结果是，全局最优解能够为涉及的所有相互作用目标提供全部分割表面，同时能满足所有表面相互作用约束与目标相互作用约束。

10.4 案例分析

10.4.1 光学相干层析扫描体图像中视网膜层的分割

作为第一个案例，我们考虑了在光学相干层析扫描体图像的谱域中实现多个视网膜层的自动分割任务（如图 10.8 所示）。分割这些层对于量化出现于其中的变化是很有必要的，这些变化来自于引起失明的眼疾，如青光眼、糖尿病视网膜病变和老年性黄斑变性[40]。这样的任务非常适合利用本章讨论的基于分层的图方法来解决，因为其最终目标是在这些体图像中同时确定大约 7~11 层 3D 表面。由于许多分离表面可能在局部上看起来彼此类似（例如，外观呈现出从一个比较暗的区域过渡到一个比较亮的区域的表面），具有在 3D 中同时分割这些表面的能力是很重要的，所以可使用本章介绍的分层图方法。

10.4.1.1 图的结构

作为分层图分割方法的一个例子，我们的假设是，希望在一个 OCT 体图像 $\mathcal{I}(x,y,z)$ 中找到一组表面，其中每个表面 i 都可用一个函数 $f_i(x,y)$ 来表示。因为对于每个位置 (x,y)，在表面上只对应一个 z 值，在构造与每个表面相关的子图时，我们可以为每个位置 (x,y) 简单定义一个节点列 $\mathrm{Col}(x,y)$。因此，这导致表面子图的节点集直接对应原始体图像的体素位置。正如我们会用 $I(x,y,z)$ 对体图像进行索引一样，我们可以用一个类似的符号 $N_i(x,y,z)$ 索引子图的节点（其中 x,y 和 z 代表体素的位置，而 i 表示表面）。同时找到 n 个表面的集合后，我们就有 n 个子图，其节点为 $N_1(x,y,z),\cdots,N_n(x,y,z)$。如 10.3.2 节和 10.3.3 节中一般性的讨论一样，在列与列之间加入边可以施加可行性约束（即平滑约束和表面分离约束）。如果我们让这些约束作为位置 (x,y) 的函数而变化，则可以获得更好的结果[41,42]。这种局部变化约束可通过训练集的学习来获得，如文献[41,42]中所述。

尽管分层图方法使所有表面的同时分割成为可能，但如果对这些表面以多分辨形式分组进行分割则可进一步提高分割的效率[42,43]。例如,可以首先同时分割体图像低分辨表征模式下最可见表面的一小部分,同时在体图像的更高分辨表征模式下将分割结果精细化到局部且分割更多的表面。

10.4.1.2 代价函数的设计

如文献[42,44]中报道,分割OCT体中的各个层面可以得益于将边缘和区域信息集成到代价函数的设计中(即同时包含表面上的和区域内的代价)。事实上,OCT体中层面的分割是本章图方法的首个应用案例,其中就采用了上述这两项。在文献[45]中,表面上的代价通过计算有正负之分的边缘项来确定,以决定是倾向于一个从亮到暗的过渡还是一个从暗到亮的过渡,这取决于表面。区域内的代价项是基于暗强度、中等强度或亮强度类别的模糊隶属度函数来确定的,使得那些最能匹配区域内预期强度范围的体素具有最小的代价。每一项的相对权重由训练集来确定。

10.4.2 计算机层析扫描体图像中前列腺和膀胱的同步分割

在美国,前列腺癌是最常见的男性癌症病患,占所有新诊断病例的28%左右[46]。对于用于前列腺癌治疗的3D放射疗法治疗计划来说,精准的目标划定对其成功实施十分关键。实现骨盆结构的自动分割特别困难。它所涉及的软组织在形状和大小上具有很大的可变性。这些软组织也具有相似的密度,在位置和形状上存在着相互影响。为了克服所有这些困难,使用弧加权图表示法将形状先验信息和表面背景信息结合起来,实现3D中前列腺和膀胱的同步分割。

我们的方法包含以下步骤[35,47,48]。首先,我们得到膀胱和前列腺的预分割,并以此作为初始形状模型,该模型提供了关于目标对象拓扑结构的有价值信息(图10.11(a))。在实现膀胱的预分割过程中使用了3D测地线活动轮廓法[49]。通过刚性变换将由训练数据集得到的前列腺平均形状直接与先前从未见过的CT图像进行匹配。利用形状模型分别为膀胱和前列腺构造两个三角网格 $M_1(V_1,E_1)$ 和 $M_2(V_2,E_2)$(图10.11(b),(c))。以这两个三角网格为基础,用10.3.4节所述的方法构建弧加权图。具体来说,通过网格 M_i 按如下方式构建两个加权子图 $\mathcal{G}_i$。对每个顶点 $v \in \mathcal{V}_i$,在 $\mathcal{G}_i$ 中建立一个由 K 个节点组成的列。节点的位置反映了图像域中对应体素的位置。列的长度根据所需的搜索范围来设定。每一列上的节点数目 K 由所需的分辨率决定。列的方向设置为三角形的法线。图 $\mathcal{G}_i$ 中的可行表面 S_i 定义为每一列恰好只包含一个节点的表面。为避免两个目标表面的重叠,按照两个网格之间的距离定义一个“部分交互区域”,这表明在该区域两个目标表面可以彼此相互作用。为了建模这种交互关系,在部分交互区域两个图 $\mathcal{G}_1$ 和 $\mathcal{G}_2$“分享”了一些共同的节点列,而目标表面 S_1 和 S_2 都切割这些列,如图10.12所示。

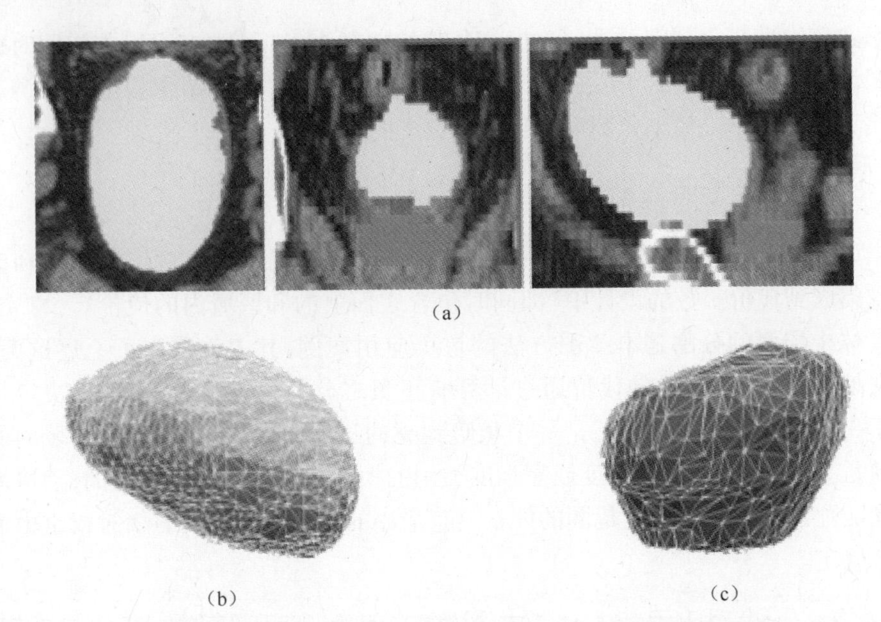

(a)

(b) (c)

图 10.11 (a)在横断面(左)、冠状面(中)和矢状面(右)视图中膀胱和前列腺的预分割；(b)膀胱的三角网格；(c)前列腺的三角网格。

代价函数的设计在成功实现表面检测方面起着重要的作用。在我们的分割方法中，将基于梯度的代价函数与类属的不确定信息结合在一起构成基于边缘的代价函数[48]。在给定强度信息的条件下，体素属于目标对象的后验概率是通过训练数据集学习得到的，以此作为基于区域的代价函数。二次形状先验罚函数是通过训练数据集上的实验获得的[48]。

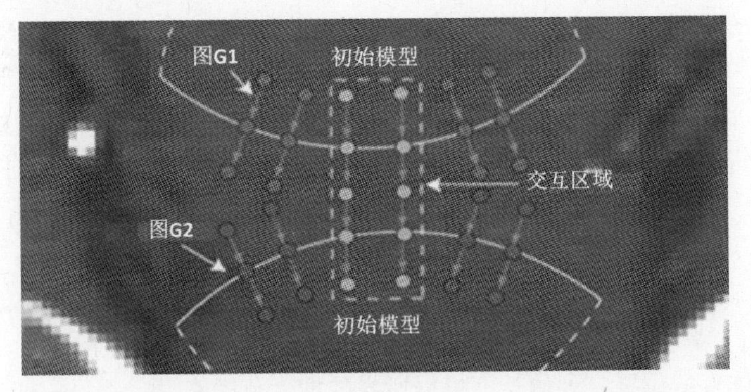

图 10.12 相互作用目标的图构建。一个 2D 切片示例。注意，在相互作用的区域，对于每个带有深灰色节点的列，在相同的位置实际存在两列节点，一列用于图$\mathcal{G}_1$，另一列用于图$\mathcal{G}_2$。

我们开展了膀胱和前列腺同步分割的实验。实验过程中使用了不同前列腺癌患者的 3D CT 图像。图像尺寸的范围从 80×120×30 体素到 190×180×80 体素。图像空间分辨率的范围从 0.98×0.98×3.00mm^{3}到 1.60×1.60×3.00mm^3。从 21 个体图像中我们随机选取8个作为训练数据,并在剩余的13个数据集上执行分割实验。

为了定量验证分割性能,将实验结果与专业人员手工勾绘的轮廓做对比。对于体积误差的度量,利用 $D=2|V_m \cap V_c|/(|V_m|+|V_c|)$ 计算 Dice 相似度系数(DSC),其中 V_m 表示手工勾绘的体积,而 V_c 表示计算结果。对于表面距离误差,根据计算结果和手工勾绘结果计算膀胱和前列腺表面的均值误差和最大无符号表面距离误差,其结果显示在表10.1中。

关于视觉上的性能评价,图10.13(a)展示了计算获得的轮廓与人工勾绘的轮廓。3D表示显示在图10.13(d)中。

表10.1 整体定量结果(平均值±标准差为无符号表面距离误差)

表面	DSC	平均值/mm	最大值/mm
前列腺	0.797	1.01±0.94	5.46±0.96
膀胱	0.900	0.99±0.77	5.88±1.29

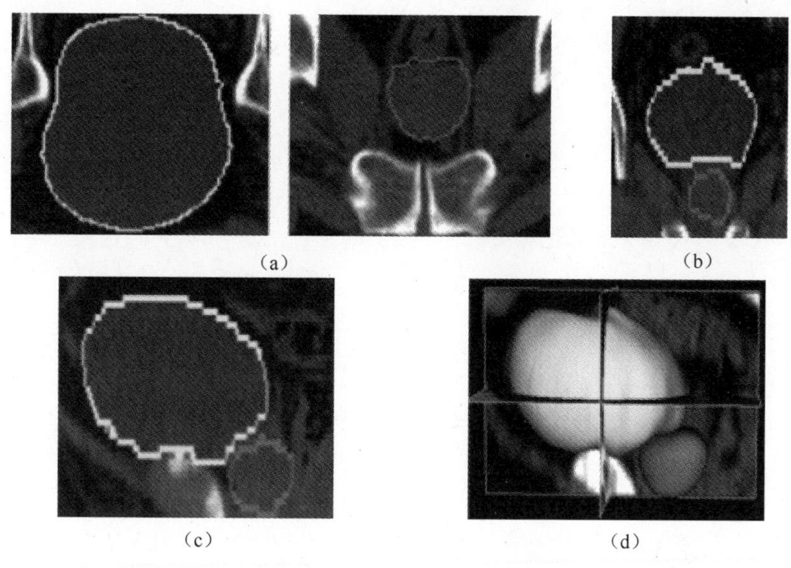

图10.13 膀胱(亮色轮廓区域)和前列腺(暗色轮廓区域)的分割结果。(a)横向视图;(b)冠状视图;(c)矢状视图;(d)膀胱和前列腺的3D表示。

10.4.3 膝关节软骨和骨骼的分割

10.3.5节介绍了我们提出的用于多目标多表面分割的LOGISMOS方法。这里,我们将展示该方法在膝盖骨/软骨分割实例中的功能。在这种骨科应用中,典型情况下需要利用核磁共振扫描以高精度且全局一致的方式分割骨膜骨、软骨下骨以及上覆关节软骨的表面(图10.14)。

有三块骨头连接于膝关节：股骨、胫骨和髌骨。在骨关节活动时，这些骨骼中的每一块都在单一骨骼对相互贴着滑动的区域被软骨部分覆盖了。为了评估膝关节软骨的健康情况，必须确定六个面：股骨、股骨软骨、胫骨、胫骨软骨、髌骨和髌骨软骨。除了每个与已知骨骼相互作用的相连接骨骼与软骨表面之外，骨骼还以成对的方式相互作用——在任意给出的膝关节位置上，胫骨和股骨的软骨表面以及股骨和髌骨的软骨表面非常接近(或直接接触)。显然，同步分割属于三个交互目标的六个表面这种问题非常适合应用 LOGISMOS 方法来解决。

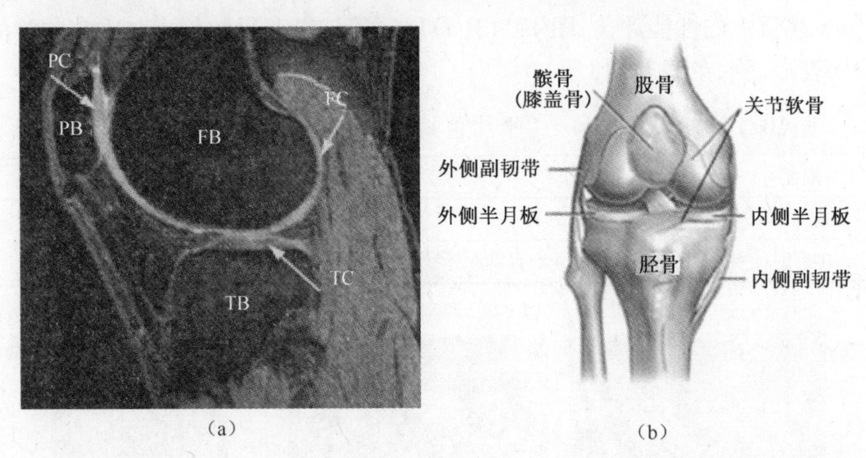

图 10.14　人体膝盖。(a)膝关节的 MR 图像示例——股骨、髌骨和胫骨与相关的软骨表面清晰可见。FB = 股骨，TB = 胫骨，PB = 髌骨，FC = 股骨软骨，TC = 胫骨软骨，PC = 髌骨软骨。(b)膝关节解剖原理图，改编自文献[50]。经 IEEE 许可，选自文献[4]。

10.4.3.1　骨骼的预分割

图 10.15 展示了我们的方法的流程图[4]。该流程的第一步是，使用 AdaBoost 分类法从 3D MR 图像中确定每个骨骼及其相关软骨的感兴趣体图像(VOI)。每个膝关节图像产生三个 VOI，分别包含三种单一的骨骼(股骨、胫骨、髌骨)。

在完成目标 VOI 的定位后，必须首先通过将平均骨骼形状模型与自动辨识的 VOI 直接进行大致拟合获得单一骨骼的近似表面(图 10.15(b)的上图)。以拟合的平均形状为基础构建一个单表面检测图——沿不相交的电力线构建图的列，以此增强图构建的鲁棒性(参见 10.3.5.4 节)。基于随机森林分类器产生的表面似然概率的倒数将表面代价与图中的每个节点关联起来。在重复迭代执行该步骤直到收敛之后(通常需要 3~5 次迭代)，每个骨骼的近似表面就被自动辨识出来了，无需考虑骨与骨之间的任何背景信息，参见图 10.15(b)的下图。

10.4.3.2　多表面相互作用约束

图像中与骨骼邻近且在其之外的位置可能属于软骨、半月板、滑液或其它组

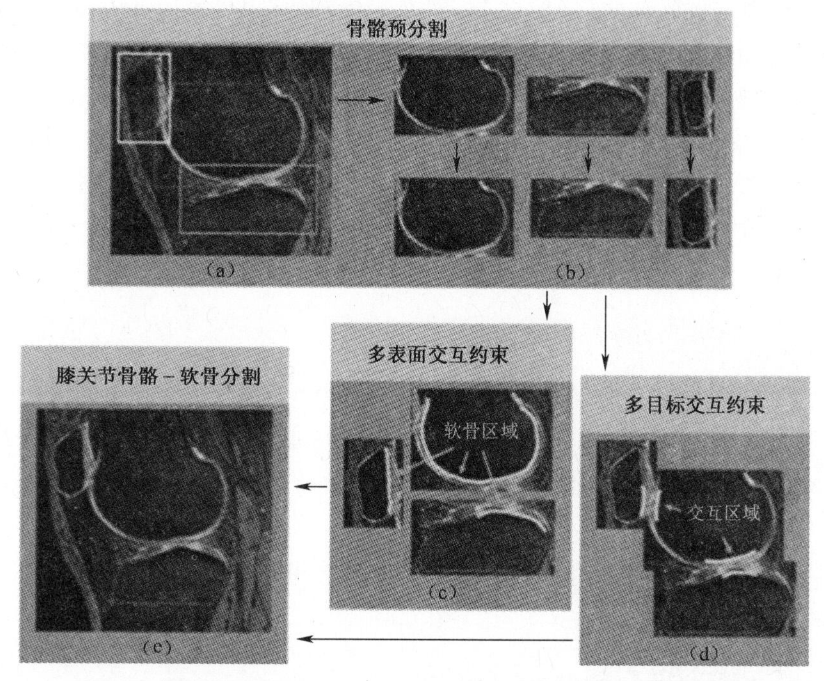

图10.15　利用LOGISMOS法实现膝关节中所有骨骼的关节软骨分割的流程图。(a)采用AdaBoost方法的感兴趣骨骼体检测;(b)采用单表面图搜索的近似骨骼分割;(c)多表面相互作用约束的生成;(d)多目标相互作用约束的构建;(e)3D中6个骨骼与软骨表面的LOGISMOS法同步分割。经IEEE许可,选自文献[4]。

织,因此它们表现出不同的图像外观(图10.15(c))。由于软骨一般仅覆盖各个骨骼中那些可能与其它骨骼相连接的部分,因此在这些位置仅能确定两个表面(软骨和骨骼),而在非软骨区域将会检测出单一的(骨骼)表面。为便于定义一个涉及各种关节形状与不同软骨疾病阶段的拓扑鲁棒性问题,检测每个骨骼的两个表面,将单-双表面拓扑结构的分化问题归结为这两种表面之间零与非零距离的区分问题。在这方面,沿着骨骼外表面上的非软骨区域被认为是强制促使两种表面之间距离为零的区域,目的是使这两种表面彼此互相塌缩,从而有效形成了一个单一的骨骼表面。在软骨区域没有施加零距离规则,而为软骨下骨和关节软骨提供了表面分割。

10.4.3.3　多目标相互作用约束

除了必须为每个单一骨骼所做的对偶表面分割之外,关节骨的相互作用还表现在如下几点:邻近骨骼的软骨表面之间不能彼此相交,软骨和骨骼表面必须在关节边缘重合,应该可以观察到解剖学上可行的最大软骨厚度,等等。邻近软骨表面相接触的区域被看作是相互作用区域(图10.15(d))。在膝盖中,这种相互作用区域存在于胫骨与股骨之间(胫股关节)以及髌骨和股骨之间(髌股关节)。为了自动找到这些相互作用的区域,在全局坐标系中邻近预分割骨骼表面的当中确定一个等距的中轴分离板。如果一个顶点位于初始表面上,同时还具有与分离板相交的搜索方向,那么就认为该顶点属于表面相互作用区域。即使初始表面相交,利用有符号距离图也可以辨识出分离板。按照前面所讲的 ELF 方法,通过约束点映射技术可以在股骨与胫骨以及股骨与髌骨的接触区域之间产生相应的一对一和多对多形式的对。利用这些对应的对及其 ELF 连接构建目标间的图链接[38,39]。

10.4.3.4 膝关节骨骼—软骨分割

完成上述步骤后,就要在相互作用约束条件下以全局优化方式同时实现多个相互作用目标的多表面分割(图 10.15(e))。具体来说,使用每个骨骼的初始表面为其单独构建双重表面分割图。通过对应列之间的目标间图弧将这三个双重表面图进一步连接起来,这些列在先前步骤中被确定为属于紧密接触目标之间相互作用的区域。将邻近骨骼中相互作用的软骨表面之间的最小距离设为零,以避免软骨重叠。

10.4.3.5 膝关节骨骼/软骨分割

我们的 LOGISMOS 方法应用于从公开的骨关节炎防治倡议组织(OAI)数据库中随机选择的 60 个膝盖 MR 图像的骨骼/软骨分割,OAI 数据库可从网站 http://www.oai.ucsf.edu 上公开获取。所用的 MR 图像通过一个遵循标准流程的 3T 扫描仪采集得到。通过水激发技术并采用如下成像参数产生一个矢状的 3D 双重回波稳态(DESS)序列:384×384×160 个体素构成的图像堆栈,每个体素的大小为 $0.365\times0.365\times0.70mm^3$。

图 10.16 展示了一个从 3D MR 数据集获得的膝关节接触区切片实例。注意观察股骨与胫骨软骨表面之间的接触区,以及股骨与髌骨软骨表面之间的接触区。而且,还有一个与股骨软骨相邻的高亮度滑液区,它不属于软骨组织,因此不应该被分割。图 10.16 的右图给出了所产生的分割结果,展示了所有六个分割表面均得到了很好的勾画,并且滑液也从软骨表面的分割结果中被正确排除出来。由于在 3D 空间中所有六个骨骼与软骨表面的分割要同步进行,计算机分割结果就会直接产生所有骨骼表面位置的 3D 软骨厚度。图 10.17 给出了典型的分割结果。

在各个软骨区域定量计算所产生的软骨分割的有符号与无符号表面定位误差。六个检测表面的平均有符号表面定位误差在 0.04~0.16mm 之间,而平均无符号表面定位误差在 0.22~0.53mm 之间。趋于零的有符号定位误差证实表面检测的偏离度很小。无符号定位误差表明正确位置周围的局部波动远小于 MR 图像体素的最长面(0.70mm)。因此,对于六个检测表面中的每一个,我们的研究结果实

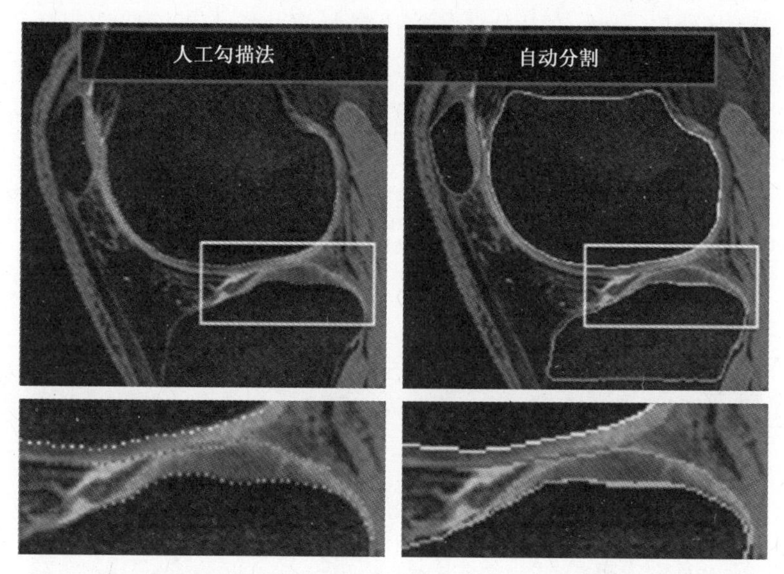

图 10.16 膝关节的 MR 图像分割——展示了一个从 3D MR 数据集得到的单一接触区切片。在 3D 中同时执行所有六个表面的分割。(左)覆盖专家勾绘结果的原始图像数据;(右)计算机分割的结果。注意,胫骨的双线边界是因为分割的 3D 表面与图像平面相交而引起的。经 IEEE 许可,选自文献[4]。

际上不会带来表面定位偏离,且能达到子体素级的局部精确度。

当利用 Dice 系数(DSC)进行性能评估时,得到的股骨、胫骨以及髌骨软骨表面的 DSC 值分别是 0.84、0.80 和 0.80。

10.5 结论

本章提出的对可能属于多个目标的单表面与多表面实施同步最优分割的框架具有非常强大的性能。可直接将该方法推广到 nD 空间,所涉及的表面间或目标间关系可能会包括更高维的交互特性,例如,目标的互相运动、时变的交互形状,诸如此类。总体来说,所描述的方法具有普适性且应用广泛。

10.6 致谢

这项研究工作部分得到了美国国立卫生研究院(NIH)基金 RO1-EB004640, K25-CA123112,R44-AR052983,P50 AR055533 以及美国国家科学基金会(NSF)基金 CCF-0830402,CCF-0844765 的资助。

骨关节炎防治倡议组织(OAI)是一个公私合伙企业,包含的五个合同(N01-AR-2-2258;N01-AR-2-2259;N01-AR-2-2260;N01-AR-2-2261;N01-AR-2-

2262)皆由 NIH 资助,该企业由 OAI 研究人员经营。私人投资伙伴包括默克研究实验室、诺华制药公司、葛兰素史克公司以及辉瑞公司。

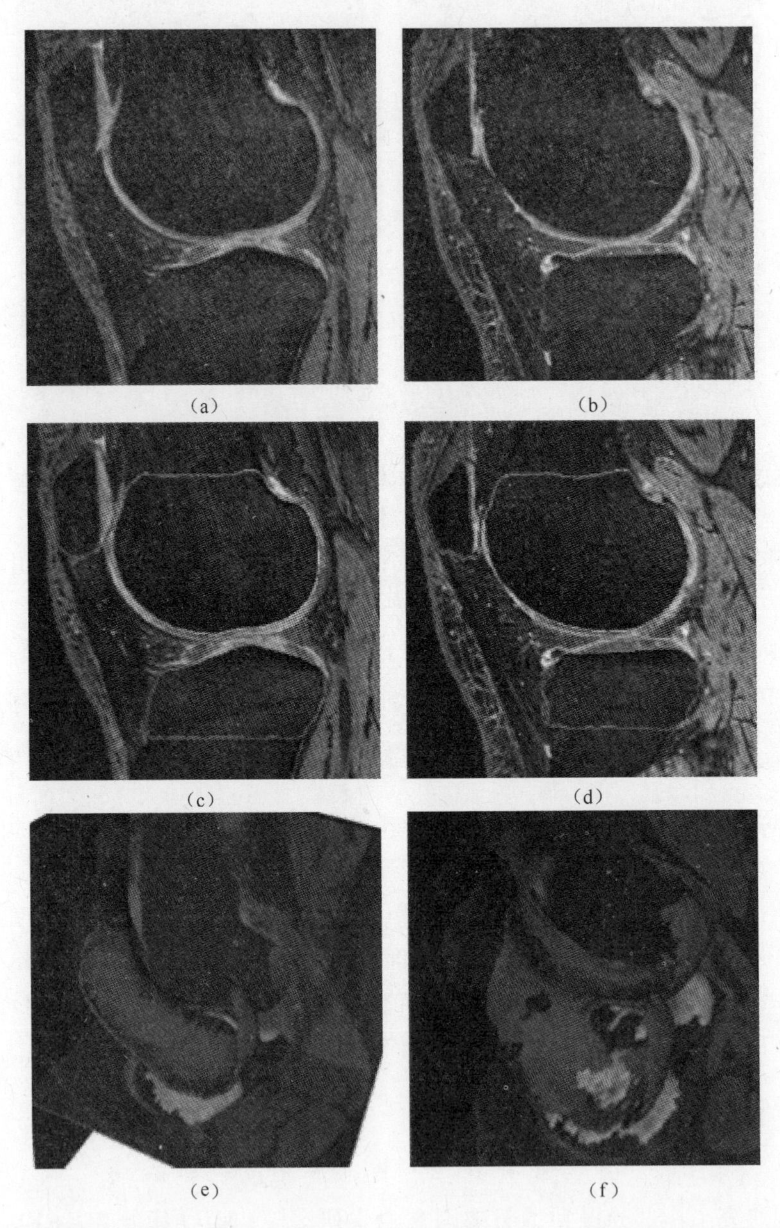

图 10.17 膝盖软骨的 3D 分割。左面一栏显示的是受骨关节炎影响程度最小的膝盖图像。右面一栏显示的是严重软骨退变状态下的膝盖图像。(a)、(b)原始图像;(c)、(d)带有骨骼/软骨分割结果的同一切片图像;(e)、(f) 软骨分割结果的 3D 展示,注意图(f)中的软骨变薄且出现“空洞”。经 IEEE 许可,选自文献[4]。

参考文献

[1] M. Sonka, V. Hlavac, and R. Boyle, *Image Processing, Analysis, and Machine Vision (3rd ed.)*. Thomson Engineering, 2008.

[2] X. Wu and D. Chen, "Optimal net surface problems with applications," *in Proc. 29th International Colloquium on Automata, Languages and Programming (ICALP)*, ser. Lecture Notes in Computer Science, vol. 2380. Springer, July 2002, pp. 1029–1042.

[3] K. Li, X. Wu, D. Chen, and M. Sonka, "Optimal surface segmentation in volumetric images–a graph–theoretic approach," *IEEE Trans. Pattern Analysis and Machine Intelligence*, vol. 28, no. 1, pp. 119–134, 2006.

[4] Y. Yin, X. Zhang, R. Williams, X. Wu, D. Anderson, and M. Sonka, "LOGISMOS–Layered Optimal Graph Image Segmentation of Multiple Objects and Surfaces: Cartilage segmentation in the knee joints," *IEEE Trans. Medical Imaging*, vol. 29, no. 12, pp. 2023–2037, 2010.

[5] Y. Boykov and G. Funka–Lea, "Graph cuts and efficient n–d image segmentation," *International Journal of Computer Vision*, vol. 70, no. 2, pp. 109–131, 2006.

[6] A. Delong and Y. Boykov, "Globally optimal segmentation of multi–region objects," *in International Conference on Computer Vision (ICCV), Kyoto, Japan*, 2009, pp. 285–292.

[7] A. Chakraborty, H. Staib, and J. Duncan, "Deformable boundary finding in medical images by integrating gradient and region information," *IEEE Trans. Medical Imaging*, vol. 15, no. 6, pp. 859–870, 1996.

[8] S. Zhu and A. Yuille, "Region competition: Unifying snakes, region growing, and bayes/mdl for multiband image segmentation," *IEEE Trans. Pattern Analysis and Machine Intelligence*, vol. 18, pp. 884–900, 1996.

[9] A. Yezzi, A. Tsai, and A. Willsky, "A statistical approach to snakes for bimodal and trimodal imagery," *in Proc. of Int. Conf. on Computer Vision (ICCV)*, Corfu, Greece, 1999, pp. 898–903.

[10] N. Paragios and R. Deriche, "Coupled geodesic active regions for image segmentation: A level set approach," *in Proc. of the European Conference in Computer Vision (ECCV)*, vol. II, 2001, pp. 224–240.

[11] T. F. Chan and L. A. Vese, "Active contour without edges," *IEEE Trans. Image Processing*, vol. 10, pp. 266–277, 2001.

[12] N. Paragios, "A variational approach for the segmentation of the left ventricle in cardiac image analysis," *Int. J. Computer Vision*, vol. 46, no. 3, pp. 223–247, 2002.

[13] Y. Boykov and V. Kolmogorov, "Computing geodesics and minimal surfaces via graph cuts," *in Proc. of Int. Conf. on Computer Vision (ICCV)*, Nice, France, October 2003, pp. 26–33.

[14] J. Picard, "Maximal closure of a graph and applications to combinatorial problems," *Management*

Science, vol. 22, pp. 1268-1272, 1976.

[15] D. Hochbaum, "A new-old algorithm for minimum-cut and maximum-flow in closure graphs," *Networks*, vol. 37, no. 4, pp. 171-193, 2001.

[16] X. Wu, D. Chen, K. Li, and M. Sonka, "The layered net surface problems in discrete geometry and medical image segmentation," *Int. J. Comput. Geometry Appl.*, vol. 17, no. 3, pp. 261-296, 2007.

[17] M. K. Haeker, M. D. Abràmoff, X. Wu, R. Kardon, and M. Sonka, "Use of varying constraints in optimal 3-D graph search for segmentation of macular optical coherence tomography images," *in Proc. of Medical Image Computing and Computer-Assisted Intervention* (*MICCAI* 2007), ser. Lecture Notes in Computer Science, N. Ayache, S. Ourselin, and A. Maeder, Eds., vol. 4791. Berlin/New York: Springer, 2007, pp. 244-251.

[18] Y. Boykov, O. Veksler, and R. Zabih, "Markov Random Fields with efficient approximations," *in Proc. of the IEEE Conf. Computer Vision and Pattern Recognition*, 1998, pp. 648-655.

[19] ——, "Fast approximate energy minimization via graph cuts," *IEEE Trans. Pattern Analysis and Machine Intelligence*, vol. 23, no. 11, pp. 1222-1239, 2001.

[20] H. Ishikawa and D. Geiger, "Segmentation by grouping junctions," *in Proc. of the IEEE Conf. Computer Vision and Pattern Recognition*, Santa Barbara, CA, 1998, PP. 125-131.

[21] D. Greig, B. Porteous, and A. Seheult, "Exact maximum a posteriori estimation for binary image," *J. Roy. Statist. Soc. Ser. B*, vol. 51, pp. 271-279, 1989.

[22] D. Hochbaum, "An efficient algorithm for image segmentation, markov randomfields and related problems," *J. of the ACM*, vol. 48, pp. 686-701, 2001.

[23] B. Glocker, N. Komodakis, N. Paragios, C. Glaser, G. Tziritas, and N. Navab, "Primal/dual linear programming and statistical atlases for cartilage segmentation," *in Proc. of Medical Image Computing and Computer-Assisted Intervention* (*MICCAI* 2007), ser. Lecture Notes in Computer Science, N. Ayache, S. Ourselin, and A. Maeder, Eds., vol. 4792. Springer, 2007, pp. 536-543.

[24] S. Roy and I. Cox, "A maximum-flow formulation of the n-camera stereo correspondence problem," *in Proc. Int. Conf. on Computer Vision* (*ICCV*), 1998, PP. 492-499.

[25] V. Kolmogorov and R. Zabih, "Computing visual correspondence with occlusions using graph cuts," *in Proc. Int. Conf. on Computer Vision* (*ICCV*), Vancouver, Canada, July 2001, pp. 508-515.

[26] B. Glocker, N. Komodakis, N. Paragios, G. Tziritas, and N. Navab, "Inter and intra-model deformable registration: Continuous deformations meet efficient optimal linear programming," *in Proc. of the 20th Int. Conf. on Information Processing in Medical Imaging* (*IPMI*), vol. LNCS 4584. Springer, 2006, pp. 408-420.

[27] J. Kleinberg and E. Tardos, "Approximation algorithms for classification problems with pairwise relationships: Metric labeling and Markov random fields," *in Proc. of the 40th IEEE Symp. On Foundations of Computer Science*, 1999, pp. 14-23.

[28] A. Archer, J. Fakcharoenphol, C. Harrelson, R. Krauthgamer, K. Talvar, and E. Tardos, "Approximate classification via earthmover metrics," *in Proc. of the 15th Annual ACM-SIAM Symposium on Discrete Alogorithms*, 2004, pp. 1079-1089.

[29] J. Chuzhoy and S. Naor, "The hardness of metric labeling," *SIAM Journal on Computing*, vol. 36, no. 5, pp. 1376-1386, 2007.

[30] C. Chekuri, A. Khanna, J. Naor, and L. Zosin, "A linear programming formulation and approximation algorithms for the metric labeling problem," *SIAM Journal of Discrete Mathematics*, vol. 18, no. 3, pp. 608-625, 2005.

[31] A. Gupta and E. Tardos, "Constant factor approximation algorithms for a class of classification problem," *in Proc. of the 32nd Annual ACM Symp. on Theory of Computing (STOC)*, 2000, pp. 652-658.

[32] R. Dubes and A. Jain, "Random field models in image analysis," *J. Appl. Stat.*, vol. 16, pp. 131-164, 1989.

[33] H. Ishikawa, "Exact optimization for Markov random fields with convex priors," *IEEE Trans. Pattern Analysis and Machine Intelligence*, vol. 25, no. 10, pp. 1333-1336, 2003.

[34] R. Ahuja, D. Hochbaum, and J. Orlin, "A cut based algorithm for the convex dual of the minimum cost network flow problem," *Algorithmica*, vol. 39, pp. 189-208, 2004.

[35] Q. Song, X. Wu, Y. Liu, M. Sonka, and M. Garvin, "Simultaneous searching of globally optimal interacting surfaces with shape priors," *in Proc. of the 20rd IEEE Conference on Computer Vision and Pattern Recognition (CVPR)*, vol. 4584, San Francisco, CA, USA, June 2010, pp. 2879-2886.

[36] Y. Yin, Q. Song, and M. Sonka, "Electric flied theory motivated graph construction for optimal medical image segmentation," *in 7th IAPR-TC-15 Workshop on Graph-based Representations in Pattern Recognition*, 2009, pp. 334-342.

[37] D. Kainmueller, H. Lamecker, S. Zachow, M. Heller, and H. -C. Hege, "Multi-object segmentation with coupled deformable models," *in Proc. of Medical Image Understanding and Analysis (MIAU)*, 2008, pp. 34-38.

[38] Y. Yin, X. Zhang, and M. Sonka, "Fully three-dimensional segmentation of articular cartilage performed simultaneously in all bones of the joint," *in Osteoarthritis and Cartilage*, vol. 15(3), 2007, p. C177.

[39] Y. Yin, X. Zhang, D. D. Anderson, T. D. Brown, C. V. Hofwegen, and M. Sonka, "Simultaneous segmentation of the bone and cartilage surfaces of a knee joint in 3D," *in SPIE Symposium on Medical Imaging*, vol. 7258, 2009, p. 725910.

[40] M. D. Abràmoff, M. K. Garvin, and M. Sonka, "Retinal imaging and image analysis," *IEEE Reviews in Biomedical Engineering*, vol. 3, pp. 169-208, 2010.

[41] M. Haeker (Garvin), M. D. Abràmoff, X. Wu, R. Kardon, and M. Sonka, "Use of varying constraints in optimal 3-D graph search for segmentation of macular optical coherence tomography images," *in Proceedings of the 10th International Conference on Medical Image Computing and*

Computer-Assisted Intervention (*MICCAI* 2007), ser. Lecture Notes in Computer Science, vol. 4791. Springer-Verlag, 2007, pp. 244-251.

[42] M. K. Garvin, M. D. Abràmoff, X. Wu, S. R. Russell, T. L. Burns, and M. Sonka, "Automated 3-D intraretinal layer segmentation of macular spectral-domain optical coherence tomography images," *IEEE Trans. Med. Imag.*, vol. 28, no. 9, pp. 1436-1447, Sept. 2009.

[43] K. Lee, M. Niemeijer, M. K. Garvin, Y. H. Kwon, M. Sonka, and M. D. Abràmoff, "Segmentation of the optic disc in 3D-OCT scans of the optic nerve head," *IEEE Trans. Med. Imag.*, vol. 29, no. 1, pp. 159-168, Jan. 2010.

[44] M. Haeker (Garvin), X. Wu, M. D. Abràmoff, R. Kardon, and M. Sonka, "Incorporation of regional information in optimal 3-D graph search with application for intraretinal layer segmentation of optical coherence tomography images," in *Proc. of Information Processing in Medical Imaging* (*IPMI*), ser. Lecture Notes in Computer Science, vol. 4584. Springer, 2007, pp. 607-618.

[45] M. K. Garvin, M. D. Abramoff, X. Wu, S. R. Russell, T. L. Burns, and M. Sonka, "Automated 3-D intraretinal layer segmentation of macular spectral-domain optical coherence tomography images," *IEEE Trans. Med. Imaging*, vol. 28, no. 9, pp. 1436-1447, 2009.

[46] A. Jemal, R. Siegel, J. Xu, and E. Ward, "Cancer statistics, 2010," *CA Cancer Journal for Clinicians*, vol. 60, no. 5, pp. 277-300, 2010.

[47] Q. Song, X. Wu, Y. Liu, M. Smith, J. Buatti, and M. Sonka, "Optimal graph search segmentation using arc-weighted graph for simultaneous surface detection of bladder and prostate," *in Proc. International Conference on Medical Image Computing and Computer-Assisted Intervention*, 2009, pp. 827-835.

[48] Q. Song, Y. Liu, Y. Liu, P. Saha, M. Sonka, and X. Wu, "Graph search with appearance and shape information for 3-D prostate and bladder segmentation," *in Proc. International Conference on Medical Image Computing and Computer-Assisted Intervention*, 2010.

[49] V. Caselles, R. Kimmel, and G. Sapiro, "Geodesic active contours," *International Journal of Computer Vision*, vol. 22, pp. 61-97, 1997.

[50] http://www.ACLSolutions.com

第 11 章

层级式图编码

Luc Brun, Walter Kropatsch

11.1 引言

规则图像金字塔作为一个分辨率递减的图像堆栈形式于 1981/82 年引入[1]。这种金字塔结构为图像处理与分析提供了很多有意义的特性,例如噪声的减少、同一帧内局部和全局特征的处理、低分辨条件下利用局部过程检测全局特征以及许多基于这种结构的计算过程的高效性[2]。规则金字塔通常是由一系列非常有限的层级构成的(级数通常为 $\log(n)$,其中 n 为输入图像的尺寸)。因此,如果每个层级都与下面的层级平行,那么整个金字塔的构造可以通过 $\mathcal{O}(\log(n))$ 个并行步骤实现。这种系统化的构造方式奠定了密切的层级间关系,从而有助于以自顶向下的方式与原始图像的每一个像素打交道。然而,这类金字塔的规则性结构也存在一些不足,例如在给定的层级上只可以对有限数目的区域进行编码,或者是初始图像的微小平移会引起与其相关的规则金字塔的重大调整。

不规则金字塔很好地克服了这些缺点并且继承了规则金字塔的主要优点。这种金字塔定义为一个依次简化的图堆栈,这类金字塔的每个顶点由下面图的顶点连通集来定义。通常,这些图能描述像素的邻域、区域邻近关系或是图像中目标的特定语义。由于 2D 图像是一种平面抽样形式,这类图可通过定义嵌入于平面中。

构造这种金字塔时会涉及到两个问题:(1)如何利用下面的层级高效地构造金字塔的每个层级?(2)在每个层级可捕捉平面的哪些特性?这一章回答了上述两个问题,同时给出了关于层级模型的概述。首先,我们在 11.2 节介绍规则金字塔框架。然后,在 11.3 节描述实现不规则金字塔并行构造的主要方案。这些构造方案确定了不规则金字塔的一个重要垂直特性:图的大小在金字塔的不同层级间以某一速率递减。在 11.4 节中,我们将介绍不规则金字塔框架中采用的主要图编码形式,以及由这些模型捕捉到的图像特性。由给定图模型捕捉到的图像特性可以看作是金字塔的水平特性。并行构造方案(11.3 节)与图编码(11.4 节)的每一种结合形式确定了一个具有特定垂直特性与水平特性的不规则金字塔模型。

11.2 规则金字塔

规则金字塔可定义为一个分辨率以指数量级递减的图像序列。这一序列中的每幅图像称之为金字塔的一个层级。第一层——称之为金字塔的基底——对应于原始图像,而金字塔的最高层则通常对应于单个像素,该像素的值是基底层像素值的加权平均。借助图像邻域关系,**缩减窗**可以将金字塔每一层内的任意一个像素(基底层的像素除外)与下一层内的一组像素联系起来。金字塔内的任意一个像素(基底层的像素除外)都可以看作是其缩减窗(见图 11.1,填充有实心圆)中像素的**父代**。反过来,缩减窗内所有的像素都被看作是金字塔的上一层中与此缩减窗相关的像素的**子代**。由缩减窗引入的关系传递闭包性可能在任意两个层级间进一步延伸这种父/子或层级关系。与金字塔中某个给定的像素相关的基底层图像的像素集称之为**感受野**。例如,我们考虑一下图 11.1(c)中左上角的那个像素,其缩减窗和感受野分别是图 11.1(b)左上角的 2×2 窗口和 11.1(a)左上角的 4×4 窗口。

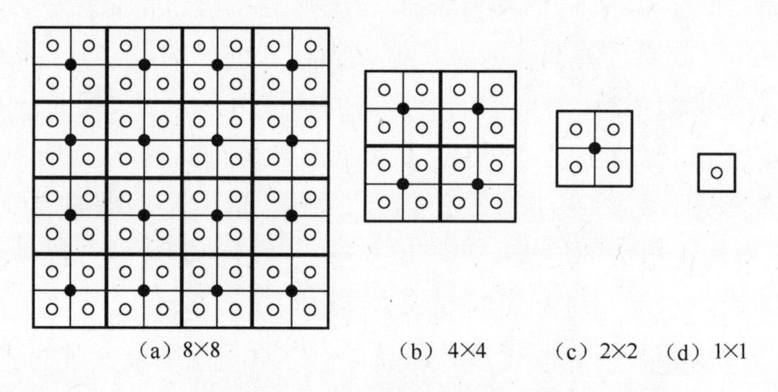

图 11.1 一个 2×2/4 规则金字塔。

规则金字塔的另一个重要参数就是**抽样率**(也称为**缩减因子**),它描述金字塔中两个连续图像大小的比率。在金字塔的任意两个连续层级之间该比率保持不变。**缩减函数**表明了金字塔中任何一个像素的数值是如何由其缩减窗中的子代像素数值确定的(图 11.2)。因此,可以将规则金字塔正式地定义为比率 $N \times N/q$,其中 $N \times N$ 表示缩减窗的大小,而 q 表示抽样率。因此,可以根据 $N \times N/q$ 的值来区别不同金字塔的类型:

- 如果 $N \times N/q < 1$,该金字塔称为**非重叠有孔金字塔**。在这种金字塔中,一些像素没有父代[3](如图 11.3(a)中心的像素)。
- 如果 $N \times N/q = 1$,该金字塔称为**非重叠无孔金字塔**(见图 11.3(b))。在这种金字塔中,缩减窗中的每个像素都恰好有一个父代[3]。
- 如果 $N \times N/q > 1$,该金字塔称为**重叠金字塔**(见图 11.3(c))。这种金字塔中的每个像素平均有 N^2/q 个父代[1]。如果每个子代选择一个父代，则每个父代缩减窗中的子代集合就会被重新排列。因此，感受野就会在原始的感受野内呈现任意的形式。

Bister[2] 列举了几个有关规则金字塔的有趣特性：

1. 缩减函数通常定义为低通滤波器，因此在金字塔高层级能体现出对噪声的鲁棒性。

2. 采用金字塔结构可以容易地设计出图像分辨率不敏感的算法。

3. 基底层图像的全局特性在层级结构的较高层级中具有局部性，因此可以采用局部滤波器检测出这些特性。

4. 采用“分而治之”的策略可以高效地实现金字塔信息的自顶向下分析。

5. 利用含有简化信息的低分辨率图像可以提取出待检测的目标。

除了这些有趣特性之外，规则金字塔也有一些限制性。实际上，缩减窗的有限尺寸和固定形状会带来数据结构的刚性约束，从而使其不便于处理图像信息的多变性。例如，由于缩减窗的位置固定，规则金字塔对微小的图像平移是特别敏感的（这称之为**平移依赖**问题）。而且，缩减窗的尺寸固定也人工地限制了给定层级上可以编码的区域数目，且不便于我们编码细长型目标。

（a）256×256 （b）128×128 （c）64×64 （d）32×32 （e）16×16

图 11.2 一个 2×2/4 金字塔，其缩减函数定义为一个中心处于缩减窗中心的高斯函数。每个图的大小标在图下面。

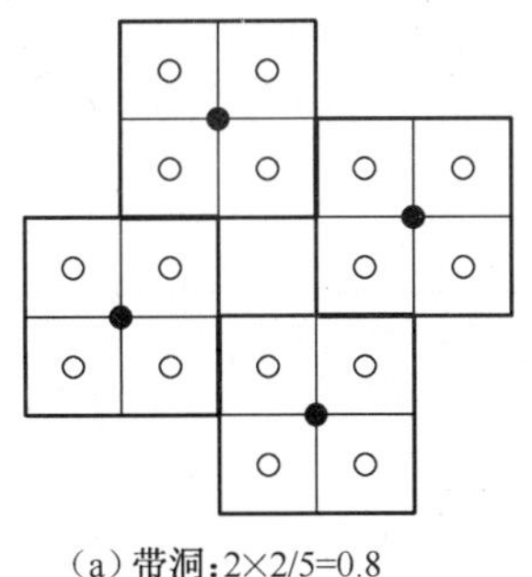
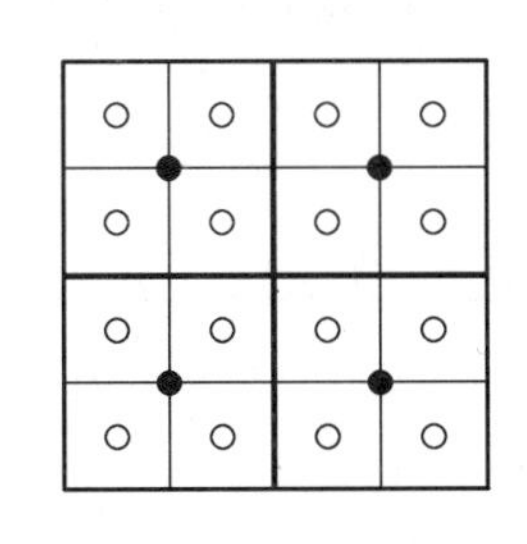
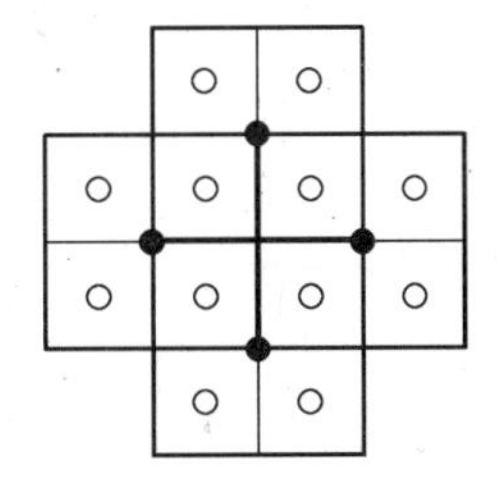
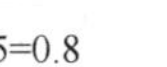

（a）带洞：2×2/5=0.8 （b）非重叠、不带洞：2×2/4=1.0 （c）重叠：2×2/2=2.0

图 11.3 三种不同类型的规则金字塔。

最后一个缺点展示于图 11.4（a）中。金字塔的基底是一幅大小为 1×4 的图像，描述了由 4 个不同颜色像素构成的一条线，这些像素对应于由某一分割过程实现的不同区域。然而,采用缩减因子为 2 的图像金字塔之后,在第一层级只剩下两个像素。因此,基底层中定义的两个区域将从第一层级中移除,这一结果与像素间的灰度值差异是无关的。图 11.4(b)展示了使用规则金字塔描述细长型目标时遇到的难题。由数值相近的像素组成的 1×4 基底层图像应该被分割过程分成单个实体。利用一个 1×4/2 的图像金字塔,在第一层级这 4 个像素会合并为两个像素,这种合并操作人工地增加了像素之间的灰度值差异,因此会在第一层级产生两个截然不同的区域。

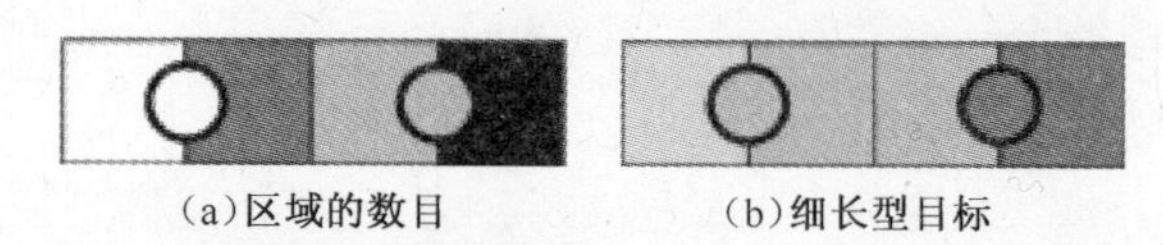

(a)区域的数目　　(b)细长型目标

图 11.4　两个 1×4/2 图像金字塔,构建于一个 1×4 的基底层图像之上。这两幅图展示了金字塔指定层中可定义的目标数量的有限性(a)以及这种金字塔在描述细长型目标时遇到的困难(b)。

图 11.5 通过真实图像在一个 5×5/4 金字塔上利用 Bister 算法[2]也展示了这一现象。正如图 11.4(b)所示的那样,位于图像上部和左部的几个细长型区域以及女孩的头发都被人工地分裂成了若干小区域。

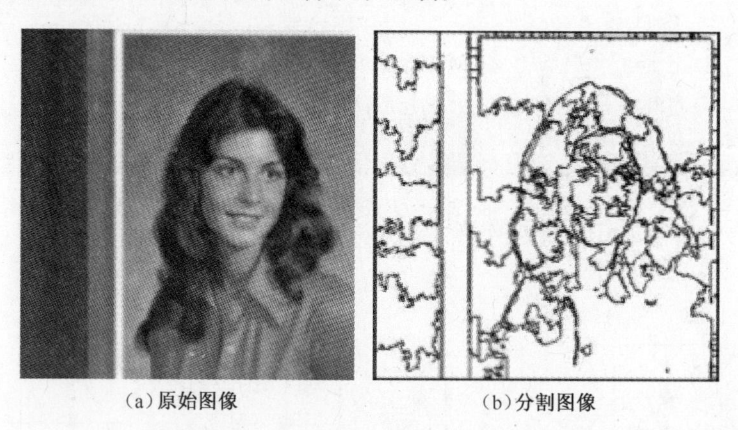

(a)原始图像　　(b)分割图像

图 11.5　通过一个 5×5/4 重叠金字塔利用金字塔链接算法[2]实现的女孩测试图像的分割结果。

最后,我们回顾一下上面的评论,注意到 Bister[2]总是想方设法使规则金字塔对要处理的图像类型具有自适应性。然而,缩减窗、抽样率和缩减函数等要素的自适应性应该在启发性的基础上针对每一个图像类型来实现。此外,我们还要指出的是,规则金字塔的一些缺点在一些特定应用场合可能会变成优势。例如,规则金字塔不便于描述细长型目标这一不足在要检测的目标为紧凑实体这种应用场合就变成了优点。这样的应用案例是由 Rosenfeld[4]提供的,他采用规则金字塔来检测红外图像中的车辆。在这个特定应用背景中,已知车辆具有紧凑特性,从而在金字塔的某些层级上会被当作单个像素而检测到。

11.3 不规则金字塔并行构造方案

为了克服规则金字塔的缺点同时保留其主要优点，Meer 和 Montanvert 等人[5]最先提出了不规则金字塔。特别要提到的是，非层级式图像处理算法中规则金字塔的两个重要优点是应该保留下来的：

- **性质Ⅰ** 任何一个金字塔的自底向上计算过程都可以并行执行，每个像素的值都可由其子代独立计算出来。

- **性质Ⅱ** 由于抽样率的大小是固定的，金字塔的高度等于图像尺寸的（最小）对数。因此，利用并行计算方案，任意一个金字塔的计算都可以在 $\mathcal{O}(\log(|I|))$ 个并行步骤内完成，其中 $|I|$ 表示基底层图像的大小。

另一方面，缩减窗的形状固定且每个像素的邻域也固定是规则金字塔的主要缺点，这些缺点不便于我们实现金字塔相对于数据的自适应性，且不能保持沿金字塔方向上的邻域关系。为了克服这些缺点，Meer 和 Montanvert 等人[5]将不规则金字塔定义为连续简化图构成的堆栈（图 11.6 中的$\mathcal{G}_0$，$\mathcal{G}_1$，$\mathcal{G}_2$，$\mathcal{G}_3$）。这种金字塔结构能够使缩减窗的形状与数据相适应，且能通过图描述保持区域间的邻域关系，这是源于这种情况下一个顶点可以有任意多个邻域。与规则金字塔相比，不规则金字塔的**抽样率**通常定义为两个连续图顶点数目的比值的均值 $\left(\frac{|\mathcal{V}_l|}{|\mathcal{V}_{l+1}|}\right)$，条件是要求这一数据项在沿金字塔方向保持近似恒定。由图 $\mathcal{G}_l = (\mathcal{V}_l, \mathcal{E}_l)$ 构造出图 $\mathcal{G}_{l+1} = (\mathcal{V}_{l+1}, \mathcal{E}_{l+1})$ 需要通过如下步骤来实现：

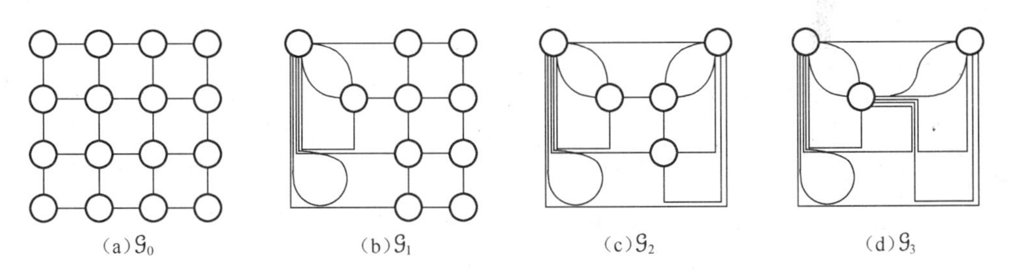

图 11.6 利用像素 4 近邻关系的不规则金字塔的前几层。

- **步骤Ⅰ** 将 $\mathcal{V}_l$ 划分为一组连通分量。产生 $\mathcal{G}_{l+1}$ 的一个顶点并将其附到该划分的每一个连通分量上。附在 $\mathcal{G}_{l+1}$ 的每个顶点上的连通分量称之为其关于规则金字塔的**缩减窗**。

- **步骤Ⅱ** 按照 $\mathcal{V}_l$ 的划分产生的连通分量间的邻近关系定义 $\mathcal{G}_{l+1}$ 的顶点间的邻近关系。

这一部分主要介绍并行缩减方案，它只与上述构造方案的第一步有关，第二步将会在11.4节中详细介绍。像文献[6]中的序贯缩减方案与性质Ⅰ(11.3节)是冲突的,因此本章不会考虑。这一节描述了图的全局缩减方案。然而,按照某种分割准则(如文献[7]),这种全局缩减方案可能会易于受到限制——要从初始的边集 $\mathcal{E}_0$ 中移除掉所有描述某些顶点之间邻近关系的边,而按照分割准则这些顶点是不应该合并的。

注意,能确定 $\mathcal{G}_l$ 某一划分的连通分量的数目确定了 $\mathcal{V}_{l+1}$ 的基数,因此也就确定了不规则金字塔的抽样率(也称为**缩减因子**)。为了保证抽样率 $\left(\frac{|\mathcal{V}_l|}{|\mathcal{V}_{l+1}|}\right)$ 的值是恒定的,已经提出了几种并行方法,所有这些方法的基础都是**极大独立集**概念。

11.3.1 极大独立集(MIS)

让我们考虑一个由对称邻域函数 $\mathcal{N}:\mathcal{X}\rightarrow\mathcal{P}(\mathcal{X})$ 给出的有限可数集合 $\mathcal{X}$,其中 $P(\mathcal{X})$ 表示 $\mathcal{X}$ 的幂集。$\mathcal{X}$ 的**独立集**是 $\mathcal{X}$ 的一个子集 $\mathcal{T}$,使得 $\mathcal{T}$ 中没有任何一个元素是由对称邻域函数 $\mathcal{N}(\cdot)$ 关联起来的:

$$\forall(x,y)\in\mathcal{T}^2,\quad x\notin\mathcal{N}(y) \tag{11.1}$$

如果一个独立集不是任何一个独立集的子集,那么就称其为极大集。例如,给定邻域关系 $\mathcal{N}(n)=\{n-1,n+1\}$ 的条件下,就整个自然数集合来说,偶数集就是一个极大独立集。需要指出的是,通过这种邻域关系,奇数和偶数都确定了一个极大独立集。因此,极大独立集并不是唯一的。而且,给定一个极大独立集,$\mathcal{X}-\mathcal{T}$ 中的任意一个元素 x 一定会与 $\mathcal{T}$ 中的某个元素邻近;否则,如果将 x 添加到 $\mathcal{T}$ 中,就会破坏极大性。相反,如果 $\mathcal{T}$ 不是一个极大独立集,则至少可以将一个元素 x 添加到 $\mathcal{T}$ 中。按照条件(11.1),这个元素不会与 $\mathcal{T}$ 中的任意一个元素相邻。因此,可将独立集的极大性表达为

$$\forall x\in\mathcal{X}-\mathcal{T},\quad \exists y\in\mathcal{T}\,|\,x\in\mathcal{N}(y) \tag{11.2}$$

在不规则金字塔框架中,极大独立集中的元素通常称之为幸存元素。条件(11.1)表明相邻的两个元素不能同时幸存。另一方面,条件(11.2)表明任何一个非幸存元素都应该与一个幸存元素相邻。因此,可将一个极大独立集解释为依据邻域关系 $\mathcal{N}$ 对初始集合 $\mathcal{X}$ 实施下抽样的一个结果。例如,我们考虑一下集合 $\mathcal{X}$ 与一幅图像像素集相对应的情况,其中邻域关系描述的是像素的8连通情况。那么,可以按照每两行每两列选择一个像素来获得一个极大独立集。从图11.7可以清楚地看出:幸存元素(■)之间并不相邻(条件(11.1)),而任何一个非幸存元素(□)都至少与一个幸存元素为邻(条件(11.2))。

本章剩余部分将介绍有限集。给定一个有限集 $\mathcal{X}$,若一个独立集的势在所有可能的极大独立集中为最大的,那么该独立集就是最大的。而且,在这种情况下,可以通过图 $\mathcal{G}=(\mathcal{X},\mathcal{E})$ 表征邻域关系:当且仅当 $u\in\mathcal{N}(v)$ 时,$(u,v)\in\mathcal{X}^2$ 属于 $\mathcal{E}$。

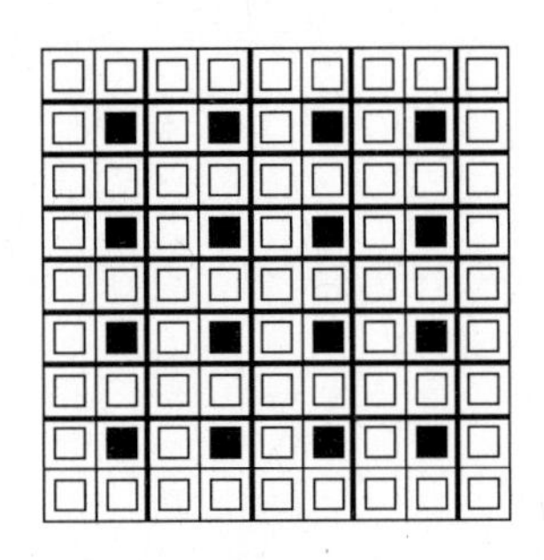

图 11.7　8 邻域结构二维采样栅格上的一个极大独立集(■)。

11.3.2　极大独立顶点集(MIVS)

图 $\mathcal{G}_l=(\mathcal{V}_l,\mathcal{E}_l)$ 的**极大独立顶点集**(MIVS)定义为利用 $\mathcal{E}_l$ 引出的邻域关系所获得的集合 $\mathcal{V}_l$ 上的一个极大独立集。如果用 $\mathcal{V}_{l+1}$ 表示极大独立集,可以将条件(11.1)和(11.2)表示为下列形式:

$$\forall (v,v') \in \mathcal{E}_l : (v,v') \notin \mathcal{E}_l \tag{11.3}$$

$$\forall v \in \mathcal{V}_l - \mathcal{V}_{l+1}, \exists v' \in \mathcal{V}_{l+1} : (v,v') \in \mathcal{E}_l \tag{11.4}$$

Meer[8]提出了这种极大独立集的构造方案,将其视作一种迭代随机过程。该过程是在与每个顶点相连且均匀分布于[0,1]中的随机变量的输出结果上建立起来的。这样,与随机变量的局部极大值相对应的任一顶点都被看作是一个幸存顶点。迭代执行此过程一次后,就能实现条件(11.3)的满足,从而得到一个独立集,这是由于两个相邻顶点不可能都对应于局部极大值。然而,如果一个顶点与一个局部极大值不相对应,那么在其邻域内就可能不会存在幸存顶点。换句话说,这种过程可能会产生一个非极大独立集。图 11.8 展示了这种结构形式,其中每个顶点内的值代表随机变量的输出结果。对应的值为 9 的顶点表示随机变量的极大值,因此它们被选作"幸存顶点"。按照条件(11.3),与幸存顶点邻近的顶点 7 和顶点 8 不能选为"幸存顶点"。顶点 6 与随机变量的极大值不对应。尽管如此,为了满足条件(11.4)并产生一个极大独立集,该顶点必须被选为"幸存顶点"。

9—7—6—8—9

图 11.8　一维图中极大独立顶点集的构造。双圆圈中的顶点是幸存顶点。

因此,我们应迭代地选择局部极大值直到条件(11.3)和条件(11.4)都能得到满足。这种迭代过程需要我们将三个变量 x_i , p_i , q_i 都关联到每个顶点 $v_i \in \mathcal{V}_l$ 上。变量 x_i 描述了与 v_i 相关的随机变量的输出结果,而 p_i 和 q_i 则对应于布尔变量,它们的值描述了下列状态:

- 如果 p_i 为真, v_i 就被视作一个幸存顶点。

- 如果 q_i 为真，v_i 就是一个在后续某一迭代过程中有可能成为幸存顶点的候选。相反地，如果 q_i 为假，则 v_i 就被视作一个非幸存顶点。

令 $(p_i^{(k)})_{k\in\{1,\cdots,n\}}$ 和 $(q_i^{(k)})_{k\in\{1,\cdots,n\}}$ 表示我们的迭代算法在迭代运行过程中变量 p_i 和 q_i 的取值。变量 p_i 和 q_i 初始化形式为

$$\begin{cases} p_i^{(1)} = x_i = \max\limits_{v_j\in\mathcal{N}(v_i)}\{x_j\} \\ q_i^{(1)} = \bigwedge_{v_j\in\mathcal{N}(v_i)}\overline{p}_j^{(1)} \end{cases} \tag{11.5}$$

其中，$\mathcal{N}(v_i)$ 表示 v_i 的邻域，而 $\wedge$ 对应于逻辑“与”算子。按照惯例，我们假设 $v_i\in\mathcal{N}(v_i)$ 。

式(11.5)表明，如果一个顶点与随机变量的极大值相对应，那么它就能幸存($p_i^{(1)}$ 为真)。如果一个顶点不是“幸存顶点”，且它的邻域中也没有一个是“幸存顶点”，那么此顶点就是一个候选($q_i^{(1)}$ 为真)。

通过如下规则实现 p_i 和 q_i 的迭代更新：

$$\begin{cases} p_i^{(k+1)} = p_i^{(k)} \vee (q_i^{(k)} \wedge x_i = \max\{x_j \mid v_j\in\mathcal{N}(v_i)\wedge q_j^{(k)}\}) \\ q_i^{(k+1)} = \bigwedge_{v_j\in\mathcal{N}(v_i)}\overline{p}_j^{(k+1)} \end{cases} \tag{11.6}$$

其中，$\vee$ 代表逻辑“或”算子。

第 k 次迭代幸存的顶点在后续的迭代过程中依然为“幸存顶点”($p_i^{(k+1)} = p_i^{(k)} \vee \cdots$)。而且，如果一个候选($q_i^{(k)}$ 为真)与其邻域中所有候选者的局部极大值相对应($x_i = \max\{x_j \mid v_j\in\mathcal{N}(v_i)\wedge q_j^{(k)}\}$)，那么它就可以变成一个“幸存顶点”。最后，如果一个候选既不能成为幸存顶点且其邻域中也没有一个被选作幸存顶点，那么它就保持原状($q_i^{(k+1)}$ 为真)。

要指出的是，满足 $p_i^{(k)}$ 为真的顶点集在该迭代算法的任意一个迭代步骤 k 中都定义了一个独立集。每一次迭代都会减少候选的数目而同时增加了幸存顶点的数目，直到幸存顶点的数目不可以再增加。于是，幸存顶点的集合就确定了一个极大独立集。还需要说明的是，这一过程完全是局部性的。实际上，在每一次迭代过程中，每个顶点都按照其邻域的相应值更新 p_i 和 q_i 。因此，这种过程很容易在并行机上实现。图 11.9 (b)显示了一个由 4×4 大小的 8 连通采样栅格定义的图(见图 11.9(a))上的随机变量的输出结果。幸存顶点由另一个圆圈包围着。

通过把幸存顶点定义为兴趣算子的局部极大值，Jolion[9]改进了上述抽样过程的自适应性。例如，在分割框架中，Jolion 把兴趣算子定义为一个在每个顶点邻域所计算的灰阶方差的递减函数，这种算子对同质区域中的幸存顶点做出了定位。

11.3.2.1 缩减窗的定义

在给定幸存顶点集合的条件下，MIVS 的约束条件(11.3)保证了每个非幸存顶

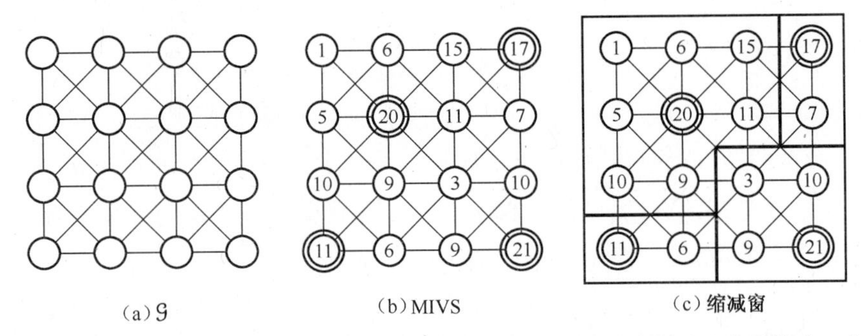

(a) $\mathcal{G}$　　(b) MIVS　　(c) 缩减窗

图 11.9　在一个描述了4×4大小的8连通采样栅格的图$\mathcal{G}$上利用随机变量构造一个极大独立顶点集(a)。每个顶点内都显示了随机变量的结果。幸存顶点都被嵌套的圆圈包围着(b)。(c)是与幸存顶点相关的缩减窗。

点至少与一个幸存顶点相邻。可以通过各种启发式方法实现每个非幸存顶点的幸存父代的选择。Meer[8]和 Montanvert 等人[5]利用随机变量的最大值将每个非幸存顶点与其幸存邻域相连。Jolion[9]采用了一种对比性度量(比如,灰阶之差)将每个非幸存顶点与其具有最小对比性的幸存邻域相连。因此,每个幸存顶点都是与其相连的非幸存顶点的父代。根据图 11.9(b)并通过将每个非幸存顶点与其具有最大值的幸存邻域连接起来所确定的缩减窗如图 11.9(c)所示。

利用与 $\mathcal{V}_l$ 相关的幸存顶点 $\mathcal{V}_{l+1}$ 将前者划分成一系列缩减窗后,就可以利用 11.4 节定义的启发式规则定义简化图 $\mathcal{G}_{l+1}=(\mathcal{V}_{l+1},\mathcal{E}_{l+1})$。

11.3.3　数据驱动的抽样过程

正如在 11.3.2 节中提及的那样,幸存顶点将保持其状态直到一个 MIVS 迭代构造方案(式(11.6))的结束。而且,该幸存顶点的邻域被分类为非候选且也保持这一状态直到迭代过程的结束。因此,只要在某次迭代过程中某一幸存顶点被分类为幸存者,就可以将该顶点连同其非幸存邻域约简为简化图的单个顶点。然而,利用 11.3.2 节中定义的构造方案,由 MIVS 定义的简化图要求图中所有顶点都要被标记为幸存顶点或非候选。对于某些重要的图,与迭代次数成比例这一潜在因素可能是很重要的。

由 Jolion[10]提出的**数据驱动的抽样过程**(D3P)形成的基础是金字塔每一层上执行的单次迭代抽样过程(式(11.6))。11.3.2 节中定义的两个随机变量 p_i 和 q_i 仍保持原来的意义,但现在具有全局性——范围扩大到整个金字塔。这些变量在金字塔的基底层被初始化为真:

$$p_i^1=q_i^1=\text{true},\quad \forall v_i\in\mathcal{V}_0 \tag{11.7}$$

其中,$\mathcal{G}_0=(\mathcal{V}_0,\mathcal{E}_0)$ 描述了金字塔的基底层。

采用下列表达式在各层之间执行变量 p_i 和 q_i 的更新:

$$p_i^{(k+1)} = ((p_i^{(k)} \vee q_i^{(k)}) \wedge x_i = \max\{x_j \mid q_j^{(k)} \wedge v_j \in \mathcal{N}_k(v_i)\}) \quad (11.8)$$
$$q_i^{(k+1)} = \wedge_{v_j \in \mathcal{N}_k(v_i)} \overline{p}_j^{(k+1)} \wedge (\mathcal{N}_k(v_i) \neq \{v_i\})$$

换句话说,如果一个顶点 v_i 是幸存顶点或者是图 $\mathcal{G}_k$ 的一个候选($p_i^{(k)} \vee q_i^{(k)}$)且它对应于 $\mathcal{N}_k(v_i)$ 的候选相关的随机变量的最大值 ($x_i = \max\{x_j \mid q_j^{(k)} \wedge v_j \in \mathcal{N}_k(v_i)\}$),那么它就被选作幸存顶点($p_i^{(k+1)}$ 为真)。如果 $\mathcal{G}_k$ 的某个顶点不与任何幸存顶点相邻且不是孤立的 ($\mathcal{N}_k(v_i) \neq \{v_i\}$) ,那么它就变成一个候选。

由式(11.8)确定的幸存顶点集合确定了图 $\mathcal{G}_k$ 上的一个独立集。然而,这个集合通常是非极大的。更准确地说,我们可以在变量 p_i^{k+1} 和 q_i^{k+1} 的基础上将集合 $\mathcal{V}_k$ 分解成三个子集:幸存顶点($p_i^{(k+1)}$ 为真),候选($q_i^{(k+1)}$ 为真)以及非候选($q_i^{(k+1)}$ 为假)。非候选顶点至少与一个幸存顶点相邻(式(11.8))。这些顶点连同幸存顶点一起被分到缩减窗中,并在图 $\mathcal{G}_{k+1}$ 中简化为单个顶点。候选顶点表示在后续迭代步骤中那些利用 MIVS 迭代构造方案(式(11.6))有可能会被分成幸存顶点或非幸存顶点的顶点构成的集合。利用 D3P 构造方案,这些顶点的分类结果会被延迟到金字塔的更高层次中。因此,在第 $(k+1)$ 层确定的顶点集等于幸存顶点集与候选集合的并:

$$\mathcal{V}_{k+1} = \{v_i \in \mathcal{V}_k \mid p_i^{(k+1)} \vee q_i^{(k+1)}\} \quad (11.9)$$

根据 11.4.3 节和 11.4.4 节确定的各种启发式方法来定义集合 $\mathcal{E}_{k+1}$ 。然后,将式(11.8)应用在简化图 $\mathcal{G}_{k+1} = (\mathcal{V}_{k+1}, \mathcal{E}_{k+1})$ 上,直到金字塔的顶端。

回想一下 11.3.2 节,Jolion[9] 将幸存顶点定义为兴趣算子的局部极大值。D3P 方案的一个主要优点是对应于兴趣算子强局部极大值的顶点会在金字塔的低层中检测到并与其非幸存邻域合并在一起。与更复杂结构相对应的剩余候选顶点会在金字塔的更高层中检测到。由于在这些较高层级中图的内容已被简化,因此也就简化了整个决策过程。例如,在一个图像分割方案中,兴趣算子会检测到同质区域的中心,这类区域会在金字塔的低层中生长,从而有助于聚集那些能描述两个区域边界处像素的顶点。我们还要指出的是,这种异步抽样过程与生理视觉领域的一些实验结果[11]是一致的,表明我们的大脑也在采用异步处理过程。

11.3.4 极大独立边集(MIES)

在 MIVS 框架中(11.3.2 节),两个幸存顶点是不能相邻的。因此,定义一个 MIVS 的幸存顶点数目高度依赖于图的连通性。而且,按照 Meer[8] 和 Montanvert 等人[5]定义的 MIVS 的随机构造方案,如果一个顶点与某一随机变量的局部极大值相对应,那么就将它定义为幸存顶点。因此,顶点幸存的概率与邻域的大小是有关的。所以,邻近关系会影响到:

1. 金字塔的高度；

2. 在金字塔前一层的基础上建立每一层所需的迭代次数。

Kropatsch 等人[12,13]开展的几项实验表明，顶点的平均度会沿着金字塔递增。这种连通性的提升会导致所选择的幸存顶点数目出现递减，因而也就会造成沿金子塔方向抽样率的下降。

抽样率的这种下降会增加金字塔的高度，从而会破坏不规则金字塔应该保持的规则金字塔的两个主要特性之一（11.3 节）：金字塔高度的对数与基底层的大小相对应。

为了纠正这个严重的缺陷，Kropatsch 等人[12,13]提出在构造$\mathcal{G}$的森林$\mathcal{F}$的基础上实现金字塔的抽样，使得如下条件能够满足：

条件 I $\mathcal{G}$中任意一个顶点都恰好属于$\mathcal{F}$的一棵树。

条件 II 每棵树至少由两个顶点构成。

$\mathcal{F}$的每棵树确定了一个用于选择幸存顶点的缩减窗，此树中剩余的顶点都被看作非幸存顶点。第一条确保了每个顶点要么分为幸存顶点，要么分为非幸存顶点。第二条确保了顶点的数目至少减少 1 倍，因此所产生的缩减因子至少等于 2。

构造森林$\mathcal{F}$的第一步是建立**极大独立边集**（MIES）的概念。给定一个图 $\mathcal{G}=(\mathcal{V},\mathcal{E})$，其极大独立边集与**边图** $\mathcal{G}=(\mathcal{E},\mathcal{E}')$ 的极大独立顶点集相对应。其中，$\mathcal{E}'$ 由$\mathcal{E}$的下列邻域关系来定义：

$$\forall(e_{uv},e_{xy})\in\mathcal{E}^2,\quad e_{uv}\in\mathcal{N}(e_{xy}),\quad \text{iff}\{u,v\}\cap\{x,y\}\neq\varnothing \tag{11.10}$$

其中，e_{uv} 表示顶点 u 和 v 之间的一条边。

利用式（11.10），如果两条边与同一个顶点相连，则称它们为邻域。由这种抽样过程确定的幸存边所构成的集合对应于原始图 $\mathcal{G}=(\mathcal{V},\mathcal{E})$ 的一个**极大匹配**（定义 1 和图 11.10）。

定义 1

给定一个图 $\mathcal{G}=(\mathcal{V},\mathcal{E})$，如果边的子集 $\mathcal{C}\subset\mathcal{E}$ 中没有任何一条边与同一顶点相连，则称子集$\mathcal{C}$为一个匹配。我们称$\mathcal{C}$的必要性质为匹配性质。

极大匹配：在不破坏匹配性质的情况下，如果没有任何一条边可以添加到集合中，那么该匹配就是极大匹配。

最大匹配：如果某一匹配包含了最大可能数目的边，那么该匹配就是最大匹配。

完美匹配：如果任何一个顶点都与匹配$\mathcal{C}$的一条边相连，那么该匹配就是完美匹配。任何一个完美匹配都是最大匹配。

如果一个顶点与匹配的一条边相连，那么就称其为饱和的，否则就是不饱和的。

需要指出的是，极大匹配$\mathcal{C}$并不包含任何环，因此对应于图$\mathcal{G}$的一个森林。然而，由于不饱和顶点不属于森林中的任何一棵树，因此$\mathcal{C}$通常并不完美（定义 1），而

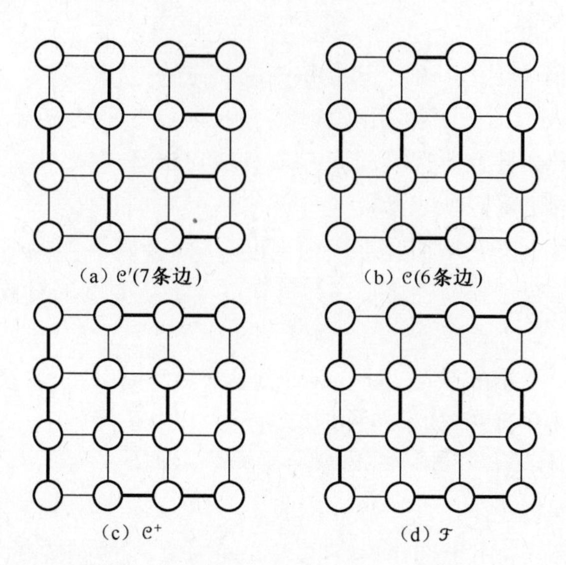

图 11.10 拥有不同边数的两个极大匹配(a),(b)。幸存边在图中以粗线画出。增广的集合$\mathcal{C}^+$(c)和最终的森林$\mathcal{F}$(d)。

且也与 11.3.4 节中的条件 Ⅰ 冲突。我们考虑一个这样的不饱和顶点 v 以及一个与 v 相连的非自环边 $e_{v,w}$ 。由于匹配$\mathcal{C}$为极大匹配,因此 w 一定与$\mathcal{C}$的一条边相连。集合 $\mathcal{C} \cup \{e_{v,w}\}$ 仍是图$\mathcal{G}$的一个森林且包含先前的不饱和顶点 v 。我们考虑一下$\mathcal{C}^+$,它是在$\mathcal{C}$的基础上通过增加连接不饱和顶点与$\mathcal{C}$的边而获得的。集合$\mathcal{C}^+$不再是一个匹配。然而,构造后,$\mathcal{C}^+$是$\mathcal{G}$的一个生成森林,由深度为 1 或 2 的树构成。可以通过从$\mathcal{C}^+$中移除掉其两个端点与$\mathcal{C}^+$的某些其他边都相连的边将深度为 2 的树分解成两棵深度为 1 的树。

这样,所获得的集合$\mathcal{F}$是一个由深度为 1 的树构成的生成森林。因此,可以从每棵树中选择一个顶点,使得植根于此顶点的树所具有的深度为 1。被选中的顶点为幸存顶点,而剩余的顶点就当作非幸存顶点。

这个方法的主要出发点是为缩减因子提供更好的稳定性。既然 MIVS 框架中建立的问题与顶点度相关,所提出的方法就采用极大独立边集的概念来避免使用顶点邻域。Haxhimusa 等人[12]提供的实验(11.3.6 节)表明,沿着金字塔方向抽样率基本保持在 2 左右。

11.3.5 极大独立有向边集(MIDES)

利用极大独立边集框架(11.3.4 节)选择幸存顶点是为了获得深度为 1 的有根树。因此,这种选择方案是通过将初始图分解成若干棵树而形成的,且不易集成与幸存顶点有关的先验约束。然而,在某些应用中,每个缩减窗中幸存顶点的定义都是一个重要问题。例如,在画线分析框架中[14],线的终点或交叉点必须要保留。

因此,从几何精确性的角度来看,这些点都被选作幸存顶点。

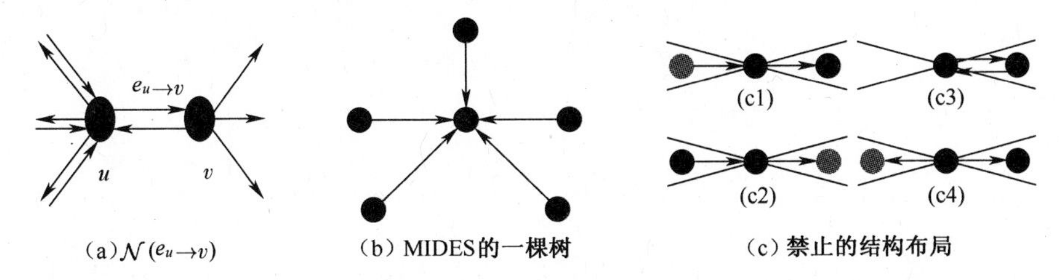

图 11.11 边 $e_{u\to v}$ 的有向邻域 $\mathcal{N}(e_{u\to v})$ (a)。MIDES 的一棵树明确地指定了它的幸存顶点(b)。同一个邻域内的两条边不能同时被选上。因此,一旦黑色边被添加到 MIDES 中,不能再选择(c)图中的灰色边。

为了更好地选择幸存顶点,Kropatsch 等人[12]提出采用如下方式对 MIES 框架进行自适应调整:在构造生成森林 $\mathcal{F}$ 的基础上实现图的抽样,从而满足如下条件:

- **条件 I** 图中任意一个顶点都恰好属于 $\mathcal{F}$ 中深度为 1 的一棵树。
- **条件 Ⅱ** 每棵树都用有向边来描述。它的幸存顶点定义为该树中唯一的顶点或者树中所有边的唯一指向目标(见图 11.11(b))。

$\mathcal{F}$中定义缩减窗的每棵树(条件 Ⅰ)确保了缩减窗集合能够描述图的顶点集的一个划分。而且,每棵树的幸存顶点都是唯一地由条件Ⅱ来确定的。通过把森林$\mathcal{F}$的构造限制为能够对幸存顶点和非幸存顶点的可能选择情况进行描述的边,这种采用有向边的做法为约束幸存顶点的选择提供了一种简单的方式,这样的边称之为**预选边**。

需要指出的是,可以通过将任何一个无向图的每条无向边 $e_{u,v}$ 转换为一对有向的可逆边 $e_{u\to v}$ 和 $e_{v\to u}$ 而将其变成有向图, $e_{u\to v}$ 和 $e_{v\to u}$ 具有相反的源点和目标点。然而,这种图的预选边集合可能会包含 $e_{u\to v}$ 而不包含 $e_{v\to u}$ 。我们用 $\mathcal{G}=(\mathcal{V},\mathcal{E})$ 表示由预选边集合$\mathcal{E}$生成的有向子图。构造生成森林$\mathcal{F}$的第一步是利用有向边的如下邻域关系(见图 11.11(a))构建$\mathcal{E}$上的一个极大独立集。

定义 2

令 $e_{u\to v}$ 是$\mathcal{G}$的一条有向边,其中 $u \neq v$ 。有向邻域 $\mathcal{N}(e_{u\to v})$ 由所有带有相同源点 u 的有向边给出,指向源点 u 或从目标点 v 引出:

$$\mathcal{N}(e_{u\to v}) = \{e_{u\to w} \in \mathcal{E}\} \cup \{e_{w\to u} \in \mathcal{E}\} \cup \{e_{v\to w} \in \mathcal{E}\} \tag{11.11}$$

有向边集合上的这种极大独立集称之为**极大独立有向边集**(MIDES)。需要注意的是,由于不能在一个极大独立集中同时选择两个邻域点,邻域的定义有助于我们指定禁止的结构配置(见图 11.11(c))。在 MIDES 中,一旦选择了一条边 $e_{u\to v}$,就将可能会添加到 MIDES 中的与 u 或 v 相连的边构成的集合限制为目标点为 v 的边。因此,MIDES 确定了$\mathcal{G}$的一个森林,其中的树是由指向同一个目标节点的边构成的(见图 11.11(b))。这个唯一的目标节点被选为幸存顶点,而每棵树的源节点被选为与此唯一目标节点相连的非幸存顶点。图 11.11(c)展示了根据我们提出的邻域关系(定义 2)确定的一些邻近边结构配置。由于不能在一个极大独立集中同时选择两个相邻的元素,因此这种结构配置不可能出现在 MIDES 中而可能会被解释为禁止结构配置。结构配置(c1)和(c2)对应于深度为 2 的树,这与条件Ⅰ是冲突的。结构配置(c3)和(c4)不能为幸存顶点给出一个明确的指定,因此与条件Ⅱ是矛盾的。

图 11.12(a)展示了将 MIDES 应用于一个描述了 4×4 大小的 4 连通网格的图所产生的结果。幸存顶点用一个由圆圈包围的实心圆◉表示,而非幸存顶点则用两个同心圆圈◎表示。正如该图所展示的那样,最终获得的森林并不能遍历整个图的所有顶点(见第三行第二列标记为○的顶点)。这种孤立的顶点可解释为深度为 0 的树,并可插入到森林中以获得一个能满足条件Ⅰ和条件Ⅱ的生成森林 $\mathcal{F}$(图 11.12(b))。因此,这种生成森林的构造过程由下列三个步骤来实现:

- **步骤Ⅰ** 定义有向图 $\mathcal{G}=(\mathcal{V},\mathcal{E})$ 上的一个极大独立有向边集,其中$\mathcal{E}$描述了一个预选边集合;
- **步骤Ⅱ** 将所得森林中每棵树的目标节点定义为一个幸存顶点,而把与该特定目标节点相连的源节点定义为非幸存顶点;
- **步骤Ⅲ** 利用孤立的顶点完成此森林的构造。

需要指出的是,与 11.3.4 节中的 MIES 相反,为了获得深度为 1 的树,MIDES 的构造方案并不要求我们对现有的树进行分裂。Kropatsch 等人[12]的研究结果已经证实,如果 MIDES 不会产生孤立顶点,则通过一个 MIDES 获得的抽样率至少为 2.0。同一篇论文中涉及的实验结果表明,这类孤立顶点不会频繁出现。而且,每个孤立顶点只需要一个含有更多边的树来保持平衡,使缩减因子稳定在 2.0。

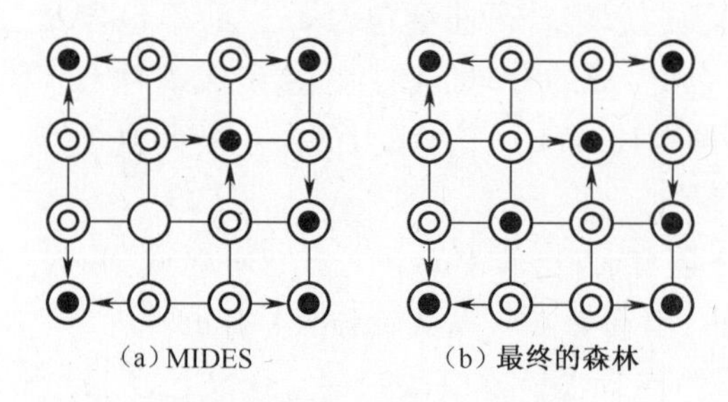

图 11.12　建立在一个 4×4 大小网格上的 MIDES。

11.3.6 MIVS、MIES 和 MIDES 的比较

Kropatsch 等人[12]已经在一个金字塔数据库基础上通过若干实验比较了金字塔的 MIVS、MIES 和 MIDES 构造方案。该数据库的金字塔是在那些能描述 100×100、150×150 和 200×200 大小的 4 连通平面网格的原始图上计算获得的。通过使

用不同的种子对极大独立集中所用的随机变量的输出结果进行重复,以获得多达1000种不同的金字塔。对按照每种特定选择方式(MIVS、MIES和MIDES)构建的所有金字塔的统计特性进行计算,以便利用如下参数比较不同策略的特性:

- 金字塔的高度;
- 顶点的缩减因子 $\left(\frac{|\mathcal{V}_l|}{|\mathcal{V}_{l+1}|}\right)$;
- 通过随机变量输出结果的**重复性极大值选择**完全形成一个极大独立集所需的迭代次数(11.3.2节)。

注意,在金字塔内缩减因子和迭代次数是变化的。因此,对于每个金字塔,我们计算这些值的均值(μ_{pyr})与标准差(σ_{pyr}),从而进一步计算整个金字塔数据库上全体数值的均值(μ_{data})与标准差(σ_{data})。这些数值的计算结果如表11.1所示。

表11.1 关于金字塔高度、抽样率以及迭代次数的统计结果

算法		高度	$\lvert\mathcal{V}_l\rvert/\lvert\mathcal{V}_{l+1}\rvert$		迭代	
			μ_{pyr}	σ_{pyr}	μ_{pyr}	σ_{pyr}
MIVS	μ_{data}	20.8	2.0	1.3	3.0	0.8
	σ_{data}	5.2	0.3	1.1	0.2	0.1
MIES	μ_{data}	14.0	2.3	0.2	4.0	1.2
	σ_{data}	0.14	0.01	0.05	0.1	0.1
MIDES	μ_{data}	12.0	2.6	0.3	2.8	1.1
	σ_{data}	0.4	0.1	0.2	0.1	0.1

正如表11.1所示,MIVS给出了一个值为2.0的平均缩减因子,但给出了一个显著的金字塔标准差(1.3)。抽样因子的这种显著变化性与金字塔具有较大的平均高度(20.8)是一致的。利用MIVS在数据库上获得的最大高度等于41。平均迭代次数是稳定的($\sigma_{pyr}=0.8$),等于3.0。总之,MIVS给出了一个值为2.0的平均缩减因子,但是这个平均结果掩盖了其出现概率会很大的劣势。

与MIVS相比,MIES产生了一个更大的平均抽样率(2.3)。沿着金字塔方向,这种抽样率保持得很稳定($\sigma_{pyr}=0.2$)。金字塔的平均高度也很低(14.0),且其标准差更低(0.14)。在这些实验中,通过MIES构造方案产生的金字塔的最大高度等于15。然而,平均迭代次数(4.0)要高于MIVS的情况(3.0),且也具有更大的标准差(1.2)。总之,MIES比MIVS能产生更稳定也更大的抽样率。在所有实验中,我们观察到这个抽样率要比其理论值的上界(2.0)更大。

在这三种方法中,通过MIDES构造方案产生的平均缩减因子最大(2.6),且金字塔内的变化较小($\sigma_{pyr}=0.3$)。金字塔的平均高度(12.0)也比由MIES和MIVS

产生的要低，且在整个数据库中保持得比较稳定($\sigma_{\text{data}} = 0.4$)。完全形成这种极大独立集所需的迭代次数和 MIVS 的情况差不多。因此，MIDES 既能提供大而稳定的缩减因子，也能带来较少的迭代次数。

11.4 不规则金字塔与图像特性

不规则金字塔的各种分支已经在文献[5,15,16]中提出，它的作用是描述图像中的内容。按照从底部图构建金字塔的一个图所用的方法以及描述每一层级所用的图类型，这些金字塔可能互有差异。11.3 节所述的金字塔构造方案决定了它的抽样率，因此可理解为金字塔的垂直动态特性。相反，已知图模型的选择情况决定了每一层可能被描述的图像拓扑属性和几何属性集合。最后一个选项可以理解为用于确定金字塔的水平分辨率。我们还要说明的是，由于可以采用不同的图描述方法设计不同的金字塔构造方案，因此有关金字塔构造方案及图描述方法的选择通常是相互独立的。后面的章节将详细介绍图像的主要几何和拓扑特性以及不规则金字塔框架下用于描述这些特性的各种图模型。

11.4.1 区域关联

在一个图像分析方案中，图像的高层级描述通常是建立在多个低层级图像处理步骤基础之上的。其中，图像分割环节就是其中的一个关键步骤，它将图像划分成一系列**有意义的**像素连通集合，这种集合称之为**区域**。然而，在很多应用中，低层级的图像分割环节并不能轻易地从高层级的目标任务中分离出来。相反地，分割算法应该经常能提取出划分的细节信息从而可以按照高层目标指导分割过程。因此，有必要设计一种图模型，它既可以在分割阶段获得有效的更新，又可以用于提取划分的细节信息。

区域邻近——又可以称之为**相接关系**——是区域之间的一种基本却应用广泛的关系。如果划分结果中两个区域至少共享一个相同的边界段，那么就称它们是邻近的。图 11.13(a)给出了一个 8×8 图像的划分结果。在图 11.13(b)中，利用像素间的元素诸如线(或者裂纹)以及网眼[17,18]来显示其边界。从这些图中可以看出，相接关系对应于不同的区域配置。例如，中心的灰色区域 G 包含了一个黑色的区域 B_2 且与另一个黑色区域 B_1 共享一个边界段。同样地，白色和黑色区域，即图像中左边的部分 W 和右边的部分 B_1 分别共享两个连通边界。

因此，应该利用区域间更精细的关系(例如在图匹配应用背景下，Randel[19]定义的 RCC-8 或 K. Shearer 等人[20]定义的关系)来实现区域间关系的准确描述。在图像分割这一特定应用中，可以用这两种模型来定义下列关系：

相接(Meets)：用来描述划分情况的各种不同模型或者描述两个区域之间至

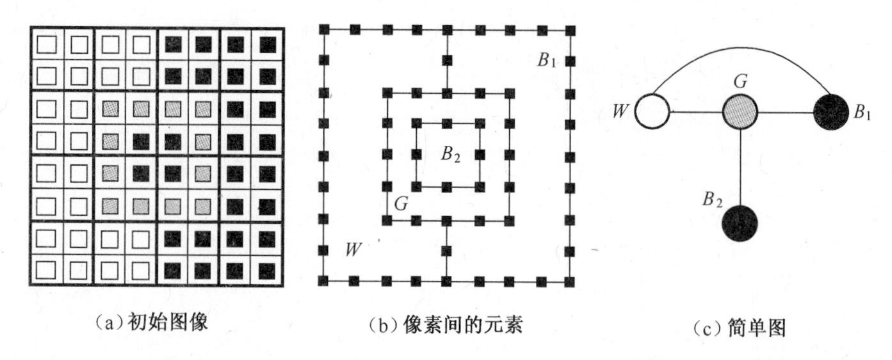

图 11.13 像素间元素(b)描述了图像划分(a)的边界。划分结果的一个简单图描述(c)。

少存在一个共同边界段或者为这些区域之间的每个边界段建立一种关系。我们将这两种描述类型分别表示为 ***meets_exists*** 和 ***meets_each***。因此,只描述 ***meets_exists*** 关系的模型并不能从两个区域之间的多个邻域关系中区分出一个简单关系,比如图 11.13 中顶点 W 和 B_1 之间的关系。需要指出的是,具备有效提取出两个区域之间的一个指定共同边界段的能力也是这些模型的一个重要特征。

包含(Contains):A **包含** B 这一关系所要表达的事实是区域 B 完全包含在区域 A 中。例如,图 11.13(a)中的灰色区域 G 就包含着黑色区域 B_2。

被包含(Inside):这种关系与**包含**关系互逆:区域 G 内的区域 B_2 就被 G 包含。

Shearer 和 Randel 模型不能直接处理的另一种关系可以在层级式分割方案中定义。事实上,在这种框架下,一个层级结构中指定层级上定义的区域是由底部各层所定义的区域**组成**的。

因此,接下来的关系可由 Shearer 和 Randel 定义的关系以及图 11.13(a)提供的例子推导出来:***meets_exists***,***meets_each***、**包含**、**被包含**以及**组成**。注意,不同于相接关系,包含与被包含关系是不对称的。因此,两个区域之间的包含或被包含关系有助于我们描述共享这种关系的每个区域。

11.4.2 图模型

在图像分析领域,已经提出过众多不同的图模型[21]来表达图像的内容。每一个图模型都表征了 11.4.1 节定义的一个不同关系子集。在接下来的章节中,我们将介绍不规则金字塔框架下的几种主要图模型,同时也对这些模型所描述的区域间关系展开论述。

11.4.2.1 简单图

在分割领域,最常用的一种图数据结构是**区域邻近图**(RAG)。通过将每个区域与一个顶点相关联且如果两个相关的区域共享一个边界段而构建一条边(图

11.13(c))所形成的划分就定义了一个RAG。因此,RAG就表征了 ***meets_exists*** 关系。它对应于一个不带有任何顶点间双重边和自环的**简单图**。RAG的简化要以下列图变换形式为基础:

边的移除:从图 $\mathcal{G}=(\mathcal{V},\mathcal{E})$ 中移除边指的是从$\mathcal{E}$中把边移除掉。为了避免使图断开,去除的边不能确定一个桥。

边的收缩:边的收缩指的是将与边相连的两个顶点折叠成一个顶点而移除掉该边。由于自循环的两个端点对应着同一个点,而这个点不可以自我重叠,因此自循环也从边的收缩中移除。

除了自循环之外,收缩过程作用于任何边,因此也针对任何不包含循环(即森林)的边集。给定一个图 $\mathcal{G}=(\mathcal{V},\mathcal{E})$ 和一个定义了$\mathcal{G}$的森林的集合 $\mathcal{N}\subset\mathcal{E}$,将图$\mathcal{G}$收缩为$\mathcal{N}$表示为 $\mathcal{G}/\mathcal{N}$ 。用同样的方式,给定一个边集$\mathcal{M}$,从图$\mathcal{G}$中移除掉$\mathcal{M}$表示为 $\mathcal{G}\backslash\mathcal{M}$ 。为了保持$\mathcal{G}$的连通性,$\mathcal{M}$不应该对应于一个割集。

在一个非层级分割方案中,RAG模型通常作为一个合并步骤用于克服前期分割算法产生的过分割。的确,两个顶点间存在一条边表示两个相关的区域间至少存在一条共同的边界段。因此,可以通过移除掉这种边界段而实现区域的融合。在这个框架下,边缘信息可理解为一种将边的顶点所确定的两个区域进行合并的可能性。在RAG模型中,通过收缩表达邻域关系的边来描述两个邻近顶点的合并过程。此收缩过程完成之后还必须经过一个移除过程——通过移除所有多重边或自循环(可能由收缩操作产生)来保持图的简单性。

因此,RAG模型只对两个区域间存在一个共同边(***meets_exists*** 关系)的情况进行描述。此外,两个顶点间只存在一条共同边并不能提供足够的信息来区分相接关系与包含或被包含关系。这一不足展示于图11.13(c)中,其中 G 和 B_1 之间的关系与 G 和 B_2 之间的关系一致(B_1 和 B_2 都与 G 毗邻)。然而,与 G 相关的灰色区域包含着与 B_2 相关的黑色区域,却与由 B_1 描述的黑色区域共享一个连通边界段。因此,这两种不同的区域结构不能用简单图模型来区分。

11.4.2.2 对偶图模型

RAG模型内的边只能描述 ***meets_exists*** 关系。描述区域间多边情况的一个直接方法就是为两个对应区域间的每个共同边界片段建立一条连接两个顶点的边。结果,获得的图具有非简单性。这种图 $\mathcal{G}=(\mathcal{V},\mathcal{E})$ 的顶点集合$\mathcal{V}$和边集合$\mathcal{E}$按照下列条件来定义:

- **条件Ⅰ** $\mathcal{V}$的每个顶点描述图像的一个区域,还需要一个特定的顶点描述图像的背景。
- **条件Ⅱ** $\mathcal{E}$的每条边描述了两个连通分量之间的最大连通边界片段。

图11.14(a)展示了这样的描述方案,其中黑色区域与白色区域之间的两个连

通边界由对应顶点之间的两条边来描述。顶点⊙描述图像的背景。白色和黑色区域与背景邻近，描述这些区域的顶点与描述背景的顶点相邻。这种图描述方法不便于我们容易执行图的简单操作，这一缺点展示于图 11.15(b)中，通过收缩图 11.15(a)中定义的暗灰色顶点(●)和白色顶点(○)之间的边而获得对应的图。这种边的收缩操作造成了图 11.15(a)中对应区域的合并，因而产生一个类似于图 11.14(a)所示的划分结果。如图 11.15(b)所示，暗灰色顶点和白色顶点之间边的收缩促成了白色顶点和灰色顶点之间两条边的形成。这两条边描述了白色区域与灰色区域之间的单个边界片段，因此应该合二为一。然而，使用单一图不利于我们从黑白顶点之间的双重边中轻易地辨别出这两条边。双重边描述了两个非连通边界，因而应该通过任意的简化步骤加以保持。注意，描述白色顶点(○)与背景顶点(⊙)之间邻接关系的两条边也会出现相同的冗余问题。

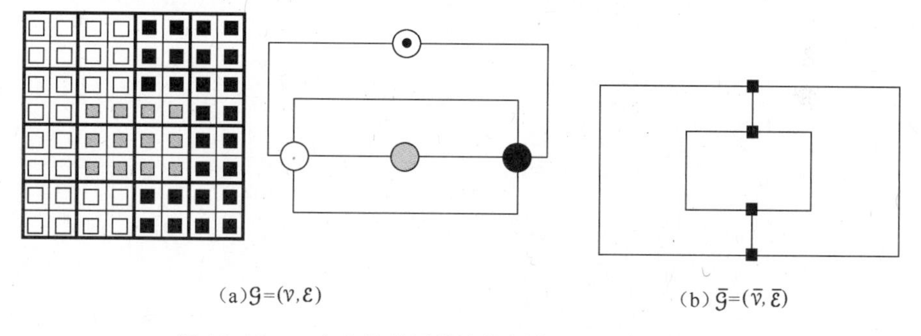

(a) $\mathcal{G}=(\mathcal{V},\mathcal{E})$　　(b) $\overline{\mathcal{G}}=(\overline{\mathcal{V}},\overline{\mathcal{E}})$

图 11.14　一个非简单图描述的划分(a)及其对偶(b)。

Kropatsch[22]提出的**对偶图**模型有助于我们能够在一系列边收缩操作完成之后对非简单图执行高效的简化。此模型假定待建模的目标处于二维平面内，因此可用连通平面图进行描述。使用这一假设，对偶图模型可定义为一对连通对偶图 $(\mathcal{G},\overline{\mathcal{G}})$，其中 $\mathcal{G}=(\mathcal{V},\mathcal{E})$ 是一个由条件Ⅰ(11.4.2.2 节)和条件Ⅱ(11.4.2.2 节)定义的非简单图，而 $\overline{\mathcal{G}}$是$\mathcal{G}$的对偶。

$\mathcal{G}$的对偶图 $\overline{\mathcal{G}}=(\overline{\mathcal{V}},\overline{\mathcal{E}})$ 的定义方式是：对于$\mathcal{G}$的每个面，建立$\overline{\mathcal{G}}$的一个顶点(■，图 11.14(b))，然后连接这些顶点，使得$\mathcal{G}$的每条边都被$\overline{\mathcal{G}}$的一条边穿过。注意，$\mathcal{G}$可以描述两个顶点之间的若干边。因此，它是一个非简单图，其对偶 $\overline{\mathcal{G}}=(\overline{\mathcal{V}},\overline{\mathcal{E}})$ 也是非简单的。

每个对偶图$\overline{\mathcal{G}}$都可以由主图$\mathcal{G}$自动地推导出来，图$\mathcal{G}$与$\overline{\mathcal{G}}$之间共享一些重要的属性，具体如下：

1. 对偶图运算具有等幂性：$\overline{\overline{\mathcal{G}}}=\mathcal{G}$。这一重要性质意味着对偶运算不会造成任何程度的信息丢失，这是因为主图可以从其对偶图中恢复出来。因而，一个图和其对偶图就以不同的方式描述了相同的信息。

2. 因为$\overline{\mathcal{G}}$的每条边都穿过$\mathcal{G}$的一条边，因此$\mathcal{G}$的边与$\overline{\mathcal{G}}$的边之间就存在一一对应的关系。给定一个边集$\mathcal{N}$，我们用$\overline{\mathcal{N}}$表示$\overline{\mathcal{G}}$中所对应的边集。

3. 主图中任何森林$\mathcal{N}$的收缩等价于在其对偶图中移除$\overline{\mathcal{N}}$。换句话说：

$$\overline{\mathcal{G}/\mathcal{N}} = \overline{\mathcal{G}}\backslash\overline{\mathcal{N}} \tag{11.12}$$

注意，由于$\mathcal{N}$不包含任何环，$\overline{\mathcal{N}}$不能定义割集。初始图$\mathcal{G}$连通的情况下，图$\mathcal{G}/\mathcal{N}$ 和$\overline{\mathcal{G}}\backslash\overline{\mathcal{N}}$保持连通且彼此对偶。

4. 将上式应用于对偶图$\overline{\mathcal{G}}$而不是图$\mathcal{G}$会产生如下等式：

$$\overline{\mathcal{G}}/\overline{\mathcal{N}} = \overline{\mathcal{G}\backslash\mathcal{N}} \tag{11.13}$$

换句话说，$\overline{\mathcal{G}}$中任何森林$\overline{\mathcal{N}}$的收缩等价于从$\mathcal{G}$中移除$\mathcal{N}$。

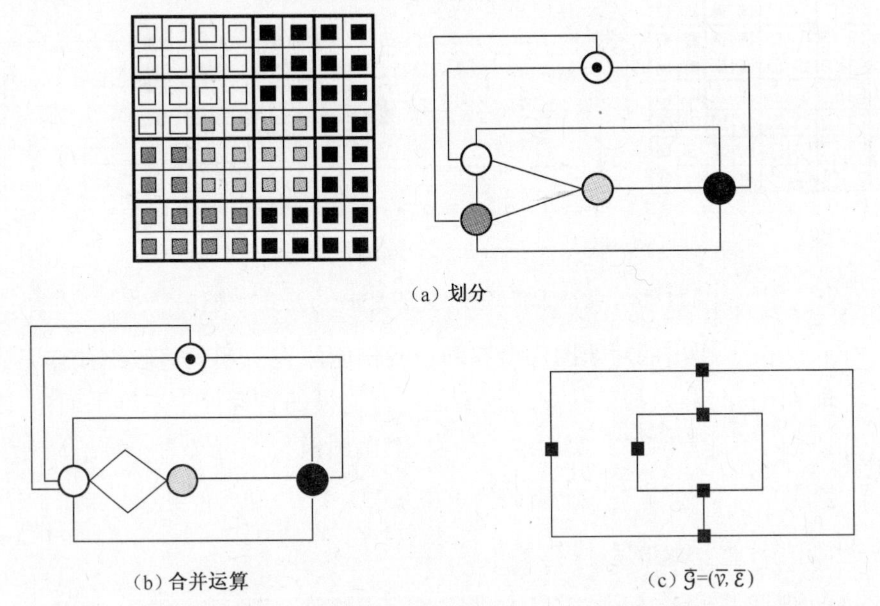

（a）划分

（b）合并运算

（c）$\overline{\mathcal{G}}=(\overline{\mathcal{V}},\overline{\mathcal{E}})$

图 11.15　一种四区域划分及其相关的非简单图$\mathcal{G}$(a)，对白色与深灰色顶点之间的边收缩产生图$\mathcal{G}$；$\overline{\mathcal{G}}=(\overline{\mathcal{V}},\overline{\mathcal{E}})$ (c)是(b)的对偶图。

如图 11.15(b)所示，边的收缩可能会导致一些冗余边的产生。这些边属于下列类别之一：

- 这些边描述了两个顶点之间的多个邻近关系并定义了度为二的表面。因此，它们在对偶图中可表达为度为二的对偶顶点（图 11.15(b)和(c)）。按照划分结果的描述形式，这些边对应着两个区域之间一条边界片段的人工分裂结果。

- 这些边对应着一个内部为空的自环。因此，这些边定义了一个度为 1 的表面且在对偶图中可表达为度为一的顶点。这些边描述了区域的人工内边界。

冗余双重边和空的自环都不能描述重要的拓扑关系,且可以在不破坏相关的拓扑结构[22]的前提下被移除。产生的成对对偶图可以通过对应顶点间的一条边描述两个区域间的每个连通边界片段。因此,对偶图模型通过顶点之间的多条边描述了 ***meets_each*** 关系。

在对偶图模型中,两个区域间(一个区域在另一个区域内部)的邻接关系可通过两条边加以描述(见图 11.16):一条边描述了两个区域间的共同边界,而与顶点相接的一个自环描述了周围区域。也许有人要考虑内部关系的描述,这方面所依据的事实是:与内部区域相关的顶点应该被自环包围。然而,如图 11.16(c)所示,可以在不需要修改点与点以及面与面之间相接关系的条件下交换被包围的顶点。这些相接关系定义了两个对偶图,因此可以在不修改图的描述形式的条件下交换被包围的顶点。最后的结论表明,不能在对偶图框架内对**包含(被包含)**关系执行局部描述。

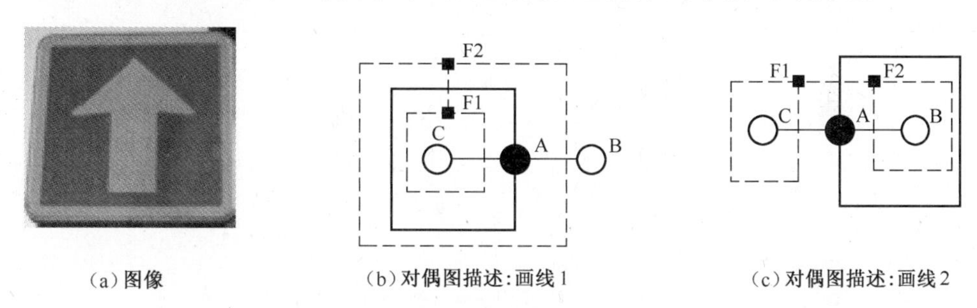

(a) 图像　　(b) 对偶图描述:画线 1　　(c) 对偶图描述:画线 2

图 11.16 图(b)定义了能描述图(a)理想分割的对偶图金字塔的顶部。与顶点 A 相接的自环可能环绕顶点 B 或顶点 C 而不会改变顶点与面之间的连接关系。与面相关的对偶顶点由实心方框(■)表示。对偶边由虚线表示。

11.4.2.3 组合图

组合图和广义组合图定义了一个一般框架,可以使我们描述 n 维拓扑空间的任意一个子结构,不论它是有向的还是无向的,带有边界的还是不带有边界的。文献[23]给出了组合图与其他边界表示形式(例如单元格-元组和四边)的详细比较结果。组合图的最近发展趋势是将该框架应用于 3D 图像的分割[24, 25]和层级结构的描述[16, 26, 27]。

这一节主要讨论 2D 组合图,我们直接称其为组合图。组合图可看作一种明确地描述了给定顶点周围边的方向的平面图。图 11.17 展示了从一个平面图 $\mathcal{G}=(\mathcal{V},\mathcal{E})$ (图 11.14(a))推出一个组合图的过程。首先,$\mathcal{E}$的边被拆分为两个半边(称为**飞镖**)。每个飞镖的原点处于其所附的顶点处。两个半边(飞镖)发源于同一条边的事实被记在置换 α 中。第二个置换 σ 描述了围绕一个顶点做逆时针旋转时碰到的飞镖集。因此,一个组合图由一个三元组 $\mathcal{G}=(\mathcal{D},\sigma,\alpha)$ 来定义,其中$\mathcal{D}$是飞镖集合而 σ 和 α 是定义在$\mathcal{D}$上的两个置换,使得 α 为一个**卷积**:

$$\forall d \in \mathcal{D} \quad \alpha^2(d) = d \tag{11.14}$$

如果飞镖由正整数和负整数来表征，α 可以由符号隐式地描述(图 11.17 (b))。

给定一个飞镖 d 和一个置换 π，用 $\pi^*(d)$ 表示 d 的 π 循环，它指的是将 π 连续应用于初始飞镖 d 上所确定的一系列飞镖 $(\pi^i(d))_{i\in\mathbb{N}}$。因此，飞镖 d 的 σ 循环和 α 循环分别用 $\sigma^*(d)$ 和 $\alpha^*(d)$ 来表示。

一个顶点的 σ 循环描述了与其邻近顶点的毗邻关系。例如，让我们看一下图 11.17(b) 中附在白色顶点的飞镖 5。围绕此顶点逆时针旋转，会碰到飞镖 5，-1，6 和-3。因此，我们就可 $\sigma(5)=-1$，$\sigma(-1)=6$，$\sigma(6)=-3$ 和 $\sigma(-3)=5$。因此，5 的 σ 循环就定义为 $\sigma^*(5)=(5,-1,6,-3)$。整个置换 σ 就定义为其不同循环的合成结果，等于 $\sigma=(5,-1,6,-3)(4,3)(-5,-4,-6,-2)(1,2)$。图 11.7 所示的符号隐式地描述了置换 α，则我们有 $\alpha^*(5)=(5,-5)$ 和 $\alpha=(1,-1)(2,-2)\cdots(6,-6)$。

我们已经对组合图和划分的常规图编码形式之间的主要区别作了声明。事实上，组合图可以看作是一个顶点(σ 的循环)由边(α 的循环)连通的平面图。然而，与常规的图编码相比，组合图还描述了每个顶点周围边的局部方向，这是由 σ 的每个循环内确定的序决定的。

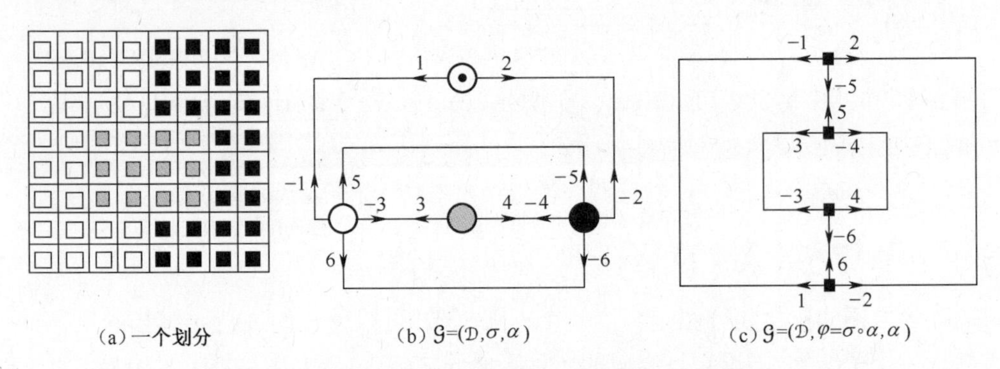

图 11.17 由组合图(b)及其对偶(c)描述的一个划分(a)。

给定一个组合图 $\mathcal{G}=(\mathcal{D},\sigma,\alpha)$，其对偶定义为 $\overline{\mathcal{G}}=(\mathcal{D},\varphi,\alpha)$，其中 $\varphi=\sigma\circ\alpha$。置换 φ 的循环描述了围绕 G 的一个面旋转时碰到的飞镖序列。需要注意的是，对置换 σ 采用逆时针方向后，φ 循环的每个飞镖的右边都有一个与其相关的表面(例如，图 11.17 (b)中的 φ 循环 $\varphi^*(5)=(5,-4,3)$)。φ 的循环也可以解释为围绕每个对偶顶点顺时针旋转时遇到的飞镖序列(图 11.17(c))。在最后一个图中，置换 φ 定义为 $\varphi=(-1,2,-5)(5,-4,3)(4,-6,-3)(1,6,-2)$。

两个区域之间的每个连通边界片段由组合图形式中的一条边来描述。因而，基于组合图的模型就描述了 *meets_each* 关系。然而，在组合图框架内，一个划分的两个连通分量 S 和 R(包含 S)将由两个组合图来描述，而不需要任何有关 S 和 R

各自定位情况的信息。因此,基于组合图的模型设计了另外的数据结构(比如轮廓列表[28]、容纳树[29]或父子关系[30, 18])来描述包含与被包含关系。这些额外的数据结构应与组合图模型密切相关,以便当划分结果变动时更新两种模型。

11.4.3 简单图金字塔

简单图金字塔定义为一系列连续简化的简单图,其中每个图是利用底层的图通过选择一组幸存顶点并将每个非幸存顶点映射到一个幸存顶点上而构建的[8,5]。利用这一框架,定义于 $l+1$ 层级上的图 $\mathcal{G}_{l+1}=(\mathcal{V}_{l+1},\mathcal{E}_{l+1})$ 可采用如下步骤通过 l 层级上的图推导出来:

1. 将 $\mathcal{V}_l$ 划分成多个连通简化窗口,然后在每个简化窗口内选择一个幸存顶点。幸存顶点定义了集合 $\mathcal{V}_{l+1}$,而每个简化窗口的非幸存顶点与简化窗口中唯一的幸存顶点邻近(11.3 节)。

2. 为了定义 $\mathcal{E}_{l+1}$,定义 $\mathcal{G}_{l+1}$ 的顶点之间的邻近关系。

11.3 节论述了幸存顶点的选择以及将 $\mathcal{V}_l$ 划分成简化窗口的定义。注意,将每个非幸存顶点附到其简化窗口中的唯一幸存顶点则引出了 $\mathcal{V}_l$ 和 $\mathcal{V}_{l+1}$ 之间的父/子关系。每个非幸存顶点是其简化窗口内唯一幸存顶点的孩子。相反,任意一个幸存顶点是其简化窗口内所有非幸存顶点的父代。

因此,我们这里主要关注的是抽样过程的第二步和最后一步,这一过程用于连接 $\mathcal{G}_{l+1}$ 中的幸存顶点,以便定义 $\mathcal{E}_{l+1}$。Meer[8]将随机变量的输出结果附到每个顶点上并利用最大独立顶点集(MIVS)构造方案(11.3.2 节)将 $\mathcal{V}_l$ 划分成简化窗口。图 11.18(a)(也可参见图 11.9)展示了采用此构造方案将一个 4×4 大小的 8 连通网格分解成 4 个简化窗口的情况。外部还套有一个圆圈的点标记为幸存顶点,而简化窗口被叠加到该图上。将 $\mathcal{V}_l$ 分解成这样简化窗口之后,Meer 利用一条边将两个父顶点连在一起,前提条件是它们有相邻的孩子(例如,图 11.18(a)右侧标记为 10 和 7 的顶点)。因为每个孩子直接连接到其父代,简化层级的两个相邻父代在底部层级上是通过长度小于或等于 3 的路径连通的。我们将这种路径称之为**连通路径**。通过连通图 11.18(a)中幸存顶点之间的路径所产生的边集 $\mathcal{E}_{l+1}$ 如图 11.18(b)所示。

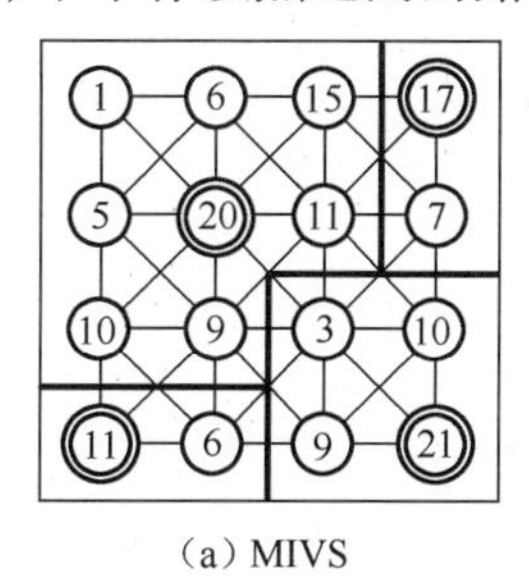

(a) MIVS

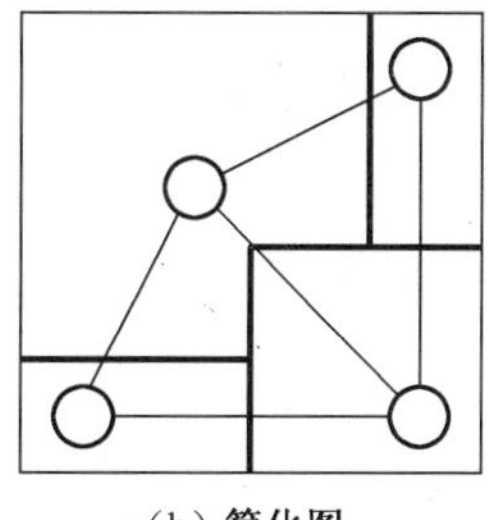

(b) 简化图

图 11.18　简化图(b)是由极大独立顶点集(a)以及叠加到(b)上的缩减窗口一起产生的。

因此，如果两个幸存顶点在 $\mathcal{G}_l$ 中由一条长度小于或等于 3 的路径相连接，那么它们在 $\mathcal{G}_{l+1}$ 中是连通的。这样，通过不止一个这样的路径实现毗邻的两个简化窗口在简化图中将由单一的边连接起来。因此，由上述抽取过程产生的图堆栈就是一个由简单图构成的堆栈，每个简单图只描述了两个区域间一个共同边界片段的存在（*meets_exists* 关系）。此外，如 11.4.2 节中所述，与一个简单图对应的 RAG 模型不允许我们描述包含和被包含关系。

最后，我们要指出的是，上述由 $\mathcal{G}_l=(\mathcal{V}_l,\mathcal{E}_l)$ 到 $\mathcal{G}_{l+1}=(\mathcal{V}_{l+1},\mathcal{E}_{l+1})$ 的简化图构造方案可适用于 11.3 节详述的所有并行简化方案。有意思的是，我们注意到：使用不同于 MIVS 的简化方案，从 $\mathcal{G}_l$ 构造出 $\mathcal{G}_{l+1}$ 与将每个简化窗的所有顶点合并为单一的顶点具有相同的效果（11.4.2.1 节）。该操作可以分解为如下步骤：

1. 在每个非幸存顶点与其父代之间选择一条唯一的边；
2. 收缩先前选择的边集；
3. 移除上一步可能产生的任何双重边或自环。

注意，MIES（11.3.4 节）和 MIDES（11.3.5 节）构造方案明确地将每个非幸存顶点连接到其父代，因此有了上述过程的第一步。

11.4.4 对偶图金字塔

正如 11.4.3 节所述，简单图金字塔每一层的构造都可以分解为一个收缩步骤并紧接着移除任何多边或自环来实现。因为每条要收缩的边都将一个非幸存顶点与其幸存父代相连，因此收缩边集合$\mathcal{CK}$定义了$\mathcal{CK}$的一个森林。

11.4.4.1 收缩核

11.3 节所述的各种不规则金字塔并行构造方案有助于我们定义不同的森林 $\mathcal{F}$。这种森林是由深度至多为 1 的树组成的，因此允许对每个简化窗口执行高效的并行收缩。

Kropatsch[3] 建议通过**收缩核**的概念简化要收缩的边集。收缩核是在图 $\mathcal{G}=(\mathcal{V},\mathcal{E})$ 上由一个幸存顶点集合$\mathcal{S}$和一个非幸存边集合$\mathcal{CK}$定义的（在图 11.19 中显示为粗线），从而使得：

- $\mathcal{CK}$是$\mathcal{G}$的一个生成森林；
- $\mathcal{CK}$的每棵树植根于$\mathcal{S}$的一个顶点上。

由于非幸存边集合$\mathcal{CK}$构成了初始图的一个森林，没有要收缩的自环且收缩运算定义明确。借助收缩核实现图的抽取操作不同于 11.4.3 节定义的操作步骤，体现在以下两点：

- 第一、使用收缩核时，不需要幸存顶点集合就可形成一个 MIVS。因此，两个幸存顶点在收缩图中可以为邻。

- 第二、使用收缩核时，不需要非幸存顶点直接与其父代相连，但是可以通过树的一个分支与其相连（见图 11.19（a））。因此，幸存顶点孩子的集合可能会从一个单一顶点变为一棵具有任何深度的树。

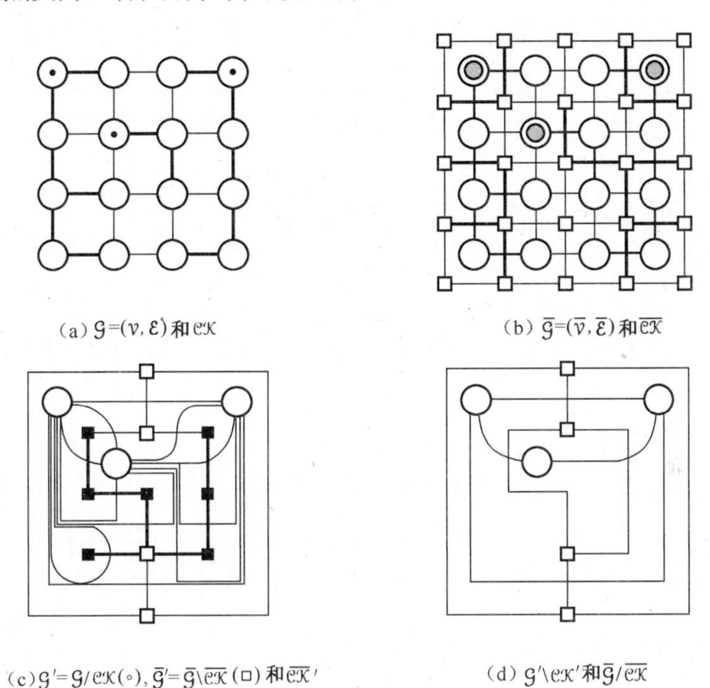

（a）$\mathcal{G}=(\mathcal{V},\mathcal{E})$和$\mathcal{CK}$　　（b）$\overline{\mathcal{G}}=(\overline{\mathcal{V}},\overline{\mathcal{E}})$和$\overline{\mathcal{CK}}$

（c）$\mathcal{G}'=\mathcal{G}/\mathcal{CK}(\circ)$，$\overline{\mathcal{G}}'=\overline{\mathcal{G}}\backslash\overline{\mathcal{CK}}(\square)$和$\overline{\mathcal{CK}}'$　　（d）$\mathcal{G}'\backslash\mathcal{CK}'$和$\overline{\mathcal{G}}/\overline{\mathcal{CK}}$

图 11.19　由三棵树组成的一个收缩核（$\mathcal{S},\mathcal{CK}$）。属于$\mathcal{S}$的顶点用内部填充圆点（•）的圆圈标记。与冗余对偶边相接的对偶顶点显示为填充方框（■）。

我们注意到，通过一系列深度为 1 的树构成的收缩核$\mathcal{CK}_1,\cdots,\mathcal{CK}_n$来简化图与将一个称为**等价收缩核**的单一收缩核$\mathcal{CK}$应用于初始图上具有相同的效果[31]。$\mathcal{CK}$的边集定义为收缩核（$\mathcal{CK}_i$）$_{i\in\{1,\cdots,n\}}$所有边的联合。相反，任何收缩核都可以分解成一系列由深度为 1 的树构成的收缩核。因而，应将收缩核理解为 11.3 节所定义的深度为 1 的树构成的森林的一种简化。相反，11.3 节给出的方法为构造具有不同特性的收缩核提供了实用的启发式思路。

图 11.19(a)展示了一个由 3 棵树（用粗线（—）表示）构成的收缩核$\mathcal{K}$。每棵树的根由带点的圆圈（⊙）标记。

此核定义在一个描述 4×4 平面采样网格的图$\mathcal{G}$上。图 11.9(b)展示了图$\mathcal{G}$的对偶以及对偶边集合$\overline{\mathcal{CK}}$。图$\mathcal{G}$被叠加到$\overline{\mathcal{G}}$上以突出$\mathcal{CK}$和$\overline{\mathcal{CK}}$之间的关系。在图$\mathcal{G}$中收缩$\mathcal{CK}$等同于在图$\overline{\mathcal{G}}$中移除$\overline{\mathcal{CK}}$（参见 11.4.2 节的式 11.12）。最终获得的一对简化图（$\mathcal{G}/\mathcal{CK}$，$\overline{\mathcal{G}}\backslash\overline{\mathcal{CK}}$）如图 11.19(c)所示。

正如 11.4.2 节所述，边集的收缩可能会产生冗余边，比如度为 2 的面周围的双边以及与度为 1 的面所对应的自环。这些冗余边分别可以在对偶图中有效地描述为度为 2 和度为 1 的对偶顶点。这种冗余对偶顶点以填充框(■)的形式显示在图 11.19(c)中。通过收缩与这类顶点相接的边就可以移除度为 1 的对偶顶点。以相同的方式,通过收缩与其相关的一条相接边就可以移除度为 2 的对偶顶点。这样,所获得的边集$\overline{\mathcal{CK}'}$定义了对偶图的一个森林$\overline{\mathcal{G}}$并称之为**移除核**(图 11.19(c)所示的粗边(—))。事实上,在$\overline{\mathcal{G}}$中收缩 $\overline{\mathcal{CK}'}$ 相当于在$\mathcal{G}$中移除$\mathcal{CK}'$(11.4.2 节)。因此,对偶图 $(\mathcal{G},\overline{\mathcal{G}})$ 的简化可通过如下两个步骤来完成:

- 第一步为收缩:从 $(\mathcal{G},\overline{\mathcal{G}})$ 中计算 $(\mathcal{G}',\overline{\mathcal{G}'}) = (\mathcal{G}/\mathcal{CK},\overline{\mathcal{G}}\backslash\mathcal{CK})$ (图 11.19 (a-c));
- 利用 $(\mathcal{G}',\overline{\mathcal{G}'})$ 定义一个移除核$\overline{\mathcal{CK}'}$,通过计算 $(\mathcal{G}'\backslash\mathcal{CK}',\overline{\mathcal{G}'}/\mathcal{CK}')$ 移除$\mathcal{G}$的所有冗余双边和空的自环(图 11.19 (d))。

由 Kropatsch[3] 提出的**对偶图金字塔**定义为一个由连续缩减的成对对偶图 $((\mathcal{G}_0,\overline{\mathcal{G}_0}),\cdots,(\mathcal{G}_n,\overline{\mathcal{G}_n}))$ 形成的堆栈。从图 $\mathcal{G}_i$ 推导出每个图 $\mathcal{G}_{i+1}$ 需要用到一个收缩核$\mathcal{CK}_i$ 并利用一个移除核移除收缩步骤可能产生的任何冗余双边或空的自环。初始图$\mathcal{G}_0$ 及其对偶$\overline{\mathcal{G}_0}$可以描述一个平面采样网格或从图像的某一过分割结果产生。

11.4.4.2 对偶图金字塔与拓扑关系

给定一棵具有收缩核的树,收缩它的边会将该树所有的顶点压缩为一个单一的顶点,且能保持该树顶点与图中剩余顶点之间的所有连接,因而保留了新建顶点与图中剩余顶点之间的多个边界。所以,对偶图金字塔中的每个图就描述了 ***meets_each*** 关系,采用只是移除多余边的移除核并不会改变这个特性。

此外,考虑到构造森林的要求,要通过两条边描述两个区域间(一个区域处于另一个之内)的邻近关系(图 11.16):一条边描述了这两个区域间的共同边界而与顶点相接的一个自环描述了周围区域。正如 11.4.2.2 节所述(图 11.16),这样一对边不允许用于局部描述包含和被包含关系。

11.4.5 组合金字塔

正如在对偶图金字塔方案中所描述的那样[32](11.4.4 节),**组合金字塔**是由一系列收缩或移除操作连续缩减获得的初始组合图定义的。初始组合图描述了平面抽样网格即初次分割,而组合金字塔的其余组合图则描述了一系列相继简化的图像划分结果。正如 11.4.2 节中提到的,组合图可理解为一种对偶图,显式地描述了与每个顶点相接的边的方向,这种对边的方向的显式描述形式被保持在组合金字塔框架中[33]。

收缩操作由收缩核(CK)控制着,后者被定义一个能描述那些待收缩边集的无环飞镖集。给定一个组合图 $\mathcal{G}=(\mathcal{D},\sigma,\alpha)$,定义于$\mathcal{G}$上的核$\mathcal{CK}$因而就包含在$\mathcal{D}$中,且关于 α 对称:

$$\forall d \in \mathcal{CK}, \quad \alpha(d) \in \mathcal{CK} \tag{11.15}$$

与对偶图缩减方案的做法一样,也是通过移除核实现冗余边的删除。作为收缩核,这种核定义为待移除的飞镖集。与对偶图金字塔框架相比,移除核被分解成两个子核:一个是空自环移除核(RKESL),包含所有与度为 1 的对偶顶点相接的飞镖;另一个是空双边移除核(RKEDE),包含所有与度为 2 的对偶顶点相接的飞镖。这两种移除核的定义如下:空自环移除核 RKESL 的初始化由所有围绕一个度为 1 的对偶顶点的自环来实现。利用所有只包含已处于 RKESL 中的其他自环的自环可以进一步扩大 RKESL,直到不可能再扩大。这些自循环包括仅在 RKESL 中存在的其他自循环。对于空双边移除核 EKEDE,在计算对偶顶点的度时我们忽略 RKESL 中的所有空自环。

要指出的是,可以通过图 11.20 所展示的两种不同操作方式利用一个 RKEDE 实现度为 2 的对偶顶点的移除。第一种解决方案(图 11.20(b))是指移除所有与度为 2 的顶点相接的飞镖。这种解决方案意味着要在金字塔的每个层级上更新 α,但却简化了可能会影响到对偶顶点的修改,这是由于一个飞镖在被某种收缩或移除运算移除之前始终都与同一个对偶顶点相接。相反,第二种解决方案(图 11.20(c))保持 α 不变,但可能会改变飞镖附到对偶顶点的情况。RKEDE 的这两种描述方式定义了有效的组合金字塔。在本章的后续内容中,我们选择第一种解决方案。

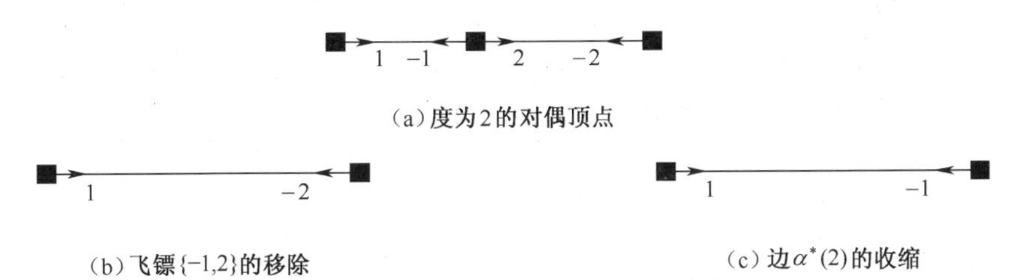

图 11.20 度为 2 的对偶顶点(a),$\varphi^*(-1)=(-1,2)$,可通过移除定义度为 2 的对偶顶点的飞镖−1 和 2 来抑制(b)。然后,置换 α 应更新为 $\alpha'(1)=-2$ 和 $\alpha'(-2)=1$。这种对偶顶点可通过在对偶图中收缩与该对偶顶点相接的两条边中的一条实现交替移除。收缩边(2, −2)在(c)中被移除。在这种情况下,对合 α 保持不变,但在这种收缩操作中在描述右顶点的 φ 周期内−2 已被−1 所替代,因此更改了飞镖−1 所附的对偶顶点。

RKESL 和 RKEDE 的相继使用可视作单一移除核的利用。然而,这种分解形式有助于我们区别描述两个区域间边界的飞镖与那些表达组合金字塔隐式描述方案中内边界的飞镖(下一节)。因此,组合金字塔框架内定义的收缩和移除操作就在对偶图框架中定义,但同时还保持了每个顶点周围的边的方向。有关组合金字塔构造方案的更多细节参见文献[16]。

11.4.5.1 区域间的关系

对于区域间关系的描述,像对偶图金字塔一样,组合金字塔给出了 ***meets_each*** 关系与包含/包含于关系的描述方式。最后一类关系在两个模型中由自环来描述。区域 R_2 中的区域 R_1 由一个与 v_2 相接(与 R_2 相关)且围绕 v_1(描述 R_1)的自环来描述。然而,使用对偶图框架的话,可以只通过整个图上的全局微积分来描述顶点的这种分布形式。另一方面,组合图所提供的方向显式描述模式有助于我们在一个由顶点 v 描述的区域内提取一组区域,所需的时间与 v 的度成正比[27]。

人们可能会想到运用组合图框架中定义的其他数据结构(11.4.2.3 节)来描述组合金字塔模型中的包含于关系。这种解决方案会破坏层级式数据结构的高效性。事实上,包含与包含于关系都可以在金字塔中创建和移除。因此,通过额外的数据结构显式地描述这些关系将会导致一系列数据结构与金字塔的关联。在金字塔的两个连续层级之间这些数据结构的规模不会降低。因此,金字塔每个层级的总规模可能不会以一个固定的变化率降低,甚至可能会提高,因而这就与层级式数据结构的主要要求相违背了(11.3 节)。注意,反过来的话,通过自环描述包含和包含于关系也与组合图框架不相适应。事实上,当这些额外的边改变了由自环所描述的包含/包含于关系时,在组合图模型中通过增加边而描述的区域分裂操作可能会引起计算的繁琐问题。这种在组合金字塔模型中并不允许的增加边操作却经常出现在非层级式组合图模型中。因此,对于后一种模型,通过额外的数据结构显式地描述包含/包含于关系是一种首选。

11.4.5.2 组合金字塔的隐式编码

我们考虑一个初始组合图 $\mathcal{G}_0=(\mathcal{D},\sigma,\alpha)$ 和一个连续应用于$\mathcal{G}_0$ 上的核序列 $\mathcal{CK}_1,\cdots,\mathcal{CK}_n$ 来构建金字塔。利用 $\mathcal{G}_{i-1}=(\mathcal{SD}_{i-1},\sigma_{i-1},\alpha_{i-1})$ 并将核$\mathcal{CK}_i$ 应用于 $\mathcal{G}_{i-1}$ 上来定义每个组合图 $\mathcal{G}_i=(\mathcal{SD}_i,\sigma_i,\alpha_i)$,而层级 i 上幸存飞镖的集合$\mathcal{SD}_i$ 等于 $\mathcal{SD}_{i-1}\setminus K_i$。因此,我们有:

$$\mathcal{SD}_{n+1}\subseteq\mathcal{SD}_n\subseteq\cdots\mathcal{SD}_1\subseteq\mathcal{D}\tag{11.16}$$

因此,金字塔内每个缩减组合图中的飞镖集就被包含在底层组合图的飞镖集中。最后这一特性有助于我们定义下列两个函数:

1. 一个函数与状态有关——从 $\{1,\cdots,n\}$ 到 $\{CK,RKESL,RKEDE\}$,指明了应用于每个层级的核类型;

2. 另一个函数与层级(level)相关,其定义面向$\mathcal{D}$中的所有飞镖,使得 level(d)

等于 d 可能够幸存的最大层级：

$$\forall d \in \mathcal{D} \qquad \text{level}(d) = \max\{i \in \{1,\cdots,n+1\} \mid d \in \mathcal{SD}_{i-1}\} \qquad (11.17)$$

因此，直到最顶层都能幸存的飞镖 d 所具有的层级等于 $n+1$。注意，如果 $d \in \mathcal{CK}_i$，$i \in \{1,\cdots,n\}$，则 $\text{level}(d) = i$。

我们已经在文献[16]中指出，仅仅利用底层组合图 $\mathcal{G}_0$ 和两个与层级和状态有关的函数就可以在没有任何信息损失的条件下描述缩减组合图序列 $\mathcal{G}_0,\cdots,\mathcal{G}_{n+1}$，这种描述形式称之为金字塔的隐式描述。图 11.22(a)通过一个描述了 3×3 网格和 K_1,K_2 与 K_3 三个核的初始组合图展示了定义在图 11.21 中的金字塔的隐式描述情况。在图 11.22(a)中，定义在层级 1,2 和 3 上的这些核分别用黑色(▶)、深灰色(▶)和浅灰色(▶)飞镖来表示。

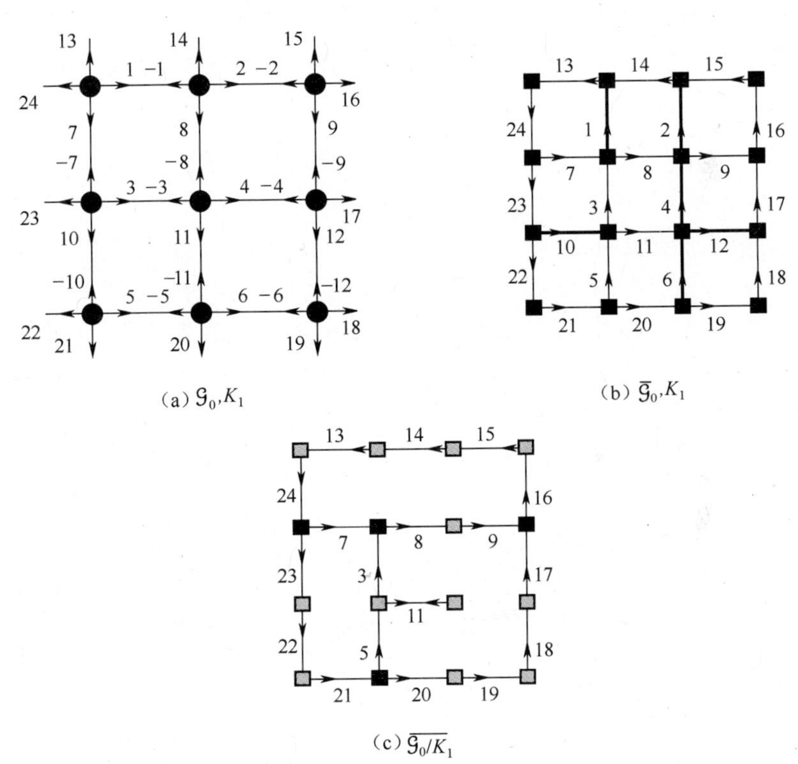

图 11.21 组合图(a)及其对偶图(b)，它们利用叠加到这两个图上的收缩核 $K_1 = \alpha^*(1,2,4,12,6,10)$ (—)描述了一个 3×3 大小的网格。在(b)和(c)中只有正飞镖获得了表示，这是为了不过载。最终得到的简化对偶组合图(c)应该利用空自环移除核(RKESL) $K_2 = \alpha^*(11)$ 进一步简化，为了移除度为 1 的对偶顶点(■)。度为 2 的对偶顶点(▣)由 RKEDE 核 $K_3 = \varphi^*(24,13,14,15,9,22,17,21,19,18) \cup \{3,-5\}$ 移除。注意，只有在 $\alpha^*(11)$ 被移除后，对偶顶点 $\varphi^*(3) = (3,-5,11)$ 才变成一个度为 2 的顶点。

如果对**状态**函数的描述与金字塔的高度成正比的话，与底层组合图的代价相

比,其内存开销可以忽略不计。**层级**函数的描述要求我们将每个飞镖与一个整数关联起来。因而,对于一个 n 层金字塔,此类函数的内存开销等于 $\log_2(n)(|\mathcal{D}|)$。利用 α 的隐式描述,描述置换 σ 则需要 $|\mathcal{D}|\log_2(|\mathcal{D}|)$ 个字节。因此,一个隐式金字塔的总内存开销等于

$$[\log_2(n)+\log_2(|\mathcal{D}|)]|\mathcal{D}| \tag{11.18}$$

另一方面,利用组合金字塔的显式描述,若假设飞镖的数目以 2 为因子在每邻近层之间递减的话,整个金字塔的飞镖总数等于

$$|\mathcal{D}|\sum_{i=0}^{p}\frac{1}{2^i}\approx 2|\mathcal{D}| \tag{11.19}$$

其中,$|\mathcal{D}|$被设定为 2 的幂($|\mathcal{D}|=2^p$)。因此,实现一个组合金字塔显式描述所需的总内存开销等于

$$2|\mathcal{D}|\log_2(|\mathcal{D}|) \tag{11.20}$$

式(11.18)与式(11.20)之间的比值等于

$$\frac{1}{2}\left(1+\frac{\log_2(n)}{\log_2(|\mathcal{D}|)}\right) \tag{11.21}$$

由于 $\log_2(n)$ 的数值通常远低于 $\log_2(|\mathcal{D}|)$,因此隐式描述比显式描述产生的内存开销更小。我们还要指出的是,如果我们限定了所使用的金字塔的最高层级,例如,利用 32 位整数来存储层级函数,我们将会得到一个在**实践**中与金字塔高度无关的层级式描述。

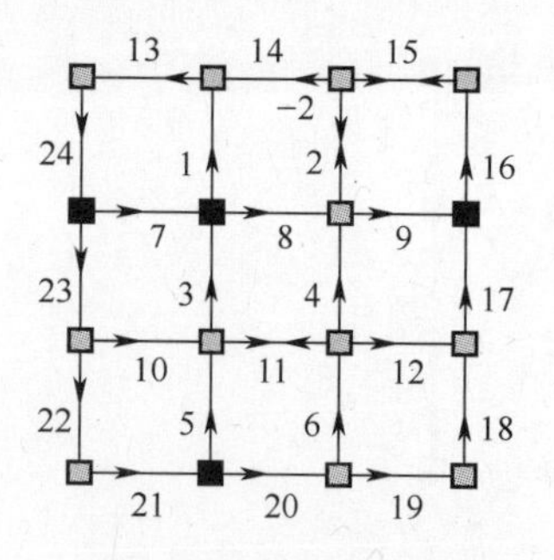

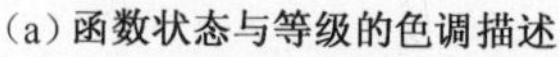
(a) 函数状态与等级的色调描述

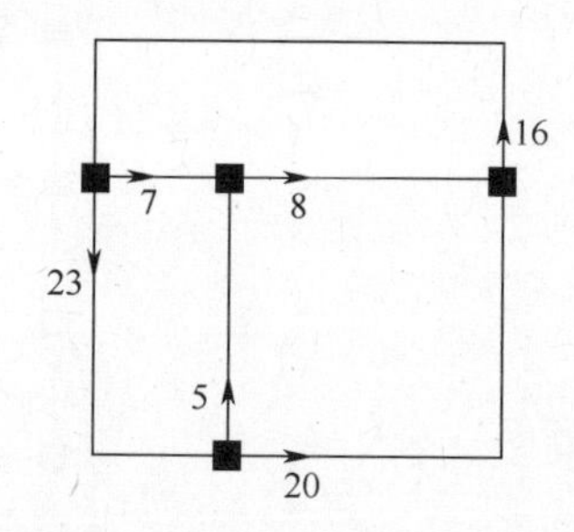

(b) 图 11.21 中定义的金字塔的顶端

图 11.22 图 11.21 中定义的金字塔的隐式描述(a)和顶级组合图(b)。黑色、深灰色和浅灰色飞镖的级别分别为 1,2 和 3。与这些级别相关的状态分别为 *CK*,*RKESL* 和 *RKEDE*。

11.4.5.3 飞镖的嵌入与分段

飞镖 $d\in\mathcal{SD}_i$ 的**接收域**与在层级 i 上缩减为 d 的飞镖集相一致[16]。使用组合金字塔的隐式描述,$d\in\mathcal{SD}_i$ 的接收域 $RF_i(d)$ 定义为$\mathcal{D}$中的一个飞镖序列 $d_1,\cdots,d_q$,从而使得 $d_1=d$,$d_2=\sigma_0(d)$,且对于 $\{3,\cdots,q\}$ 中的每个 j,有:

$$d_j = \begin{cases} \varphi_0(d_{j-1}) & , \quad \text{state}(\text{level}(d_{j-1})) = CK \\ \sigma_0(d_{j-1}) & , \quad \text{state}(\text{level}(d_{j-1})) \in \{RKEDE, RKESL\} \end{cases} \tag{11.22}$$

飞镖 d_q 定义为在层级 i 以下已被收缩或移除的序列的最后一个飞镖。因此，按照式(11.22)，d_q 的后续飞镖 d_{q+1} 则满足 $\text{level}(d_{q+1})>i$。此外，我们指出[16]：d，d_q 和 d_{q+1} 还可通过下面两个关系联系起来：

$$\sigma_i(d) = d_{q+1} \text{ 和 } \alpha_i(d) = \alpha_0(d_q) \tag{11.23}$$

利用图像内容的组合图描述形式，区域以及区域间的最大连通边界分别由 σ 环和 α 环来描述。因此，每个飞镖 $d \in \mathcal{SD}_i$ 描述了与 $\sigma_i^*(d)$ 和 $\sigma_i^*(\alpha_i(d))$ 相关的区域之间的一个边界片段。此外，在金字塔的较低层级上，一条边的两个顶点可能属于同一个区域。我们将相应的边界片段称之为**内部边界**。与之相反，分离两个不同区域的边界片段称之为**外部边界**。d 在层级 i 上的接收域 $RF_i(d)$ 既包含与这种边界片段对应的飞镖，还包含对应于内部边界的其他飞镖。将包含在 $RF_i(d)$ 中的外部边界飞镖序列表示为 $\partial RF_i(d)$ 并称之为一个**分割片段**。从接收域 $RF_i(d)$ 可推断出 $\partial RF_i(d)$ 的序。给定一个飞镖 $d \in \mathcal{SD}_i$，可通过下列方式提取序列 $\partial RF_i(d) = d_1, \cdots, d_q$ [34]：

$$d_1 = d \text{ 和 } \forall j \in \{1, \cdots, q-1\}\ d_{j+1} = \varphi_0^{n_j}(\alpha_0(d_j)) \tag{11.24}$$

飞镖 d_q 是属于双边核的 $\partial RF_i(d)$ 的最后一个飞镖。因此，利用式(11.23)可将该飞镖表达为 $d_q = \alpha_0(\alpha_i(d))$。注意，基底层的每个飞镖对应着一个定向裂缝[17,18]（11.4.2节）。因此，一个分割片段就对应于一系列描述了两个区域之间连通边界片段的定向裂缝[34]。

对于每个 $j \in \{1, \cdots, q-1\}$，值 n_j 的定义是

$$n_j = \min\{k \in \mathbb{N}^* \mid \text{state}(\text{level}(\varphi_0^k(\alpha_0(d_j)))) = RKEDE\} \tag{11.25}$$

因此，按照式(11.24)，可以将一个分割片段解释为一个最大飞镖序列，这些飞镖被当作双边而移除。这一序列连接了两个直到层级 i 都还幸存的飞镖（d 和 $\alpha_0(d_q) = \alpha_i(d)$）。导致我们分辨空自环核与冗余双边移除核的主要原因之一是使用了式(11.24)和式(11.25)来执行边界的提取。我们还要说明的是，如果 $\mathcal{G}_0$ 描述了4连通平面抽样网格，那么每个 φ_0 环就由至多4个飞镖构成（图11.19(b)）。因此，由 d_j 计算出 d_{j+1}（式(11.24)）最多需要4次迭代，而确定能组成两个区域间一条边界片段的整个裂缝序列所需的时间与该边界的长度成正比。

我们考虑一下与图11.22中的飞镖16有关的第3层级的边界。根据式(11.24)，16是 $\partial RF_3(16)$ 的第一个飞镖。而且，$\varphi_0(\alpha_0(16)) = \varphi_0(-16) = 15$ 属于 RKEDE K_3（图11.22(a)）。因此，我们有 $n_1 = 1$（式(11.25)），且 $\partial RF_3(16)$ 的第二个飞镖 d_2 等于15。再次使用式(11.24)，d_3 是通过迭代置换 φ_0 从 $\varphi_0(\alpha_0(15))$ 碰到的第一个飞镖。由于 $\varphi_0(\alpha_0(15)) = \varphi_0(-15) = -2$ 是一个收缩飞镖，我们应至

少再迭代置换 φ_0 一次。飞镖 $\varphi_0^2(\alpha_0(15))=\varphi_0(-2)=14$ 属于 RKEDE K_3，因而我们有 $n_2=2$ 和 $d_3=14$。进一步迭代式(11.24)和式(11.25)会产生序列：

$$\partial RF_3(16)=16.15.14.13.24 \tag{11.26}$$

它描述了图像的第一行与背景之间的边界。

简言之，组合金字塔的隐式描述为低内存开销金字塔提供了一种高效的描述形式，也为获取那些定义图像划分结果的分割片段几何结构提供了一种高效的方式。

图 11.23 展示了组合金字塔在图像分割中的应用。原始图像（图 11.23(a)）的梯度由一个平面抽样网格所描述，而后者由一个组合图来描述。这种组合图的每条边由与其相接的两个像素之间的梯度度量来衡量[35]。这种组合图上分水岭变换的描述要通过计算一个收缩核来实现，这种收缩核的每棵树都能生成一个分水岭盆地。可以采用串行方式利用这种收缩核获得图 11.23(b)，也可以使用 11.3 节确定的任意一种并行方法来实现。这种划分结果的每条边可通过一个由图 11.23(c) 中灰阶所描述的重要性度量来评测。这种重要性度量的建立基础是边的动力学，可使用沿着每个分割片段的梯度结构来计算[26]。因此，这种度量以每个

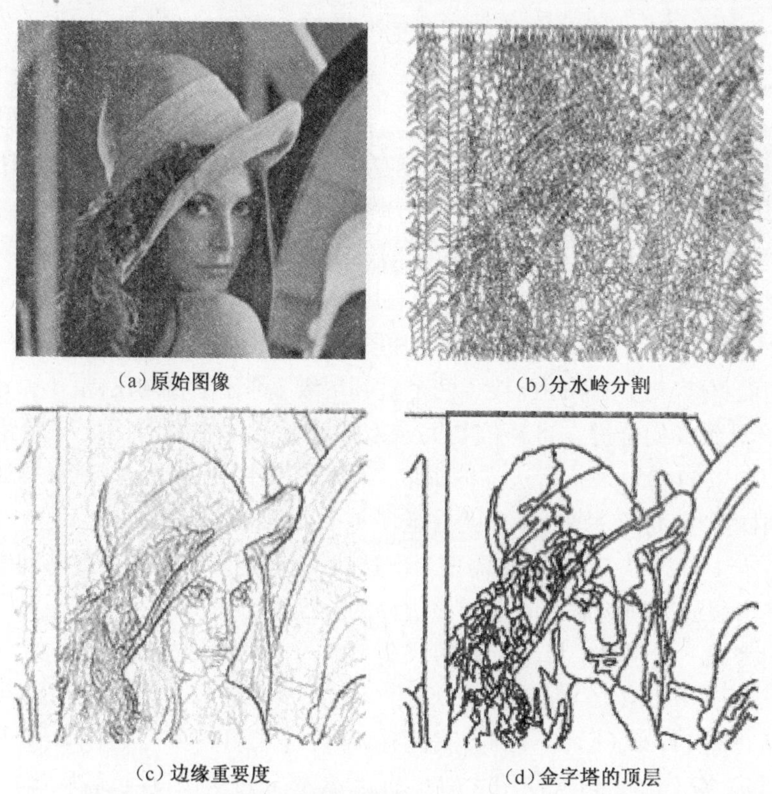

(a) 原始图像 (b) 分水岭分割 (c) 边缘重要度 (d) 金字塔的顶层

图 11.23 组合金字塔在层级式图像分割中的应用示例。

飞镖外部边界的计算为基础。最后,通过合并最不重要的边并在每一步都更新剩余边的重要性可以通过图 11.23(c)计算金字塔的更多层级。为了减少内存需求,这种策略使用了组合图的隐式描述。图 11.23(d)展示了金字塔的最后一个层级,接着在 Lena 的帽子上执行了一个错误的合并操作。

11.5 结论

图已成为一种表达工具,它可以用于填补各种传感器提供的原始信息源与所感知的世界中高度复杂的结构及其相关知识之间的鸿沟。一个典型的例子就是数字图像:它是现实世界中的结构与几何特征在其平面上的投影,从中可以观察到一些实例和基本的物体,以及某些属性,如亮度、颜色以及诸如邻近性或封闭性这样的目标与目标之间的关系。

嵌入式属性图与组合图捕获了这类低级视觉提示,且能聚集更大规模的需要与有关现实世界的整体知识相关联的信息。感知数据与高级知识的大量涌现导致对它们的处理往往变得高度复杂。为了实现必需的高效性,可以使用不同形式的层级结构。

这一章介绍了规则与不规则金字塔框架,它们将嵌入式的像素布局与中级和高级的抽象层级关联起来。这两个框架都有助于我们使用并行微积分高效地分析图像的内容。与非层级式方法相比,规则与不规则金字塔还提供了图像内容的层级式描述。规则金字塔的一些缺点不允许将其作为图像分析的统一框架,这就引出了不规则金字塔的定义。这类金字塔既可通过其构造方案也可以通过用于其中的图模型中来定义。

我们已在 11.3 节中提出了有关不规则金字塔的几种主要并行缩减方案。这些构造方案的基础是**独立集**概念,后者需根据每个构造方案定义于图的不同部分上。如表 11.2 所示(第一列),MIES 和 MIDES 框架给出了关于金字塔高度的理论界限,而 MIVS 和 D3P 却不能。11.3 节所述的所有缩减方案(除 D3P 之外)都是建立在极大独立集概念的基础上的(表 11.2,第二列)。最后这些方法又可以根据计算极大独立集所需的要素做进一步的分类(表 11.2,第三列)。

表 11.2 并行不规则金字塔构造方案的主要正面(√)和负面(×)特性

	金字塔高度的理论界	极大独立集	独立集涉及的对象
MIVS	×	√	顶点
D3P	×	×	顶点
MIES	√	√	无向边
MIDES	√	√	有向边

表 11.3 使用本章所述的模型可产生的(√)或不可产生的(×)关系

	边界存在	边界交互	包含/包含于	组成
区域邻近图	√	×	×	×
组合图	√	√	√	×
简单图金字塔	√	×	×	√
对偶图金字塔	√	√	全局积分	√
组合金字塔	√	√	局部积分	√

本章对不规则金字塔框架下所用的主要图类型做了总结。每个图模型决定了金字塔每一层级上可以描述的图像特征的类型。因此,这种选择图模型的方式决定了可以被某一图像分析或分割方法高效利用的图像特征范畴,因此它是这些方法的一种重要参数。如表 11.3 第一列所示,所有图模型都描述了两个区域之间共同边界的存在(*meets_exists* 关系)。然而,对区域之间连通边界的显式描述仅由基于对偶图和组合图的模型所提供(表 11.3 第二列)。基于简单图的模型不能描述包含和包含于关系。我们预计利用对偶图模型计算这类关系需要在整个图上做全局微积分。另一方面,包含与包含于关系可以由组合图框架内另外的数据结构显式描述,且可以利用组合金字塔通过局部微积分有效地计算出来(表 11.3 第三列)。最后,组成关系只能由层级式模型来描述。

这项有关嵌入式层级性图结构的研究可能只是理解那些有助于人们了解自身所处的环境并实时做出响应的复杂方案的第一步。进一步的研究方向可考虑对某些实现类型呈现不变性的子结构:对连续变形具有不变性的拓扑结构[36];或捕捉了运动物体某些要素的时序结构[37,38];或对物体类别中某些不太重要的区别具有不变性的泛化,使焦点集中于物体类别的主要特性上。

参考文献

[1] P. Burt, T. -H. Hong, and A. Rosenfeld, "Segmentation and estimation of image region properties through cooperative hierarchial computation," *IEEE Transactions on Systems, Man and Cybernetics*, vol. 11, no. 12, pp. 802-809, December 1981.

[2] M. Bister, J. Cornelis, and A. Rosenfeld, "A critical view of pyramid segmentation algorithms," *Pattern Recognition Letter.*, vol. 11, no. 9, pp. 605-617, September 1990.

[3] W. G. Kropatsch, "From equivalent weighting functions to equivalent contraction kernels," in

Digital Image Processing and Computer Graphics (*DIP*–97): *Applications in Humanities and Natural Sciences*, E. Wenger and L. I. Dimitrov, Eds., vol. 3346. SPIE, October 1997, pp. 310–320.

[4] A. Rosenfled and C. –Y. Sher, "Detecting image primitives using feature pyramids," *Journal of Information Sciences*, vol. 107, pp. 127–147, June 1998.

[5] A. Montanvert, P. Meer, and A. Rosenfled, "Hierarchical image analysis using irregular tessellations," *IEEE Transactions on Pattern Analysis and Machine Intelligence*, vol. 13, no. 4, pp. 307–316, April 1991.

[6] L. Brun and W. Kropatsch, "Construction of combinatorial pyramids," in *Graph based Representations in Pattern Recognition*, ser. LNCS, E. Hancock and M. Vento, Eds., vol. 2726. York, UK: IAPR–TC15, June 2003, pp. 1–12.

[7] C. Chevalier and I. Safro, "Comparison of coarsening schemes for multilevel graph parttioning," in *Learning and Intelligent Optimization*, T. Stützle, Ed. Berlin, Heidelberg: Springer – Verlag, 2009, pp. 191–205.

[8] P. Meer, "Stochastic image pyramids," *Computer Vision Graphics Image Processing*, vol. 45, no. 3, pp. 269–294, March 1989.

[9] J. M. Jolion and A. Montanvert, "The adaptative pyramid: A framework for 2d image analysis," *Computer Vision*, *Graphics*, *and Image Processing*, vol. 55, no. 3, pp. 339–348, May 1992.

[10] J. –M. Jolion, "Data driven decimation of graphs," in *Proceedings of* 3rd *IAPR–TC15 Workshop on Graph based Representation in Pattern Recognition*, J. – M. Jolion, W. Kropatsch, and M. Vento, Eds., Ischia–Italy, May 2001, pp. 105–144.

[11] S. Thorpe, D. Fize, and C. Marlot, "Speed of processing in the human visual system," *Nature*, vol. 381, pp. 520–522, June 1996.

[12] W. G. Kropatsch, Y. Haxhimusa, Z. Pizlo, and G. Langs, "Vision pyramids that do not grow too high," *Pattern Recognition Letters*, vol. 26, no. 3, pp. 319–337, February 2005, in Memoriam: Azriel Rosenfeld.

[13] Y. Haxhimusa, *The Structurally Optimal Dual Graph Pyramid and its Application in Image Partitioning*. IOS Press and AKA, June 2007, ISBN: 978–1–58603–743–7.

[14] M. Burge and W. Kropatsch, "A minimal line property preserving representation of line images," *Computing*, vol. 62, no. 4, pp. 355–368, 1999.

[15] R. Englert and W. G. Kropatsch, "Image Structure From Monotonic Dual Graph Contraction," in *Applications of Graph Transformations with Industrial Relevance*, ser. LNCS, M. Nagl, A. Schürr, and M. Münch, Eds., vol. Vol. 1799. Kerkrade, Netherlands: Springer, Berlin Heidelberg, New York, Septemper 2000, pp. 550–553.

[16] L. Brun and W. Kropatsch, "Combinatorial pyramids," in *IEEE International conference on Image Processing* (*ICIP*), Suvisoft, Ed., vol. II. Barcelona: IEEE, September 2003, pp. 33–37.

[17] V. Kovalevsky, "Finite topology as applied to image analysis," *Computer Vision*, *Graphics*, *and*

Image Processing, vol. 46, no. 2, pp. 141–161, May 1989.

[18] L. Brun, M. Mokhtari, and J. P. Domenger, "Incremental modifications on segmented image defined by discrete maps," *Journal of Visual Communication and Image Representation*, vol. 14, no. 3, pp. 251–290, September 2003.

[19] D. Randell, C. Z, and A. Cohn, "A special logic based on regions and connections," in *Principle of Knowledge Representation and Reasoning: Proceedings 3rd International Conference*, B. Nebel, W. Swartout, and C. Rich, Eds., Cambridge MA, October 1992, pp. 165–176.

[20] K. Shearer, H. Bunke, andS. Venkatesh, "Video indexing and similarity retrieval by largest common subgraph detection using decision trees," *Pattern Recognition*, vol. 34, no. 5. pp. 1075–1091, May 2001.

[21] L. Brun and M. Mokhtari, "Graph based representations in different application domains," in 3rd *IAPR-TC15 Workshop on Graph-based Representations in Pattern Recognition*, J. M. Jolion, W. Kropatsch, and M. Vento, Eds., IAPR-TC15. Ischia Italy: CUEN, May 2001, pp. 115–124, invited conference.

[22] D. Willersinn and W. G. Kropatsch, "Dual graph contraction for irregular pyramids," in *Internationnal Conference on Pattern Recogntion D: Parallel Computing*. Jerusalem, Israel: International Association for Pattern Recognition, October 1994, pp. 251–256.

[23] P. Lienhardt, "Topological models for boundary representations: a comparison with$n$-dimensional generalized maps," *Computer-Aided Design*, vol. 23, no. 1, pp. 59–82, February 1991.

[24] Y. Bertrand, G. Damiand, and C. Fiorio, "Topological map: Minimal encoding of 3d segmented images," in 3rd *Workshop on Graph-based Representations in Pattern Recognition*, J. M. Jolion, W. Kropatsch, and M. Vento, Eds., IAPR-TC15. Ischia (Italy): CUEN, May 2001, pp. 64–73.

[25] S. Fourey and L. Brun, "Efficient encoding of n-D combinatorial pyramids," in *Proceedings of the International Conference on Pattern Recognition* (*ICPR*'2010). Istanbul, Turkey: IEEE, August 2010, pp. 1036–1039.

[26] L. Brun, M. Mokhtari, and F. Meyer, "Hierarchical watersheds within the combinatorial pyramid framework," in *Proc. of DGCI* 2005, E. Andres, G. Damiand, and P. Lienhardt, Eds., vol. 3429, IAPR-TC18. Poitiers, France: LNCS, April 2005, pp. 34–44.

[27] L. Brun and W. Kropatsch, "Contains and inside relationships within combinatorial pyramids," *Pattern Recognition*, vol. 39, no. 4, pp. 515–526, April 2006.

[28] C. Fiorio, "A topologically consistent representation for image analysis: the frontiers topological graph," in 6*th International Conference on Discrete Geometry for Computer Imagery* (*DGCI*'96), ser. LNCS, S. Miguet, A. Montanvert, and U. S., Eds., vol. 1176, Lyon, France, November 1996, pp. 151–162.

[29] G. Damiand, Y. Bertrand, and C. Fiorio, "Topological model for two-dimensional image representation: definition and optimal extraction algorithm," *Computer Vision and Image Understanding*, vol. 93, no. 2, pp. 111–154, February 2004.

[30] J. P. Braquelaire and L. Brun, "Image segmentation with topological maps and inter-pixel representation," *Journal of Visual Communication and Image representation*, vol. 9, no. 1, pp. 62–79, March 1998.

[31] W. G. Kropatsch, "Equivalent contraction kernels to build dual irregular pyramids," *Advances in Computer Science*, vol. Advances in Computer Vision, pp. 99–107, 1997.

[32] ——, "Building Irregular Pyramids by Dual Graph Contraction," *IEEE-Proc. Vision, Image and Signal Processing*, vol. 142, no. 6, pp. 366–374, December 1995.

[33] L. Brun and W. Kropatsch, "Dual contraction of combinatorial maps," in 2nd *IAPR-TC-15 Workshop on Graph-based Representations*, W. Kropatsch and J.-M. Jolion, Eds., vol. 126. Haindorf, Austria: Österreichische Computer Gesellschaft, May 1999, pp. 145–154.

[34] L. Brun, "Traitement d'image couleur et pyramides combinatoires," Habilitationà diriger des recherches, Université de Reims, 2002.

[35] L. Brun, P. Vautrot, and F. Meyer, "Hierarchical watersheds with inter-pixel boundaries," in *Image Analysis and Recognition: International Conference ICIAR* 2004, *Part I*. Porto(Portugal): Springer Verlag Heidelberg (LNCS), 2004, pp. 840–847.

[36] R. Gonzalez-Diaz, A. Ion, M. Iglesias-Ham, and W. G. Kropatsch, "Irregular Graph Pyramids and Representative Cocycles of Cohomology Generators," in *Proceedings of the 7th IAPR-TC-15 International Workshop*, *GbRPR* 2009, *on Graph Based Representations in Patttern Recognition*, ser. LNCS, A. Torsello, F. Escolano, and M. Vento, Eds., vol. 5534. Berlin Heidelberg: Springer-Verlag, May 2009, pp. 263–272.

[37] W. G. Kropatsch, "When Pyramids Learned Walking," in *The* 14*th International Congress on Pattern Recognition*, *CIARP* 2009, ser. LNCS, J. O. E Eduardo Bayro-Corrochano, Ed., vol. 5856. Berlin Heidelberg: Springer-Verlag, November 2009, pp. 397–414.

[38] N. M. Artner, A. Ion, and W. G. Kropatsch, "Rigid Part Decomposition in a Graph Pyramid," in *The* 14*th International Congress on Pattern Recognition*, *CIARP* 2009, ser. LNCS, J. O. E. Eduardo Bayro-Corrochano, Ed., vol. 5856. Berlin Heidelberg: Springer-Verlag, November 2009, pp. 758–765.

第 12 章
基于图的降维

John A. Lee, Michel Verleysen

12.1 概述

降维的目的是在低维空间中表达高维数据。为了体现出其意义,低维表示(即嵌入)必须要保持数据的一些明确结构化特性。总体的思想是,相似的数据项应彼此靠近地显示,而更长的距离则应该能分离不相似的数据项。这种原理适用的数据要么采样于数据空间的一个流形,要么分布于几个聚类中。在这两种情况中,通常认为对局部结构的调整应在复制数据的全局分布之前进行。实际上,结构化特性可以是各种成对度量,如相异性(各种各样的距离)或相似度(距离的递减函数),像有序距离的秩这样的相对邻近度也可以采用。在这种背景下,图就可以展示出多种用途。例如,它们可以描述相似度(相异性)缺失或可忽略不计这样的情形。即便所有的成对相异性度量都可用的话,通常认为只有相异性最小的那一个才是有意义的,能够反映出数据的局部结构。可以建立并利用与 K 元邻域或 ϵ 球相对应的图来计算最短路径的长度或与随机游走相关的通勤时间距离。

本章回顾了一些最著名的基于图的降维方法,包括几种基于测地距离的方法,如等距映射(Isomap)及其变体。同时,也描述了几种涉及图拉普拉斯的谱方法。像自组织映射这样的生物启发特性更突出的技术确立了预定图与数据流形之间的拓扑映射关系。所展示的实验主要集中于图像数据上(扫描的手写体数字),产生的结果通过基于秩的质量准则来评价。

12.2 引言

高维数据的解译仍然是一项艰巨的任务,主要是因为人的视觉系统不能用于处理三个维度以上的空间。这一困难部分还源于维数灾难——它是一种通俗的表达,包含所有关于高维空间的奇怪和意想不到的特性。降维(DR)的目的是构建数据的另一种低维表示形式,以改善可读性与可解释性。当然,这种低维表示方式必须是有意义的且与真实数据保持一致。实际应用时,这种表示形式必须保持数据集的重要结构化特性，如相对邻近性、相似度或相异性。一般的想法是，相异数据项的表示结果彼此之间应该距离较远，而相似数据项的表示结果应该看起来相互靠近。除了数据可视化，降维还有其他用途。例如，降维可以用于数据压缩和去噪。它也可以用于数据的预处理，希望通过简化的表示形式加速后续的处理过程或改善其输出结果。

线性降维众所周知，所采用的相关技术有主分量分析(PCA)[1]和经典的度量多维标度(MDS)[2,3]。前者试图保持低维空间中的协方差，而后者的目的是复制有关两两点积的格拉姆(Gram)矩阵。非线性降维(NLDR)[4]是后来出现的，以多维标度[5-7]的非线性变体为主，如 Sammon 的非线性映射(NLM)[8]和曲元分析(CCA)[9,10]。这些方法中大部分都以成对距离的保持为基础。NLDR 的研究具有学科交叉性，且要遵从许多方法，从人工神经网络[9,11-14]到谱方法[15-21]。如果线性降维的假设是数据分布于或接近一个线性子空间的话，则 NLDR 需要借助更复杂的模型。

最通用的框架是假设数据可以采样于一个光滑流形。为此，有时将现代的 NLDR 称之为流形学习[20,22]。在这类假设下，我们的目的是重新将流形嵌入在维度尽可能低的空间中而不改变其拓扑性质。在实际应用中，光滑流形难以与数据的离散特性协调一致。相比来看，图结构已证实特别有用，而且 NLDR 与图嵌入之间存在着非常紧密的联系[23-25]。

另一种常用的假设是数据采样于聚类而不是流形。侧重于聚类的降维方法常常与谱聚类密切相关[26-29]。在这一领域，图的使用也是非常方便的，一般采用像拉普拉斯矩阵这样的有效工具。

本章的组织结构如下。12.3 节介绍了必要的符号与经典的方法，例如 PCA 和 MDS。12.4 节详细论述了在降维方法中图是怎样有助于引入非线性的。接下来，12.5 节和 12.6 节回顾了一些重要的降维方法，这些方法通过使用距离(全局法)或相似度(局部法)来实现流形学习。12.7 节论述的是图嵌入，它是另一种在非线性降维中常用的范式。最后，在 12.8 节通过一些例子比较了这些方法，而 12.9 节给出了一些结论并为不久的将来勾画了一些发展方向。

12.3　经典方法

令 $\mathbf{X} = [\mathbf{x}_i]_{1 \leqslant i \leqslant N}$ 表示一个多元数据集，其中 $\mathbf{x}_i \in \mathbb{R}^M$，而令 $\mathbf{Y} = [\mathbf{y}_i]_{1 \leqslant i \leqslant N}$ 表示它的低维表示，其中 $\mathbf{y}_i \in \mathbb{R}^P$，且 $P < M$。降维旨在求解一个从 $\mathbb{R}^{M \times N}$ 到 $\mathbb{R}^{P \times N}$ 的变换 $\mathcal{T}$，该变换能够最小化如下重构误差，其定义为

$$E = \| \mathbf{X} - \mathcal{T}^{-1}(\mathbf{Y}) \|_2^2 \tag{12.1}$$

其中，$\mathbf{Y}=\mathcal{T}(\mathbf{X})$，而 $\|\mathbf{U}\|_2^2=\mathrm{Tr}(\mathbf{U}^{\mathrm{T}}\mathbf{U})=\mathrm{Tr}(\mathbf{U}\mathbf{U}^{\mathrm{T}})$ 是 $\mathbf{U}$ 的 Frobenius 范数。也就是说，由 $\mathcal{T}$ 和 $\mathcal{T}^{-1}$ 的连续应用所产生的编码-解码过程应该产生最小的失真。

12.3.1 主分量分析

对于 $\mathcal{T}$ 来说，最简单的选择显然是一种线性变换。在主分量分析中[1,30-33]，可以将这种变换写作 $T(\mathbf{X})=\mathbf{V}_P^{\mathrm{T}}(\mathbf{X}-\mathbf{u}\mathbf{1}^{\mathrm{T}})$，其中 $\mathbf{u}$ 是一个偏移量，$\mathbf{V}_P$ 是一个 P 列正交矩阵（$\mathbf{V}_P^{\mathrm{T}}\mathbf{V}_P=\mathbf{I}$）。正交性减少了 $\mathbf{V}_P$ 中自由参数的数目，同时利用正交向量基产生了 $\mathbb{R}^M$ 的 P 维子空间。有了这样的线性变换，可以将重构误差重新表示为

$$E(\mathbf{u},\mathbf{V}_P;\mathbf{X})=\|(\mathbf{X}-\mathbf{u}\mathbf{1}^{\mathrm{T}})-\mathbf{V}_P\mathbf{V}_P^{\mathrm{T}}(\mathbf{X}-\mathbf{u}\mathbf{1}^{\mathrm{T}})\|_2^2 \tag{12.2}$$

$$=\|(\mathbf{I}-\mathbf{V}_P\mathbf{V}_P^{\mathrm{T}})(\mathbf{X}-\mathbf{u}\mathbf{1}^{\mathrm{T}})\|_2^2 \tag{12.3}$$

$$=\mathrm{Tr}((\mathbf{X}-\mathbf{u}\mathbf{1}^{\mathrm{T}})^{\mathrm{T}}(\mathbf{I}-\mathbf{V}_{\mathrm{P}}\mathbf{V}_P^{\mathrm{T}})(\mathbf{I}-\mathbf{V}_P\mathbf{V}_P^{\mathrm{T}})(\mathbf{X}-\mathbf{u}\mathbf{1}^{\mathrm{T}})) \tag{12.4}$$

$$=\mathrm{Tr}((\mathbf{X}-\mathbf{u}\mathbf{1}^{\mathrm{T}})^{\mathrm{T}}(\mathbf{I}-\mathbf{V}_P\mathbf{V}_P^{\mathrm{T}})(\mathbf{X}-\mathbf{u}\mathbf{1}^{\mathrm{T}})) \tag{12.5}$$

为了确定 $\mathbf{u}$，我们可以计算重建误差关于 $\mathbf{u}$ 的偏导数，并使其等于 0。定义一个 $\mathbf{E}=\mathbf{X}-\mathbf{u}\mathbf{1}^{\mathrm{T}}$，我们可得

$$\frac{\partial E(\mathbf{u},\mathbf{V}_P;\mathbf{X})}{\partial \mathbf{u}}=\frac{\partial \mathrm{Tr}(\mathbf{E}^{\mathrm{T}}(\mathbf{I}-\mathbf{V}_P\mathbf{V}_P^{\mathrm{T}})\mathbf{E})}{\partial \mathbf{E}}\frac{\partial \mathbf{E}^{\mathrm{T}}}{\partial \mathbf{u}}=2(\mathbf{I}-\mathbf{V}_P\mathbf{V}_P^{\mathrm{T}})\mathbf{E}\mathbf{1}=\mathbf{0} \tag{12.6}$$

假设 $\mathbf{I}-\mathbf{V}_P\mathbf{V}_P^{\mathrm{T}}$ 存在满秩，我们可得 $(\mathbf{X}-\mathbf{u}\mathbf{1}^{\mathrm{T}})\mathbf{1}^{\mathrm{T}}=\mathbf{0}$，所以 $\mathbf{u}=\mathbf{X}\mathbf{1}^{\mathrm{T}}/N$。因此，最佳偏移量是 $\mathbf{X}$ 的样本均值。在这个前提下，如果我们假设 $\mathbf{X}\mathbf{1}=\mathbf{0}$，可以将变换简化为 $\mathcal{T}(\mathbf{X})=\mathbf{V}_P^{\mathrm{T}}\mathbf{X}$。于是，可以将重构误差写成

$$E(\mathbf{V}_P;\mathbf{X})=\|(\mathbf{I}-\mathbf{V}_P\mathbf{V}_P^{\mathrm{T}})\mathbf{X}\|_2^2=\mathrm{Tr}(\mathbf{X}\mathbf{X}^{\mathrm{T}})-\mathrm{Tr}(\mathbf{V}_P^{\mathrm{T}}\mathbf{X}\mathbf{X}^{\mathrm{T}}\mathbf{V}_P) \tag{12.7}$$

其中第一项是一个常数。可以利用拉格朗日法在约束条件 $\mathbf{V}_P^{\mathrm{T}}\mathbf{V}_P=\mathbf{I}$ 的作用下实现第二项的最小化。拉格朗日算子可以写成

$$L(\mathbf{V}_P,\mathbf{\Lambda};\mathbf{X})=\mathrm{Tr}(\mathbf{V}_P^{\mathrm{T}}\mathbf{X}\mathbf{X}^{\mathrm{T}}\mathbf{V}_P)+\mathrm{Tr}(\mathbf{\Lambda}(\mathbf{I}-\mathbf{V}_P^{\mathrm{T}}\mathbf{V}_P)) \tag{12.8}$$

其中，$\mathbf{\Lambda}$ 是一个包含拉格朗日乘子的对角矩阵。$L(\mathbf{V}_P,\mathbf{\Lambda};\mathbf{X})$ 关于 $\mathbf{V}_P$ 的偏导数为

$$\frac{\partial L(\mathbf{V}_P,\mathbf{\Lambda};\mathbf{X})}{\partial \mathbf{V}_P}=2\mathbf{X}\mathbf{X}^{\mathrm{T}}\mathbf{V}_P-2\mathbf{\Lambda}\mathbf{V}_P \tag{12.9}$$

令偏导数等于 0 并重新组织各项，我们可得 $\mathbf{\Lambda}\mathbf{V}_P=\mathbf{X}\mathbf{X}^{\mathrm{T}}\mathbf{V}_P$，结果是一个特征值问题。不失一般性，因为 $\mathbf{X}$ 呈中心化形式，可以用样本协方差 $\mathbf{C}(\mathbf{X})=\mathbf{X}\mathbf{X}^{\mathrm{T}}/N$ 代替乘积 $\mathbf{X}\mathbf{X}^{\mathrm{T}}$。通过构造，协方差矩阵是对称且半正定的矩阵。因此，它的特征值大于或等于 0。如果将特征值分解写作 $\mathbf{C}(\mathbf{X})=\mathbf{V}\mathbf{\Lambda}\mathbf{V}^{\mathrm{T}}$，则在 P 给定的情况下最大化问题的解可以由 $\mathbf{V}$ 中与 P 个最大特征值相关的特征向量产生。由这些特征向量可以得到 $\mathbf{V}_P=[\mathbf{v}_i]_{1\leqslant i\leqslant P}$ 的列。P 维子空间的协方差为

$$\mathbf{C}(\mathbf{Y})=\mathbf{Y}\mathbf{Y}^{\mathrm{T}}/N=\mathbf{V}_P^{\mathrm{T}}\mathbf{X}\mathbf{X}^{\mathrm{T}}\mathbf{V}_P/N=\mathbf{V}_P^{\mathrm{T}}\mathbf{C}(\mathbf{X})\mathbf{V}_P=\mathbf{V}_P^{\mathrm{T}}\mathbf{V}_P\mathbf{\Lambda}\mathbf{V}_P^{\mathrm{T}}\mathbf{V}_{\mathrm{P}}=\mathbf{\Lambda}_P \tag{12.10}$$

其中，$\mathbf{\Lambda}_P$ 表示将 $\mathbf{\Lambda}$ 约束在其前 P 行和前 P 列。由于在子空间中协方差呈对角化形式，这表明 PCA 也实现了数据集的去相关。矩阵 $\mathbf{V}_P$ 也是最小化 $\| \mathbf{C}(\mathbf{X})-\mathbf{V}_P\mathbf{\Lambda}_P\mathbf{V}_P^{\mathrm{T}}\|_2^2$ 的解，这表明最小重构误差等价于方差保持。如果 $\boldsymbol{V}_P$ 能使 $\mathrm{Tr}(\mathbf{V}_P^{\mathrm{T}}\mathbf{X}\mathbf{X}^{\mathrm{T}}\mathbf{V}_P)$ 最大化，那么它也能很容易实现 $\mathrm{Tr}(\mathbf{X}^{\mathrm{T}}\mathbf{V}_P\mathbf{V}_P^{\mathrm{T}}\mathbf{X})$ 的最大化。

12.3.2　多维标度（MDS）

在前一节，PCA 要求数据集以 $\mathbf{X}$ 的坐标形式出现。相比而言，经典的度量多维标度（CMMDS）[2,3] 以 Gram 矩阵为基础，其定义是 $\mathbf{G}(\mathbf{X})=\mathbf{X}^{\mathrm{T}}\mathbf{X}$，通过构造呈半正定型。CMMDS 的目的和模型基本上与 PCA 的相同。它们的解也一样，但计算方式不一样。为了展示这个情况，我们使用 $\mathbf{X}$ 的奇异值分解。可以将其写成 $\mathbf{X}=\mathbf{V}\mathbf{S}\mathbf{U}^{\mathrm{T}}$，其中 $\mathbf{U}$ 和 $\mathbf{V}$ 为正交矩阵，而 $\mathbf{S}$ 的对角方向则包含了大小呈降序排列的奇异值。这样，协方差矩阵可重新表达为 $\mathbf{C}(\mathbf{X})=\mathbf{X}\mathbf{X}^{\mathrm{T}}/N=\mathbf{V}\mathbf{S}\mathbf{U}^{\mathrm{T}}\mathbf{U}\mathbf{S}^{\mathrm{T}}\mathbf{V}^{\mathrm{T}}/N=\mathbf{V}(\mathbf{S}\mathbf{S}^{\mathrm{T}}/N)\mathbf{V}^{\mathrm{T}}$。如果我们将乘积 $\mathbf{S}\mathbf{S}^{\mathrm{T}}/N$ 改为 $\mathbf{\Lambda}$，那么最后一个表达式与协方差矩阵的特征值分解是等价的。类似地，Gram 矩阵可以改写成 $\mathbf{G}(\mathbf{X})=\mathbf{X}^{\mathrm{T}}\mathbf{X}=\mathbf{U}\mathbf{S}^{\mathrm{T}}\mathbf{V}^{\mathrm{T}}\mathbf{V}\mathbf{S}\mathbf{U}^{\mathrm{T}}=\mathbf{U}(\mathbf{S}^{\mathrm{T}}\mathbf{S})\mathbf{U}^{\mathrm{T}}$。最后一个表达式与 Gram 矩阵的特征值分解是等价的，且展示了与协方差矩阵的特征值分解之间的紧密联系。P 维子空间中的坐标可重新写作 $\mathbf{Y}=\mathbf{V}_P^{\mathrm{T}}\mathbf{X}=\mathbf{V}_P\mathbf{V}\mathbf{S}\mathbf{U}^{\mathrm{T}}=\mathbf{S}_P\mathbf{U}^{\mathrm{T}}$，其中 $\mathbf{S}_P$ 表示将 $\mathbf{S}$ 约束在其前 P 列，这表明坐标由 Gram 矩阵的前 P 个主导特征向量决定，缩放比例与其相关特征值的平方根呈正比。

到目前为止，我们假设 $\mathbf{X}$ 在 Gram 矩阵中呈中心化形式。如果不是这样，则需要计算

$$\mathbf{G}(\mathbf{X})=(\mathbf{X}-(\mathbf{X}\mathbf{1}/N)\mathbf{1}^{\mathrm{T}})^{\mathrm{T}}(\mathbf{X}-(\mathbf{X}\mathbf{1}/N)\mathbf{1}^{\mathrm{T}})=(\mathbf{I}-\mathbf{1}\mathbf{1}^{\mathrm{T}}/N)(\mathbf{X}^{\mathrm{T}}\mathbf{X})(\mathbf{I}-\mathbf{1}\mathbf{1}^{\mathrm{T}}/N) \tag{12.11}$$

这表明可以在 $\mathbf{X}$ 不明确的情况下按照此方式实现 Gram 矩阵的中心化。中心化矩阵 $\mathbf{I}-\mathbf{1}\mathbf{1}^{\mathrm{T}}/N$ 功能强大，若数据集由成对的欧氏距离平方组成，它也可以派上用场。在这种情况下，我们有

$$\mathbf{\Delta}^2(\mathbf{X})=[\|\mathbf{x}_i-\mathbf{x}_j\|_2^2]_{1\leqslant i,j\leqslant N}=\mathrm{diag}(\mathbf{G}(\mathbf{X}))\mathbf{1}^{\mathrm{T}}-2\mathbf{G}(\mathbf{X})+\mathbf{1}\mathrm{diag}(\mathbf{G}(\mathbf{X}))^{\mathrm{T}} \tag{12.12}$$

其中，算子 diag 产生了由其变量的对角元素形成的列向量。双中心化，即在左右两边用中心矩阵乘以平方距离矩阵，可得

$$(\mathbf{I}-\mathbf{1}\mathbf{1}^{\mathrm{T}}/N)\mathbf{\Delta}^2(\mathbf{X})(\mathbf{I}-\mathbf{1}\mathbf{1}^{\mathrm{T}}/N)=-2(\mathbf{I}-\mathbf{1}\mathbf{1}^{\mathrm{T}}/N)\mathbf{G}(\mathbf{X})(\mathbf{I}-\mathbf{1}\mathbf{1}^{\mathrm{T}}/N) \tag{12.13}$$

它源于

$$\mathrm{diag}(\mathbf{G}(\mathbf{X}))\mathbf{1}^{\mathrm{T}}(\mathbf{I}-\mathbf{1}\mathbf{1}^{\mathrm{T}}/N)=\mathrm{diag}(\mathbf{G}(\mathbf{X}))\mathbf{1}^{\mathrm{T}}-\mathrm{diag}(\mathbf{G}(\mathbf{X}))\mathbf{1}^{\mathrm{T}}\mathbf{1}\mathbf{1}^{\mathrm{T}}/N \tag{12.14}$$

$$=\mathrm{diag}(\mathbf{G}(\mathbf{X}))\mathbf{1}^{\mathrm{T}}-\mathrm{diag}(\mathbf{G}(\mathbf{X}))\mathbf{1}^{\mathrm{T}} \tag{12.15}$$

$$=\mathbf{0}\mathbf{0}^{\mathrm{T}} \tag{12.16}$$

类似地，$(\mathbf{I}-\mathbf{1}\mathbf{1}^{\mathrm{T}}/N)\mathbf{1}\mathrm{diag}(\mathbf{G}(\mathbf{X}))^{\mathrm{T}}=\mathbf{0}\mathbf{0}^{\mathrm{T}}$。因此，经典度量 MDS 是一种灵活的方法，它可以应用于坐标、两两点积或两两欧氏距离的平方。对于一个给定的 P，可以看出，$\mathbf{Y}=\mathbf{S}_P\mathbf{U}^{\mathrm{T}}$ 可以最小化一个称之为 STRAIN[34] 的代价函数，其定义是

$$E(\mathbf{Y};\mathbf{X})=\|\mathbf{G}(\mathbf{X})-\mathbf{G}(\mathbf{Y})\|_2^2=\sum_{i,j}(\mathbf{x}_i^{\mathrm{T}}\mathbf{x}_j-\mathbf{y}_i^{\mathrm{T}}\mathbf{y}_j)^2 \tag{12.17}$$

换句话说，CMMDS 试图保持线性子空间中的点积。

12.3.3 非线性 MDS 与距离保持

考虑到点积与欧氏距离平方之间的密切关系，可以将 CMMDS 的原理推广到距离保存上。遗憾的是，不能采用像 PCA 和 CMMDS 中的谱分解方法那样实现距离的保持。它需要更通用的最优化工具，例如梯度下降法或特定的算法。一个好处就是，这些工具都非常灵活，在定义需要最小化的目标函数时展示出更大的灵活性。这种灵活性也意味着不再将 P 维坐标限制为 M 维空间中坐标的线性变换。例如，考虑一下定义为 $E(\mathbf{D};\boldsymbol{\Delta})=\|\boldsymbol{\Delta}(\mathbf{X})-\boldsymbol{\Delta}(\mathbf{Y})\|_2^2$ 的 STRESS 函数[6]。如果 $\delta_{ij}(\mathbf{X})$ 和 $\delta_{ij}(\mathbf{Y})$ 分别表示 M 维和 P 维空间的两两距离，则 STRESS 函数的更一般形式可表示为

$$E(\mathbf{Y};\mathbf{X})=\sum_{i,j}w_{ij}(\delta_{\mathrm{ij}}(\mathbf{X})-\delta_{ij}(\mathbf{Y}))^2 \tag{12.18}$$

其中，w_{ij} 控制着代价函数中每个距离差值的权重，这些权重可以任意选择或由 δ_{ij} 和(或) d_{ij} 决定。通过定义 $w_{ij}=1/\delta_{ij}$ 可以加强小距离的保持，例如在 Sammon 定义的应用于他提出的非线性映射(NLM)方法中[8]的应力函数。另一种可能的选择是定义 $w_{ij}=f(\delta_{ij})$，其中 f 是一个非递增正函数。例如，在曲元分析(CCA)中[10]，我们令 $w_{ij}=H(\lambda_i-\delta_{ij})$，其中 H 是一个阶跃函数，而 λ_i 是一个宽度参数。

用于 MDS 的另一个代价函数是平方应力，通常简写成 SSTRESS[7]，它的常规定义是

$$E(\mathbf{Y};\mathbf{X})=\sum_{i,j}w_{ij}(\delta_{ij}^2(\mathbf{X})-\delta_{ij}^2(\mathbf{Y}))^2 \tag{12.19}$$

由于距离是平方形式，SSTRESS 实际上更接近于 CMMDS 的 STRAIN。

可以利用各种最优化方法实现这些代价函数的最小化。在 Sammon 的 NLM 中，使用了带有 Hessian 矩阵对角逼近特性的梯度下降法，而 CCA 依赖于随机梯度下降法。另一种技术是指通过使用其最小值可以通过解析方式计算出来的凸函数

执行 STRESS 的连续优化[34]。

12.4 基于图的非线性化

在很多情况下,将数据投影到线性子空间——例如上一节描述的方法中的做法——可能还远远不够。作为一个典型例子,我们考虑一个看起来像瑞士卷蛋糕里薄薄一层果酱的流形(参见 12.8 节和图 12.1 的展示)。这个数据集分布在三维空间的一个螺旋形表面上。事实上,潜在的流形是一个二维矩形空间,它实质上与瑞士卷流形的一个潜在参数化形式相一致。对于这个隐空间,没有一种线性投影可以产生令人满意的表示形式:通常总会存在瑞士卷的每一层都将会叠加在表示结果上的风险。直觉地说,这个问题的解决方法将会是先展开流形,然后再实现投影。所有的 NLDR 方法都以某种方式实现了这一直觉思路。它们充分利用了上一节末尾概述的想法:局部邻域关系应该如实地呈现在低维表示形式中,而更远距离之间的关系并不重要。瑞士卷的展开将此原理付诸实践:相近的点仍然保持彼此邻近,而非邻近点之间的距离却在增加。图是描述邻域关系的一种高效方式。例如,图可以表示 K 元邻域(每个数据点周围的 K 邻近节点构成的集合)或ϵ球邻域(以每个数据点为中心、半径为ϵ的球内的所有邻近节点构成的集合)。然而,图也会产生稀疏性,这是必须要弥补的。NLDR 方法的多样性反映了灵活地弥补由稀疏性产生的各种不足可以有不同的可能性。

三类可以区分的方法:

- 一些方法起始使用了两两距离,只保留与局部邻域相关的距离,且用便于流形展开的数值取代丢失的距离。最后,可以利用 CMMDS 或它的任意一个非线性变体计算低维表示。这一类的典型方法有等距映射[16](和所有使用了图距离[35-39]的其他方法)以及最大方差展开[20]。

- 一些方法定义了两两相似度(即亲合性、接近度和邻近性等任何随距离的增加而递减的正参量)。通常,赋予非近邻数据项的相似度为 0,这就产生了一个稀疏相似度矩阵。接着,将稀疏相似度矩阵转化为一个可以由 CMMDS 处理的距离矩阵。这一类的典型方法有拉普拉斯特征映射[40,18]和局部线性嵌入[17,22]。

- 一些方法依赖于所谓的图布局或图嵌入[24,25]。这些往往都是一些特殊方法,启发于力学概念,例如用在物体上的弹力。可以用图表示物体以及连接于其间的弹簧。这样,就存在两种子类型。第一种类型是首先在低维空间中定义图再将其分布在高维空间中,第二种类型是在高维空间中通过数据相关的方式构建图然后在低维空间中实现图的布局。自组织映射[11,41]属于第一个子类,而由力指向的布局、Isotop[42]和探测式观察机(XOM)[43]则属于第二个子类。

12.5 基于图的距离

让我们想象一个由一张卷曲的纸组成的流形,它嵌入在我们的现实三维世界中。瑞士卷就是这种流形的一个典型例子。同时,我们考虑一下这一流形中两个相对距离较远的点之间的欧氏距离。尽管纸的尺寸保持相同(不允许纸张有任何的伸展或收缩),距离将会随纸张曲率的变化而变化。这表明,如果预嵌入进低维空间的流形需要某种形式的展开或铺开的话,距离保持就没有多大意义。这个问题的出现是源于欧氏距离是沿着直线测量长度的,而流形处于非线性子空间。这个问题的解决方法显然是像蚂蚁爬行那样计算距离而不是像乌鸦飞行(直线距离)那样计算。换句话说,应该沿着流形计算距离;或者更精确地说,沿着流形的测地线计算距离。在一个光滑流形中,流形上两个点之间的测地线是具有最短长度的光滑一维子流形。术语测地距离指的就是这种长度。在诸如一张纸这样的流形上,测地距离不会随曲率的变化而变化。因此,测地距离可以在不受嵌入方式影响的情况下捕捉到流形的内部结构。

事实上,如果没有流形的解析表达式,测地距离是无法计算的。然而,如果流形中至少有一些点已知的话——例如通过数据集 $\mathbf{X}$ 来获得,则可以利用图逼近测地距离[44]。每个数据向量 $\mathbf{x}_i$ 与图的一个顶点相关,而 K 元邻域或ϵ球邻域提供了边,这样的图产生了流形的离散表示。在这个框架中,可以用连接两个对应顶点的最短路径的长度来近似 $\mathbf{x}_i$ 和 $\mathbf{x}_j$ 之间的测地距离。可以通过 Dijkstra 的算法或 Floyd 的算法[45,46]容易地计算出最短路径及其长度。

此时,我们知道由图距离近似的测地距离可以描述流形的内部结构。但是从降维的角度来说,我们如何能使流形展开呢?它的解决办法是设法用低维空间的欧氏距离复制高维空间中度量的图距离。通过这种方法测地线就可以与直线相匹配。在实际应用中,有好几种方法可以实现这种混合的距离保持。例如,可以将 CMMDS 用在包含各种两两最短路径长度平方(而不是欧式距离的平方)的矩阵中,这种方法称为等距映射(Isomap)[16]。尽管 CMMDS 是完全线性的,Isomap 却实现了非线性嵌入:可以认为计算最短路径长度与对数据做非线性变换是等价的。同样,也可以采用 CMMDS 的非线性变体,比如 Sammon 的非线性映射[8]或曲元分析[10]。这样,就产生了测地 Sammon 映射[37,38]和曲线距离分析[35,36]。

图距离主要有三个弊端。第一、考虑一个光滑流形$\mathcal{M}$,它对欧氏空间的某一子集具有等距性。我们假设,对于 $\mathbf{X}$ 中的一些流形点,$\boldsymbol{\Delta}_{\mathcal{M}}^2(\mathbf{X})$ 包含着实际获得的平方测地距离。如果我们计算 $-1/2(\mathbf{I}-\mathbf{1}\mathbf{1}^{\mathrm{T}}/N)\boldsymbol{\Delta}_{\mathcal{M}}^2(\mathbf{X})(\mathbf{I}-\mathbf{1}\mathbf{1}^{\mathrm{T}}/N)$,则应该利用一个有效的半正定 Gram 矩阵来结束。遗憾的是,如果测地距离不准确的话,这一观点并不成立。这意味着,如果 $\boldsymbol{\Delta}_{\mathcal{G}}^2(\mathbf{X})$ 包含某个图$\mathcal{G}$的最短路径长度而不是测地

距离,则乘积 $-1/2(\mathbf{I}-\mathbf{1}\mathbf{1}^{\mathrm{T}}/N)\mathbf{\Delta}_{\mathcal{G}}^2(\mathbf{X})(\mathbf{I}-\mathbf{1}\mathbf{1}^{\mathrm{T}}/N)$ 将不一定是半正定的。因此,用在 Isomap 中的谱分解可能会产生负的特征值。在实际应用中,它们的大小往往可以忽略不计,而文献[16,47,48]则描述了实现流程。这个问题仅仅对于那些依赖于谱分解的方法至关重要,而对于那样依赖于 CMMDS 非线性变体的方法(如 Sammon 的 NLM 或 CCA)是可以忽略不计的。

第二个弊端与那些对欧氏空间的某个子集不具有等距性的流形有关。例如,一块球面相对于一块平面来说就不是等距的。在这种情况下,距离保持是不完美的。CMMDS 的非线性变体中所用的加权方案可以从一定程度上部分地解决此问题。在非凸流形情况下,等距现象也会消失。例如,一张带有小洞的纸对一个平面来说就不是等距的:在流形上一些测地距离被迫要绕过这个小洞。同时,能赋予短距离更大重要性的加权距离保持也能起作用。

图距离的第三个弊端与图的构造有关。如果参数 K 或 ϵ 的值选得不合适,图中可能会有太少或太多的边。太少的边往往会造成实际测地距离的过估计(路径呈锯齿形)。在某些情况下,流形的图表示可以由断开的部分组成,导致无限距离的产生。太多的边会导致明显地欠估计某些测地距离。如果一条短路边恰巧连接了两个实际上并不是邻域的点,则上述情况就可能会出现。

如果我们把图距离与对应的欧氏距离相比较的话,可以看到前者要长于或等于后者。我们已经看到,可以把在 CMMDS 中使用这些更长的距离看作是展开流形的一种方式。然而,Dijkstra 算法和 Floyd 算法采用贪婪的方式计算最短路径,却没有把降维的目标考虑在内。这意味着,它们构建了一个关于两两距离的矩阵,但却并不能保证这一矩阵对于降维来说是最优的。例如,在 Isomap 情况中(采用的是基于图距离的 CMMDS),并没有对 Gram 矩阵进行显式优化,以至于特征谱的能量集中于最小数目的特征值上。

通过最大方差展开(MVU)[20]解决了这一问题[48]。MVU 以一个邻近图(K 近邻或ϵ球)为起点。如同 Isomap 一样,实现流形展开的想法是延伸非近邻数据点之间的距离。为了达到这一目的,考虑一个由两两距离的平方 $\mathbf{\Delta}^2(\mathbf{Y})=[\delta_{ij}^2(\mathbf{Y})]_{1\leqslant i,j\leqslant N}$ 构成的矩阵和一个要最大化的简单目标函数:

$$E(\mathbf{Y})=\frac{1}{2N}\mathbf{1}^{\mathrm{T}}\mathbf{\Delta}(\mathbf{Y})\mathbf{1}=\frac{1}{2N}\sum_{i,j}\delta_{ij}^2(\mathbf{Y}) \tag{12.20}$$

约束条件是:如果 $\mathbf{x}_i\sim\mathbf{x}_j$,则 $\delta_{ij}^2(\mathbf{Y})=\delta_{ij}^2(\mathbf{X})=\|\mathbf{x}_i-\mathbf{x}_j\|_2^2$。其余的约束条件源于假设:对于数据集 $\mathbf{X}$ 的某种 P 维表示 $\mathbf{Y}$,$\mathbf{\Delta}(\mathbf{Y})$ 包含两两欧氏距离。换句话说,$\mathbf{\Delta}^2(\mathbf{Y})$ 必须满足方程 $\mathbf{\Delta}^2(\mathbf{Y})=\mathrm{diag}(\mathbf{G}(\mathbf{Y}))\mathbf{1}^{\mathrm{T}}-2\mathbf{G}(\mathbf{Y})+\mathbf{1}\mathrm{diag}(\mathbf{GY})^{\mathrm{T}}$,其中 $\mathbf{GY}=\mathbf{X}^{\mathrm{T}}\mathbf{X}$ 是某个 $\mathbf{Y}$ 的 Gram 矩阵。不失一般性,可以假设 $\mathbf{Y}$ 的均值为空值,即 $\mathbf{X1}=\mathbf{0}$ 且 $\mathbf{1}^{\mathrm{T}}\mathbf{G}(\mathbf{Y})\mathbf{1}=\mathbf{1}^{\mathrm{T}}\mathbf{Y}^{\mathrm{T}}\mathbf{Y1}=0$。这有助于我们在仅有 Gram 矩阵的情况下重新描述这个问题。实际上,我们可以写成

$$E(\mathbf{Y}) = \frac{1}{2N}\mathbf{1}^{\mathrm{T}}\mathbf{\Delta}^2(\mathbf{Y})\mathbf{1} \tag{12.21}$$

$$= \frac{1}{2N}\mathbf{1}^{T}(\mathrm{diag}(\mathbf{G}(\mathbf{Y}))\mathbf{1}^{\mathrm{T}} - 2\mathbf{G}(\mathbf{Y}) + \mathbf{1}\mathrm{diag}(\mathbf{G}(\mathbf{Y}))^{\mathrm{T}})\mathbf{1} \tag{12.22}$$

$$= \frac{1}{2N}\mathbf{1}^{T}(\mathrm{diag}(\mathbf{G}(\mathbf{Y}))\mathbf{1}^{\mathrm{T}} + \mathbf{1}\mathrm{diag}(\mathbf{G}(\mathbf{Y}))^{\mathrm{T}})\mathbf{1} = \mathrm{Tr}(\mathbf{G}(\mathbf{Y})) \tag{12.23}$$

为了使 CMMDS 适用于矩阵 $\mathbf{G}(\mathbf{Y})$，必须满足下列约束条件：

- 要变成一个 Gram 矩阵，$\mathbf{G}(\mathbf{Y})$ 必须为半正定型。
- 如果 $\mathbf{G}(\mathbf{Y})$ 可因式分解为中心化的坐标，则乘积 $\mathbf{1}^{\mathrm{T}}\mathbf{G}(\mathbf{Y})\mathbf{1}$ 等于 0。
- 对于所有邻近节点 $\mathbf{x}_i \sim \mathbf{x}_j$，必须满足 $g_{ii}(\mathbf{Y}) - 2g_{ij}(\mathbf{Y}) + g_{jj}(\mathbf{Y}) = \|\mathbf{x}_i - \mathbf{x}_j\|_2^2$。如果邻近图是完全连通的，则最后一个约束条件也控制着嵌入 $\mathbf{Y}$ 的规模。可以采用半定规划[49]解决这样一个涉及半正定矩阵的约束优化问题。一旦确定了最优的 $\mathbf{G}(\mathbf{Y})$，可采用类似于 CMMDS 中的特征值分解对其执行因式分解来确定 $\mathbf{Y}$。

Isomap 和 MVU 都可以分解成一个两步优化流程，其中第二步是应用于一个改进距离矩阵上的 CMMDS。这两种方法的区别在于第一步。在 Isomap 中，Dijkstra 的算法或 Floyd 的算法实现了顶点到顶点间路径长度的最小化。虽然这一目标在展开流形方面被证实是有用的，但与降维并不直接相关。相比来说，MVU 通过一种原则性更强的方式实现了一个类似的想法（必须要延伸距离），所采用的目标函数将后续 CMMDS 步骤中的需求和约束都考虑在内。

12.6 基于图的相似度

前一节已经展示出图在为建立差异性方面提供了一个方便的框架。在解决非线性流形展开问题时，差异性要比欧氏距离更重要。然而，也可以利用图构造相似度。通常，相似度被定义为相关距离的递减正函数。因此，相似度提供了一种非常自然的方式来突出数据的局部结构，比如每个数据点周围的邻域。相比而言，全局结构和远距离都与小的相似度数值有关。如果后者被忽略，则反映两两相似性的矩阵会呈现稀疏性，而图就可以有效地表达这一情形。

12.6.1 拉普拉斯特征映射

在拉普拉斯特征映射中[40,18]，通过 MVU 的对偶来实现流形展开这一想法。基本思想是收缩嵌入空间中邻近点之间的距离而不是延伸非邻近数据点之间的距离。为此，将邻近图的边标注上相似度，而非近邻点的相似度为 0。最简单的相似度定义是

$$w_{ij}=\begin{cases}1, & \mathbf{x}_i \sim \mathbf{x}_j \\ 0, & \text{其他}\end{cases} \tag{12.24}$$

由于邻近图是无向图，矩阵 $\mathbf{W}=[w_{ij}]_{1\leq i,j\leq N}$ 除了具有稀疏性之外，也具有对称性。可以通过如下代价函数实现邻近点之间距离的最小化：

$$E(\mathbf{Y};\mathbf{W})=\frac{1}{2}\sum_{i,j}w_{ij}\ \|\mathbf{y}_i-\mathbf{y}_j\|_2^2 \tag{12.25}$$

$$=\frac{1}{2}\sum_{i,j}w_{ij}(\boldsymbol{y}_i^{\mathrm{T}}\boldsymbol{y}_i+\boldsymbol{y}_j^{\mathrm{T}}\boldsymbol{y}_j-2\boldsymbol{y}_i^{\mathrm{T}}\boldsymbol{y}_j) \tag{12.26}$$

$$=\sum_i\boldsymbol{y}_i^{\mathrm{T}}\Big(\sum_j w_{ij}\Big)\boldsymbol{y}_i-\sum_{i,j}\boldsymbol{y}_i^{\mathrm{T}}w_{ij}\boldsymbol{y}_j \tag{12.27}$$

$$=\mathrm{Tr}(\mathbf{Y}^{\mathrm{T}}\mathbf{D}\mathbf{Y})-\mathrm{Tr}(\mathbf{Y}^{\mathrm{T}}\mathbf{W}\mathbf{Y})=\mathrm{Tr}(\mathbf{Y}\mathbf{L}\mathbf{Y}^{\mathrm{T}}) \tag{12.28}$$

其中，$\mathbf{D}$ 是一个对角矩阵，且 $d_{ii}=\sum_j w_{ji}=\sum_j w_{ij}$，而 $\mathbf{L}=\mathbf{D}-\mathbf{W}$ 是其边用 $\mathbf{W}$ 来加权的图的非归一化拉普拉斯矩阵。

$E(\mathbf{Y};\mathbf{W})$ 的最小化会产生平凡解 $\mathbf{Y}=\mathbf{0}\mathbf{0}^{\mathrm{T}}$。为了避免这个现象，我们施加的尺度约束为 $\mathbf{Y}\mathbf{D}\mathbf{Y}^{\mathrm{T}}=\mathbf{I}$，这就产生了拉格朗日算子：

$$L(\mathbf{Y},\boldsymbol{\Lambda};\mathbf{W})=\mathrm{Tr}(\mathbf{Y}\mathbf{L}\mathbf{Y}^{\mathrm{T}})-\mathrm{Tr}(\boldsymbol{\Lambda}(\mathbf{Y}\mathbf{D}\mathbf{Y}^{\mathrm{T}}-\mathbf{I}))=\mathrm{Tr}(\mathbf{Y}\mathbf{L}\mathbf{Y}^{\mathrm{T}})-\mathrm{Tr}(\mathbf{Y}^{\mathrm{T}}\boldsymbol{\Lambda}\mathbf{D}\mathbf{Y})+\mathrm{Tr}(\boldsymbol{\Lambda}) \tag{12.29}$$

关于 $\mathbf{Y}$ 的偏导数是

$$\frac{\partial L(\mathbf{Y},\boldsymbol{\Lambda};\mathbf{W})}{\partial\mathbf{Y}}=2\mathbf{Y}\mathbf{L}-2\mathbf{Y}\boldsymbol{\Lambda}\mathbf{D} \tag{12.30}$$

令偏导数为0并重新组织各项就会得到 $\mathbf{L}\mathbf{Y}^{\mathrm{T}}=\boldsymbol{\Lambda}\mathbf{D}\mathbf{Y}^{\mathrm{T}}$，它是一个广义特征值问题。由于 $\mathbf{D}$ 为对角矩阵，则它与 $\widetilde{\mathbf{L}}\mathbf{Y}^{\mathrm{T}}=\boldsymbol{\Lambda}\mathbf{Y}^{\mathrm{T}}$ 等价，其中 $\widetilde{\mathbf{L}}=\mathbf{D}^{-1/2}\mathbf{L}\mathbf{D}^{-1/2}=\mathbf{I}-\mathbf{D}^{-1/2}\mathbf{W}\mathbf{D}^{-1/2}$ 是归一化拉普拉斯矩阵。非归一化和归一化拉普拉斯矩阵都是半正定型矩阵。注意，它们也是奇异矩阵，这是因为通过构造可得 $\mathbf{L1}=\mathbf{D1}-\mathbf{W1}=\mathbf{0}$。图中连通分量的数目决定了零特征值的重数。当我们求解能实现 $E(\mathbf{Y};\mathbf{W})$ 最小化的 P 行矩阵 $\mathbf{Y}$ 的值时，其解则要通过 $\mathbf{D}^{-1/2}\mathbf{L}\mathbf{D}^{-1/2}$ 的 P 个尾部特征向量产生，即那些与最小非零特征值相关的特征向量。最终，如果 $\widetilde{\mathbf{L}}=\mathbf{U}\boldsymbol{\Lambda}\mathbf{U}^{\mathrm{T}}$，那么 $\mathbf{X}=\mathbf{U}_P^{\mathrm{T}}$，其中 $\mathbf{U}_P$ 表示把 $\mathbf{U}$ 限制在其前 P 列。

通过拉普拉斯特征映射获得的嵌入与图最小割问题的解的多元扩展结果是一致的[50]。目前存在多种拉普拉斯特征映射变体形式，具体类型的判定要取决于图的边被加权的方式。而且，非归一化拉普拉斯矩阵可以取代归一化拉普拉斯矩阵。这实质上将尺度约束变为 $\mathbf{Y}\mathbf{Y}^{\mathrm{T}}=\mathbf{I}$。考虑另一个可能的缩放形式，即 $\mathbf{Y}=\boldsymbol{\Omega}_P^{1/2}\mathbf{U}_P^{\mathrm{T}}$，其中 $\boldsymbol{\Omega}_P$ 是一个由 P 个最小非零特征值的倒数 λ_i^{-1} 以递减顺序组成的对角矩阵。对应的 Gram 矩阵为 $\mathbf{U}_P\boldsymbol{\Omega}\mathbf{U}_P^{\mathrm{T}}$。如果我们假设图是由单一连通分量组成的，那么零特征值的重数为 1 且 $\widetilde{\mathbf{L}}^{+}=\mathbf{U}_{N-1}\mathbf{\Omega}\mathbf{U}_{N-1}^{\mathrm{T}}$ 是 $\widetilde{\mathbf{L}}$ 的 Moore-Penrose 伪逆,这意味着拉普拉斯特征映射等价于将 CMMDS 应用到一个 Gram 矩阵上,这个矩阵是归一化拉普拉斯矩阵的伪逆。拉普拉斯矩阵及其逆的计算等价于将一个非线性变换应用在数据集 $\mathbf{X}$ 上,并表示为 $\mathbf{Z}=\phi(\mathbf{X})$ 。这个空间中的 Gram 矩阵表示为 $\mathbf{G}(\mathbf{Z})=\widetilde{\mathbf{L}}^{+}$,而相应的欧氏距离为 $\mathbf{1}\mathrm{diag}(\mathbf{G}(\mathbf{Z}))^{\mathrm{T}}-2\mathbf{G}(\mathbf{Z})+\mathrm{diag}(\mathbf{G}(\mathbf{Z}))\mathbf{1}^{\mathrm{T}}$,这些距离称为**通勤时间距离**[27,51]。它们与扩散距离[28]有着紧密的联系,而且也与邻域图中随机游走的长度(或持续时间)紧密相关,其中邻域图的边是利用转移概率实现加权的。也可以与电网做类比[52],其中图的边可比作电阻,而通勤时间距离是贯穿于整个网络的两个已知顶点之间的全局有效电阻。这个类比允许在距离(电阻)与相似度之间建立一种正式的关系,且相似度与距离成反比(电导);它还强调了基于距离密集矩阵的 DR 方法与涉及相似度稀疏矩阵的 DR 方法之间的对偶性。

从一个更普遍的观点来讲,上述使用的符号 $\mathbf{G}(\mathbf{Z})$ (其中 $\mathbf{Z}=\phi(\mathbf{X})$)诠释了这样的思想:可以将 CMMDS 应用于非线性变换坐标上。大多数时候,该变换一直都是隐式的。例如,拉普拉斯特征映射中的通勤时间距离或 Isomap 中的测地距离都产生了一种(希望有用的)变换,将 CMMDS 从线性 DR 方法提升为非线性方法,同时保持了许多优点,如凸优化。最大方差展开又往前发展了一步,而且实际上定制了变换 ϕ 。连同下一节描述的局部线性嵌入,所有这些谱方法都可纳入到核 PCA 框架内[15]。核 PCA 是所有谱方法的原形且依赖于 Mercer 核的关键特性。这样的核是一个关于其自变量对称的平滑函数 $\kappa(\mathbf{x}_i,\mathbf{x}_j)$ 且在所谓的特征空间$\mathcal{F}$中产生了一个标量乘积。换句话说,我们有 $\kappa(\mathbf{x}_i,\mathbf{x}_j)=\langle\phi(\mathbf{x}_i),\phi(\mathbf{x}_j)\rangle_{\mathcal{F}}$,其中,$\phi$: $\mathbb{R}^{M}\to\mathcal{F},\mathbf{x}\mapsto\mathbf{z}=\phi(\mathbf{x})$ 。换一种方式的话,这个特性有助于通过一个给定的 Mercer 核 κ 推导出 ϕ 。特别地,可以构建一个矩阵 $[\kappa(\mathbf{x}_i,\mathbf{x}_j)]_{1\leqslant i,j\leqslant N}$ 来确保它是某个特征空间 $\mathcal{F}$ 中的 Gram 矩阵。$\mathcal{F}$ 中的样本均值移除也可以间接实现,只要在 Gram 矩阵的前面和后面乘以中心矩阵 $\mathbf{I}-\mathbf{1}\mathbf{1}^{\mathrm{T}}/N$ 即可。不太确切地说,核 PCA 实际上将 CMMDS 应用于这个核化的 Gram 矩阵来确定 $\mathbf{Z}$ 和随后具有最大方差的 $\mathbf{Z}$ 的线性 P 维投影 $\mathbf{Y}$ 。核 PCA 的开拓性工作[15]奠定了谱 NLDR 的理论框架,但对于实际应用时哪个 Mercer 核的性能最优并没有提供任何线索。

12.6.2 局部线性嵌入

局部线性嵌入(LLE)[17]背后的思想是将每个数据点表达为一个关于其邻近点的正则化线性混合。对于采样于平滑流形上的点,可以假设产生的线性系数仅仅取决于局部邻近关系。这样,应用于此流形上的拓扑运算(比如展开和扁平化)对这些系数就有较小的影响。因此,可以再次使用同样的系数来确定低维空间中一个新的数据嵌入。

实际上,LLE 取决于由 K 元邻域或ϵ球构建的邻域图的可得性。LLE 的第一步就是要确定高维数据空间中的重构系数。为此,LLE 使用了如下定义的第一个代价函数:

$$E(\mathbf{W};\mathbf{X}) = \frac{1}{2}\sum_i \| \mathbf{x}_i - \sum_j w_{ij}\mathbf{x}_j \|_2^2 = \frac{1}{2}\sum_i \| \sum_j w_{ij}(\mathbf{x}_i - \mathbf{x}_j) \|_2^2 \tag{12.31}$$

其中,$\mathbf{W}$ 受到如下约束条件的限制:$\mathbf{W1} = \mathbf{1}$, $w_{ii} = 0$ 以及当且仅当 $\mathbf{x}_i$ 和 $\mathbf{x}_j$ 不是邻域时,$w_{ij} = 0$。$\mathbf{W}$ 的每一行可以独立确定。令 $\mathbf{G}_i$ 表示涉及 $\mathbf{x}_i$ 的所有邻域的局部"类 Gram"矩阵。可以将其写成 $\mathbf{G}_i = [(\mathbf{x}_k - \mathbf{x}_i)^{\mathrm{T}}(\mathbf{x}_l - \mathbf{x}_i)]_{k,l}$,其中 $\mathbf{x}_k \sim \mathbf{x}_i$,且 $\mathbf{x}_l \sim \mathbf{x}_i$ 。如果向量 $\mathbf{w}_i$ 包含 $\mathbf{W}$ 第 i 行的非零项,那么我们就有 $\mathbf{w}_i = \min_{\mathbf{w}} \mathbf{w}^{\mathrm{T}}\mathbf{G}_i\mathbf{w}$,约束条件为 $\mathbf{w}^{\mathrm{T}}\mathbf{1} = 1$,其解为

$$\mathbf{w}_i = \frac{\mathbf{G}_i\mathbf{1}}{\mathbf{1}^{\mathrm{T}}\mathbf{G}_i\mathbf{1}} \tag{12.32}$$

为了避免当 $\mathbf{G}_i$ 的秩小于邻域的数目 K 时会出现平凡解,在文献[17,22,53]中建议用 $\mathbf{G}_i + (\Delta^2\mathrm{Tr}/K)(\mathbf{G}_i)\mathbf{I}$ 来代替 $\mathbf{G}_i$,其中 $\Delta = 0.1$。这种正则化方案避免了平凡解的出现。例如,如果 $\mathbf{x}_i \sim \mathbf{x}_j$,则 $w_{ij} = 0$。在某种程度上,可以将 $\mathbf{W}$ 解释成一个稀疏相似度矩阵。

一旦有了重构系数,可以定义第二个代价函数,其中 $\mathbf{W}$ 是固定的,而坐标是未知的:

$$E(\mathbf{Y};\mathbf{W}) = \sum_i \| \mathbf{y}_i - \sum_j w_{ij}\mathbf{y}_j \|_2^2 \tag{12.33}$$

$$= \sum_i \mathbf{y}_i^{\mathrm{T}}\mathbf{y}_i - 2\sum_i \mathbf{y}_i^{\mathrm{T}}\Big(\sum_j w_{ij}\mathbf{y}_j\Big) + \sum_{i,j} w_{ij}\mathbf{y}_i^{\mathrm{T}}\mathbf{y}_i w_{ij} \tag{12.34}$$

$$= \mathrm{Tr}(\mathbf{Y}^{\mathrm{T}}\mathbf{Y}) - 2\mathrm{Tr}(\mathbf{Y}^{\mathrm{T}}\mathbf{Y}\mathbf{W}^{\mathrm{T}}) + \mathrm{Tr}(\mathbf{W}\mathbf{Y}^{\mathrm{T}}\mathbf{Y}\mathbf{W}^{\mathrm{T}}) \tag{12.35}$$

$$= \mathrm{Tr}(\mathbf{YIY}^{\mathrm{T}}) - 2\mathrm{Tr}(\mathbf{YIWY}^{\mathrm{T}}) + \mathrm{Tr}(\mathbf{YW}^{\mathrm{T}}\mathbf{WY}^{\mathrm{T}}) \tag{12.36}$$

$$= \mathrm{Tr}(\mathbf{Y}(\mathbf{I} - \mathbf{W})^{\mathrm{T}}(\mathbf{I} - \mathbf{W})\mathrm{Y}^{\mathrm{T}}) \tag{12.37}$$

最后一个等式表明,LLE 与拉普拉斯特征映射是类似的。乘积 $\mathbf{M} = (\mathbf{I} - \mathbf{W})^{\mathrm{T}}(\mathbf{I} - \mathbf{W}) = \mathbf{I} - (\mathbf{W}^{\mathrm{T}} + \mathbf{W} - \mathbf{W}^{\mathrm{T}}\mathbf{W})$ 是对称且半正定的。这个乘积与归一化拉普拉斯矩阵有相同的结构,第一项的对角元素等于第二项的行(或列)之和。对于第一项,我们有 $\mathrm{diag}\mathbf{I} = \mathbf{1}$,而第二项会产生 $(\mathbf{W}^{\mathrm{T}} + \mathbf{W} - \mathbf{W}^{\mathrm{T}}\mathbf{W})\mathbf{1} = \mathbf{W}^{\mathrm{T}}\mathbf{1} + \mathbf{1} - \mathbf{W}^{\mathrm{T}}\mathbf{1}$,这考虑了已知条件 $\mathbf{W1} = \mathbf{1}$。对于 $\mathbf{W}$,它一般是不对称的,而 $\mathbf{M}$ 中的乘积项可看作是一种平方拉普拉斯算子。

可以通过 $\mathbf{M} = \mathbf{U\Lambda U}^{\mathrm{T}}$ 的谱分解实现 LLE 第二个目标函数的最小化。矩阵 $\mathbf{M}$ 是奇异矩阵,因为 $\mathbf{M1} = (\mathbf{I} - \mathbf{W})^{\mathrm{T}}(\mathbf{I} - \mathbf{W})\mathbf{1} = \mathbf{0} = 0\mathbf{1}$。这表明 $\mathbf{1}$ 是 $\mathbf{M}$ 的一个特征向量,而 0 是其相关的特征值。正如在拉普拉斯特征映射中一样,零特征值的重数由

邻域图中连通分量的数目所确定。$\mathbf{U}$ 的 P 个尾部特征向量的转置形成了最小化问题的解，即与 $\mathbf{\Lambda}$ 中最小的严格正特征值相关的那些特征向量。

正如利用拉普拉斯特征映射的情形那样，可以通过各种方式重新调整获得的解。例如，可以考虑 $\mathbf{Y} = \mathbf{\Lambda}_P^{-1/2}\mathbf{U}^{\mathrm{T}}$，其中 $\mathbf{\Lambda}_P$ 是一个由 $\mathbf{\Lambda}$ 的 P 个最小非零特征值以递增顺序排列组成的对角矩阵。这个特殊解可以纳入 CMMDS 框架并对应一个等于 $\mathbf{M}$ 的 Moore-Penrose 伪逆的 Gram 矩阵。

12.7 图嵌入

这部分主要论述降维应用中那些以更有启发性的方式来使用图的研究工作。描述的方法有两类。对于第一类，在高维数据空间中拟合一个具有固定平面表示形式的预定图。自组织映射是这种众所周知的例子之一。第二类的工作方式相反：按照数据的分布在高维空间构建一个图；接下来，将该图嵌入在一个低维可视化空间中。

12.7.1 从 LD 到 HD：自组织映射

自组织映射（SOM）[41] 可以看作是 PCA 的一种非线性推广形式。正如在 12.3.1 节中详述的那样，PCA 的目标是求解一个能使重构误差最小的线性子空间。我们假设这个线性子空间是一个二维平面。直觉地讲，PCA 是通过最小化数据点与它们在平面上的投影之间的距离将这个平面放在了点云之间。为了将 PCA 扩展到非线性子空间，可以用某种流形来代替这个平面。SOM 通过利用诸如关节型网格这样的离散化表示形式代替连续平面而实现了这一想法。

我们假设网格是由一个无向图 $\mathcal{G} = (\mathcal{V}, \mathcal{E})$ 定义的。在 M 维数据空间中，每个顶点 v_i 都分配有坐标 $\boldsymbol{\xi}_k$，而在 P 维网格空间中，则分配有 $\boldsymbol{\gamma}_k$。每条边 e_{kl} 的加权通过一个正数 w_{kl} 来实现，这个权值表示 v_k 和 v_l 之间的距离。如果没有边将 v_k 和 v_l 连接在一起，那么距离就是无限大。为了实现一个简单且具有可读性的数据可视化，常常按照使网格节点在一个矩形中呈规则性分布这种方式来选择坐标 $\boldsymbol{\gamma}_k$。v_k 的直接邻域通常被置于一个正方形或一个六边形之上（蜂巢状结构）。

在 PCA 中，目标函数度量了真实数据与它们在线性子空间上的投影之间的失真。在 SOM 中，数据点被投影到最近的网格点上。因此，有多个数据点可以与同一个网格点相关联。网格点所起的作用与向量量化技术[54]或类 K 均值算法[55]中的质心类似。对于每个数据点 $\mathbf{x}_i$，最近网格点的索引通过 $\ell = \operatorname{argmin}_k \|\mathbf{x}_i - \boldsymbol{\xi}_k\|_2$ 来获得。正如 K 均值算法那样，SOM 试图最小化数据点与网格点之间的失真。然而，在 SOM 中，还必须同时实现另一个目标：在数据空间中网格邻域点应尽可能保持接近。尽管有一些尝试性的工作[56]，但很难同时将这两个目标构思到一个简单

的代价函数之中。鉴于此,通常采用一个迭代的启发式流程来更新 $\Xi=[\boldsymbol{\xi}_k]_{1\leqslant k\leqslant Q}$ 中的坐标。最简单的流程受生物领域各种因素的启发:SOM 的工作方式像一个逐步学习一系列模式的神经网络。实际上,数据集 $\mathbf{X}$ 包含了这些模式,每一个模式都以随机的顺序多次输入给 SOM。假设考虑的是 $\mathbf{x}_i$ 。第一步就是按照上面描述的步骤确定最近的网格点 $\boldsymbol{\xi}_\ell$。接下来,按照下列方式更新所有的网格点:

$$\boldsymbol{\xi}_k \leftarrow \boldsymbol{\xi}_k + \alpha f(w_{k\ell}/\sigma)(\mathbf{x}_i - \boldsymbol{\xi}_k) \tag{12.38}$$

其中,α 是学习率(即步长),f 是一个关于其自变量的递减正函数,而 σ 是一种带宽(即邻域半径)。在数据向量的每次出现之后或者仅仅在整个数据集的两次完全扫描之间学习率可能会降低。函数 f 可能是一个翻转的阶跃函数,也可能是一个递减的指数函数。参数 σ 控制着网格的弹性。如果 σ 的值较大,当 $k=\ell$ 时 $f(w_{k\ell}/\sigma)$ 是最大的,而且对于相近的邻域它的值不会显著变小。因此,这将严密地遵循 $\boldsymbol{\xi}_\ell$ 的运动。相反,如果 σ 的值较小,则 $\boldsymbol{\xi}_\ell$ 对其邻域有很小的影响。如果把 SOM 与弹簧和质量的组合做类比的话,那么 σ 的值越小,质量就越大,而弹簧就变得越弱。

自组织映射在各种领域仍被广泛地使用,例如探测性数据分析和数据可视化。存在很多与上述基本算法有关的变体,显示[57]和评价其输出结果[58-62]的方式也多种多样。同时,也有概率型变体,例如生成式拓扑映射[63]——它以贝叶斯方法为基础并通过一个迭代的期望最大化流程实现对数似然函数的最大化。神经气算法[64,65]的工作原理与 SOM 类似,由于这一算法没有预定的图结构,因此不会产生一个低维表示。

12.7.2 从 HD 到 LD:Isotop

正如上一节所述,SOM 有几个缺点。第一,像 K 均值算法一样,它依赖于质心(网格点)。这就意味着 SOM 并没有真正实现每个数据点的可视化。第二,SOM 在数据空间中嵌入了一个预定图,而通常期望 DR 方法能通过将数据集嵌入在一个低维空间这样的其他方式工作。实际上,有多种方法能解决这两种局限性。大多数方法都与图嵌入[23]和图绘制[24,25,66]领域大致相关。它们的一般原理是:首先在高维数据空间建立一个邻域图,然后利用各种图布局算法将此图嵌入到一个低维可视化空间中。这些算法大部分是启发式的,且灵感源自力学。例如,在一个基于力的布局中,图的顶点代表质量而边是连接它们的弹簧。那么,最后的布局(即嵌入)就可以从一个能平衡质量-弹簧系统的自由能量最小化问题的解中获得。作为例证,我们在后面描述了 Isotop[67,42,4],这种方法与 SOM 的思想很接近。

我们假设数据集 $\mathbf{X}$ 采样于高维空间某个未知的分布。为了获得 $\mathbf{X}$ 的低维表示 $\mathbf{Y}$,我们进一步假设该分布的支撑范围是一个可以投影到低维空间的流形。从这对分布出发,我们可以考虑一个新的数据点,它在高维和低维空间中的坐标分别是 $\mathbf{x}$ 和 $\mathbf{y}$ 。如果我们想使该点在两个空间中均拥有相同的邻近点,我们可以定义

Isotop 的代价函数为

$$E(\mathbf{Y};\mathbf{X},\rho,\sigma)=\mathrm{E}_{\mathbf{y}}\left[\sum_{i=1}^{N}f\left(\frac{\delta(\mathbf{x}_i,\mathbf{x})}{\rho}\right)\left(1-\exp\left(-\frac{\|\mathbf{y}_i-\mathbf{y}\|_2^2}{2\sigma^2}\right)\right)\sigma^2\right] \tag{12.39}$$

其中，$\mathrm{E}_{\mathbf{y}}$ 是关于 $\mathbf{y}$ 的期望，$\delta(\mathbf{x}_i,\mathbf{x})$ 是 $\mathbf{x}_i$ 与 $\mathbf{x}$ 之间的距离，而 f 是一个单调递减函数。参数 ρ 和 σ 是决定每个空间中邻域半径的带宽。缩放的倒置高斯钟形函数 $\sigma^2(1-\exp(-u^2/\sigma^2))$ 将可调饱和度引入到了二次因子 u^2 之中。代价函数的梯度可以写成

$$\frac{\partial E(\mathbf{Y};\mathbf{X},\rho,\sigma)}{\partial \mathbf{y}_i}=\mathrm{E}_{\mathbf{y}}\left[f\left(\frac{\delta(\mathbf{x}_i,\mathbf{x})}{\rho}\right)\exp\left(-\frac{\|\mathbf{y}_i-\mathbf{y}\|_2^2}{2\sigma^2}\right)(\mathbf{y}_i-\mathbf{y})\right] \tag{12.40}$$

如果我们采用随机梯度下降优化方法，可以将期望运算去掉而获得更新形式：

$$\mathbf{y}_i\leftarrow\mathbf{y}_i-\alpha f\left(\frac{\delta(\mathbf{x}_i,\mathbf{x})}{\rho}\right)\exp\left(-\frac{\|\mathbf{y}_i-\mathbf{y}\|_2^2}{2\sigma^2}\right)(\mathbf{y}_i-\mathbf{y}) \tag{12.41}$$

其中，α 是一个缓慢减小的步长。实际上，给定 $\mathbf{y}$ 时，我们仍然需要知道 $\mathbf{y}$ 的分布和 $\mathbf{x}$ 的值。我们可以利用单位方差高斯分布的混合来近似这一分布，即

$$\mathrm{p}(\mathbf{y})=\frac{1}{N}\sum_{i=1}^{N}\frac{1}{\sqrt{2\pi}}\exp(-\|\mathbf{y}-\mathbf{y}_i\|_2^2/2) \tag{12.42}$$

并从中获得随机产生的 $\mathbf{y}$ 的样例。$\mathbf{x}_i$ 与 $\mathbf{x}$ 之间的距离可以用 $\delta(\mathbf{x}_i,\mathbf{x})\approx\delta(\mathbf{x}_i,\mathbf{x}_j)=\delta_{ij}(\mathbf{X})$ 来逼近，其中 $j=\mathrm{argmin}_i\|\mathbf{y}-\mathbf{y}_i\|_2^2$。就像前面几节描述的方法那样，高维空间中的所有距离 $\delta_{ij}(\mathbf{X})$ 都是已知的且可以是欧氏距离或与邻域图的最短路径相一致。就最短路径来说，与 SOM 的区别很明显：图是在高维数据空间中以数据驱动的方式建立的，而用户却在低维可视化空间中任意地定义它。除了这个主要差别之外，Isotop 和 SOM 有许多共同点。在这两种方法中，坐标都是以迭代方式更新的，而更新的程度是通过一个基于图内距离的因子来调节的。

既然大部分图布局技术是以启发式方法为基础，当然就存在许多可能的变体，例如探测式观察机（XOM）[43]。

12.8 案例与比较

12.8.1 质量评价

降维的目的是产生一种忠实的数据表示形式。这一章节描述的算法，包括其他算法，形成了获得这种表示形式的各种方法。然而，对用户来说要决定哪种方法最适用于解决这类问题并不显而易见。那么，数据表示质量的客观评价就是必要

的。然而,使用特定方法中的代价函数作为质量评定准则显然会使任何比较结果更偏向于所选的特定方法。因此,这就需要一种与所有方法尽可能无关的准则。

直观地说,一个良好的表示形式应能保持邻域关系:数据空间中的邻近点应当在表示形式中一直彼此靠近,而距离较远的点应该一直彼此远离。可以用距离保持准则非常简单地实现这个想法,例如 Sammon 系数[8]。然而,距离保持准则被证实太紧了,因为即使距离被延伸或收缩邻域关系依然可以保存。为此,当前流行的质量准则[68-72]都与分类距离和排序邻域有关。

我们将高维空间中 $\mathbf{x}_j$ 关于 $\mathbf{x}_i$ 的秩定义为 $r_{ij}(\mathbf{X}) = |\{k:\delta_{ik}(\mathbf{X}) < \delta_{ij}(\mathbf{X}) \text{or} (\delta_{ik}(\mathbf{X}) = \delta_{ij}(\mathbf{X}) \text{ and } 1 \leqslant k < j \leqslant N)\}|$,其中 $|\mathcal{A}|$ 表示集合$\mathcal{A}$的基数。直观地说,秩计算了那些距离 $\mathbf{x}_i$ 比 $\mathbf{x}_j$ 更近的邻域点数,包括 $\mathbf{x}_i$ 本身。按照某些已知的距离构造排序(在下列实验中采用的是欧氏距离),并且通过点的索引切换来规避联系。类似地,低维空间中 $\mathbf{y}_j$ 关于 $\mathbf{y}_i$ 的秩是 $r_{ij}(\mathbf{Y}) = |\{k:\delta_{ik}(\mathbf{Y}) < \delta_{ij}(Y) \text{ or } (\delta_{ik}(\mathbf{Y}) = \delta_{ij}(\mathbf{Y}) \text{ and } 1 \leqslant k < j \leqslant N)\}|$。因此,将自反秩记为零($r_{ii}(\mathbf{X}) = r_{ii}(\mathbf{Y}) = 0$),且秩是唯一的,即没有相同的秩:当 $k \neq j$ 时,即使 $\delta_{ij}(\mathbf{X}) = \delta_{ik}(\mathbf{X})$,$r_{ij}(\mathbf{X}) \neq r_{ik}(\mathbf{X})$。这意味着非自反秩属于 $\{1,\cdots,N-1\}$。将 $\mathbf{x}_i$ 和 $\mathbf{y}_i$ 的非自反 K 元邻域分别表示为 $\mathcal{N}_i^K(\mathbf{X}) = \{j:1 \leqslant r_{ij}(\mathbf{X}) \leqslant K\}$ 和 $\mathcal{N}_i^K(\mathbf{Y}) = \{j:1 \leqslant r_{ij}(\mathbf{Y}) \leqslant K\}$。

那么,就可以将协同排序矩阵定义为[70]

$$\mathbf{Q} = [q_{kl}]_{1 \leqslant k, l \leqslant \mathrm{N}-1}\text{,其中,} q_{kl} = |\{(i,j):r_{ij}(\mathbf{X}) = k \text{ and } r_{ij}(\mathbf{Y}) = l\}| \tag{12.43}$$

协同排序矩阵是秩的联合直方图,且实际上是大小为 $N-1$ 的 N 个置换矩阵之和。选择一个合适的灰度级,也可以按照与 Shepard 图[5]类似的方式显示和解释协同排序矩阵。从历史发展的角度来说,这种散点图经常被用于评估多维标度及有关方法的结果[10];对于所有的点对 (i,j),$i \neq j$,它展示了距离 $\delta_{ij}(\mathbf{X})$ 与对应距离 $\delta_{ij}(\mathbf{Y})$ 之间的关系。协同排序矩阵和 Shepard 图之间的类比分析表明,有意义的准则应当集中在协同排序矩阵 $\mathbf{Q}$ 的上三角和下三角部分。可以通过考虑文献[71,72]中提出的那对准则来实现这一目标。它们的定义分别是

$$Q_{\mathrm{NX}}(K) = \frac{1}{KN}\sum_{k=1}^{K}\sum_{l=1}^{K} q_{kl} \tag{12.44}$$

和

$$B_{\mathrm{NX}}(K) = \frac{1}{KN}\sum_{k=1}^{K}\left(\sum_{l=k+1}^{K} q_{kl} - \sum_{l=1}^{k-1} q_{kl}\right) \tag{12.45}$$

第一个准则取值于0和1之间,评价了嵌入的整体质量。它度量了高维空间与低维空间中对应邻域之间的平均一致性。为了看出这一点,可以将 $Q_{\mathrm{NX}}(K)$ 重写成

$$Q_{\mathrm{NX}}(K) = \frac{1}{KN}\sum_{i=1}^{N} |\mathcal{N}_i^K(\mathbf{X}) \cap \mathcal{N}_i^K(\mathbf{Y})| \tag{12.46}$$

第二个准则评价了协同排序矩阵左上角 $K \times K$ 块的上三角和下三角部分之间的平衡性。这个准则对于辨别两种不同类型的误差是有用的：数据空间中距离较远的点在可视化空间中错误地变成邻近点以及邻近点被错误地以远距离方式来表示。举例来说，对于非线性流形，如果两个远距离块在可视化空间中叠加（$B_{\mathrm{NX}}(K)$ 将为正值），第一类错误就会出现；然而，如果采用裂开的块，则第二类错误就会出现（$B_{\mathrm{NX}}(K)$ 将为负值）。

12.8.2 数据集

可以通过两个典型的数据集展示前几节描述方法的性能。第一个是基于所谓的瑞士卷[16]的学术案例，它是一个嵌入在三维空间的二维流形。基本上来看，瑞士卷看起来像一块卷曲成螺旋形的矩形平面。参数方程是

$$\mathbf{x} = [\sqrt{u}\cos(3\pi\sqrt{u}),\sqrt{u}\sin(3\pi\sqrt{u}),\pi v]^{\mathrm{T}} \tag{12.47}$$

其中，u 和 v 均匀分布于 0 和 1 之间。$\mathbf{x}$ 在瑞士卷上的分布也是均匀的。为了增加此练习的难度，去除卷曲矩形中心的圆盘，如图 12.1（左）所示。在此数据集中大约有 950 个点。

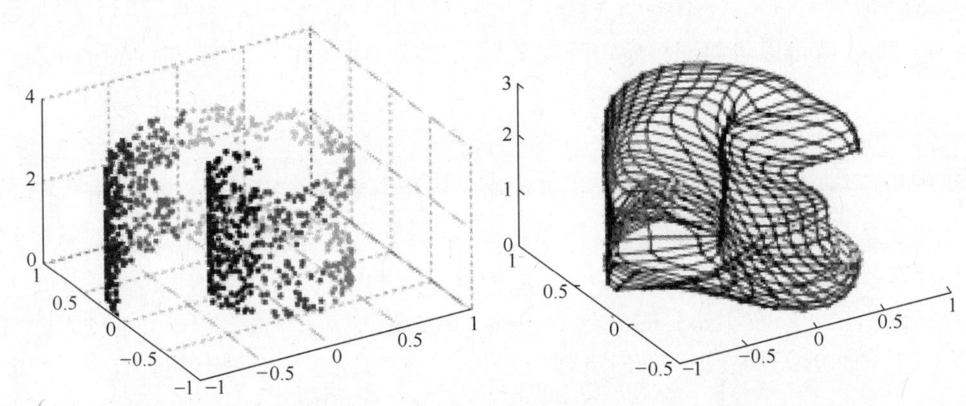

图 12.1 左：采样于一个有洞的瑞士卷的大约 950 个样本点，颜色随螺旋半径的变化而变化。右：在瑞士卷样本上学到的一个 20×30 的 SOM。

第二个数据集大约包含 1000 幅手写数字图像。它们是从 MNIST 数据集[73]中随机选取的。图 12.2 显示了典型的图像。每幅图像包含了 28^2 个灰度级介于 0 到 1 之间的像素。所有图像都被转变成 784 维的向量。使用经典的度量 MDS 对数据集进行预处理：保持总体方差的 97.5%，导致维数降为大约 200，具体结果取决于随机样本。这可以在几乎不损失信息和结构的情况下产生第一次明显的降维，目的是加速后续所有的计算。

对于这两个数据集，用 NLDR 方法计算二维表示。因此，对于瑞士卷，嵌入维度与潜在流形的内在维度是一致的。相比来说，MNIST 数据集的自由度预计会更

大，而要获得一个良好的二维可视化结果会更难。

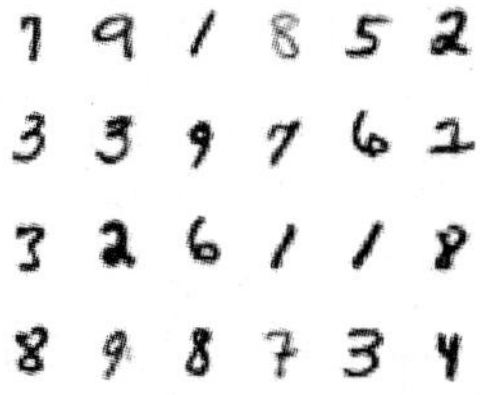

图 12.2 从 MNIST 数据库中随机选取的扫描手写数字样本。每一幅图像是 28 个像素宽、28 个像素高，灰度级范围是 0 到 1。

12.8.3 方法

参与比较的方法是 CMMDS、Sammon 的 NLM、CCA、Isotop、一个 20×30 的 SOM、LLE、拉普拉斯特征映射和 MVU。先后将欧氏距离和测地距离用于前四个方法。对于测地距离，用 K 元邻域来计算，其中 $K=7$。丢弃最大连通分量之外的所有数据点。对于其他涉及到 K 元邻域的方法（LLE 和拉普拉斯特征映射），也采用相同的 K 值。为了减少 MVU 的巨大计算开销，我们采用了文献[74]中描述的速度更快的版本，其中 $K=5$，并随机选取 5%的数据点作为标记。如果没有其他说明，所有方法的运行都采用了默认参数值。

12.8.4 结果

图 12.3 展示了利用上述考虑的 12 种方法获得的瑞士卷二维嵌入可视化表示形式。就 SOM 这个特定的情形来说，只有在高维和低维空间中的网格点有坐标。作为解决此局限性的一种简单变通方法，在高维空间中分配给数据点的坐标与其最近网格点的坐标相同。从未被选作最近点的网格点以空单元形式显示。图 12.1（右）展示了数据空间中 SOM 的结构布局。

图 12.4 显示了质量评价曲线，所采用的邻域大小 K 的范围是 1~300。实线和虚线分别指的是 $Q_{\mathrm{NX}}(K)$（上面，基线为 $K/(N-1)$）和 $B_{\mathrm{NX}}(K)$（下面，基线为 0）。正如所看到的那样，对于基于距离的方法，图距离法要比欧氏距离法能产生更好的瑞士卷展开结果。在这些方法中，CCA 完成得最好，紧接着是 Sammon 的 NLM，最后是 CMMDS。这表明，通过诸如 CMMDS 中的谱最优化技术求得的全局最小值不会系统地超过基于梯度下降法的结果。其他谱方法（例如 LLE、拉普拉斯特征映射和 MVU）所产生的结果质量尽管稍低，也运行得比较良好。尤其是，MVU 在其半定规划步骤中存在收敛问题（约束条件明显太紧而求不到解）。SOM 的性能处于中间；由于该方法存在固有的向量量化，无法很好地保持小（$K<20$）的邻域（对于所有分享相同最近网格点的数据点，秩信息消失了）。回到图 12.3，我们看到那些

实际上能够展开瑞士卷的方法显示出的 $B_{NX}(K)$ 值为负。在这些方法中,使用了图距离的 CCA 是唯一一个能忠实地展示瑞士卷真实隐空间(一个带有圆孔的矩形)的方法。其他基于距离的方法倾向于延伸这个小孔;这个结果是由距离的过估计造成的,因为采用的测地路径避开了这个小孔。

至于手写数字图像,图 12.5 显示了采用各种 NLDR 方法计算出的二维可视化结果。每个可视化结果由 20 × 20 大小的装饰着缩略图的像元阵列组成。每个缩略图是所有落在相应像元的图像的平均。如果在同一个像元中聚集着不相似的图像,则缩略图看起来是模糊的。空的像元留有空白。由 SOM 产生的嵌入形状基本上取决于选择的网格。正如所看到的那样,依赖于(随机)梯度下降技术的方法(例如 Sammon 的 NLM、CCA 和 Isotop)产生的嵌入为圆盘状。相比来说,涉及到稀疏相似性矩阵的谱方法(例如 LLE 和拉普拉斯特征映射)易于产生长尖形的嵌入。由于已知数据集可能会聚在一起(10 个数字中每一个均聚为一类),这些方法的目标函数往往会增加聚类之间的距离。在拉普拉斯特征映射中,这种效果是通过最小化邻近点之间的距离而实现的,同时对所有的点保持固定的方差;对于 LLE 来说,这仍然有效,这是由于它们之间存在着密切的联系。在超金字塔结构中可以获得一个聚类到其他所有聚类的最大距离;对于 10 个聚类来说,这样的结构布局至少张成了 9 个维度。超金字塔的线性投影看起来的确像图 12.5 中看到的长尖形嵌入,有三个角在两个维度中得到了正确的展现,而其他所有的角都在中心收缩。可以通过观察这些方法所涉及的特征值谱间接地证实这个推理结果,这表明方差实际上是散布在众多维度上的。谱方法与非谱方法之间存在着根本的差别:前者仅仅在数据的非线性变换之后降低维度,而后者直接被要求在低维空间内工作。

图 12.6 显示了质量评价曲线。正如预计的那样,整体的性能水平要低于瑞士卷中的情况,这是由于数据的内在维度要比 2 高得多。当 K 的值较小时,几乎一半的邻域点没有得到保持,正如通过 $Q_{NX}(K)$ 所展示的那样。最好的两种方法是基于图距离的 CCA 和 SOM;到目前为止它们的性能都超过了其他所有方法。对于小尺寸的邻域,SOM 的性能被其固有的向量量化制约了。与瑞士卷中的情况一样,具有最高的 $Q_{NX}(K)$ 值的方法也具有较低的 $B_{NX}(K)$ 值。第三种方法是基于图距离的 Isotop。在这个例子中,Isotop 要比 SOM 快得多,因为在低维可视化空间计算最近点所用的时间要比在高维数据空间计算所花的时间更少。谱方法的性能更低。MVU 的半定规划步骤不能成功地求得一个令人满意的解。Sammon 提出的基于欧氏距离的 NLM 性能最差而且几乎不收敛。

12.9 结论

降维已被证实是实现数据可视化和探测性数据分析的一种强大工具。从早期的线性方法(例如PCA和CMMDS)到现代的非线性方法,已经发展了一个多世纪。正如本章所述,图的使用是这一领域的一项重要突破且极大地促进了性能的显著提升。基于图的方法主要按照两个标准来分类,即涉及的数据特性(相异性或相似性)和采用的最优化方法(谱方法或非谱方法)。例如,等距映射(Isomap)和MVU都涉及图距离(分别是最短路径和专门优化的距离)和谱最优化方法(CMMDS)。Sammon的非线性映射和CCA也可采用最短路径,但它们分别采用了拟牛顿最优化和随机梯度下降最优化方法。基于相似性的谱方法例子有拉普拉斯特征映射、LLE,以及它们的变体。Isotap与SOM也用到了相似性,但它们依赖于启发式最优化方案。谱方法提供了可靠的理论保证,例如获得全局最小值的能力。然而,在实际使用时,非谱方法的性能常常会超过它们,这是由于前者在处理更重要或更复杂的代价函数时能展现出更大的灵活性和可行性。

尽管对距离保持问题的广泛研究已有相当长时间,相似性的使用仍然有很大的空间待探索。最近的研究结果表明,采用两两相似性稀疏矩阵的谱方法(比如拉普拉斯特征映射和LLE)看起来更适合于解决聚类问题而不是降维问题。另一方面,像Isotop和SOM这类非谱方法缺乏完善的理论基础或者被其内在的向量量化阻碍了发展。在不久的将来,有可能通过设计更为复杂的相似性保持方案来实现新的进展,例如文献[75,76,77]中提出的那些方案。我们相信,在自然地施加局部结构保持的同时,精心设计的相似性度量[78]也可以解决诸如出现距离集中现象这样的重要问题[79]。

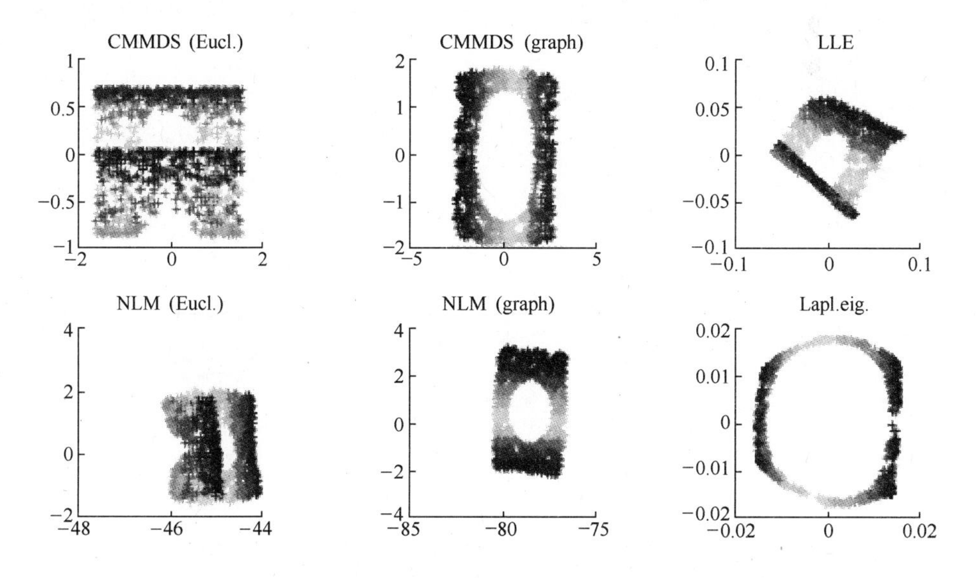

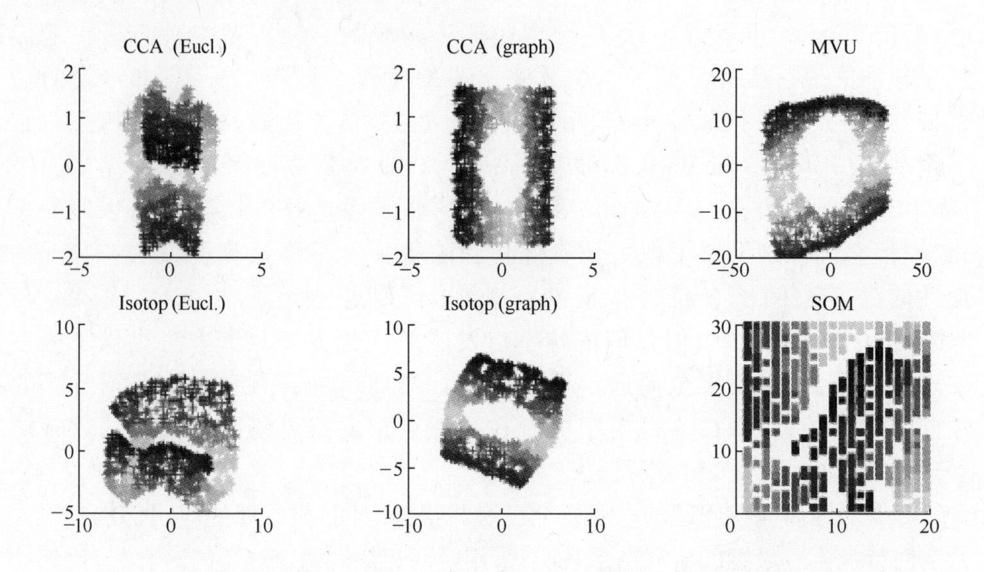

图 12.3 利用各种 NLDR 方法实现的瑞士卷二维嵌入结果。基于距离的方法使用了欧氏范数（'Eucl.'）或邻域图的最短路径（'Graph'）。

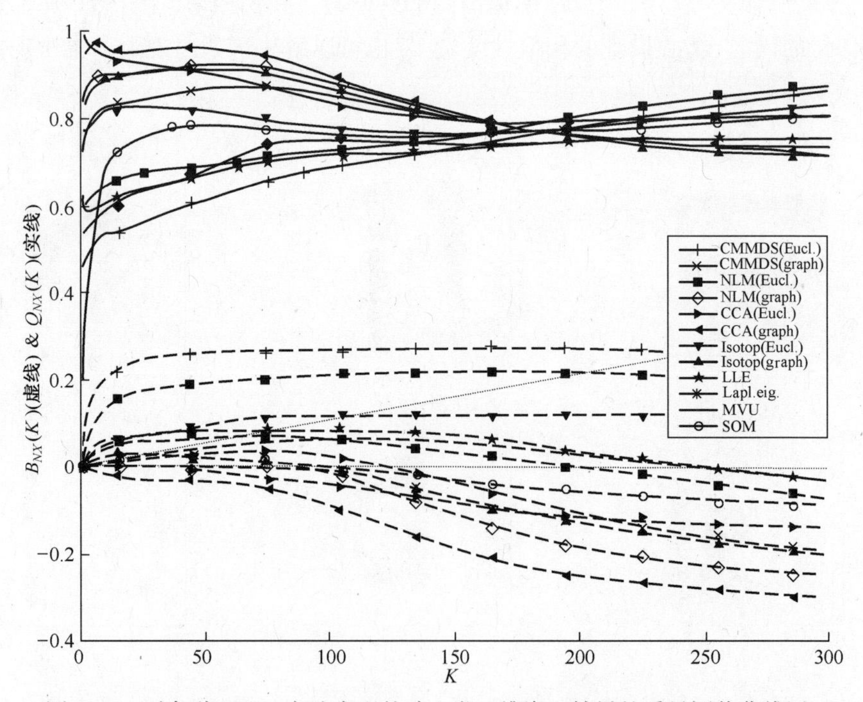

图 12.4 对各种 NLDR 方法实现的瑞士卷二维嵌入结果的质量评价曲线图。

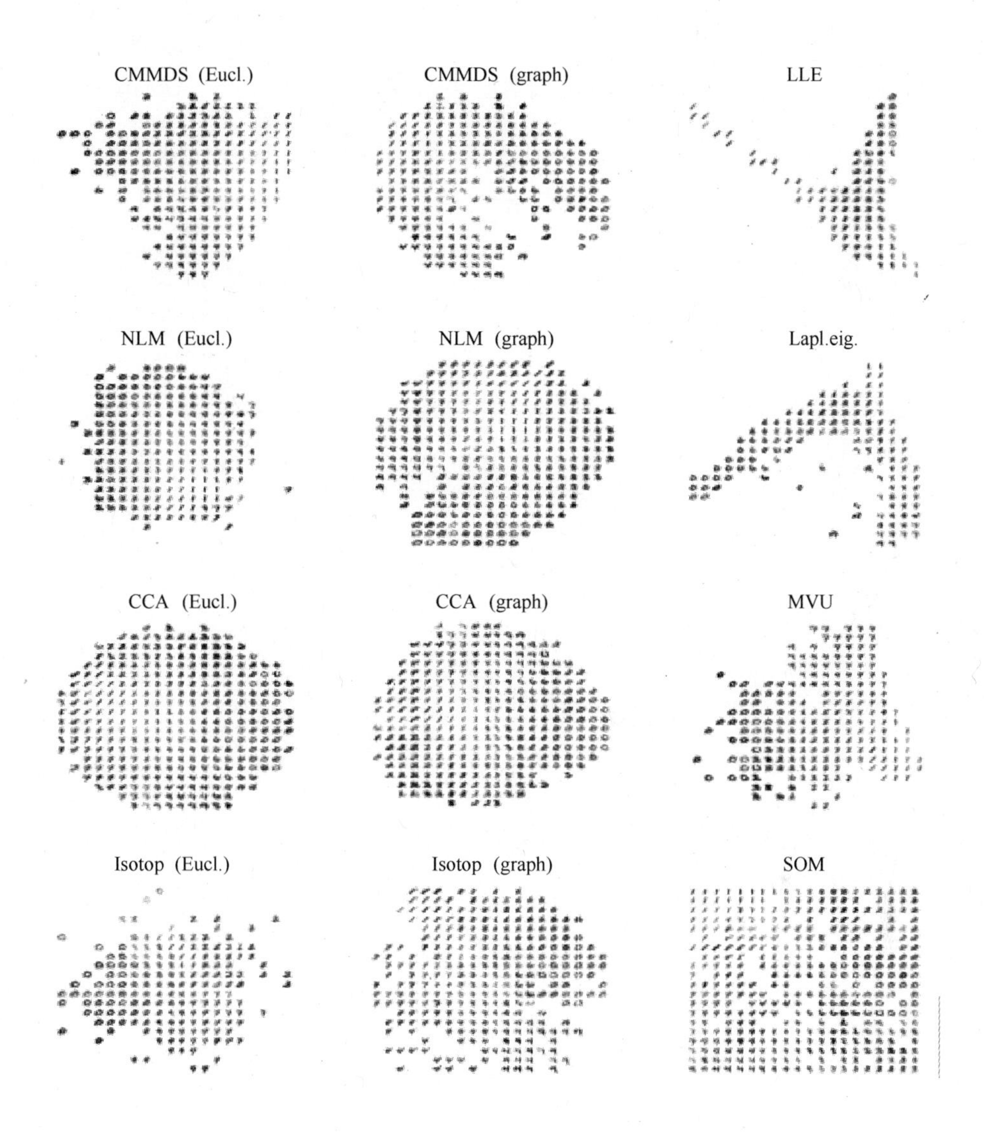

图 12.5 利用各种 NLDR 方法实现的手写数字二维嵌入结果。基于距离的方法使用了欧氏范数(‘Eucl.’)或邻域图的最短路径(‘Graph’)。

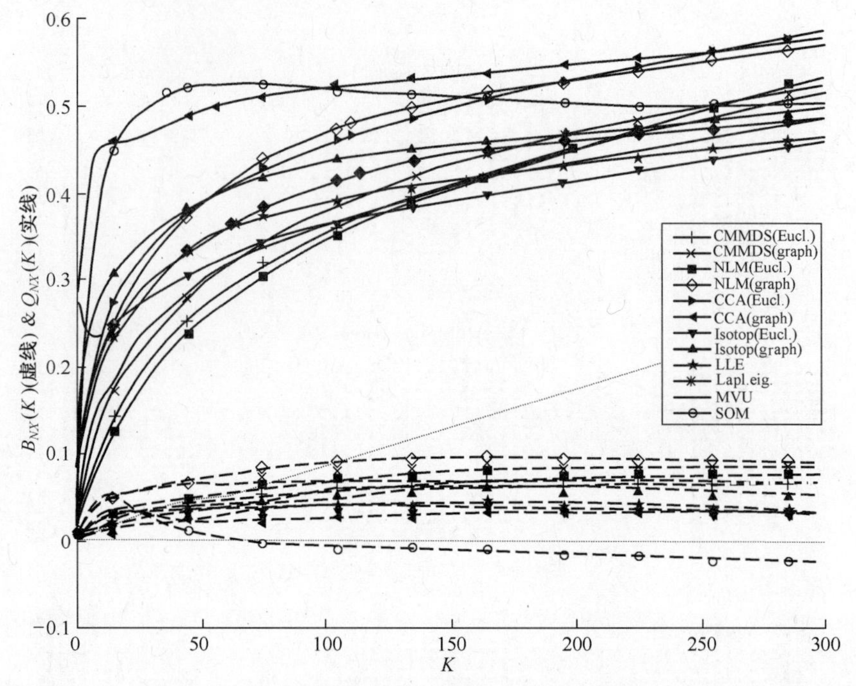

图 12.6 对各种 NLDR 方法实现的手写数字二维嵌入结果的质量评价曲线图。

参考文献

[1] I. Jolliffe, *Principal Component Analysis*. New York, NY: Springer-Verlag, 1986.

[2] G. Young and A. Householder, "Discussion of a set of points in terms of their mutual distances," *Psychometrika*, vol. 3, pp. 19-22, 1938.

[3] W. Torgerson, "Multidimensional scaling, I: Theory and method," *Psychometrika*, vol. 17, pp. 401-419, 1952.

[4] J. Lee and M. Verleysen, *Nonlinear dimensionality reduction*. Springer, 2007.

[5] R. Shepard, "The analysis of proximities: Multidimensional scaling with an unknown distance function (parts 1 and 2)," *Psychometrika*, vol. 27, pp. 125-140, 219-249, 1962.

[6] J. Kruskal, "Multidimensional scaling by optimizing goodness of fit to a nonmetric hypothesis," *Psychometrika*, vol. 29, pp. 1-28, 1964.

[7] Y. Takane, F. Young, and J. de Leeuw, "Nonmetric individual differences multidimensional scaling: an alternating least squares method with optimal scaling features," *Psychometrika*, vol. 42,

pp. 7-67, 1977.

[8] J. Sammon, "A nonlinear mapping algorithm for data structure analysis," *IEEE Transactions on Computers*, vol. CC-18, no. 5, pp. 401-409, 1969.

[9] P. Demartines and J. Hérault, "Vector quantization and projection neutral network," ser. Lecture Notes in Computer Science, A. Prieto, J. Mira, and J. Cabestany, Eds. New York: Springer-Verlag, 1993, vol. 686, pp. 328-333.

[10] —, "Curvilinear component analysis: A self-organizing neural network for nonlinear mapping of data sets," *IEEE Transactions on Neural Networks*, vol. 8, no. 1, pp. 148-154, Jan. 1997.

[11] T. Kohonen, "Self-organization of topologicaly correct feature maps," *Biological Cybernetics*, vol. 43, pp. 59-69, 1982.

[12] M. Kramer, "Nonlinear principal component analysis using autoassociative neural networks," *AIChE Journal*, vol. 37, no. 2, pp. 233-243, 1991.

[13] E. Oja, "Data compression, feature extraction, and autoassociation in feedforward neural networks," in *Artificial Neural Networks*, T. Kohonen, K. Makisara, O. Simula, and J. Kangas, Eds. North-Holland: Elsevier Science Publishers, B. V., 1991, vol. 1, pp. 737-745.

[14] J. Mao and A. Jain, "Artificial neural networks for feature extraction and multivariate data projection," *IEEE Transactions on Neural Networks*, vol. 6, no. 2, pp. 296-317, Mar. 1995.

[15] B. Schölkopf, A. Smola, and K.-R. Müller, "Nonlinear component analysis as a kernel eigenvalue problem," *Neural Computation*, vol. 10, pp. 1299-1319, 1998.

[16] J. Tenenbaum, V. de Silva, and J. Langford, "A global geometric framework for nonlinear dimensionality reduction," *Science*, vol. 290, no. 5500, pp. 2319-2323, Dec. 2000.

[17] S. Roweis and L. Saul, "Nonlinear dimensionality reduction by locally linear embedding," *Science*, vol. 290, no. 5500, pp. 2323-2326, 2000.

[18] M. Belkin and P. Niyogi, "Laplacian eigenmaps for dimensionality reduction and data representation," *Neural Computation*, vol. 15, no. 6, pp. 1373-1396, June 2003.

[19] D. Donoho and C. Grimes, "Hessian eigenmaps: Locally linear embedding techniques for high-dimensional data," in *Proceedings of the National Academy of Arts and Sciences*, vol. 100, 2003, pp. 5591-5596.

[20] K. Weinberger and L. Saul, "Unsupervised learning of image manifolds by semidefinite programming," *International Journal of Computer Vision*, vol. 70, no. 1, pp. 77-90, 2006.

[21] L. Xiao, J. Sun, and S. Boyd, "A duality view of spectral methods for dimensionality reduction," *in Proceedings of the 23rd International Conference on Machine Learning*, Pittsburg, PA, 2006, pp. 1041-1048.

[22] L. Saul and S. Roweis, "Think globally, fit locally: Unsupervised learning of nonlinear manifolds," *Journal of Machine Learning Research*, vol. 4, pp. 119-155, June 2003.

[23] N. Linial, E. London, and Y. Rabinovich, "The geometry of graphs and some of its algorithmic applications," *Combinatorica*, vol. 15, no. 2, pp. 215-245, 1995.

[24] G. Di Battista, P. Eades, R. Tamassia, and I. Tollis, *Graph Drawing: Algorithms for the Visu-*

alization of Graphs. Prentice Hall, 1998.

[25] I. Herman, G. Melancon, and M. Marshall, "Graph visualization and navigation in information visualization: A survey," *IEEE Transactions on Visualization and Computer Graphics*, vol. 6, pp. 24-43, 2000.

[26] Y. Bengio, P. Vincent, J. -F. Paiement, O. Delalleau, M. Ouimet, and N. Le Roux, "Spectral clustering and kernel PCA are learning eigenfunctions," Département d'Informatique et Recherche Opérationnelle, Université de Montréal, Montréal, Tech. rep. 1239, July 2003.

[27] M. Saerens, F. Fouss, L. Yen, and P. Dupont, "The principal components analysis of a graph, and its relationships to spectral clustering," *in Proceedings of the 15th European Conference on Machine Learning* (*ECML* 2004), 2004, pp. 371-383.

[28] B. Nadler, S. Lafon, R. Coifman, and I. Kevrekidis, "Diffusion maps, spectral clustering and eigenfunction of Fokker-Planck operators," *in Advances in Neural Information Processing Systems* (*NIPS* 2005), Y. Weiss, B. Schölkopf, and J. Platt, Eds. Cambridge, MA: MIT Press, 2006, vol. 18.

[29] M. Brand and K. Huang, "A unifying theorem for spectral embedding and clustering," *in Proceedings of International Workshop on Artificial Intelligence and Statistics* (*AISTATS*'03), C. Bishop and B. Frey, Eds., Jan. 2003.

[30] K. Pearson, "On lines and planes of closest fit to systems of points in space," *Philosophical Magazine*, vol. 2, pp. 559-572, 1901.

[31] H. Hotelling, "Analysis of a complex of statistical variables into principal components," *Journal of Educational Psychology*, vol. 24, pp. 417-441, 1933.

[32] K. Karhunen, "Zur Spektraltheorie stochastischer Prozesse," *Ann. Acad. Sci. Fennicae*, vol. 34, 1946.

[33] M. Loève, "Fonctions aléatoire du second ordre," *in Processus stochastiques et mouvement Brownien*, P. Lévy, Ed. Paris: Gauthier-Villars, 1948, p. 299.

[34] A. Kearsley, R. Tapia, and M. Trosset, "The solution of the metric STRESS and SSTRESS problems in multidimensional scaling using newton's method," *Computational Statistics*, vol. 13, no. 3, pp. 369-396, 1998.

[35] J. Lee, A. Lendasse, N. Donckers, and M. Verleysen, "A robust nonlinear projection method," *in Proceedings of ESANN* 2000, 8*th European Symposium on Artificial Neural Networks*, M. Verleysen, Ed. Bruges, Belgium: D-Facto public., Apr. 2000, pp. 13-20.

[36] J. Lee and M. Verleysen, "Curvilinear distance analysis versus isomap," *Neurocomputing*, vol. 57, pp. 49-76, Mar. 2004.

[37] J. Peltonen, A. Klami, and S. Kaski, "Learning metrics for information visualisation," in *Proceedings of the* 4*th Workshop on Self-Organizing Maps* (*WSOM*'03), Hibikino, Kitakyushu, Japan, Sept. 2003, pp. 213-218.

[38] L. Yang, "Sammon's nonlinear mapping using geodesic distances," *in Proc.* 17*th International Conference on Pattern Recognition* (*ICPR*'04), 2004, vol. 2.

[39] P. Estévez and A. Chong, "Geodesic nonlinear mapping using the neural gas network," *In Proceedings of IJCNN* 2006, 2006, In press.

[40] M. Belkin and P. Niyogi, "Laplacian eigenmaps and spectral techniques for embedding and clustering," *in Advances in Neural Information Processing Systems* (*NIPS* 2001), T. Dietterich, S. Becker, and Z. Ghahramani, Eds. MIT Press, 2002, vol. 14.

[41] T . Kohonen, *Self-Organizing Maps*, 2nd ed. Heidelberg: Springer, 1995.

[42] J. Lee, C. Archambeau, and M. Verleysen, "Locally linear embedding versus Isotop," *in Proceedings of ESANN* 2003, 11*th European Symposium on Artificial Neural Networks*, M. Verleysen, Ed. Bruges, Belgium: d-side, Apr. 2003, pp. 527-534.

[43] A. Wismüller, "The exploration machine - a novel method for data visualization," *in Lecture Notes in Computer Science. Advances in Self-Organizing Maps*, 2009, pp. 344-352.

[44] M. Bernstein, V. de Silva, J. Langford, and J. Tenenbaum, "Graph approximations to geodesics on embedded manifolds," Stanford University, Palo Alto, CA, Tech. Rep. , Dec. 2000.

[45] E. Dijkstra, "A note on two problems in connection with graphs," *Numerical Mathematics*, vol. 1, pp. 269-271, 1959.

[46] M. Fredman and R. Tarjan, "Fibonacci heaps and theirs uses in improved network optimization algorithms," *Journal of the ACM*, vol. 34, pp. 596-615, 1987.

[47] F. Shang, L. Jiao, J. Shi, and J. Chai, "Robust positive semidefinite 1-isomap ensemble," *Pattern Recognition Letters*, vol. 32, no. 4, pp. 640-649, 2011.

[48] H. Choi and S. Choi, "Robust kernel isomap," *Pattern Recognition*, vol. 40, no. 3, pp. 853-862,2007.

[49] K. Weinberger and L. Saul, "Unsupervised learning of image manifolds by semidefinite programming," *in Proceedings of the IEEE Conference on Computer Vision and Pattern Recognition* (*CVPR*04), vol. 2, Washington, DC, 2004, pp. 988-995.

[50] J. Shi and J. Malik, "Normalized cuts and image segmentation," *IEEE Transactions on Pattern Analysis and Machine Intelligence*, vol. 22, no. 8, pp. 888-905, 2000.

[51] L. Yen, D. Vanvyve, F. Wouters, F. Fouss, M. Verleysen, and M. Saerens, "Clustering using a random-walk based distance measure," *in Proceedings of ESANN* 2005, 13*th European Symposium on Artificial Neural Networks*, M. Verleysen, Ed. Bruges, Belgium: d-side, Apr. 2005, pp. 317-324.

[52] L. Grady and J. Polimeni, *Discrete Calculus: Applied Analysis on Graphs for Computational Science.* New York: Springer, 2010.

[53] G. Daza-Santacoloma, C. Acosta-Medina, and G. Castellanos-Dominguez, "Regularization parameter choice in locally linear embedding," *Neurocomputing*, vol. 73, no. 10-12, pp. 1595-1605, 2010.

[54] Y. Linde, A. Buzo, and R. Gray, "An algorithm for vector quantizer design," *IEEE Transactions on Communications*, vol. 28, pp. 84-95, 1980.

[55] J. MacQueen, "Some methods for classification and analysis of multivariate observations," *In*

Proceedings of the Fifth Berkeley Symposium on Mathematical Statistics and Probability. Volume I: Statistics, L. Le Cam and J. Neyman, Eds. Berkeley and Los Angeles, CA: University of California Press, 1967, pp. 281-297.

[56] E. Erwin, K. Obermayer, and K. Schulten, "Self-organizing maps: ordering, convergence properties and energy functions," *Biological Cybernetics*, vol. 67, pp. 47-55, 1992.

[57] A. Ultsch, "Maps for the visualization of high-dimensional data spaces," *in Proc. Workshop on Self-Organizing Maps* (*WSOM* 2003), Kyushu, Japan, 2003, pp. 225-230.

[58] H.-U. Bauer, M. Herrmann, and T. Villmann, "Neural maps and topographic vector quantization," *Neural Networks*, vol. 12, pp. 659-676, 1999.

[59] G. Goodhill and T. Sejnowski, "Quantifying neighbourhood preservation in togographic mappings," *in Proceedings of the Third Joint Symposium on Neural Computation.* University of California, Pasadena, CA: California Institute of Technology, 1996, pp. 61-82.

[60] H.-U. Bauer and K. Pawelzik, "Quantifying the neighborhood preservation of self-organizing maps," *IEEE Transactions on Neural Networks* ,vol. 3, pp. 570-579, 1992.

[61] M. de Bodt, E. Cottrell and M. Verleysen, "Statistical tools to assess the reliability of self-organizing maps," *Neural Networks*, vol. 15, no. 8-9, pp. 967-978, 2002.

[62] K. Kiviluoto, "Topology preservation in self-organizing maps," *in Proc. Int. Conf. on Neural Networks, ICNN'* 96, I. N. N. Council, Ed., vol. 1, Piscataway, NJ, 1996, PP. 294-299, also available as technical report A29 of the Helsinki University of Technology.

[63] C. Bishop, M. Svensén, and K. Williams, "GTM: A principled alternative to the self-organizing map," *Neural Computation* , vol. 10, no. 1, pp. 215-234, 1998.

[64] T. Martinetz and K. Schulten, "A "neural-gas" network learns topologies," *in Artificial Neural Networks*, T. Kohonen, K. Makisara, O. Simula, and J. Kangas, Eds. Amsterdam: Elsevier, 1991, vol. 1, pp. 397-402.

[65] —, "Topology representing networks," Neural Networks, vol. 7, no. 3, pp. 507-522, 1994.

[66] M. Jünger and P. Mutzel, *Graph Drawing Software*. Springer-Verlag, 2004.

[67] J. Lee and M. Verleysen, "Nonlinear projection with the Isotop method," *in LNCS* 2415: *Artificial Neural Networks*, *Proceedings of ICANN* 2002, J. Dorronsoro, Ed. Madrid (Spain): Springer, Aug. 2002, pp. 933-938.

[68] J. Venna and S. Kaski, "Neighborhood preservation in nonlinear projection methods: An experimental study," *in Proceedings of ICANN* 2001, G. Dorffner, H. Bischof, and K. Hornik, Eds. Berlin: Springer, 2001, pp. 485-491.

[69] L. Chen and A. Buja, "Local multidimensional scaling for nonlinear dimension reduction, graph drawing, and proximity analysis," *Journal of the American Statistical Association*, vol. 101, no. 485, pp. 209-219, 2009.

[70] J. Lee and M. Verleysen, "Rank-based quality assessment of nonlinear dimensionality reduction," *in Proceedings of ESANN* 2008, 16*th European Symposium on Artificial Neural Networks*, M. Verleysen, Ed. Bruges: d-side, Apr. 2008, pp. 49-54.

[71] —,"Quality assessment of nonlinear dimensionality reduction based on k-ary neighborhoods," *in JMLR Workshop and Conference Proceedings (New challenges for feature selection in data mining and knowledge discovery)*, Y. Saeys, H. Liu, I. Inza, L. Wehenkel, and Y. Van de Peer, Eds., Sept. 2008, vol. 4, pp. 21-35.

[72] —, "Quality assessment of dimensionality reduction: Rank-based criteria," *Neurocomputing*, vol. 72, no. 7-9, pp. 1431-1443, 2009.

[73] Y. LeCun, L. Bottou, Y. Bengio, and P. Haffner, "Gradient-based learning applied to document recognition," *Proceedings of the IEEE*, vol. 86, no. 11, pp. 2278-2324, Nov. 1998.

[74] K. Weinberger, B. Packer, and L. Saul, " Nonlinear dimensionality reduction by semidefinite programming and kernel matrix factorization," *in Proceedings of the Tenth International Workshop on Artificial Intelligence and Statistics (AISTATS 2005)*, R. Cowell and Z. Ghahramani. Eds. Bardados: Society for Artificial Intelligence and Statistics, Jan. 2005, pp. 381-388.

[75] G. Hinton and S. Roweis, "Stochastic neighbor embedding," *in Advances in Neural Information Processing System (NIPS 2002), S. Becker, S. Thrun, and K. Obermayer, Eds. MIT Press*, 2003, vol. 15, pp. 833-840.

[76] L. van der Maaten and G. Hinton, "Visualizing data using t-SNE," *Journal of Machine Learning Research*, vol. 9, pp. 2579-2605, 2008.

[77] J. Vanna, J. Peltonen, K. Nybo, H. Aidos, and S. Kaski, "Information retrieval perspective to nonlinear dimensionality reduction for data visualization," *Journal of Machine Learning Research*, vol. 11, pp. 451-490, 2010.

[78] J. A. Lee and M. Verleysen, "Shift-invariant similarities circumvent distance concentration in stochastic neighbor embedding and variants," In *Proc. International Conference on Computational Science (ICCS 2011)*, Singapore, 2011.

[79] D. Francois, V. Wertz, and M. Verleysen, "The concentration of fractional distances," *IEEE Transactions on Knowledge and Data Engineering*, vol. 19, no. 7, pp. 873-886, July 2007.

第 13 章
图编辑距离——理论、算法与应用

Miquel Ferrer, Horst Bunke

图是一种有效且灵活的表示形式,可以应用于智能信息处理的各个领域。图匹配指的是一种计算图与图之间相似性的过程。目前,解决这一任务的方法有两类,即精确图匹配和非精确(即容错)图匹配。前一种方法旨在求解两个待匹配图之间的严格对应关系;后一种方法能够处理误差,并能够从更广泛意义上度量两个图之间的差异。事实上,长期以来,非精确图匹配一直是模式分析领域中一个十分重要的研究方向。**图编辑距离**(GED)是非精确图匹配的基础,并已发展为一种可容错度量每对图之间相似性的重要方法。

13.1 引言

模式识别的一个基本目标就是发展各种用于对象分析或分类的系统[1,2]。原则上,这些对象或模式可以通过任何形式来呈现。例如,它们可以包括由数码相机拍摄的图像,麦克风捕捉的语音信号,或者用钢笔或平板电脑写下的文字,等等。在任何一种模式识别系统中,首先需要解决的问题是如何表示这些对象。特征向量是一种最常见且应用最广泛的数据表示形式。也就是说,对于每一个对象,提取出一组相关的属性(即特征),并构成一个向量。然后,训练一个分类器,用于识别未知的对象。这种表示形式的主要优点是可以直接利用多种关于模式分析和分类的算法[1],这主要源于向量是一种简单的结构,具有很多有趣且有用的数学性质。

然而,特征向量的这种简单结构也会带来一些缺点。在某一特定的应用中,不管对象的复杂性如何,特征向量总是具有同样的长度和结构(一个简单的预定分量列表)。在实现复杂对象的分析和分类时,描述其各部分之间的关系是非常重要的。因此,在表示复杂对象方面,图就成为一种有吸引力的替代形式了。与特征向量相比,图的一个主要优点是,它可以明确描述一个对象各个部分之间的关系,而特征向量只能将对象描述为数值属性的集合。此外,图可以将任何形式的类标(不仅仅是数字形式的)与边和节点关联起来,从而可以通过这种方式扩展可表示属性的范围。而且,对于每一个对象,甚至是同类对象,图的维度(即节点和边的数目)都可以不同。因此,对象越复杂,节点和边的数目就可以越大。

尽管图和向量之间存在这些明显的差异,但从现有文献我们可以发现,向量和图这两种表示形式之间并不互斥。例如,复杂网络研究领域有大量的文献是利用不同的图度量(如连通性和平均距离)并通过特征向量来描述图结构的。文献[3,4]是关于这个领域的两篇综述。最近,文献[5]在 Web 文档内容挖掘应用背景下对特征向量和不存在节点类标约束的图的表示能力做了全面的比较。实验结果一致表明,与具有可比性的向量表示方法相比,基于图的表示方法具有更高的准确性。而且,在某些情况下,实验结果甚至还表明,相比于向量模型,基于图的表示方法在执行时间上也有所改善。

事实上,几十年来,图一直被用于解决各种计算机视觉问题。一些例子有:图形符号的识别[6,7]、字符识别[8,9]、形状分析[10,11]、三维目标识别[12,13]以及视频和图像数据库的检索[14]。然而,尽管图具有坚实的数学基础和强大的表示能力,但是利用图解决实际问题通常要比利用特征向量难得多,也更具有挑战性。

图匹配是一种计算两个图之间结构相似性的特定过程①②。可以将其分成两大类,即精确图匹配和容错图匹配。对于精确图匹配,基本目标是按照结构和类标确定两个图或它们的某些部分是否完全相同。实现精确图匹配的方法包括**图同构**、**子图同构**[15]、**最大共同子图**[16]以及**最小共同超图**[17]。精确图匹配方法的主要优点是它们具有严格的定义和坚实的数学基础。尽管如此,依然必须认为分享同构部分的图之间是具有相似性的。这就意味着,按照结构和类标作比较的两个图必须在很大程度上一致才能产生高的相似度值。实际上,用于描述当前对象(通过图来表示)特性的节点和边的类标通常具有连续性。在这种情况下,至少会出现两个方面的问题。首先,无法充分证实两个类标是否相同,但仍然不得不计算它们之间的相似性。此外,目前为止提到的所有匹配过程中,不管两个类标的差异程度如何,一律都认为它们是不同的,这会造成带有相似但不相同类标的两个图被认为完全不相似,即使它们具有相同的结构。因此,考虑到这种局限性,很明显需要一种更复杂的方法来度量图之间的差异性,这就引出了非精确(容错)图匹配的定义。

容错图匹配的思想是从更广泛的意义上计算两个图之间的相似性,以便能更好地反映出关于图相似性的直觉理解。事实上,容错图匹配方法完全不需要借助图的相似性度量来确定,而是采用完全不同的表达方式来描述。在理想情况下,表示同一类对象的两个图是相同的。也就是说,对于同一类对象,能实现对象到图的

---

① 由于相似性度量可以直接转换为差异性度量,反之亦然,在本章我们交替使用**相似性**和**差异性**这两个术语。

② 我们将图匹配过程简单地定义为一种获取图与图之间相似性度量的方式。然而,可以将图匹配看作一种内容更加丰富的过程,通过该过程可以获得更有价值的信息,例如节点之间和边之间的映射关系。

转换的图提取过程总是会产生完全一样的图。当然，在实际应用时，图提取过程会受到噪声和各种失真的影响。对于图匹配，容错性意味着匹配算法能够处理实际提取的图与理想图之间的结构差异。

在这一章，我们回顾了许多精确型和容错型图距离度量，并重点论述了图编辑距离（GED）。GED 被认为是一种最灵活且通用的容错匹配范式。GED 并不局限于某种特定类型的图，而且适用于各种具体的应用，其主要限制是编辑距离的计算效率很低，尤其是对于大规模的图。不过，最近的研究工作已经提出了快速的近似解（详见 13.4 节）。本章主要对 GED 进行详细的论述。我们从三个不同的视角回顾了 GED，即理论、算法与应用。本章第一部分介绍了与 GED 相关的基本概念，重点放在设计编辑距离代价函数所依据的基本理论上，列举了一些例子并介绍了自动编辑代价学习涉及到的基本问题。本章的第二部分介绍了 GED 的计算。我们详细回顾了计算 GED 的精确方法和近似方法，最后介绍了一种最近提出的有关 GED 计算的近似算法，其理论基础是二分图匹配。本章的最后一部分主要涉及 GED 的应用。我们集中于三种基本应用上：图对的加权平均、向量空间的图嵌入以及中值图的计算问题。在本章的最后，我们给出了一些结论并指出了在 GED 理论和实践层面将来的发展方向。

13.2 定义与图匹配

定义 13.2.1

图：给定一个节点类标和边类标的有限集或无限集 L，将图 $\mathcal{G}$ 定义为数组 $\mathcal{G}=(\mathcal{V},\mathcal{E})$，其中：

- $\mathcal{V}$ 是一个关于节点的有限集；
- $\mathcal{E}\subseteq\mathcal{V}\times\mathcal{V}$ 是关于边的集合[①]不失一般性，可以把定义 13.2.1 看作是**标注图**的定义。注意，这里没有任何关于边类标和节点类标性质的限制，即类标符号系统完全不受限制。可以把 L 定义为一个向量空间（即 $L=\mathbb{R}^n$），也可以简单地定义为一个关于离散类标的有限集或无限集（即 $L=\{\alpha,\beta,\gamma,\cdots\}$）。类标集 L 也可以包含空类标（通常用 ε 表示）。如果所有的边和节点都标注为相同的**空**类标，则认为该图为**无标记图**。**加权图**是一种特定类型的标注图，其中每个节点都用空类标标注，而每条边 (v_i,v_j) 都用一个通常属于但并不局限于区间 $[0,1]$ 的实数或**权重** w_{ij} 来标注。**无权图**可以看作是**加权图**的一个特例，其中 $\forall(v_i,v_j)\in\mathcal{E}$，$w_{ij}=1$。元素 • （其中 • 可以是一个节点也可以是一条边）的类标用 $L(\bullet)$ 来表示。

---

① 除非特别说明，本章假设图均为有向图。。

在更一般的情况中,顶点和边可以表示更复杂的信息。即,它们可以包含同一时刻不同性质的信息。例如,用于表示一幅图像某个区域的节点的复杂属性可以由该区域的彩色直方图和能够将该区域与其邻近区域关联在一起的形状和符号信息的描述组成。在这种情况下,将这类图称为**属性图**或简称 AG。要注意的是,类标图、加权图和无权图都是属性图的特例,其中属性是简单的类标或数字。

定义 13.2.2

子图:令 $\mathcal{G}_1 = (\mathcal{V}_1,\mathcal{E}_1)$ 和 $\mathcal{G}_2 = (\mathcal{V}_2,\mathcal{E}_2)$ 表示两个图。如果下列条件

- $\mathcal{V}_1 \subseteq \mathcal{V}_2$
- $\mathcal{E}_1 = \mathcal{E}_2 \cap (\mathcal{V}_1 \times \mathcal{V}_2)$

成立,则图 $\mathcal{G}_1$ 是 $\mathcal{G}_2$ 的一个子图,表示为 $\mathcal{G}_1 \subseteq \mathcal{G}_2$。

由定义 13.2.2 可以得出,给定一个图 $\mathcal{G}=(\mathcal{V},\mathcal{E})$,由它的顶点构成的子集 $\mathcal{V}' \subseteq \mathcal{V}$ 可以唯一地定义一个子图,称为由 $\mathcal{V}'$ **诱导**的子图。也就是说,$\mathcal{G}$ 的诱导子图可以通过移除它的一些节点 $(\mathcal{V}-\mathcal{V}')$ 以及与它们相邻的所有边来获得。然而,如果将定义 13.2.2 的第二个条件替换为 $\mathcal{E}_1 \subseteq \mathcal{E}_2$,那么生成的子图就称为**非诱导子图**。$\mathcal{G}$ 的非诱导子图可以通过移除它的一些节点 $(\mathcal{V}-\mathcal{V}')$ 以及与它们相邻的所有边和一些其他边来获得。图 13.1 给出了一个关于图 $\mathcal{G}$ 、图 $\mathcal{G}$ 的诱导子图和非诱导子图的例子(注意:采用不同的灰色阴影表示节点类标)。当然,在图$\mathcal{G}$给定的条件下,其诱导子图同时也是它的非诱导子图。

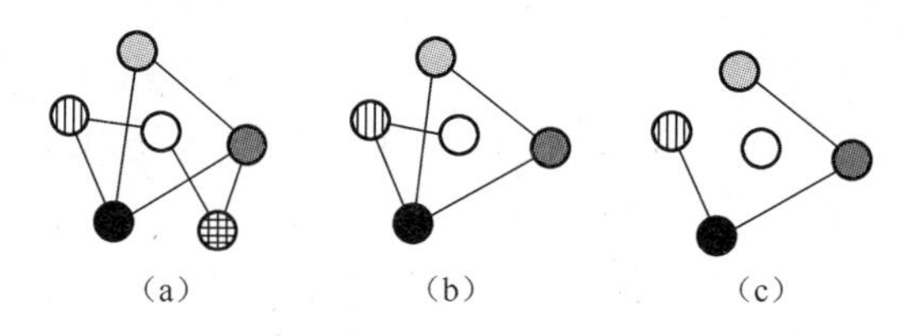

图 13.1 (a)原始的模型图$\mathcal{G}$;(b)图$\mathcal{G}$的诱导子图;(c)图$\mathcal{G}$的非诱导子图

13.2.1 精确图匹配

两个图的比较运算通常称之为**图匹配**。精确图匹配的目的是从结构和类标两个角度判定两个图或两个图的某些部分是否等价。等价的两个图可以通过一个双射函数来检验,称之为**图同构**,其定义如下:

定义 13.2.3

图同构:令$\mathcal{G}_1=(\mathcal{V}_1,\mathcal{E}_1)$和$\mathcal{G}_2=(\mathcal{V}_2,\mathcal{E}_2)$表示两个图。图$\mathcal{G}_1$ 和$\mathcal{G}_2$ 之间的图同构是一个**双射映射** $f:\mathcal{V}_1 \rightarrow \mathcal{V}_2$,满足

- 对所有节点 $v \in \mathcal{V}_1$,$L(v)=L(f(v))$成立;
- 对每条边 $e_1=(v_i,v_j) \in \mathcal{E}_1$,存在一条边 $e_2(f(v_i),f(v_j)) \in \mathcal{E}_2$,使得 $L(e_1)=$

$L(e_2)$；

- 对每条边 $e_2=(v_i,v_j)\in\mathcal{E}_2$，存在一条边 $e_1=(f^{-1}(v_i),\ f^{-1}(v_j))\in\mathcal{E}_1$，使得 $L(e_1)=L(e_2)$。

由该定义显然可以看出：从结构和类标两个方面来说，同构图是等价的。为了检验两个图是否是同构图，我们必须找到一个能将第一个图的每个节点映射到第二个图的节点上的函数，使得可以保持两个图的边结构且节点和边的类标具有一致性。图同构是图上的一种等价关系，因为它满足自反性、对称性和传递性的条件。

与图同构相关的概念是**子图同构**。通过它可以检验一个图的某一部分（子图）是否与另一个图等价。如果在一个较小图与一个较大图的子图之间存在图同构，即如果较小图包含于较大图之中，那么两个给定的图 $\mathcal{G}_1$ 和 $\mathcal{G}_2$ 之间存在子图同构。形式上，子图同构的定义如下：

定义 13.2.4

子图同构：令 $\mathcal{G}_1=(\mathcal{V}_1,\mathcal{E}_1)$ 和 $\mathcal{G}_2=(\mathcal{V}_2,\mathcal{E}_2)$ 表示两个图。单射函数 $f:\mathcal{V}_1\rightarrow\mathcal{V}_2$ 称之为图 $\mathcal{G}_1$ 到 $\mathcal{G}_2$ 的一个子图同构，如果存在一个子图 $\mathcal{G}\subseteq\mathcal{G}_2$，使得 f 是 $\mathcal{G}_1$ 和 $\mathcal{G}$ 之间的一个图同构。

用于**图同构**和**子图同构**的大部分算法都是在具有回溯机制的某种树搜索形式的基础上提出的，它们的主要思想是通过添加满足某些约束条件的新节点对而迭代地扩大局部匹配（初始情况下为空），这些约束条件是按照先前匹配节点对由匹配方法强加的。这些匹配方法通常利用一些启发式条件尽可能早地删除无效的搜索路径。最后，通过算法要么找到一个完全匹配，要么达到局部匹配因匹配约束无法进一步扩展的程度。对于后一种情况，该算法会进行回溯，直到找到一个可用另一种扩展方法实现的部分匹配。当所有满足约束条件的映射都遍历后，算法终止。

基于这种方法的最重要一种算法如文献［15］所述，它同时解决了图同构与子图同构的问题。为了在算法初期剪除无效的路径，作者提出了一种增强步骤，丢掉那些与正在进行的局部匹配不一致的节点对。导致这些不兼容匹配的局部匹配的分支不会再被扩展。文献［18］中使用了类似的策略，作者增加了一个预处理步骤，基于距离矩阵对图的节点进行初始划分，以便降低搜索空间的大小。更近一些的方法是 VF[19] 和 VF2[20] 算法。在这些研究工作中，作者在分析那些与部分映射节点邻近的节点基础上定义了一个启发式规则，这个过程计算快，并且在许多情况下都可以得到比文献［15］中的方法更好的结果。文献［21］给出的另一种近期方法将状态空间的显式搜索与能量最小化的使用结合起来。可以将该算法的基本启发式规则理解为一种在关联图中形成最大势团的贪婪算法。此外，可以在势团构建过程中进行顶点互换。最后这个特性使得该算法比 PBH（基于旋转的启发式过程）的处理速度更快。

没有采用树搜索而实现图同构检验的最重要方法出现于文献［22］中。该方法采用了群论中的概念。首先，建立每个输入图的自同构群。随后，得出一种规范的标注形式，然后只需通过验证规范形式是否相等就可以检验同构性。

图同构问题是否属于 NP 类问题仍然是一个公开的问题。对于特殊类型的图，比如**有界价图**[23]（即图中与一个节点相邻接的边的最大数目限定为某一常数）、**平面图**[24]（即可以在平面上画出且图的边之间都不相交的图）和**树**[11]（即无环图），已经提出了各种多项式时间复杂度算法。然而，还没有适用于一般情形的多项式时间复杂度算法出现。相反，子图同构问题已被证实是 NP 完全问题[25]。

通过图同构和子图同构实现图匹配受到的局限性在于，两个图之间或者一个图与另一个图的某部分之间必须存在精确的对应关系。但是让我们考虑一下图 13.2(a)中的情况。显然，这两个图是相似的，因为它们的大部分节点和边都是等同的。但是也能清楚地看到，经过(子)图同构之后它们都与对方彼此不再相关。因此，在(子)图同构范式下，会将它们看作是完全不同的图。因此，为了克服(子)图同构的这一不足，为了建立度量任何两个图之间部分相似性的方法，以及为了松弛这种相当严格的条件，就需要引入两个图的最大共同部分这一概念。

定义 13.2.5

最大共同子图(MACS)：令 $\mathcal{G}_1=(\mathcal{V}_1,\mathcal{E}_1)$ 和 $\mathcal{G}_2=(\mathcal{V}_2,\mathcal{E}_2)$ 表示两个图。如果存在一个由 $\mathcal{G}$ 到 $\mathcal{G}_1$ 和由 $\mathcal{G}$ 到 $\mathcal{G}_2$ 的子图同构，那么就称图 $\mathcal{G}$ 为图 $\mathcal{G}_1$ 和图 $\mathcal{G}_2$ 的一个共同子图(CS)。如果图 $\mathcal{G}_1$ 和图 $\mathcal{G}_2$ 的其他共同子图中的节点都没有图 $\mathcal{G}$ 的多，那么就称图 $\mathcal{G}$ 为图 $\mathcal{G}_1$ 和图 $\mathcal{G}_2$ 的最大共同子图(MACS)。

可以将两个图的最大共同子图这一概念理解为一个交集。直观地说，就是两个图中结构与类标都一致的那个最大部分。很显然，最大共同子图越大，两个图就越相似。

最大共同子图的计算问题已经得到了广泛的研究。现有文献中主要有两大类方法。文献[16,26,27]中使用了回溯搜索法。文献[28,29]给出了另一种不同思路，作者将 MACS 问题简化为求解构造合适**关联图**的一个最大势团(即完全连通子图)的问题[30]。文献[31,32]给出了在大规模图数据库上一些方法的比较结果。

众所周知，MACS 和最大势团问题都是 NP 完全问题。因此，人们提出了一些近似算法。文献[33]给出了有关这些近似算法的综述及其计算复杂度的研究结果。不过，文献[34]的研究结果表明，当图存在唯一的节点类标时，MACS 的计算就可以在多项式复杂度时间内完成。文献[5]已经利用这个重要的结果通过网页内容实现了网页数据挖掘。MACS 的其他应用包括分子结构的比较[35,36]以及三维图结构的匹配[37]。

与最大共同子图的定义(理解为一种交运算)对偶的是最小共同超图的概念。

定义 13.2.6

(最小共同超图(MICS))：令 $\mathcal{G}_1=(\mathcal{V}_1,\mathcal{E}_1)$ 和 $\mathcal{G}_2=(\mathcal{V}_2,\mathcal{E}_2)$ 表示两个图。如

果存在一个由 $\mathcal{G}_1$ 到 $\mathcal{G}$ 和由 $\mathcal{G}_2$ 到 $\mathcal{G}$ 的子图同构,那么就称图 $\mathcal{G}$ 为 $\mathcal{G}_1$ 和 $\mathcal{G}_2$ 的一个共同超图(CS)。如果图 $\mathcal{G}_1$ 和图 $\mathcal{G}_2$ 的其他共同超图中的节点都没有图 $\mathcal{G}$ 的少,那么就称图 $\mathcal{G}$ 为图 $\mathcal{G}_1$ 和图 $\mathcal{G}_2$ 的最小共同超图(MICS)。

可以将两个图的最小共同超图看作是一种具有最小需求结构的图,使得两个图以子图身份包含于其中。文献[17]证明了最小共同超图的计算可以简化为最大共同子图的计算,这个结果不仅有重要的理论意义,而且也有实际的影响力——计算 MACS 的任何算法(例如之前描述的所有算法)也可以用来计算 MICS。

图 13.2 所示的是关于 MACS 和 MICS 这两个概念的一个例子。注意,一般而言,对于两个给定的图 $\mathcal{G}_1$ 和 $\mathcal{G}_2$ 来说, $\mathrm{MACS}(\mathcal{G}_1,\mathcal{G}_2)$ 和 $\mathrm{MICS}(\mathcal{G}_1,\mathcal{G}_2)$ 的定义都不是唯一的。

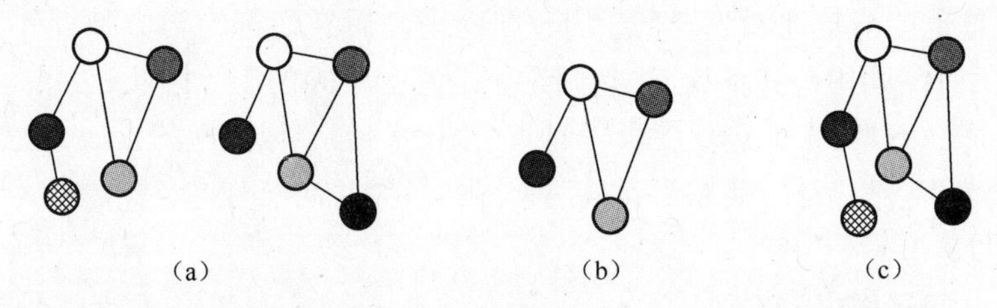

图 13.2 (a)两个图 $\mathcal{G}_1$ 和 $\mathcal{G}_2$; (b)$\mathrm{MACS}(\mathcal{G}_1,\mathcal{G}_2)$; (c)$\mathrm{MICS}(\mathcal{G}_1,\mathcal{G}_2)$。

13.2.1.1 基于 MACS 和 MICS 的图相似性度量

可以利用最大共同子图和最小共同超图的概念度量两个图的相似度,其基本思想来自于直觉性观察——两个图的共同部分越大,它们之间的相似度就越高,接下来,我们将描述几种基于 MACS 和 MICS 概念的图间距离度量方法。

例如,文献[38]将两个图之间的距离度量定义如下:

$$d_1(\mathcal{G}_1,\mathcal{G}_2)=|\mathcal{G}_1|+|\mathcal{G}_2|-2|\mathrm{MACS}(\mathcal{G}_1,\mathcal{G}_2)| \tag{13.1}$$

显然,在这个定义中,如果两个图是相似的,那么它们将有一个与二者都相似的 $\mathrm{MACS}(\mathcal{G}_1,\mathcal{G}_2)$。那么, $|\mathrm{MACS}(\mathcal{G}_1,\mathcal{G}_2)|$ 这一项就会接近于 $|\mathcal{G}_1|$ 和 $|\mathcal{G}_2|$,因此距离就接近于 0。相反,如果两个图不相似, $|\mathrm{MACS}(\mathcal{G}_1,\mathcal{G}_2)|$ 这一项就会趋近于 0,距离就会变大。

基于 MACS 的另一种距离度量方法是[39]

$$d_2(\mathcal{G}_1,\mathcal{G}_2)=1-\frac{|\mathrm{MACS}(\mathcal{G}_1,\mathcal{G}_2)|}{\max(|\mathcal{G}_1|,|\mathcal{G}_2|)} \tag{13.2}$$

在这种情况下,如果两个图非常相似,那么显然它们的最大共同子图就与二者之中的一个几乎一样大。那么,分数部分的值就趋近于 1,而距离就接近于 0。对于两个不相似的图,它们的最大共同子图就小,那么比值就接近于 0,而距离就接近于 1。显然,距离度量 d_2 的取值界于 0 和 1 之间,两个图越相似, d_2 的值就越小。

文献[40]定义了一个类似的距离,但是利用了图的并而不是较大图的大小作为归一化因子,

$$d_3(\mathcal{G}_1,\mathcal{G}_2)=1-\frac{|\mathrm{MACS}(\mathcal{G}_1,\mathcal{G}_2)|}{|\mathcal{G}_1|+|\mathcal{G}_2|-|\mathrm{MACS}(\mathcal{G}_1,\mathcal{G}_2)|} \tag{13.3}$$

所谓"图的并",文献[40]的作者从集合论的观点指出,分母表示并图的大小。事实上,该分母等于$|\mathrm{MICS}(\mathcal{G}_1,\mathcal{G}_2)|$。距离$d_3$的特性与$d_2$是类似的。使用图的并所受的启发源于这样一个事实:$d_2$没有将可以保持$\mathrm{MACS}(\mathcal{G}_1,\mathcal{G}_2)$恒定的较小图的大小变化考虑进来,而距离$d_3$的确考虑了这种变化。同时,也证实了这种度量方法是一种度量标准,所产生的距离值处于区间[0,1]之内。

文献[41]提出了另一种基于最小共同超图和最大共同子图之差的方法。在该方法中,所给出的距离表示为

$$d_4(\mathcal{G}_1,\mathcal{G}_2)=|\mathrm{MICS}(\mathcal{G}_1,\mathcal{G}_2)|-|\mathrm{MACS}(\mathcal{G}_1,\mathcal{G}_2)| \tag{13.4}$$

构造这种距离的基本思想是,对于相似的图来说,最大共同子图和最小共同超图的大小会比较相似,因而得到的距离就比较小。另一方面,如果两个图不相似,那么这两项的差异就会很大,将产生较大的距离值。值得注意的是,d_4也是一种度量标准。事实上,很容易证明,该距离与d_1相等。

很显然,d_1到d_4这几种相似性度量方法都具有一定程度的容错能力。也就是说,使用这些相似性度量方法时,从(子)图同构的角度来看,两个图未必要与成功匹配直接相关。尽管如此,仍然有必要将那些分享同构部分的图考虑为相似的。这意味着,就结构和类标而言,两个图应该在很大程度是等价的,从而产生较大的相似性度量值。然而,在许多实际应用中,用来描述所考虑对象(用图来表示)特性的节点类标与边类标都具有连续特性。在这种情况下,至少会出现两个问题。第一,无法充分地判定两个类标是否相同,而评价它们的相似性却是必须要做的。此外,利用目前给出的所有距离度量方法,都会认为两个类标是不同的,不管它们之间实际的差异程度。这可能会导致一个问题——将具有相似但不相同类标的两个图看作是完全不同的,即使它们具有相同的结构。因此,显然需要一种更复杂的方法来度量两个图之间的差异性,并能将这些局限性考虑在内,这样就引出了**非精确**即**容错图匹配**的定义。

13.2.2 容错图匹配

上面介绍的精确图匹配方法具有坚实的数学基础。但是,严格的条件限制了它们仅仅适用于一些小范围内的实际问题。在许多实际应用中,当利用图表示形式表达对象时,往往会因多种原因出现某种程度的失真。例如,在信号获取过程中会存在某种形式的噪声,在某些处理过程中会存在一些不确定性因素,等等。因

此，同一个对象的各种图表示形式之间可能会存在一定的差异，而且当两个相同对象转化成基于图的表示形式之后，精确匹配可能不再存在。因此，在图匹配过程中有必要引入一定程度的容错性，以便将模型间的结构差异考虑进来。出于这个原因，人们提出了许多容错（非精确）图匹配方法。它们能够处理比（子）图同构、MACS 和 MICS 问题更一般的图匹配问题。

容错图匹配的主要思想是度量两个已知图之间的相似度，而不是简单地判断它们是否相同。通常，在这些算法中，不能保持边的兼容性的两个不同节点之间的匹配并没有被禁止，而是引进了一种代价来惩罚这种差异。那么，任何相关算法所要完成的任务就是求解能使匹配代价最小的映射。例如，希望容错图匹配算法不仅可以发现图 13.2(a) 中的图共享了其结构中的某些部分，而且还发现尽管它们在结构上存在差异但仍然是十分相似的。

与精确图匹配中的情况相同，各种基于树搜索的技术也可应用于非精确图匹配。与精确图匹配中仅匹配相同节点的做法不同，在这种情况下，搜索通常受到已获得的局部匹配代价和启发式函数的控制，以便用于估计匹配其余节点的代价。启发式函数用于在**深度优先搜索**算法中删除无效路径，或者用来确定由 A* 算法遍历搜索树的顺序。例如，文献[42]提出使用 A* 策略获得一种计算图距离的最优算法。文献[43]利用一种基于 A* 的方法将两个图之间的匹配问题转化为一个二分图匹配问题。文献[44]采用了一种不同的方法，作者利用某些形式的背景信息提出了一种非精确图匹配方法，并定义了功能描述图（FDG）之间的距离。最后，文献[45]提出了一种并行分支定界算法来计算节点数相同的两个图之间的距离。

另一类非精确图匹配方法是基于遗传算法而提出的[46-50]。遗传算法的主要优点是它们可以处理庞大的搜索空间。在遗传算法中，将可行解编码为染色体，这些染色体可以按照一些受进化论启发的算子（如变异和交叉）随机地产生。为了评价一个具体解（染色体）的好坏，需要定义一个适应度函数。结合适应度函数和生物启发算子的随机性就可以在搜索空间内进行搜索。算法倾向于保留那些能产生高的适应度函数值而性能表现良好的候选解。遗传算法的两个主要缺点是它们是非确定性算法，而且最终的输出结果很大程度上依赖于初始化结果。另一方面，这些算法能够处理比较困难的优化问题且已经广泛地用于解决各种 NP 完全问题[51]。例如，文献[48]将两个已知图之间的匹配关系编码成向量的形式，表示成一个点到点的对应关系集合。然后，利用所依据的失真模型（与下一节提出的代价函数的想法相似）通过简单累加个体的代价来评价匹配的质量。

谱方法[52-58]也已用于解决非精确图匹配问题。这些方法的基本思想是通过对图的邻接矩阵或拉普拉斯矩阵进行特征分解来表示图。文献[56]是将谱图理论用于解决图匹配问题的原创性工作之一。该研究工作提出了一种解决加权图同构问题的算法，它的目标是将第一个图的节点子集与第二个图的节点子集进行匹配,这通常需要借助于一个匹配矩阵 M。该方法的主要局限性之一是待匹配图的节点个数必须相同。最近的一篇论文[58]提出了一种方法来解决同样的问题,该方法将特征值和特征向量的使用与连续最优化技术相结合。文献[59]利用一些谱特征对可能以最优对应关系形成匹配的节点集合进行聚类,该方法不受文献[56]中所有图的节点个数必须相同这种限制。文献[60]提出了另一种结合聚类和谱图理论的方法,该方法利用邻接矩阵的特征向量将节点嵌入到所谓的图特征空间中,然后利用聚类算法来寻找两个图中有对应关系的节点。文献[61,55]提出了一种与谱技术部分相关的研究方案。在该研究工作中,作者将**拓扑特征向量**(TSV)赋给一个有向无环图(DAG)中的每个非终端节点。与节点相关的 TSV 是在其后代 DAG 的特征值之和的基础上构建起来的。可以把它看作是一种表示对象形状的特征,也可以将其用于数据库中的图检索以及图匹配[62]。

一种完全不同的方法是将非精确图匹配问题看作一种非线性最优化问题来求解。基于这种想法的第一类方法是**松弛标注法**[63,64],这类方法的主要思想是将所考虑的两个图之间的匹配问题表示成一种标注问题。也就是说,每个图中的每个节点都被赋予一个来自于所有可能类标的类标,该类标确定了另一个图中所对应的节点。为了表达节点标注的兼容性,要用到高斯概率分布。原则上,只有赋给节点或者赋给节点连同其周围边的类标才可以考虑到这个概率分布中。这样,通过迭代更新标注形式,直到获得足够准确的标注结果。任何以这种方式实现的节点赋值都意味着对两个图之间的边也进行了赋值。文献[65]描述了另一种方法,它将输入图中的节点看作是观测数据,而将待建模图中的节点看作是隐随机变量,这种迭代匹配过程可以利用期望最大化(EM)算法[66]来实现。最后,文献[67]提出了另一种经典方法,利用一种称之为渐近分配的技术来解决加权图匹配的问题,该技术可以避免出现不理想的局部最优解。

在上述最后几段,我们已经介绍了一些最相关的容错图匹配算法。松弛法、渐近分配法和谱方法等都可以用于建立两个图的节点和边之间的映射关系。但是,它们并不能直接提供任何距离或差异值,这些都需要借助分类器或聚类算法来获得。在下一节,我们将回顾一下图编辑距离,它是一种应用最广泛的容错图匹配方法。与其他方法不同,图编辑距离适合于计算图之间的距离。就计算复杂度而言,任何图匹配问题、子图同构问题、最大共同子图问题、图编辑距离等都是 NP 完全问题。因此,计算上的易处理性是它们共同面临的问题。然而,还没有看到相关的实验比较工作从性能和效率两个方面对这些方法直接进行对比。文献[68]对精确图匹配和容错图匹配算法进行了全面的回顾,是一篇优秀的综述。

13.2.3 图编辑距离

图编辑距离的基本思想是按照将一个图转化为另一个图所需的最小失真量定

义两个图之间的差异性度量[69-72]。为此,定义了许多失真和编辑算子 ed,它们由节点和边的插入、删除及替换(将一个类标替换为另一个类标)操作组成。这样,对于每一对图 $\mathcal{G}_1$ 和 $\mathcal{G}_2$,就存在一系列编辑操作,即编辑路径 $\partial(\mathcal{G}_1,\mathcal{G}_2)=(ed_1,\cdots,ed_k)$(其中,每个 ed_i 表示一个编辑操作),它将一个图转换为另一个图。图 13.3 给出的是关于两个已知图 $\mathcal{G}_1$ 和 $\mathcal{G}_2$ 之间的一个编辑路径例子。在这个例子中,编辑路径是由一次边删除、一次节点替代、一次节点插入和两次边插入操作组成的。

通常,两个已知图之间可能存在若干条编辑路径,这种编辑路径的集合用 $\wp(\mathcal{G}_1,\mathcal{G}_2)$ 来表示。为了定量分析哪一条路径是最佳编辑路径,需要引入编辑代价函数。该代价函数的基本思想是根据转换过程中每个编辑操作所引入的失真量赋予该操作一个代价 c。用 $d(\mathcal{G}_1,\mathcal{G}_2)$ 表示两个图 $\mathcal{G}_1$ 和 $\mathcal{G}_2$ 之间的编辑距离,并定义为将一个图转化为另一个图时所需的最小代价编辑路径。

定义 13.2.7

图编辑距离:给定两个图 $\mathcal{G}_1(\mathcal{V}_1,\mathcal{E}_1)$ 和 $\mathcal{G}_2=(\mathcal{V}_2,\mathcal{E}_2)$,则 $\mathcal{G}_1$ 和 $\mathcal{G}_2$ 之间的图编辑距离由下式定义:

$$d(\mathcal{G}_1,\mathcal{G}_2)=\min_{(ed_1,\cdots,ed_k)\in\wp(\mathcal{G}_1,\mathcal{G}_2)}\sum_{i=1}^{k}c(ed_i) \tag{13.5}$$

其中,$\wp(\mathcal{G}_1,\mathcal{G}_2)$ 表示将图 $\mathcal{G}_1$ 转化为图 $\mathcal{G}_2$ 的编辑路径的集合,而 $c(ed)$ 表示编辑操作 ed 的代价。

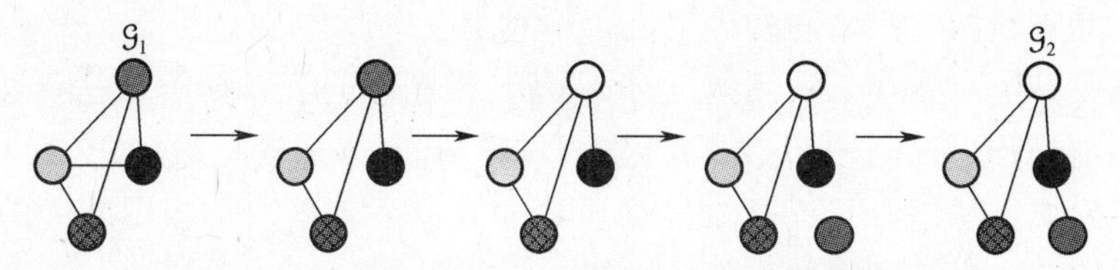

图 13.3 两个图 $\mathcal{G}_1$ 和 $\mathcal{G}_2$ 之间的一条可能编辑路径。

13.3 GED 理论

在这一节,我们介绍一些关于图编辑距离的理论内容。首先,我们介绍一些有关编辑代价的重要内容,这些内容可能会影响到潜在应用的结果。然后,我们简要描述如何自动学习这些编辑代价。

13.3.1 编辑代价

图编辑距离的一个关键要素是编辑操作的代价,这种代价指出了应用节点删除和节点插入而不是节点替换时所需代价的程度,以及节点操作是否比边操作更重要。在这个方面,很显然,为了以合适的方式定义编辑代价需要考虑内在的图表示方法。对于某些表示形式,节点及其类标可能比边更重要。对于其他表示形式,例如在网络监控应用中,一条丢失的边表示一条出故障的物理链路,两个节点是否由一条边相连接可能是至关重要的。因此,为了获得一个合适的图编辑距离度量,关键一点是要按照给定的领域来描述图的结构变化从而定义编辑代价。换句话说,编辑代价的定义显著依赖于具体的应用。

13.3.1.1　编辑代价的条件

在上述编辑距离的定义中,两个图 $\mathcal{G}_1$ 到 $\mathcal{G}_2$ 之间的距离 $d(\mathcal{G}_1,\mathcal{G}_2)$ 定义于集合 $\wp(\mathcal{G}_1,\mathcal{G}_2)$ 上,该集合由从 $\mathcal{G}_1$ 到 $\mathcal{G}_2$ 的所有编辑路径组成。理论上说,可以从集合 $\wp$ 中选出一条有效的编辑路径∂,并且可以通过任意地插入和删除单个节点由 ∂ 来构建无穷多条编辑路径,使得$\wp$的势为无穷大。然而,正如我们将会展示的那样,如果编辑代价函数能满足若干较弱的条件,就足以计算$\wp$中编辑路径的一个有限子集,从而能从所有编辑路径中找到一条代价最小的路径。我们要求编辑代价满足的第一个条件是**非负性**:对节点和边的所有编辑操作 ed ,

$$c(ed) \geqslant 0 \tag{13.6}$$

这个条件一定是合理的,因为编辑代价通常被看作是与节点或边的编辑操作相关的失真或惩罚代价。其余的条件对几种不必要的替换做了说明。这些条件指出,从一条编辑路径中删除不必要的替换并不会增加编辑操作代价的和:

$$c(u \to w) \leqslant c(u \to v) + c(v \to w) \tag{13.7}$$

$$c(u \to \epsilon) \leqslant c(u \to v) + c(v \to \epsilon) \tag{13.8}$$

$$c(\epsilon \to v) \leqslant c(\epsilon \to u) + c(u \to v) \tag{13.9}$$

其中, ϵ 表示空元素。

例如,不需要用 v 代替 u 然后再用 w 代替 v ,完全可以通过 $u \to w$ 这个操作(式(13.7)的左边)来代替这两个操作(式(13.7)的右边),并且绝对不会遗漏最小代价编辑路径。需要指出的重要一点是,边操作也必须满足类似的三角不等式。因此,根据以上条件,属于$\wp(\mathcal{G}_1,\mathcal{G}_2)$并且包含不必要的替换 $u \to w$ 的编辑路径就可以用一个更短的编辑路径来代替,后者可能代价更小,但绝对不会更大。在从包含不必要替换的集合$\wp(\mathcal{G}_1,\mathcal{G}_2)$中删除那些不重要的编辑路径之后,我们最终可以从剩余的编辑路径中去除掉那些包含不必要节点插入与删除的编辑路径。由于编辑代价的非负性,这种做法是合理的。

假如这些条件都满足,显然只要考虑两个相关图中节点和边的删除、插入和替换就行了。既然目标是将第一个图 $\mathcal{G}_1=(\mathcal{V}_1,\mathcal{E}_1)$ 编辑为第二个图 $\mathcal{G}_2=(\mathcal{V}_2,\mathcal{E}_2)$,我们所感兴趣的只是如何将图 $\mathcal{G}_1$ 中的节点和边映射到图 $\mathcal{G}_2$ 中。因此,在定义13.2.7中,可以将编辑路径的无限集$\wp(\mathcal{G}_1,\mathcal{G}_2)$简化为仅包含这类编辑操作的编辑路径有限集。在本章的剩余部分,我们仅考虑能满足上述条件的编辑代价函数。

注意,获得的图编辑距离测量函数不需要是一种度量。例如,一般情况下,图编辑距离是非对称的,即 $d(\mathcal{G}_1,\mathcal{G}_2)=d(\mathcal{G}_2,\mathcal{G}_1)$ 可能不会成立。然而,可以通过要求编辑操作的基本代价函数满足正定性、对称性和三角不等式这三个度量条件将图编辑距离转换成一种度量[69]。也就是说,如果如下条件能满足:

$$c(u \to v)=0,\text{当且仅当 } u=v \tag{13.10}$$

$$c(p \to q)=0,\text{当且仅当 } p=q \tag{13.11}$$

$$c(u \to v)=c(v \to u) \tag{13.12}$$

$$c(p \to q)=c(q \to p) \tag{13.13}$$

$$c(u \to \epsilon) > 0 \tag{13.14}$$

$$c(\epsilon \to v) > 0 \tag{13.15}$$

$$c(p \to \epsilon) > 0 \tag{13.16}$$

$$c(\epsilon \to q) > 0 \tag{13.17}$$

那么编辑距离就是一种度量。注意,u 和 v 表示节点,而 p 和 q 表示边。

13.3.1.2 编辑代价的范例

对于节点和边的数值类标,通常使用欧氏距离来度量类标的非相似性并对插入和删除操作赋予恒定的代价值。给定两个图 $\mathcal{G}_1=(\mathcal{V}_1,\mathcal{E}_1)$ 和 $\mathcal{G}_2=(\mathcal{V}_2,\mathcal{E}_2)$ 以及非负参数 $\alpha,\beta,\gamma,\theta \in \mathbb{R}^+ \cup \{0\}$,对于所有的节点 $u \in \mathcal{V}_1$, $v \in \mathcal{V}_2$ 和所有的边 $p \in \mathcal{E}_1, q \in \mathcal{E}_2$,该代价函数的定义如下:

$$c(u \to \epsilon)=\gamma \tag{13.18}$$

$$c(\epsilon \to v)=\gamma \tag{13.19}$$

$$c(u \to v)=\alpha \cdot \| L(u)-L(v) \| \tag{13.20}$$

$$c(p \to \epsilon)=\theta \tag{13.21}$$

$$c(\epsilon \to q)=\theta \tag{13.22}$$

$$c(p \to q)=\beta \cdot \| L(u)-L(v) \| \tag{13.23}$$

其中,$L(\cdot)$ 表示元素的类标。

注意,编辑代价是按照节点和边的类标而不是根据节点和边标识符自身来定义的。上述代价函数定义的替换代价与各自类标的欧氏距离成正比。基本思想是:两个类标偏离得越远,相应的替换所带来的失真就越严重。由于对插入和删除赋予恒值代价,因此代价比固定阈值 $\gamma+\gamma$ 还要大的任何节点替换就会用节点删除和节点插入操作来替代。这种特性反映出的直觉理解是:节点和边的替换在一定程度上应该优于插入和删除操作。参数 α 和 β 权衡了节点替换和边替换相对于彼此的重要性,而且都是相对于节点和边的删除和插入操作来定的。显然,前一节给出的编辑代价条件是满足的。而且,如果四个参数中每一个都大于零,那么我们就可以获得度量图编辑距离。上述代价函数的主要优点是定义非常简单。

13.3.2　编辑代价的自动学习

正如在前面几节所看到的,编辑代价的定义是一个至关重要的内容,同时也依赖于具体的应用。这意味着:一方面,对于一个具体的应用,不同的编辑代价可能会产生不同的结果;另一方面,在两个不同的应用中使用相同的编辑代价一般也会产生不同的结果。由此而论,对于给定的应用,能够学到足够的编辑代价是特别重要的。这样,获得的结果就与所用的图表示是一致的。因此,对于给定情形如何确定最佳编辑代价这样一个问题就引出来了。然而,这样的任务可能会非常复杂,因此就需要有能够自动学习编辑代价的流程。在本节,我们对两种以自动方式学习编辑代价的方法做了概述。

13.3.2.1　学习概率编辑代价

文献[73]引入了一种关于编辑代价的概率模型。给定一个类标空间 L,基本想法是在该类标空间描述各种编辑操作的分布情况。为此,在定义编辑代价时要使它们能从图的标注样本集中学习得到,然后对类标空间中的概率分布进行自适应调整,使得由同一类别的图组成的一对对图所对应的那些编辑路径具有较低的代价,而如果每对图中的图属于不同类别,则相应的编辑路径被赋予较高的代价。将一个编辑路径编辑为另一个路径的过程可以看作是一种随机过程,所受的启发源自文献[74]中提出的关于字符串编辑距离的代价学习方法。

该方法的实现过程如下:首先,定义一个关于编辑运算的概率分布。为此,使用一系列高斯混合模型逼近未知的潜在分布。在这个模型中,假设编辑操作是统计独立的,我们就可获得一个关于编辑路径的概率测度。为了推导出代价模型,在训练阶段需要成对的相似图。学习算法的目标是求出训练图之间的最可能编辑路径,并以增加最优编辑路径概率的方式实现模型的自适应性。如果我们将均值为 μ 和协方差矩阵为 $\sum$ 的多变量高斯密度函数表示为 $G(.\,|\mu,\sum)$,那么编辑路径 $f=(ed_1,ed_2,\cdots,ed_n)$ 的概率就可表示为

$$p(f)=p(ed_1,ed_2,\cdots,ed_n)=\prod_{j=1}^{n}\beta_{tj}\sum_{i=1}^{m_{t_j}}\alpha_{t_j}^{i}G\Big(ed_j\,\Big|\mu_{t_j}^{i},\sum_{t_j}^{i}\Big) \tag{13.24}$$

其中,t_j 表示编辑操作 ed_j 的类型。每一种类型的编辑操作又附带有一个权重 β_{t_j}、多个混合分量 m_{t_j} 以及每个分量 $i\in\{1,2,\cdots,m_{t_j}\}$ 所对应的混合权重 $\alpha_{t_j}^{i}$。然后,通过考虑两个图之间所有编辑路径的概率来获得二者间的概率分布。这样,给定两个图 $\mathcal{G}_1$ 和 $\mathcal{G}_2$ 以及从 $\mathcal{G}_1$ 到 $\mathcal{G}_2$ 的编辑路径集合 $\wp=f_1,f_2,\cdots,f_m$,则图 $\mathcal{G}_1$ 和 $\mathcal{G}_2$ 之间的概率有如下形式:

$$p_{\mathrm{graph}}(\mathcal{G}_1,\mathcal{G}_2)=\int_{i\in[1,\cdots,m]}p(f_i\,|\,\Phi)\,\mathrm{d}p(f_i\,|\,\Phi) \tag{13.25}$$

其中,Φ 表示编辑路径分布的参数。这个学习过程所产生的分布对同一类型的图赋予了较高的概率。

13.3.2.2 自组织编辑代价

前面描述的概率编辑模型的一个缺点是需要一定数量的图样本来实现分布参数的准确估计。在只有少数样本可用的情况下,基于自组织映射(SOM)的第二种方法[75]是特别有效的。

使用与上述概率方法类似的方式,可以使用 SOM 描述编辑操作的分布情况。在这种方法中,利用一个 SOM 表示类标空间。与概率方法中的情况一样,编辑操作的样本集是由成对的同类图得出的。首先,将 SOM 竞争层的初始规则网络转化成变形网格,由该变形网格可以得到替换代价的距离度量以及插入和删除代价的密度估计。为了求出替换代价的距离度量,用成对的类标训练 SOM,其中一个类标属于源节点(或边),而另一个类标属于目标节点(或边)。这样,可以对 SOM 的竞争层进行自适应调节,从而使对应于源类标和目标类标的两个区域彼此更加接近。将节点(边)替换的编辑代价定义为与训练的 SOM 中的距离成正比。在删除和插入操作中,对 SOM 进行自适应调节,使得神经元可以更接近删除的或插入的类标。然后,根据各个位置的竞争神经密度来定义这些操作的编辑代价。也就是说,删除或插入的代价随着竞争层中特定位置上神经元数目的增加而降低。因此,对于训练集中的同类成对图,这种自组织训练过程可以产生更低的代价。若读者想了解更多的细节,可参考文献[76]。

13.4 GED 计算

正如我们所看到的那样,与其他精确图匹配方法相比,图编辑距离的一个主要优点就是可以将一个图中的每个节点与另一个图中的每个节点进行匹配。一方面,这种高度的灵活性使图编辑距离特别适合于有噪数据。但是,另一方面,它的计算开销通常比其他图匹配方法都要高。关于图编辑距离的计算,可以分成两种不同的方法,即最优算法和近似(或次优)算法。对于前一类算法,总是可以求出两个已知图之间的最佳编辑路径(即代价最小的编辑路径)。然而,这些方法都具有指数级时间复杂度和空间复杂度,从而使它们只能适用于小图。后一种计算范式只能确保从所有编辑路径中求出一个局部最小代价。某些情况下的研究结果表明,这个局部极小值与全局最小值的差距并不大,但这个性质并不是总能成立。不过,这类算法的时间复杂度通常是多项式数量级的[68]。

13.4.1 最优算法

计算图编辑距离的最优算法通常是利用树搜索策略实现的,它在从第一个图的节点和边到第二个图的节点和边的所有可能映射构成的空间中搜索。其中,最常用的一种方法是基于著名的 A* 算法[77]发展而来的,它遵循最佳优先搜索策略。在该方法中,将待搜索空间表示成一个有序树。这样,第一层就是根节点,代表搜索过程的起点。搜索树的内部节点对应于局部解(即局部的编辑路径),而叶子节点表示完全解但并不一定是最优解(即完整的编辑路径)。在算法执行过程中树的构造是动态进行的。为了在当前搜索树中确定最有潜力的节点(即在下一次迭代过程中会被用于进一步扩展预期映射的节点),通常用到启发式函数。给定搜索树中的一个节点 n ,用 $g(n)$ 表示从根节点到当前节点 n 的最佳路径的代价。用 $h(n)$ 表示从节点 n 到一个叶子节点的剩余编辑路径的代价估计值。求和项 $g(n) + h(n)$ 表示赋给搜索树中开放节点的总代价。可以看出,只要后续的代价 $h(n)$ 的估计值小于或等于真实代价,那么该算法就是可行的,即可以确保找到一条从根节点到叶子节点的最佳路径[77]。为了论述的完整性,关于图编辑距离计算的最优算法的伪代码也列在了下边。

算法1 计算图编辑距离的最优算法

输入:两个图 $\mathcal{G}_1=(\mathcal{V}_1,\mathcal{E}_1)$ 和 $\mathcal{G}_2=(\mathcal{V}_2,\mathcal{E}_2)$,其中 $\mathcal{V}_1=\{u_1,\cdots,u_{|\mathcal{V}_1|}\}$, $\mathcal{V}_2=\{v_1,\cdots,v_{|\mathcal{V}_2|}\}$

输出:一条从图 $\mathcal{G}_1$ 到图 $\mathcal{G}_2$ 的最佳编辑路径 $\partial_{\min}=\{u_i\to v_p,u_j\to v_q,u_k\to\epsilon,\cdots\}$

开始:

1 将 OPEN 初始化为空集{}

2 对于每个节点 $v\in\mathcal{V}_2$,将替换操作 $\{u_1\to v\}$ 插入到 OPEN 中

3 将删除操作 $\{u_1\to\epsilon\}$ 插入到 OPEN 中

4 从 OPEN 中去除 $\partial_{\min}=\arg\min_{n\in \mathrm{OPEN}}\{g(\partial)+h(\partial)\}$

5 **当 $\partial_{\min}$ 不是一个完整编辑路径时,执行:**

6 令 $\partial_{\min}=\{u_1\to v_{i_1},\cdots,u_k\to v_{i_k}\}$

7 **如果 $k<|\mathcal{V}_1|$,那么**

8 　　对每个节点 $v\in\mathcal{V}_2$,将 $p_{\min}\cup\{u_{k+1}\to v\}$ 插入到 OPEN 中

9 　　将 $\partial_{\min}\cup\{u_{k+1}\to\epsilon\}$ 插入到 OPEN 中

10 **否则**

11 　　将 $\partial_{\min}\cup_{v\in\mathcal{V}_2\setminus\{v_{i_1},\cdots,v_{i_k}\}}\{\epsilon\to v\}$ 插入到 OPEN 中

12

13 从 OPEN 中去除 $\partial_{\min}=\arg\min_{p\in \mathrm{OPEN}}\{g(\partial)+h(\partial)\}$

返回结果 $\partial_{\min}$

在算法1中,使用了基于 A* 算法的方法计算最佳图编辑距离。源图 $\mathcal{G}_1$ 中的

节点按次序 $(u_1,u_2,\cdots)$ 进行处理。当第一个图中还有未处理的节点时，就考虑节点的替换（第 8 行）和插入（第 9 行）操作。如果第一个图中的所有节点都已得到了处理，那么就用单一步骤插入第二个图的剩余节点。这三种操作会在搜索树中产生许多后继节点。局部编辑路径的集合 OPEN 中包含着后续步骤要处理的搜索树节点。最有潜力的局部编辑路径$\partial \in$ OPEN（即能够使 $g(\partial)+h(\partial)$ 取最小值的路径）总是会第一个被选出来（第 4 行和第 12 行）。该过程保证了由该算法求出的第一个完整编辑路径总是最优的，即在所有可能的竞争路径中其代价最小（第 13 行）。

注意，边的编辑操作是通过其邻近节点的编辑操作间接实现的。因此，边的插入、删除和替换操作取决于在其邻近节点上执行的编辑操作。显然，在算法 1 给出的搜索过程中隐含的边操作可以由每个局部或完整编辑路径产生。这些隐含边操作的代价被动态地添加到了 OPEN 的相应路径之中。

文献[77]提出使用启发式算法，这样做的目的是可以集成更多关于搜索树局部解的知识，还有可能减少为获得最终解所要计算的局部解的数目。引入启发式算法的主要目的是估计后续代价的下界 $h(\partial)$ 。最简单的情况是，对所有的∂，将这个下界估计值 $h(\partial)$ 设为 0，这相当于不使用任何关于当前情况的启发式信息。另一方面，最复杂的情况是对搜索树中的每个节点到叶子节点都执行一次完整的编辑距离计算过程。然而，很容易可以看出，这种情况下函数 $h(\partial)$ 并不是一个下界，而是最优代价的精确值。当然，这种完美的启发式算法的计算既不合理也不可行。在这两个极端情况之间，可以定义一个函数 $h(\partial)$ 来计算在一个完整的编辑路径中至少需要执行多少次编辑操作。

13.4.2 次优算法

目前描述的方法要求解的是两个图之间的最佳编辑路径。遗憾的是，忽略掉启发式函数 $h(\partial)$ 的使用，编辑距离算法的计算复杂度与相关图的节点数目呈指数关系。这限制了最优算法的适用性，因为即使对于很小的图，运行时间和空间复杂度都可能会很大。

出于这个原因，近年来提出了许多方法来解决图编辑距离计算的高度计算复杂性问题。解决该问题并能使图匹配更高效的一个方向是将所考虑的对象限定为特殊类型的图。这方面的例子包括：平面图[24]、有界价图[23]、树[78]以及节点类标唯一的图[34]。近期提出的另一种方法[79]要求图的节点呈平面嵌入形式，这在图匹配的许多计算机视觉应用中都是能满足的。还有一种方法是通过局部搜索来解决图匹配的问题，其主要思想是优化局部准则而不是全局或最优准则[80]。例如，文献[81]提出使用线性规划方法计算边类标未标注的图的编辑距离，可以使用该方法在多项式复杂度时间内求出编辑距离的上下界。许多基于遗传算法的图匹配方法也已提出[47]。遗传算法提供了一种解决大规模搜索空间问题的有效手段，但这是一个欠定的解决方案。文献[82]结合 A* 算法与启发式算法提出了一种略微不同的编辑距离计算方法。与对搜索树中所有的后继节点都要进行扩展的做法不同，这里仅在 OPEN 集合中保留固定的 s 个需要处理的节点。当算法 1 的 OPEN 集合中增加一个新的局部编辑路径时，只保留 s 个具有最小代价 $g(\partial)+h(\partial)$ 的局部编辑路径∂，并删除 OPEN 中的其余局部编辑路径。显然，该步骤的目的是在搜索过程中对搜索树进行剪枝，即并不是遍历整个搜索空间，而是仅扩展那些属于最有潜力的局部匹配的节点。文献[83]利用二分图匹配介绍了另一种图编辑距离计算方法，该方法将会在下一节作详细介绍，因为我们在本章的最后一部分将会用到这部分内容。在最近提出的一种方法中[84]，利用基于 HMM 的方法计算图编辑距离并用于图像检索。关于图编辑距离的更多内容，读者可参考一篇最近的综述文献[85]。

13.4.3　基于二分图匹配的 GED 计算方法

在该方法中，通过求解两个图的节点以及它们的局部结构之间的最优匹配来近似图编辑距离。事实上，图编辑距离的计算问题可简化为**分配问题**。

该分配问题考虑的任务是：求解从集合 A 中的元素到集合 B 中的元素的最优分配方式，其中集合 A 和集合 B 具有相同的基数。假设每一个分配对的数值代价 c 给定，那么最优的分配能使各种单独的分配代价之和最小。通常，给定两个集合 A 和 B，且 $|A|=|B|=n$，定义一个实数代价矩阵 $\boldsymbol{C}\in M_{n\times n}$。矩阵元素 C_{ij} 对应的是将集合 A 中的第 i 个元素分配到集合 B 中的第 j 个元素的代价。然后，将这个分配问题简化为求解一个关于整数序列 $1,2,\cdots,n$ 的排列 $p=p_1,\cdots,p_n$，使得 $\sum_{i=1}^{n}C_{ip_i}$ 的值最小。

可以将分配问题转化为在一个完全二分图中求解最优匹配的问题。因此，该问题也称为二分图匹配问题。通过枚举所有的排列并选择能最小化目标函数的那个排列来强制地解决分配问题会产生指数量级的计算复杂度，这当然是不合理的。然而，还有一种算法——称为匈牙利算法[86]——可以在多项式复杂度时间内解决二分图匹配的问题。上面定义的分配代价矩阵 $\boldsymbol{C}$ 是该算法的输入，而输出对应的是最优排列形式，即能产生最小代价的分配组。最糟糕的情况是，该算法所需的最大操作数目是 $O(n^3)$。注意，该算法的计算复杂度 $O(n^3)$ 要远小于强制算法所需的复杂度 $O(n!)$。

可以利用上述分配问题求解一个图的节点与另一个图的节点之间的最佳对应关系。假设已知的是具有相同规模的源图 $\mathcal{G}_1=(\mathcal{V}_1,\mathcal{E}_1)$ 和目标图 $\mathcal{G}_2=(\mathcal{V}_2,\mathcal{E}_2)$。如果我们设定 $A=\mathcal{V}_1$，$B=\mathcal{V}_2$，那么可以使用匈牙利算法将 $\mathcal{V}_1$ 中的节点映射到 $\mathcal{V}_2$

的节点,这样就可以产生最小的节点替换代价。该方法定义的代价矩阵 $\boldsymbol{C}$ 中，C_{ij} 的取值对应于将 $\mathcal{V}_1$ 中的第 i 个节点用 $\mathcal{V}_2$ 中的第 j 个节点替换的代价,即 $C_{ij}=c(u_i\rightarrow v_j)$,其中 $u_i\in\mathcal{V}_1, v_j\in\mathcal{V}_2, i,j=1,\cdots,|\mathcal{V}_1|$ 。

注意,上述方法只能对含有相同节点数目的图进行匹配。实际上,这个约束条件很苛刻,因为在具体的应用领域并不能期望所有的图总会有相同数目的节点。然而,这一不足可以通过定义一个二次代价矩阵 $\boldsymbol{C}$ 来克服。因为该矩阵允许在所考虑的两个图中执行插入和(或)删除操作,因而更具有一般性。因此,给定两个图 $\mathcal{G}_1=\{\mathcal{V}_1,\mathcal{E}_1\}$ 和 $\mathcal{G}_2=\{\mathcal{V}_2,\mathcal{E}_2\}$ 以及对应的 $\mathcal{V}_1=\{u_1,\cdots,u_m\}$ 和 $\mathcal{V}_2=\{v_1,\cdots,v_n\}$，且 $|\mathcal{V}_1|$ 不一定等于 $|\mathcal{V}_2|$,则新的代价矩阵 $\boldsymbol{C}$ 的定义是:

$$\boldsymbol{C}=\left[\begin{array}{cccc|cccc} C_{11} & C_{12} & \cdots & C_{1m} & C_{1\varepsilon} & \infty & \cdots & \infty \\ C_{21} & C_{22} & \cdots & C_{2m} & \infty & C_{2\varepsilon} & \cdots & \infty \\ \vdots & \vdots & \ddots & \vdots & \vdots & \ddots & \ddots & \infty \\ C_{n1} & C_{n2} & \cdots & C_{nm} & \infty & \infty & \cdots & C_{n\varepsilon} \\ \hline C_{\varepsilon 1} & \infty & \cdots & \infty & 0 & 0 & 0 & 0 \\ \infty & C_{\varepsilon 2} & \cdots & \infty & 0 & 0 & \ddots & \vdots \\ \vdots & \ddots & \ddots & \infty & \vdots & \ddots & \ddots & 0 \\ \infty & \infty & \cdots & C_{\varepsilon m} & 0 & \cdots & 0 & 0 \end{array}\right] \tag{13.26}$$

式中:$C_{\varepsilon j}$ 表示节点插入的代价 $c(\varepsilon\rightarrow v_j)$ ，$C_{i\varepsilon}$ 表示节点删除的代价 $c(u_i\rightarrow\varepsilon)$,而 C_{ij} 表示节点替换的代价 $c(u_i\rightarrow v_j)$ 。

在矩阵 $\boldsymbol{C}$ 中,左下角部分的对角元素表示所有可能的节点插入的代价。同样地,右上角部分的对角元素表示所有可能的节点删除的代价。最后,代价矩阵的左上角部分表示所有可能的节点替换的代价。因为每个节点至多只可以被插入或删除一次,因此右上角部分或左下角部分的任意一个非对角线元素都设置为 ∞ 。代价矩阵的右下角部分都设置为0,这是因为形如 $c(\varepsilon\rightarrow\varepsilon)$ 的替换不会产生任何代价。

可以将新的代价矩阵 $\boldsymbol{C}$ 作为输入执行匈牙利算法[86]。该算法可以求解整数序列 $1,2,\cdots,n+m$ 的最佳排列 $h=h_1,\cdots,h_{n+m}$,使得 $\sum_{i=1}^{n+m}C_{ih}$ 的值最小,也就是代价最小。显然,这等价于以最小代价将图 $\mathcal{G}_1$ 中的节点分配到图 $\mathcal{G}_2$ 中的节点。因此,匈牙利算法的解(每一行和每一列仅包含一个分配结果)确保了图 $\mathcal{G}_1$ 中的每个节点要么唯一地分配给图 $\mathcal{G}_2$ 中的节点(替换),要么分配给节点 ε (删除)。同样地,图 $\mathcal{G}_2$ 中的每个节点要么唯一地分配给 $\mathcal{G}_1$ 中的节点(替换),要么分配给节点 ε (插入)。与矩阵 $\boldsymbol{C}$ 的 $n+1,\cdots,n+m$ 行和 $m+1,\cdots,m+n$ 列相对应的没有派上用场的剩余 ε 个节点可以不需任何代价就能相互抵消。

注意,到目前为止,仅考虑了关于节点的信息而没有考虑任何关于边的信息,这会使对最佳编辑路径真实代价的逼近性能较差。因此,为了获得真实编辑距离的更优逼近结果，就特别希望能在节点分配过程中也引入边的操作及其代价。为了实现这个目标，许多作者对文献[87]中的代价矩阵进行了扩展。这样，对代价矩阵 $\boldsymbol{C}$ 中的每一项 C_{ij}，即对于每一次节点替换 $c(u_i \to v_j)$，就添加由替换操作所暗含的边的编辑操作代价的最小和。例如，假设 $\mathcal{E}_{u_i}$ 表示与节点 u_i 邻近的所有边构成的集合，而 $\mathcal{E}_{v_j}$ 表示与节点 v_j 邻近的所有边构成的集合。类似于式(13.26)，利用 $\mathcal{E}_{u_i}$ 和 $\mathcal{E}_{v_j}$ 中的元素定义一个代价矩阵 $\boldsymbol{D}$。然后，对矩阵 $\boldsymbol{D}$ 应用匈牙利算法，就可以求得由 $\mathcal{E}_{u_i}$ 中的元素到 $\mathcal{E}_{v_j}$ 中的元素的最佳分配。显然，该过程可以产生由给定的节点替换 $u_i \to v_j$ 所暗含的边的编辑代价最小和。然后，将这些关于边的编辑代价加到 C_{ij} 项中。对于插入和删除操作，该过程稍有不同。对于 $C_{i\epsilon}$ 这类项——表示节点删除的代价，增加删除邻近 u_i 的所有边的代价，而对于 $C_{\epsilon j}$ 这类项——表示节点插入的代价，增加插入邻近 v_j 的所有边的代价。

注意，不管边的改进处理情况如何，所采用的原始形式匈牙利算法在解决分配问题方面是最优的，但它对于图编辑距离问题仅可以提供一个次最优解，这是因为节点的每次编辑操作都是独立进行的(仅仅考虑了局部结构)，这样就不能动态地推断隐含的边操作。根据矩阵 $\boldsymbol{C}$，由匈牙利算法返回的结果对应于从图 $\mathcal{G}_1$ 中的节点到图 $\mathcal{G}_2$ 中的节点形成的最小代价映射。给定这种映射，可以推断出关于边的隐含编辑操作，并且可以计算出关于节点和边的独立编辑操作的累加代价。通过该过程获得的编辑距离近似值等于或者大于精确距离值，这是因为二分图匹配算法可以在完整搜索空间的子空间中求得一个最优解。虽然该方法仅能产生图编辑距离的近似解，但已经证实，在某些情况下所给出的结果与最优解非常接近[83]。这一事实连同其多项式时间计算复杂度使得该方法特别有用。近期的一篇论文[88]报道了该方法的一个更快版本，其中所用的分配算法是 Volgenant 和 Jonker 的算法[89]而不是匈牙利算法。文献[90]介绍了利用二分图匹配方法近似求解图同构问题的研究工作。

13.5 GED 的应用

在本章的最后一部分，我们将会介绍图编辑距离的三个应用。前两个应用——图对的加权平均和向量空间的图嵌入——都具有一般性，可以广泛地用于其他应用场合。体现加权平均和图嵌入一般性的例子是第三个应用——中值图的计算，其中利用了前两个应用的相关步骤来近似求解这个困难问题。

13.5.1 图对的加权平均

在 n 维实数空间中，考虑两个点 $x, y \in \mathbb{R}^n$，其中 $n \geqslant 1$。它们的加权平均可定义为一个满足如下条件的点 z：

$$z = \gamma x + (1-\gamma)y, 0 \leqslant \gamma \leqslant 1 \tag{13.27}$$

显然，如果 $\gamma = \frac{1}{2}$，那么 z 就是 x 和 y 的（标准）均值。如果按照式（13.27）来定义 z，那么 $z-x=(1-\gamma)(y-x)$ 且 $y-z=(1-\gamma)(y-x)$。换言之，z 是 n 维空间中连接 x 和 y 的线段上的一个点，而且 z 到 x 与 z 到 y 的距离可通过参数 γ 来控制。

在文献[91]中，作者描述了相同的概念，但却将其用于图这个领域，并与式（13.27）所描述的加权平均类似。正式地讲，每对图的加权平均可以定义如下：

定义 13.5.1

图的加权平均：令图 $\mathcal{G}$ 和 $\mathcal{G}'$ 的类标属于字母表 L。令 U 表示利用 L 中的类标构造的图的集合，且令 $I=\{h \in U \mid d(\mathcal{G},\mathcal{G}')=d(\mathcal{G},h)+d(h,\mathcal{G}')\}$ 表示中间图的集合。已知 $0 \leqslant a \leqslant d(\mathcal{G},\mathcal{G}')$，那么图 $\mathcal{G}$ 和图 $\mathcal{G}'$ 的加权平均就是图

$$\mathcal{G}'' = WM(\mathcal{G},\mathcal{G}',a) = \arg\min_{h \in I} |d(\mathcal{G},h) - a| \tag{13.28}$$

直观地说，给定两个图 $\mathcal{G}$ 和 $\mathcal{G}'$ 以及一个参数 a，加权平均图就是一个中间图，并不一定是唯一的，它到图 $\mathcal{G}$ 的距离尽可能地与 a 接近。因此，它到图 $\mathcal{G}'$ 的距离也是最接近 $d(\mathcal{G},\mathcal{G}')-a$ 的。另外，尽管该定义对于任何一种距离函数都有效，我们仍然令 d 表示图编辑距离。对于这种距离函数，文献[91]给出了一种高效计算加权平均图的方法。图 13.4 所示的是一个关于一对图加权平均的例子，这里所用的距离就是图编辑距离。

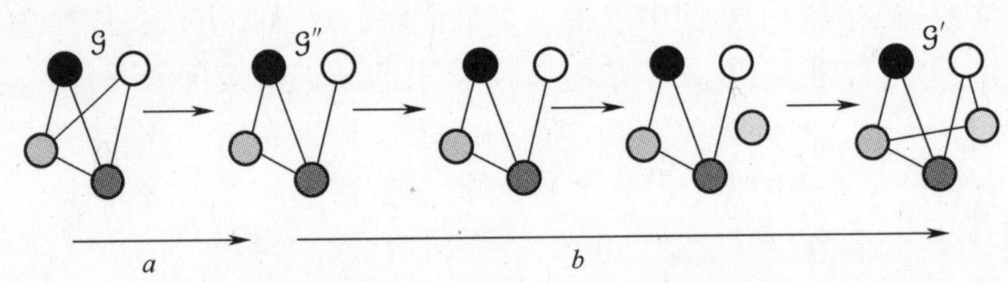

图 13.4 一对图加权平均的例子。这里，a 与白色节点和灰色节点之间的边的删除代价是一致的。因此，图 $\mathcal{G}''$ 是一个加权平均图，其中 $|d(\mathcal{G},\mathcal{G}'')-a|=0$。

注意，所谓的**误差** $\varepsilon(a)=|d(\mathcal{G},\mathcal{G}'')-a|$ 并不一定为 0。忽略计算的精确度，这实际上取决于搜索空间 U 的特性。

作为使用加权平均的一个实例，考虑一下由直线段构成的画线的图表示形式。图 13.5（a）给出的就是一个有关这种画线的例子。在我们的表示方法中，图中的一个节点对应的是线段的一个端点或者是两条线段的交叉点，而边表示连接两个邻近交叉点或端点的线。节点的类标表示该节点在图像中的位置。这里没有边的类标。图 13.5（b）就是这种表示形式的一个例子。采用这种表示形式时编辑操作的代价如下：

- 节点插入和删除的代价 $c(u \to \varepsilon) = c(\varepsilon \to u) = \beta_1$

- 节点替换的代价 $c(u,v) = c((u_1,u_2),(v_1,v_2)) = \sqrt{(u_1 - v_1)^2 + (u_2 - v_2)^2}$
- 删除或插入一条边 e 的代价 $c(e \to \varepsilon) = c(\varepsilon \to e) = \beta_2$

节点替换的代价等于图像中涉及的两个节点位置的欧氏距离，而节点删除和插入以及边删除和插入的代价是用户定义的常数：β_1 和 β_2。因为这里没有边的类标，所以不需要考虑边的替换。图 13.6 所示的是采用不同的 a 值时产生的两个图加权平均结果的例子。

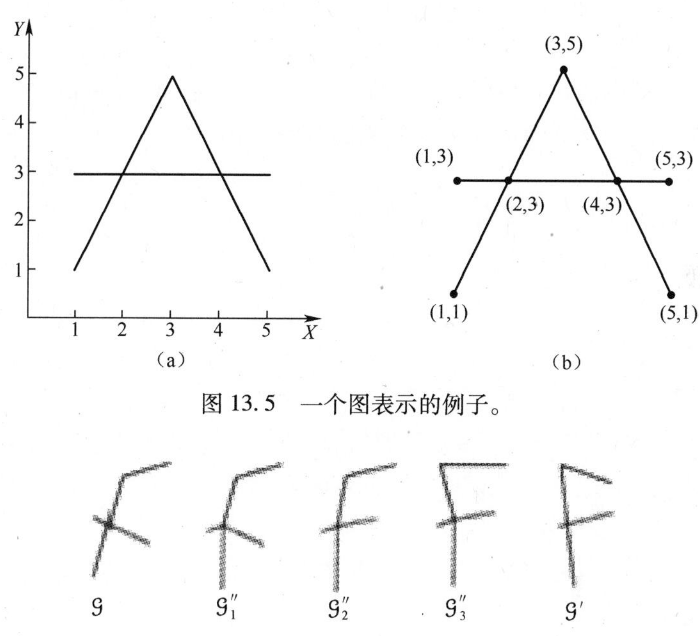

图 13.5　一个图表示的例子。

图 13.6　一个图对加权平均的例子。图 $\mathcal{G}$ 和 $\mathcal{G}'$ 表示原始的图，而中间图 $\mathcal{G}_1''$ 到 $\mathcal{G}_3''$ 表示由不同的 a 值产生的图。

由画线分析领域开始，现有文献中给出了许多关于加权平均图的实际应用例子，这些例子都展示了加权平均在合成与已知模式 $\mathcal{G}$ 和 $\mathcal{G}'$ 有一定相似度的模式 $\mathcal{G}''$ 方面是一个很有用的概念。在这些例子中，出现了形状相似度的直观概念，它与图编辑距离的标准概念有着很好的对应关系。

13.5.2　图嵌入向量空间

图嵌入[92]的目的是将图转化为实向量，然后在相关的空间进行运算，使得一些典型的基于图的任务（例如匹配和聚类[93,94]）变得更容易实现。出于这个目的，在现有文献中提出了各种不同的图嵌入方法。一些方法是基于谱图理论提出的，而其他一些方法则利用了典型的相似性度量执行嵌入任务。例如，文献[53]提出了一种相对较早的基于图邻接矩阵的方法。在该研究工作中，利用从图的邻接矩阵中提取的一些谱特征将图转化成向量形式。接着，利用这些向量的协方差矩阵的特征向量将这些向量嵌入到特征空间中。然后,利用该方法实现图的聚类。文献[95]提出了另一种方法。该研究工作与前一个很类似,但是作者使用了由拉普拉斯矩阵的谱特征所构成的一些对称多项式的系数将图表示为向量形式。最后,一种最近方法[96]的思想是将图的节点嵌入到一个度量空间中,并将图的边集看作是黎曼流形上每对点之间的测地线。那么,就可以将每对图中节点的匹配问题看作是嵌入点集的对齐问题。在本节,我们将会介绍一类新的基于原型选择和图编辑距离计算的图嵌入方法。这类研究工作的基本想法是对类型与对象所呈现的正则性的描述是实现模式分类的基础。因此,在选择具体原型的基础上,利用每个点与所有这些原型的距离将其嵌入到向量空间中。假设这些原型的选择已很合适,每一类将会在向量空间形成一个紧凑的区域。

基于差异性的通用嵌入过程

这种图嵌入框架的思想[87]来自于由 Duin 和 Pekalska 共同完成的开创性工作[97],其中第一次使用模式表示的差异性。后来,该方法得到了推广,以便可以将字符串表示形式映射到向量空间[98]。接下来的方法将文献[97,98]中描述的方法又进一步扩展和推广到了图域。这种方法的关键思想是利用输入图到众多训练图(称之为原型图)之间的距离作为图的向量表示。也就是说,我们利用了模式识别领域的差异性表示而不是原始的图表示。

假设我们有一个训练图集合 $T=\{\mathcal{G}_1,\mathcal{G}_2,\cdots,\mathcal{G}_n\}$ 和一个图差异性度量 $d(\mathcal{G}_i,\mathcal{G}_j)$ $(i,j=1,\cdots,n;\mathcal{G}_i,\mathcal{G}_j\in T)$。然后,从 T 中选出一个由 $m(m\leqslant n)$ 个原型组成的集合 $\Omega=\{\rho_1,\cdots,\rho_m\}\subseteq T$。接着,计算已知图 $\mathcal{G}\in T$ 与每个原型 $\rho\in\Omega$ 之间的差异,这就产生了 m 个差异值:$d_1,\cdots,d_m$,其中 $d_k=d(\mathcal{G},\rho_k)$。这些差异值可以排列成一个向量 $(d_1,\cdots,d_m)$。这样,我们就可以利用原型集合 Ω 将训练集 T 中的任何一个图转化为一个 m 维向量。更正式地讲,这种嵌入步骤可以定义如下:

定义 13.5.2

图嵌入:给定一个训练图集合 $T=\{\mathcal{G}_1,\mathcal{G}_2,\cdots,\mathcal{G}_n\}$ 和一个原型集合 $\Omega=\{\rho_1,\cdots,\rho_m\}\subseteq T$,可以将图嵌入

$$\psi:T\to\mathbb{R}^m \tag{13.29}$$

定义为函数

$$\psi(\mathcal{G})\to(d(\mathcal{G},\rho_1),d(\mathcal{G},\rho_2),\cdots,d(\mathcal{G},\rho_m)) \tag{13.30}$$

其中:$\mathcal{G}\in T$,而 $d(\mathcal{G},\rho_i)$ 是图 $\mathcal{G}$ 与第 i 个原型 ρ_i 之间的图差异性度量结果。

显然,按照这个定义所产生的向量空间中每个轴都与一个原型图 $\rho_i\in\Omega$ 相关联。一个嵌入图 $\mathcal{G}$ 的坐标值是图 $\mathcal{G}$ 到 Ω 中元素的距离。利用这种方式,我们可以将训练集 T 以及任何其他图集合 S(例如,分类问题的验证集或测试集)中的任何

一个图 $\mathcal{G}$ 转化为一个实数向量。换句话说,待嵌入的图集可以任意扩展。前期被选作原型的训练图在其对应的图映射中有一项为零。虽然任何差异性度量都可用于图嵌入,但是在文献[87]中将图编辑距离用于实现图的分类时取得了很好的效果。图 13.7 为图嵌入的概观。

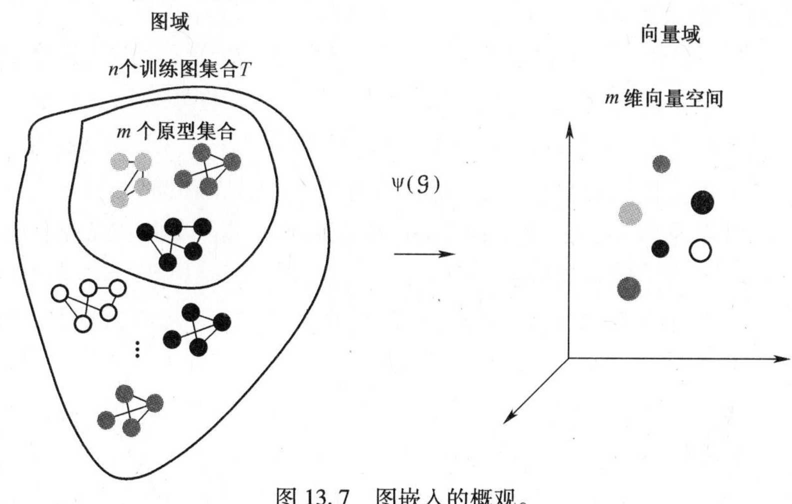

图 13.7 图嵌入的概观。

13.5.3 中值图的计算

在一些机器学习算法中需要从一个对象集中选出一个代表。例如,在经典的 K 均值聚类算法中,计算每个聚类的代表并将其用于下一次迭代过程,以便重新组织聚类结果。在基于 k 近邻分类器的分类任务中,可以利用每一类的代表有效地减少将未知输入模式分配到其最邻近类别时所需的比较次数。虽然在向量域中计算一个集合的代表是一种相对简单的任务(可以利用均值向量或中值向量计算得出),但并不清楚如何获得一个图集合的代表。目前提出的用于解决这类问题的一种方法是**中值图**。

在本节,我们提出了一种新颖的中值图计算方法,该方法比之前的各种近似算法更快速、更精确,它是基于上一节描述的图嵌入过程而提出的。

中值图问题简介

已经提出用广义中值图来表示一个图集合。

定义 13.5.3

中值图:令 U 表示一个可以利用 L 中的类标构造的图集合。已知 $S=\{\mathcal{G}_1,\mathcal{G}_2,\cdots,\mathcal{G}_n\}\subseteq U$,那么 S 的广义中值图 $\bar{\mathcal{G}}$ 定义为

$$\bar{\mathcal{G}}=\arg\min_{\mathcal{G}\in U}\sum_{\mathcal{G}_i\in S}d(\mathcal{G},\mathcal{G}_i) \tag{13.31}$$

也就是说，S 的广义中值图 $\bar{\mathcal{G}}$是指与 S 中所有的图之间的距离之和(SOD)最小的图 $\mathcal{G} \in U$。注意，$\bar{\mathcal{G}}$通常不属于 S，并且对于一个给定集合 S，一般情况下存在不止一个广义中值图。图 $\bar{\mathcal{G}}$可以看作是集合的一个代表。因此，它可以用于任何需要图集合代表的图算法中，例如，基于图的聚类算法。

然而，中值图的计算特别复杂。正如式(13.31)所暗示的，必须计算候选中值图 $\mathcal{G}$ 与每个图 $\mathcal{G}_i \in S$ 之间的距离 $d(\mathcal{G},\mathcal{G}_i)$。因此，由于图距离的计算是一个众所周知的 NP 完全问题，广义中值图的计算仅能在与集合 S 中图的数目及其大小成指数量级的时间内完成(甚至在字符串这种特殊情形下，所需的时间也与输入字符串的数目呈指数关系[99])。因此，在实际应用中，我们不得不使用次最优算法才能在合理的时间内获得广义中值图的近似解。这样的近似算法[100-103]利用了一些启发式规则来降低图距离计算的复杂度和搜索空间的大小。近期的研究工作[104,105]主要利用了向量空间的图嵌入。

基于嵌入的计算

给定一个由 n 个图组成的集合 $S=\{\mathcal{G}_1,\mathcal{G}_2,\cdots,\mathcal{G}_n\}$，第一步是将 S 中的每个图嵌入到 n 维实数空间中，即每个图都变成 $\mathbb{R}^n$ 空间中的一个点(见图 13.7)。第二步是利用上一步得到的向量计算中值。最后，我们再从向量空间返回到图域，将中值向量转换成一个图。最后得到的图就选作集合 S 的中值图。图 13.8 描述了这三个步骤。在如下几个小节中，我们将对这三个主要步骤作进一步解释。

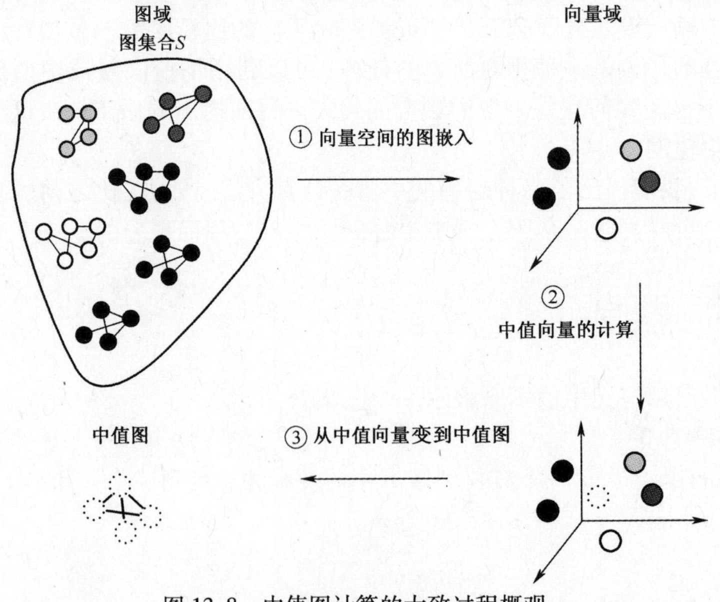

图 13.8 中值图计算的大致过程概观。

- **步骤 I**　向量空间的图嵌入：本文我们遵循文献[106]中提出的嵌入步骤（见 13.5.2 节），但是我们令训练集 T 和原型集 Ω 相同，即待计算中值图的集合 S。因此，我们计算集合 S 中每一对图之间的图编辑距离。然后，将这些距离编排到一个距离矩阵中。该矩阵的每一行或每一列都可以看作是一个 n 维向量。既然将距离矩阵的每一行或每一列都赋予一个图，这样一个 n 维向量就是对应图的向量表示形式（见图 13.9）。

- **步骤 II**　中值向量的计算：一旦将所有的图都嵌入到向量空间，中值向量就可以计算出来了。为此，我们使用了**欧氏中值**的概念。

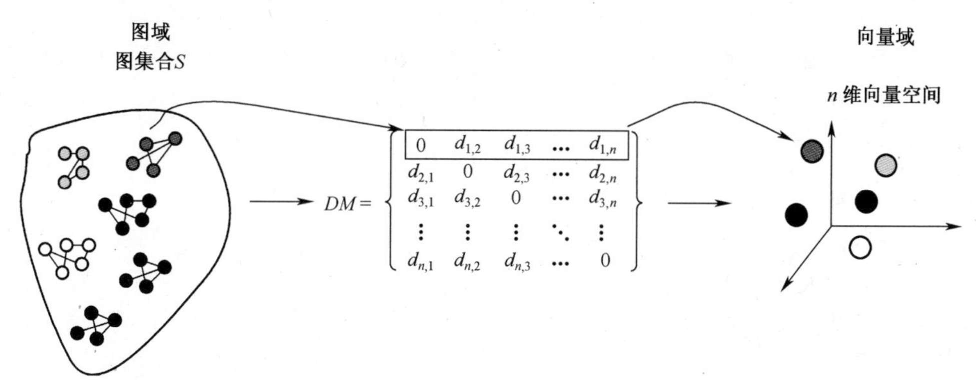

图 13.9　步骤 I：图嵌入。

定义 13.5.4

欧氏中值(Euclidean median)：给定一个由 m 个点 $x_i \in \mathbb{R}^n$ 构成的集合 $X = \{x_1, x_2, \cdots, x_m\}$，其中 $i = 1, \cdots, m$，欧氏中值的定义为

$$\text{Euclidean median} = \underset{y \in \mathbb{R}^n}{\operatorname{argmin}} \sum_{i=1}^{m} \| x_i - y \| ,$$

其中，$\| x_i - y \|$ 表示点 $x_i, y \in \mathbb{R}^n$ 之间的欧氏距离。

也就是说，**欧氏中值**是一个能使其自身与 X 中所有点之间的欧氏距离之和最小的点 $y \in \mathbb{R}^n$。它与中值图的定义是一致的，但只适用于向量域。欧氏中值是不能直接计算出的。当 X 中的元素个数大于 5 时，就不可能总会找到欧氏中值的准确位置[107]。既不能用多项式时间复杂度的算法来求解这一问题，也没有证据表明这是一个 NP 困难问题[108]。在该研究工作中，我们将使用最常用的近似算法来计算欧氏中值，即 Weiszfeld 算法[109]。它是一种能收敛到欧氏中值的迭代算法。为此，该算法首先选择一个初始估计解 y（这个初始解通常是随机选择的）。然后，该算法定义一组权重，这些权重与当前估计值到样本的距离成反比，并且根据这些权重计算样本的加权平均作为新的估计值。当达到预定的迭代次数或者满足其他一些准则（例如当前估计值与上一估计值之间的差值小于某一阈值）时，算法就会终止。

- **步骤Ⅲ** 返回到图域：这个步骤类似于谱分析中所谓的**原象**问题，目的是从谱域返回到原域。在我们这个特例中，中值图计算的最后一步是将欧氏中值转化为一个图，这样一个图将看作是对集合 S 的中值图的一个近似结果。为此，我们将在图对的加权平均[91]和两个已知图之间的编辑路径的基础上采用三角测量流程来实现。

如图 13.10 所示，这种三角测量流程的工作过程如下。给定能表示集合 S 中每一个图的 n 维点（图 13.10(a) 中的白点）和欧氏中值向量 v_m（图 13.10(a) 中的灰点），我们首先选择三个离欧氏中值最近的点（图 13.10(a) 中的 v_1 到 v_3）。注意，我们事先已知每一个点所对应的图（在图 13.10(a) 中，我们已经通过（v_j，$\mathcal{G}_j$）标注这些点来指明这一事实，其中 $j=1,\cdots,3$）。然后，我们计算这三个点的中值向量 v'_m（在图 13.10(a) 中用黑点来表示）。注意：v'_m 处于由 v_1，v_2 和 v_3 构成的平面上。有了 v_1 到 v_3 以及 v'_m（见图 13.10(b)），我们就从这三个点中任意选择两个点（不失一般性，我们可以假设选择的是 v_1 和 v_2），然后我们将剩余的点（v_3）投影到 v_1 和 v_2 的连线上。通过这种方式，我们获得了一个处于 v_1 和 v_2 之间的点 v_i（见图 13.10(c)）。有了这个点之后，我们就可以计算点 v_i 到 v_1 和到 v_2 的距离的百分比（见图 13.10(d)）。因为我们已知点 v_1 和 v_2 所对应的图，因此就可以利用加权平均过程获得点 v_i 所对应的图 $\mathcal{G}_i$（见图 13.10(e)）。一旦 $\mathcal{G}_i$ 已知，我们就可以获得点 v'_m 到 v_i 和到 v_3 的距离的百分比，然后再次利用加权平均过程获得 $\mathcal{G}'_m$（见图 13.10(f)）。最后，将 $\mathcal{G}'_m$ 选作集合 S 的广义中值图的近似结果。

关于近似的讨论

上面提出的近似嵌入过程由三个步骤组成：向量空间的图嵌入、中值向量的计算以及往图域的返回，其中每一步都引入了关于最终解的某种近似。在第一步中，为了能够处理大图，通常使用近似的编辑距离算法。因此，每个用于表示图的向量的坐标都存在着关于两个图最佳距离的小误差。尽管如此，我们用于编辑距离计算的这两种近似方法[82,83]所提供的相关性散点图表明这些方法在精确距离计算方面具有高度的准确性。同时，计算中值向量时也引入了一定的误差，因为 Weiszfeld 方法给出了中值向量的近似。该因素会导致所选的三个点可能不是返回到图域的最佳点。此外，当选择 v'_m 而不是 v_m 来获得图对的加权平均时，也会引入较小的误差。最后，当计算两个点的加权平均时，图编辑路径会由一系列独立的步骤构成，每一步都有其自身的代价。当返回到图域时，用于获得图对的加权平均所需的距离百分比可能就在其中的两个编辑操作之间产生。因为我们只选择了其中的一个，因此在这一步也会引入小误差。尽管可能会出现这些误差，但所提出的方法产生了很好的结果，可以与其他有竞争力的算法相媲美[105]。

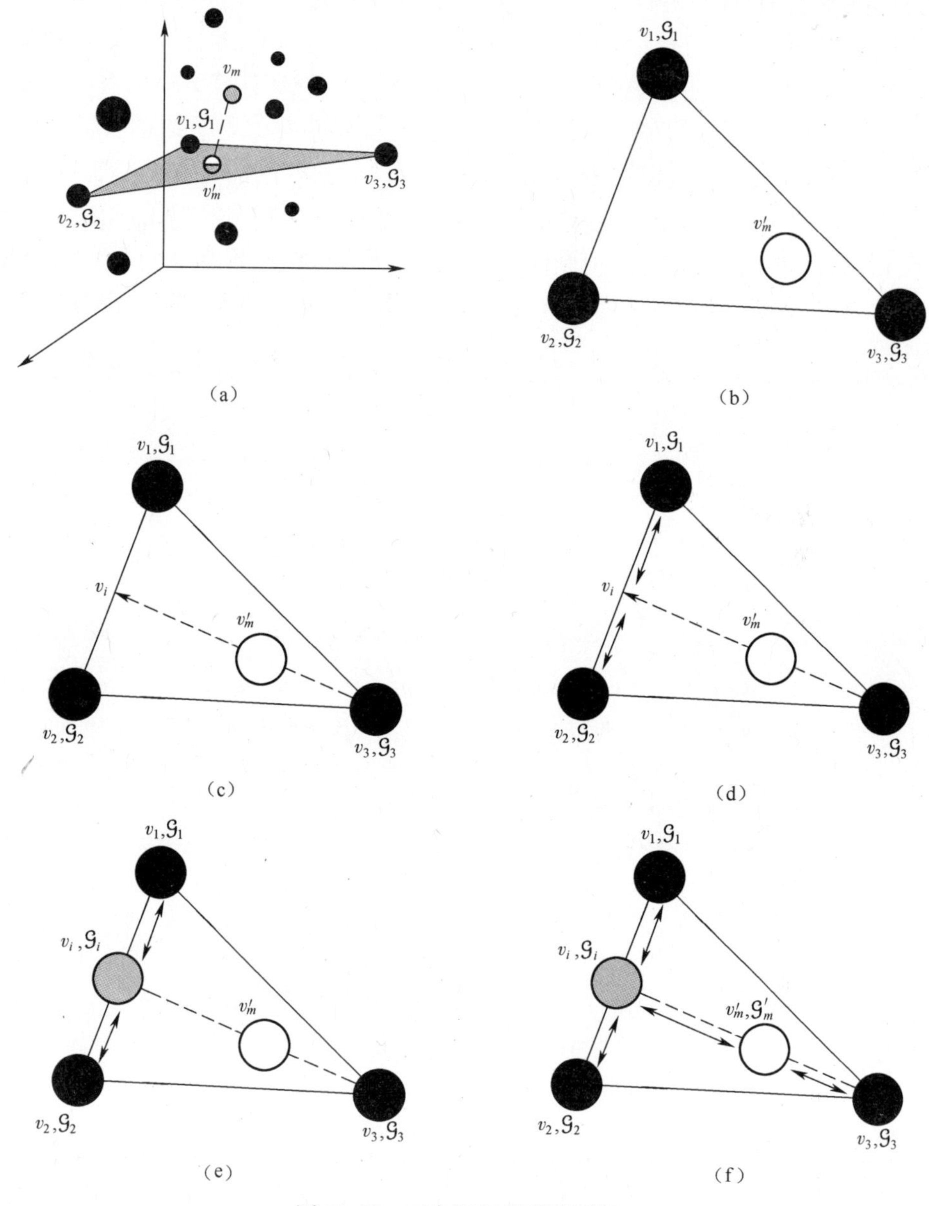

图 13.10　三角测量流程的图解。

13.6　结论

在本章,我们从三个方面回顾了图编辑距离(GED)。GED 被公认是解决容错图匹配问题最灵活和最通用的方法之一。在本章第一部分,我们介绍了与 GED 有关的基本概念(例如图相似性),并最终引出了 GED 的概念。然后,我们集中介绍了 GED 的基本理论,着重论述了代价函数,列举了一些例子,并且介绍了自动编辑代价学习的基本问题。在本章第二部分,我们介绍了 GED 计算方面的内容。我们详细回顾了计算 GED 的精确方法和近似方法。在结束第二部分之前我们介绍了一种计算 GED 的最新近似算法,它是一种基于二分图匹配的算法。最后,在本章最后一部分我们主要介绍了 GED 的应用,着重介绍三个基本的应用:图对的加权平均、图嵌入向量空间以及中值图的计算问题,所有这些应用都证实了 GED 的确是一种通用且灵活的相似性度量方法,对于涉及到图表示的各个领域都有潜在的应用价值。

参考文献

[1] R. Duda, P. Hart, and D. Stork, *Pattern Classification.* Wiley Interscience. 2nd Edition, 2000.

[2] M. Friedman and A. Kandel, *Introduction to Pattern Recognition.* World Scientific, 1999.

[3] L. da F. Costa, F. A. Rodrigues, G. Travieso, and P. V. Boas, "Characterization of complex networks: A survey of measurements," *Advances in Physics*, vol. 56, no. 1, pp. 167-242, 2007.

[4] L. Grady and J. R. Polimeni, *Discrete Calculus: Applied Analysis on Graphs for Computational Science.* Springer, 2010.

[5] A. Schenker, H. Bunke, M. Last, and A. Kandel, *Graph-Theoretic Techniques for Web Content Mining.* River Edge, NJ: World Scientific Publishing Co., Inc., 2005.

[6] S. Lee, J. Kim, and F. Groen, "Translation-, rotation-, and scale invariant recognition of hand-drawn symbols in schematic diagrams," *International Journal of Pattern Recognition and Artificial Intelligence*, vol. 4, pp. 1-15, 1990.

[7] J. Lladós, E. Martí, and J. J. Villanueva, "Symbol recognition by error-tolerant subgraph matching between region adjacency graphs," *IEEE Trans. Pattern Anal. Mach. Intell.*, vol. 23, no. 10, pp. 1137-1143, 2001.

[8] S. W. Lu, Y. Ren, and C. Y. Suen, "Hierarchical attributed graph representation and recognition of handwritten Chinese characters," *Pattern Recognition*, vol. 24, no. 7, pp. 617-632, 1991.

[9] J. Rocha and T. Pavlidis, "A shape analysis model with applications to a character recognition system," *IEEE Trans. Pattern Anal. Mach. Intell.*, vol. 16, no. 4, pp. 393-404, 1994.

[10] V. Cantoni, L. Cinque, C. Guerra, S. Levialdi, and L. Lombardi, "2-D object recognition by

multi-scale tree matching," *Pattern Recognition*, vol. 31, no. 10, pp. 1443-1454, 1998.

[11] M. Pelillo, K. Siddiqi, and S. W. Zucker, "Matching hierarchical structures using association graphs," *IEEE Trans. Pattern Anal. Mach. Intell.*, vol. 21, no. 11, pp. 1105-1120, 1999.

[12] F. Serratosa, R. Alquézar, and A. Sanfeliu, "Function-described graphs for modeling objects represented by sets of attributed graphs," *Pattern Recognition*, vol. 36, no. 3, pp. 781-798, 2003.

[13] E. K. Wong, "Model matching in robot vision by subgraph isomorphism," *Pattern Recognition*, vol. 25, no. 3, pp. 287-303, 1992.

[14] K. Shearer, H. Bunke, and S. Venkatesh, "Video indexing and similarity retrieval by largest common subgraph detection using decision trees," *Pattern Recognition*, vol. 34, no. 5, pp. 1075-1091, 2001.

[15] J. R. Ullman, "An algorithm for subgraph isomorphism," *Journal of ACM*, vol. 23, no. 1, pp. 31-42, Jan. 1976.

[16] J. J. McGregor, "Backtrack search algorithms and the maximal common subgraph problem," *Software-Practice and Experience*, vol. 12, no. 1, pp. 23-24, 1982.

[17] H. Bunke, X. Jiang, and A. Kandel, "On the minimum common supergraph of two graphs," *Computing*, vol. 65, no. 1, pp. 13-25, 2000.

[18] D. C. Schmidt and L. E. Druffel, "A fast backtracking algorithm to test directed graphs for isomorphism using distance matrices," *J. ACM*, vol. 23, no. 3, pp. 433-445, 1976.

[19] L. P. Cordella, P. Foggia, C. Sansone, and M. Vento, "Fast graph matching for detecting cad image components," in 15*th International Conference on Pattern Recognition*, 2000, pp. 6034-6037.

[20] C. S. L. P Cordella, P. Foggia and M. Vento, "An improved algorithm for matching large graphs," in *Proc. 3rd IAPR Workshop Graph-Based Representations in Pattern Recognition*, 2001, pp. 149-159.

[21] P. Fosser, R. Glantz, M. Locatelli, and M. Pelillo, "Swap strategies for graph matching," in *GbRPR*, ser. Lecture Notes in Computer Science, E. R. Hancock and M. Vento, Eds., vol. 2726. Springer, 2003, pp. 142-153.

[22] B. McKay, "Practical graph isomorphism," *Congressus Numerantum*, vol. 30, pp. 45-87, 1981.

[23] E. Luks, "Isomorphism of graphs bounded valence can be tested in polynomial time," *Journal of Computer and System Sciences*, vol. 25, pp. 42-65, 1982.

[24] J. E. Hopcroft and J. K. Wong, "Linear time algorithm for isomorphism of planar graphs (preliminary report)," in *STOC '74: Proceedings of the sixth annual ACM symposium on Theory of computing*. New York: ACM Press, 1974, pp. 172-184.

[25] M. R. Grarey and D. S. Johnson, *Computers and Intractability: A Guide to the Theory of NP-Completeness*. New York: W. H. Freeman & Co., 1979.

[26] E. B. Krissinel and K. Henrick, "Common subgraph isomorphism detection by backtracking

search," *Softw.*, *Pract. Exper.*, vol. 34, no. 6, pp. 591-607, 2004.

[27] Y. Wang and C. Maple, "A novel efficient algorithm for determining maximum common subgraphs," in *9th International Conference on Information Visualisation*, *IV* 2005, 6-8, *July* 2005, *London*, *UK*. IEEE Computer Society, 2005, pp. 657-663.

[28] E. Balas and C. S. Yu, "Finding a maximum clique in an arbitrary graph," *SIAM J. Comput.*, vol. 15, no. 4, pp. 1054-1068, 1986.

[29] P. J. Durand, R. Pasari, J. W. Baker, and C. che Tsai, "An efficient algorithm for similarity analysis of molecules," *Internet Journal of Chemistry*, vol. 2, no. 17, 1999.

[30] C. Bron and J. Kerbosch, "Finding all the cliques in an undirected graph," *Communication of the ACM*, vol. 16, pp. 189-201, 1973.

[31] H. Bunke, P. Foggia, C. Guidobaldi, C. Sansone, and M. Vento, "A comparison algorithms for maximum common subgraph on randomly connected graphs," in *Structural*, *Syntactic*, *and Statistical Pattern Recognition*, *Joint IAPR International Workshops SSPR* 2002 *and SPR* 2002, *Windsor*, *Ontario*, *Canada*, *August* 6-9, 2002, *Proceedings*. *Lecture Notes in Computer Science* Vol. 2396, 2002, pp. 123-132.

[32] D. Conte, P. Foggia, and M. Vento, "Challenging complexity of maximum common subgraph detection algorithms: A performance analysis of three algorithms on a wide database of graphs," *Journal of Graph Algorithms and Applications*, vol. 11, no. 1, pp. 99-143, 2007.

[33] I. M. Bomze, M. Budunuch., P. M. Paralos, and M. Pelillo, *The Maximum Clique Problem*. Dordrecht: Kluwer Academic Publisher, 1999.

[34] P. J. Dichinson, H. Bunke, A. Dadej, and M. Kraetzl, "Matching graphs with unique node labels," *Pattern Anal. Appl.*, vol. 7, no. 3, pp. 243-254, 2004.

[35] J. W. Raymond and P. Willett, "Maximum common subgraph isomorphism algorithms for the matching of chemical structures," *Journal of Computer-Aided Molecular Design*, vol. 16, no. 7, pp. 521-533, 2002.

[36] Y. Takahashi, Y. Satoh, H. Suzuki, and S. Sasaki, "Recognition of largest common structural fragment among a variety of chemical structures," *Analytical Sciences*, vol. 3, no. 1, pp. 23-28, 1987.

[37] H. Y. Sumio Masuda and E. Tanaka, "Algorithm for finding one of the largest common subgraphs of two three-dimensional graph structures," *Electronics and Communications in Japan* (*Part III*: *Fundamental Electronic Science*), vol. 81, no. 9, pp. 48-53, 1998.

[38] H. Bunke, "On a relation between graph edit distance and maximum common subgraph," *Pattern Recognition Letters*, vol. 18, no. 8, pp. 689-694, 1997.

[39] H. Bunke and K. Shearer, "A graph distance metric based on maximum common subgraph," *Pattern Recognition Letters*, vol. 19, no. 3-4, pp. 255-259, 1998.

[40] W. D. Wallis, P. Shoubridge, M. Kraetz, and D. Ray, "Graph distances using graph union," *Pattern Recognition Letters*, vol. 22, no. 6/7, pp. 701-704, 2001.

[41] M. -L. Fernández and G. Valiente, "A. graph distance metric combining maximum common

subgraph and minimum common supergraph," *Pattern Recognition Letters*, vol. 22, no. 6/7, pp. 753-758, 2001.

[42] A. Dumay, R. van der Greest, J. Gerbrands, E. Jansen, and J. Reiber, "Consistent inexact graph matching applied to labeling coronary segments in arteriograms," In Proc. 11*th* *International Conference on Pattern Recognition*, 1992, pp. III:439-442.

[43] S. Berretti, A. D. Bimbo, and E. Vicario, "Efficient matching and indexing of graph models in content-based retrieval," *IEEE Trans. Pattern Anal. Mach. Intell.*, vol. 23, no. 10, pp. 1089-1105, 2001.

[44] F. Serratosa, R. Alquezar, and A. Sanfeliu, "Function-described graphs: a fast algorithm to compute a sub-optimal matching measure," in *Proceedings of the 2nd IAPR-TC15 Workshop on Graph-based Representations in Pattern Recognition*, 1999, pp. 71-77.

[45] R. Allen, L. Cinque, S. L. Tanimoto, L. G. Shapiro, and D. Yasuda, "A parallel algorithm for graph matching and its maspar implementation," *IEEE Trans. Parallel Distrib. Syst.*, vol. 8, no. 5, pp. 490-501, 1997.

[46] S. Auwatanamonkol, "Inexact graph matching using a genetic algorithm for image recognition," *Pattern Recognition Letters*, vol. 28, no. 12, pp. 1428-1437, 2007.

[47] A. D. J. Cross, R. C. Wilson, and E. R. Hancock, "Inexact graph matching using genetic search," *Pattern Recognition*, vol. 30, no. 6, pp. 953-970, 1997.

[48] M. Singh, A. Chatterjee, and S. Chaudhury, "Matching structural shape descriptions using genetic algorithms," *Pattern Recognition*, vol. 30, no. 9, pp. 1451-1462, September 1997.

[49] P. N. Suganthan, "Structural pattern recognition using genetic algorithms," *Pattern Recognition*, vol. 35, no. 9, pp. 1883-1893, 2002.

[50] Y.-K. Wang, K.-C. Fan, J.-T. Horng, "Genetic-based search for error-correcting graph isomorphism," *IEEE Transactions on Systems, Man, and Cybernetics, Part B*, vol. 27, no. 4, pp. 588-597, 1997.

[51] K. A. D. Jong and W. M. Spears, "Using genetic algorithms to solve NP-complete problems," in *ICGA*, J. D. Schaffer, Ed. Morgan Kaufmann, 1989, pp. 124-132.

[52] T. Caelli and S. Kosinov, "An eigenspace projection clustering method for inexact graph matching," *IEEE Trans. Pattern Anal. Mach. Intell.*, vol. 26, no. 4, pp. 515-519, 2004.

[53] B. Luo, R. C. Wilson, and E. R. Hancock, "Spectral embedding of graphs," *Pattern Recognition*, vol. 36, no. 10, pp. 2213-2230, 2003.

[54] A. Robles-Kelly and E. R. Hancock, "Graph edit distance from spectral seriation," *IEEE Trans. Pattern Anal. Mach. Intell.*, vol. 27, no. 3, pp. 365-378, 2005.

[55] A. Shokoufandeh, D. Macrini, S. J. Dickinson, K. Siddiqi, and S. W. Zucker, "Indexing hierarchical structures using graph spectra," *IEEE Trans. Pattern Anal. Mach. Intell.*, vol. 27, no. 7, pp. 1125-1140, 2005.

[56] S. Umeyama, "An eigendecomposition approach to weighted graph matching problems," *IEEE Transactions on Pattern Analysis and Machine Intelligence*, vol. 10, no. 5, pp. 695-703, Sep-

tember 1988.

[57] R. C. Wilson and E. R. Hancock, "Levenshtein distance for graph spectral features," in 17*th International Conference on Pattern Recognition*, 2004, pp. 489-492.

[58] L. Xu and I. King, "A. PCA approach for fast retrieval of structural patterns in attributed graphs," *IEEE Transactions on Systems, Man and Cybernetics-part B*, vol. 31, no. 5, pp. 812-817, October 2001.

[59] M. Carcassoni and E. R. Hancock, "Weighted graph-matching using modal clusters," in *CAIP'* 01: *Proceedings of the* 9*th International Conference on Computer Analysis of Images and Patterns*. London, UK: Springer-Verlag, 2001, pp. 142-151.

[60] S. Kosinov and T. Caelli, "Inexact multisubgraph matching using graph eigenspace and clustering models," in *Structural, Syntactic, and Statistical Pattern Recognition, Joint IAPR International Workshops SSPR* 2002 *and SPR* 2002, *Windsor, Ontario, Canada, August* 6-9, 2002, *Proceedings. Lecture Notes in Computer Science Vol.* 2396, 2002, pp. 133-142.

[61] A. Shokoufandeh and S. J. Dickinson, "A unified framework for indexing and matching hierarchical shape structures," in *IWVF*, ser. Lecture Notes in Computer Science, C. Arcelli, L. P. Cordella, and G. S. di Baja, Eds., vol. 2059. Springer, 2001, pp. 67-84.

[62] W.-J. Lee, R. P. W. Duin, and H. Bunke, "Selecting structural base classifiers for graph-based multiple classifier systems," in *MCS*, ser. Lecture Notes in Computer Science, N. E. Gayar, J. Kittler, and F. Roli, Eds., vol. 5997, Springer, 2010, pp. 155-164.

[63] W. J. Christmas, J. Kitter, and M. Petrou, "Structural matching in computer vision using probabilistic relaxation," *IEEE Trans. Pattern Anal. Mach. Intell.*, vol. 17, no. 8, pp. 749-764, 1995.

[64] R. C. Wilson and E. R. Hancock, "Structural matching by discrete relaxation," *IEEE Trans. Pattern Anal. Mach. Intell.*, vol. 19, no. 6, pp. 634-648, 1997.

[65] B. Luo and E. R. Hancock, "Structural graph matching using the EM algorithm and singular value decomposition," *IEEE Trans. Pattern Anal. Mach. Intell.*, vol. 23, no. 10, pp. 1120-1136, 2001.

[66] A. P. Dempster, N. M. Laird, and D. B. Rubin, "Maximum likelihood from incomplete data via the EM algorithm," *Journal of the Royal Statistical Society*, vol. 39, no. 1, pp. 1-38, 1977. [Online]. Available: http://links.jstor.org/sici? sici=0035-9246\%281977\%2939\%3A1\%3C1\%3AMLFIDV\%3E2.0.CO\%3B2-Z

[67] S. Gold and A. Rangarajan, "A. graduate assignment algorithm for graph matching," *IEEE Trans. Pattern Anal. Mach. Intell.*, vol. 18, no. 4, pp. 377-388, 1996.

[68] D. Conte, P. Foggia, C. Sansone, and M. Vento, "Thirty years of graph matching in pattern recognition," *International Journal of Pattern Recognition and Artificial Intelligence*, vol. 18, no. 3, pp. 265-298, 2004.

[69] H. Bunke and G. Allerman, "Inexact graph matching for structural pattern recognition," *Pattern Recognition Letters*, vol. 1, no. 4, pp. 245-253, 1983.

[70] M. A. Eshera and K. S. Fu,"A graph distance measure for image analysis," *IEEE Transactions on Systems, Man and Cybernetics*, vol. 14, pp. 398-408, 1984.

[71] A. Sanfeliu and K. Fu,"A distance measure between attributed relational graphs for pattern recognition," *IEEE Transactions on Systems, Man and Cybernetics*, vol. 13, no. 3, pp. 353-362, May 1983.

[72] W. H. Tsai and K. S. Fu,"Error-correcting isomorphisms of attributed relational graphs for pattern analysis," *IEEE Transactions on Systems, Man and Cybernetics*, vol. 9, pp. 757-768, 1979.

[73] M. Neuhaus and H. Bunke,"Automatic learning of cost functions for graph edit distance," *Inf. Sci.*, vol. 177, no. 1, pp. 239-247, 2007.

[74] E. S. Ristad and P. N. Yianilos,"Learning string-edit distance," *IEEE Trans. Pattern Anal. Mach. Intell.*, vol. 20, no. 5, pp. 522-532, 1998.

[75] T. Kohonen,*Self-Organizing Maps*. Berlin: Springer, 1995.

[76] M. Neuhaus and H. Bunke,"Self-organizing maps for learning the edit costs in graph matching," *IEEE Transactions on Systems, Man and Cybernetics, Part B*, vol. 35, no. 3, pp. 503-514, 2005.

[77] P. E. Hart, N. J. Nilsson, and B. Raphael,"A formal basis for the heuristic determination of minimum costs paths," *IEEE Transactions on Systems, Man and Cybernetics*, vol. 4, no. 2, pp. 100-107, 1968.

[78] A. Torsello, D. H. Rowe, and M. Pelillo,"Polynomial-time metrics for attributed trees," *IEEE Trans. Pattern Anal. Mach. Intell.*, vol. 27, no. 7, pp. 1087-1099, 2005.

[79] M. Neuhaus and H. Bunke,"An error-tolerant approximate matching algorithm for attributed planar graphs and its application to fingerprint classification," in *SSPR/SPR*, ser. Lecture Notes in Computer Science, A. L. N. Fred, T. Caelli, R. P. W. Duin, A. C. Campilho, and D. de Ridder, Eds., vol. 3138, Springer, 2004, pp. 180-189.

[80] M. C. Boeres, C. C. Ribeiro, and I. Bloch,"A randomized heuristic for scene recognition by graph matching," in *WEA*, ser. Lecture Notes in Computer Science, C. C. Ribeiro and S. L. Martins, Eds., vol. 3059. Springer, 2004, pp. 100-113.

[81] D. Justice and A. O. Hero,"A binary linear programming formulation of the graph edit distance," *IEEE Trans. Pattern Anal. Mach. Intell.*, vol. 28, no. 8, pp. 1200-1214, 2006.

[82] M. Neuhaus, K. Riesen, and H. Bunke,"Fast suboptimal algorithms for the computation of graph edit distance," in *Joint IAPR International Workshops*, *SSPR and SPR* 2006, *Lecture Notes in Computer Science* 4109, 2006, pp. 163-172.

[83] K. Riesen and H. Bunke,"Approximate graph edit distance computation by means of bipartite graph matching," *Image and Vision Computing*. vol. 27, no. 7, pp. 950-959, 2009.

[84] B. Xiao, X. Gao, D. Tao, and X. Li,"HMM-based graph edit distance for image indexing," *International Journal of Imaging Systems and Technology-Multimedia Information Retrieval*, vol. 8, no. 2-3, pp. 209-218, 2008.

[85] X. Gao, B. Xiao, D. Tao, and X. Li,"A survey of graph edit distance," *Pattern Analysis and Applications*, *vol.* 13, pp. 113-129, 2010.

[86] J. Munkres,"Algorithms for the assignment and transportation problems," *Journal of the Society of Industrial and Applied Mathematics*, vol. 5, no. 1, pp. 32-38, March 1957.

[87] K. Riesen and H. Bunke, *Graph Classification and Clustering Based on Vector Space Embedding*. World Scientific, 2012.

[88] S. Fankhauser, K. Riesen, and H. Bunke, "Speeding up graph edit distance computation through fast bipartite matching," in *GbRPR*, ser. Lecture Notes in Computer Science , X. Jiang, M. Ferrer, and A. Torsello, Eds. , vol. 6658, Springer, 2011, pp. 102-111.

[89] R. Jonker and T. Volgenant,"A shortest augmenting path algorithm for dense and sparse linear assignment problems," *Computing*, vol. 38, pp. 325-340, 1987.

[90] K. Riesen, S. Fankhauser, H. Bunke, and P. J. Dickinson, "Efficient suboptimal graph isomorphism," in *GbRPR*, ser. Lecture Notes in Computer Science, A. Torsello, F. Escolano, and L. Brun, Eds. , vol. 5534, Springer, 2009, pp. 124-133.

[91] H. Bunke and S. Günter, "Weighted mean of a pair graphs," *Computing*, vol. 67, no. 3, pp. 209-224, 2001.

[92] P. Indyk,"Algorithmic applications of low-distortion geometric embeddings," in *IEEE Symposium on Foundations of Computer Science*, 2001, pp. 10-33.

[93] K. Grauman and T. Darrell,"Fast contour matching using approximate earth mover's distance," in *Proceedings of the* 2004 *IEEE Computer Society Conference on Computer Vision and Pattern Recognition*, 2004, pp. 220-227.

[94] M. F. Demirci, A. Shokoufandeh, Y. Keselman, L. Bretzner, and S. J. Dickinson, "Object recognition as many-to-many feature matching," *International Journal of Computer Vision*, vol. 69, no. 2, pp. 203-222, 2006.

[95] R. C. Wilson, E. R. Hancock, and B. Luo, "Pattern vectors from algebraic graph theory," *IEEE Trans. Pattern Anal. Mach. Intell.* , vol. 27, no. 7, pp. 1112-1124, 2005.

[96] A. Robels-Kelly and E. R. Hancock,"A Riemannian approach to graph embedding," *Pattern Recognition*, vol. 40, no. 3, pp. 1042-1056, 2007.

[97] E. Pekalska and R. Duin, *The Dissimilarity Representation for Pattern Recognition-Foundations and Applications*. World Scientific, 2005.

[98] B. Spillmann, M. Neuhaus, H. Bunke, E. Pekalska, and R. P. W. Duin, "Transforming strings to vector spaces using prototype selection," in *Structural*, *Syntactic*, *and Statistical Pattern Recognition*, *Joint IAPR International Workshops*, *SSPR* 2006 *and SPR* 2006, *Hong Kong*, *China*, *August* 17-19, 2006, *Proceedings*, 2006, pp. 287-296.

[99] C. de la Higuera and F. Casacuberta, "Topology of strings: Median string is NP-complete," *Theor. Comput. Sci.* , vol. 230, no. 1-2, pp. 39-48, 2000.

[100] M. Ferrer, F. Serratosa, and A. Sanfeliu, "Synthesis of median spectral graph," in *Second Iberian Conference of Pattern Recognition and Image Analysis. Volume* 3523 *LNCS*, 2005, pp.

139-146.

[101] A. Hlaoui and S. Wang, "Median graph computation for graph clustering," *Soft Comput.*, vol. 10, no. 1, pp. 47-53, 2006.

[102] X. Jiang, A. Münger, and H. Bunke, "On median graphs: Properties, algorithms, and applications," *IEEE Trans. Pattern Anal. Mach. Intell.*, vol. 23, no. 10, pp. 1144-1151, 2001.

[103] D. White and R. C. Wilson, "Mixing spectral representations of graphs," In Proc. 18*th International Conference on Pattern Recognition* (*ICPR* 2006), 20-24, *August* 2006, *Hong Kong*, *China*. IEEE Computer Society, 2006, pp. 140-144.

[104] M. Ferrer, E. Valveny, F. Serratosa, I. Bardají, and H. Bunke, "Graph-based k-means clustering: A computation of the set median versus the generalized median graph," in *CAIP*, ser. Lecture Notes in Computer Science, X. Jiang and N. Petkov, Eds., vol. 5702. Springer, 2009, pp. 342-350.

[105] M. Ferrer, E. Valveny, F. Serratosa, K. Riesen, and H. Bunke, "Generalized median graph computation by means of graph embedding in vector spaces," *Pattern Recognition*, vol. 43, no. 4, pp. 1642-1655, 2010.

[106] K. Riesen, M. Neuhaus, and H. Bunke, "Graph embedding in vector spaces by means of prototype selection," in 6*th IAPR-TC*-15 *International Workshop*, *GbRPR* 2007, ser. Lecture Notes in Computer Science, vol. 4538. Springer, 2007, pp. 383-393.

[107] C. Bajaj, "The algebraic degree of geometric optimization problems," *Discrete Comput. Geom.*, vol. 3, no. 2, pp. 177-191, 1988.

[108] S. L. Hakimi, *Location Theory*. CRC Press., 2000.

[109] E. Weiszfeld, "Sur le point pour lequel la somme des distances de ŋ point donnés est minimum," *Tohoku Mach. Journal*, no. 43, pp. 355-386, 1937.

第 14 章
图在形状匹配与图像分类中的作用

Benjamin Kimia

14.1 引言

本章从结构量的变化与度量变换的视角探索了图在计算机视觉中的价值,并将其用于解决匹配与分类问题。这一章简明地概述了我们在匹配和识别问题中使用冲击图以及在分类问题中使用邻近图的特定方法。这些方法的主要思想是可以借助图来表达**离散拓扑**概念,无论涉及的是形状空间还是分类空间。具体地说,我们将形状匹配和分类任务都看作是首先建立一个相似性空间,接下来将一个点到另一个点的测地线代价计算为沿此路径的内部差异性。形状匹配技术使用的是冲击图,它是中轴线算法的一种形式,而图像分类技术使用的是邻近图。

在计算机视觉领域,图是普遍存在的,正如本书论述和引用的大量研究工作所证实的那样。对于为什么会出现这种情况可以通过观察由目标(例如,马)的一个等价类产生的图像集来获得:这组图像受到大量各式各样视觉变换的影响,例如光照的变化、姿态、观察距离、遮挡、清晰度,类内的多变性、相机增益控制、与背景杂波的交互影响,以及其他方面。对这些种类繁多的变化的共同特征进行排序来建立一个等价类当然是一项难以置信的举动,而通过我们人类的视觉系统来解决这种问题是很平常的一件事情。

相比之下,目标的正则性将它们置于一个可嵌入到极高维图像空间的低维空间中。即使在这个低维空间目标表示形式的分布也不是均匀的。相反,在**相似性空间**中,将来自同一个类的目标聚在一起,并将其作为一个聚类布局在相似类别的邻域内,如图 14.1 所示。这意味着沿任意一条路径从一个类别的样例遍历到另一个类别的样例时,比如从一只长颈鹿到一匹马,可能会观察到两种截然不同的情形:刚开始一只长颈鹿的变形可能会使我们获得其他的长颈鹿样例,但是由于在类型和幅度上发生了变形,我们会冒无类型样例的风险,最终使我们获得了马的样例。这展示了我们通常在计算机视觉中观察到的**对偶特性**,一个是**定量**和**度量**,另一个是**结构**和**量化**步骤。这种对偶特性是支撑计算机视觉算法成功的一个关键挑战:函数优化是度量并且通常假设有统一的结构,而所需要的是优化量的变化和度量变化。属性图作为一种表示形式的内在价值就体现在这里:它同时包含这两个方面。

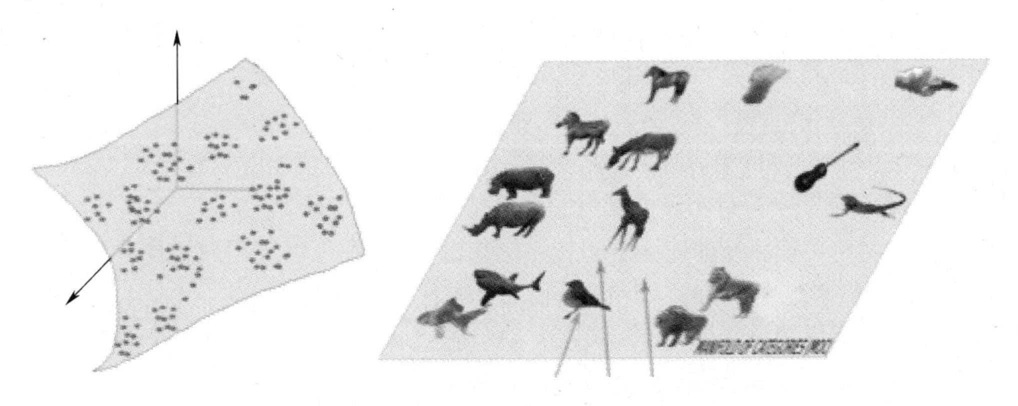

图 14.1　(左图)图像、形状、类别等要素的可观察空间的卡通视图:作为低维空间中的一个流形嵌入到一个非常高维的空间中。将这些抽象点分布在恰当的相似性空间时其结构实质上实现了聚类,反映了目标和类别的本质,正如右图类别空间所展示的那样。(右图)类别的相似性空间自然地反映了分类的基础层、超级层和次超级层上类别的拓扑结构以及样例类别的聚类情况。

Jan Koenderink 发现利用表示形式实现形状匹配时存在一个基本规律,那就是形状的表示形式可以是**静态**的也可以是**动态**的[1]。在**静态**表示形式中,将每个形状都映射到某种抽象空间(例如,高维欧氏特征空间)中的一个点,然后通过度量空间中两个表示形式之间的距离(例如,利用欧氏距离)实现两个形状的匹配。相反地,在**动态**表示形式中,两个点的匹配不是通过度量表示空间中的距离来实现的,而是基于以本征方式将一种表示形式变形到另一种表示形式的代价来实现的①。代价本身的计算是通过将每个形状时变形到一个邻近形状时的代价都累加起来实现的,因此需要一个基本的原子代价来比较两个极其接近的形状。这样,就可以将变形代价看作是潜在相似度空间中两个形状之间的**测地线**代价。这对于分类空间同样适用。动态表示形式的主要优点在于它只允许采用合规的变换。相比之下,静态空间中就隐含地存在着不合规的变换。此外,当我们考虑匹配的要求时,嵌入空间中的直线可能不是合适的测地线。例如,它可能不会遍历或对应于“合规”的形状。

本章论述的框架就是基于这些想法并且比较具有普遍性。基本要素是视觉构件,例如形状、类别、图像片段,等等。通常假设这些构件具有内在的相似性意义,

① 这类似于在切线空间通过完全局部定义的内积来构建一个黎曼度量,然而它也能够定义全局的测地线代价。关键是不需要嵌入就可以做到这一点。

这样就可以用来定义一个如上所述的连续空间。下一步就是求解连接两个点的最优测地线，其代价能定义全局意义上的相似性，然而，这样的方法必须考虑到：对于任何一种实际实现方式，必须对相似性空间做离散化，从而可以利用一种切实可行的方式来计算测地线路径的代价。这样的离散化需要如下三个步骤：

1. 在潜在空间中定义点（形状、类别等）的等价类；
2. 定义何种等价类有直接邻域关系；
3. 定义从一个等价类转变到另一个等价类的原子代价。

这一结构将把原来的连续空间转换为离散空间，并可以利用**属性图**有效地表示后者：每个等价类是图的一个节点，而每个直接邻域定义了图的一个连接或一条边。把每个图连接与一个代价相关联有助于通过求和方式计算每个测地线路径的代价。我们现在以两个例子为背景阐述这种结构的构造方法，一个是以识别为目的的形状匹配，另一个是以检索为目的的图像分类。

14.2 基于冲击图的形状匹配

虽然**形状**或**形式**一词对我们来说有着强烈的直觉意义，如图 14.2 所示。但是，在计算机视觉领域构造这样一个概念却很难懂。形状的意义包含多个方面[2]：(1)它同时涉及**形状轮廓**和**形状内部结构**的表示。对于“颈部”目标，像轮廓切线这样的概念在一种情况中是显式的，而在另一种情况中就是隐式的，反之亦然；(2)形状包括**局部**属性和**全局**属性；(3)可以将形状看作是由部位的层级结构形成的，或者看作一个整体；(4)形状在各种**尺度**下都能感知到。通过简单地集成嵌入到高维欧氏空间中的特征来表示这一复杂概念是很难捕捉到形状的微妙之处的。

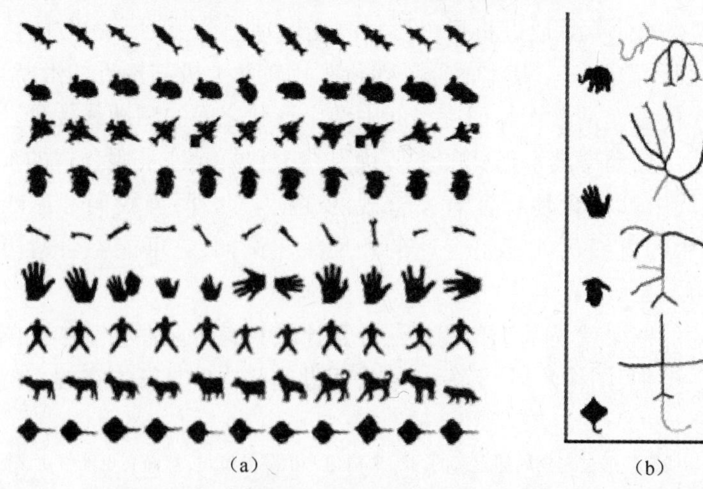

图 14.2 (a)在评价形状匹配算法的性能上使用得很广泛的一个形状数据库；(b)通过展示冲击分段的分解情况而不是冲击动力学来部分阐释若干形状的冲击图。

我们的形状匹配方法是基于**冲击图**来实现的。冲击图是**中轴**的一个变体。形式上,中轴是至少有两个点与形状的轮廓相切的圆的中心的闭包。构造中轴的一种典型做法是将其作为燃烧模型的淬火点,此时将形状看作是起火点发端于形状边界的草地[3]。与波的传播相类比,中轴也可以看作是行进中的波前的冲击点[4,2]。在这种情况下,每个冲击点都有一个与其相关的动态特性,这比中轴的静态特性能提供更精细的分类;一些点是流的源点,一些点是流的汇点,还有一些点是流的接合点,它们之间通过连续的流段相连接,这样就引出了冲击图的正式定义:将冲击图定义为一个有向图,其中的节点代表流的源点、汇点和接点,而链接是连接这些点的连续段。可以参考文献[5]了解一下局部形式冲击点的正式分类,文献[6]关于其在二维识别中的应用,文献[7]关于其在三维识别中的应用,以及文献[8]关于基于自顶向下模型的分割。图 14.2(b)展示了几个例子。可以看到,冲击图的这种动态特性有助于将中轴以几何分解方式分成更细的分支,从而可以通过更丰富的信息实现定性描述。给定一个中轴骨架,我们可以得到产生它的形状等价类的大致思路,但若给定冲击图的话,这个类可以定义得更好。无需任何度量信息就可以利用冲击图的拓扑结构捕捉到形状的分类结构是其能成功地用于实现形状识别的一个关键因素。那么,冲击图上冲击传播的实际动态特性为其重构提供了度量结构[5]。冲击图的拓扑结构为引言所述的三个步骤中的第一个带来了答案:

定义 14.2.1

如果两个形状共享同样的冲击图拓扑结构,那么就称它们是等价的。形状单元是指共享同一冲击图拓扑结构的所有形状组成的集合。

这种**形状单元**将形状空间**离散化**为各种形状等价类。

该过程的第二步是以表示形式的不稳定性为基础建立起来的。任何表示形式都涉及这种**不稳定性**或**转变**,可以将其定义为这样的点——在这些点上形状会受到一个无限小的光滑扰动且表示形式会发生**结构变化**。由于形状的小小改变会造成表示形式出现大的变化,因而这是不稳定的。每一种表示形式都会经历这样的不稳定性,例如,利用一个多边形表示形状的边界,等等。这些不稳定性限定了形状单元的邻域结构,如图 14.3(a)所示;形状单元中的形状在不稳定状态发生变形时可能会出现进入一个完全不同形状单元的风险。因此,如果一个形状单元中的形状可以通过单一的转变操作变换为另一个形状单元中的形状,那么这两个形状单元就是邻近的,连续变形的情况除外。那么,遍历相同形状单元的路径的等价类可以为第二个离散化步骤提供解决方案。

定义 14.2.2

如果两个变形路径遍历相同的形状单元有序集,那么它们就是等价的,如图 14.3(b)所示。

我们提出的方法的第三部分涉及从一个形状单元到另一个形状单元的原子代价。当结构一致性不是问题时，对两个非常接近的形状施加变形所需的代价是很容易定义的。例如，可以使用 **Hausdorff 度量**或其变种来实现。过去我们所使用的度量惩罚的是冲击图的几何属性和动态属性的差异[6]。在所有这些路径中搜索可以产生测地线，它是一种代价最低的路径，定义了两个形状之间的差异性度量，如图 14.3(c)所示。

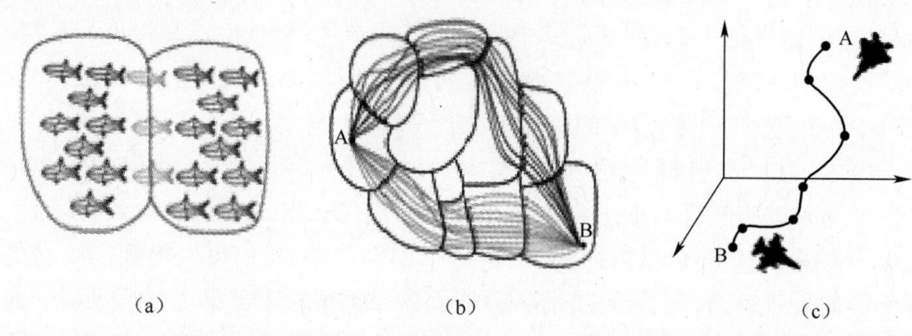

图 14.3 图(a)：两个形状集合中的每一个都定义了一个形状单元，这两个形状单元是直接邻域；图(b)：从形状 A 到形状 B 的路径集合可以划分为若干路径等价类，如果两条路径是由相同的转换序列组成，那么这两条路径就是等价的；(c)那么，两个形状之间的测地线就是代价最小的路径，并且这个代价定义了两个形状之间的差异。来自文献[6]。

对形状空间执行这种三步离散化过程之后，剩下要做的就是研究从一个形状到另一个形状的变形路径的所有等价类。一个更重要的使该问题具有有限性并不失一般性的方面是避免考虑那些毫无必要地造成了复杂性而后又回到简单性的路径。这可以通过将两个形状之间的完整路径分解成两个具有非递增复杂性的路径来实现，如图 14.4 (a)所示。因此，完整的空间则结构化为两棵有限树，每棵树的根部则对应着两个形状之一，如图 14.4(b)所示；这两棵树的许多节点都是等价的。我们的任务是搜索这个空间中代价最小的路径，即图 14.4(c)所示的测地线，可以利用图对其进行表示。

一种高效搜索该空间的方法是利用动态规划，这需要对冲击图域具有自适应性。具体来说，冲击图的每次不稳定表现或者转变都可以看作是图域中的一次**编辑**。因此，我们提出了一种关于冲击图的编辑距离，它在运行时具有多项式时间复杂度，详细内容请读者参考文献[9,10,6]。最终的解产生了最优变形路径和一个基于相似性的代价，我们将后者看作是两个形状之间的距离，如图 14.5 所示。这种距离已被有效地应用于形状匹配，并在多个数据集上展示了其性能[6]。图 14.6 展示的是在 Kimia-99 和 Kimia-216 形状数据库上形状识别的性能[11]。

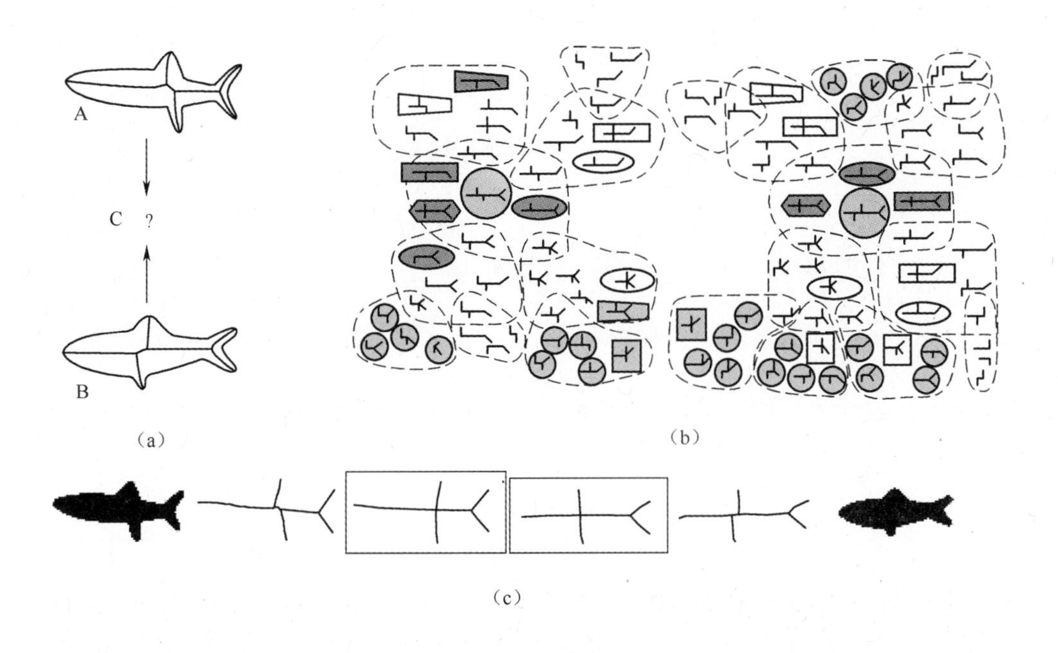

图14.4　(a):两个形状及其冲击图;(b)展示了从一条鱼到另一条鱼的各种变形路径的可能等价类的集合;(c):这种情况下最优路径为每个形状均执行了一次转换。然而,一般来说,测地线执行了更多次的转换。来自文献[6]。

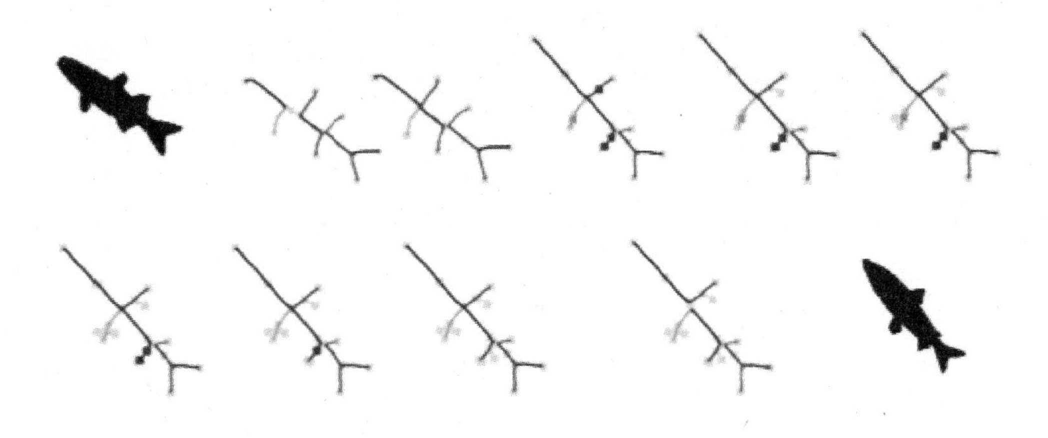

图14.5　通过冲击图上的运算对一条鱼到另一条鱼的转换实现优化的编辑序列。

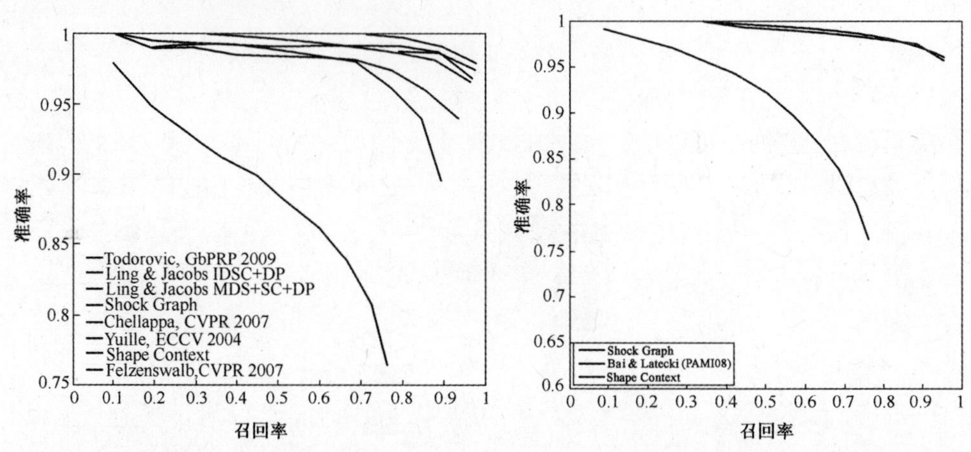

图 14.6 基于上述方法的冲击图匹配在 Kimia-99 和 Kimia-216 形状数据库上的识别性能[11]。

14.3 基于邻近图的图像分类

能展示利用图来捕捉相似性空间局部拓扑结构的另一个例子是分类任务①。利用前一节所述的局部相似性和邻域结构成功地构造了形状空间的显式结构激发了构造抽象类空间(表示为空间 X)的相似性结构。假设可以在空间 X 中定义一个关于任意一对点差异性的度量 d ,期望当类别之间非常类似时这一度量就特别有意义,而当类别之间不相似时该度量就不一定有意义。给定一个查询样例 q ,邻近搜索任务的目标是指求得其最近的邻域或者一个给定范围内的邻域。通常情况下,该度量的计算代价高昂,使得在不借助某种形式**检索结构**[12-15]的情况下以 $O(N)$ 的复杂度计算 $d(q,x_i)$ 是不可行的。其中, x_i 是度量空间 X 中 N 个采样点中的一个。这里的主要思想是利用**邻近图**表示一个度量空间,并利用这种**离散拓扑结构**构造一种**层级式检索**来实现**次线性搜索**,这有助于点的动态**插入**和**删除**而实现**增量学习**。

14.3.1 检索:欧氏空间与度量空间的比较

欧氏空间中的检索与一般度量空间中的检索有着显著的区别,特别是当后者本身呈现高维时更是如此。一般情况下,欧氏空间的检索依赖于经典的空域访问方法,如 KD 树[16]、R 树[17]和四叉树[18],这些方法在计算机视觉领域的应用具有悠久的历史,如文献[19,20]。然而,当目标不能表示为欧氏空间中的点时,通常会

① 该研究工作是在美国布朗大学工学部 Maruthi Narayanan 和 Benjamin Kimia 的研究报告 LEMS-211(Proximity Graphs:Applications to Shape Categorization,June 2010)的基础上展开的。

使用一种**低失真的嵌入**(例如,Karhunen-Loeve 变换[21]、PCA[22]、MDS[23,24]和随机投影[25-27])来逼近度量空间。遗憾的是,形状空间的低失真嵌入需要一个极高维的全局空间:利用早先描述的形状相似性度量,锤子(正方形)和鸟(菱形)这两个类别在 $\mathbb{R}^2$ 空间中可以得到很好的分离,但是增加钥匙类别(三角形)的话就需要三维空间,如图 14.7 所示。当类别数更多时,这一趋势会继续表现出来,以至于存在若干类以上时嵌入就变得实用起来。众所周知,在超过 10~20 维时,由于**维数灾难**搜索就很难执行[28,29]。因此,欧氏空间的访问方法不适合我们这里的应用。

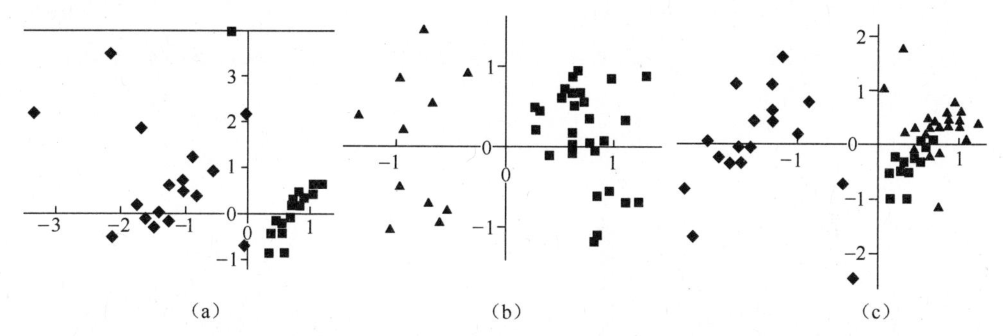

图 14.7　对于许多类别所需的嵌入维度很高:二维足够满足锤子和鸟的嵌入(a)(这可以通过标准的 MDS 来实现),或者锤子和钥匙的嵌入(b),但是锤子、钥匙和鸟三个类别就需要再增加一个维数。维数随新类别的不断增加呈亚线性速率增加,但是这样产生的维数非常高。

14.3.2　基于度量的检索方法

基于度量的检索方法可以追溯到 Burkhard 和 Keller 的研究工作[30]。这类方法通常使用了三角不等式和经典的分而治之策略[30-38];具体内容参见文献[39]中的综述。**基于度量的检索**方法通常是基于主元或者基于聚类提出的。**基于主元**的算法利用了查询对象到一组特异元素(主元或原型)间的距离。利用三角不等式可以舍弃那些由主元表示的元素且不必计算与查询对象之间的距离。当增加更多的主元时,这类算法的性能一般会改善,当然对于检索的空间需求也会增加。

聚类或**紧凑划分**算法将集合划分为各种尽可能紧凑的空间区域,或者通过由超平面定界的 Voronoi-类区域[33-35],或者利用覆盖半径[36,37],或者二者兼用[32]。它们不用对查询对象 q 与区域质心间的距离做多少计算就可以去掉完整区域。区域划分可以是**层级式**的,但是检索使用的是固定数量的内存空间,增加太多的空间对检索性能不会有提高。正如文献[14]所指出的,紧凑划分算法能更好地解决高维度量空间中的问题,而在维数超过 20 时基于主元的系统就不实用了。

我们已经研究了基于精确度量的方法,并且发现在我们的应用中这些方法的检索效率很差[41]，其中在形状数据库上 VP 树[33,38]、AESA[42]、不平衡 BK 树[43]、GH 树[33]和 GNAT[32]等方法的最高检索效率要数 AESA，在计算量上节省了39%，但这不足以应对更大的数据库。不理想的检索效率背后所存在的一个关键问题是数据的高维性，可用一个高峰直方图来表示，如图 14.8 所示。随着数据自身维数的增加，检索的效率会降低，这是因为所有元素彼此之间都或多或少具有相同的距离。直观地说，基于主元的方法在与主元具有相同距离的周围定义了点“环”。点环的相交部分指定了空间划分的区域。随着维度的增加，需要保持这些区域的空间紧凑性，就需要大量的点环，因而也就需要更多的主元。基于构造的紧凑划分确定了紧凑区域，并且不需要额外的内存空间。很容易证实，一个紧凑区域离查询对象的距离足够远，而对一个稀疏区域来说却不是这样，这也许可以解释为什么在我们的应用中 AESA 的性能最佳。

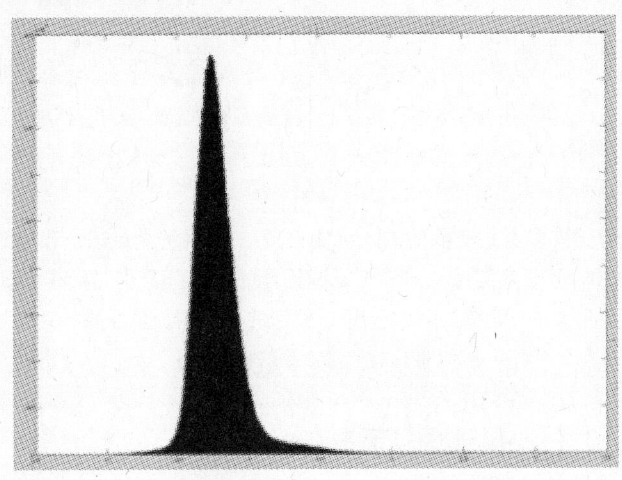

图 14.8 形状数据集的内在维数可以由成对形状之间的距离直方图的峰态来展示。具体来说，文献[31,40]将一个度量空间的内在维数定义为 $\rho = \mu^2/(2\sigma^2)$，其中 μ 和 σ^2 是其距离直方图的均值和方差。MPEG7 形状数据集的成对距离直方图产生的内在维数为 22。当与实际情况相比较时，对于这样一个包含 70 个类别且每个类别包括 20 个样例的相对较小数据集来说这个数字是相当高的。

近年来提出的另一类方法——**非线性降维**（NDR）——在数据处于高维空间却落在一个低维流形上时具有适用性[44-46]。在文献[44]中，两点之间的“测地线”距离是通过限制每个点与其 k 近邻之间的交互作用然后再应用 MDS 来估计的。在文献[45,46]中，将每个点表示为其 k 近邻的一种加权组合。这两种技术都假设流行上具有均匀分布形式，而且当这一假设失效时性能都会打折扣。事实上，在我们建立的 1032 形状数据库上使用 ISOMAP[44]后的初步实验结果表明，虽然限制每个形状与其局部邻域的交互这一想法是有用的，但这种要求不应该扩展到全局范围内。

我们早期已经探索了一种**波传播法**[41]来使用 kNN 图将每个形状与其 k 近邻相连(参见文献[47]第 637-641 页中有关我们方法的总结),并且使用了大量的样例作为波传播搜索法的初始种子。多连通前向传播法仅从与查询对象最近的点开始执行。这个相当简单的方法将性能提高了一倍,从 39%提高到 78%[41]。虽然这是令人鼓舞且富有意义的,这种内存节省程度对于包含几百万个片段和成千上万个类别的实际检索问题还远远不够。目前缺少的是能捕捉局部拓扑结构的方法,正如下文所述。

14.3.3　捕捉局部拓扑结构

精确度量搜索方法主要集中于三角不等式上,这在高维空间的划分方面效力欠佳。然而,我们的空间还呈现出一个额外的潜在结构供利用,直观地说就是一个流形结构。视觉目标和类别并不是随机分布的,却是高度聚集的,而且比其嵌入空间的维数要低。正如在上述 NDR 法中描述的那样,定义这样一种结构的第一步就是捕捉局部拓扑结构。具体来说,利用一个显式局部拓扑结构,我们就可以定义传播和波前的概念,这有助于我们定义类欧氏的概念,如**方向**。给定一个点和围绕该点的波前,沿着波前的点排序定义了方向感。这种方向感在欧氏空间很重要,因为它有助于我们避免在沿着远离查询对象的方向上进一步搜索。没有方向感的度量空间有很大的损失,不得不依赖更弱的三角不等式。

需要用到局部拓扑结构也是有其他原因的。第二,只有当两个点彼此之间离得很接近时我们定义的(诸如分段或类别之间的)相似性度量才有意义:我们可以定义一匹马和一头驴之间的距离,并通过一种有意义的方式将它与一匹马和一匹斑马之间的距离进行比较。但是如何使一匹马和一座时钟之间的距离与一匹马和一只蝎子之间的距离以有意义的方式关联起来呢?我们认为,应该将两点之间距离的**正确概念**构造为两点间的测地线距离,后者是以邻近点之间的距离为基础而建立起来的。正如上一节论述的,该方法在我们开展的形状识别实验中已取得成功。第三,认知科学界的一个观点——“类别感知”——认为相似性空间变形的目的是以最优方式区分相邻类别[48]。拓扑结构的局部表示将有助于选择性地拉伸基本空间!第四,我们的实验结果也表明,在一些情况下,两个来自完全不同类别的形状相互接近而聚在一起时,例如,一只鸟和一只会飞的恐龙,考虑它们与第三类目标之间的距离是可以揭示这种差异性的。通过保持 k 元结构而使用高阶局部结构的想法类似于“体积保持的嵌入”这一概念,这表明不仅要保持成对距离,而且体积也必须保持[49],这适用于局部拓扑结构能够显式表示的情况。

当数据非均匀分布时,在 NDR 中使用 kNN 法定义邻域是很有效的,但是对于聚集数据却无效。这可以由文献[46]中展示的杠铃结构清楚地证实。kNN 法中缺乏的是(i)空间通常不是连通的，以及(ii)并不是所有局部方向都能捕获到，这样在 kNN 关于邻域的思路中就会出现"漏洞"。

利用邻近图捕捉局部拓扑结构。另外，我们建议，捕捉局部拓扑结构的正确方式是使用**邻近图**[50,51]，尤其是 **$\boldsymbol{\beta}$ 骨架图**和 **Gabriel 图**，它们捕捉的是点的空间分布而不是对其所做的距离排序。这些图是连通的，而且避免了使用 k 近邻作为局部邻域的缺陷——当每个点接近类的边界时(例如，钥匙与锤子)，这种局部邻域是不能完全填充其周围空间的，因为最近邻点全都在一侧，如图 14.9 所示。特别要指出的是，Gabriel 图上的测地线路径具有最小的失真。邻近图的另一个优点是允许递增更新和删减，因为其构造实质上是局部性的。

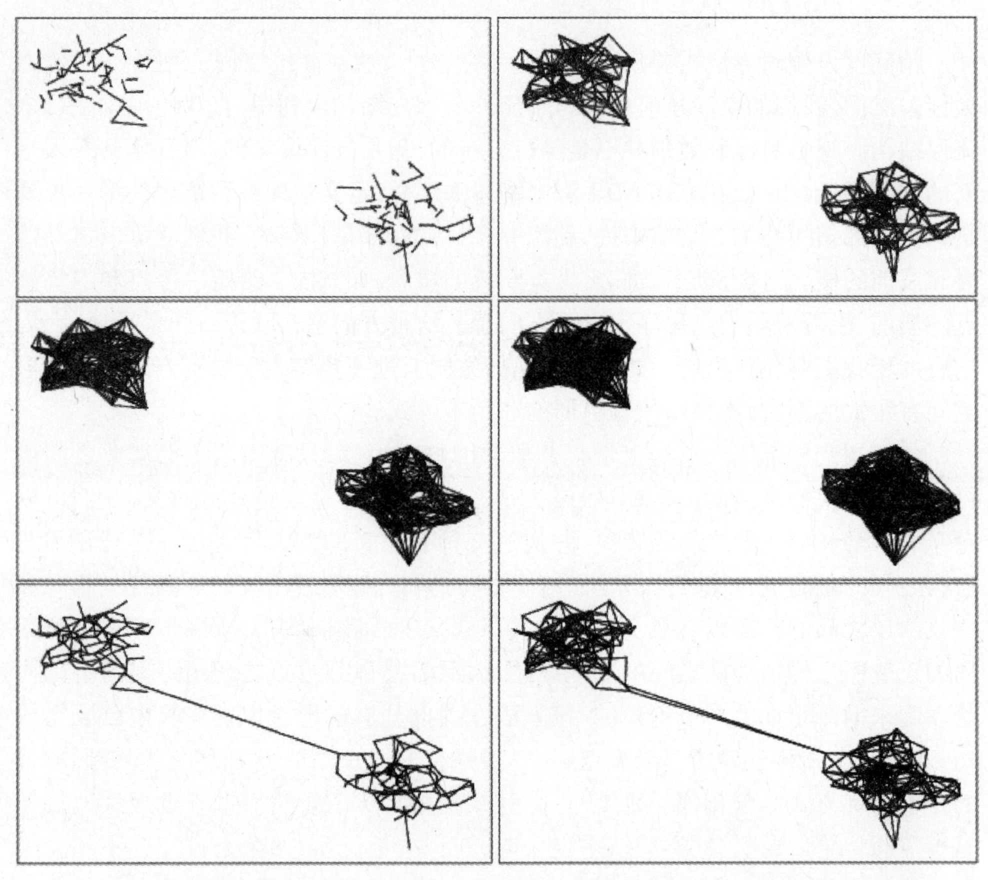

图 14.9　在前两行，显示的是 $k = 1,5,10,15$ 这些可行值时的 kNN 图，它们都不连通。相反，最底下一行显示的是两个聚类间相互连通的 RNG 图和 GG 图。当然，对于非常高的 k 值，kNN 图也是连通的，但是此时 kNN 图接近于完全图，这样可以击败任何效率增益。

邻近图是一类可以表示度量空间 (X,d) 中 N 个样本点集合 $X^* = \{x_i, i = 1, \cdots, N\}$ 中点与点之间邻域关系的图。接下来，我们所考虑的图其节点(顶点)是

x_i，而节点间的连接建立了一个关于节点间**邻近**关系的邻域。由于这个原因，可以将这些图描述为**邻近图**或者有时称之为**几何图**。众所周知的图（如最近邻图、Delaunay 三角网（DT）图、最小生成树（MST））以及一些不知名的图（如相对邻域图（RNG）、Gabriel 图和 β 骨架图）都属于这一类型。

定义 14.3.1

点 x_i 的最近邻（NN）是能使 $d(x_i,x_j)$ 的值最小的点 x_j，$i \neq j$。当两个点或更多的点与 x_i 之间的最小距离相等时，选择具有最大索引值的点来破坏这一关系。最近邻表示为 $NN(x_i)$。最近邻图（NNG）是一种有向图，其中每个点 x_i 与其最近邻相连[52]。k 近邻图（kNN）是一种有向图，其中每个点 x_i 与离其最近的 k 个点相连。

定义 14.3.2

点集 X^* 的相对邻域图（RNG）[53]一种这样的图：当且仅当不存在能满足如下条件的点 $x_k \in X^*$ 时，就用一条边将顶点 $x_i \in X^*$ 和顶点 $x_j \in X^*$ 连接起来，

$$d(x_i,x_k) \leqslant d(x_i,x_j) \text{ 且 } d(x_j,x_k) \leqslant d(x_i,x_j) \tag{14.1}$$

定义 14.3.3

点集 X^* 的 Gabriel 图（GG）[54]一种这样的图：当且仅当其他所有点 $x_k \in X^*$ 能满足如下条件时，就用一条边将顶点 $x_i \in X^*$ 和顶点 $x_j \in X^*$ 连接起来，

$$d^2(x_i,x_k) + d^2(x_j,x_k) \geqslant d^2(x_i,x_j) \tag{14.2}$$

定义 14.3.4

点集 X^* 的 β 骨架图（BSG）[55]一种这样的图：当且仅当其它所有点 $x_k \in X^*$ 能满足如下两个条件时，就用一条边将顶点 $x_i \in X^*$ 和顶点 $x_j \in X^*$ 连接起来，

$$d^2(x_i,x_k) + d^2(x_j,x_k) + 2\sqrt{1-\beta^2}\,d(x_i,x_k)\,d(x_j,x_k) \geqslant d^2(x_i,x_j)\ ,\ \beta \leqslant 1 \tag{14.3}$$

$$\max\left(\left(\frac{2}{\beta}-1\right)d^2(x_i,x_k)+d^2(x_j,x_k),\ d^2(x_i,x_k)+\left(\frac{2}{\beta}-1\right)d^2(x_j,x_k)\right) \geqslant d^2(x_i,x_j),\ \beta \geqslant 1 \tag{14.4}$$

注意，构成弓形的圆的半径是 $R = \dfrac{d}{2\beta}$。

β 骨架最早是由 Kirkpatrick 和 Radke[55]于 1985 年提出的，定义为 α 形状[56]的一种尺度不变扩展形式。当 β 从 0 到 ∞ 连续变化时，β 骨架图表现出的特性是形成一个从完全图扩展到空图的图序列。同样也存在一些特例：当 $\beta = 1$ 时，就会产生 Gabriel 图，在平面上它包含欧氏最小生成树。当 $\beta = 2$ 时，就得到了 RNG 图。推广到 γ 图的情况可参见文献[57]。

在解决几何分类问题时[58,59]，存在一个有趣的解释：将 β 骨架看作是支持向量机。

观察结果：要注意的是，$NNG \subset RNG \subset GG \subset DT$。

还需注意的是，Gabriel 图是 Delaunay 三角网的一个子图。如果 Delaunay 三角网给定的话，就可以在线性复杂度时间内求得该图[60]。Gabriel 图包含有欧氏最小生成树和最近邻图并将它们作为其子图，它是 β 骨架的一个示例。

图 14.10 显示的是邻近图与 kNN 图在这方面的比较。我们预计邻近图作为一种捕捉局部拓扑结构的手段在计算机视觉中的应用会越来越多。

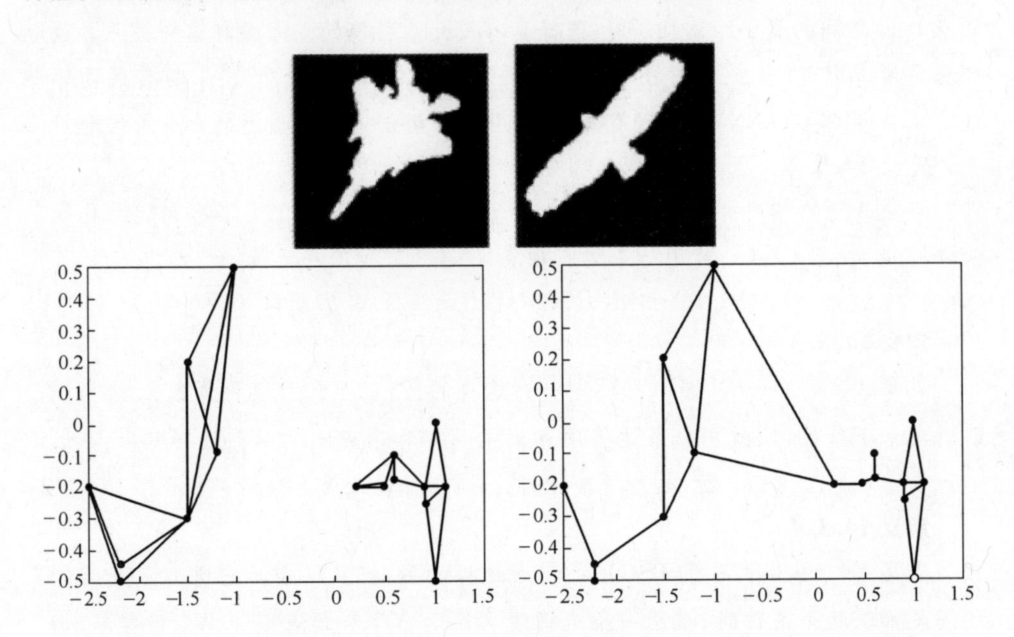

图 14.10 （上图）使用文献[46]中的局部线性嵌入捕捉局部拓扑结构的困难情形。（下图）kNN 与邻近图的连通性。

14.4 结论

图是一种捕捉空间中点与点之间局部拓扑特性的理想结构。我们已经讨论了两个例子。第一个例子使用的是冲击图，用于捕捉形状部位之间的局部拓扑结构。第二个例子使用的是邻近图，用于捕捉相似性空间的局部拓扑结构。该工作还提供了一个样板，可以将这一研究成果推广到那些使局部相似性和等价类概念有意义的任何一种空间中。

14.5 致谢

作者真诚地感谢资助本文研究工作的 NSF 基金 IIS-0083231 的支持。

参考文献

[1] J. J. Koenderink and A. J. van Doorn,"Dynamic shape," *Biological Cybernetics*, vol. 53, pp. 383-396, 1986.

[2] B. B .Kimia, A. R. Tannenbaum, and S. W. Zucker,"Shapes, shocks, and deformations, I: The components of shape and the reaction-diffusion space," *International Journal of Computer Vision*, vol. 15, no. 3, pp. 189-224, 1995.

[3] H. Blum,"Biological shape and visual science," *J. Theor. Biol.*, vol. 38, pp. 205-287, 1973.

[4] B. B. Kimia, A. R. Tannenbaum, and S. W. Zucker,"Toward a computational theory of shape: An overview," in *European Conference on Computer Vision*, 1990, pp. 402-407.

[5] P. J. Giblin and B. B. Kimia,"On the intrinsic reconstruction of shape from its symmetries," *IEEE Trans. on Pattern Anal. Mach. Intell.*, vol. 25, no. 7, pp. 895-911, July 2003.

[6] T. Sebastian, P. Klein, and B. Kimia,"Recognition of shapes by editing their shock graphs," *IEEE Trans. on Pattern Anal. Mach. Intell.*, vol. 26, pp. 551-571, May 2004.

[7] C. M. Cyr and B. B. Kimia, "A similarity-based aspect-graph approach to 3D object recognition," *International Journal of Computer Vision*, vol. 57, no. 1, pp. 5-22, April 2004.

[8] N. H. Trinh and B. B. Kimia, "Skeleton search: Category-specific object recognition and segmentation using a skeletal shape model," *International Journal of Computer Vision*, vol. 94, no. 2, pp. 215-240, 2011.

[9] P. Klein, S. Tirthapura, D. Sharvit, and B. Kimia, "A tree-edit distance algorithm for comparing simple, closed shapes," in *Tenth Annual ACM-SIAM Symposium on Discrete Algorithms(SODA)*, San Francisco, California, January 9-11 2000, pp. 696-704.

[10] P. Klein, T. Sebastian, and B. Kimia,"Shape matching using edit-distance: an implementation," in *Twelfth Annual ACM-SIAM Symposium on Discrete Algorithms (SODA)*, Washington, D. C., January 7-9 2001, pp. 781-790.

[11] B. Kimia. (2011) Shape databases.[Online]. Available: http://vision.lems.brown.edu/content/available-software-and-databases.

[12] G. R. Hjaltason and H. Samet,"Contractive embedding methods for similarity searching in metric spaces," CS Department, Univ. of Maryland, Tech. Rep. TR-4102, 2000.

[13] ——, "Properties of embedding methods for similarity searching in metric spaces," *IEEE Trans. Pattern Anal. Mach. Intell.*, vol. 25, no. 5, pp. 530-549, 2003.

[14] E. Chavez, G. Navarro, R. Baeza-Yates, and J. L. Marroquin,"Searching in metric spaces," *ACM Computing Surveys*, vol. 33, no. 3, pp. 273-321, September 2001.

[15] G. Navarro,"Analyzing metric space indexes: What for?" in *Proc. 2nd International Workshop on Similarity Search and Applications (SISAP)*. IEEE CS Press, 2009, pp. 3-10, invited paper.

[16] J. L. Bentley and J. H. Friedman, "Data structures for range searching," *ACM Computing Surveys*, vol. 11, no. 4, pp. 397-409, December 1979.

[17] A. Guttman, "R-tree: A dynamic index structure for spatial searching," in *Proceedings of the* 1984 *ACM SIGMOD International Conference on Management of Data*, 1984, pp. 47-57.

[18] H. Samet, "The quadtree and related hierarchical data structures," *ACM Computing Surveys*, vol. 16, no. 2, pp. 187-260, 1984.

[19] O. Boiman, E. Shechtman, and M. Irani, "In defense of nearest-neighbor based image classification," in *CVPR*, 2008.

[20] N. Kumar, L. Zhang, and S. K. Nayar, "What is a good nearest neighbors algorithm for finding similar patches in images?" in *European Conference on Computer Vision*, 2008, pp. 364-378.

[21] D. Cremers, S. Osher, and S. Soatto, "Kernel density estimation and intrinsic alignment for snape priors in level set segmentation." *International Journal of Computer Vision*, vol. 69, no. 3, pp. 335-351, 2006.

[22] D. Comaniciu and P. Meer, "Mean shift: a robust approach toward feature space analysis," *IEEE Trans. on Pattern Anal. Mach. Intell.*, vol. 24, no. 5, pp. 603-619, 2002.

[23] T. F. Cox and M. A. A. Cox, *Multidimensional Scaling*.Chapman and Hall, 1994.

[24] J. B. Kruskal and M. Wish, *Multidimensional Scaling*. Beverly Hills, CA: Sage Publications, 1978.

[25] D. Achlioptas, "Database-friendly random projections," in Symposium on Principles ofDatabase systems, 2001.[Online] Available: citeseer.nj.nec.com/achlioptas01databasefrie-ndly.html.

[26] E. Bingham and H. Mannila, "Random projection in dimensionality reduction: Applications to image and text data," in *Proceedings of the ACM SIGKDD International Conference on Knowledge Discovery and Data Mining*, San Francisco, CA, Aug. 2001, pp.245-250.

[27] N. Gershenfeld, *The Nature of Mathematical Modelling*. Cambridge: Cambridge University Press, 1999.

[28] R. Weber, "Similarity search in high - dimensional data spaces," in *Grundlagen von Datenbanken*, 1998, pp. 138-142. [Online]. Available: citeseer.nj.nec.com/111967.html.

[29] C. Bohm, S. Berchtold, and D. A. Keim, "Searching in high-dimensional spaces: Index structures for improving the performance of multimedia databases," *ACM Comput. Surv.*, vol. 33, no. 3, pp. 322-373, 2001.

[30] W. Burkhard and R. Keller, "Some approaches to best-match file searching," *Communications of the ACM*, vol. 16, no. 4, pp. 230-236, 1973.

[31] E. Chavez, G. Navarro, R. Baeza-Yates, and J. Marroquin, "Searching in metric spaces," *ACM Computing Surveys*, vol. 33, no. 3, pp. 273-321, September 2001.

[32] S. Brin, "Near neighbor search in large metric spaces," in *Proc. Intl. Conf. on Very Large Databases (VLDB)*, 1995, pp.574-584. [Online]. Available: citeseer.nj.nec.com/brin-95near.html.

[33] J. Uhlmann, "Satisfying general proximity/similarity queries with metric trees." *Information Processing Letters*, vol. 40, pp. 175-179, 1991.

[34] H. Nolteimer, K. Verbarg, and C. Zirkelbach, "Monotonous bisector trees-a tool for efficient partitioning of complex scenes of geometric objects," in *Data Structures and Efficient Algorithms*, *Lecture Notes in Computer Science*, vol. 594, 1992, pp. 186-203.

[35] F. Dehne and H. Nolteimer, "Voronoi trees and clustering problems." *Information Systems*, vol. 12, no. 2, pp. 171-175, 1987.

[36] E. Chavez and G.Navarro, "An effective clustering algorithm to index high dimensional metric spaces," in *Proc. 7th International Symposium on String Processing and Information Retrieval* (*SPIRE*'00).IEEE CS Press, 2000, pp. 75-86.

[37] P. Ciaccia, M. Patella, and P. Zezula, "M-Tree: an efficient access method for similarity saerch in metric spaces." in *Proc. 23rd Conference on Very Large Databases* (*VLDB*'97), 1997, pp. 426-435.

[38] P. Yianilos, "Data structures and algorithms for nearest neighbor search in general metric spaces," in *ACM-SIAM Symposium on Discrete Algorithms*, 1993, pp. 311-321.

[39] H. Samet, *The design and analysis of Spatial Data Structures.* Addison-Wesley, MA, 1990.

[40] E. Chavez and G. Navarro, "A compact space decomposition for effective metric indexing," *Pattern Recognition Letters*, vol. 26, no.9, 1363-1376, 2005.

[41] T. B. Sebastian and B. B. Kimia, "Metric-based shape retrieval in large databases," in *International Conference on Pattern Recognition*, vol. 3, 2002, pp. 30291-30296.

[42] E. Vidal, "An algorithm for finding nearest neighbors in (approximately) constant average time," *Pattern Recognition Letters*, vol. 4, pp. 145-157, 1986.

[43] E. Chavez and G. Navarro, "Unbalancing: The key to index high dimensional metric spaces," Universidad Michoacana, Tech. Rep., 1999.

[44] J. B. Tenenbaum, V. de Silva, and J. C. Langford, "A global geometric framework for nonlinear dimensionality reduction," *Science*, vol. 22, no. 290, pp. 2319-2323, December 2000.

[45] S. T. Roweis and L. K. Saul, "Nonlinear dimensionality reduction by locally linear embedding," *Science*, vol. 290, pp. 2323-2326. December 2000.

[46] L. K. Saul and S. T. Roweis, "Think globally, fit locally: unsupervised learning of low dimensional manifolds," *J. Mach. Learn. Res.*, vol. 4, pp. 119-155, 2003.

[47] H. Samet, *Foundations of Multidimensional and Metric Data Structures* (*The Morgan Kaufmann Series in Computer Graphics and Geometric Modeling*). San Francisco, CA, USA: Morgan Kaufmann Publishers Inc., 2005.

[48] R. Pevtzow and S. Harnad, "Warping similarity space in category learning by human subjects: The role of task difficulty," *Proceedings of SimCat*1997: *Interdisciplinary Workshop on Similarity and Categorization*, pp. 263-269, 1997.

[49] U. Feige, "Approximating the bandwidth via volume respecting embeddings," in *in Proc. 30th ACM Symposium on the Theory of Computing*, 1998, pp. 90-99. [Online]. Available: citeseer.nj.nec.com/feige99approximating.html.

[50] G. Toussaint, "Proximity graphs for nearest neighbor decision rules: Recent progress," 2002.

[Online]. Available: citeseer.nj.nec.com/594932.html.

[51] J. Jaromczyk and G. Toussaint, "Relative neighborhood graphs and their relatives," *Proceedings of the IEEE*, vol. 80, pp. 1502-1517, 1992. [Online]. Available: citeseer. nj.nec.com/jaromczyk92relative.html.

[52] D. Eppstein, M. S. Paterson, and F. F. Yao, "On nearest neighbor graphs," *Discrete & Computational Geometry*, vol. 17, no. 3, pp. 263-282, 1997.

[53] G. T. Toussaint, "The relative neighborhood graph of a finite planar set," *Pattern Recognition*, vol. 12, no. 261-268, 1980.

[54] R. K. Gabriel and R. R. Sokal, "A new statistical approach to geographic variation analysis," *Systematic Zoology*, vol. 18, no. 3, pp. 259-278, 1969.

[55] D. Kirkpatrick and J. Radke, "A framework for computational morphology," *Computational Geometry*, pp. 217-248, 1985.

[56] H. Edelsbrunner, D. Kirkpatrick, and R. Seidel, "On the shape of a set of points in the plane," *IEEE Trans. on Information Theory*, vol. 29, pp. 551-559, 1983.

[57] R. C. Veltkamp, "The γ-neighborhood graph," *Computational Geometry*, vol. 1, no. 4, pp. 227-246, 1992.

[58] W. Zhang and I. King, "Locating support vectors via β-skeleton technique," in *Proceedings of the 9th International Conference on Neural Information Processing*, vol. 3, 2002, pp. 1423-1427.

[59] ——, "A study of the relationship between support vector machine and gabriel graph," in *International Joint Conference on Neural Networks*, vol. 1, 2002, pp. 239-244.

[60] D. Matula and R. Sokal, "Properties of gabriel graphs relevant to geographic variation research and the clustering of points in the plane," *Geographical Analysis*, vol. 12, no. 3, pp. 205-222, 1980.

第 15 章
基于谱图嵌入和概率匹配的三维形状配准

Avinash Sharma, Radu Horaud, Diana Mateus

15.1 引言

在本章,我们将讨论三维形状匹配的问题。形状采集技术的最新进展为采集大量的三维数据带来了机会。现有的实时多摄像机三维采集法为实际的三维动画序列[1-6]的每一帧提供了可靠的可视外壳表示或网格表示形式。三维形状分析任务涉及跟踪、识别和配准等。考虑到不同采集设备收集到的数据差异性之大,因此在单一框架中分析三维数据仍然是一项富有挑战性的任务。三维形状配准就是这样一种富有挑战性的形状分析任务。形状配准的主要困难源于如下几点:(1)形状采集技术的多样性;(2)非刚性形状的局部变形;(3)较大的采集差异(例如,孔洞、拓扑结构的变化、表面采集噪声);(4)局部尺度的变化。

根据分析内在流形性质的方式,可将以前的大多数形状匹配方法大致分为**外在法**或**内在法**两类。外在法主要侧重于求解一种关于两个三维形状之间的全局或局部刚性变换。

有很大一批方法是在迭代最近点(ICP)算法变种形式[7-9]的基础上实现的,这类算法属于外在法的范畴。然而,这些方法中大多数要计算刚性变换来实现形状配准,并不能直接应用于非刚性形状。内在法是获得铰接形状之间密集对应关系的一种自然选择,因为它们将形状嵌入在某种标准域中,保持了某些重要的流形特性,比如测地线和角度。内在法要优于外在法,因为这类方法提供了一种对实际三维形状常见的非刚性变形具有不变性的全局表示形式。

有意思的是,网格表示法也会使那些采用图矩阵特征值和特征向量的完善图匹配算法具有自适应性,并且在**谱图理论**(SGT)框架下从理论上得到了深入的研究[10,11]。SGT 中现有的方法主要是适用于小图的理论成果,且所需的前提条件是特征值可以精确地计算出来。然而,谱图匹配并不易于推广到极大图上,这是源于如下原因:(1)特征值是通过特征解近似计算出来的;(2)特征值的多样性既而是排序的变化研究得还不够深入;(3) 对极大图来说,很难实现精确匹配。需要说明的重要一点是,这些方法主要侧重于精确图匹配,而大多数实际的图匹配应用都涉及具有不同基数的图，所以只能为其找到子图同构。

本研究工作的主要贡献是通过结合谱图匹配与**拉普拉斯嵌入**将谱图方法推广到极大图领域。由于图的嵌入表示是通过降维得到的，所以我们认为现有的 SGT 方法（例如文献[10]）不易应用。这项研究工作的主要贡献有如下几点：(1)我们讨论了精确和不精确图同构问题的解决方案，并且回顾了组合图拉普拉斯算子的主要谱特性；(2)我们给出了一种关于来回时间嵌入的新颖分析方法，这便于我们根据图的 PCA 结果来解释来回时间嵌入以及选择相关嵌入度量空间的合适维度；(3)我们为交换时间嵌入推导了一种单位超球面归一化方法，这便于我们配准两个具有不同采样的形状；(4)我们利用那些对等距形状变形具有不变性的特征标记（直方图）提出了一种新的方法求解特征值-特征向量排序和特征向量符号的问题，且该方法与谱图匹配框架非常吻合；(5)我们利用期望最大化（EM）框架给出了一种概率形状匹配形式用于实现点配准算法——在特征基对齐与点到点对齐之间交替执行。

在现有图匹配方法中使用内在表示形式的文献有[12-19]。另一种方法允许内在（测地线）特征和外在（外观）特征的结合，这类方法先前已被成功地用于匹配成对图像的特征[20-29]。近期提出的一些方法应用分层匹配获得深度一致性[30-32]。然而，这些图匹配算法中有许多都会遇到计算上不易于求解或缺乏合适度量的难题。出现后一种情况的原因是计算非刚性形状的距离时是不能直接应用欧氏度量的。文献[33]给出了一种近期提出的形状匹配基准方法。最近，一些方法提出利用扩散框架实现形状配准任务[34-36]。

在本章中，我们给出了一种用于非监督三维形状配准的内在法，该方法最初是在文献[16,37]中提出的。第一步，通过图拉普拉斯算子实现降维，这便于我们将三维形状嵌入到一个对非刚性变形具有不变性的等距子空间中，由此产生了一种嵌入式点云表示形式，其中内在图的每个顶点都被映射到 K 维度量空间中的一个点上。因此，非刚性三维形状配准问题就可转化为一个 K 维点配准任务。然而，在执行点配准之前，需要正确地对齐两个特征空间。这种对齐对谱匹配方法是至关重要的，因为这两个特征空间的定义取决于其拉普拉斯矩阵特征向量的符号和排序，这可以通过一种将特征向量的直方图作为特征标记的新匹配方法来实现。在最后一步中，采用一种基于 EM 算法变种形式[38]的点配准方法来配准与两个形状的拉普拉斯嵌入相关的两个点集。提出的算法在估计与两个特征空间的对齐相关的正交变换矩阵和计算点对点的概率对齐之间交替执行。图 15.1 给出了所提出方法的概图。根据文献[33]中总结的结果，该方法处于性能最佳的非监督形状匹配算法之列。

章节概述

15.2 节介绍了图矩阵。15.3 节中讨论了精确图同构问题和现有的解决方案。

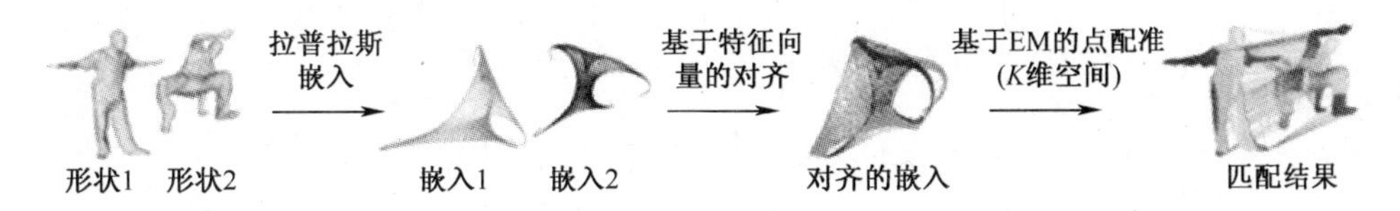

图 15.1　提出方法的概图。首先,为每个形状求出一个拉普拉斯嵌入。接下来,使用直方图匹配将这些嵌入对齐以处理符号跳变和排序改变问题。最后,执行期望最大化点配准以获得两个形状之间的密集概率匹配。

15.4 节论述了基于图拉普拉斯算子的降维,以获得三维形状的嵌入表示形式。在同一节中,我们讨论了图嵌入的 PCA 过程,并提出了一种针对这些嵌入的单位超球面归一化方法以及一种选择嵌入维数的方法。15.5 节首先介绍了最大子图同构的构思过程,然后提出了一种实现三维形状配准的两步法。在第一步中,使用直方图匹配对齐拉普拉斯嵌入,而在第二步中,我们简要讨论了一种用于实现概率形状配准的 EM 点配准方法。最后,我们在 15.6 节给出了形状匹配结果,而在 15.7 节我们将通过简要的讨论来结束本章。

15.2　图矩阵

可以将形状看作是一个连通的**无向加权图** $\mathcal{G}=\{\mathcal{V},\mathcal{E}\}$,其中 $\mathcal{E}(\mathcal{G})=\{v_1,\cdots,v_n\}$ 是顶点集,而 $\mathcal{E}(\mathcal{G})=\{e_{ij}\}$ 是边集。令 $\mathbf{W}$ 是该图的加权邻接矩阵。当图中的顶点 v_i 和 v_j 之间存在一条边 $e_{ij}\in\mathcal{E}(\mathcal{G})$ 时,矩阵 $\mathbf{W}$ 的每个 (i,j) 项带有的权重为 w_{ij} ,否则为 0,且对角线上的所有元素都设为 0。我们使用下列符号:图中顶点的度 $d_i=\sum_{i\sim j}w_{ij}$ ($i\sim j$ 表示与 v_i 邻近的顶点 v_j 构成的集合),**度矩阵** $\mathbf{D}=\mathrm{diag}[d_1,\cdots,d_i,\cdots,d_n]$, $n\times1$ 维的向量 $\mathbb{1}=(1,\cdots,1)^{\mathrm{T}}$ (常数向量), $n\times1$ 维的**度向量** $\mathbf{d}=\mathbf{D}\mathbb{1}$,以及**图容积** $\mathrm{Vol}(\mathcal{G})=\sum_i d_i$ 。

在谱图理论中,通常使用如下表达式表示边的权重[39,40]:

$$w_{ij}=e^{-\frac{\mathrm{dist}^2(v_i,v_j)}{\sigma^2}}\tag{15.1}$$

其中, $\mathrm{dist}(v_i,v_j)$ 表示两个顶点之间的任意一种距离度量, σ 是一个自由参数。在**全连通图**情况下,矩阵 $\mathbf{W}$ 也被称之为**相似性矩阵**。**归一化的加权邻接矩阵**记为 $\widetilde{\mathbf{W}}=\mathbf{D}^{-1/2}\mathbf{W}\mathbf{D}^{-1/2}$ 。与图相关的非对称可逆马尔可夫链的**转移矩阵**记为 $\widetilde{\mathbf{W}}_R=\mathbf{D}^{-1}\mathbf{W}=\mathbf{D}^{-1/2}\widetilde{\mathbf{W}}\mathbf{D}^{1/2}$ 。

15.2.1　图拉普拉斯矩阵的变种

现在,我们可以建立图拉普拉斯算子的概念。我们考虑拉普拉斯矩阵的如下几类变种形式[40-42]：

- 非归一化拉普拉斯算子，也称之为组合拉普拉斯算子 $\mathbf{L}$；
- 归一化拉普拉斯算子 $\widetilde{\mathbf{L}}$；
- 随机游走拉普拉斯算子 $\widetilde{\mathbf{L}}_R$，也称之为**离散拉普拉斯算子**。

更具体地讲，我们有：

$$\mathbf{L} = \mathbf{D} - \mathbf{W} \tag{15.2}$$

$$\mathbf{L} = \mathbf{D}^{-1/2}\mathbf{L}\mathbf{D}^{-1/2} = \mathbf{I} - \widetilde{\mathbf{W}} \tag{15.3}$$

$$\mathbf{L}_R = \mathbf{D}^{-1}\mathbf{L} = \mathbf{I} - \widetilde{\mathbf{W}}_R \tag{15.4}$$

这些矩阵之间具有如下关系：

$$\mathbf{L} = \mathbf{D}^{1/2}\widetilde{\mathbf{L}}\mathbf{D}^{1/2} = \mathbf{D}\widetilde{\mathbf{L}}_R \tag{15.5}$$

$$\widetilde{\mathbf{L}} = \mathbf{D}^{-1/2}\mathbf{L}\mathbf{D}^{-1/2} = \mathbf{D}^{1/2}\widetilde{\mathbf{L}}_R\mathbf{D}^{-1/2} \tag{15.6}$$

$$\widetilde{\mathbf{L}}_R = \mathbf{D}^{-1/2}\widetilde{\mathbf{L}}\mathbf{D}^{1/2} = \mathbf{D}^{-1}\mathbf{L} \tag{15.7}$$

15.3 谱图同构

记 g_A 和 g_B 是两个含有相同节点数目 n 的**无向加权图**，并记 $\mathbf{W}_A$ 和 $\mathbf{W}_B$ 分别为它们的邻接矩阵，且都为实对称矩阵。一般情况下，这些矩阵所具有的相异特征值的数目 r 小于 n 。标准谱方法只适用于那些邻接矩阵有 n 个相异特征值的图（每个特征值的重数为 1），这意味着可以对特征值排序。

可以将图同构[43]写成如下最小化问题：

$$\mathbf{P}^* = \arg\min_{\mathbf{P}} \|\mathbf{W}_A - \mathbf{P}\mathbf{W}_B\mathbf{P}^{\mathrm{T}}\|_F^2 \tag{15.8}$$

其中，$\mathbf{P}$ 是一个 $n \times n$ 的置换矩阵（见附录 15.8），$\mathbf{P}^*$ 是希望获得的点到点置换矩阵，而 $\|\bullet\|_F$ 是 Frobenius 范数，定义为（见附录 15.9）：

$$\|\mathbf{W}\|_F^2 = \langle \mathbf{W}, \mathbf{W} \rangle = \sum_{i=1}^{n}\sum_{j=1}^{n} w_{ij}^2 = \mathrm{tr}(\mathbf{W}^{\mathrm{T}}\mathbf{W}) \tag{15.9}$$

记

$$\mathbf{W}_A = \mathbf{U}_A\mathbf{\Lambda}_A\mathbf{U}_A^{\mathrm{T}} \tag{15.10}$$

$$\mathbf{W}_B = \mathbf{U}_B\mathbf{\Lambda}_B\mathbf{U}_B^{\mathrm{T}} \tag{15.11}$$

是两个矩阵的特征分解，有 n 个特征值 $\mathbf{\Lambda}_A = \mathrm{diag}[\alpha_i]$ ，$\mathbf{\Lambda}_B = \mathrm{diag}[\beta_i]$ 以及 n 个规范正交特征向量，即 $\mathbf{U}_A$ 和 $\mathbf{U}_B$ 的列向量。

15.3.1　精确的谱解

如果存在一个点到点的对应关系，使得式(15.8)等于0，则我们有

$$\mathbf{W}_A = \mathbf{P}^* \mathbf{W}_B \mathbf{P}^{*\mathrm{T}} \tag{15.12}$$

这意味着两个图的邻接矩阵应该具有相同的特征值。此外，如果特征值为非空，而矩阵 $\mathbf{U}_A$ 和 $\mathbf{U}_B$ 满秩且由其 n 个规范正交列向量（ $\mathbf{W}_A$ 和 $\mathbf{W}_B$ 的特征向量）唯一确定，那么 $\alpha_i = \beta_i$ ，$\forall i$ ，$1 \leqslant i \leqslant n$ ，且 $\mathbf{\Lambda}_A = -\Lambda_B$ 。利用式(15.12)以及两个图矩阵的特征分解，我们有

$$\mathbf{\Lambda}_A = \mathbf{U}_A^{\mathrm{T}} \mathbf{P}^* \breve{\mathbf{U}}_B \mathbf{\Lambda}_B \breve{\mathbf{U}}_B^{\mathrm{T}} \mathbf{P}^{*\mathrm{T}} \mathbf{U}_A = \mathbf{\Lambda}_B \tag{15.13}$$

其中，矩阵 $\breve{\mathbf{U}}_B$ 定义为

$$\breve{\mathbf{U}}_B = \mathbf{U}_B \mathbf{S} \tag{15.14}$$

矩阵 $\mathbf{S} = \mathrm{diag}[s_i]$ ，$s_i = \pm 1$，称之为**符号矩阵**，具有 $\mathbf{S}^2 = \mathbf{I}$ 的性质。符号矩阵与 $\mathbf{U}_B$ 的后乘考虑了特征向量（ $\mathbf{U}_B$ 的列向量）只取决于符号这样一个事实。最后，我们得到如下置换矩阵：

$$\mathbf{P}^* = \mathbf{U}_B \mathbf{S} \mathbf{U}_A^{\mathrm{T}} \tag{15.15}$$

因此，可以注意到，存在与矩阵集合 $\mathbf{S}_{\mathrm{n}}$ 的势一样多的解，即 $|\mathbf{S}_n| = 2^n$ ，而且并不是所有这些解都对应于一个置换矩阵，这意味着存在一些矩阵 $\mathbf{S}^*$ 恰好能使 $\mathbf{P}^*$ 成为一个置换矩阵。因此，那些能满足式(15.15)的所有置换矩阵都是精确图同构问题的解。注意，一旦估计出置换矩阵，则可以写成如下形式，将 $\mathbf{U}_B$ 的行与 $\mathbf{U}_A$ 的行对齐：

$$\mathbf{U}_A = \mathbf{P}^* \mathbf{U}_B \mathbf{S}^* \tag{15.16}$$

$\mathbf{U}_A$ 和 $\mathbf{U}_B$ 的行可以看作是两个图顶点的等距嵌入：g_A 的顶点 v_i 以 $\mathbf{U}_A$ 的第 i 行为坐标，这意味着谱图同构问题就变成了一个点配准问题，其中图的顶点用 $\mathbb{R}^n$ 空间中的点来表示。总之，精确图同构问题具有谱解，产生的基础是(i)两个图矩阵的特征分解，(ii)特征值的排序，以及(iii)每个特征向量符号的选择。

15.3.2　霍夫曼-维兰特定理

霍夫曼-维兰特定理[44,45]是谱图同构的基本形成模块，该定理适用于标准矩阵。这里，我们将讨论的范围限制在实对称矩阵上。当然，可以直接将其推广到埃尔米特矩阵上。

定理 15.3.1

（霍夫曼-维兰特定理）如果 $\mathbf{W}_A$ 和 $\mathbf{W}_B$ 是实对称矩阵，α_i 和 β_i 分别是其特征值，并按照递增次序排列，$\alpha_1 \leqslant \cdots \leqslant \alpha_i \leqslant \cdots \leqslant \alpha_n$ 且 $\beta_1 \leqslant \cdots \leqslant \beta_i \leqslant \cdots \leqslant \beta_n$ ，那么

$$\sum_{i=1}^{n}(\alpha_i-\beta_i)^2 \leqslant \|\mathbf{W}_A-\mathbf{W}_B\|_F^2 \tag{15.17}$$

证明：这个证明过程来自文献[11,46]。考虑一下矩阵 $\mathbf{W}_A$ 和 $\mathbf{W}_B$ 的特征分解结果，式(15.10)和式(15.11)。注意，目前我们任意规定特征值 α_i 和 β_i 的排序，既而也适用于矩阵 $\mathbf{U}_A$ 和 $\mathbf{U}_B$ 的列向量的排序。通过结合式(15.10)和式(15.11)，可以写出：

$$\mathbf{U}_A\mathbf{\Lambda}_A\mathbf{U}_A^{\mathrm{T}}-\mathbf{U}_B\mathbf{\Lambda}_B\mathbf{U}_B^{\mathrm{T}}=\mathbf{W}_A-\mathbf{W}_B \tag{15.18}$$

或等价为

$$\mathbf{\Lambda}_A\mathbf{U}_A^{\mathrm{T}}\mathbf{U}_B-\mathbf{U}_A^{\mathrm{T}}\mathbf{U}_B\mathbf{\Lambda}_B=\mathbf{U}_A^{\mathrm{T}}(\mathbf{W}_A-\mathbf{W}_B)\mathbf{U}_B \tag{15.19}$$

由 Frobenius 范数的酉不变性(见附录 15.9)，并利用符号 $\mathbf{Z}=\mathbf{U}_A^{\mathrm{T}}\mathbf{U}_B$，我们有

$$\|\mathbf{\Lambda}_A\mathbf{Z}-\mathbf{Z}\mathbf{\Lambda}_B\|_F^2=\|\mathbf{W}_A-\mathbf{W}_B\|_F^2 \tag{15.20}$$

这等价于

$$\sum_{i=1}^{n}\sum_{j=1}^{n}(\alpha_i-\beta_j)^2 z_{ij}^2=\|\mathbf{W}_A-\mathbf{W}_B\|_F^2 \tag{15.21}$$

可以将系数 $x_{ij}=z_{ij}^2$ 看作是一个双随机矩阵 $\mathbf{X}$ 中的元素：$x_{ij}\geqslant 0$，$\sum_{i=1}^{n}x_{ij}=1$，$\sum_{j=1}^{n}x_{ij}=1$。利用这些性质，我们有

$$\begin{aligned}\sum_{i=1}^{n}\sum_{j=1}^{n}(\alpha_i-\beta_j)^2 z_{ij}^2&=\sum_{i=1}^{n}\alpha_i^2+\sum_{j=1}^{n}\beta_j^2-2\sum_{i=1}^{n}\sum_{j=1}^{n}z_{ij}^2\alpha_i\beta_j\\&\geqslant \sum_{i=1}^{n}\alpha_i^2+\sum_{j=1}^{n}\beta_j^2-2\max_Z\left\{\sum_{i=1}^{n}\sum_{j=1}^{n}z_{ij}^2\alpha_i\beta_j\right\}\end{aligned} \tag{15.22}$$

因此，式(15.21)的最小化等价于式(15.22)中最后一项的最大化。可以对最大化问题适当调整，使其适合所有的双随机矩阵。我们可以利用这种方法在一个凸的紧致集中求解极值，这个紧致集的极大值大于或等于我们的极大值：

$$\max_{Z\in\mathcal{O}_n}\left\{\sum_{i=1}^{n}\sum_{j=1}^{n}z_{ij}^2\alpha_i\beta_j\right\}\leqslant\max_{X\in\mathcal{D}_n}\left\{\sum_{i=1}^{n}\sum_{j=1}^{n}x_{ij}\alpha_i\beta_j\right\} \tag{15.23}$$

其中，$\mathcal{O}_n$ 是正交矩阵集合，而 $\mathcal{D}_n$ 是双随机矩阵集合(见附录 15.8)。令 $c_{ij}=\alpha_i\beta_j$，因此可将上式右边的项写成两个矩阵点积的形式：

$$\langle\mathbf{X},\mathbf{C}\rangle=\mathrm{tr}\langle\mathbf{XC}\rangle=\sum_{i=1}^{n}\sum_{j=1}^{n}x_{ij}c_{ij} \tag{15.24}$$

所以，可以将这个表达式解释为 $\mathbf{X}$ 在 $\mathbf{C}$ 上的投影，如图 15.2 所示。伯克霍夫定理(附录 15.8)告诉我们：双随机矩阵集合 $\mathcal{D}_n$ 是一个紧凸集。我们得出：$\mathbf{X}$ 在 $\mathbf{C}$ 上投影的极值(极小值和极大值)出现在此凸集其中一个极值点的投影上，对应于置换矩阵。因此，$\langle\mathbf{X},\mathbf{C}\rangle$ 的极大值是 $\langle\mathbf{P}_{\max},\mathbf{X}\rangle$，且我们有

$$\max_{X\in\mathcal{D}_n}\left\{\sum_{i=1}^{n}\sum_{j=1}^{n}x_{ij}\alpha_i\beta_j\right\}=\sum_{i=1}^{n}\alpha_i\beta_{\pi(i)} \tag{15.25}$$

代入到式(15.22)中，我们有

$$\sum_{i=1}^{n}\sum_{j=1}^{n}(\alpha_i-\beta_j)^2 z_{ij}^2 \geqslant \sum_{i=1}^{n}(\alpha_i-\beta_{\pi(i)})^2 \tag{15.26}$$

如果将特征值按递增次序排列，那么满足定理(15.17)式的置换矩阵就是单位阵，即 $\pi(i)=i$。事实上，对某些下标 k 和 $k+1$，假设我们有 $\pi(k)=\mathrm{k}+1$ 和 $\pi(k+1)=k$。既然 $\alpha_k \leqslant \alpha_{k+1}$ 且 $\beta_k \leqslant \beta_{k+1}$，则如下不等式成立：

$$(\alpha_k-\beta_k)^2+(\alpha_{k+1}-\beta_{k+1})^2 \leqslant (\alpha_k-\beta_{k+1})^2+(\alpha_{k+1}-\beta_k)^2 \tag{15.27}$$

因此，式(15.17)成立。

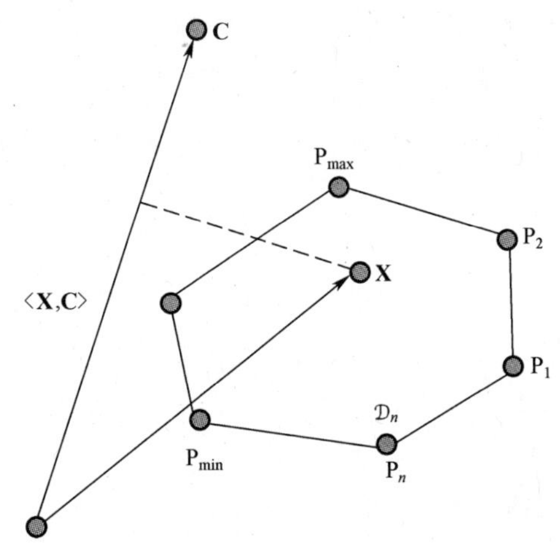

图 15.2　此图举例说明了点积 $\langle \mathbf{X},\mathbf{C}\rangle$ 的最大化。可以将两个矩阵看作是维数为 n^2 的向量。矩阵 $\mathbf{X}$ 属于一个紧凸集，其极值点是置换矩阵 $\mathbf{P}_1,\mathbf{P}_2,\cdots,\mathbf{P}_{\mathrm{n}}$。因此，该集合(即 $\mathcal{D}_n$)在 $\mathbf{C}$ 上的投影已将置换矩阵投影到它的极值上，在这个例子中就是 $\langle \mathbf{P}_{\min},\mathbf{X}\rangle$ 和 $\langle \mathbf{P}_{\max},\mathbf{X}\rangle$。

推论 15.3.2

当 $\mathbf{W}_A$ 的特征向量与 $\mathbf{W}_B$ 的特征向量对齐而符号不确定时，不等式(15.17)就变成了一个等式：

$$\mathbf{U}_B=\mathbf{U}_A\mathbf{S} \tag{15.28}$$

证明：既然 $\mathbf{X}=\mathbf{I}$ 时式(15.21)达到极小值且 $\mathbf{X}$ 的元素是 z_{ij}^2，因此我们有 $z_{ii}=\pm 1$，这相当于 $\mathbf{Z}=\mathbf{S}$。

推论 15.3.3

如果 $\mathbf{Q}$ 是一个正交矩阵，则

$$\sum_{i=1}^{n}(\alpha_i-\beta_i)^2 \leqslant \|\mathbf{W}_A-\mathbf{Q}\mathbf{W}_B\mathbf{Q}^{\mathrm{T}}\|_F^2 \tag{15.29}$$

证明：由于矩阵 $\mathbf{Q}\mathbf{W}_B\mathbf{Q}^{\mathrm{T}}$ 的特征分解形式是 $(\mathbf{Q}\mathbf{U}_B)\mathbf{\Lambda}_B(\mathbf{Q}\mathbf{U}_B)^{\mathrm{T}}$，且它与 $\mathbf{W}_B$ 具有相同的特征值，那么不等式(15.29)成立，因此就有推论 15.3.3。

这些推论在如下介绍的谱图匹配法中十分有用。

15.3.3 梅山方法

15.3.1 节给出的精确谱匹配解产生了一个满足式(15.15)的置换矩阵,这需要在所有可能的 2^n 个矩阵构成的空间中展开穷举搜索。文献[10]中介绍的梅山方法为这个问题提供了一种松弛解,概述如下。

梅山[10]在谱图理论框架下解决了**加权图匹配**的问题。他提出了两种方法,第一种用于**无向加权图**,第二种用于**有向加权图**,这两种情形都使用了邻接矩阵。我们考虑一下无向图的情形。特征值是(可能有重数):

$$\mathbf{W}_A: \quad \alpha_1 \leqslant \cdots \leqslant \alpha_i \leqslant \cdots \leqslant \alpha_n \tag{15.30}$$

$$\mathbf{W}_B: \quad \beta_1 \leqslant \cdots \leqslant \beta_i \leqslant \cdots \leqslant \beta_n \tag{15.31}$$

定理 15.3.4

(梅山)如果 $\mathbf{W}_A$ 和 $\mathbf{W}_B$ 是实对称矩阵,有 n 个相异特征值(可以排序),$\alpha_1 < \cdots < \alpha_i < \cdots < \alpha_n$ 且 $\beta_1 < \cdots < \beta_i < \cdots < \beta_n$,函数

$$J(\mathbf{Q}) = \| \mathbf{W}_A - \mathbf{Q}\mathbf{W}_B\mathbf{Q}^{\mathrm{T}} \|_F^2 \tag{15.32}$$

在

$$\mathbf{Q}^* = \mathbf{U}_A\mathbf{S}\mathbf{U}_B^{\mathrm{T}} \tag{15.33}$$

时具有极小值,此时式(15.29)变为一个等式:

$$\sum_{i=1}^{n} (\alpha_i - \beta_i)^2 = \| \mathbf{W}_A - \mathbf{Q}^* \mathbf{W}_B \mathbf{Q}^{*\mathrm{T}} \|_F^2 \tag{15.34}$$

证明:这个证明很简单。根据推论 15.3.3,霍夫曼-维兰特定理适用于矩阵 $\mathbf{W}_A$ 和 $\mathbf{Q}\mathbf{W}_B\mathbf{Q}^{\mathrm{T}}$。按照推论 15.3.2,当

$$\mathbf{Z} = \mathbf{U}_A^{\mathrm{T}}\mathbf{Q}^*\mathbf{U}_B = \mathbf{S} \tag{15.35}$$

时,式(15.33)成立,因此式(15.34)成立。

注意,可将式(15.33)写为

$$\mathbf{U}_A = \mathbf{Q}^*\mathbf{U}_B\mathbf{S} \tag{15.36}$$

这是式(15.16)的一个松弛版本:精确同构情形下的置换矩阵被正交矩阵所替代。

谱图匹配的启发式方案

让我们再次考虑一下 15.3.1 节中概述的精确解。为了避免穷举搜索能满足式(15.15)的所有可能的 2^n 个矩阵,梅山提出了一种启发式方案。人们可以很容易地注意到

$$\| \mathbf{P} - \mathbf{U}_A\mathbf{S}\mathbf{U}_B^{\mathrm{T}} \|_F^2 = 2n - 2\mathrm{tr}(\mathbf{U}_A\mathbf{S}(\mathbf{P}\mathbf{U}_B)^{\mathrm{T}}) \tag{15.37}$$

使用梅山给出的符号,$\overline{\mathbf{U}}_A = [|u_{ij}|]$,$\overline{\mathbf{U}}_B = [|v_{ij}|]$($\overline{\mathbf{U}}_A$ 中的元素是 $\mathbf{U}_A$ 中元素的绝对值),可以进一步注意到

$$\operatorname{tr}(\mathbf{U}_A\mathbf{S}\,(\mathbf{P}\mathbf{U}_B)^{\mathrm{T}}) = \sum_{i=1}^{n}\sum_{j=1}^{n} s_j u_{ij} v_{\pi(i)j} \leqslant \sum_{i=1}^{n}\sum_{j=1}^{n} |u_{ij}|\,|v_{\pi(i)j}| = \operatorname{tr}(\overline{\mathbf{U}}_A \overline{\mathbf{U}}_B^{\mathrm{T}}\mathbf{P}^{\mathrm{T}}) \tag{15.38}$$

式(15.37)的最小化等价于式(15.38)的最大化,而由后者可得到的最大值是 n。利用 $\mathbf{U}_A$ 和 $\mathbf{U}_B$ 都是正交矩阵这一事实,可以很容易地得出结论

$$\operatorname{tr}(\overline{\mathbf{U}}_A \overline{\mathbf{U}}_B^{\mathrm{T}}\mathbf{P}^{\mathrm{T}}) \leqslant n \tag{15.39}$$

梅山推断,当两个图同构时,最优置换矩阵能实现 $\operatorname{tr}(\mathbf{U}_A \overline{\mathbf{U}}_B^{\mathrm{T}}\mathbf{P}^{\mathrm{T}})$ 的最大化,这可以通过匈牙利算法来求解[47]。

当两个图不完全同构时,定理 15.3.1 和定理 15.3.4 便于将置换矩阵松弛为正交矩阵组。因此,类似于上述结论,我们有

$$\operatorname{tr}(\mathbf{U}_A\mathbf{S}\mathbf{U}_B^{\mathrm{T}}\mathbf{Q}^{\mathrm{T}}) \leqslant \operatorname{tr}(\overline{\mathbf{U}}_A\ \overline{\mathbf{U}}_B^{\mathrm{T}}\mathbf{Q}^{\mathrm{T}}) \leqslant n \tag{15.40}$$

利用匈牙利算法获得的置换矩阵可作为一个初始解,然后再通过某种爬山法或松弛法进行改进[10]。

本节介绍的谱匹配解决方案并不能直接用于极大图。在下一节,我们将介绍关于图的降维概念,这将产生一个易于实现的图匹配解决方案。

15.4 图嵌入与降维

对于极大图和稀疏图,15.3 节的结果和梅山方法(15.3.3 节)只能勉强成立。事实上,并不能保证所有特征值的重数都为 1:对称性的存在会导致一些特征值的代数重数大于 1。在这些情况下,同时考虑到数值逼近,不可能实现特征值的正确排序。此外,对带有成千上万个顶点的极大图,计算其所有的特征值-特征向量对并不切实际。这意味着我们不得不设计一种方法,能够利用一个小的特征值和特征向量集合实现形状的匹配。

解决这个问题的一个精巧方法是通过谱降维技术降低特征空间的维度。图拉普拉斯矩阵的特征分解(在 15.2.1 节中有介绍)是实现降维的一种常用选择方案[39]。

15.4.1 图拉普拉斯算子的谱特性

15.2.1 节中介绍的拉普拉斯矩阵的谱特性已得到了深入的研究,我们将其总结于表 15.1 中。我们推导出了组合拉普拉斯算子的一些独特性质,它们将对形状配准任务十分有用。特别要指出的是,我们将证实组合拉普拉斯算子的特征向量可以解释为相关的嵌入形状表达形式的最大方差(主分量)方向。我们注意到,归一化拉普拉斯算子和随机游走拉普拉斯算子的嵌入形式具有不同的谱特性,这使

它们对形状配准更不具任何意义，见附录 15.10。

表 15.1 拉普拉斯矩阵谱特性的总结。假设给定的是一个连通图，空特征值 (λ_1 , γ_1) 的重数为 1。第一个非空特征值 (λ_1 , γ_2) 称之为 Fiedler 值，并且一般来说，它的重数等于 1。相关的特征向量表示为 Fiedler 向量[41]。

拉普拉斯算子	零空间	特征值	特征向量
$\mathbf{L} = \mathbf{U\Lambda U}^{\mathrm{T}}$	$\mathbf{u}_1 = \mathbb{1}$	$0 = \lambda_1 < \lambda_2 \leqslant \cdots \leqslant \lambda_n$	$\mathbf{u}_{i>1}^{\mathrm{T}} \mathbb{1}=0$ $\mathbf{u}_i^{\mathrm{T}}\mathbf{u}_j = \delta_{ij}$
$\widetilde{\mathbf{L}} = \widetilde{\mathbf{U}}\Gamma\widetilde{\mathbf{U}}^{\mathrm{T}}$	$\widetilde{\mathbf{u}}_1 = \mathbf{D}^{1/2}\mathbb{1}$	$0 = \gamma_1 < \gamma_2 \leqslant \cdots \leqslant \gamma_n$	$\widetilde{\mathbf{u}}_{i>1}^{\mathrm{T}}\mathbf{D}^{1/2}\mathbb{1}=0$ $\widetilde{\mathbf{u}}_i^{\mathrm{T}}\widetilde{\mathbf{u}}_j = \delta_{ij}$
$\widetilde{\mathbf{L}}_R = \mathbf{T\Gamma T}^{-1}$ $\mathbf{T} = \mathbf{D}^{-1/2}\widetilde{\mathbf{U}}$	$\mathbf{t}_1 = \mathbb{1}$	$0 = \gamma_1 < \gamma_2 \leqslant \cdots \leqslant \gamma_n$	$\mathbf{t}_{i>1}^{\mathrm{T}}\mathbf{D}\mathbb{1}=0$ $\mathbf{t}_i^{\mathrm{T}}\mathbf{D}\mathbf{t}_j = \delta_{ij}$

组合拉普拉斯算子

令 $\mathbf{L} = \mathbf{U\Lambda U}^{\mathrm{T}}$ 是组合拉普拉斯算子的谱分解且 $\mathbf{UU}^{\mathrm{T}} = \mathbf{I}$。将 $\mathbf{U}$ 写为

$$\mathbf{U} = \begin{bmatrix} u_{11} & \cdots & u_{1k} & \cdots & u_{1n} \\ \vdots & & \vdots & & \vdots \\ u_{n1} & \cdots & u_{nk} & \cdots & u_{nn} \end{bmatrix} \tag{15.41}$$

$\mathbf{U}$ 的每一列 $\mathbf{u}_k = (u_{1k}, \cdots, u_{ik}, \cdots, u_{nk})^{\mathrm{T}}$ 是一个与特征值 λ_k 相关的特征向量。从式(15.2)中 $\mathbf{L}$ 的定义(参见文献[39])可以很容易看出：$\lambda_1 = 0$ 且 $\mathbf{u}_1 = \mathbb{1}$(常数向量)。因此，$\mathbf{u}_{k\geqslant 2}^{\mathrm{T}}\mathbb{1} = 0$，且将其与 $\mathbf{u}_k^{\mathrm{T}}\mathbf{u}_k = 1$ 相结合，我们得出下列命题。

命题 15.4.1

组合拉普拉斯算子的非常数特征向量的各个分量满足如下约束条件：

$$\sum_{i=1}^{n} u_{ik} = 0, \quad \forall k, \quad 2 \leqslant k \leqslant n \tag{15.42}$$

$$-1 < u_{ik} < 1, \quad \forall i,k, \quad 1 \leqslant i \leqslant n, \quad 2 \leqslant k \leqslant n \tag{15.43}$$

假设给定的是一个连通图，λ_1 的重数为 1[40]。将 $\mathbf{L}$ 的特征值按升序排列：$0 = \lambda_1 < \lambda_2 \leqslant \cdots \leqslant \lambda_n$。我们证明如下命题[41]。

命题 15.4.2

对于所有的 $k \leqslant n$，$\lambda_k \leqslant 2\max_i(d_i)$ 成立，其中 d_i 是顶点 i 的度。

证明：$\mathbf{L}$ 的最大特征值对应于瑞利熵的最大化，即

$$\lambda_n = \max_{\mathbf{u}} \frac{\mathbf{u}^{\mathrm{T}}\mathbf{L}\mathbf{u}}{\mathbf{u}^{\mathrm{T}}\mathbf{u}} \tag{15.44}$$

我们可得 $\mathbf{u}^{\mathrm{T}}\mathbf{L}\mathbf{u} = \sum_{e_{ij}} w_{ij}(u_i - u_j)^2$。根据不等式 $(a-b)^2 \leqslant 2(a^2+b^2)$，我们有

$$\lambda_n \leqslant \frac{2\sum_{e_{ij}} w_{ij}(u_i^2 + u_j^2)}{\sum_i u_i^2} = \frac{2\sum_i d_i u_i^2}{\sum_i u_i^2} \leqslant 2\max_i(d_i) \qquad (15.45)$$

这确定了 $\mathbf{L}$ 的特征值的一个上限。忽略零特征值和相关的特征向量,我们可以将 $\mathbf{L}$ 改写为

$$\mathbf{L} = \sum_{k=2}^{n} \lambda_k \mathbf{u}_k \mathbf{u}_k^{\mathrm{T}} \qquad (15.46)$$

特征向量 $\mathbf{u}_k$ 的每个元素 u_{ik} 都可解释成一个将图顶点 v_i 投影到该向量上的实值函数。因此,集合 $\{u_{ik}\}_{i=1}^{n}$ 的均值和方差是衡量当投影到第 k 个特征向量上时图的展开程度的一个度量。这可以通过如下命题来阐明。

命题 15.4.3

一个特征向量 $\mathbf{u}_k$ 的均值为 $\bar{u}_k$ 、方差为 σ_{uk} 。当 $2 \leqslant k \leqslant n$ 且 $1 \leqslant i \leqslant n$ 时,我们有

$$\bar{u}_k = \sum_{i=1}^{n} u_{ik} = 0 \qquad (15.47)$$

$$\sigma_{u_k} = \frac{1}{n}\sum_{i=1}^{n} (u_{ik} - \bar{u}_k)^2 = \frac{1}{n} \qquad (15.48)$$

证明:通过 $\mathbf{u}_{k\geqslant 2}^{\mathrm{T}} \mathbb{1} = 0$ 和 $\mathbf{u}_k^{\mathrm{T}}\mathbf{u}_k = 1$ 可以容易地得出以上结果。

在对齐两个拉普拉斯算子的嵌入既而配准两个三维形状时,这些性质将十分有用。

15.4.2 图嵌入的主分量分析

拉普拉斯算子的 Moore-Penrose 伪逆可以写为

$$\begin{aligned}\mathbf{L}^{\dagger} &= \mathbf{U}\boldsymbol{\Lambda}^{-1}\mathbf{U}^{\mathrm{T}} \\ &= (\boldsymbol{\Lambda}^{-\frac{1}{2}}\mathbf{U}^{\mathrm{T}})^{\mathrm{T}}(\boldsymbol{\Lambda}^{-\frac{1}{2}}\mathbf{U}^{\mathrm{T}}) \\ &= \mathbf{X}^{\mathrm{T}}\mathbf{X}\end{aligned} \qquad (15.49)$$

其中, $\boldsymbol{\Lambda}^{-1} = \mathrm{diag}(0, 1/\lambda_2, \cdots, 1/\lambda_n)$ 。

对称的半正定矩阵 $\mathbf{L}^{\dagger}$ 是一个 Gram 矩阵,与图拉普拉斯算子拥有相同的特征向量。当忽略空特征值以及相关的常数特征向量时, $\mathbf{X}$ 就变成一个 $(n-1)\times n$ 的矩阵,它的列是图顶点在**嵌入**(即特征)**空间**中的坐标,即 $\mathbf{X} = [\mathbf{x}_1, \cdots, \mathbf{x}_j, \cdots, \mathbf{x}_n]$ 。有意思的是,可以看到: $\mathbf{L}^{\dagger}$ 中的元素可以看作是核点积,即一个 Gram 矩阵[48]。Gram 矩阵表示形式可以让我们将图嵌入在一个欧氏特征空间中,而图的每个顶点 v_j 是一个表示为 $\mathbf{x}_j$ 的特征点。

拉普拉斯算子 $\mathbf{L}$ 的左伪逆算子对任意的 $\mathbf{u} \perp \mathrm{null}(\mathbf{L})$ 都满足 $\mathbf{L}^{\dagger}\mathbf{L}\mathbf{u} = \mathbf{u}$,也称

之为热传导方程的**格林函数**。假设图是连通的，则 $\mathbf{L}$ 有一个特征值 $\lambda_1 = 0$ 且重数为1，我们有

$$\mathbf{L}^{\dagger} = \sum_{k=2}^{n} \frac{1}{\lambda_k} \mathbf{u}_k \mathbf{u}_k^{\mathrm{T}} \tag{15.50}$$

格林函数与图上的随机游走密切相关，可以从概率论的角度作如下解释：给定一个马尔可夫链使得每个图顶点代表状态，可以依概率 w_{ij}/d_i 实现从顶点 v_i 到任意相邻顶点 $v_j \sim v_i$ 的转移，从顶点 v_i 到达 v_j 所需的期望步数称之为**访问或击中时间** $O(v_i, v_j)$。从 v_i 到 v_j 的一次往返过程所需的期望步数称之为**来回时间距离**：$\mathrm{CTD}^2(v_i, v_j) = O(v_i, v_j) + O(v_j, v_i)$。来回时间距离[49]可通过 $\mathbf{L}^{\dagger}$ 中的元素来表达：

$$\begin{aligned}
\mathrm{CTD}^2(v_i, v_j) &= \mathrm{Vol}(g)(\mathbf{L}^{\dagger}(i,i) + \mathbf{L}^{\dagger}(j,j) - 2\mathbf{L}^{\dagger}(i,j)) \\
&= \mathrm{Vol}(g)\left(\sum_{k=2}^{n} \frac{1}{\lambda_k} \mathbf{u}_{ik}^2 + \sum_{k=2}^{n} \frac{1}{\lambda_k} \mathbf{u}_{jk}^2 - 2\sum_{k=2}^{n} \frac{1}{\lambda_k} \mathbf{u}_{ik} u_{jk}\right) \\
&= \mathrm{Vol}(g) \sum_{k=2}^{n} (\lambda_{\mathrm{k}}^{-1/2}(\mathbf{u}_{ik} - \mathbf{u}_{jk}))^2 \\
&= \mathrm{Vol}(g) \| \mathbf{x}_i - \mathbf{x}_j \|^2
\end{aligned} \tag{15.51}$$

其中，图的容积 $\mathrm{Vol}(g)$ 是所有图顶点的度之和。CTD 函数是正定且次可加的，因此定义了一个有关图顶点之间的度量，称之为**来回时间**（或**阻力**）**距离**[50]。CTD 与连接两个顶点的路径数目和长度成反比。不同于最短路径（测地线）距离，CTD 描述的是图容积的连通结构，而不是两个顶点之间的单一路径。来回时间距离相比于最短测地线的最大优势在于，它对拓扑结构的变化具有鲁棒性，因此非常适合描述复杂形状。由于容积是一个图常量，我们有

$$\mathrm{CTD}^2(v_i, v_j) \propto \| \mathbf{x}_i - \mathbf{x}_j \|^2 \tag{15.52}$$

因此，任意两个特征点 $\mathbf{x}_i$ 和 $\mathbf{x}_j$ 之间的欧氏距离是图顶点 v_i 和 v_j 之间的来回时间距离。

利用拉普拉斯算子 $\mathbf{L}$ 的前 K 个非空特征值-特征向量对后，图节点的**来回时间嵌入**对应于 $K \times n$ 矩阵 $\mathbf{X}$ 的列向量：

$$\mathbf{x}_{K \times n} = \mathbf{\Lambda}_K^{-1/2} (\mathbf{U}_{n \times K})^{\mathrm{T}} = [\mathbf{x}_1, \cdots, \mathbf{x}_j, \cdots, \mathbf{x}_n] \tag{15.53}$$

由式(15.43)和式(15.53)，可以很容易地推导出 $\mathbf{x}_j$ 的第 i 个坐标的下界和上界：

$$-\lambda_i^{-1/2} < x_{ji} < \lambda_i^{-1/2} \tag{15.54}$$

上一个表达式意味着：图嵌入沿特征向量展开，采用的因子与特征值的平方根成反比。下面的定理 15.4.4 将 $\mathbf{L}$ 的 K 个最小非空特征值-特征向量对描述为来回时间嵌入的最大方差（主分量）方向。

定理 15.4.4

组合拉普拉斯矩阵伪逆的最大特征值-特征向量对是交换时间嵌入的主分量，

即点 $\mathbf{X}$ 为零中心化形式，且有一个对角协方差矩阵。

证明：事实上，由式(15.47)我们得到一个零均值，而由式(15.53)我们得到一个对角协方差矩阵：

$$\bar{\mathbf{x}} = \frac{1}{n}\sum_{i=1}^{n}\mathbf{x}_i = \frac{1}{n}\mathbf{\Lambda}^{-\frac{1}{2}}\begin{pmatrix}\sum_{i=1}^{n}\mathbf{u}_{i2}\\ \vdots \\ \sum_{i=1}^{n}\mathbf{u}_{ik+1}\end{pmatrix} = \begin{pmatrix}0\\ \vdots \\ 0\end{pmatrix} \tag{15.55}$$

$$\mathbf{\Sigma}_X = \frac{1}{n}\mathbf{x}\mathbf{x}^{\mathrm{T}} = \frac{1}{n}\mathbf{\Lambda}^{-\frac{1}{2}}\mathbf{U}^{\mathrm{T}}\mathbf{U}\mathbf{\Lambda}^{-\frac{1}{2}} = \frac{1}{n}\mathbf{\Lambda}^{-1} \tag{15.56}$$

■

图 15.3 表示图的顶点在特征向量上的投影。在这种情况下，将三维形状表示为网格。

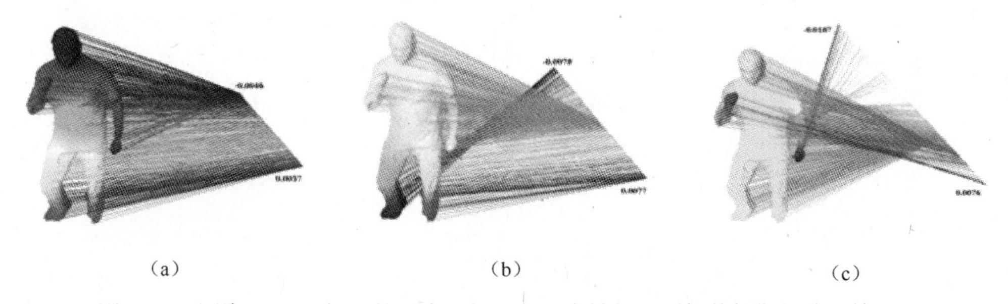

(a)　(b)　(c)

图 15.3　图嵌入 PCA 概念的一个图解。图顶点被投影到拉普拉斯矩阵的第二、第三和第四个特征向量上，这些特征向量都可以看作是形状的主方向。

15.4.3　嵌入维度的选择

定理 15.4.4 的一个直接结论是嵌入式图表示呈中心化形式，且组合拉普拉斯算子的特征向量是最大方差的方向。主特征向量对应于与 $\mathbf{L}^{\dagger}$ 的 K 个最大特征值相关的特征向量，即，$\lambda_2^{-1} \geqslant \lambda_3^{-1} \geqslant \cdots \geqslant \lambda_K^{-1}$。沿向量 $\mathbf{u}_k$ 的方差是 λ_k^{-1}/n。因此，总方差可由矩阵 $\mathbf{L}^{\dagger}$ 的迹计算出来：

$$\mathrm{tr}(\mathbf{\Sigma}_X) = \frac{1}{n}\mathrm{tr}(\mathbf{L}^{\dagger}) \tag{15.57}$$

选择主分量的一种标准方法是使用筛选图：

$$\theta(K) = \frac{\sum_{k=2}^{K+1}\lambda_k^{-1}}{\sum_{k=2}^{n}\lambda_k^{-1}} \tag{15.58}$$

因此，前 K 个主特征向量的选择就取决于逆特征值的谱衰减。在谱图理论中，维度 K 的选择基于特征间隙的存在，使得 $\lambda_{K+2} - \lambda_{K+1} > t$ 且 $t > 0$。实际上，找到这种特征间隙非常困难，特别是在与离散流形相关的稀疏图情况下。不同于这种做法，我们提出采用如下方式选择嵌入的维度。注意,可以将式(15.58)写为 $\theta(K)=A/(A+B)$,其中 $A=\sum_{k=2}^{K+1}\lambda_k^{-1}$, $B=\sum_{k=K+2}^{n}\lambda_k^{-1}$ 。此外,由 λ_k 以递增次序排列这一事实我们可得 $B\leqslant(n-K-1)\lambda_{K+1}^{-1}$ 。因此,

$$\theta_{\min}\leqslant\theta(K)\leqslant 1 \tag{15.59}$$

其中

$$\theta_{\min}=\frac{\sum_{k=2}^{K+1}\lambda_k^{-1}}{\sum_{k=2}^{K}\lambda_k^{-1}+(n-K)\lambda_{K+1}^{-1}} \tag{15.60}$$

这个下界可通过组合拉普拉斯矩阵的 K 个最小非空特征值计算出来。因此,可以选择 K 使得矩阵 $\mathbf{L}^{\dagger}$ 的前 K 个特征值之和成为总方差的一个良好近似,例如, $\theta_{\min}=0.95$。

15.4.4 单位超球面的归一化

标准型嵌入的一个缺点是,当两个形状在采样上有较大差异时,嵌入结果将相差一个显著的比例因子。为了避免这一点,我们可以对嵌入结果进行归一化,使得顶点坐标处在一个维度为 K 的单位球面上,这样就有

$$\hat{\mathbf{x}}_i=\frac{\mathbf{x}_i}{\|\mathbf{x}_i\|} \tag{15.61}$$

更具体地讲,可将 $\hat{\mathbf{x}}_i$ 的第 k 个坐标表示为

$$\hat{\mathbf{x}}_{ik}=\frac{\lambda_k^{-\frac{1}{2}}\mathbf{u}_{ik}}{\left(\sum_{l=2}^{K+1}\lambda_l^{-\frac{1}{2}}\mathbf{u}_{il}^2\right)^{1/2}} \tag{15.62}$$

15.5 谱形状匹配

在前面的章节中,我们讨论了精确与不精确图同构问题的解决方案,回顾了组合图拉普拉斯算子的主要谱特性,并给出了来回时间嵌入的一种新颖分析方法,这样就可以按照图的 PCA 来解释交换时间嵌入和选择相关嵌入度量空间的合适维度 $K\ll n$ 。在本节,我们讨论三维形状配准的问题,并展示如何利用上面提出的思路构建一个鲁棒的谱形状匹配算法。

考虑一下由两个图 $\mathcal{G}_A$ 和 $\mathcal{G}_B$ 分别描述的两个形状,其中 $|\mathcal{V}_A|=n$, $|\mathcal{V}_B|=m$ 。令 $\mathbf{L}_A$ 和 $\mathbf{L}_B$ 分别是它们对应的图拉普拉斯算子。不失一般性,对两个嵌入形式可以选择相同的维度 $K\ll\min(n,m)$,这就产生了下列特征分解结果:

$$\mathbf{L}_A=\mathbf{U}_{n\times K}\mathbf{\Lambda}_K(\mathbf{U}_{n\times K})^{\mathrm{T}} \tag{15.63}$$

$$\mathbf{L}_B=\mathbf{U}'_{m\times K}\mathbf{\Lambda}'_K(\mathbf{U}'_{m\times K})^{\mathrm{T}} \tag{15.64}$$

对于这两个图中的每一个,都可以设计两种**同构**嵌入表示形式,具体如下:

- 一个利用 $\mathbf{U}_{n\times K}$ 的 K 行数据作为 $\mathcal{G}_A$ 顶点欧氏坐标(以及利用 $\mathbf{U'}_{m\times K}$ 的 K 行数据作为 $\mathcal{G}_B$ 顶点欧氏坐标)的**非归一化拉普拉斯嵌入**,以及
- 一个由式(15.61)产生的**归一化来回时间嵌入**,即 $\hat{\mathbf{X}}_A = [\hat{\mathbf{x}}_1,\cdots,\hat{\mathbf{x}}_j,\cdots,\hat{\mathbf{x}}_n]$ (和 $\hat{\mathbf{X}}_B = [\hat{\mathbf{x}}'_1,\cdots,\hat{\mathbf{x}}'_j,\cdots,\hat{\mathbf{x}}'_m]$)。每一列 $\hat{\mathbf{x}}_j$ (或 $\hat{\mathbf{x}}'_j$)是一个对应于 $\mathcal{G}_A$ 的顶点 v_j (或 $\mathcal{G}_B$ 的顶点 v'_j)的 K 维向量。

15.5.1 最大子图匹配与点配准

将 15.3 节的图同构框架应用于两个图上,它们被嵌入到两个维度为 $\mathbb{R}^K$ 的全等空间中。如果与两个嵌入相关的 K 个最小非空特征值相异且可以排序,即

$$\lambda_2 < \cdots < \lambda_k < \cdots < \lambda_{K+1} \tag{15.65}$$

$$\lambda'_2 < \cdots < \lambda'_k < \cdots < \lambda'_{K+1} \tag{15.66}$$

那么就可以应用梅山方法。如果使用刚刚定义的非归一化拉普拉斯嵌入,则式(15.33)变为

$$\mathbf{Q}^* = \mathbf{U}_{n\times K}\mathbf{S}_K(\mathbf{U}'_{m\times K})^{\mathrm{T}} \tag{15.67}$$

这里需要注意的是,式(15.33)中定义的符号矩阵 $\mathbf{S}$ 变成了一个 $K\times K$ 大小的矩阵,记为 $\mathbf{S}_K$ 。现在,我们假设特征值 $\{\lambda_2,\cdots,\lambda_{K+1}\}$ 和 $\{\lambda'_2,\cdots,\lambda'_{K+1}\}$ 无法可靠地排序。这可以通过与一个 $K\times K$ 大小的置换矩阵 $\mathbf{P}_K$ 相乘来描述:

$$\mathbf{Q} = \mathbf{U}_{n\times K}\mathbf{S}_K\mathbf{P}_K(\mathbf{U}'_{m\times K})^{\mathrm{T}} \tag{15.68}$$

$\mathbf{P}_K$ 与 $(\mathbf{U}'_{m\times K})^{\mathrm{T}}$ 的左乘变更了它的行,使得 $\mathbf{u}'_k \to \mathbf{u}'_{\pi(k)}$ 。因此,可以将大小为 $n\times m$ 的矩阵 $\mathbf{Q}$ 的每个元素 q_{ij} 写为

$$q_{ij} = \sum_{k=2}^{K+1} s_k u_{ik} u'_{j\pi(k)} \tag{15.69}$$

由于 $\mathbf{U}_{n\times K}$ 和 $\mathbf{U}'_{m\times K}$ 都是列正交矩阵,式(15.69)定义的点积等价于两个 K 维向量之间角度的余弦值,这意味着 $\mathbf{Q}$ 的每个元素都满足 $-1 \leqslant q_{ij} \leqslant +1$,而且如果 q_{ij} 接近于 1,则两个顶点 v_i 和 v'_j 相匹配。

当然,也可以使用归一化来回时间坐标定义一个与上述等价的表达式:

$$\hat{\mathbf{Q}} = \hat{\mathbf{X}}^{\mathrm{T}}\mathbf{S}_K\mathbf{P}_K\hat{\mathbf{X}}' \tag{15.70}$$

其中

$$\hat{q}_{ij} = \sum_{k=2}^{K+1} s_k \hat{x}_{ik} \hat{x}'_{j\pi(k)} \tag{15.71}$$

因为 $\hat{\mathbf{X}}$ 和 $\hat{\mathbf{X}}'$这两个点集都处在一个 K 维单位超球面上,所以我们也有 $-1 \leqslant \hat{q}_{ij} \leqslant +1$。

然而,应该强调的是,大小为 $n\times m$ 的矩阵 $\mathbf{Q}$ 和 $\hat{\mathbf{Q}}$ 的秩都等于 K 。因此,不能将这些矩阵看作是两个图之间的**松弛置换矩阵**。事实上,它们定义了第一个图的顶点与第二个图的顶点之间的多对多对应关系,这是源于图被嵌入在一个低维空

间这样一个事实。这是下一节我们提出的方法与使用图的所有特征向量的梅山方法以及许多其他后续方法之间的主要区别之一。正如下面将要解释的那样,我们的思路产生了一种形状匹配方法,该方法将在对齐它们的特征基与求解点到点的分配关系之间交替进行。

使用动态规划或分配方法技术(如匈牙利算法)是可以从 $\mathbf{Q}$(或 $\hat{\mathbf{Q}}$)中提取一个一一对应的分配矩阵的。注意,这种分配以符号矩阵 $\mathbf{S}_K$ 和置换矩阵 $\mathbf{P}_K$ 的选择为条件,即 $2^K K!$ 种可能性,而且并不是所有这些选择都对应于一个有效的两图之间的子同构。考虑一下归一化来回时间嵌入的情形,对于非归一化拉普拉斯嵌入存在一个等价的构思形式。两个图分别由两个点集 $\hat{\mathbf{X}}$ 和 $\hat{\mathbf{X}}'$ 来描述,而且都处在 K 维单位超球面上。大小为 $K \times K$ 的矩阵 $\mathbf{S}_K\mathbf{P}_K$ 将一个图嵌入变换到另一个图嵌入上。因此,如果顶点 v_i 与 v_j 相匹配,则可以写成 $\hat{\mathbf{x}}_i = \mathbf{S}_K\mathbf{P}_K\hat{\mathbf{x}}'_j$。更一般地讲,令 $\mathbf{R}_K = \mathbf{S}_K\mathbf{P}_K$,将 $\mathbf{R}_K$ 的定义域扩展到所有可能的 $K \times K$ 正交矩阵中,即 $\mathbf{R}_K \in \mathcal{O}_K$($K$ 维的**正交群**)。现在,我们可以写出如下准则函数,其在 $\mathbf{R}_K$ 上的最小化为配准第一个图的顶点与第二个图的顶点提供了一个最优解保证:

$$\min_{\mathbf{R}_K} \sum_{i=1}^{n} \sum_{j=1}^{m} \hat{q}_{ij} \| \hat{\mathbf{x}}_i - \mathbf{R}_K \hat{\mathbf{x}}'_j \|^2 \tag{15.72}$$

解决诸如式(15.72)的最小化问题的一种方法是使用点配准算法,该算法在如下两个步骤之间交替进行:(i)估计 $K \times K$ 正交变换 $\mathbf{R}_K$,它对齐了与两个嵌入有关的 K 维坐标,以及(ii)更新分配变量 $\hat{q}_{ij}$。这可以通过使用类似 ICP 的方法($\hat{q}_{ij}$ 是二值变量)或类似 EM 的方法($\hat{q}_{ij}$ 是分配变量的后验概率)来实现。正如我们刚才在上面概述的那样,矩阵 $\mathbf{R}_K$ 属于正交群 $\mathcal{O}_K$。因此,该框架不同于 ICP 算法和 EM 算法的标准实现,后者通常需要估计一个属于**特殊正交群**的二维或三维**旋转**矩阵。

已经很明确的是,ICP 算法容易陷入局部极小值。最近,文献[38]提出的 EM 算法能够收敛到一个理想的解:它从大致的初始猜测解开始,对异常值的存在具有鲁棒性。然而,文献[38]提出的算法只是在**刚性变换**(旋转和平移)下表现良好,而在我们讨论的情形下不得不估计一个集成了旋转和反射的更一般类型的正交变换。因此,在详细描述特别适合解决手头问题的 EM 算法之前,我们讨论那种能将第一个嵌入与第二个嵌入的 K 个特征向量对齐的变换的初始化估计问题,并且我们在比较这些特征向量直方图(即**特征标记**)的基础上提出了一种实用的方法来实现该变换(即式(15.70)中的矩阵 $\mathbf{S}_K$ 和 $\mathbf{P}_K$)的初始化。

15.5.2 两种嵌入对齐的特征标记法

一个图的非归一化拉普拉斯嵌入和归一化来回时间嵌入都可以在一个由拉普

拉斯矩阵的特征向量张成的度量空间中表示，即 n 维向量 $\{\mathbf{u}_2,\cdots,\mathbf{u}_k,\cdots,\mathbf{u}_{K+1}\}$，其中 n 是图顶点的数目。它们相当于**特征函数**，而且每个这样的特征函数将图的顶点映射到实线上。更准确地说，第 k 个特征函数将顶点 v_i 映射到 u_{ik} 上。命题 15.4.1 和命题 15.4.3 揭示了集合 $\{u_{1k},\cdots,u_{ik},\cdots,u_{nk}\}_{k=2}^{K+1}$ 的有意义统计特性。此外，定理 15.4.4 按照嵌入形状的主方向给出了特征向量的一种解释。因此可以得出结论：一个特征向量各个分量的概率分布具有能使它们适合于比较两个形状的有意义性质，即 $-1 < u_{ik} < +1$，$\bar{u}_k = 1/n\sum_{i=1}^{n} u_{ik} = 0$，且 $\sigma_k = 1/n\sum_{i=1}^{n} u_{ik}^2 = 1/n$。这意味着可以为每个特征向量构建一个直方图，而且所有这些直方图共享相同的组距 w 和相同数目的组 b[51]：

$$w_k = \frac{3.5\sigma_k}{n^{1/3}} = \frac{3.5}{n^{4/3}} \tag{15.73}$$

$$b_k = \frac{\sup_i u_{ik} - \inf_i u_{ik}}{w_k} \approx \frac{n^{4/3}}{2} \tag{15.74}$$

我们认为，这些直方图是图同构模式下具有不变性的特征向量标记。事实上，考虑一个形状的拉普拉斯算子 $\mathbf{L}$，我们将同构变换 $\mathbf{PLP}^{\mathrm{T}}$ 应用于该形状，其中 $\mathbf{P}$ 是一个置换矩阵。如果 $\mathbf{u}$ 是 $\mathbf{L}$ 的一个特征向量，那么 $\mathbf{Pu}$ 就是 $\mathbf{PLP}^{\mathrm{T}}$ 的一个特征向量。因此，虽然 $\mathbf{u}$ 中分量的排序受该变换的影响，但它们的出现频率以及概率分布保持相同。所以，可以说这样的直方图能够很好地看作是一个**特征标记**。

我们用 $H\{\mathbf{u}\}$ 表示由 $\mathbf{u}$ 的分量构成的直方图，并令 $C(H\{\mathbf{u}\},H\{\mathbf{u}'\})$ 是两个直方图之间的一种相似性度量。从刚才概述的特征向量性质直接可以看出，$H\{\mathbf{u}\} \neq H\{-\mathbf{u}\}$：这两个直方图是镜像对称的。因此，直方图关于特征向量的符号并不具有不变性。所以，可以使用特征向量直方图估计式(15.70)中的置换矩阵 $\mathbf{P}_K$ 和符号矩阵 $\mathbf{S}_K$。因此，在与两个形状有关的两个特征向量集合之间求解一一对应的分配 $\{\mathbf{u}_k \leftrightarrow s_k\mathbf{u}'_{\pi(k)}\}_{k=2}^{K+1}$ 的问题等价于在它们的直方图之间求解一一对应的分配。

令 $\mathbf{A}_K$ 是一个有关第一个形状的直方图与第二个形状的直方图之间的分配矩阵。该矩阵的每个元素定义为

$$a_{kl} = \sup[C(H\{\mathbf{u}_k\},H\{\mathbf{u}'_l\});C(H\{\mathbf{u}_k\},H\{-\mathbf{u}'_l\})] \tag{15.75}$$

同样地，我们定义一个考虑**符号分配**情况的矩阵 $\mathbf{B}_K$：

$$b_{kl} = \begin{cases} +1, & C(H\{\mathbf{u}_k\},H\{\mathbf{u}'_l\}) \geqslant C(H\{\mathbf{u}_k\},H\{-\mathbf{u}'_l\}) \\ -1, & C(H\{\mathbf{u}_k\},H\{\mathbf{u}'_l\}) < C(H\{\mathbf{u}_k\},H\{-\mathbf{u}'_l\}) \end{cases} \tag{15.76}$$

从 $\mathbf{A}_K$ 中提取一个置换矩阵 $\mathbf{P}_K$ 是二分最大匹配问题的一个实例，而匈牙利算法能为该分配问题提供一个最优解[47]。此外，可以使用估计出的 $\mathbf{P}_K$ 从 $\mathbf{B}_K$ 中提取出符号矩阵 $\mathbf{S}_K$。算法 1 用于估计两种嵌入之间的对齐。

算法 1：　两种拉普拉斯嵌入的对齐

输入： 与特征向量 $\{\mathbf{u}_k\}_{k=2}^{K+1}$ 和 $\{\mathbf{u}'_k\}_{k=2}^{K+1}$ 有关的直方图。

输出： 一个置换矩阵 $\mathbf{P}_K$ 和一个符号矩阵 $\mathbf{S}_K$ 。

1. 计算分配矩阵 $\mathbf{A}_K$ 和 $\mathbf{B}_K$ 。
2. 使用匈牙利算法由 $\mathbf{A}_K$ 计算出 $\mathbf{P}_K$ 。
3. 利用 $\mathbf{P}_K$ 和 $\mathbf{B}_K$ 计算出符号矩阵 $\mathbf{S}_K$ 。

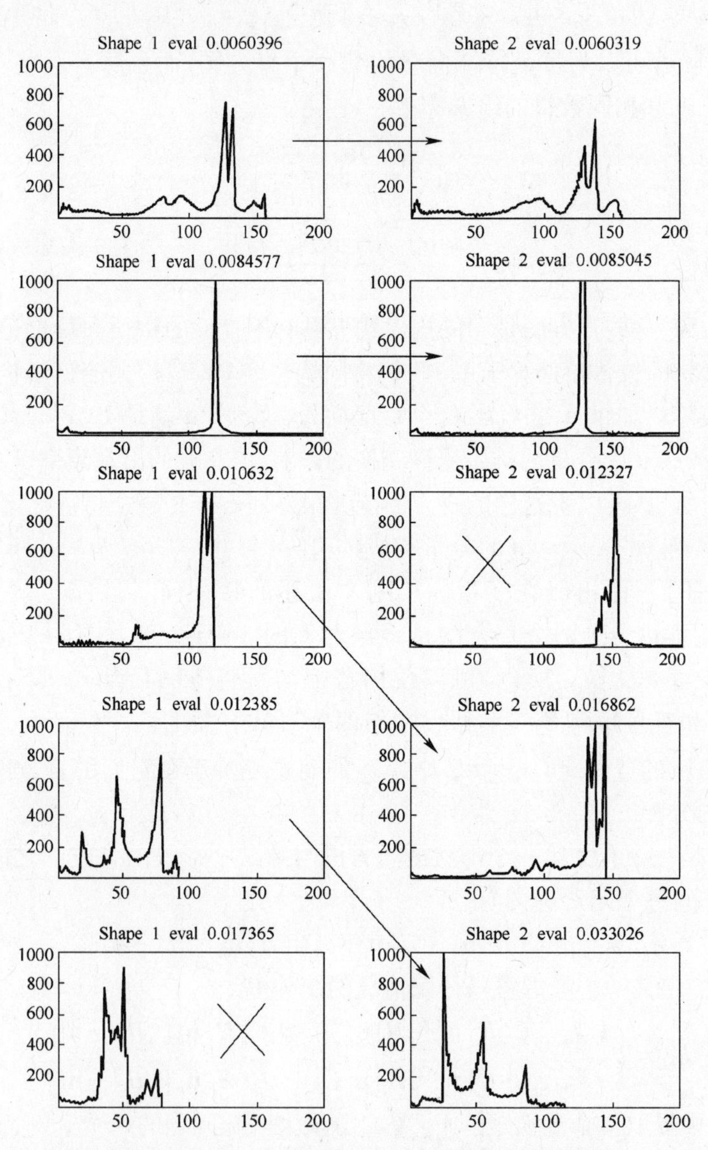

图 15.4　特征向量直方图作为特征标记来检测符号颠倒和特征向量排序改变的可用性图解。粗线段表示匹配的特征向量对，而叉号表示丢弃的特征向量。

图 15.4 展示了通过直方图匹配计算解决符号颠倒和特征向量排序变化问题时特征向量直方图作为特征标记的效用。有趣的是,可以看到,直方图匹配分值式(15.75)的阈值可以使我们丢弃那些具有低相似性代价的特征向量。因此,从使用式(15.60)获得的较大 K 值开始,我们可以将特征向量的数目限制为仅仅几个,这将适合于下一节提出的基于 EM 的点配准算法。

15.5.3　形状匹配的 EM 算法

正如 15.5.1 节中解释的那样,可将最大子图匹配问题简化为 K 维度量空间中的一个点配准问题。该空间是由图拉普拉斯算子的特征向量张成的,其中的两个形状都表示为**点云**。拉普拉斯嵌入的初始对齐可以按照上一节所述的特征向量直方图的匹配来获得。在本节,我们提出了一种 EM 算法实现三维形状的匹配,该算法计算了两个形状之间的概率"顶点到顶点"分配关系。提出的方法在估计与两个形状嵌入的对齐有关的正交变换矩阵和计算一个点到点的概率分配变量这两个步骤之间交替执行。

该方法建立的基础是参数化概率模型,即带有缺失数据的最大似然函数。我们考虑一下两个形状的拉普拉斯嵌入,即式(15.53):$\hat{\mathbf{X}} = \{\hat{\mathbf{x}}_i\}_{i=1}^n$,$\hat{\mathbf{X}}' = \{\hat{\mathbf{x}}'_j\}_{j=1}^m$,其中 $\hat{\mathbf{X}},\hat{\mathbf{X}}' \subset \mathbb{R}^K$。不失一般性,我们假设第一个集合 $\hat{\mathbf{X}}$ 中的点是与 n 个聚类有关的高斯混合模型(GMM)的聚类中心,同时也假设一个兼顾到异常值和不相配数据的额外均匀分量。匹配 $\hat{\mathbf{X}} \leftrightarrow \hat{\mathbf{X}}'$ 是指用高斯混合模型拟合集合 $\hat{\mathbf{X}}'$。

让该高斯混合模型经过一个 $K \times K$ 大小的变换 $\mathbf{R}$(为简单起见,我们省略了下标 K),其中 $\mathbf{R}^{\mathrm{T}}\mathbf{R} = \mathbf{I}_K$,$\det(\mathbf{R}) = \pm 1$,更精确地说,$\mathbf{R} \in \mathcal{O}_K$(一个作用于 $\mathbb{R}^K$ 的正交矩阵组)。因此,该混合模型中每个聚类的参数包括一个先验概率 p_i,一个聚类均值 $\boldsymbol{\mu}_i = \mathbf{R}\hat{\mathbf{x}}_i$ 和一个协方差矩阵 $\boldsymbol{\Sigma}_i$。假定该混合模型中所有的聚类都有相同的先验概率 $\{p_i = \pi_{\mathrm{in}}\}_{i=1}^n$ 和相同的各向同性协方差矩阵 $\{\boldsymbol{\Sigma}_i = \sigma\mathbf{I}_K\}_{i=1}^n$,这种参数化表达形式会产生如下观察数据对数似然函数(其中,$\pi_{\mathrm{out}} = 1 - n\pi_{\mathrm{in}}$,而 $\mathcal{U}$ 为均匀分布):

$$\log P(\hat{\mathbf{X}}') = \sum_{j=1}^{m} \log\left(\sum_{i=1}^{n} \pi_{\mathrm{in}} \mathcal{N}(\hat{\mathbf{x}}'_j \mid \boldsymbol{\mu}_i, \sigma) + \pi_{\mathrm{out}}\mathcal{U}\right) \tag{15.77}$$

众所周知,对式(15.77)直接最大化并不易实现,而利用 EM 算法对完整数据对数似然函数的期望执行最大化更切合实际,其中"完整数据"指的是观察数据(点 $\hat{\mathbf{X}}'$)与缺失数据(数据到聚类的分配)。就我们讨论的情况而言,上述期望可写为(详见文献[38])

$$\varepsilon(\mathbf{R},\sigma) = -\frac{1}{2}\sum_{j=1}^{m}\sum_{i=1}^{n}\alpha_{ji}\left(\|\hat{\mathbf{x}}'_j - \mathbf{R}\hat{\mathbf{x}}_i\|^2 + k\log\sigma\right) \tag{15.78}$$

其中,α_{ji} 表示分配 $\hat{\mathbf{x}}'_j \leftrightarrow \hat{\mathbf{x}}_i$ 的后验概率:

$$\alpha_{ji}=\frac{\exp(-\ \|\hat{\mathbf{x}}_j'-\mathbf{R}\hat{\mathbf{x}}_i\|^2/2\sigma)}{\sum_{q=1}^{n}\exp(-\ \|\hat{\mathbf{x}}_j'-\mathbf{R}\hat{\mathbf{x}}_q\|^2/2\sigma)+\phi\sigma^{k/2}} \tag{15.79}$$

其中，ϕ 是一个与均匀分布 $\mathcal{U}$ 有关的常数项。注意，很容易得到一个数据点保持不匹配状态的后验概率 $\alpha_{jn+1}=1-\sum_{i=1}^{n}\alpha_{ij}$，这就产生了算法 2 概述的形状匹配流程。

15.6 实验及结果

我们已经执行了若干三维形状配准实验来评价所提出方法的有效性。在第一个实验中，三维形状配准是在公开的 TOSCA 数据集中的 138 个高分辨率（10K～50K 个顶点）三角网格上执行的[33]。该数据集包括三个经由仿真变换形成的形状类（人、狗、马）。变换分为 9 类（等距、拓扑、大小孔洞、全局和局部缩放、噪声、散粒噪声和采样），每个变换类均呈现五种不同的强度等级。为了性能评价，我们计算了与真实参照结果相对应的平均测地距离的估计值（详见文献[33]）。

算法 2：形状匹配的 EM 算法

输入：两个嵌入形状 $\hat{\mathbf{X}}$ 和 $\hat{\mathbf{X}}'$。

输出：两个形状之间的密集对应 $\hat{\mathbf{X}}\leftrightarrow\hat{\mathbf{X}}'$。

1. **初始化**：集合 $\mathbf{R}^{(0)}=\mathbf{S}_K\mathbf{P}_K$，为方差 $\sigma^{(0)}$ 选择一个较大值。
2. E **步**：利用式（15.79）由当前参数计算当前的后验概率 $\alpha_{ij}^{(q)}$。
3. M **步**：利用当前后验概率计算新的变换 $\mathbf{R}^{(q+1)}$ 和新的方差 $\sigma^{(q+1)}$：

$$\mathbf{R}^{(q+1)}=\arg\min_{\mathbf{R}}\sum_{i,j}\alpha_{ij}^{(q)}\|x_j'-\mathbf{R}x_i\|^2$$

$$\sigma^{(q+1)}=\sum_{i,j}\alpha_{ij}^{(q)}\|\hat{\mathbf{x}}_j'-\mathbf{R}^{(q+1)}\hat{\mathbf{x}}_i\|^2/k\sum_{i,j}\alpha_{ij}^{(q)}$$

4. **MAP**：如果 $\max_i\alpha_{ij}^{(q)}>0.5$，则接受分配 $\hat{\mathbf{x}}_j'\leftrightarrow\hat{\mathbf{x}}_i$。

我们通过两种设置来评价我们的方法。在第一种设置 SM1 中，我们使用了来回时间嵌入（15.53）式，而在第二种设置 SM2 中，我们使用了单位超球面归一化嵌入（15.61）式。

表 15.2 展示了利用所提出的谱匹配法实现密集形状匹配时的误差估计值。在某些变换情形下，所提出的方法产生的误差为零，因为这两个网格具有完全相同的三角形划分。图 15.5 展示了一些匹配结果。灰色强调了身体各部位的正确匹配，而为了呈现更好的可视化效果我们只展示了其中 5% 的匹配结果。在图 15.5（e）中，两个形状的采样率具有较大的差异。在这种情况下，由于我们使用了来回时间嵌入，肩膀附近的匹配就不完全正确。

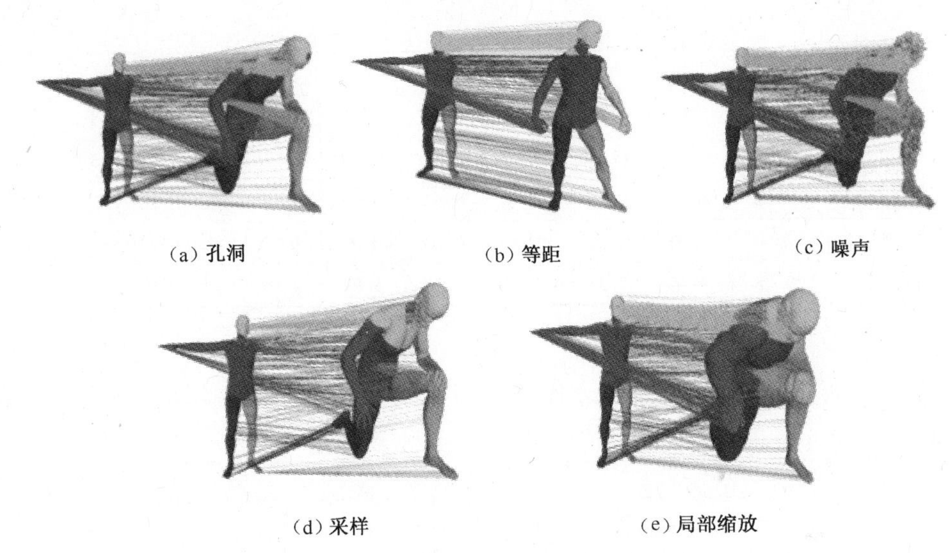

(a) 孔洞　(b) 等距　(c) 噪声

(d) 采样　(e) 局部缩放

图 15.5　不同变换情形下的三维形状配准。

表 15.3 总结了所提出的谱匹配方法（SM1 和 SM2）与文献[19]中介绍的基于广义多维缩放（GMDS）的匹配算法，以及文献[12]中提出的具有两种设置（LB1：使用图拉普拉斯算子；LB2：使用余切权重）的拉普拉斯-贝特拉米匹配算法的比较结果。GMDS 试图以最小失真代价将一个形状嵌入到另一个形状来计算两个形状之间的对应关系。在计算对应情况的质量时，LB1 和 LB2 算法将基于拉普拉斯-贝特拉米算子特征分解的表面描述子与在形状上度量的测地距离结合在一起。上述过程产生了一个用于对应关系检测的二次优化问题的构思形式，其最小化解就是最可能的对应结果。所提出的方法明显优于其他两种方法：对于数据集的所有变换，它产生了最小的平均误差估计值。

表 15.2　三维形状配准误差估计值（与真实参照结果相对应的平均测地距离），使用了具有来回时间嵌入（SM1）和单位超球面归一化嵌入（SM2）的谱匹配方法。

强度

变换	1		≤2		≤3		≤4		≤5	
	SM1	SM2	SM1	SM2	SM1	SM2	SM1	SM2	SM1	SM2
等距	0.00	0.00	0.00	0.00	0.00	0.00	0.00	0.00	0.00	0.00
拓扑	6.89	5.96	7.92	6.76	7.92	7.14	8.04	7.55	8.41	8.13
孔洞	7.32	5.17	8.39	5.55	9.34	6.05	9.47	6.44	12.47	10.32
微孔	0.37	0.68	0.39	0.70	0.44	0.79	0.45	0.79	0.49	0.83
缩放	0.00	0.00	0.00	0.00	0.00	0.00	0.00	0.00	0.00	0.00
局部缩放	0.00	0.00	0.00	0.00	0.00	0.00	0.00	0.00	0.00	0.00

（续）

变换	1		≤2		≤3		≤4		≤5	
	SM1	SM2	SM1	SM2	SM1	SM2	SM1	SM2	SM1	SM2
采样	11.43	10.51	13.32	12.08	15.70	13.65	18.76	15.58	22.63	19.17
噪声	0.00	0.00	0.00	0.00	0.00	0.00	0.00	0.00	0.00	0.00
散粒噪声	0.00	0.00	0.00	0.00	0.00	0.00	0.00	0.00	0.00	0.00
平均值	2.88	2.48	3.34	2.79	3.71	3.07	4.08	3.37	4.89	4.27

表 15.3　使用所提出的方法(SM1 和 SM2)、GMDS[19]和 LB1,LB2[12]计算出的所有变换情况下的平均形状配准误差估计值(与真实参照结果相对应的平均测地距离)。

方法	强度 1	≤2	≤3	≤4	≤5
LB1	10.61	15.48	19.01	23.22	23.88
LB2	15.51	18.21	22.99	25.26	28.69
GMDS	39.92	36.77	35.24	37.40	39.10
SM1	2.88	3.34	3.71	4.08	4.89
SM2	2.48	2.79	3.07	3.37	4.27

在表 15.4 中,我们展示了所提出的方法与其他方法的详细比较结果。关于详细的定量比较,可参考文献[33]。从本质上讲,所提出的方法使用了扩散几何而不是其他两种方法采用的测地线度量,因此优于它们。

表 15.4　三维形状配准性能的比较:与 GMDS[19]和 LB1,LB2[12]方法相比,所提出的方法(SM1 和 SM2)性能表现最好,在具有不同强度的所有变换类上提供了最小平均形状配准误差。

变换	强度 1	≤3	≤5
等距	SM1,SM2	SM1,SM2	SM1,SM2
拓扑	SM2	SM2	SM2
孔洞	SM2	SM2	SM2
微孔	SM1	SM1	SM1
缩放	SM1,SM2	SM1,SM2	SM1,SM2
局部缩放	SM1,SM2	SM1,SM2	SM1,SM2
采样	LB1	SM2	LB2
噪声	SM1,SM2	SM1,SM2	SM1,SM2
散粒噪声	SM1,SM2,	SM1,SM2	SM1,SM2
平均值	SM1,SM2	SM1,SM2	SM1,SM2

在第二个实验中,我们在两个具有相似拓扑结构的不同形状上实现形状配准。

图 15.6 展示了在不同形状上实现形状配准的结果。图 15.6(a)和(c)展示了 EM 算法的初始化步骤,而图 15.6(b)和(d)表示 EM 算法收敛后获得的密集匹配。

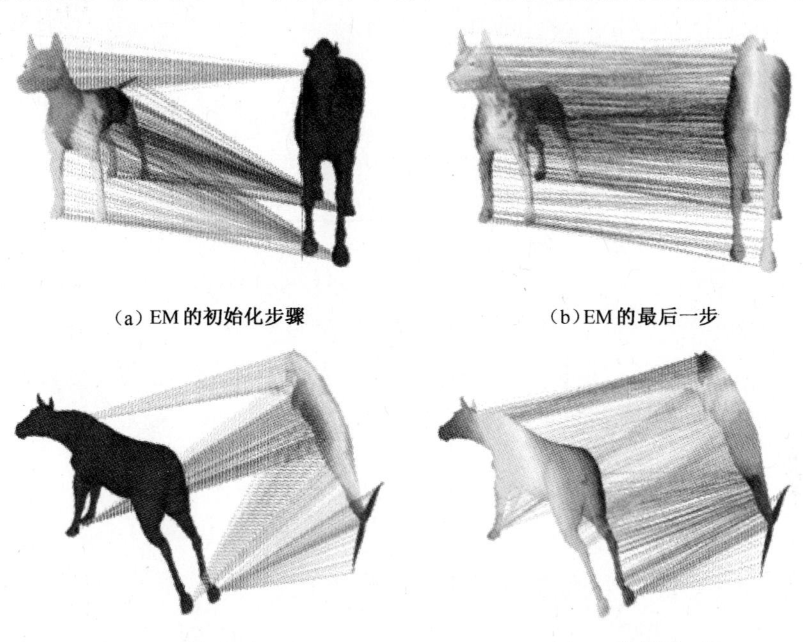

(a) EM 的初始化步骤　(b) EM 的最后一步

(c) EM 的初始化步骤　(d) EM 的最后一步

图 15.6　在具有相似拓扑结构的不同形状上实现的三维形状配准。

最后,我们在图 15.7 中展示了在两个不同的人形网格上获得的形状匹配结果,这些网格是由麻省理工学院[5]和萨里大学[2]的多摄像机系统采集的。

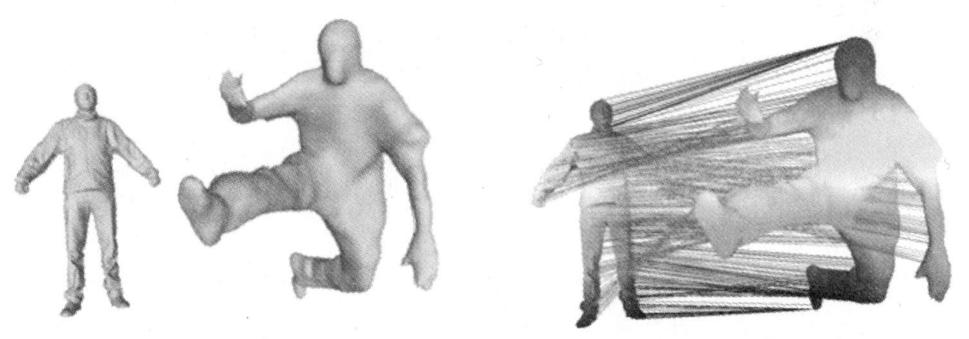

(a) 原始网格　(b) 密集匹配

图 15.7　在两个由不同序列采集到的真实网格上实现的三维形状配准。

15.7　讨论

本章描述了一种三维形状配准方法来计算两个铰接式物体之间的密集对齐。

我们采用了谱匹配和无监督点配准方法来解决这个问题。我们使用拉普拉斯矩阵正式引入了图同构,并对图中节点数目非常大情况下(即数量级达到 $O(10^4)$)的匹配问题作了分析。当嵌入空间的维数远小于点集的势时,在正交变换群下我们证实图同构与点配准之间存在一种简单的等价关系。

大规模稀疏拉普拉斯算子的特征值是不能实现可靠排序的。我们使用特征向量直方图以及基于这些直方图比较结果的对齐为特征值排序提出了一种精巧的替代方法。由特征向量对齐产生的点配准为 EM 算法赋予了很好的初始化结果,随后只用于配准的更新。

然而,这种方法易受到大尺度拓扑结构变化的影响。这种变化可能发生在多摄像机形状采集装置中,主要源于自遮挡(源自复杂的运动学姿态)和阴影的影响。这是因为拉普拉斯嵌入是一个全局的表达形式,任何大的拓扑结构变化都将导致嵌入出现较大的改变,从而造成该方法的失败。最近,文献[36]提出了一种新的形状配准方法,通过使用热核框架对大尺度拓扑结构变化呈现出鲁棒性。

15.8 附录 A:置换矩阵与双随机矩阵

如果一个矩阵 $\mathbf{P}$ 的每行和每列恰好只有一个元素为 1,而其他所有元素都为 0,则称之为**置换矩阵**。矩阵 $\mathbf{A}$ 左乘一个置换矩阵 $\mathbf{P}$ 则置换 $\mathbf{A}$ 的**行**,而右乘 $\mathbf{P}$ 则置换 $\mathbf{A}$ 的**列**。

置换矩阵具有如下性质:$\det(\mathbf{P}) = \pm 1$, $\mathbf{P}^{\mathrm{T}} = \mathbf{P}^{-1}$;单位阵是一个置换矩阵;两个置换矩阵的乘积是一个置换矩阵。因此,置换矩阵 $\mathbf{P} \in \mathcal{P}_n$ 的集合构成了一个正交矩阵的子群的子群,用 $\mathcal{O}_n$ 来表示,而 $\mathcal{P}_n$ 具有有限的势 $n!$。

非负矩阵 $\mathbf{A}$ 是指其所有元素均为非负值的矩阵。当非负矩阵中所有行的和都为+1 时,则称其为一个(**行**)**随机矩阵**。**列随机矩阵**是行随机矩阵的转置。对于一个随机矩阵 $\mathbf{A}$,如果 $\mathbf{A}^{\mathrm{T}}$ 也是随机矩阵,则称其为**双重随机矩阵**:所有行与列的和均为+1 且 $a_{ij} \geqslant 0$。随机矩阵的集合是一个紧凸集,具有一个简单而重要的性质:当且仅当 $\mathbf{A}\mathbb{1} = \mathbb{1}$ 时,$\mathbf{A}$ 是一个随机矩阵,其中 $\mathbb{1}$ 是所有分量均等于+1 的向量。

置换矩阵是双重随机矩阵。如果我们用 $\mathcal{D}_n$ 表示双重随机矩阵的集合,可以证明 $\mathcal{P}_n = \mathcal{O}_n \cap \mathcal{D}_n$[52]。置换矩阵是基本的双重随机矩阵原型,因为伯克霍夫定理指出,任何一个双重随机矩阵都是有限多个置换矩阵的线性凸组合[46]。

定理 15.8.1

(伯克霍夫定理) 当且仅当对某个 $N < \infty$ 存在置换矩阵 $\mathbf{P}_1, \cdots, \mathbf{P}_N$ 和正值标量 $s_1, \cdots, s_N$,使得 $s_1 + \cdots + s_N = 1$ 且 $\mathbf{A} = s_1\mathbf{P}_1 + \cdots + s_N\mathbf{P}_N$ 时,矩阵 $\mathbf{A}$ 是一个双重随机矩阵。

这个定理的完整证明参见文献[46](526 - 528 页)。证明的依据是:$\mathcal{D}_n$ 是一个紧凸集,且该集合中的每个点都是该集合端点的一个凸组合。首先,证明每个置换矩阵都是 $\mathcal{D}_n$ 的一个端点;其次,还要指出,当且仅当一个给定的矩阵是置换矩阵时,它是 $\mathcal{D}_n$ 的一个端点。

15.9　附录 B:Frobenius 范数

一个矩阵 $\mathbf{A}_{n\times n}$ 的 Frobenius(或欧氏)范数是一个逐元素级范数,它将矩阵看作是一个大小为 $1\times nn$ 的向量。具有标准的范数性质:$\|\mathbf{A}\|_F > 0 \Leftrightarrow \mathbf{A} \neq 0$,$\|\mathbf{A}\|_F = 0 \Leftrightarrow \mathbf{A} = 0$,$\|c\mathbf{A}\|_F = c\|\mathbf{A}\|_F$ 且 $\|\mathbf{A}+\mathbf{B}\|_F \leqslant \|\mathbf{A}\|_F + \|\mathbf{B}\|_F$。此外,Frobenius 范数**具有次可乘性**:

$$\|\mathbf{AB}\|_F \leqslant \|\mathbf{A}\|_F \|\mathbf{B}\|_F \tag{15.80}$$

以及**酉不变性**。这意味着,对于任意两个正交矩阵 $\mathbf{U}$ 和 $\mathbf{V}$:

$$\|\mathbf{UAV}\|_F = \|\mathbf{A}\|_F \tag{15.81}$$

紧接着,它就满足如下等式:

$$\|\mathbf{UAU}^{\mathrm{T}}\|_F = \|\mathbf{UA}\|_F = \|\mathbf{AU}\|_F = \|\mathbf{A}\|_F \tag{15.82}$$

15.10　附录 C:归一化拉普拉斯算子的谱特性

归一化拉普拉斯算子

令 $\widetilde{\mathbf{u}}_k$ 和 γ_k 表示 $\widetilde{\mathbf{L}}$ 的特征向量和特征值,其谱分解为 $\widetilde{\mathbf{L}} = \widetilde{\mathbf{U}}\mathbf{\Gamma}\widetilde{\mathbf{U}}^{\mathrm{T}}$,其中 $\widetilde{\mathbf{U}}\widetilde{\mathbf{U}}^{\mathrm{T}} = \mathbf{I}$。最小特征值及其相关的特征向量是 $\gamma_1 = 0$ 和 $\widetilde{\mathbf{u}}_1 = \mathbf{D}^{1/2}\mathbb{1}$。

我们有如下等价关系:

$$\sum_{i=1}^{n} d_i^{1/2}\widetilde{u}_{ik} = 0,\quad 2 \leqslant k \leqslant n \tag{15.83}$$

$$d_i^{1/2}|\widetilde{u}_{ik}| < 1,\quad 1 \leqslant i \leqslant n, 2 \leqslant k \leqslant n \tag{15.84}$$

按照归一化拉普拉斯算子的谱分解,利用式(15.5)我们获得了组合拉普拉斯算子的一个有用表达形式。但要注意,下面的表达式**不是**组合拉普拉斯算子的一个谱分解形式:

$$\mathbf{L} = (\mathbf{D}^{1/2}\widetilde{\mathbf{U}}\mathbf{\Gamma}^{1/2})(\mathbf{D}^{1/2}\widetilde{\mathbf{U}}\mathbf{\Gamma}^{1/2})^{\mathrm{T}} \tag{15.85}$$

对于连通图,γ_1 的重数为 1:$0 = \gamma_1 < \gamma_2 \leqslant \cdots \leqslant \gamma_n$。与组合拉普拉斯算子中的情况一样,特征值也有一个上界(详细证明参见文献[41])。

命题 15.10.1

对于所有的 $k \leqslant n$，有 $\mu_k \leqslant 2$。

我们获得了归一化拉普拉斯算子的下列谱分解形式：

$$\widetilde{\mathbf{L}} = \sum_{k=2}^{n} \gamma_k \widetilde{\mathbf{u}}_k \widetilde{\mathbf{u}}_k^{\mathrm{T}} \tag{15.86}$$

通过如下方式产生沿第 k 个归一化拉普拉斯特征向量的图展开：

$\forall (k,i)$，$2 \leqslant k \leqslant n$，$1 \leqslant i \leqslant n$：

$$\bar{\widetilde{u}}_k = \frac{1}{n}\sum_{i=1}^{n} \widetilde{u}_{ik} \tag{15.87}$$

$$\sigma_{uk} = \frac{1}{n} - \bar{\widetilde{u}}_k^{\,2} \tag{15.88}$$

因此，图在特征向量 $\widetilde{\mathbf{u}}_k$ 上的投影不是中心化类型。结合式(15.5)和式(15.86)，根据归一化拉普拉斯算子的谱，我们得到了组合拉普拉斯算子的另一种表示形式，即

$$\mathbf{L} = \sum_{k=2}^{n} \gamma_k (\mathbf{D}^{1/2}\widetilde{\mathbf{u}}_k)(\mathbf{D}^{1/2}\widetilde{\mathbf{u}}_k)^{\mathrm{T}} \tag{15.89}$$

因此，另一种方式是将图投影到向量 $\mathbf{t}_k = \mathbf{D}^{1/2}\widetilde{\mathbf{u}}_k$ 上。由 $\widetilde{\mathbf{u}}_{k\geqslant 2}^{\mathrm{T}}\widetilde{\mathbf{u}}_1 = 0$，我们有 $\mathbf{t}_{k\geqslant 2}^{\mathrm{T}}\mathbb{1} = 0$。因此，图在 $\mathbf{t}_k$ 上的投影的展开形式具有如下均值和方差：

$\forall (k,i)$，$2 \leqslant k \leqslant n$，$1 \leqslant i \leqslant n$：

$$\bar{t}_k = \sum\nolimits_{i=1}^{n} d_i^{1/2}\widetilde{u}_{ik} = 0 \tag{15.90}$$

$$\sigma_{tk} = \frac{1}{n}\sum\nolimits_{i=1}^{n} d_i \widetilde{u}_{ik}^{\,2} \tag{15.91}$$

随机游走拉普拉斯算子

这个算子不对称，但可以很容易利用式(15.7)由归一化拉普拉斯算子的谱特性推导出其谱特性。注意，这可用于将一个非对称拉普拉斯算子转化为一个对称拉普拉斯算子，正如文献[53]和[54]所述。

参考文献

[1] J. -S. Franco and E. Boyer, "Efficient Polyhedral Modeling from Silhouettes," *IEEE Transactions on Pattern Analysis and Machine Intelligence*, vol. 31, no. 3, pp. 414-427, 2009.

[2] J. Starck and A. Hilton, "Surface capture for performance based animation," *IEEE Computer*

Graphics and Applications, vol. 27, no. 3, pp. 21-31, 2007.

[3] G. Slabaugh, B. Culbertson, T. Malzbender, and R. Schafer, "A survey of methods for volumetric scene reconstruction from photographs," in *International Workshop on Volume Graphics*, 2001, pp. 81-100.

[4] S. M. Seitz, B. Curless, J. Diebel, D. Scharstein, and R. Szeliski, "A comparison and evaluation of multi-view stereo reconstruction algorithms," in *IEEE Computer Society Conference on Computer Vision and Pattern Recognition*, 2006, pp. 519-528.

[5] D. Vlasic, I. Baran, W. Matusik, and J. Popovic, "Articulated mesh animation from multi-view silhouettes," *ACM Transactions on Graphics (Proc. SIGGRAPH)*, vol. 27, no. 3, pp. 97:1-97:9, 2008.

[6] A. Zaharescu, E. Boyer, and R. P. Horaud, "Topology-adaptive mesh deformation for surface evolution, morphing, and multi-view reconstruction," *IEEE Transactions on Pattern Analysis and Machine Intelligence*, vol. 33, no. 4, pp. 823-837, April 2011.

[7] Y. Chen and G. Medioni, "Object modelling by registration of multiple range images," *Image Vision Computer*, vol. 10, pp. 145-155, April 1992.

[8] P. J. Besl and N. D. McKay, "A method for registration of 3-d shapes," *IEEE Transactions on Pattern Analysis and Machine Intelligence*, vol. 14, pp. 239-256, February 1992.

[9] S. Rusinkiewicz and M. Levoy, "Efficient variants of the ICP algorithm," in *International Conference on 3D Digital Imaging and Modeling*, 2001, pp. 145-152.

[10] S. Umeyama, "An eigendecomposition approach to weighted graph matching problems," *IEEE Transactions on Pattern Analysis and Machine Intelligence*, vol. 10, no. 5, pp. 695-703, May 1988.

[11] J. H. Wilkinson, "Elementary proof of the Wielandt-Hoffman theorem and of its generalization." Stanford University, Tech. Rep. CS150, January 1970.

[12] A. Bronstein, M. Bronstein, and R. Kimmel, "Generalized multidimensional scaling: a framework for isometry-invariant partial surface matching," *Proceedings of National Academy of Sciences*, vol. 103, pp. 1168-1172, 2006.

[13] S. Wang, Y. Wang, M. Jin, X. Gu, D. Samaras, and P. Huang, "Conformal geometry and its application on 3d shape matching," *IEEE Transactions on Pattern Analysis and Machine Intelligence*, vol. 29, no. 7, pp. 1209-1220, 2007.

[14] V. Jain, H. Zhang, and O. van Kaick, "Non-rigid spectral correspondence of triangle meshes," *International Journal of Shape Modeling*, vol. 13, pp. 101-124, 2007.

[15] W. Zeng, Y. Zeng, Y. Wang, X. Yin, X. Gu, and D. Samras, "3D non-rigid surface matching and registration based on holomorphic differentials," in *European Conference on Computer Vision*, 2008, pp. 1-14.

[16] D. Mateus, R. Horaud, D. Knossow, F. Cuzzolin, and E. Boyer, "Articulated shape matching using Laplacian eigenfunctions and unsupervised point registration," in *IEEE Computer Society Conference on Computer Vision and Pattern Recognition*, 2008, pp. 1-8.

[17] M. R. Ruggeri, G. Patané, M. Spagnuolo, and D. Saupe, "Spectral-driven isometry-invariant matching of 3d shapes," *International Journal of Computer Vision*, vol. 89, pp. 248-265, 2010.

[18] Y. Lipman and T. Funkhouser, "Mobius voting for surface correspondence," *ACM Transations on Graphics (Proc. SIGGRAPH)*, vol. 28, no. 3, pp. 72:1-72:12, 2009.

[19] A. Dubrovina and R. Kimmel, "Matching shapes by eigendecomposition of the Laplace-Beltrami operator," in *International Symposium on 3D Data Processing, Visualization and Transmission*, 2010.

[20] G. Scott and C. L. Higgins, "An Algorithm for Associating the Features of Two Images," *Biological Sciences*, vol. 244, no. 1309, pp. 21-26, 1991.

[21] L. S. Shapiro and J. M. Brady, "Feature-based correspondence: an eigenvector approach," *Image Vision Computing*, vol. 10, pp. 283-288, June 1992.

[22] B. Luo and E. R. Hancock, "Structural graph matching using the em algorithm and singular value decomposition," *IEEE Transactions on Pattern Analysis and Machine Intelligence*, vol. 23, pp. 1120-1136, October 2001.

[23] H. F. Wang and E. R. Hancock, "Correspondence matching using kernel principal components analysis and label consistency constraints," *Pattern Recognition*, vol. 39, pp. 1012-1025, June 2006.

[24] H. Qiu and E. R. Hancock, "Graph simplification and matching using commute times," *Pattern Recognition*, vol. 40, pp. 2874-2889, October 2007.

[25] M. Leordeanu and M. Hebert, "A spectral technique for correspondence problems using pairwise constraints," in *International Conference on Computer Vision*, 2005, pp. 1482-1489.

[26] O. Duchenne, F. Bach, I. Kweon, and J. Ponce, "A tensor based algorithm for high order graph matching," in *IEEE Computer Society Conference on Computer Vision and Pattern Recognition*, 2009, pp. 1980-1987.

[27] L. Torresani, V. Kolmogorov, and C. Rother, "Feature correspondence via graph matching: Models and global optimization," in *European Conference on Computer Vision*, 2008, pp. 596-609.

[28] R. Zass and A. Shashua, "Probabilistic graph and hypergraph matching," in *IEEE Computer Society Conference on Computer Vision and Pattern Recognition*, 2008, pp. 1-8.

[29] J. Maciel and J. P. Costeira, "A global solution to sparse correspondence problems," *IEEE Transactions on Pattern Analysis and Machine Intelligence*, vol. 25, pp. 187-199, 2003.

[30] Q. Huang, B. Adams, M. Wicke, and L. J. Guibas, "Non-rigid registration under isometric deformations," *Computer Graphics Forum*, vol. 27, no. 5, pp. 1449-1457, 2008.

[31] Y. Zeng, C. Wang, Y. Wang, X. Gu, D. Samras, and N. Paragios, "Dense non-rigid surface registration using high order graph matching," in *IEEE Computer Society Conference on Computer Vision and Pattern Recognition*, 2010, pp. 382-389.

[32] Y. Sahillioglu and Y. Yemez, "3d shape correspondence by isometry-driven greedy optimiza-

tion," in *IEEE Computer Society Conference on Computer Vision and Pattern Recognition*, 2010, pp. 453–458.

[33] A. M. Bronstein, M. M. Bronstein, U. Castellani, A. Dubrovina, L. J. Guibas, R. P. Horaud, R. Kimmel, D. Knossow, E. v. Lavante, M. D., M. Ovsjanikov, and A. Sharma, "Shrec 2010: robust correspondence benchmark," in *Eurographics Workshop on 3D Object Retrieval*, 2010.

[34] M. Ovsjanikov, Q. Merigot, F. Memoli, and L. Guibas, "One point isometric matching with the heat kernel," *Computer Graphics Forum* (*Proc. SGP*), vol. 29, no. 5, pp. 1555–1564, 2010.

[35] A. Sharma and R. Horaud, "Shape matching based on diffusion embedding and on mutual isometric consistency," *in NORDIA workshop IEEE Computer Society Conference on Computer Vision and Pattern Recognition*, 2010.

[36] A. Sharma, R. Horaud, J. Cech, and E. Boyer, "Topologically-robust 3D shape matching based on diffusion geometry and seed growing," in *IEEE Computer Society Conference on Computer Vision and Pattern Recognition*, 2011.

[37] D. Knossow, A. Sharma, D. Mateus, and R. Horaud, "Inexact matching of large and sparse graphs using laplacian eigenvectors," *in Graph-Based Representations in Pattern Recognition*, 2009, pp. 144–153.

[38] R. P. Horaud, F. Forbes, M. Yguel, G. Dewaele, and J. Zhang, "Rigid and articulated point registration with expectation conditional maximization," *IEEE Transactions on Pattern Analysis and Machine Intelligence*, vol. 33, no. 3, pp. 587–602, 2011.

[39] M. Belkin and P. Niyogi, "Laplacian eigenmaps for dimensionality reduction and data representation," *Neural computation*, vol. 15, no. 6, pp. 1373–1396, 2003.

[40] U. von Luxburg, "A tutorial on spectral clustering," *Statistics and Computing*, vol. 17, no. 4, pp. 395–416, 2007.

[41] F. R. K. Chung, *Spectral Graph Theory*. American Mathematical Society, 1997.

[42] L. Grady and J. R. Polimeni, *Discrete Calculus: Applied Analysis on Graphs for Computational Science*. Springer, 2010.

[43] C. Godsil and G. Royle, *Algebraic Graph Theory*. Springer, 2001.

[44] A. J. Hoffman and H. W. Wielandt, "The variation of the spectrum of a normal matrix," *Duke Mathematical Journal*, vol. 20, no. 1, pp. 37–39, 1953.

[45] J. H. Wilkinson, *The Algebraic Eigenvalue Problem*. Oxford: Clarendon Press, 1965.

[46] R. A. Horn and C. A. Johnson, *Matrix Analysis*. Cambridge: Cambridge University Press, 1994.

[47] R. Burkard, *Assignment Problems*. Philadelphia: SIAM, Society for Industrial and Applied Mathematics, 2009.

[48] J. Ham, D. D. Lee, S. Mika, and B. Schölkopf, "A kernel view of the dimensionality reduction of manifolds," in *International Conference on Machine Learning*, 2004, pp. 47–54.

[49] H. Qiu and E. R. Hancock, "Clustering and embedding using commute times," *IEEE Transactions on Pattern Analysis and Machine Intelligence*, vol. 29, no. 11, pp. 1873-1890, 2007.

[50] C. M. Grinstead and L. J. Snell, *Introduction to Probality*. American Mathematical Society, 1998.

[51] D. W. Scott, "On optimal and data-based histograms" *Biometrika*, vol. 66, no. 3, pp. 605-610, 1979.

[52] M. M. Zavlanos and G. J. Pappas, "A dynamical systems approach to weighted graph matching," *Automatica*, vol. 44, pp. 2817-2824, 2008.

[53] J. Sun, M. Ovsjanikov, and L. Guibas, "A concise and provably informative multi-scale signature based on heat diffusion," in *SGP*, 2009.

[54] C. Luo, I. Safa, and Y. Wang, "Approximating gradients for meshes and point clouds via diffusion metric," *Computer Graphics Forum* (Proc. SGP), vol. 28, pp. 1497-1508, 2009.

第 16 章

描述图像的无向图模型

Marshall F. Tappen

16.1 引言

由于计算机视觉和图像处理系统会变得更加复杂,建立一类能驾驭这种复杂性的模型就变得越来越重要了。在这一章,我们将讨论可以将图像表示为图的数学模型,称之为**图模型**。由于图在描述和理解模型的结构上提供了强有力的机制,因此这种模型功能强大。本章我们将回顾通常情况下这些模型在计算机视觉系统中是如何定义和使用的。

16.2 研究背景

建立计算机视觉系统的第一步是确立一种可用于计算最终解的整体计算范式,实现这一任务最常见且最灵活的一种方式是结合能量函数与最大后验概率(MAP)推断。

MAP 这一术语是 Maximum A Posterior 首字母的缩写,它源于概率估计理论。这里,为了讨论的方便性,我们从概率分布 $p(\mathbf{x} \mid \mathbf{y})$ [①]的定义出发讨论 MAP 推断步骤,这里 $\mathbf{x}$ 是随机变量组成的向量,要通过观测数据 $\mathbf{y}$ 估计得到。在 MAP 推断中,通过寻找能最大化概率 $p(\mathbf{x} \mid \mathbf{y})$ 的向量 $\mathbf{x}^*$ 来获得实际估计值。因为这种估计限于单个点上,因此有时也称为点估计,这与计算后验概率分布 $p(\mathbf{x} \mid \mathbf{y})$ 的实际情况刚好相反。

与能量函数的联系可以通过将 $p(\mathbf{x} \mid \mathbf{y})$ 表达为一个 **Gibbs 分布**来看出:

$$p(\mathbf{x} \mid \mathbf{y}) = \frac{1}{Z}\exp\Big(-\sum_{e} E_e(\mathbf{x}_e;\mathbf{y})\Big) \tag{16.1}$$

其中,$E_e(\mathbf{x}_e;\mathbf{y})$ 表示关于 $\mathbf{x}$ 的一个元素集合的能量函数,它使得式(16.1)中的和

① 该分布对应于贝叶斯估计的后验概率。

为 $\mathbf{x}$ 的不同元素集上的和。这些集合的结构对于模型的构造至关重要,这方面内容将会在16.2.3.1节中展开讨论。常数 Z 是一个归一化常数,以确保 $p(\mathbf{x}|\mathbf{y})$ 是一个有效的概率分布。

通过这种表示,可以看出:MAP 推断等价于寻找能最大化如下能量函数的向量 $\mathbf{x}^*$:

$$E(\mathbf{x};\mathbf{y}) = \sum_{e} E_e(\mathbf{x}_e;\mathbf{y}) \tag{16.2}$$

还应该注意的是,不应该将这种侧重于 MAP 推断的做法构造为在 $\mathbf{x}$ 取所有可能值时最小化完全后验分布计算的有用性。然而,计算 MAP 估计值往往会更容易一些,因为它只需要单点计算。

16.2.1 能量函数的设计——图模型的基本需要

可以通过研究一个具体的图像增强问题看出设计图模型的主要动机。在这个启发性问题中,想象一下目标是由一个有损的观测图像(表示为 $\mathbf{y}$)估计出一个高质量的图像(表示为 $\mathbf{x}$)。这种基本的构思形式囊括了众多不同的挑战性问题,包括图像去模糊、去噪和超分辨率重建。

假设将要用到 MAP 估计策略,那么下一步就是确定概率分布 $p(\mathbf{x}|\mathbf{y})$ 的形式。为简单起见,假设 $\mathbf{x}$ 表示一个大小为2×2的图像,其中每个像素有256种可能的状态(对应于灰度级)。对于这类随机向量,如果 $p(\mathbf{x})$ 是以其最简单的列表形式表达的话,若忽略与观测图像 $\mathbf{y}$ 之间的关系,仅仅表达 $p(\mathbf{x})$ 就需要确定 256^4 个值。因为该模型必须考虑四个像素之间的每一种交互关系,因此所需的值数量巨大。

现在考虑一下该模型的简化情形——只考虑其中某些交互关系。如果只考虑水平方向和垂直方向上邻域像素间的交互关系,就可以将该模型简化。利用图16.1(a)所示的标注形式,只需要对 A-B,A-C,C-D 和 B-D 间的交互关系进行建模。再次使用一种表达不同像素状态间交互关系的简单列表形式,则要表达 256^2 个值,这因此就需要 $4\times(256^2)$ 个值来表达该分布,这样所需的值就减少了16384倍。因为这个新模型忽略了节点对之间的对角交互关系以及三个或四个节点集之间的交互关系,因此必要的参数就大大减少了。这种减少完全是可能的,因为像 A 和 D 这类节点间的交互关系没有进行明确建模,而是通过 A-B 和 B-D 交互关系的组合来处理的,包括其他情况。应该记住,这仅仅针对的是 2×2 大小的图像。随着图像尺寸的增加,复杂度的降低会加速。

当然,这种简化模型只有在估计出的 $\mathbf{x}^*$ 与从完整模型得到的结果相近的情况下才是有用的。那么,设计一种能用于图像处理和分析的模型时面临的一个关键挑战是:找到那个能令人满意地执行所需任务的最简单模型。研究证实,图模型是一种非常有用的工具,这归因于可以通过它们控制待估计变量之间交互关系的复杂性来控制模型的复杂性。

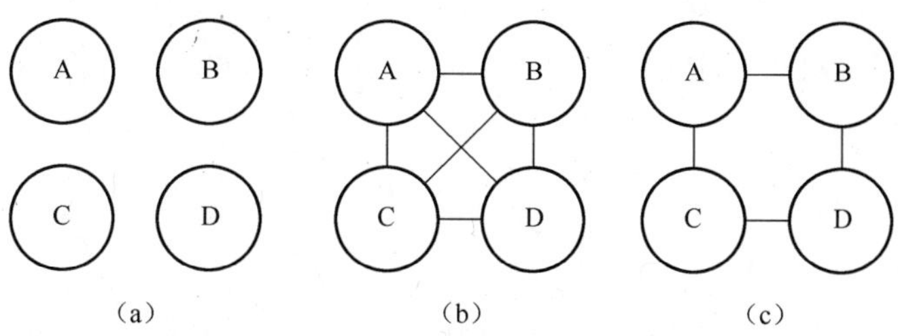

图 16.1 这些图中每一个都表示简单的 2 × 2 图像中的所有像素。每个像素分别由图中的一个节点来表示。图中的边表示不同模型表达像素间关系的方式。(a)图描述了一个不考虑像素间交互关系的模型，而(b)图表示的是一个同时考虑所有像素间关系的模型。(c)图描述了一个比(a)更具有描述性的模型,但是比(b)简单一些。该模型是建立在邻近像素间关系之上的。

16.2.2 分布的图表示法

图模型之所以这么称呼是因为可以用图来表示分布。每个变量可表示为图的一个节点,因此上一节提到的 2 × 2 图像可以用图 16.1(a)中的四个节点来表示。目前,可以将边非正式地描述为模型中显式表达的交互关系(更正式的定义将在下面给出)。那么,完全表达模型可以表示为图 16.1(b)所示的连通图。在该图中,每对节点之间都有边,这是因为对每对节点之间的交互关系都要实现显式建模。

相比而言,图 16.1(c)给出的是用于表达简化模型的图,这种模型只对水平方向和垂直方向邻近像素间的关系做了显式建模。注意,对角方向的边消失了,这表明没有对这些节点之间的关系进行显式建模。当然,这并不意味着在实现推断时节点 A 和 D 的值不存在互相影响的情况。正如前面提到的,图 16.1(c)中的模型表明它们之间的确存在相互作用,但只是间接地通过 B 和 C 之间的交互关系实现的。如果 A 点的值受到模型的约束而使其与 B 点的值相似,同样也约束 B 点的值与 D 点的值相似,那么就可以间接地约束 A,使其与 D 相似。

16.2.3 图模型的正式表达

图模型的一个内在特性是可以将图表示与模型的数学表达形式明确地联系起来。类似于图 16.1 中的图表达了分布的因式分解。对于图 16.1(c)中的图,再次暂时忽略 $\mathbf{y}$,则 $\mathbf{x}$ 的值呈现的分布形式为

$$p(\mathbf{x}) = \frac{1}{Z}\psi_1(x_A,x_B)\psi_2(x_A,x_C)\psi_3(x_B,x_D)\psi_4(x_C,x_D) \tag{16.3}$$

$$= \frac{1}{Z}\exp[-(E_1(x_A,x_B) + E_2(x_A,x_C) + E_3(x_B,x_D) + E_4(x_C,x_D))] \tag{16.4}$$

这里，我们将分布表示为一系列势函数 $\psi(\cdot)$ 的乘积和一种带有能量函数 $E_1(\cdot)$，$\cdots$，$E_4(\cdot)$ 的 Gibbs 分布。

为比较起见，对于所有联合关系都要建模的模型来说，其分布可以简单地表示为[①]

$$
\begin{aligned}
p(\mathbf{x}) &= \frac{1}{Z}\psi_1(x_A, x_B, x_C, x_D) \\
&= \frac{1}{Z}\exp[-E(x_A, x_B, x_C, x_D)]
\end{aligned}
\tag{16.5}
$$

注意，在这种模型中实现因式分解是不可能的，因为对于每个可能的数值联合集合，该模型必须有一个单独的能量值。

式(16.3)中的因式分解形式通过一个邻近像素局部关系集合表达了整个向量 $\mathbf{x}$ 上的分布，这对于表达模型和执行推断都是有利的。这种因式分解的价值在于它有助于通过结合像素间的局部关系来构造一个关于图像像素的全局模型。构造针对邻近像素的各种合理势函数可能要比构造一个能表征许多不同像素间所有关系的单一势函数更容易。正如后面将会讨论的，这种分解成局部关系的因式分解形式通常也会提高推断的计算效率。

图模型的一般描述

与式(16.5)中模型类似的图模型称之为**无向图模型**，因为它们可以通过一个无向图来表示[②]。

可以用势函数 $\psi(\cdot)$ 来表征无向图模型，它是图中节点子集的函数。那些包含在任意一种特定势函数中的节点对应于图的一个**势团**，它是节点的一个子集。而且，势团中每对节点之间存在一条边。图模型的每个势函数都是一个关于某一这类势团的函数。

如果用 $\mathbf{x}_e$ 表示图中的一个势团，那么对应的分布则可以定义为

$$
p(\mathbf{x}) = \frac{1}{Z}\prod_e \psi_e(\mathbf{x}_e) \tag{16.6}
$$

其中，乘积项是针对所有团 e 执行的。在这个表达式中，$1/Z$ 这一项是一个归一化常数，通常称之为**划分函数**。类似于式(16.1)，这种乘积形式也可以通过计算势函数的对数借助能量函数来表达。

通常情况下，势团 e 是最大势团，从本质上说它们是最大可能势团。如果一个

---

① 应该指出的是，匹配该分布的完全连通图也可以对应一个能因式分解为类似于式(16.3)中分布的分布形式，但这种分布形式是带有对角关系的。这种模棱两可的情况将会在16.2.5节具体讨论。

② 一个相关的模型族对应于有向图。这些模型有时也称之为贝叶斯网络，文献[1]对其做了广泛的论述。

势团为最大势团，那么如果再增加任何一个节点，该子集将就不再是一个势团。最大势团表达形式也可以表示任何基于非最大势团的模型，因为最大势团可能会包括基于非最大势团的势函数。

16.2.4 条件独立性

除了描述模型是如何分解之外，还可以通过分析表达图模型的图来挖掘模型中的条件独立关系。给定与模型中任何一个节点相连的多个节点，该节点与所有其他节点都相互独立。因此，对于一个晶格模型（如图16.2中所示的模型），在给定深灰色节点的情况下，中心位置的节点（颜色为白色）与浅灰色节点是相互独立的。可以将深灰色节点称作**马尔可夫毯**。直观地说，这些关系意味着：只要深灰色节点的值已知，浅灰色节点对白色节点应取何值不会再提供任何更多的信息。

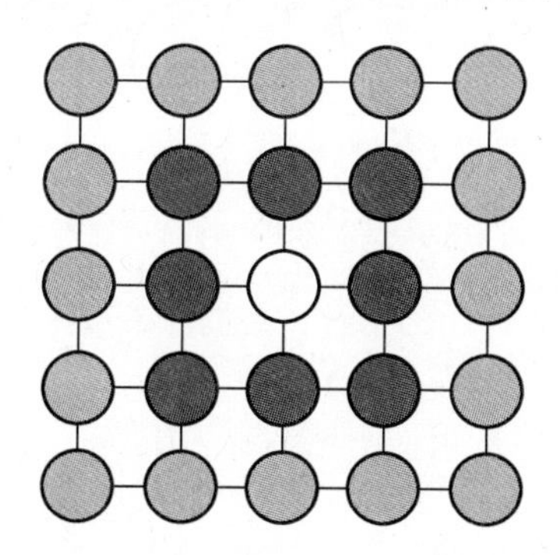

图16.2 该图展示了如何通过分析描述图模型的图来确定条件独立关系。在中心处的白色节点在给定深灰色节点的条件下与浅灰色节点是条件独立的。直观地说，这些关系意味着：只要深灰色节点的值是已知的，浅灰色节点对白色节点应该取何值不会提供任何更多的信息。

回到图16.1中的四节点图，这些条件独立论断可以正式写成如下形式：

$$p(x_A \mid x_B, x_C, x_D) = p(x_A \mid x_B, x_C) \tag{16.7}$$

或

$$p(x_A, x_D \mid x_B, x_C, x_D) = p(x_A \mid x_B, x_C)p(x_D \mid x_B, x_C) \tag{16.8}$$

图中节点或向量变量之间的这些条件独立性关系可以将这些模型转化为俗称的**马尔可夫随机场**。

16.2.5 因子图

目前为止所讨论的图表示存在的一个缺点就是它具有歧义性。考虑一下图16.3(a)所示的全连通无向图模型。该图可以表达众多不同因子化形式，包括

$$p(\mathbf{x}) = \frac{1}{Z}\psi_1(x_A, x_B, x_D)\psi_2(x_A, x_C, x_D) \tag{16.9}$$

或

$$p(\mathbf{x}) = \frac{1}{Z}\psi_1(x_A, x_C, x_D)\psi_2(x_A, x_B)\psi_3(x_B, x_D) \tag{16.10}$$

通过利用一个二分图来表示模型，并用节点明确地表示势函数[2]，这个因子图表示形式就可以消除歧义性。在因子图中，每个势函数都用一个节点来表示。由于变量通常用空心圈来表示，所以通常用实心黑色方块来表示因子。图 16.3 (b)所示的是式(16.9)中模型的因子图表示形式。在这种表示形式中，边将表示每个势函数的节点与势函数中存在相互作用的节点连接起来了。

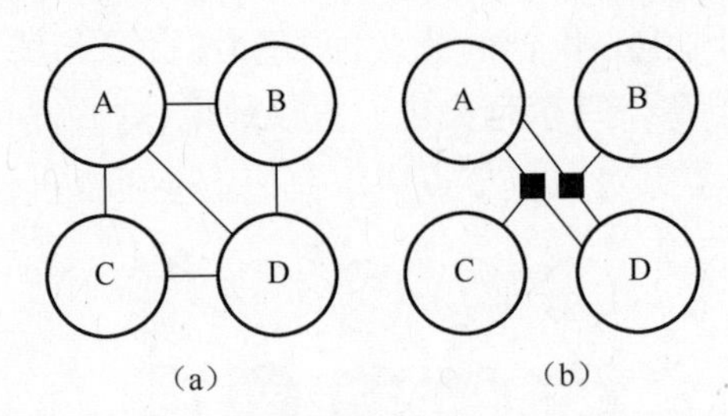

图 16.3 (a)中的图表达了式(16.9)对应的模型，通过该图可以表达具有不同因子化形式的图。图(b)显示的是使用二分图来具体表示不同势函数的因子图形式。

16.3 用于描述图像块的图模型

无向图模型是低级图像模型中用于描述像素块的一种自然工具。对于基于图像块的模型，一个比较好的例子是文献[3]中用于超分辨率重建的模型。在该模型中，图模型主要用于从低分辨观测图像 $\mathbf{y}$ 中估计出一个高分辨图像。

在基于图像块的模型中，将图像划分为若干正方形小块，每个块对应于模型的一个节点。通常情况下，通过分析观测图像 $\mathbf{y}$ 来选择这些图像块。在文献[3]的模型中，Freeman 等人利用观测到的低分辨图像搜索一个高分辨图像块数据库。当分辨率降低而与观测结果匹配时，这些高分辨图像块就会呈现类似的外观特征。当然，也可以动态地创建这些图像块，如文献[4]中的做法。

可以把针对每个节点所选择的图像块拼接在一起来产生系统的估计值 $\mathbf{x}^*$ 。基于图像块的模型所具有的一个优点就是可以通过离散值图模型来描述图像。如果想任意指定图像块之间的关系，那么离散值图模型就可以派上用场，因为可以用列表形式来表达势函数。16.5 节中讨论的一些最有效的推断算法也是为这类图模型设计的。

通常情况下，基于图像块的模型所涉及的图呈现成对网格结构，类似于图 16.2 所示的模型。在该模型中，所有的势团都是由水平邻域或垂直邻域组成的。在文献[3]中，通过分析那些为构建比将要拼接在一起的块稍大一些的图像块而产生的重叠区域来设计势函数,如图 16.4 所示。然后,就可以利用该重叠区域建立一种势函数,并将其看作是一种相容函数,用来衡量两个邻近节点对应的图像块所取的可能值是如何相容的。在文献[3]中,通过计算重叠区域中两个图像块之间的平方差来度量相容函数,如图 16.4 所示。正式地讲,可以将其表示为

$$\psi(x_p, x_q) = \exp\Big(-\sum_{i \in \mathcal{O}} (t_i^{x_p} - t_i^{x_q})^2\Big) \tag{16.11}$$

其中,$t_i^{x_p}$ 指的是节点 p 的取值为 x_p 时将会用到的图像块中第 i 个像素的值。求和是在重叠区域 $\mathcal{O}$ 中进行计算的。

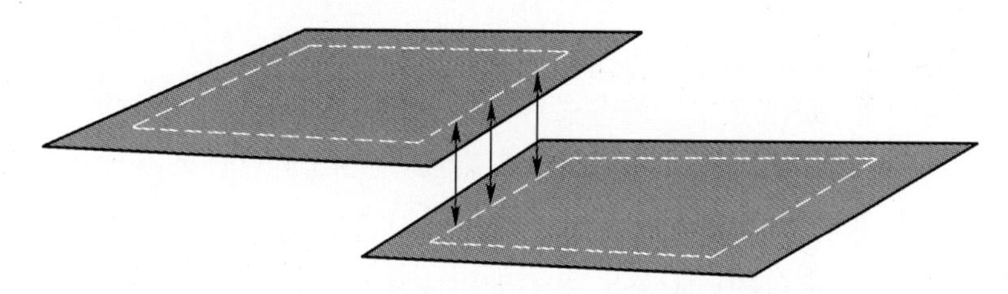

图 16.4 该图展示了一种用于计算邻近图像块间相容性的策略。最终的图像是通过拼接轮廓线内部的区域产生的。图像块间的相容性是通过分析轮廓线外部的重叠区域来度量的。

这种势函数的基本功能是重叠区域中非常相似的图像块将被看作是相容的。类似的模型已用于其他应用领域,例如照片编辑[5]或纹理合成[6]。文献[6]中的研究工作通过允许使用非正方形图像块进一步扩展了这些模型。

16.4 基于像素的图模型

替代图像模型中图像块的最常用做法是直接对像素进行建模。在立体视觉和图像增强这些应用中,直接建模像素的做法是十分普遍的,并可用图模型来表达基于平滑性的先验。

16.4.1 立体视觉

立体视觉中最困难的问题是正确匹配同一场景两个视图间的像素,尤其是当一幅图像中的一个像素与另外一幅图像中的多个像素具有同等程度的匹配效果时。如果与多个像素的匹配程度均等,那么就需要借助其他假设来消除问题的歧义性。常用的假设是表面具有平滑性,这样就将立体视觉问题转化为一种匹配求解任务,使得匹配的像素既要视觉上相似,还要能产生平滑表面重建。

无向图模型用于该任务历史悠久。在许多情况下,该模型的目的也被描述为解的正则化[7,8]。立体视觉问题最常见的一种构思方式是借助一个与向量有关的能量函数,而图中的每个像素对应着向量中的一个变量。通常,每个变量表示参照

图像中像素的位置与另外一幅图像中匹配像素的位置之间的偏差。能量函数的一种常见形式为

$$E(\mathbf{x}) = E_{\text{Data}}(\mathbf{x};\mathbf{y}) + E_{\text{Smooth}}(\mathbf{x}) \tag{16.12}$$

其中，$E_{\text{Data}}(\mathbf{x};\mathbf{y})$ 和 $E_{\text{Smooth}}(\mathbf{x})$ 分别为表征表面视觉相似性和平滑度的能量函数[9,10]。

$E_{\text{Data}}(\mathbf{x};\mathbf{y})$ 这一项度量了那些通过 $\mathbf{x}$ 的差异值而实现匹配的像素之间的视觉相似性。该能量函数通常称之为数据项，因为它获得了呈现给系统的数据中的信息。这一项通常是以观察数据 $\mathbf{y}$ 的强度差为基础。对于众多不同应用，所涉及的模型都使用了能捕获观测数据中信息的数据项。

由于图像的离散采样特性，立体视觉模型中的数据项通常可以非常容易地表示为一个离散型函数，使得向量 $\mathbf{x}$ 为一个由离散变量构成的向量，这样做的额外优势是有助于利用 16.5 节中将要讨论的高效推断技术。

$E_{\text{Smooth}}(\mathbf{x})$ 表达了平滑性假设。虽然平滑项通常也取离散值，为了与数据项兼容，往往是以上述偏差之间的差异为基础构成的。假设 $\mathbf{x}$ 中的每个元素 x_i 限定为 $x_i \in \{0,\cdots,N-1\}$，一个基本的平滑项恰好度量了邻近像素间偏差的平方差，即

$$E_{\text{Smooth}}(\mathbf{x}) = \sum_{\langle p,q\rangle}(x_p - x_q)^2 \tag{16.13}$$

在该表达式中，求和是针对所有邻近节点 p 和 q 执行的，这在式(16.13)中表示为 $\langle p,q\rangle$。

可以利用一个惩罚函数 $\rho(\cdot)$ 将式(16.13)写成一个更一般的形式：

$$E_{\text{Smooth}}(\mathbf{x}) = \sum_{<p,q>}\rho(x_p - x_q) \tag{16.14}$$

其中，$\rho(z) = z^2$。

当设计一个平滑项时，必须确定要使用的两种差分类型（如一阶差分或二阶差分）和惩罚函数类型。导数的类型会影响所产生的形状。一阶导数，如式(16.13)中的做法，选择由弗朗特平行平面组成的表面。如果使用二阶导数的话，表面倾向为平面，但不一定是弗朗特平行平面。

另一个要确定的关键是惩罚函数的类型。式(16.13)中用到的平方差函数很少使用，因为众所周知这种类型的平滑先验会使产生的平面边缘模糊。正如文献[4]中讨论的那样，平方差准则倾向于使若干像素间的差异更小一些而不是在某一位置出现较大的差异，在目标的边缘位置这种效应尤其明显。平方误差准则不会使目标的尾部出现清晰而陡峭的边缘，而会造成边缘的模糊，并可以平稳地转变为不同目标的偏差度。

解决该问题的思路是采用不同的势函数来实现平滑性先验。对于离散型模型，常用的势函数是**波特**模型，它通常可以表达为如下的能量函数：

$$\rho_{\text{Potts}}(z)=\begin{cases}0, & z=0\\ T, & \text{其他}\end{cases}\tag{16.15}$$

其中，T 是实现模型时选用的一个常数。

波特模型的基本思想是促使邻近像素具有相同的偏差，但是当它们之间的偏差不相同时就赋予固定的代价。波特模型所特有的一个性质是无论偏差之间有多大程度的不同，代价总是相同的。这一点很有用，因为通常没有关于目标分离程度方面的先验知识；因此对偏差的任何一种变化都应该赋予相同的代价。也可以将波特模型看作是使用 L_0 范数对表面的水平梯度和垂直梯度实施的稀疏化。

另一种有效的势函数可以看作是二次罚函数和波特模型的一种折中形式。图16.5(a)所示的是截断二次势函数。通过利用二次模型惩罚偏差中较小的变化，该模型有助于表面的平稳变化，但是出现较大差异变化时所呈现的特性相当于波特模型。与波特模型相类似，截断二次模型可以表达为

$$\rho_{\text{TruncQuad}}(z)=\begin{cases}z^2, & |z<T|\\ T^2, & \text{其他}\end{cases}\tag{16.16}$$

其中 T 为构造模型时需要确定的阈值。

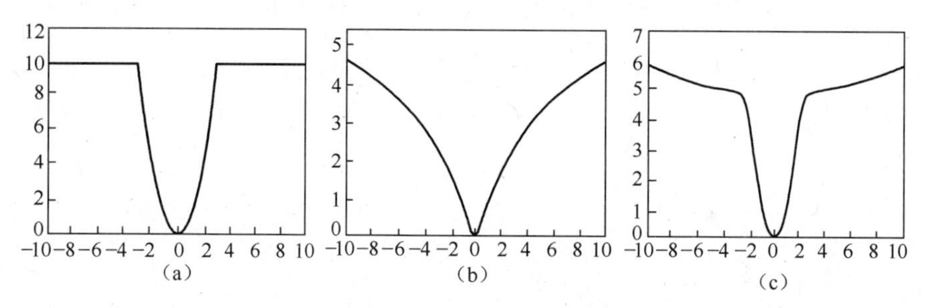

图16.5 该图显示的是三种不同类型的势函数。这些势函数的优点是它们结合了二次模型和波特模型的特性。对于小的差异作平滑处理，而对于较大差异，大体上使用相同的惩罚函数。使用该系统有利于在结果中产生陡峭的边缘。

如果模型为离散类型，那么截断二次模型就能很好地发挥作用。在这种情况下，它可以用来替代波特模型。然而，截断二次模型不太适用于连续模型。正如16.5节中将会讨论的，常常使用梯度优化来实现连续模型的推断。如果使用了基于梯度的优化，那么截断二次模型就可能不太合适了，因为当 x_p 和 x_q 之间的差值超过 T 时，它是不连续的。

可以使用处处连续且在形状上与截断二次模型类似的势函数来解决这个问题。图16.5(b)和16.5(c)所示的是两个备选势函数的例子。图16.5(b)给出的是洛伦兹势函数[11]，其形式为

$$\rho_{\text{Lorentz}}(z)=\log\left(1+\frac{1}{2}z^2\right)\tag{16.17}$$

洛伦兹势函数是有效的，因为惩罚函数的递增速率随着 x_p 和 x_q 之间差值的增大而下降。事实上，当 x_p 和 x_q 之间的差值很大时，这种差值的增大会引起惩罚函数出现相对较小的递增，这一点与波特模型类似——一旦偏差的变化足够大时，偏差变化的量对平滑项能量的影响则相对较小。

还有一个更灵活的选择是利用高斯尺度混合[12,13]。高斯尺度混合是一种混合模型，该模型中每个分量的均值都为零，但方差是变化的。图 16.5(c)显示的是一个基于两分量混合的势函数例子。如果不将能量函数限定为一个真正的高斯混合，那么像图 16.5(c)所示的这类势函数就可表达为

$$\rho_{\mathrm{GSM}}(z) = -\log(\exp(-z^2/\sigma_1 + T_1) + \exp(-z^2/\sigma_2 + T_2)) \tag{16.18}$$

其中，T_1 和 T_2 是常数。

高斯尺度混合特别有用，因为可以将许多项添加到式(16.18)的求和项中，这使得势函数可以灵活地表现出势函数的许多不同形状。

除了那些惩罚变化率下降的势函数之外，也常使用 L_1 惩罚函数，其定义为

$$\rho_{L_1}(x_p, x_q) = |z| \tag{16.19}$$

MRF 模型用于立体视觉的优势

可以从图 16.6 所示的例子中看出图模型在估计成对立体图像偏差方面的有效性。图 16.6(b)显示的是仅仅使用数据项从图 16.6(a)所示的场景中恢复出来的视差图。注意在纹理变化较弱的区域，视差估计结果存在非常明显的噪声。

(a)

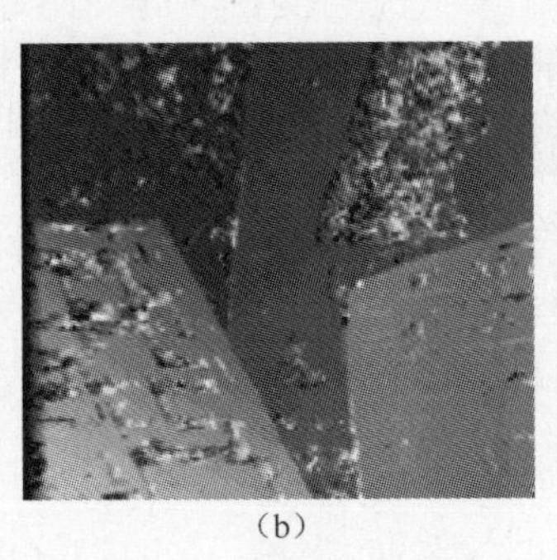

(b)

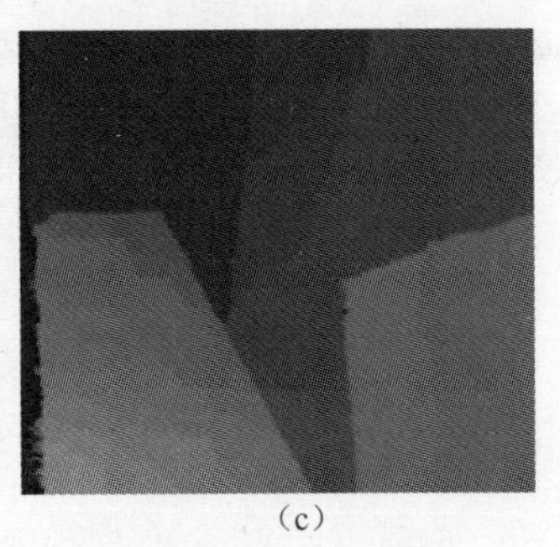

(c)

图 16.6 一个立体视觉的例子，用于展示使用图模型来估计立体视差的好处。图(a)是立体图像对中的一幅输入图像。基于仅使用局部窗匹配的算法在纹理较弱的区域上进行处理会有难度。图(b)是通过仅使用局部窗的匹配而恢复的视差图。注意场景无纹理区域视差图中的噪声。在这些区域中，局部纹理匹配得不充分。图(c)显示的是将平滑项集成到总体代价函数时产生的视差图。注意观察在弱纹理区域平滑项是如何减少噪声的。

正如上面所述，可以通过添加一个平滑项来消除这种噪声。在纹理量较少的区域中，平滑项可以有效地传递来自于丰富纹理区域的信息，从而可以实现基于数据项的匹配。相对于丰富纹理区域中的值来说，如果没有来自于局部匹配的足量

信息,平滑项就会使估计的偏差值变得平滑。图 16.6(c)所示的是结合了平滑代价后恢复出的视差图。由于添加了平滑项,噪声就减少了。

16.4.2 自然图像中像素的建模

流行的图像模型与立体视觉的平滑先验有许多共同之处。近年比较流行的一种模型是由 Roth 和 Black 提出的**专家场模型**[14]。该模型可作为图像的一种先验并能与数据项结合起来产生估计值。该模型建立在一个滤波器集合 $f_1,\cdots,f_{N_f}$ 和一个权重集合 $w_1,\cdots,w_{N_f}$ 的基础之上,将它们与洛伦兹惩罚函数相结合可以得到

$$E_{\text{FoE}}(\mathbf{x}) = \sum_{p}\sum_{i=1}^{N_f} - w_i \log(\mathbf{f}_i * \mathbf{x}_p) \tag{16.20}$$

其中,在所有像素 p 上执行求和操作。该表达式中,$\mathbf{x}_p$ 表示以像素 p 为中心的图像块,它与滤波器 f_i 的尺寸相同,这使得 $f_i * \mathbf{x}_p$ 的结果是一个标量。虽然这里给出的是基于能量函数的形式,该分布的乘积形式是由从学生 t 分布生成的因子的乘积构成的。

类似的模型也已用于文献[15,13]的研究工作中。可以通过两种不同的方式验证该模型。第一种验证方式以图像的统计特性为基础。将滤波器用于处理图像时所产生的响应直方图是有特定形状的。图 16.7(b)所示的是将导数滤波器应用于图 16.7(a)中的图像时产生的直方图。该形状最明显的一点是在零点附近有尖锐的峰值,并且该分布的拖尾比常见的高斯分布拖尾更长,这类分布称之为重尾分布。正如图 16.7(c)所示,该分布的负对数形式与洛伦兹惩罚函数具有相似的形状。专家场模型中性能最好的滤波器都要比用于产生图 16.7 中例子的简单导数滤波器更大,但是响应直方图的形状都比较相似。因此,专家场模型的作用可以看作是描述图像的边缘统计特性。通过使用高斯尺度混合也可以产生该模型的改进版本[13,16]。

有趣的是,专家场模型的最优滤波器与导数滤波器很类似。专家场模型也可以看作是一种平滑透镜,类似于立体视觉领域的平滑性先验。洛伦兹惩罚函数与截断二次模型具有相似的特性。较小变化时所施加的惩罚与变化的程度有关,而较大变化时所施加的惩罚大体相同,并不完全取决于变化的程度。该模型的作用可以看作是将图像描述为由平滑区域组成的形式,而在边缘处偶尔会出现较大的变化。由于用于专家场模型的滤波器都是高阶滤波器,平滑性不会使图像出现平坦区域,而是会产生平滑梯度。

如果与数据项相结合,该模型可用在其他任务中,例如图像修复[14]。

16.4.3 集成观测数据

到目前为止,我们还没有考虑集成观测数据的问题。在高级层次上,通常利用

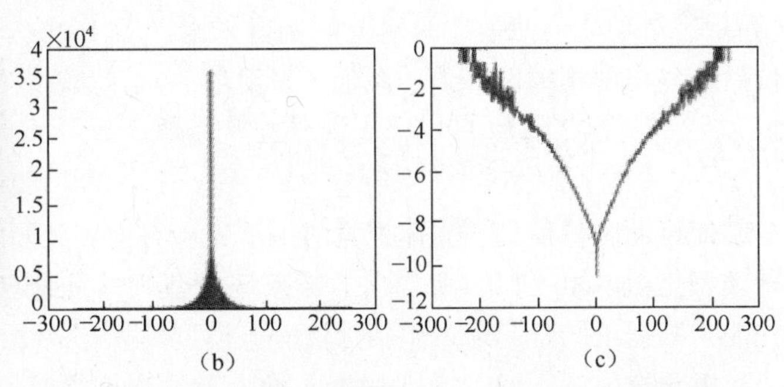

(a) (b) (c)

图 16.7 专家场模型的结构，它是由类似导数的滤波器构成的，可以通过研究自然图像（如图(a)所示的图像）的统计特性来了解其动机。图(b)所示的是利用离散微分算子对图(a)中的图像进行滤波后产生的图像的像素值直方图。图(c)所示的是图(b)中直方图的对数图。该直方图的形状与专家场模型中所用的势函数的形状非常相似。［图片提供者:Flickr 网站的 Axel D］。

两种方式之一在一个模型中实现观测结果。一种方式是通过描述观测值和待估计变量之间的联合分布来实现。在文献[3]中，将表达观测值与待估计隐变量之间关系的数据项表示为 $\phi(\cdot)$ 而不是 $\psi(\cdot)$ 。与图 16.2 类似，这样就产生了一个双网格模型，其形式为

$$p(\mathbf{x},\mathbf{y}) = \frac{1}{Z}\prod_{p}\phi(x_p,y_p)\prod_{<p,q>}\psi(x_p,x_q) \tag{16.21}$$

其中，第一个乘积项是针对所有像素 p 操作的，而第二个乘积项是针对所有邻近像素对执行的。

另一种方式是直接使分布中的所有因子都取决于观测值。由于它提供了最大的灵活性，因此是当前最常用的一种方法。具备这种特点的模型通常称为**条件随机场**(CRF)模型[17]。

16.4.4 超越图像建模

虽然前几节论述的重点集中在像素表达的低级视觉模型上，但它们同样也可用于建模目标的部位，如文献[18,19]中的图形表示结构模型。在这些模型中，图中的节点表示不同部分的位置。这些模型适合于描述通用形状，如文献[19]，也适合于表达特定形状，如人体结构[20]。

16.5 图模型的推断问题

设计好模型之后，就可以利用 MAP 推断过程恢复出估计值 $\mathbf{x}^*$ 。虽然图模型为构造各种具体模型提供了方便，但是在求解 $\mathbf{x}^*$ 方面还存在若干重要问题。图模型的推断是一个数学上严谨且活跃的研究领域，因此本章将会简要地概述几种流

行的方法。可以从文献[21,1]以及列于最后的原始文献中获得更深入的信息和解释。Szeliski 等人也发表了关于不同推断技术对比方面的有价值论文[22]。

在许多情况下,可以使用现有的算法在多项式复杂度时间内实现推断。如果能量函数是凸二次项的和,那么就可以通过求解由能量函数的微分运算形成的线性方程来获得最小能量解 $\mathbf{x}^*$ ——对应于 MAP 估计值。类似地,如果能量函数可以表达为惩罚函数的绝对值之和,那么就可以通过线性规划求解 $\mathbf{x}^*$ 。

对于更一般的连续值模型,可以采用常规的优化技术实现推断,因此这并不能保证估计出的 $\mathbf{x}^*$ 是全局最优解,而仅仅是局部最优解。

16.5.1 通用树结构图中的推断

如果模型的图表示是无环的话,那么就可以利用称之为**置信传播**[23]的简单迭代步骤或最大乘积算法恢复出 $\mathbf{x}^*$ 。

为了解该算法的实现情况,考虑一个简单的三节点模型

$$p(\mathbf{x}) = \frac{1}{Z}\psi(x_1,x_2)\psi(x_2,x_3) \tag{16.22}$$

在 MAP 推断中,目标是计算出

$$\mathbf{x}^* = \arg\max_{x_1,x_2,x_3} \psi(x_1,x_2)\psi(x_2,x_3) \tag{16.23}$$

在该模型中,可以对联合最大化运算因子化,从而使计算变得更为高效:

$$\mathbf{x}^* = \arg\max_{x_2}[\arg\max_{x_1}\psi(x_1,x_2)][\arg\max_{x_3}\psi(x_2,x_3)] \tag{16.24}$$

$$= \max_{x_2} m_{1\to2}(x_2)m_{3\to2}(x_2) \tag{16.25}$$

在式(16.25)中,求最大值运算已被表示为消息函数。因为右边的最大化函数是针对 x_1 和 x_3 的,这种最大化运算就会产生关于 x_2 的函数。在式(16.25)中,这些函数表示为从节点 x_1 和 x_3 传递到节点 x_2 的消息函数。式(16.25)中最左边的最大化函数用于计算 x_2 的最佳标记。节点 x_1 和 x_3 的最佳标记可以利用从 x_2 传递过来的消息计算出来。

可以验证,可利用类似的消息传递步骤执行无环图中的 MAP 推断[21,23]。在一般的操作中,可通过一系列消息传递过程来实现推断。

对于对偶图,该算法是最容易描述的,这类图中所有的势团都是节点对。对于图中的一个节点 x_i ,推断是通过 x_i 与其邻近节点构成的集合——表示为集合 $\mathcal{N}(x_i)$ ——之间的一系列消息传递运算来实现的。在每次迭代中,节点 x_i 发送消息给它的每一个邻近节点。从节点 x_i 传递到邻近节点 x_j 的消息——用 $m_{i\to j}(x_j)$ 表示——可计算为

$$m_{i\to j}(x_j) = \max_{x_i}\psi(x_i,x_j)\prod_{k\in\mathcal{N}(x_i)\backslash j} m_{k\to i}(x_i) \tag{16.26}$$

其中，$k \in \mathcal{N}(x_i) \backslash j$ 表示 x_i 的所有除 j 之外的邻近节点 k 。

x_i 的最优值是通过其邻近节点收到的消息计算出来的：

$$x_i^* = \operatorname{argmax} \prod_{k \in \mathcal{N}(x_i)} m_{k \to i}(x_i) \tag{16.27}$$

对于更加复杂的图，因子图表示是特别有用的[2]。

16.5.2 有环图中近似推断的置信传播法

在有环图中，上述这些步骤并不会产生最优结果，因为从一个节点发出的消息最终会循环返回到该节点上。然而，理论研究和实践证实，在有环图中使用置信传播算法通常仍会带来不错的结果[24,25]。

一般来说，有环图中的推断是一个 NP-完全推断问题[10,1]。然而，近期的一些研究工作也提出了其他消息传递算法，它们在求解理想的近似解方面性能更好。特别要提的是，从文献[22]中的比较性研究结果来看，树重加权置信传播算法（即由 Wainwright 等人提出的 TRW 算法[26]）以及由 Kolmogorov 提出的 TRW-S 改进算法[27]都具有良好的性能。

16.5.3 图割推断

另一种替代消息传递算法实现推断的方法是 Boykov 等人在文献[10]中提出的图割法。

该算法所依据的能力要求是通过计算图的最小割可以获得某些二值图模型的 MAP 解[28]。虽然最小割仅能用于优化二值图模型，Boykov 等人引入了 α 扩展方法，该方法利用图割步骤计算近似解。在 α 扩展步骤中，优化过程是作为一系列扩展移动来实现的。给定 $\mathbf{x}^*$ 的一个初始估计值，将其表示为 $\mathbf{x}_0$，文献[10]中描述的移动是该估计值的一种修正，从而产生一个具有更低能量的估计值。如果 i 是 $\mathbf{x}$ 中变量的一个可能取值，那么扩展移动将通过改变 $\mathbf{x}_0$ 中一些元素的值为 i 来修正 $\mathbf{x}_0$。

α 扩展移动的有效性源于它实质上是一个二值图模型。在这个新模型中，节点对应于原始问题中的节点，然而每个节点的状态决定了该特定节点的取值是否为 i 。正如文献[10]所展示的，利用图割步骤求得最优的扩展移动是可能的。

因此，求得 $\mathbf{x}^*$ 的近似值的整体 α 扩展算法就是在所有可能离散值范围内执行迭代，每次都计算并实现最优的扩展移动。通常，按照随机顺序计算移动，且每个状态对应的移动要计算多次。α 扩展算法受到的限制是并非对所有势函数来说都可以使用图割计算 α 扩展移动，但是近期的研究进展正提出一些算法来克服这一局限性[29]。

16.6　无向图模型的学习问题

无向图模型的因子化特性便于以手动方式指定模型,这在对偶图模型上效果不错,如文献[30,3,31]中论述的情况。然而,当模型之间的联系越发密切且势函数所涉及的节点数目增多的时候,会由于参数数目的增加而使手动方式指定参数变得更加困难。当势函数涉及到大量的观测特征时,也会出现类似的参数数目增多的问题。

拟合带有大量参数的模型的一种常见解决方案是通过数据样本的拟合来实现。对于低层视觉问题,学习是特别重要的,这是因为这些问题通常会涉及到大量的变量[32]。因为无向图模型定义了概率分布,所以可以采用最大似然法估计模型的参数。给定一个训练样本集 $\mathbf{t}_1,\cdots,\mathbf{t}_n$,可以通过最小化负对数似然函数实现最大似然参数估计。假设训练样本是独立同分布的,针对训练向量 $\mathbf{t}$ 的无向图模型的对数似然函数可以写成

$$\begin{aligned} L(\mathbf{t}) &= -\sum_{e} \log\psi(\mathbf{t}_e) + \log Z \\ &= \sum_{e} E_e(\mathbf{t}_e) + \log Z \end{aligned} \tag{16.28}$$

其中, Z 是该分布的归一化常数。

式(16.28)最后一行中的能量函数对应于将该分布表示为 Gibbs 分布的能量函数,这与式(16.1)是类似的。

通过对式(16.28)做微分运算并采用基于梯度的优化方法可以实现关于参数 θ 的优化。式(16.28)关于参数 θ 的偏导是

$$\frac{\partial L}{\partial \theta} = \sum_{e} \frac{\partial E_e(\mathbf{t}_e)}{\partial \theta} + \frac{1}{Z}\int_{\mathbf{x}} -\exp\left(-\sum_{e} E_e(\mathbf{x}_e)\right) \sum_{e} \frac{\partial E_e(\mathbf{x}_e)}{\partial \theta} \tag{16.29}$$

式(16.29)右边的项可以改写为期望的形式,产生的偏导为

$$\frac{\partial L}{\partial \theta} = \sum_{C} \frac{\partial E_C(\mathbf{t}_C)}{\partial \theta} - E\left[\sum_{C} \frac{\partial E_C(\mathbf{x}_C)}{\partial \theta}\right] \tag{16.30}$$

这样就引出了一个吸引人的直觉解释。这个偏导表示的是针对训练样本计算出的能量势函数的偏导与能量势函数偏导的期望值之差。

最大似然参数估计的实现

无向图模型中参数学习的难点在于要计算式(16.29)中的期望值。与 MAP 推断一样,这些期望值的计算经常也会是 NP-完全问题[1]。

当计算梯度时,该问题的一个普遍解决方案是从由当前参数集定义的分布中采集样本,然后利用这些样本计算期望的近似值。在文献[33]中,Zhu 和 Mumford 利用 Gibbs 采样方法产生了一个纹理模型的样本。

采样的一个缺点是它会耗费大量时间来产生计算期望值的准确近似结果所需的大量样本。令人惊讶的是，通常没有必要计算大量的样本。在文献[34]中，研究结果表明，仅仅通过计算一个样本就可以获得一个关于梯度的合理近似结果。该技术——文献[34]将其描述为最小化一个称之为**收缩发散**的量——已被用于学习文献[14]中的专家场模型，也被用于拟合文献[35]中多尺度分割模型的参数。

(1)参数的判别学习

判别方法是一种可以替代最大似然法实现模型参数估计的方法。为了理解判别方法是如何用来实现参数学习的，回顾一下该方法在执行基本分类任务方面的情况是很有帮助的。当实现分类器的设计时，判别分类器的基本特点是不可以通过估计观测值和类标的联合分布来对其进行构造。相反地，以实现观测值的正确标注为唯一目标直接完成函数的拟合。可以使用不同的准则来拟合该函数，例如支持向量机中用到的最大边界准则或者 logistic 回归中用到的对数似然准则。

同样地，用于 MRF 参数学习的判别方法还可以避免分布与数据的拟合。相反地，判别方法定义了另一种参数估计准则。由于分布不会构成估计的基础，目前的判别方法将学习准则建立在图模型的 MAP 解的基础之上。

判别性训练算法的目标是使由图模型产生的 MAP 估计结果尽可能地接近真实值。训练过程是建立在一种能度量 $\mathbf{x}^*$ 与真实值之间相似性的损失函数的基础之上的。如果以观测值 $\mathbf{y}$ 为基础通过能量函数 $E(\mathbf{x};\mathbf{y},\theta)$ 来定义图模型，那么这种训练过程可以表达为

$$\theta^* = \arg\min_{\theta} L(\mathbf{x}^*,\mathbf{t}) \tag{16.31}$$

其中

$$\mathbf{x}^* = \arg\min_{\mathbf{x}} E(\mathbf{x};\mathbf{y},\theta) \tag{16.32}$$

在这个优化过程中，改变参数 θ 就会改变模型，因而也就会改变 MAP 估计值 $\mathbf{x}^*$ 的定位。优化的目标是求解一个 θ 值，按照损失函数 $L(\cdot)$ 来度量的话，能够使 $\mathbf{x}^*$ 尽可能地接近真实值 $\mathbf{t}$ 。

(2)判别法中参数的优化——梯度下降法

如果 $\mathbf{x}^*$ 的优化可以表示为微分运算的一个闭式集，那么就可以使用链式法则计算 $L(\cdot)$ 关于参数 θ 的梯度。

正如文献[15]中指出的，如果定义模型的能量函数是一个二次函数——所对应的图模型也是一个高斯随机向量，那么就可以通过一系列矩阵相乘和一个矩阵求逆运算获得 MAP 解 $\mathbf{x}^*$ 。这些都是可微运算，因此是可以计算出梯度向量 $\partial L/\partial\theta$ 的。虽然二次模型的性能通常并不如专家场这类模型，但文献[15]和[36]的研究结果指明了如何利用观测数据中的信息通过训练过程的学习使得有可能令人不可思议地完成图像增强和分割任务的。

对于不能通过解析方式计算出 $\mathbf{x}^*$ 的模型，文献[36]和[37]提出使用 MAP 解

的近似值。这些系统都提出使用 $\mathbf{x}^*$ 的近似值，也就是利用某种不会产生能量函数 $E(\cdot)$ 的全局最小解的最小化形式计算出的值。如果最小化过程本身就是一系列可微运算，那么就可以利用链式法则计算出参数向量 θ 变化时近似值 $\mathbf{x}^*$ 的变化情况。

这些论文所涉及研究工作的区别是所采用的优化方法的类型不同。在文献[36]中，训练是按照上确界最小化策略建立起来的，这在优化过程中与一系列二次模型是相吻合的。Barbu 采用了一种不同的方式，提出使用少量的梯度下降步骤来近似整个推断过程，这产生了一个非常高效的学习系统[37]。

(3)判别法中参数的优化——大边界法

正如支持向量机使用二次规划来优化最大边界准则一样，也可以利用二次规划学习 MRF 模型的参数。在文献[38]中，Taskar 等人提出了 M^3N 法，它是首批用于学习图模型参数的边界法之一。该方法将学习看作是一个大规模的二次规划问题并已用于解决文献[39]中的标注问题。

在所有可用于实现模型参数学习的方法中，近年来最有影响力的方法当属用于训练的割平面法[40]。在该方法中，将推断系统用作一个参照基准来求解与训练准则中的约束相违背的结果。该方法的主要优点是它并不要求推断过程必须具有某种形式的可微性，这样就可以使用众多不同的结构，包括推断问题解决起来很棘手的模型[41]。近期基于这类训练方法的视觉系统包括文献[42,43]的研究工作。此外，可以利用 SVMStruct 程序包获得该算法的高品质实现结果[40]。

16.7 结论

图模型是构建图像和场景数学模型的一种有效工具。这种模型的因子化特性有助于方便地设计出能够捕捉真实图像特性的势函数。它们的灵活性再结合功能强大的推断算法使其成为构建复杂的图像和场景模型的有价值工具。

参考文献

[1] D. Koller and N. Friedman, *Probabilistic Graphical Models: Principles and Techniques*. MIT Press, 2009.

[2] F. Kschischang, B. Frey, and H. - A. Loeliger, "Factor graphs and the sum - product

algorithm," *IEEE Transactions on Information Theory*, vol. 47, no. 2, pp. 498 - 519, Feb. 2001.

[3] W. T. Freeman, E. C. Pasztor, and O. T. Carmichael, "Learning low-level vision," *International Journal of Computer Vision*, vol. 40, no. 1. pp. 25-47, 2000.

[4] M. F. Tappen, B. C. Russell, and W. T. Freeman, "Efficient graphical models for processing images," In *Proceedings of the IEEE Conference on Computer Vision and Pattern Recognition*, vol. 2, 2004, pp. 673-680.

[5] T. S. Cho, M. Butman, S. Avidan, and W. T. Freeman, "The patch transform and its applications to image editing," In *Proc. IEEE Conference on Computer Vision and Pattern Recognition*, 2008.

[6] V. Kwatra, I. Essa, A. Bobick, andN. Kwatra, "Texture optimization for example-based synthesis," *ACM Transactions on Graphics*, vol. 24, pp. 795-802, July 2005.

[7] J. L. Marroquin, S. K. Mitter, and T. A. Poggio, "Probabilistic solution of ill-posed problems in computational vision," *American Statistical Association Journal*, vol. 82, no. 397, pp. 76-89, March 1987.

[8] R. Szeliski, "Bayesian modeling of uncertainty in low-level vision," *International Journal of Computer Vision*, vol. 5, no. 3, pp. 271-301, 1990.

[9] D. Scharstein and R. Szeliski, "A taxonomy and evaluation of dense two-frame stereo correspondence algorithms," *International Journal of Computer Vision*, vol. 47, no. 1/2/3, April - June 2002.

[10] Y. Boykov, O. Veksler, and R. Zabih, "Fast approximate energy minimization via graph cuts," *IEEE Transactions of Pattern Analysis and Machine Intelligence*, vol. 23, no. 11, pp. 1222-1239, 2001.

[11] M. J. Black and A. Rangarajan, "On the unification of line processes, outlier rejection, and robust statistics with applications in early vision," *International Journal of Computer Vision*, vol. 19, no. 1, pp. 57-92, July 1996.

[12] J. Portilla, V. Strela, M. Wainwright, and E. P. Simoncelli, "Image denoising using scale mixtures of gaussians in the wavelet domain," *IEEE Trans. Image Processing*, vol. 12, no. 11, pp. 1338-1351, November 2003.

[13] Y. Weiss and W. T. Freeman, "What makes a good model of natural images," In *Proceedings of the IEEE Conference on Computer Vision and Pattern Recognition*, 2007.

[14] S. Roth and M. Black, "Field of experts: A framework for learning image priors," In *Proceedings of the IEEE Conference on Computer Vision and Pattern Recognition*, vol. 2, 2005, pp. 860-867.

[15] M. F. Tappen, C. Liu, E. H. Adelson, and W. T. Freeman, "Learning gaussian conditional random fields for low-level vision," In *Proc. IEEE Conference on Computer Vision & Pattern Recognition*, 2007.

[16] U. Schmidt, Q. Gao, and S. Roth, "A generative perspective on *MRFs* in low-level vision,"

In Proceedings of the IEEE Conference on Computer Vision and Pattern Recognition, 2010, pp. 1751-1758.

[17] J. Lafferty, F. Pereira, and A. McCallum, "Conditional random fields: Probabilistic models for segmenting and labeling sequence data," In *ICML*, 2001.

[18] P. F. Felzenszwalb and D. P Huttenlocher, "Efficient matching of pictorial structures," In *Proceedings of the IEEE Conference on Computer Vision and Pattern Recognition*, 2000.

[19] D. J. Crandall, P. F. Felzenszwalb, and D. P Huttenlocher, "Spatial priors for part-based recognition using statistical models," In *Proceedings of the IEEE Conference on Computer Vision and Pattern Recognition*, 2005, pp. 10-17.

[20] W. Yang, Y. Wang, and G. Mori, "Recognizing human actions from still images with latent poses," In *Proceedings of the IEEE Conference on Computer Vision and Pattern Recognition*, 2010, pp. 2030-2037.

[21] C. M. Bishop,*Pattern Recognition and Machine Learning*, 1st ed. Springer, October 2007.

[22] R. Szeliski, R. Zabih, D. Scharstein, O. Veksler, V. Kolmogorov, A. Agarwala, M. F. Tappen, and C. Rother, "A comparative study of energy minimization methods for markov random fields." In *ECCV(2)*, 2006, pp. 16-29.

[23] J. Pearl,*Probabilistic Reasoning in Intelligent Systems: Networks of Plausible Inference*, 2nd ed. Morgan Kaufmann,1988.

[24] M. F. Tappen and W. T. Freeman, "Comparison of graph cuts with belief propagation for stereo, using identical mrf parameters," In *Proceedings of the Ninth IEEE International Conference on Computer Vision(ICCV)*, 2003, pp. 900-907.

[25] Y. Weiss and W. T. Freeman, "On the optimality of solutions of the max-product belief-propagation algorithm in arbitrary graphs,"*IEEE Transactions on Information Theory*, vol. 47, no. 2, pp. 736-744,2001.

[26] M. J. Wainwright, T. S. Jaakkola, and A. S. Willsky, "Map estimation via agreement on (hyper)trees: Message-passing and linear-programming approaches,"*IEEE Transactions on Information Theory*, vol. 51, no. 11, pp. 3697-3717, November 2005.

[27] V. Kolmogorov, "Convergent tree-reweighted message passing for energy minimization,"*IEEE Transactions on Pattern Analysis and Machine Intelligence (PAMI)*, vol. 28, no. 10, pp. 1568-1583, October 2006.

[28] D. M. Greig, B. T. Porteous, and A. H. Seheult, "Exact maximum a posteriori estimation for binary images,"*Journal of the Roya Statistical Society Series B*, vol. 51, pp. 271-279, 1989.

[29] V. Kolmogorov and C. Rother, "Minimizing nonsubmodular functions with graph cuts - a review,"*IEEE Transactions of Pattern Analysis and Machine Intelligence*, vol. 29, no. 7, pp. 1274-1279, 2007.

[30] J. Sun, N. Zheng, and H. -Y. Shum, "Stereo matching using belief propagation,"*IEEE Transactions of Pattern Analysis and Machine Intelligence*, vol. 25, no. 7, pp. 787-800,2003.

[31] M. F. Tappen, W. T. Freeman, and E. H. Adelson, "Recovering intrinsic images from a sin-

gle image," *IEEE Transactions on Pattern Analysis and Machine Intelligence*, vol. 27, no. 9, pp. 1459-1472, September 2005.

[32] M. F. Tappen, "Fundamental strategies for solving low-level vision problems," *IPSJ Transactions on Computer Vision and Applications*, 2012.

[33] S. C. Zhu, Y. Wu, and D. Mumford, "Filters, random fields and maximum entropy (frame): Towards a unified theory for texture modeling," *International Journal of Computer Vision*, vol. 27, no. 2, pp. 107-126, 1998.

[34] G. E. Hinton, "Training products of experts by minimizing contrastive divergence," *Neural Computation*, vol. 14, no. 8, pp. 1771-1800, 2002.

[35] X. He, R. Zemel, and M. Carreira-Perpinan, "Multiscale conditional random fields for image labeling," In *Proc. IEEE Conference on Computer Vision and Pattern Recognition (CVPR)*, 2004.

[36] M. F. Tappen, "Utilizing variational optimization to learn markov random fields," In Proc. *IEEE Conference on Computer Vision and Pattern Recognition (CVPR07)*, 2007.

[37] A. Barbu, "Learning real-time MRF inference for image denoising," In *Proc. IEEE Computer Vision and Pattern Recognition*, 2009.

[38] B. Taskar, V. Chatalbashev, D. Koller, and C. Guestrin, "Learning structured prediction models: A large margin approach,' In *Proc. The Twenty Second International Conference on Machine Learning (ICML-2005)*, 2005.

[39] D. Anguelov, B. Taskar, V. Chatalbashev, D. Koller, D. Gupta, G. Heitz, and A. Ng, "Discriminative learning of Markov random fields for segmentation of 3d scan data." *In Proc. IEEE Conference on Computer Vision and Pattern Recognition*, 2005, pp. 169-176.

[40] T. Joachims, T. Finley, and C.-N. Yu, "Cutting-plane training of structural svms," *Machine Learning*, vol. 77, no. 1, pp. 27-59, 2009.

[41] T. Finley and T. Joachims, "Training structural SVMs when exact inference is intractable," In *Proc. International Conference on Machine Learning (ICML)*, 2008, pp. 304-311.

[42] C. Desai, D. Ramanan, and C. Fowlkes, "Discriminative models for multi-class object layout," In Proc. *IEEE International Conference on Computer Vision*, 2009.

[43] M. Szummer, P. Kohli, and D. Hoiem, "LearningCRFs using graph cuts," *In Proc. ECCV*, 2008, pp. 582-595.

第 17 章

计算机视觉中的遍历树核

Zaid Harchaoui, Francis Bach

17.1 引言

核方法因其普适性已经在很多应用领域展示了它们的高效性。只要能设计出一个能产生对称正定核的相似性度量,就可以使用一大批以样本的欧氏点积为机理的学习算法,例如支持向量机[1]。那么,用核计算取代欧氏点积则对应于将关于样本特征图点积的学习算法应用于更高维空间中。目前,核方法已经成为计算机视觉领域的稳健工具,参见文献[2]了解这方面的综述。

最近的研究方向集中在设计关于结构化数据的核,用于解决生物信息学[3]或文本信息处理领域中的问题。结构化数据是指可以用带有标注的离散结构表示的数据,例如字符串、标注树或标注图[4]。通过直接利用物体的自然拓扑结构,这类数据提供了一种精巧的方式来集成已知的先验信息。借助核来使用结构化数据的先验知识是十分有益的,这通常有助于我们减少训练样本的数目来实现计算的高度准确性。它同样也能巧妙地利用现有的数据表示形式,这些数据表示形式已得到了其领域专家的充分研究。最后一点,但并不是最次要的一点,一旦定义了一个新的关于结构化数据的核,我们就可以利用快速发展的核机器,尤其是半监督学习[5]和核学习[6]。

我们提出了一种统一框架来构建图之间的正定核,以便我们可以利用形状信息和表观信息来设计图与图之间有意义的相似性度量。一方面,我们介绍了由区域邻近图表示的表观信息之间的正定核,并将其应用在目标类图像的分类任务中[7,8]。另一方面,我们介绍了由点云表示的形状之间的正定核,并将其应用于画线的分类[9-11]。在不丢失信息的前提下很难将这两种信息都表示成向量特征。例如,在由点云定义的形状中,关于旋转/平移的局部与全局不变性都需要在特征空间表示形式中体现出来。

设计结构化目标间的核的一条主导原则是将每个目标分解为不同的部件,然后比较一个目标的所有部件与另一目标的所有部件[1]。即使这种分解的数目具有指数量级——这是一种常见的情形,从数值表示角度讲在两种条件下这是可行的：(a)目标自身必须有助于子部件的高效枚举，以及(b)子部件(即局部核)间的相似性函数除了是一个正定核之外还必须足够简单，从而可以通过因式分解在多项式时间内以递归方式执行潜在的指数数目个函数项的和。

这种设计原理最显著的一个例子就是**字符串核**[1]，它兼顾了给定字符串的所有子字符串，但仍然允许在多项式复杂度时间内执行高效的计算。这种原理同样也适用于图：直觉上讲，**图核**[12,13]考虑了所有可能的子图并对匹配子图进行了比较和计数。然而，子图集(或者甚至是路径集)的规模为指数量级且不能高效地递归描述。通过选择合适的子结构(例如**遍历**和**遍历树**)和完全因子化的局部核，矩阵求逆思想[14]和高效动态递归允许我们在多项式时间内对指数量级的子结构求和。我们首先回顾一下关于图核的前期工作，然后在17.2节中介绍了我们提出的遍历树核的通用框架。在17.3节，我们将展示如何通过遍历树核的实例化来建立一个有效的邻近图间的正定相似性度量。然后，在17.4节，我们将展示如何通过遍历树核的实例化来建立一个高效的点云间的正定相似性度量。最后，在17.5节，我们将分别展示所提出的遍历树核在目标分类、自然图像分类和手写体数字分类任务中的实验结果。这一章的研究工作是在两篇会议论文工作的基础上整理出来的[15,16]。

相关工作

我们提出的遍历树核的基本想法是为了提供一个有表现力的关于图匹配相似性结果的松弛，从而产生一个正定核。通过图匹配实现图像的分类在计算机视觉领域已有很长的历史，而且已被众多学者研究过[17-19]。然而，通用的**图匹配问题**相当困难，这是因为在字符串上实现起来比较容易的大部分简单操作(例如匹配和编辑距离)对一般的无向图来说是NP难题。换句话说，在我们这种情况下实现精确图匹配是不切实际的，非精确图匹配是NP难题，而子图匹配却是NP完全问题[4]。因此，对于这个挑战性问题，目前大部分工作都集中在寻找巧妙的近似解上[20]。一个有趣的研究方向是利用所谓的系列化过程[18]将图投影到字符串上来解决图匹配问题，然后利用字符串编辑距离[21]代表图编辑距离。

设计各种针对图像分类问题的核也是一个活跃的研究方向。自从文献[22]的工作——利用关于彩色直方图的核研究图像分类问题——问世以来，已经诞生了许多可以解决图像分类问题的核。通过利用概率度量之间的核，文献[23,24]提出的像素包核对两幅图像的颜色分布做了比较，并在文献[24,25]中推广为分层多尺度形式。参见文献[8]了解有关这方面内容的深入综述。

图数据遍布于许多应用领域，而针对属性图的核已经在应用机器学习文献中受到了越来越多的关注，尤其是在生物信息学[13,14]和计算机视觉领域。注意，在本研究工作中，我们只考虑图之间的核(每个数据点是一个图)，这与数据集中的所有数据点通过核来构建邻域图的情况正好相反[1]。

现有的图核大致可以分为两类:第一类是由基于图匹配文献中已有技术的非正定相似性度量组成的,且可以通过特殊的矩阵变换将这些度量变成正定型;这包括编辑距离核[26]和最优分配核[27,28]。在文献[26]中,作者提出利用两个图之间的编辑距离并将其直接嵌入到核中来定义图之间的相似性度量。文献[29]还提出了用于行人检测的冲击图间的核,以便将其用于捕捉图像的拓扑结构。我们的方法通过软匹配树遍历——即图的虚拟子结构——有效地克服了图匹配问题,这是为了获得能在多项式时间内完成计算的核。通过树遍历这种描述方式,我们提出的核保持了图的基本拓扑结构,而在图序列中这种拓扑结构会以某种方式逐渐消失,只保留图的一个特定子字符串。而且,我们的核既包含局部信息——利用分段直方图作为局部特征来实现,也包含全局信息——通过综合遍历树的所有软匹配来实现。

另一类图核依靠于图的一系列子结构。最自然的一类是路径、子树以及更具有一般意义的子图。然而,若利用多项式时间复杂度算法这些子结构并不会产生正定核,可以专门参考文献[12]中的 NP 困难性结果。最近的研究工作集中在更大的子结构集合上。特别地,**随机游走核**考虑了所有可能的遍历并利用图的所有可能遍历(具有各种可能的长度)对局部核进行求和。可以使用一个合适的长度相关因子通过求解一个大而稀疏的线性系统来完成计算[14,30],其运行时间复杂度最近已得到了降低[31]。当考虑固定长度的遍历时,高效的动态规划递归有助于减少计算时间,但其代价是要考虑一个更小的特征空间,这是目前我们选择采用的方法。事实上,这种方法可以扩展到其它类型的子结构上,即我们现在论述的"树遍历"——其抽象定义首先在文献[12]中被提出。还有几个研究工作将我们的方法扩展到了其它场合中,例如文献[32]中的图像特征抽取和文献[33]中的场景解译。

17.2　遍历树核是一种图核

在这一节,我们首先介绍了定义遍历树核的通用框架。然后,我们将在 17.3 节和 17.4 节分别举例论述区域邻域图上和点云上的遍历树核。

考虑两个有标记无向图 $\mathcal{G}=(\mathcal{V}_\mathcal{G},\mathcal{E}_\mathcal{G})$ 和 $\mathcal{H}=(\mathcal{V}_\mathcal{H},\mathcal{E}_\mathcal{H})$,其中 $\mathcal{V}_\mathcal{G}$和 $\mathcal{V}_\mathcal{H}$分别表示 $\mathcal{G}$ 和 $\mathcal{H}$ 的顶点集,而 $\mathcal{E}_\mathcal{G}$和 $\mathcal{E}_\mathcal{H}$分别表示 $\mathcal{G}$ 和 $\mathcal{H}$ 的边集。为了清楚起见,我们假设在后续内容中顶点集都有相同的势(不过我们的框架也适用于势不同的顶点集)。这里,顶点和边都可以被标记。我们考虑了两种类型的类标:**属性**,对于顶点 $v \in \mathcal{V}_\mathcal{G}$,将其表示为 $a(v) \in \mathcal{A}_\mathcal{G}$,而对于顶点 $v' \in \mathcal{V}_\mathcal{H}$,将其表示为 $b(v') \in \mathcal{A}_\mathcal{H}$;**位置**,分别表示为 $x(v) \in \mathcal{X}_\mathcal{G}$和 $y(v') \in \mathcal{X}_\mathcal{H}$。因为应使用不同的核度量属性(位置)

间的相似性，我们在这里对属性和位置做了区分。

17.2.1 路径、遍历、子树和遍历树

对于一个顶点集为 $\mathcal{V}$ 的无向图，**路径**是由一个特异连通顶点组成的序列，而**遍历**是由一个可能非特异的连通顶点组成的序列。为了防止路径往返太快，我们进一步约束**遍历**集，这种现象在文献[34]中称之为**摇摆**。对任意一个正整数 β，我们定义 β **遍历**为那些能使任意 $\beta+1$ 个后继顶点截然不同的**遍历**（1 **遍历**是常规遍历），如图 17.1 所示。注意，当图 $\mathcal{G}$ 是一棵树时（无环），则 2 **遍历**集合与路径集合相等。更一般地讲，对于任意的图，长度为 $\beta+1$ 的 β 遍历恰恰就是长度为 $\beta+1$ 的路径。注意，整数 β 对应于遍历的“记忆”，即在继续前进之前需要“记住”先前经过的顶点数目。

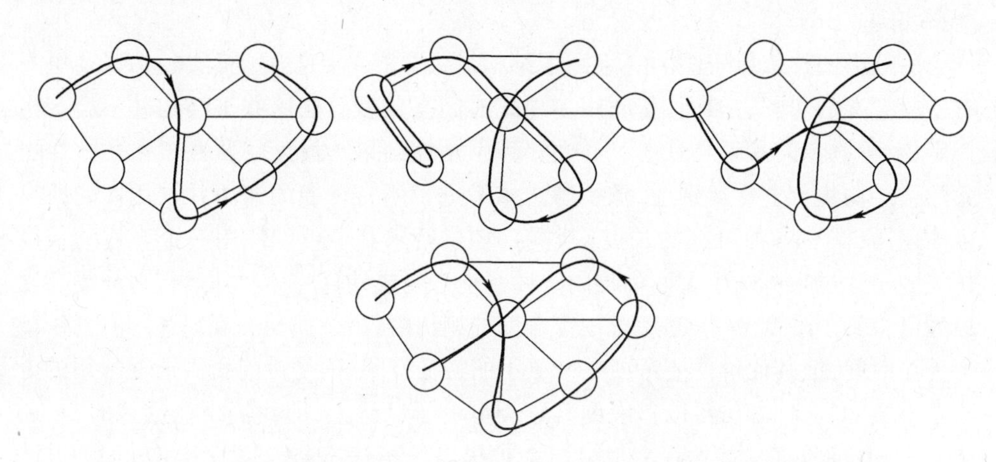

图 17.1 从左到右依次是：路径，1 步而非 2 步遍历，2 步而非 3 步遍历，4 步遍历。

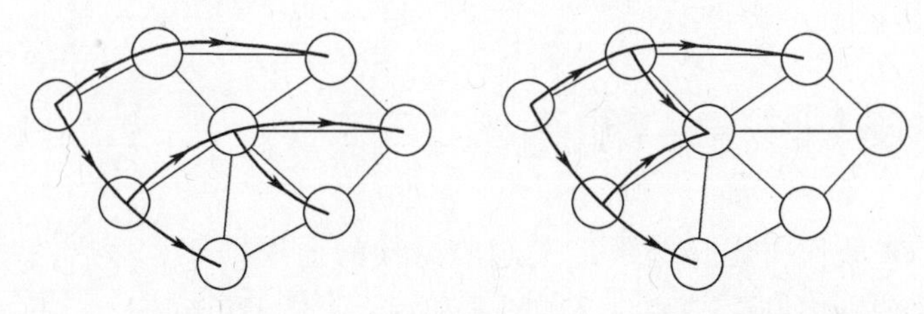

图 17.2 （左）二进制 2 树遍历，实际上是一棵子树，（右）二进制 1 树遍历，而不是一个 2 树遍历。

$\mathcal{G}$ 的**子树**是 $\mathcal{G}$ 的一个无环子图[4]。因此，$\mathcal{G}$ 的子树可以看作是由 $\mathcal{G}$ 的不同节点按照一个基本的树结构构成的一个连通子集。通过使节点对等，遍历的概念推广了路径的概念。类似地，我们也可以将子树的概念推广到树遍历，其中会存在对等的顶点。更准确地说，我们将 $\mathcal{G}$ 的深度为 γ 的 α 元树遍历定义为一个根部带有标注的深度为 γ 的 α 元树，该树中顶点的标签与 $\mathcal{G}$ 中相应顶点的标签相同。另外，

树遍历中邻域的标签必须是 $\mathcal{G}$ 中的邻域(我们把所有这些容许的标签集称为**一致标签**)。我们假设树遍历未必一定是完全树,即每个节点的孩子数可能小于 α 。如图 17.5 所示,树遍历可以画在原始图上,也可以通过一个与顶点集 $\{1,\cdots,|T|\}$ 相关的树结构 T 和一个由一致但可能非特异的标签组成的元组 $I \in \mathcal{V}^{|T|}$ 来表示(即 T 中邻域顶点的标签必须是 $\mathcal{G}$ 的邻域顶点)。最后,我们只考虑有根的子树,即其中有一个特定顶点为根的子树。而且,我们考虑的所有树都是无序树(即兄弟节点之间不考虑顺序)。然而,值得注意的是,当考虑区域邻域图的子树时顺序的考虑就变得重要多了。

同样,我们可以定义 β 树遍历为能使 T 中每个节点(它是原始顶点集 V 中的一个元素)及其所有后继直到第 β 代节点的标签都互异的树遍历。在该定义下,1 遍历树是常规树遍历(图 17.2),且如果 $\alpha = 1$,我们将返回到 β 遍历。从此往后,我们称直到第 β 代的后继为 β 后继。

我们令 $\mathcal{T}_{\alpha,\gamma}$ 表示深度小于 γ 的有根树结构构成的集合,且每个节点最多有 α 个孩子节点。例如,$\mathcal{T}_{1,\gamma}$ 恰恰就是长度小于 γ 的链图集合。对于 $T \in \mathcal{T}_{\alpha,\gamma}$,我们利用 $\mathcal{G}$ 中能产生 β 树遍历的顶点将 T 的一致性标签集表示为 $\mathfrak{T}_\beta(T,\mathcal{G})$ 。在该定义下,通过(a)树结构 $T \in \mathcal{T}_{\alpha,\gamma}$ 和(b)标签 $I \in \mathfrak{T}_\beta(T,\mathcal{G})$ 来表征 $\mathcal{G}$ 的一个 β 树遍历。

17.2.2 图核

假设具有相同树结构的树遍历之间的正定核是已知的,我们将其称之为**局部核**。这种核取决于树结构 T 以及与树遍历中的节点相关的属性和位置集(注意,$\mathcal{G}$ 和 $\mathcal{H}$ 的每个节点都有两个标签:一个是位置,另一个是属性)。给定一个树结构 T 以及一致的标注结果 $I \in \mathfrak{T}_\beta(T,\mathcal{G})$ 和 $J \in \mathfrak{T}_\beta(T,\mathcal{H})$,我们用 $q_{T,I,J}(\mathcal{G},\mathcal{H})$ 表示两个树遍历之间局部核的值,这两个树遍历由同样的结构 T 和标注结果 I 与 J 定义。

我们可以将树遍历核定义为 $\mathcal{G}$ 和 $\mathcal{H}$ 的所有匹配树遍历上的局部核之和,即

$$k_{\alpha,\beta,\gamma}^{\mathcal{T}}(\mathcal{G},\mathcal{H}) = \sum_{T \in \mathcal{T}_{\alpha,\gamma}} f_{\lambda,v}(T)\Big\{\sum_{I \in \mathfrak{T}_\beta(T,\mathcal{G})}\sum_{J \in \mathfrak{T}_\beta(T,\mathcal{H})} q_{T,I,J}(\mathcal{G},\mathcal{H})\Big\} \tag{17.1}$$

下一节详细地给出了高效计算遍历树核的详细内容。当考虑 1 遍历(即 $\alpha = \beta = 1$)时,并令最大遍历长度 γ 趋于 $+\infty$,则就会返回到随机游走核[12,14]。如果核 $q_{T,I,J}(\mathcal{G},\mathcal{H})$ 的值是非负的,且当两个树遍历相同时其值等于 1,就可以将其看成是一个软匹配指示器,那么核就只对两个图的软匹配树遍历进行计数(参见图 17.3 关于硬匹配的说明)。

我们添加一个只取决于树结构的非负惩罚项 $f_{\lambda,v}(T)$ 。除了常规的对节点数目 $|T|$ 的惩罚之外,我们还增加了关于叶节点 $\ell(T)$ (即没有孩子的节点)数目的惩罚项。更准确地说,我们使用了惩罚项 $f_{\lambda,v}(T) = \lambda^{|T|}v^{\ell(T)}$ 。这个惩罚项是在文献[34]中提出的,它在我们所述的情况中是一个基本操作,其目的是为了防止带

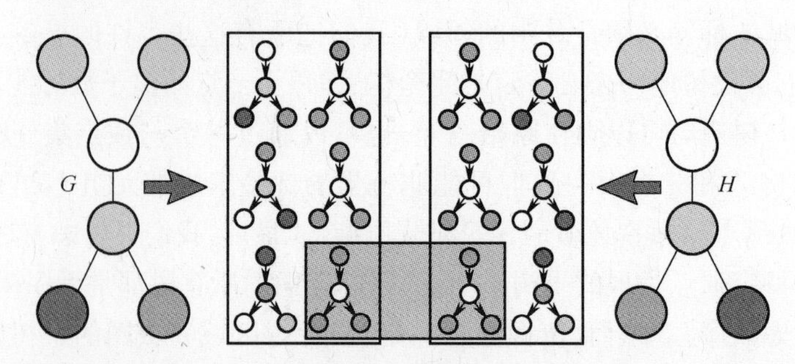

图 17.3 两个图之间的图核（每个色调代表不同的标签）。我们展示了所有具有特定树结构的二进制 1 树遍历，它们是从两个简单图中提取出来的。图核对所有这些提取的树遍历之间的局部核进行了计算与求和。在狄拉克核（硬匹配）情况下，只有一对树遍历是匹配的（从标签和结构来看）。

有更高阶节点的树主导求和项。然而，在后续推导中，我们应该经常去掉这种惩罚项以突出基本的运算且保持符号的简洁性。

如果 $q_{T,I,J}(\mathcal{G},\mathcal{H})$ 是由（带有标记的）树遍历间的正定核获取的，那么 $k_{\alpha,\beta,\gamma}^{\mathcal{T}}(\mathcal{G},\mathcal{H})$ 也定义了一个正定核。核 $k_{\alpha,\beta,\gamma}^{\mathcal{T}}(\mathcal{G},\mathcal{H})$ 按照 $\mathcal{G}$ 和 $\mathcal{H}$ 中分享相同树结构的所有树遍历对**局部核** $q_{T,I,J}(\mathcal{G},\mathcal{H})$ 做了求和运算。这种匹配树遍历的数目与深度 γ 呈指数关系。因此，为了处理有可能更深的树，需要一个递归性的定义。局部核将取决于当前的应用。在后边的几节中，我们将展示如何针对区域邻域图和点云分别设计有意义的局部核。

17.3 区域邻近图核是一种遍历树核

我们提议用形态学分割获得的区域邻近图来建模图像的表观信息。如果使用足够多的分割段，即如果图像（因而也会使感兴趣目标）被**过分割**，那么分割结果就有助于我们降低图像所在的空间维度，同时还能保持目标的边界。图像维度将从数百万个像素降低到几百个分割段，而只有很少的信息会丢失，这些分割段都自然地嵌入在一个平面图结构中。我们的方法考虑了图的平面性。这一节的目的是为了指出人们可以为基于核的学习方法提供一个能度量合适的区域邻近图相似性的核（称为**区域邻近图核**）来实现图像分类。需要指出的是，这种核早期在最初的文献[15]中被称为**分割图核**。

17.3.1 形态学区域邻近图

在许多可用于分割自然图像的方法中[35-37]，我们选择使用分水岭变换[35]来实现图像分割，它可以将一个大尺寸的图像快速地分割成指定数目的分割段。首先，给定一幅彩色图像，以两个尺度、八个方向的配置从图像的 LAB 表达形式的有向能量滤波结果中计算出一个灰度梯度图像[38]。然后,将分水岭变换应用于该梯度图像上,并利用文献[35]中的分层框架将最终的区域数目减少到一个指定数 p(在我们的实验中,$p = 100$)。最后,我们就获得了 p 个单连通区域以及平面邻域图。图 17.4 展示了一个关于这类分割的例子。

我们选择了一个合理的 p 值,这是因为我们所用的相似性度量隐式地依赖于一个事实——大部分情况下图像是被过分割的,即感兴趣目标可能散布在一个以上的分割段上,但有极少的分割段散布在多个目标上。这与常规(且经常达不到)的分割目标——每个物体对应一个分割段——形成了反差。在这个方面,我们也可以使用其它的图像分割算法,如超像素算法[39,40]。在这一节中,我们总是使用相同数目的分割段;有关选择不同数目的分割段所造成影响的详细分析(或选择一个依赖于给定图像的分割片段数目)超出了本工作的研究范围。

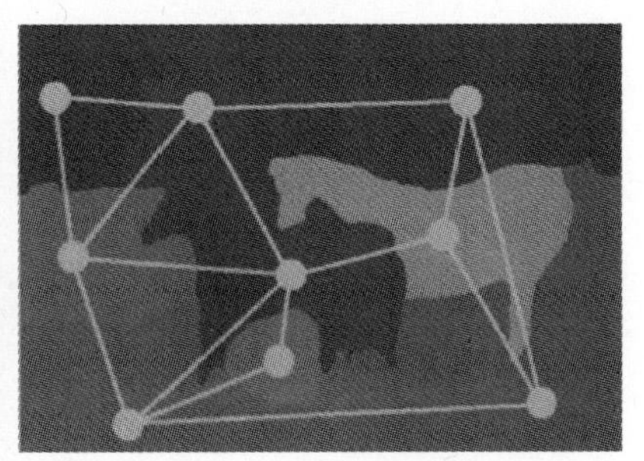

图 17.4 一幅自然图像(左)以及利用中值 RGB 颜色在每个分割区域获得的分割拼接的例子(右)。相关的区域邻近图用浅灰色点线画出。

在这一节,我们将通过一个**区域邻近图**(即一个无向的有标记平面图)来表示图像,该图的每个顶点对应于一个单连通区域,而其中的边连接着邻近区域。既然这里的图是从邻近的单连通区域获得的,那么图就是平面型的,即可以将它嵌入到一个边不相交的平面中[4]。我们准备利用的平面图所仅有的一个性质是,对于图中的每个顶点,都存在一个顶点循环排序的自然概念。我们所用的图具有的另一个典型特征是稀疏性:事实上,每个节点的度(邻域的数目)通常比较小,最大的度往往也不会超过 10。

将类标赋给各个区域的方式有很多种——利用形状、颜色、或者纹理,这样就带来了高度多元化的标签,这与结构化核在生物信息学或自然语言处理中的传统应用区别很大。对于后者,标签属于一个小的离散集合。我们的核族仅仅需要一个关于不同区域的标签 ℓ 和 ℓ' 之间的简单核 $k(\ell,\ell')$,它可以是任意一种半正定核[1],而不仅仅是狄拉克核——通常在生物信息学各种应用领域用来实现精确匹配。我们可以在任何重要视觉信息的基础上构建这样一个核。在本工作中,我们考虑的是有关每个分割段颜色直方图之间的核,而权值则对应于分割段的大小(面积)。

17.3.2 区域邻近图上的遍历树核

我们现在明确阐述区域邻近图上遍历树核的推导过程，以突出实际应用中的动态规划递归从而使计算变得易于处理。

区域邻近图之间的遍历树核 $k_{p,\alpha}(\mathcal{G},\mathcal{H})$ 定义为 $\mathcal{G}$ 和 $\mathcal{H}$ 的所有树遍历(共享同样的树结构)中对应的子树模式独立顶点间的局部核之积的和。注意，文献[41]的研究结果表明，在精确匹配情况下，这种核只对常用的子树模式数目做了统计。同样要注意的是，只要局部核是一个半正定核，所得的遍历树核也是一个半正定核[1]。

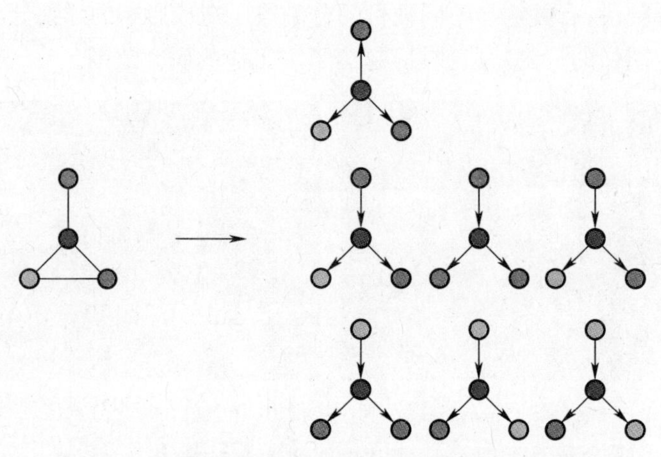

图 17.5 图的树遍历示例，每种颜色代表不同的标签。

局部核

为了将树遍历核应用到区域邻域图上，我们需要指定低层计算要涉及的核。这里，局部核对应于分割段之间的核。

目前有很多方法可以确定比较分割段所需的相关特征，从颜色中值到复杂局部特征[42]。由于先前的工作[43]已经透彻地研究了 RGB 颜色直方图对图像分类的重要性，因此当用于没有经过任何分割的整体图像上时，我们选择集中使用这一特征，这可以使我们公平地评价我们的核的有效性，从而可以巧妙地利用分割以实现分类。

文献[43]给出了关于离散概率分布形式 $P=(p_i)_{i=1}^{N}$ 的颜色直方图之间的核的实验结果。为了简化起见，这里我们将只关注 $\boldsymbol{\chi}^2$ 核，其定义如下。两个分布 P 和 Q 之间的对称 $\boldsymbol{\chi}^2$ 散度定义为

$$d_{\chi}^{2}(P,Q)=\frac{1}{N}\sum_{j=1}^{N}\frac{(p_i-q_i)^2}{p_i+q_i} \tag{17.2}$$

而 $\boldsymbol{\chi}^2$ 核的定义是

$$k_{\chi}(P,Q)=\exp(-\mu d_{\chi}^{2}(P,Q)) \tag{17.3}$$

其中，μ 是需要调节的自由参数。按照文献[43]和[44]的研究结果，既然该核是半正定的，那么可以将其用作局部核。如果我们用 P_{ℓ}表示标签为 ℓ 的区域的颜色直方图，则可以利用它将标签之间的核定义为 $k(\ell,\ell')=k_{\chi}(P_{\ell},P_{\ell'})$ 。

产生的核矩阵具有极强对角主导性的问题（这是结构化数据上的核通常会出现的问题[3]），对此我们需要加以解决。我们提出引入一个常数项 λ 来控制 $k(\ell,\ell')$ 的极大值。因此，我们就使用下列形式的核：

$$k(\ell,\ell')=\lambda\exp(-\mu d_{\chi}^{2}(P_{\ell},P_{\ell'})),$$

自由参数为 λ 和 μ 。注意，我们这样做也可以确保核的半正定性。

在整个求和运算中，赋予大块分割段的权值自然要大于小块分割段。因此，我们将这一想法纳入到分割核中：

$$k(\ell,\ell')=\lambda A_{\ell}^{\gamma}A_{\ell'}^{\gamma}\exp(-\mu d_{\chi}^{2}(P_{\ell},P_{\ell'})),$$

其中，A_{ℓ}^{γ}表示对应区域的面积，而 γ 是另一个需要调节的取值于[0,1]的自由参数。

动态规划递归

为了获得一个高效的动态规划实现方法，现在我们需要限制子树的集合。事实上，如果 d 是 $\mathcal{G}$ 和 $\mathcal{H}$ 中顶点的度的上界，则在每个深度层，q 元遍历树可能要经过给定顶点的邻域集合中大小为 α 的任意子集，因而匹配复杂度将会变成 $O(d^{2\alpha})$（对于两图中的每一个都是 $O(d^{\alpha})$）。通过要求这些邻域子集为用于给定顶点邻域自然循环排序的区间（因为图为平面型，所以这是可能的），我们限制树遍历中可容许的邻域子集。图 17.6 列举了一个大小为 $\alpha=2$ 的区间。对于 $\mathcal{G}$ 中的给定顶点 r（或$\mathcal{H}$中的顶点 s），我们用 $\mathcal{A}_{\mathcal{G}}^{\alpha}(r)$（或者 $\mathcal{A}_{\mathcal{H}}^{\alpha}(s)$）表示 $\mathcal{G}$ 中以 r 为中心（或 $\mathcal{H}$ 中以 s 为中心）且长度至多为 α 的非空区间的集合。在本节剩余部分，我们假设所有子树模式（从此开始一律称为树遍历）都限制在邻域区间内。令 $k_{p,\alpha}(\mathcal{G},\mathcal{H},r,s)$ 表示起始于 $\mathcal{G}$ 中顶点 r 和 $\mathcal{H}$ 中顶点 s 的所有树模式上的和。

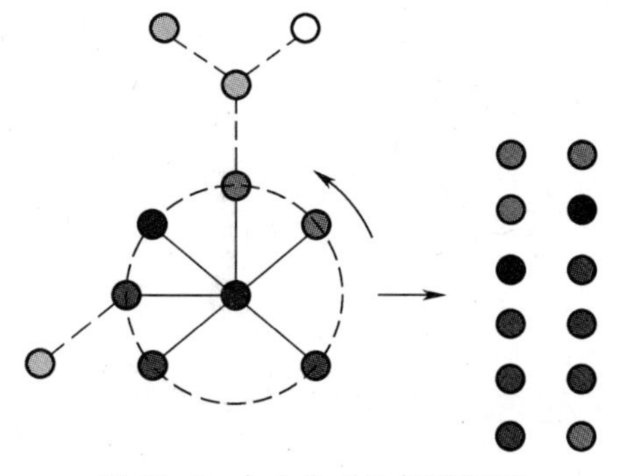

图 17.6 大小为 2 的邻域间隔。

下面的结果表明，递归动态规划方法有助于我们高效地计算出遍历树核。对于区域邻近图上的遍历树核，可将最终的核写成如下形式：

$$k(\mathcal{G},\mathcal{H})=\sum_{r\in\mathcal{V}_{\mathcal{G}},s\in\mathcal{V}_{\mathcal{H}}}k_{p,\alpha}(\mathcal{G},\mathcal{H},r,s) \tag{17.4}$$

假设大小相等的区间 Card$(A)=$Card(B)，核 $k_{p,\alpha}(\mathcal{G},\mathcal{H},r,s)$ 的值可通过如下形式递归地计算出来：

$$k_{p,\alpha}(\mathcal{G},\mathcal{H},r,s)=k(\ell_{\mathcal{G}}(r),\ell_{\mathcal{H}}(s))\sum_{A\in\mathcal{A}_{\mathcal{G}}^{\alpha}(r),B\in\mathcal{A}_{\mathcal{H}}^{\alpha}(s)}\prod_{r'\in A,s'\in B}k_{p-1,\alpha}(\mathcal{G},\mathcal{H},r',s') \tag{17.5}$$

上式确立了一个动态规划递归流程，这样我们就可以有效地计算从 $p=1$ 到任意期望 p 值的 $k_{p,\alpha}(\mathcal{G},\mathcal{H},\cdot,\cdot)$ 的值。我们首先利用 $k(\mathcal{G},\mathcal{H},r,s)=k(\ell_{\mathcal{G}}(r),\ell_{\mathcal{H}}(s))$ 计算 $k_{1,\alpha}(\mathcal{G},\mathcal{H},\cdot,\cdot)$ 的值。其中，r 代表 $\mathcal{G}$ 的一个分割段，而 s 代表 $\mathcal{H}$ 的一个分割段。然后，设定 $p=2$，利用式(17.5)和 $k_{1,\alpha}(\mathcal{G},\mathcal{H},\cdot,\cdot)$ 计算出 $k_{2,\alpha}(\mathcal{G},\mathcal{H},\cdot,\cdot)$，依此类推。最后需要注意的是，当 $\alpha=1$（区间大小为1）时，遍历树核就简化成遍历核了[12]。

运行时间复杂度

给定两个带有标签的图 $\mathcal{G}$ 和 $\mathcal{H}$，它们的顶点数分别为 $n_{\mathcal{G}}$ 和 $n_{\mathcal{H}}$，而其最大度分别为 $d_{\mathcal{G}}$ 和 $d_{\mathcal{H}}$，并假设标签间的核 $k(\ell,\ell')$ 可以在一个恒定时间内计算出来。因此，对于所有的 $r\in\mathcal{V}_{\mathcal{G}}$ 和 $s\in\mathcal{V}_{\mathcal{H}}$，计算 $k(\ell_{\mathcal{G}}(r),\ell_{\mathcal{H}}(s))$ 的总代价为 $O(n_{\mathcal{G}}n_{\mathcal{H}})$。

对于遍历核，每次递归的计算复杂度是 $O(d_{\mathcal{G}}d_{\mathcal{H}})$。因此，当 $q\leqslant p$ 时，计算所有 q 次遍历核需要 $O(pd_{\mathcal{G}}d_{\mathcal{H}}n_{\mathcal{G}}n_{\mathcal{H}})$ 次操作。

对于遍历树核，每次递归的复杂度是 $O(\alpha^2d_{\mathcal{G}}d_{\mathcal{H}})$。因此，当 $q\leqslant p$ 时，计算所有的 q 次 α 元遍历树核需要 $O(p\alpha^2d_{\mathcal{G}}d_{\mathcal{H}}n_{\mathcal{G}}n_{\mathcal{H}})$ 次操作，即产生了多项式时间复杂度。

我们现在暂停一下对区域邻近图的遍历树核的阐述，将注意力转到用在点云上的遍历树核。我们将会在第17.5节再次返回区域邻近图的遍历树核。

17.4 点云核是一种遍历树核

我们提出利用点云描述图像的形状。事实上，我们假设每个点云都有一个图结构（经常为邻域图）。然后，我们的图核涉及到两个邻域图之间的所有部分匹配并对其实现求和。然而，直接应用图核会带来一个重要问题：在计算机视觉应用领域，子结构对应着点的匹配集，而解决旋转和（或）平移的局部不变性问题就必然需要使用局部核来完成，这种局部核不能轻易地表达为每一对点的分离项的乘积，那么常规的动态规划和矩阵求逆方法也就不能直接应用。我们假设图没有自环。

我们的启发例子是画线,其中 $\mathcal{A}=\mathbb{R}^2$(即位置本身也是一种属性)。在这种情况下,通过考虑4连通或8连通[25]可以自然地从画线中产生图。在其他情况下,也可以容易地从最近邻图中获得图。

这里,我们将展示如何设计一个不能完全因子化但可以按照描述子结构的图实现因子化的局部核,这通常可以通过概率图模型和为能在概率图模型上因子化的协方差矩阵设计正定核来自然地实现。有了这种新颖的局部核,我们推导了新的具有多项式时间复杂度的动态规划递归过程。

17.4.1 局部核

局部核用在大深度的树遍历上(注意,在深度为 γ 时,我们提出的每个概念都将被证实具有线性时间复杂度)。这里我们回顾一下,给定一个树结构 T 和一致性标签 $I\in\mathcal{T}_\beta(T,\mathcal{G})$ 与 $J\in\mathcal{T}_\beta(G,\mathcal{H})$,$q_{T,I,J}(\mathcal{G},\mathcal{H})$ 这个物理量表示由相同的结构 T 以及标签 I 与 J 定义的两个树遍历之间的局部核的值。描述属性时,我们用核的乘积;描述位置时我们用核。对于属性,我们使用如下常规因子化形式 $q_A(a(I),b(J))=\prod_{p=1}^{|I|}k_{\mathcal{A}}(a(I_p),b(J_p))$,其中 $k_{\mathcal{A}}$ 是 $\mathcal{A}\times\mathcal{A}$ 上的正定核。这有助于单独比较每一对匹配点和高效地执行动态规划递归过程。然而,对于与位置有关的局部核,我们需要一个不仅取决于第 p 个输入对 $(x(I_p),y(J_p))$ 而且同时依赖于整个向量 $x(I)\in\mathbf{X}^{|I|}$ 和 $y(J)\in\mathbf{X}^{|J|}$ 的核。事实上,我们并不假设输入对已经配准,即我们并不知道第一个图中由 I 索引的点与第二个图中由 J 索引的点之间的匹配情况。

这里,我们把研究重点放在 $\mathbf{X}=\mathcal{R}^d$ 和具有**平移不变性**的局部核上,这意味着与位置相关的局部核可能仅仅取决于差值 $x(i)-x(i')$ 和 $y(j)-y(j')$,其中 $(i,i')\in I\times I$ 且 $(j,j')\in J\times J$。我们进一步将这些简化成与具有平移不变性的正定核 $k_{\mathbf{X}}(x_1-x_2)$ 相对应的核矩阵。视具体应用而言,$k_{\mathbf{X}}$ 可能是也可能不是旋转不变的。在实验中,我们使用了形式为 $k_{\mathbf{X}}(x_1,x_2)=\exp(-v\|x_1-x_2\|^2)$)的旋转不变高斯核。

因此,对于每个图,我们把 $\mathbf{X}^{|V|}$ 和 $\mathbf{X}^{|W|}$ 中所有位置构成的集合简化为完整的核矩阵 $K\in\mathcal{R}^{|V|\times|V|}$ 和 $L\in\mathcal{R}^{|W|\times|W|}$,对应的定义是 $K(v,v')=k_{\mathbf{X}}(x(v)-x(v'))$(类似地,可以给出 L 的定义)。这些矩阵可以构建成对称半正定型。而且,为简单起见,我们假设这些矩阵是正定的(即可逆的),这可以通过添加一个单位阵乘子来实现。因此,局部核将只取决于子矩阵 $K_I=K_{I,I}$ 和 $L_J=L_{J,J}$,且它们都是正定矩阵。需要指出的是,我们使用核矩阵 K 和 L 来表征每个图的几何结构,在这种核矩阵上我们使用了一个正定核。

在正矩阵 K 和 L 上我们考虑使用下列正定核——(平方)巴氏核 $k_{\mathcal{B}}$,其定义是[45]：

$$k_{\mathcal{B}}(K,L) = |K|^{1/2}\ |L|^{1/2}\ \left|\frac{K+L}{2}\right|^{-1} \tag{17.6}$$

其中，$|K|$ 表示 K 的行列式。

通过对基于属性的局部核和基于位置的局部核做乘积运算，我们得到局部核 $q^0_{T\ ,I,J}(\mathcal{G},\mathcal{H}) = k_{\mathcal{B}}(K_I,L_J)q_{\mathcal{A}}(a(I),b(J))$ 。然而，这个局部核 $q^0_{T\ ,I,J}(\mathcal{G},\mathcal{H})$ 并不取决于树结构 T，且只有当 $q^0_{T,I,J}(\mathcal{G},\mathcal{H})$ 可以递归计算时递归过程才可能是高效的。因子化项 $q_{\mathcal{A}}(a(I),b(J))$ 并没有问题。然而，对于 $k_{\mathcal{B}}(K_I,L_J)$ 这一项，我们需要在 T 的基础上逼近。正如我们在下一节将要展示的，这可以按照合适的概率图模型通过因式分解来获得，即我们将用核矩阵子集上的投影代替每个形如 K_I 的核矩阵，这有助于递归的高效运算。

17.4.2 正矩阵和概率图模型

核的因子分解所依据的基本思想是：将对称正定矩阵看作协方差矩阵，并分析通过这些协方差矩阵定义的高斯随机向量的概率图模型。这一节的目的是想展示一下可以通过合适的概率图模型对式(17.6)设计出合适的因子化近似结果，也就是要用到式(17.11)和式(17.12)。

更准确地说，假设有 n 个随机变量 $Z_1,\cdots,Z_n$，其概率分布为 $p(z)=p(z_1,\cdots,z_n)$ 。给定一个核矩阵 K（在我们讨论的情况中，对于位置 $x_1,\cdots,x_n$，所对应的定义是 $K_{i,j}=\exp(-v\|x_i-x_j\|^2)$ ），我们考虑联合高斯分布随机变量 $Z_1,\cdots,Z_n$，使得 $\mathrm{Cov}(Z_i,Z_j)=K_{ij}$ 。明确了这一点，在这一节我们把协方差矩阵看作是核矩阵，反之亦然。

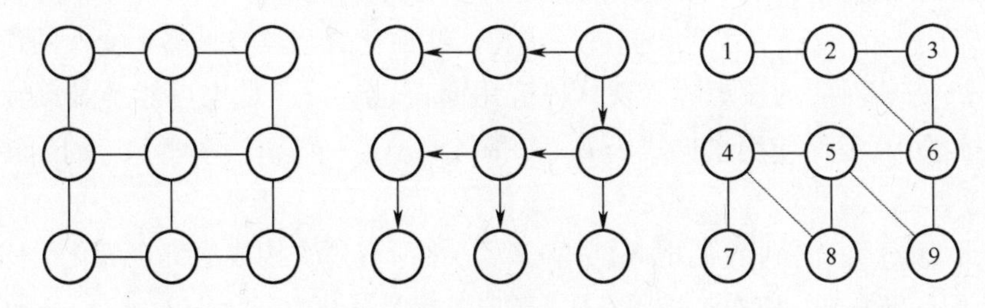

图 17.7 （左）原图，（中）提取的单一树遍历，（右）添加有灰色边的可分解图模型 $Q_1(T)$ 。联结树是一个由势团 $\{1,2\}$，$\{2,3,6\}$，$\{5,6,9\}$，$\{4,5,8\}$，$\{4,7\}$ 组成的链。

概率图模型与联结树

概率图模型为因子化概率分布的定义提供了一种灵活且直观的方式。给定一个顶点处于 $\{1,\cdots,n\}$ 中的无向图 Q，如果可以将分布 $p(z)$ 写成图 Q 中所有势团（完全连通的子图）上势函数的乘积，那么就称 $p(z)$ 在 Q 中可因式分解。当分布是高斯分布且协方差矩阵为 $K \in \mathcal{R}^{n \times n}$ 时,当且仅当对每一个 (i,j) ——不是 Q 中的边,$(K^{-1})_{ij} = 0$ 时,可对该分布进行因式分解[46]。

在这一节,我们仅考虑**可分解型**概率图模型。对于这种情况,可实现图 Q 的**三角分解**(即不存在长度绝对大于 3 的无弦环)。在这种情况下,联合分布由图 Q 的势团 C 上的边缘 $p_C(z_C)$ 唯一定义。也就是说,如果 $C(Q)$ 是 Q 的最大势团构成的集合,我们就可以建立一个势团树,即**联结树**,使得

$$p(z) = \frac{\prod_{C \in \mathcal{C}(Q)} p_C(z_C)}{\prod_{C,C' \in \mathcal{C}(Q), C \sim C'} p_{C \cap C'}(z_{C \cap C'})}.$$

图 17.7 展示了一个概率图模型和联结树的例子。集合 $C \cap C'$ 通常称为**分隔符**,并用 $\mathcal{S}(Q)$ 表示这些分隔符构成的集合。注意,对于一个零均值正态分布的向量,要通过边缘协方差矩阵 $K_C = K_{C,C}$ 来表征边缘分布 $p_C(z_C)$ 。当使 K 的逆趋于 $\mathbf{0}$ 时,在概率图模型上投影将会保持所有最大势团上的边缘分布,因而也就保持了局部核矩阵。

概率图模型与投影

我们用 $\prod_Q(K)$ 表示在 Q 中因式分解的协方差矩阵。按照正态分布间的 Kullback-Leibler 散度,该矩阵与 K 最接近。基本上,我们用 $\prod_Q(K)$ 来代替 K 。换句话说,我们把所有的协方差矩阵都投影到了一个概率图模型上,这在统计学领域是一种经典的做法[46,47]。我们把关于这种投影逼近性能的研究工作留到以后(即,对于一个给定的 K ,图能正确地逼近整个局部核的紧密程度有多大)——参见文献[48]了解相关的研究结果。

实际上,由于我们提出的关于核矩阵的核涉及行列式,则只需要实现 $\left|\prod_Q(K)\right|$ 的高效计算即可。对于可分解型概率图模型,$\prod_Q(K)$ 具有闭式解[46],而其行列式则有如下简单表达形式:

$$\log\left|\prod_Q(K)\right| = \prod_{C \in \mathcal{C}(Q)} \log|K_C| - \sum_{S \in \mathcal{S}(Q)} \log|K_S| \tag{17.7}$$

因此,行列式 $\left|\prod_Q(K)\right|$ 是一个数据项(势团和分隔符上的行列式)的比值,它将会限制投影核的可应用性(参见命题 1)。为了只保留乘积项,我们考虑下列等价形式:如果联结树位于根部(可选择任何一个势团作为根),那么对于除根以外的每个势团,可以唯一地定义一个父势团,且有

$$\log\left|\prod_Q(K)\right| = \sum_{C \in \mathcal{C}(Q)} \log|K_{C|p_Q(C)}| \tag{17.8}$$

其中,$p_Q(C)$ 是 Q 的父势团(对于根势团则为 $\varnothing$),而条件协方差矩阵通常定义为

$$K_{C|p_Q(C)} = K_{C,C} - K_{C,p_Q(C)} K^{-1}_{p_Q(C),p_Q(C)} K_{p_Q(C),C} \tag{17.9}$$

概率图模型与核

我们现在提出几种方式来定义适用于概率图模型的核，这都是要以用 $\left|\prod_Q(M)\right|$ 来替代行列式 $|M|$ 以及它们在式(17.7)和式(17.8)中的不同分解形式为基础的。直接利用式(17.7)，我们可获得相似性度量：

$$k_{\mathcal{B},0}^{Q}(K,L)=\prod_{C\in\mathcal{C}(Q)}k_{\mathcal{B}}(K_C,L_C)\left(\prod_{S\in\mathcal{S}(Q)}k_{\mathcal{B}}(K_S,L_S)\right)^{-1} \tag{17.10}$$

研究结果证实，对于一般的协方差矩阵，这个相似性度量并不是一个正定核。

命题 1

对于任何可分解模型 Q，式(17.10)中定义的核 $k_{\mathcal{B},0}^{Q}$ 是协方差矩阵 K 构成的集合上的一个正定核，且对于所有分隔符 $S\in\mathcal{S}(Q)$，$K_{S,S}=I$。特别是，当所有分隔符的势为1时，就变成一个关于相关矩阵的核。

为了去掉分隔符的条件(即，比起利用单一变量，我们期望势团间具有更多的共享)，我们在式(17.8)中考虑了根联结树表示形式。计算每一个条件协方差矩阵对应的巴氏核 $k_{\mathcal{B}}(K_{C|p_Q(C)},L_{C|p_Q(C)})$ 的乘积就可以直接产生一个核。然而，由于条件协方差矩阵集合不能完全描述那些分布，因此不会产生一个与在 Q 上因子化的协方差矩阵有关的真实距离。不同的是，我们考虑了下列核：

$$k_{\mathcal{B}}^{Q}(K,L)=\prod_{C\in\mathcal{C}(Q)}k_{\mathcal{B}}^{C|p_Q(C)}(K,L) \tag{17.11}$$

对于根势团，我们定义 $k_{\mathcal{B}}^{R|\varnothing}(K,L)=k_{\mathcal{B}}(K_R,L_R)$ 且将核 $k_{\mathcal{B}}^{C|p_Q(C)}(K,L)$ 定义为在给定 $Z_{p_Q(C)}$ 时 Z_C 的条件高斯分布间的核。我们使用下列形式：

$$k_{\mathcal{B}}^{C|p_Q(C)}(K,L)=\frac{|K_{C|p_Q(C)}|^{1/2}\,|L_{C|p_Q(C)}|^{1/2}}{\left|\frac{1}{2}K_{C|p_Q(C)}+\frac{1}{2}L_{C|p_Q(C)}+MM^{\mathrm{T}}\right|} \tag{17.12}$$

其中，附加项 M 等于 $\frac{1}{2}(K_{C,p_Q(C)}K_{p_Q(C)}^{-1}-L_{C,p_Q(C)}L_{p_Q(C)}^{-1})$。这恰恰对应于为变量 $Z_{p_Q(C)}$ 赋予了一个带有单位协方差矩阵的先验，并考虑了所得到的由 $(C,p_Q(C))$ 索引的变量的联合协方差矩阵间的核。我们现在有了一个关于所有协方差矩阵的正定核。

命题 2

对于任意可分解模型 Q，式(17.11)和式(17.12)中定义的核 $k_{\mathcal{B}}^{Q}(K,L)$ 是协方差矩阵集合上的一个正定核。

注意，选择联结树的特定根会使这个核并不能总是保持不变性。然而，在我们讨论的情况中，这并不是一个问题，因为我们可以采用一种自然的方式指定联结树的根(即沿着有根的树遍历)。注意，除了计算机视觉这一领域之外，这些核在其它领域也是有应用价值的。

在接下来的推导过程中，对于 $|I_1| = |I_2|$ 和 $|J_1| = |J_2|$，我们将使用符号 $k_{\mathcal{B}}^{I_1|I_2,J_1|J_2}(K,L)$ 来表示协方差矩阵 $K_{I_1 \cup I_2}$ 和 $L_{I_1 \cup I_2}$（分别与条件分布 $I_1|I_2$ 和 $J_1|J_2$ 相对应）之间的核，并通过式（17.12）给出其定义。

概率图模型的选择

给定一个 β 树遍历的有根树结构 T，现在我们需要定义用来投影核矩阵的概率图模型 $Q_\beta(T)$。一个自然的候选对象就是 T 本身。然而，正如稍后将要展示的，为了高效地计算核，我们只要求局部核是那些仅仅涉及一个节点及其 β 子节点的数据项的乘积。我们可以使用的最深的图其形成过程如下（记住一点，当投影到概率图模型上时更深的图往往会带来更好的逼近结果）：定义 $Q_\beta(T)$，使得对于 T 中所有的节点，它自身连同其所有 β 子节点形成了一个势团。也就是说，一个节点与其 β 子节点相连通且所有的 β 子节点也是互相连通的（例如，参见图 17.7 了解 $\beta=1$ 时的情况），因此势团集合就是深度为 $\beta+1$ 的族构成的集合（即具有 $\beta+1$ 代）。因此，我们最终获得的核是

$$k_{\alpha,\beta,\gamma}^{\mathcal{T}}(\mathcal{G},\mathcal{H}) = \sum_{T \in \mathcal{T}_{\alpha,\gamma}} f_{\lambda,v}(T)\Big\{\sum_{I \in \mathfrak{T}_\beta(T,\mathcal{G})}\ \sum_{J \in \mathfrak{T}_\beta(T,\mathcal{H})} k_{\mathcal{B}}^{Q_\beta(T)}(K_I,L_J)\,q_{\mathcal{A}}(a(I),b(J))\Big\}.$$

此定义背后的主要直觉想法是对所有匹配子图上的局部相似性进行求和。为了获得一个易于求解的构思形式，我们仅仅需要（a）扩展子图集（到深度为 γ 的树遍历）和（b）沿着图对局部相似性作因式分解。我们现在展示一下如何结合这些因素才能高效推导出递归结果。

17.4.3　动态规划递归

为了推导出动态规划递归，我们依照文献[34]并利用一个事实——从本质上说，可以通过 G 的所有深度至多为 β 且**元数**少于 α 的有根子树的增广图上的 1 树遍历来定义 G 的 α 元 β 树遍历。回顾一下，一个树的元数是根的孩子数和树的内部顶点数的最大数。因此，我们考虑了 $G=(V,E)$ 的深度小于 β 且元数少于 α 的非完全有根（无序）子树构成的集合 $V_{\alpha,\beta}$。给定两个不同的有根无序已标记树，如果它们具有相同的树结构，则称它们是**等价**的（或者同构的），并将其表示为 $\sim_t$。

在 $V_{\alpha,\beta}$ 这个集合上，我们按照如下方式定义一个边集为 $E_{\alpha,\beta}$ 的**有向图**：如果"树 R_1 将树 R_0 拓展了一代远"（也就是说，当且仅当满足条件（a）R_1 的前 $\beta-1$ 代恰好与植根于 R_0 的根的一个孩子上的某一完全子树相等和（b）R_1 的深度为 β 的节点与 R_0 上的节点不同时），$R_0 \in V_{\alpha,\beta}$ 与 $R_1 \in V_{\alpha,\beta}$ 是连通的，这为 $R \in V_{\alpha,\beta}$ 定义了一个图 $G_{\alpha,\beta}=(V_{\alpha,\beta},E_{\alpha,\beta})$ 和一个邻域 $\mathcal{N}_{G_{\alpha,\beta}}(R)$（参见图 17.8 中的例子）。类似地，对于图 H，我们定义了一个图 $H_{\alpha,\beta}=(W_{\alpha,\beta},F_{\alpha,\beta})$。注意，当 $\alpha=1$ 时，$V_{1,\beta}$ 就是长度小于或等于 β 的路径构成的集合。

对于一个 β 树遍历，带有 β 个后代的根必须有截然不同的顶点，因而也就恰恰

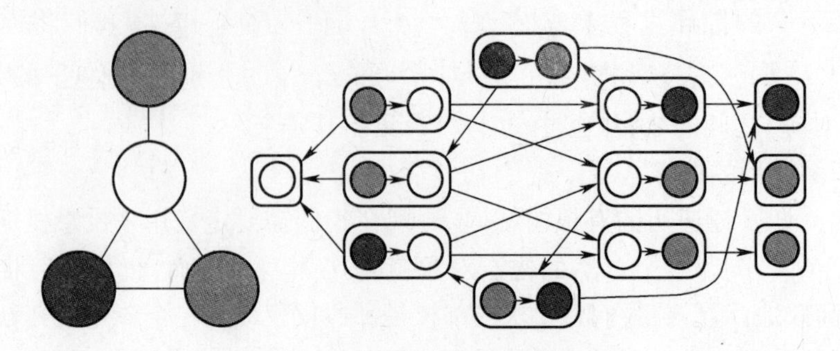

图 17.8 （左）无向图$\mathcal{G}$,（右）图 $\mathcal{G}_{1,2}$ 。

对应于 $V_{\alpha,\beta}$ 的一个元素。我们用 $k_{\alpha,\beta,\gamma}^{\mathcal{T}}(\mathcal{G},\mathcal{H},R_0,S_0)$ 表示与 17.4.2 节中的定义相同的核,但是要限制在分别以 R_0 和 S_0 为起点的树遍历上。注意,如果 R_0 和 S_0 不是等价的,那么 $k_{\alpha,\beta,\gamma}^{\mathcal{T}}(\mathcal{G},\mathcal{H},R_0,S_0)=0$。

记$\rho(S)$ 表示子树 S 的根。对于所有的 $R_0\in V_{\alpha,\beta}$ 和 $S_0\in W_{\alpha,\beta}$,我们可获得下列关于深度 γ 和深度 $\gamma-1$ 之间的递归,从而使得 $R_0\sim_t S_0$:

$$k_{\alpha,\beta,\gamma}^{\mathcal{T}}(\mathcal{G},\mathcal{H},R_0,S_0)=k_{\alpha,\beta,\gamma-1}^{\mathcal{T}}(\mathcal{G},\mathcal{H},R_0,S_0)+\mathcal{R}_{\alpha,\beta,\gamma-1}^{\mathcal{T}} \tag{17.13}$$

其中 $\mathcal{R}_{\alpha,\beta,\gamma-1}^{\mathcal{T}}$ 的表达式为

$$\mathcal{R}_{\alpha,\beta,\gamma-1}^{\mathcal{T}}=\sum_{p=1}^{\alpha}\sum_{\substack{R_1,\cdots,R_p\in\mathcal{N}_{G_{\alpha,\beta}}(R_0)\\ R_1,\cdots,R_p\ \text{disjoint}}}\sum_{\substack{S_1,\cdots,S_p\in\mathcal{N}_{H_{\alpha,\beta}}(S_0)\\ S_1,\cdots,S_p\ \text{disjoint}}}\cdots$$

$$\left[\lambda\prod_{i=1}^{p}k_{\mathcal{A}}(a(\rho(R_i)),b(\rho(S_i)))\frac{k_{\mathcal{B}}^{\cup_{i=1}^{p}R_i|R_0,\ \cup_{i=1}^{p}S_i|S_0}(K,L)}{\prod_{i=1}^{p}k_{\mathcal{B}}^{R_i,S_i}(K,L)}\left(\prod_{i=1}^{p}k_{\alpha,\beta,\gamma-1}^{\mathcal{T}}(\mathcal{G},\mathcal{H},R_i,S_i)\right)\right] \tag{17.14}$$

注意,如果任何一棵树 R_i 与 S_i 都不等价,则它对求和没有任何作用。递归的初始化要用到

$$k_{\alpha,\beta,\gamma}^{\mathcal{T}}(\mathcal{G},\mathcal{H},R_0,S_0)=\lambda^{|R_0|}\nu^{\ell(R_0)}q_{\mathcal{A}}(a(R_0),b(S_0))k_{\mathcal{B}}(K_{R_0},L_{S_0}) \tag{17.15}$$

而最终的核要针对所有 R_0 和 S_0 进行求和来获得,即 $k_{\alpha,\beta,\gamma}^{\mathcal{T}}(\mathcal{G},\mathcal{H})=\sum_{R_0\sim_t S_0}k_{\alpha,\beta,\gamma}^{\mathcal{T}}(\mathcal{G},\mathcal{H},R_0,S_0)$ 。

计算复杂度

上面几个式子定义了一个动态规划递归过程,从而可以使我们能高效地计算从 $\gamma=1$ 到任何一个期望 γ 时的 $k_{\alpha,\beta,\gamma}^{\mathcal{T}}(\mathcal{G},\mathcal{H},R_0,S_0)$ 值。首先,我们利用式(17.15)计算 $k_{\alpha,\beta,1}^{\mathcal{T}}(\mathcal{G},\mathcal{H},R_0,S_0)$ 的值。然后,设定 $\gamma=2$,根据式(17.13)并利用 $k_{\alpha,\beta,1}^{\mathcal{T}}(\mathcal{G},\mathcal{H},R_0,S_0)$ 来计算 $k_{\alpha,\beta,2}^{\mathcal{T}}(\mathcal{G},\mathcal{H},R_0,S_0)$ 的值,依此类推。

计算两个图之间的核的运算复杂度与 γ 成线性关系(树遍历的深度),而与 $V_{\alpha,\beta}$ 和 $W_{\alpha,\beta}$ 的大小成二次关系。然而,一般来说,这些集合的大小与β 和α可能成

指数关系(尤其是当图之间呈现密集连通时)。因此,我们将其限定为较小的数值(典型情况下,$\alpha \leqslant 3$,而$\beta \leqslant 6$),这些值对于获得令人满意的分类性能是足够的(特别要指出的是,更大的β或α未必意味着会带来更好的性能)。整体来说,只要"充分统计量"(即$V_{\alpha,\beta}$中的特定局部邻域)不是太多,我们就可以处理任意规模的图。

例如,对于实验中我们使用的手写字符,所采用的图的平均节点数是18±4,而对于深度为24的游走核,$V_{\alpha,\beta}$的平均基数和完成一次核计算的运行时间是①:$|V_{\alpha,\beta}|=36$时,时间为2ms($\alpha=1,\beta=2$);$|V_{\alpha,\beta}|=37$时,时间为3ms($\alpha=1,\beta=4$)。对于树核:$|V_{\alpha,\beta}|=56$时,时间为25ms($\alpha=2,\beta=2$);$|V_{\alpha,\beta}|=70$时,时间为32ms($\alpha=2,\beta=4$)。

最后,通过在前期递归过程考虑具有较小元数的树集合,我们可以减少计算的负担。也就是说,我们可以考虑$V_{1,\beta}$而不是考虑具有元数$\alpha>1$的树核的$V_{\alpha,\beta}$。

17.5　实验结果

这里,我们分别描述了(i)用于目标分类和自然图像分类的区域邻近图上的遍历树核和(ii)用于手写字符识别的点云上的遍历树核的实验结果。

17.5.1　目标分类的应用

我们已经在完全监督和半监督模式下测试了我们提出的核在目标分类(Coil100数据集)与自然图像分类(Corel14数据集)任务中的性能。

实验设置

实验是在Corel14[22]和Coil100数据集上开展的。我们在测试核的性能时是一步一步执行的,从不太复杂的情况到最复杂的情况。事实上,我们在一个多类分类任务上比较了常规的直方图核(**H**)、基于游走的核(**W**)、遍历树核(**TW**)、加权顶点遍历树核(**wTW**)以及通过多核学习方式实现的上述核的组合(**M**)的性能。这里,我们报道了它们在一个具5次交叉验证的外循环中的平均性能。超参数的调节是在5次交叉验证中每次涉及的内循环中进行的(详细内容参见接下来的描述)。Coil100数据集包含在一个由100个**目标**的7200幅图像(背景统一)组成的数据库中,其中每个目标对应着72幅图像。数据是从不同角度获取的目标彩色图像,采用的步长为5度。Corel14是一个由14个不同类别的1400幅**自然图像**组成

① 在统计运行时间时,并没有将预处理考虑在内,而且是通过运行Intel Xeon 2.33GHz处理器上的MATLAB/C代码计算出来的,并与最简单的递归作了比较。这些递归对应着通常的随机游走核($\alpha=1$,$\beta=1$),其中的运行时间为1ms。

的数据库，通常被认为是相当难于分类的。每个类别包含 100 幅图像，其中包含的异常情况占有不可忽略的比例。

特征选取

每个图像被分割后输出一个带有 100 个顶点的标记图，每个顶点均由对应分割段的 RGB 彩色直方图来标记。如文献[43]一样，在每个维度上我们使用 16 个单元，这样就产生了 4096 维直方图。注意，我们也可以使用 LAB 直方图。对于 Coil100 数据集，平均的顶点度大约是 3，而对于 Corel14 数据集则是 5。换句话说，区域邻近图的连通性十分稀疏。

自由参数选择

对于多类分类任务，在一对多情况中往往使用常规的 SVM 分类器[1]。对于每个核函数族，与核的设计相对应的超参数以及 SVM 的正则化参数 C 都是以交叉验证的方式通过下列常用的机器学习步骤获得的：将整个数据集随机分成均等的 5 部分，然后我们依次把 5 部分中的每一份当作测试数据集（外部测试层），学习过程是依据其他 4 个部分执行的（外部训练层），这与其他的计算方式形成了鲜明对比。相对来说，我们的做法是，假设在外部训练层已经尝试了不同的自由参数值，并在对应的测试层中计算预测准确性；对 5 个外部层中的每一个都重复 5 次操作，并计算平均性能。然后，假设选择了最佳超参数并展示了其性能。采用这种方式的一个主要问题就是它会带来预测性能的乐观估计[49]。

优选的方式是考虑每个外部训练层，把它们分成 5 等份，然后在内部层中通过交叉验证学习超参数，并使用所获得的参数通过这个超参数集（对每个外部层可能有所不同）在整个外部训练层进行训练且在外部测试层进行测试。我们给出的预测准确性（特别是图 17.11 中的箱型图展示的那样）是外部测试层上的预测准确性。这个两步法会使 SVM 参数的估计次数更多，但却提供了一个公平的性能评价。

为了选择自由参数的值，我们在有限网格上使用了自由参数的值（如图 17.9 所示）。

在用于多类分类任务时，不同核分别体现的以平均测试误差率（在 5 个测试外部层上）为度量的性能列于图 17.10 中。图 17.11 是 Corel14 数据集对应的箱型图。

参数	参数值
γ	0.0，0.2，0.4，0.6，0.8
α	1，2，3
p	1，2，3，4，5，6，7，8，9，10
C	$10^{-2},10^{-1},10^{0},10^{1},10^{2},10^{3},10^{4}$

图 17.9　自由参数值的范围。

	H	W	TW	wTW	M
Coil100	1.2%	0.8%	0.0%	0.0%	0.0%
Corel14	10.36%	8.52%	7.24%	6.12%	5.38%

图 17.10　直方图、遍历，树遍历、分段加权树遍历和多核组合的最佳测试误差性能。

Corel14 数据集

我们已经比较了基于 SVM 的多类分类器与直方图核(**H**)、遍历核(**W**)、树遍历核(**TW**)和分段加权树遍历核(**wTW**)在测试误差率方面的性能。我们的方法(即 **TW** 和 **wTW**)的性能明显超出了全局直方核和简单遍历核，这证实了遍历树核在捕捉自然图像的拓扑结构方面的有效性。同时，我们的加权方案看起来也是合理的。

多核学习

我们首先尝试了直方图核与游走核的结合，这种结合没有带来显著的性能提升，这表明直方图核不带有任何关于游走核的补充信息：全局直方图信息在遍历核的求和过程中已被隐含地恢复出来。

我们已经利用 100 个核运行了文献[50]中的多核学习(MKL)算法(图 17.9 给出了全部参数设置集合中一个大致子集的详细参数设置情况)正如在图 17.11 中所看到的，性能正如期望的那样在提高。看一下过去已选用的核也是值得的。

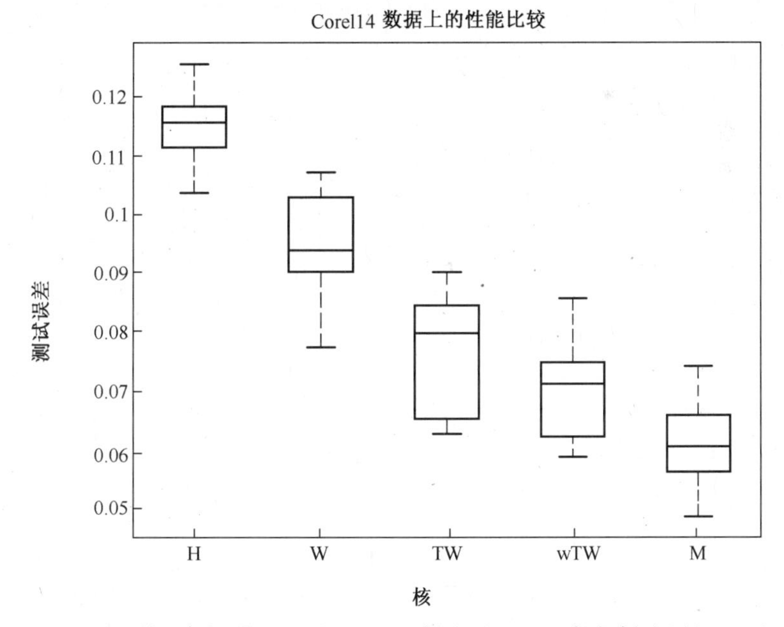

图 17.11　利用直方图(**H**)、遍历(**W**)、树遍历(**TW**)，加权树遍历(**wTW**)以及最佳多核组合(**M**)在 Corel14 数据集上执行监督分类时获得的测试误差。

这里给出了5次外部交叉验证中某一次的实验结果,其中选择的核数目为5个,正如图17.12所示。

值得注意的是,对于γ,α和p,我们均选择了多个值。实验结果表明,的确可以通过每一种设置从待分割图像中捕捉到不同的有辨别力信息。

p,α,γ	10,3,0.6	7,1,0.6	10,3,0.3	5,3,0.0	8,1,0.0
η	0.12	0.17	0.10	0.07	0.04

图17.12 具有最大幅度的核的权重η(关于η的规一化,参见文献[50]了解详细情况)。

半监督分类

核有助于我们解决许多任务,从非监督的聚类到多类分类和流形学习[1]。为了进一步探索区域邻近图核的表达力,下面我们给出了在Corel14数据集上多类分类的测试误差性能的演变情况,其中利用了10%的已标记样本,10%的测试样本,以及数量从10%逐步递增到80%的未标记样本。的确可以看出,源于统计一致有监督算法的所有半监督算法的测试误差会随着标记样本数目的增加(且未标记样本数目保持不变)而降低。然而,随着未标记样本数目的增加(标记样本数目保持恒定),测试误差的这种实验性收敛还远远不具有系统性[51]。我们使用了文献[51]中公开的低密度分离(LDS)算法的代码,这主要是考虑到它在Corel100图像数据集上具有良好的性能。

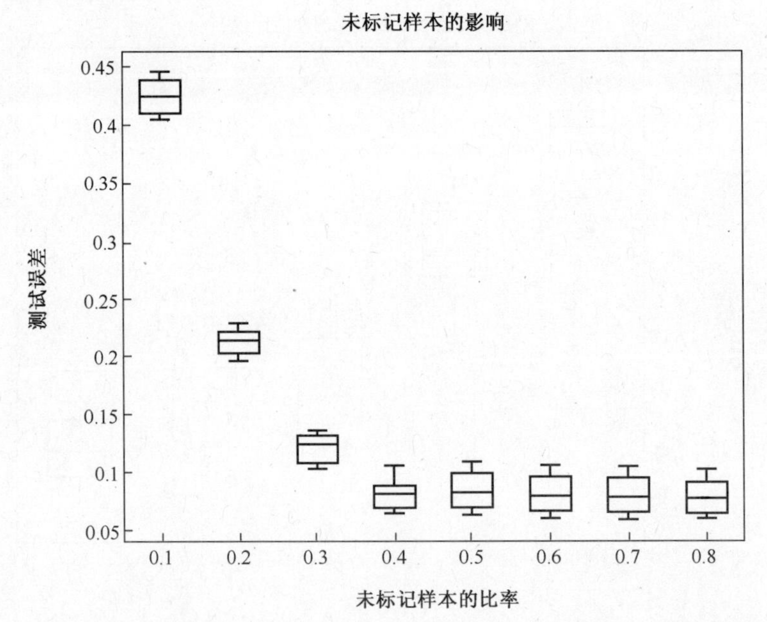

图17.13 随着未标记样本数目的增加,半监督多类分类任务测试误差的演变趋势。

一般来说,与半监督学习问题相比,我们更感兴趣的是展示我们所提出的方法的灵活性,因此直接把通过多核学习方法在整个有监督多类分类任务上学习到的最优核选作一个核。尽管这可能会导致预测准确性的略微高估,但可以使我们绕过半监督分类的核选择问题,这方面仍然有未知的问题亟待解决,且还在积极的探索中。对于各种数量的未标记样本,我们在外循环操作时随机选择了 10 种不同的标记样本与未标记样本划分形式。在内循环上,我们通过留一法交叉验证对超参数(即正则化参数 C 和聚类压缩参数 ρ)进行了优化(参见文献[51]了解详细内容)。图 17.13 中的箱型图展示了外循环时性能的变化情况。需要记住的是,对于**完全监督**的多类分类任务,在 Corel14 数据集上直方图核的最佳测试误差性能大约是 10%,这一结果是很有前景的;我们看到,在 40%的未标记样本和 10%的标记样本这样少的数据条件下,我们提出的核已经达到了这个性能水平。

我们现在介绍一下点云上的遍历树核在实现字符识别任务时的实验结果。

17.5.2　字符识别的应用

我们测试了所提出的核在独个手写字符识别任务上的性能,主要针对手写阿拉伯数字(MNIST 数据集)和汉字(ETL9B 数据集)。

17.5.3　实验设置

对于 MNIST 数据集,我们针对其中的 10 个类选择了前 100 个样本,而对于 ETL9B 数据集,我们从 3000 个类中选择了 5 个最难判别的类(通过计算类均值之间的距离来实现),然后对于每个类,我们选择了前 50 个样本。我们的学习任务是对这些字符进行分类;我们通过 1-范数支持向量机采用了“一对多”的多类分类方案(例如,参见文献[1])。

特征提取

我们把字符看作是 $\mathcal{R}^2$ 空间中的画线,都是有可能相交的轮廓构成的集合,且都可以自然地表示成无向平面图。我们已经对每个字符统一实现了变细操作并做了二次采样来减少图的大小(观察图 17.14 中的两个例子)。与位置有关的核是 $k_\chi(x,y)=\exp(-\tau\|x-y\|^2)+\kappa\delta(x,y)$,但可以把水平和垂直方向上的不同权重考虑在内。我们把边界框中心处的位置增加为特征,其目的是将全局位置考虑在内。也就是说,我们使用了 $k_A(x,y)=\exp(-v\|x-y\|^2)$ 。由于手写字符识别

图 17.14　数字与汉字:(左)原始字符,(右)变细的下采样字符。

并不具有全局平移不变性，因此这是必要的。

自由参数选择

点云上的遍历树核采用下列自由参数（显示为其可能值）：树遍历的元数（α = 1,2），树遍历的序（β = 1,2,4,6），树遍历的深度（γ = 1,2,4,8,16,24），有关节点数目的惩罚权重（λ = 1），有关叶节点数目的惩罚权重（ν = 0.1,0.01），位置核函数的带宽（τ = 0.05,0.01,0.1），脊参数（κ = 0.001）以及属性核函数的带宽（v = 0.05,0.01,0.1）。

前面的参数集（$\alpha,\beta,\gamma,\lambda,\nu$）是图核的参数（与应用无关），而后面的参数集（$\tau,\kappa,v$）是属性核和位置核的参数。注意，只需几个重要的尺度参数（τ 和 v），我们就能够描述图的顶点与边之间的复杂交互特性。实际上，这对于避免考虑具有各种规模和拓扑结构的子树的更多不同参数是很重要的。在实验中，我们执行了5重交叉验证的两种循环：在外循环中，我们考虑了5个不同的训练层及其对应的测试层。在每个训练层中，我们考虑了 α 和 β 的所有可能取值。对于所有这些值，我们通过5重交叉验证（内循环）选择了其他所有参数（包括SVM的正则化参数）的值。一旦仅仅通过观察训练层找到了最佳参数，我们就在整个训练层上训练并在测试层上测试。对于每个测试层，我们都输出测试误差的均值和标准差。

在图17.15中，我们展示了各种 α 和 β 取值条件下的性能。我们将其结果与三个基准核进行了比较，后面这些核的超参数是通过相同的交叉验证方式学习得来的：(a)原始图像向量化形式上的**Gaussian-RBF核**，产生的测试误差为11.6%±5.4%（MNIST）和50.4%±6.2%（ETL9B）；(b)在所有遍历长度上执行求和运算的规则随机游走核，产生的测试误差为8.6%±1.3%（MNIST）和34.8% ±8.4%（ETL9B）；以及(c)通常用于图像分类的**金字塔匹配核**[52]，产生的测试误差为10.8% ±3.6%（MNIST）和45.2% ±3.4%（ETL9B）。这些结果表明，我们提出的使用了画线自然结构的核族比其它用于结构化数据的核（规则随机游走核和金字塔匹配核）以及“盲”Gaussian-RBF核都具有更好的性能。这类核虽然没有明确地将图像的结构考虑在内，但通过使用更多的训练数据依然获得了很好的性能[9]。要注意的是，对于阿拉伯数字，较高的元数是没有用的，这并不令人感到奇怪，因为大部分数字都有一个线性结构（即图是链形式）。相反，对于具有更强连通性的汉字，二进制树遍历能提供最佳性能。

	MNIST α=1	MNIST α=2	ETL9B α=1	ETL9B α=2
β=1	11.6±4.6	9.2±3.9	36.8±4.6	32±8.4
β=2	5.6±3.1	5.6±3.0	29.2±8.8	**25.2±2.7**
β=4	**5.4±3.6**	**5.4±3.1**	**32.4±3.9**	29.6±4.3
β=6	5.6±3.3	6±3.5	29.6±4.6	28.4±4.3

图17.15 手写字符分类任务上的错误率（乘以100后的结果）。

17.6 结论

我们介绍了一系列用于执行计算机视觉任务的核以及这些核的两个应用实例:(i)用于描述区域邻近图的遍历树核和(ii)用于描述点云的遍历树核。对于(i),我们展示了如何在与区域邻近图大小及其度成多项式关系的时间内完成核的高效计算。对于(ii),我们利用树遍历之间局部核的特定因子化形式提出了一种高效的动态规划算法,也就是在一个恰当定义的概率图模型上作因式分解。我们还报告了这些核在目标分类与自然图像分类以及手写字符识别中的应用,展示出这些核能够捕捉重要的信息从而可以采用较少的训练样本获得良好的预测结果。

17.7 致谢

这项研究工作部分得到了国家研究计划署(MGA 项目)、欧洲研究委员会(SIERRA 项目)以及 PASCAL 2 卓越研究网络资助基金的资助。

参考文献

[1] J. Shawe-Taylor and N. Cristianini, *Kernel Methods for Pattern Analysis*. Cambridge Univ. Press, 2004.

[2] C. H. Lampert, "Kernel methods in computer vision," *Found. Trends. Comput. Graph. Vis.*, vol. 4, pp. 193-285, March 2009.

[3] J.-P. Vert, H. Saigo, and T. Akutsu, *Local Alignment Kernels for Biological Sequences*. MIT Press, 2004.

[4] R. Diestel, *Graph Theory*. Springer-Verlag, 2005.

[5] O. Chapelle, B. Schölkopf, and A. Zien, Eds., *Semi-Supervised Learning (Adaptive Computation and Machine Learning)*. MIT Press, 2006.

[6] F. Bach, "Consistency of the group lasso and multiple kernel learning," *Journal of Machine Learning Research*, vol. 9, pp. 1179-1225, 2008.

[7] J. Ponce, M. Hebert, C. Schmid, and A. Zisserman, *Toward Category-Level Object Recognition (Lecture Notes in Computer Science)*. Springer, 2007.

[8] J. Zhang, M. Marszalek, S. Lazebnik, and C. Schmid, "Local features and kernels for classifi-

cation of texture and object categories: a comprehensive study," *International Journal of Computer Vision*, *vol.* 73, no. 2, pp. 213-238, 2007.

[9] Y. LeCun, L. Bottou, Y. Bengio, and P. Haffner, "Gradient-based learning applied to document recognition," *Proc. IEEE*, vol. 86, no. 11, pp. 2278-2324, 1998.

[10] S. N. Srihari, X. Yang, and G. R. Ball, "Offline Chinese handwriting recognition: A Survey," *Frontiers of Computer Science in China*, 2007.

[11] S. Belongie, J. Malik, and J. Puzicha, "Shape matching and object recognition using shape contexts," *IEEE Trans. PAMI*, vol. 24, no. 24, pp. 509-522, 2002.

[12] J. Ramon and T. Gärtner, "Expressivity versus efficiency of graph kernels," in *First International Workshop on Mining Graphs, Trees and Sequences*, 2003.

[13] S. V. N. Vishwanathan, N. N. Schraudolph, R. I. Kondor, and K. M. Borgwardt, "Graph kernels," *Journal of Machine Learning Research*, vol. 11, pp. 1201-1242, 2010.

[14] H. Kashima, K. Tsuda, and A. Inokuchi, "Kernels for graphs," in *Kernel Methods in Comp. Biology*. MIT Press, 2004.

[15] Z. Harchaoui and F. Bach, "Image classification with segmentation graph kernels," in *CVPR*, 2007.

[16] F. R. Bach, "Graph kernels between point clouds," in *Proceedings of the 25th international conference on Machine learning*, ser. ICML'08. New York, NY, USA: ACM, 2008, pp. 25-32.

[17] C. Wang and K. Abe, "Region correspondence by inexact attributed planar graph matching," in *Proc. ICCV*, 1995.

[18] A. Robles-Kelly and E. Hancock, "Graph edit distance from spectral seriation," *IEEE PAMI*, vol. 27, no. 3, pp. 365-378, 2005.

[19] C. Gomila and F. Meyer, "Graph based object tracking," in *Proc. ICIP*, 2003, pp. 41-44.

[20] B. Huet, A. D. Cross, and E. R. Hancock, "Graph matching for shape retrieval," in *Adv. NIPS*, 1999.

[21] D. Gusfield, *Algorithms on Strings, Trees, and Sequences*. Cambridge Univ. Press, 1997.

[22] O. Chapelle and P. Haffner, "Support vector machines for histogram-based classification," *IEEE Trans. Neural Networks*, vol. 10, no. 5, pp. 1055-1064, 1999.

[23] T. Jebara, "Images as bags of pixels," in *Proc.* ICCV, 2003.

[24] M. Cuturi, K. Fukumizu, andJ.-P. Vert, "Semigroup kernels on measures," *J. Mac. Learn. Research*, vol. 6, pp. 1169-1198, 2005.

[25] S. Lazebnik, C. Schmid, and J. Ponce, "Beyond bags of features: Spatial pyramid matching for recognizing natural scene categories," in *Proc. CVPR*, 2006.

[26] M. Neuhaus and H. Bunke, "Edit distance based kernel functions for structural pattern classification," *Pattern Recognition*, vol. 39, no. 10, pp. 1852-1863, 2006.

[27] H. Fröhlich, J. K. Wegner, F. Sieker, and A. Zell, "Optimal assignment kernels for attributed molecular graphs," in *Proc. ICML*, 2005.

[28] J. -P. Vert, "The optimal assignment kernel is not positive definite, Tech. Rep. HAL-00218278, 2008."

[29] F. Suard, V. Guigue, A. Rakotomamonjy, and A. Benshrair, "Pedestrian detection using stereo-vision and graph kennels," in *IEEE Symposium on Intelligent Vehicule*, 2005.

[30] K. M. Borgwardt, C. S. Ong, S. Schönauer, S. V. N. Vishwanathan, A. J. Smola, and H.-P. Kriegel, "Protein function prediction via graph kernels." *Bioinformatics*, vol. 21, 2005.

[31] S. V. N. Vishwanathan, K. M. Borgwardt, and N. Schraudolph, "Fast computation of graph kernels," in *Adv. NIPS*, 2007.

[32] J.-P. Vert, T. Matsui, S. Satoh, and Y. Uchiyama, "High-level feature extraction using svm with walk-based graph kernel," in Proceedings of the 2009 *IEEE International Conference on Acoustics, Speech and Signal Processing*, ser. ICASSP '09, 2009.

[33] M. Fisher, M. Savva, and P. Hanrahan, "Characterizing structural relationships in scenes using graph kernels," in *ACM SIGGRAPH* 2011 *papers*, ser. SIGGRAPH ' 11, 2011.

[34] P. Mahé and J. -P. Vert, "Graph kernels based on tree patterns for molecules," *Machine Learning Journal*, vol. 75, pp. 3-35, April 2009.

[35] F. Meyer, "Hierarchies of partitions and morphological segmentation," in *Scale-Space and Morphology in Computer Vision*. Springer-Verlag, 2011.

[36] J. Shi and J. Malik, "Normalized cuts and image segmentation," *IEEE PAMI*, vol. 22, no. 8, pp. 888-905, 2000.

[37] D. Comaniciu and P. Meer, "Mean shift: a robust approach toward feature space analysis," *IEEE PAMI*, vol. 24, no. 5, pp. 603-619, 2002.

[38] J. Malik, S. Belongie, T. K. Leung, and J. Shi, "*Contour and texture analysis for image segmentation*," *Int. J. Comp. Vision*, vol. 43, no. 1, pp. 7-27, 2001.

[39] X. Ren and J. Malik, "Learning a classification model for segmentation," *Computer Vision, IEEE International Conference on*, vol. 1, p. 10, 2003.

[40] A. Levinshtein, A. Stere, K. N. Kutulakos, D. J. Fleet, S. J. Dickinson, and K. Siddiqi, "Turbopixels: fast superpixels using geometric flows." *IEEE Transactions on Pattern Analysis and Machine Intelligence*, vol. 31, no. 12, pp. 2290-2297, 2009.

[41] T. Gärtner, P. A. Flach, and S. Wrobel, "On graph kernels: Hardness results and efficient alternatives," in *COLT*, 2003.

[42] D. G. Lowe, "Distinctive image features from scale-invariant keypoints," *Int. J. Comp. Vision*, vol. 60, no. 2, pp. 91-110, 2004.

[43] M. Hein and O. Bousquet, "Hilbertian metrics and positive-definite kernels on probability measures," in *AISTATS*, 2004.

[44] C. Fowlkes, S. Belongie, F. Chung, and J. Malik, "Spectral grouping using the Nyström method," *IEEE PAMI*, vol. 26, no. 2, pp. 214-225, 2004.

[45] R. I. Kondor and T. Jebara, "A kernel between sets of vectors." in *Proc. ICML*, 2003.

[46] S. Lauritzen, *Graphical Models*. Oxford U. Press, 1996.

[47] D. Koller and N. Friedman, *Probabilistic Graphical Models: Principles and Techniques*. MIT Press, 2009.

[48] T. Caetano, T. Caelli, D. Schuurmans, and D. Barone, "Graphical models and point pattern matching," *IEEE Trans. PAMI*, vol. 28, no. 10, pp. 1646-1663, 2006.

[49] R. Kohavi and G. John, "Wrappers for feature subset selection," *Artificial Intelligence*, vol. 97, no. 1-2, pp. 273-324, 1997.

[50] F. R. Bach, R. Thibaux, and M. I. Jordan, "Computing regularization paths for learning multiple kernels," in *Adv.* NIPS, 2004.

[51] O. Chapelle and A. Zien, "Semi-supervised classification by low density separation," in *Proc. AISTATS*, 2004.

[52] K. Grauman and T. Darrell, "The pyramid match kernel: Efficient learning with sets of features," *J. Mach. Learn. Res.*, vol. 8, pp. 725-760, 2007.

主译者后记

“百般红紫斗芳菲”。今天,即将迎来立夏——一个农作物开始进入旺盛生长的节气。在这个暮春季节,本书的译稿工作也伴随着作物生长的节奏进入了尾声。回想一下,三年前笔者接到了国防工业出版社许龙编辑发来的好消息:申请的装备科技译著出版基金项目获得了立项!当时的兴奋劲仿佛就在昨天,可仔细推算,一千多个日夜已匆匆滑过。有意思的是,从南京的 IScIDE(2012)到上海的 MLA(2013),再从北京的 SFCV(2014)到成都的 VALSE(2015),最后到古都西安,每次都是在这些场合亲自与责任编辑当面交流本书翻译工作的进展。若在地图上将这些城市所在的位置用一个点来表示,再用几条边将这些点连接起来,一个宛如山峰的“Λ”形图立即呈现在笔者眼前,这似乎印证本书的翻译与出版历程就是一个向上攀登的奋斗历程。本书的出版基金项目申请比较顺利,但随后笔者的翻译历程可谓艰辛,感慨良多,也有若干思考,因此,就有了这篇随笔,权当作后记。

十多年前,笔者刚上博士一年级时,就开始正式接触图像处理与分析领域的图模型。从了解、学习到应用图模型足足经历了五年,也是笔者博士学位论文课题的支撑理论,伴随着笔者攻读博士学位的整个历程。不过,那时接触并运用的图模型类型比较有限,所解决的问题也大都侧重于图像处理与分析的初级层面,所涉及的与图模型相关的理论问题基本都是建模、参数估计与后验推断。图模型博大精深,无论是在理论进展还是应用推广方面都是百花齐放,通过这种模型范式解决的实际问题越来越多,其效果也越来越好。因此,笔者一直在持续关注图模型在图像处理与分析领域的发展,并对不断涌现的新模型、新方法和新应用保持及时的关注和跟踪,可以说是这一领域的 Follower。据笔者考证,在原著问世之前,还没有一本全面介绍图模型在图像处理与分析领域应用进展的书籍出版,因此原书刚一问世就

---

① IScIDE 是指智能科学与大数据工程国际学术会议,是国际金三角信息科学与智能科学学术论坛的重点内容,为智能科学、智能工程与大数据处理分析领域的一个高端学术会议。2010 年 6 月在哈尔滨首次举办,随后每年举办一次,一直致力于促进信息科学与智能数据工程等各研究领域中外学者间的学术交流。

② MLA 是指机器学习及其应用研讨会,是为国内从事机器学习及相关领域研究工作的专家和学者搭建的学术交流平台。第一届研讨会于 2002 年 12 月在复旦大学召开,目前已举办了十三届。

③ SFCV 是指计算机视觉前沿研讨会,是由中国计算机学会(CCF)主办、计算机视觉专业委员会(CCF-CV)发起的计算机视觉领域的学术交流研讨会。CCF-CV 成立于 2013 年 10 月,是直属于 CCF 的计算机视觉领域的专业分支机构。

④ VALSE 是指视觉与学习青年学者研讨会,是为计算机视觉、图像处理、模式识别与机器学习等研究领域的中国青年学者(以 70 后和 80 后为主)提供的一个深层次学术交流舞台。VALSE 发起于 2011 年,取"华尔兹舞"的轻松、自然、飘逸和洒脱之意。

立即吸引了笔者的关注。本书理论丰富、应用广泛、时效性强，所涉及的研究工作具有鲜明的前瞻性、重要性和实用性。起初，笔者只是想在 CRC Press 官网上买到原著，作为开展相关课题工作的参考书。2012 年 10 月，在东南大学召开的第三届 IScIDE 会议上与前责任编辑许龙邂逅。会议期间，他当面与笔者提及总装备部已设立装备科技译著出版基金计划一事，当即激发了笔者的兴趣和积极性，因此就逐渐拉开了本书基金申请和翻译征程的序幕。

不过，原书毕竟是一本编著，其读者群主要定位在有相关图模型理论和应用背景的“高大上”专业人士上。每一章的内容分别由不同专家独立撰写，而且所依据的基础理论也或多或少论述得不够详尽，因此缺乏一定的系统性，这是本书的主要不足。幸运的是，在本书翻译过程中，由中科院自动化所王飞跃研究员领衔翻译、清华大学出版社 2015 年 3 月出版的《概率图模型：原理与技术》一书恰好面世！此书可称得上是一部巨著，160 多万字，长达 1200 多页，详细论述了有向图模型和无向图模型的表示、推理和学习问题，全面总结了概率图模型这一前沿研究领域的最新进展。因此，上面的遗憾恰好就弥补上了！

此外，图模型理论与应用的发展已形成了一个动态体系，理论上在不断推陈出新，应用上也是更加多样化。因此，本书也缺乏一定的全面性。例如，当今视觉大数据背景下有关图模型结构和属性学习的研究工作本书就没有专门论述，只是在某些地方附带一提。另外，通过结构化概率图模型实现图像深度学习的研究工作本书也没有涉及。可以说，图模型在视觉计算领域的发展是“正兴未艾”！

“嘤其鸣矣，求其友声”。希望本书的面世，能够吸引国内同行对图模型发展的关注，更期待在不久的将来能有一本全面、系统且深入地介绍图模型在视觉计算领域研究进展的专著问世！

长舒一口气，喝下杯子里剩余的“红豆西米”，一种释然、甚至释怀的感觉油然而生，终于可以看着译稿踏实地坐上一会，塞上耳机，听着自己喜欢的歌曲——《最初的信仰》，并提笔写下这首《沁园春 · 处女作》：

沁园春 · 处女作

——写在首部拙著排版之际

大美西安，暮春将尽，天气渐炎。接责编贺电，译著排版；五百纸卷，苦辣酸甜。
三载光阴，荏苒飞逝，众人划浆开大船。待今日，见橙装封裹，暖心养眼。

历经几多波澜，蒙多位前辈正能添。谢好友伙伴，鼓励助攀；日月暑寒，光影随鉴。
校审三番，匠心伏案，字符图表印心间。论品质，盼同行读者，评说拍砖。

孙 强

2016 年 5 月 4 日于西安颖艺轩

索　引

D

F

G

H

J

K

L

T

Y

Z

内容简介

当今世界是一个数据爆炸的时代,各种成像模态的图像数据大量涌现,围绕图像的应用层出不穷。在图像处理和分析研究领域,最近几年关于图模型方面的研究十分活跃、发展迅速。该技术能够为不同图像处理和分析问题的解决提供了一个统一的理论框架,许多应用都可以通过构建图模型来获得有效的解决方案。本书首先深入介绍了图模型的基础理论,然后重点论述了利用图模型解决图像处理和分析多个经典问题的研究思路、具体算法和技术实现,并提供了图模型在计算摄像、图像与视频处理、目标识别、计算机图形学、数字成像等多个领域的最新应用实例。该书对图模型的理论分析深入,应用实例的实现过程描述详尽,是一部集中利用图模型解决图像处理和分析问题的基础理论与实际应用兼顾的优秀著作。

本书适合于图像处理和分析、模式识别以及计算机视觉等研究领域从事应用基础研究和技术开发工作的科研人员和专业技术人员,也适合于国防科技现代化建设和军事应用领域的科技工作者。